工业机器人虚拟仿真及案例精析图解

主　编：周　超　沈　琪　冯国民
副主编：朱　婧　屈政伟　金鑫佳　何尧峰
参　编：黄　辉　黄　祥　王　炜　莫国强　李　垚
周晓冬　唐平凡　郑桂明　姚建和　方　逸

机械工业出版社
CHINA MACHINE PRESS

本书围绕ABB工业机器人仿真软件RobotStudio，以提升学习者能力为本位进行分析和阐述。全书分为基础篇和进阶篇，基础篇中详细介绍了构建工业机器人基本工作站、工业机器人运动程序创建、建模功能的使用、工业机器人的常用程序指令和“Smart组件”概念及其应用；进阶篇以项目实训为出发点，内容包含码垛工作站的创建、涂胶工业机器人工作站的创建、工件双面打磨工作站的创建、仿真软件视觉分拣工作站的创建和多机器人联动饮料生产线工作站的创建。本书能帮助学习者了解和掌握RobotStudio仿真软件的功能，以使其具备工业机器人的仿真应用设计能力和创新能力，从而更好地适应机器人应用相关岗位的工作。

本书作者团队由全国一类大赛金牌选手、金牌教练、裁判员，省特级教师、省技术能手、正高级讲师，全国教师教学能力大赛一等奖团队组成，具有多年的实践教学经验。

本书可作为中高职院校工业机器人专业课程用书，学生可通过本书学习工业机器人的相关理论知识和仿真应用的操作技能，还可供工业机器人从业人员和爱好者自学使用。

图书在版编目（CIP）数据

工业机器人虚拟仿真及案例精析图解 / 周超，沈琪，冯国民主编 . —北京：机械工业出版社，2024.6
ISBN 978-7-111-75567-8

Ⅰ. ①工… Ⅱ. ①周… ②沈… ③冯… Ⅲ. ①工业机器人 - 计算机仿真 - 案例 - 图解 Ⅳ. ① TP242.2-49

中国国家版本馆CIP数据核字（2024）第071933号

机械工业出版社（北京市百万庄大街22号 邮政编码100037）
策划编辑：李万宇 责任编辑：李万宇 李含杨
责任校对：李可意 张昕妍 封面设计：马精明
责任印制：李 昂
北京新华印刷有限公司印刷
2024年7月第1版第1次印刷
184mm×260mm · 23.5印张 · 521千字
标准书号：ISBN 978-7-111-75567-8
定价：69.00元

电话服务 网络服务
客服电话：010-88361066 机 工 官 网：www.cmpbook.com
010-88379833 机 工 官 博：weibo.com/cmp1952
010-68326294 金 书 网：www.golden-book.com
机工教育服务网：www.cmpedu.com

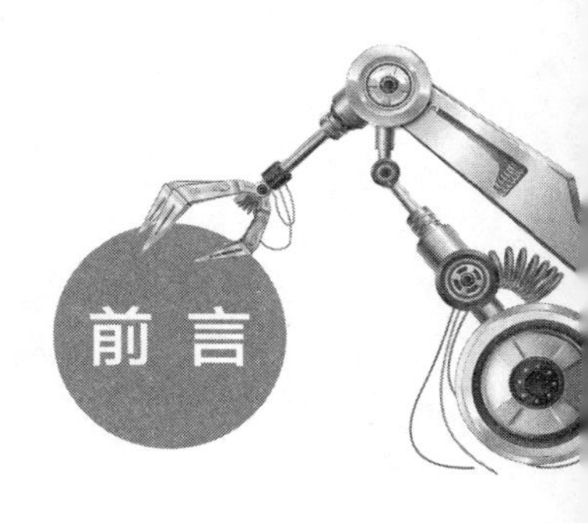

前言

2013年，我国已拥有全球最大的工业机器人市场，至今一直保持该地位。在强大的"供需法则"作用下，我国的工业机器人产出和应用量与日俱增。基于此，离线编程技术被迫切提出并且发展迅速，离线编程技术有编程效率高、轨迹精度高、对实际生产的影响小、可规避撞机风险等优势。

ABB公司的RobotStudio软件是为ABB机器人专门研发的离线编程软件，它可以完成示教器的绝大多数功能，还能对机器人的工作场景进行虚拟仿真和离线编程。RobotStudio支持中文界面，中文学习资料丰富，界面友好，容易上手，应用广泛。

本书围绕工业机器人相关理论知识和仿真应用的操作技能进行编写，针对ABB离线编程软件RobotStudio的学习，主要涉及虚拟仿真工作站的建立，离线轨迹编程，建模功能的使用，Smart组件的应用，由浅入深，层层递进。本书以学习者的能力提升为本位，贯穿操作案例的讲解，旨在培养学习者解决实际问题的能力，拓展职业核心能力。

本书由杭州市临平职业高级中学周超、朱婧、屈政伟、何尧峰、黄祥、莫国强、周晓冬，杭州市临平商贸职业高级中学沈琪，杭州市临平区教育发展研究院冯国民，杭州市临平区人工智能基地金鑫佳，建德市新安江职业学校黄辉、郑桂明、姚建和、方逸，建德市工业技术学校王炜、李垚、唐平凡编写，周超、沈琪、冯国民任主编，朱婧、屈政伟、金鑫佳、何尧峰任副主编。全书由周超进行统稿。本书在编写过程中参考了其他同行的部分著作，编者在此向相关作者表示衷心的感谢！

本书在编写过程中虽然力求完善并经过反复校对，书中所有案例也均进行了操作验证，但因编者水平有限，书中难免存在不足和疏漏之处，敬请广大读者批评指正，以便改正。也欢迎大家加强交流，共同进步。

编者邮箱：391109414@qq.com。

编　者

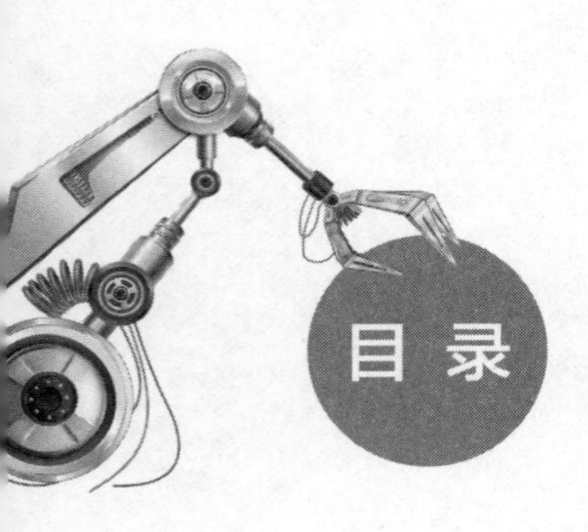
目 录

进阶篇

基础篇

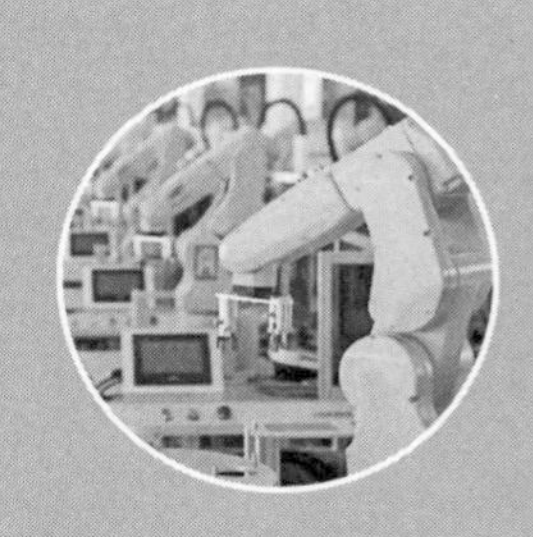
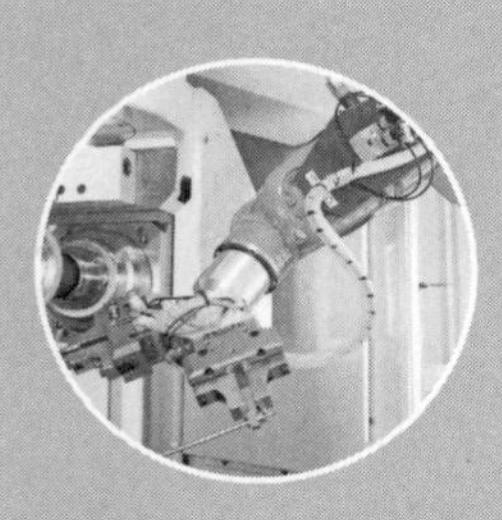

第 1 章 构建工业机器人基本工作站

1.1 机器人模型导入及系统安装

1.1.1 RobotStudio 软件介绍

工业机器人企业的竞争压力与日俱增，客户在生产中使用工业机器人时不仅要求更高的效率和质量，也希望能够降低成本。如今的工业机器人如果在安装后才进行程序编写和调试是不可行的，因为这样会影响生产线的正常运作。同时，在不进行仿真验证的情况下进行机器人安装和工具制作，非常容易出现机器人无法到达指定地点或者工件加工范围超出机器人最大伸展距离的现象。所以，机器人安装调试前的仿真验证过程必不可少。在产品正常生产的同时，对工业机器人系统进行编程，可提前推进项目进行，缩短上市时间。离线编程在实际工业机器人安装前通过可视化和仿真确认解决方案和布局，可以降低潜在风险，并且通过优化工业机器人路径能够获得更高的效率及更好的产品质量。

为了实现真正的离线编程，ABB 公司开发了 RobotStudio 软件，此软件采用了 ABB VirtualRobot 技术，是市场上领先的离线编程产品。ABB 机器人是世界主流机器人之一，ABB 公司正在世界范围内建立机器人编程和技术标准。

在 RobotStudio 软件里可以实现以下主要功能：

1）CAD 模型导入：RobotStudio 可以兼容各类 CAD 格式导入模型数据，包括 IGES、STEP、VRML、VDAFS、ACIS 和 CATIA。通过精确的机械 3D 模型，工业机器人程序设计人员可以生成更加精确且优化程度较高的工业机器人程序，从而提高产品质量。

2）自动路径生成：这是 RobotStudio 中常用功能之一，可以极大地节省时间。通过工件的 CAD 模型，可在几分钟内自动生成跟踪曲线所对应的工业机器人位置，大大减少了人工轨迹设定的时间。

3）自动分析伸展能力：此项功能可让操作者灵活移动工业机器人或工件，直至所有位置均符合要求，可在极短的时间内完成轨迹及位置验证，优化工作单元布局。

4）碰撞检测：在 RobotStudio 中，可以对工业机器人在运动过程中是否可能与周边设备发生碰撞进行实时验证与监测，以确保工业机器人离线编程得出的程序的可用性。

5）在线作业：使用 RobotStudio 与真实的 ABB 工业机器人进行连接通信，对工业机器人进行快速且便捷的监控、程序修改、参数设定、文件传送及备份恢复的操作，使调试与维护工作更轻松。

6）离线编程：根据实际需求进行场景设计，在 RobotStudio 中进行工业机器人工作站的动作模拟仿真及优化周期节拍，为工程的实施提供真实的验证。

7）应用功能包：针对不同的应用推出功能强大的工艺功能包，将工业机器人更好地与工艺应用进行有效的融合。

8）二次开发：提供功能强大的二次开发平台，使工业机器人实现更多的应用可能，满足工业机器人的科研需要。

9）虚拟现实（VR）：提供即插即用的虚拟现实功能，体验接近真实的现场感。无须对现有工业机器人仿真工作站做任何修改，只要使用标准的 HTC 虚拟现实眼镜与 RobotStudio 进行连接即可。

RobotStudio 软件的下载地址为 https://new.abb.com/products/robotics/zh/robotstudio，下载界面如图 1-1 所示。下载的 RobotStudio 软件有 30 天试用期，若获得授权码即可永久使用。本书采用的软件版本为 RobotStudio 6.08。

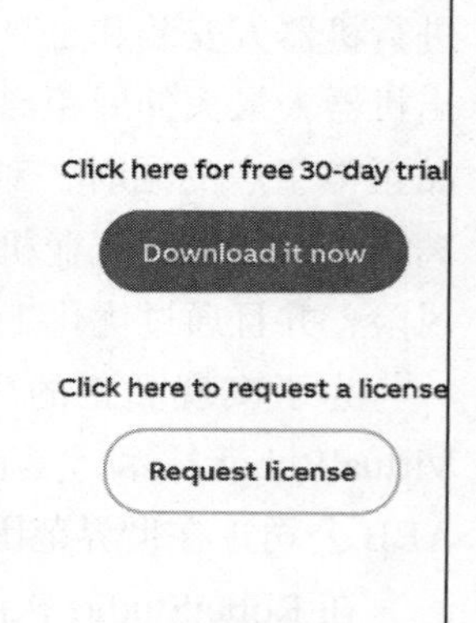

图 1-1　软件下载界面

1.1.2　机器人模型导入

安装好 RobotStudio 软件后，就可以新建项目，创建机器人工作站，第 1 步是导入机器人模型。

1）首先需要创建一个空工作站，如图 1-2 所示。

2）单击“基本”选项卡，找到“ABB 模型库”，即可看到各类 ABB 工业机器人，选择“IRB 2600”型号，如图 1-3、图 1-4 所示。

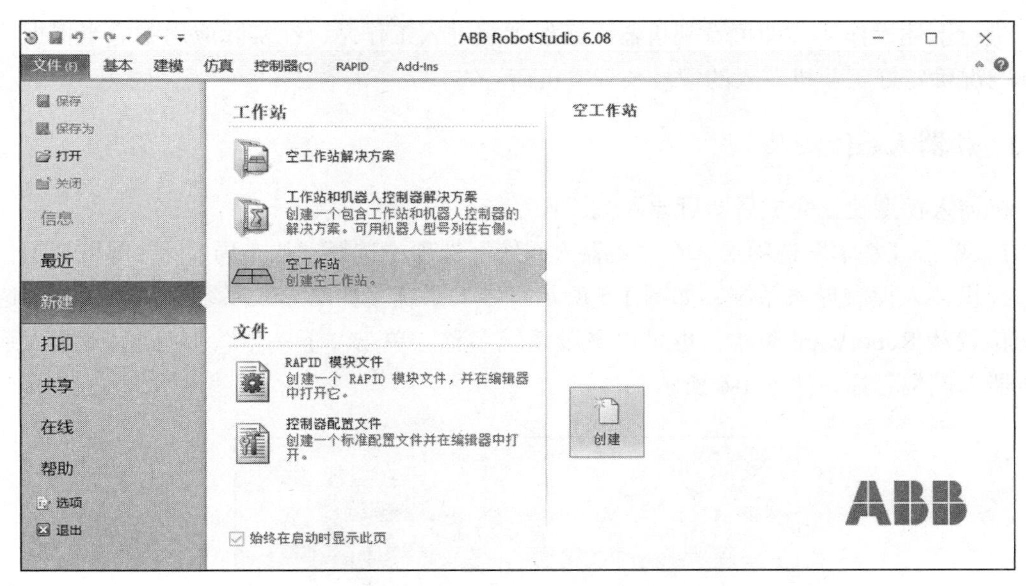

图 1-2　空工作站创建界面

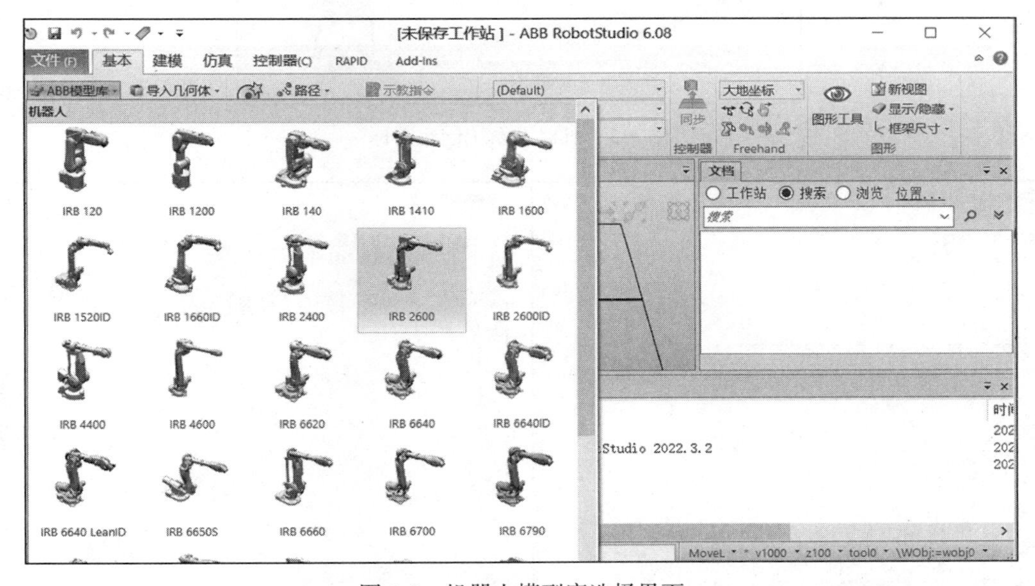

图 1-3　机器人模型库选择界面

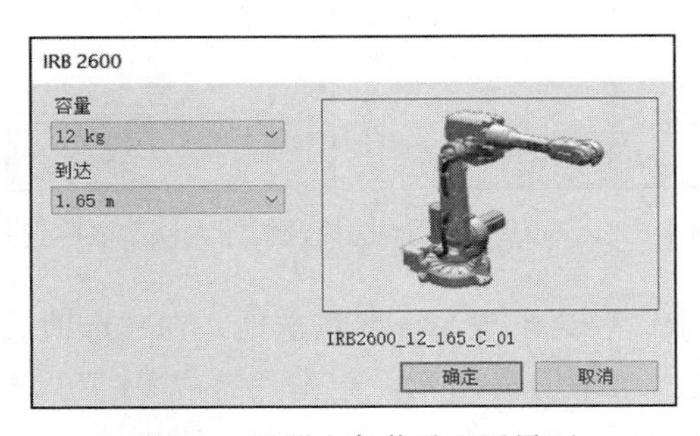

图 1-4　机器人负载及配置界面

进行上述操作后，即可看到机器人已经加载进入工作站，在实际应用中应当根据项目具体情况确定好工业机器人的型号及载重负荷。

1.1.3　机器人系统安装

机器人模型建立完成后即可导入机器人系统。

1）单击“基本”选项卡，在“机器人系统”选项中选择“从布局 ...”，即可从工作站中选择机器人模型导入系统，如图 1-5 所示。导入系统会弹出导入系统对话框，需要选择系统位置和 RobotWare 版本，也可以更改系统名称，单击“下一个”，会显示要输入系统的机器人模型名称，如图 1-6 所示。

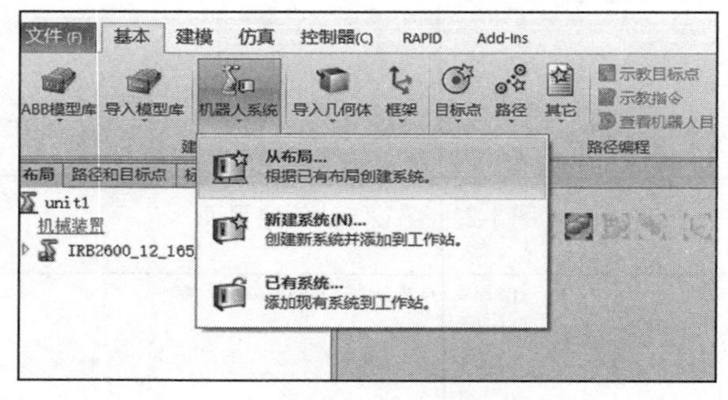

图 1-5　机器人系统创建图标

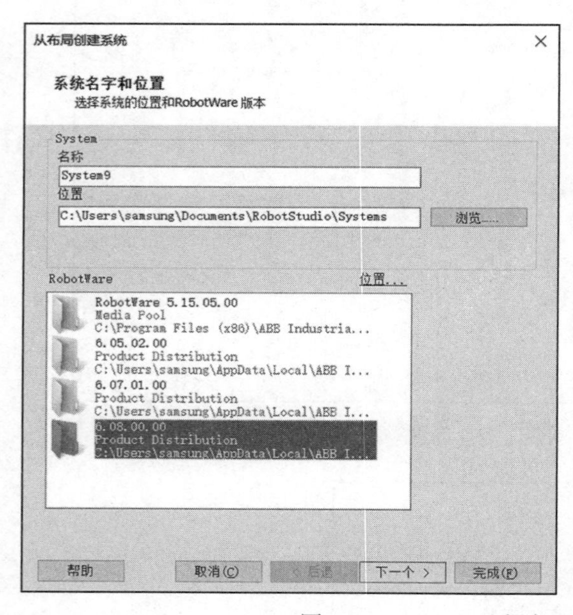

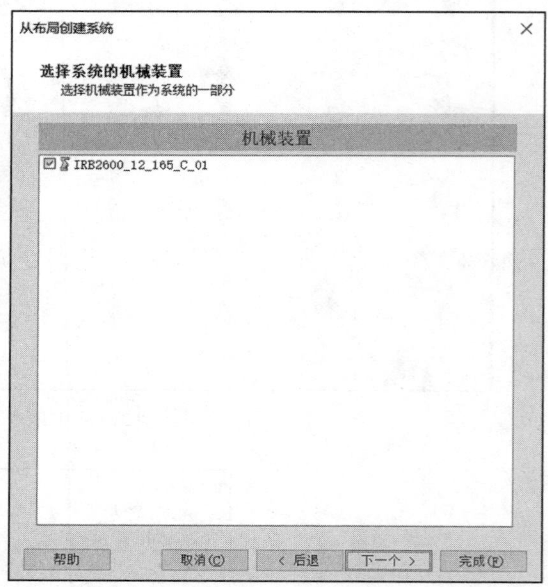

图 1-6　RobotWare 版本选择及机器人模型名称选择

2）再次单击“下一个”后会出现系统参数选项，在“选项 ...”里面可以设置系统参数，本章目前为默认参数，如图 1-7 所示，单击“完成（F)”，等待一段时间即可完成系统导入，导入成功后会在软件右下角出现绿色的控制器提示，并且输出栏会有“电机上电

(ON) 状态”提示，如图 1-8 所示。

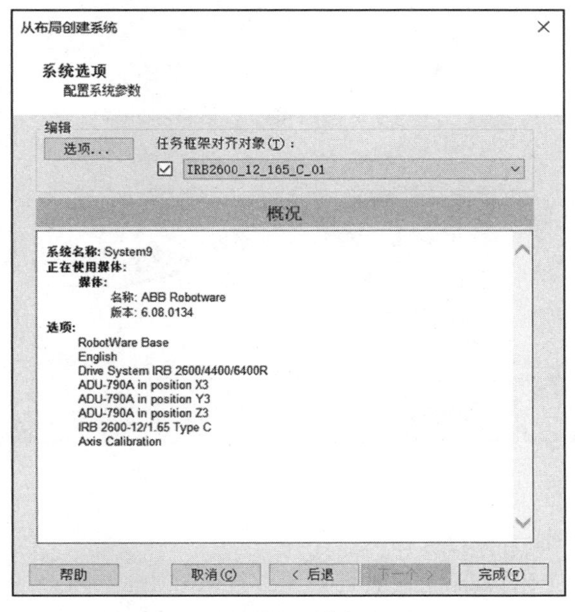

图 1-7 机器人系统概况界面

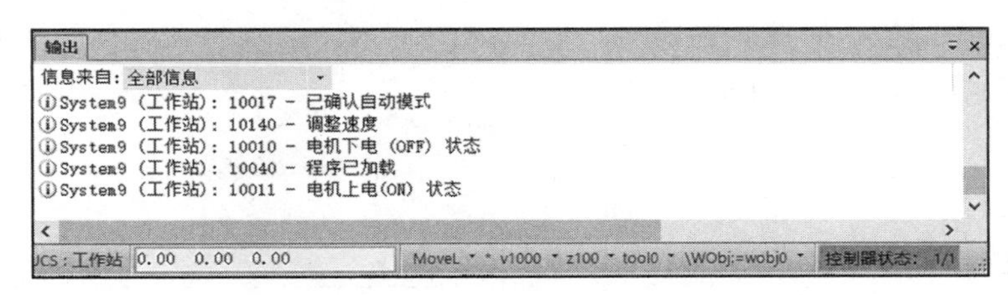

图 1-8 机器人系统安装完成后输出界面

3）机器人系统安装完成后便可以进行机器人位置的移动，单击“Freehand”中的“手动关节”，可以进入手动调整机器人关节状态模式，光标单击机器人各个关节并拖动便可以改变机器人形态，并能显示实时关节角度，如图 1-9 和图 1-10 所示。

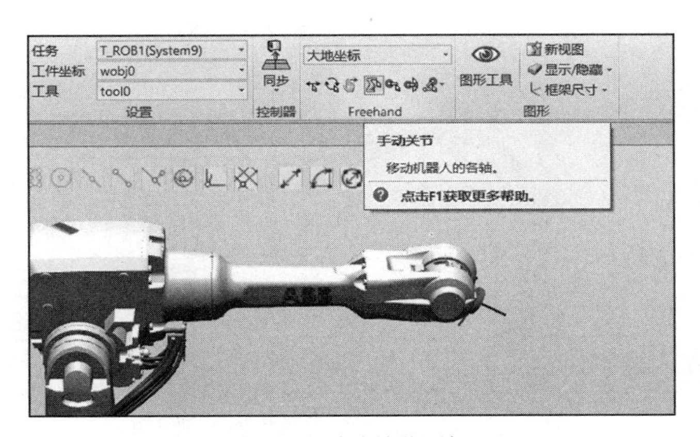

图 1-9 手动关节图标

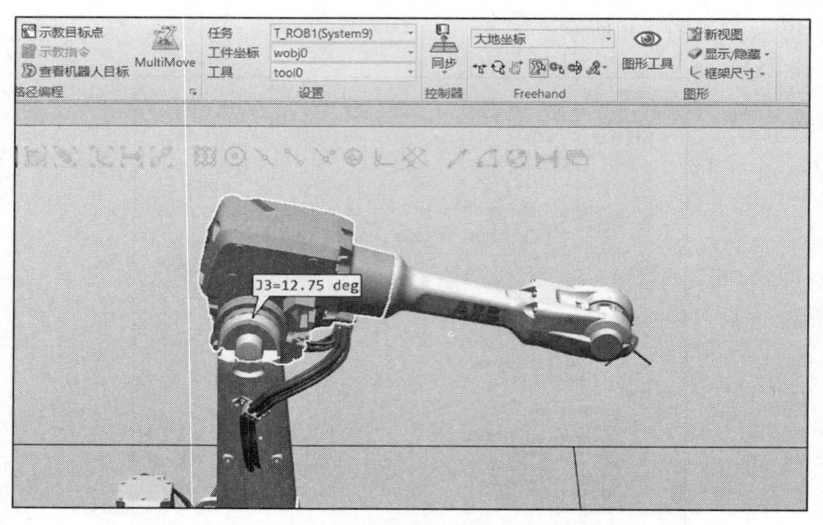

图 1-10　点选机器人第 3 关节移动效果

4）为了更好地观察导入的机器人模型，工作站内可以使用以下操作移动视角：平移为 Ctrl+ 鼠标左键，视角转动为 Ctrl+Shift+ 鼠标左键，视角缩放为滑动鼠标中间滚轮。“Freehand”选项卡中还有“手动线性”和“手动重定位”功能，点选对应颜色的坐标轴，可以更改机器人位置和姿态，如图 1-11 ～图 1-14 所示。

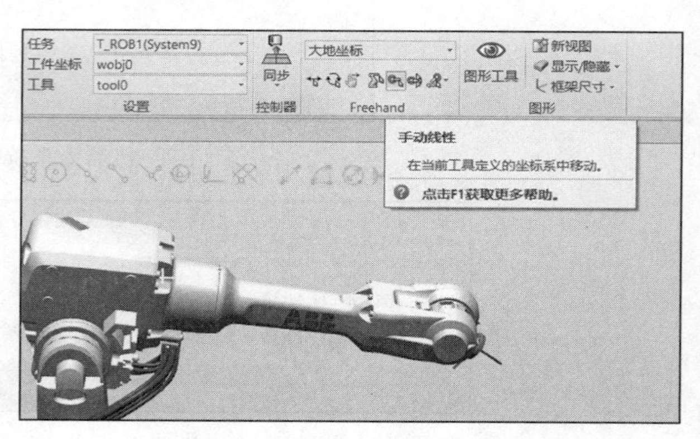

图 1-11　手动线性图标

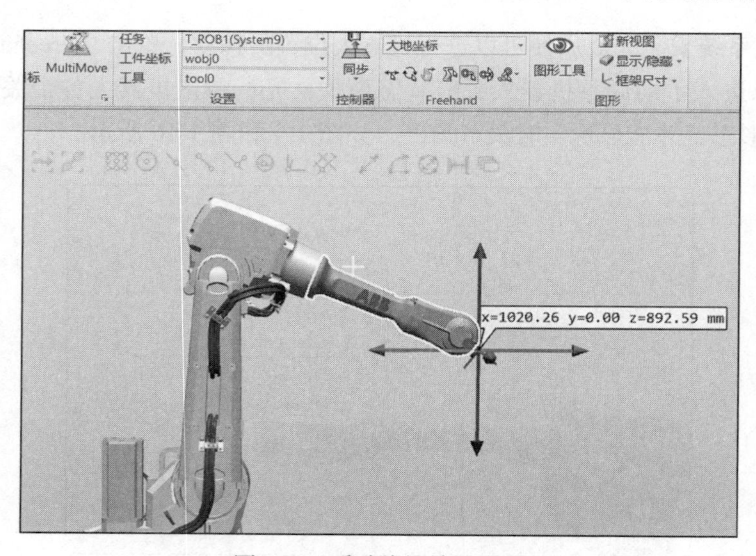

图 1-12　手动线性效果展示

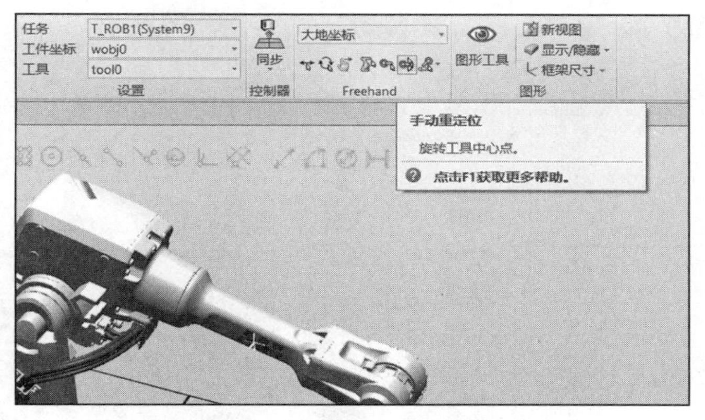

图 1-13　手动重定位图标

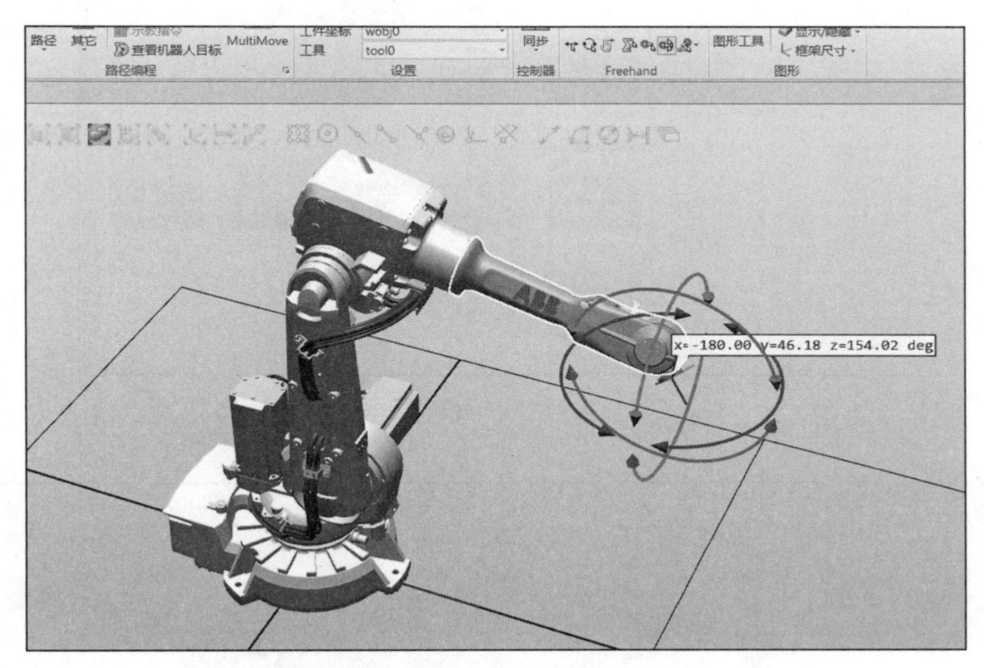

图 1-14　手动重定位效果展示

1.2 机器人工具导入

1.2.1　工具的选取与导入

本次加载的机器人工具为焊枪工具。

1）可在“基本”选项卡中选择“导入模型库”中的“设备”栏，查看系统自带工具，选择名为“myTool”的工具，如图 1-15 所示。

2）单击对应工具后，在布局栏即可看到所选工具已经添加到工作站中，如图 1-16 所示。

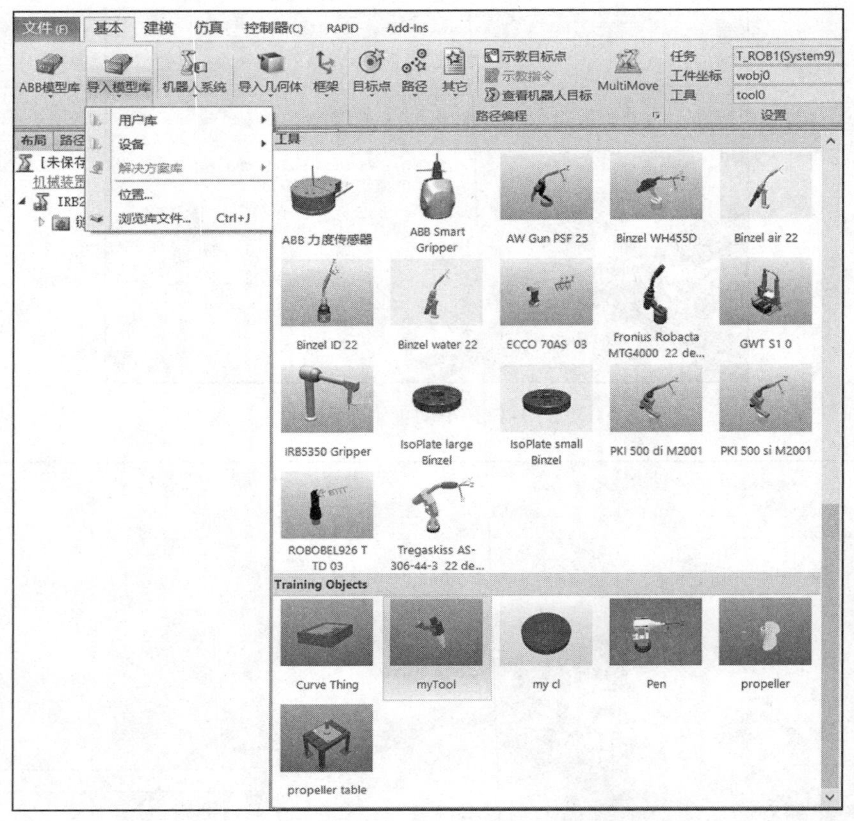

图 1-15　导入“myTool”工具

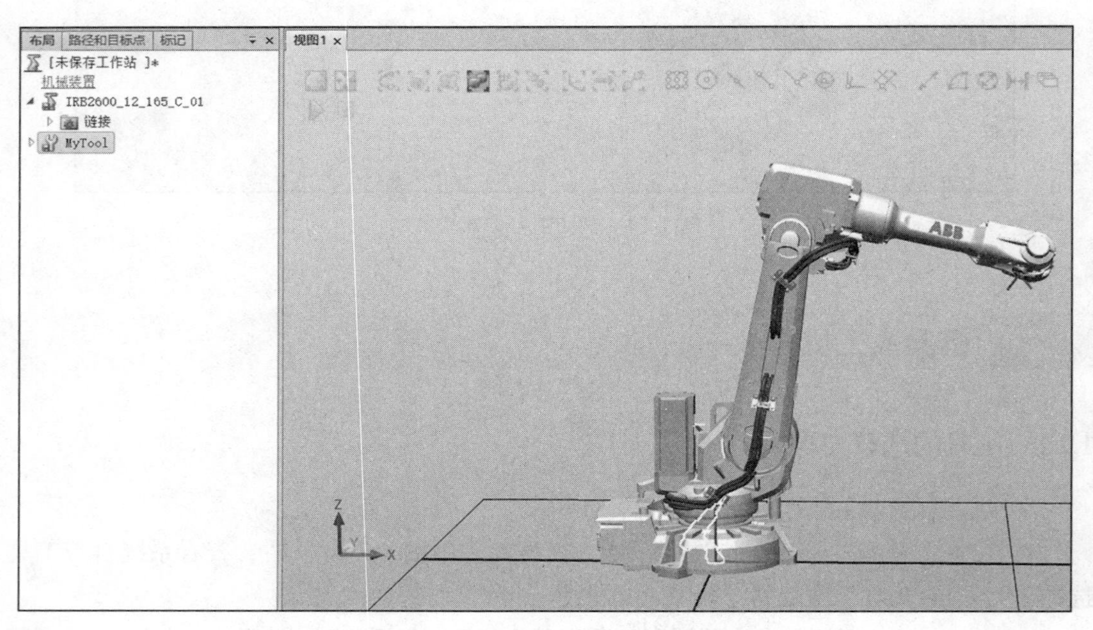

图 1-16　工具已添加进工作站

3）可以看到添加的工具与机器人的原点重合，导致在布局栏可以看到所添加的工具，但是视图里面看不到，被机器人所遮挡。对于这种情况，我们可以先在布局中点选工具，并在“Freehand”选项卡中选择“移动”功能，单击选择箭头即可移动工具位置，如图 1-17 和图 1-18 所示。

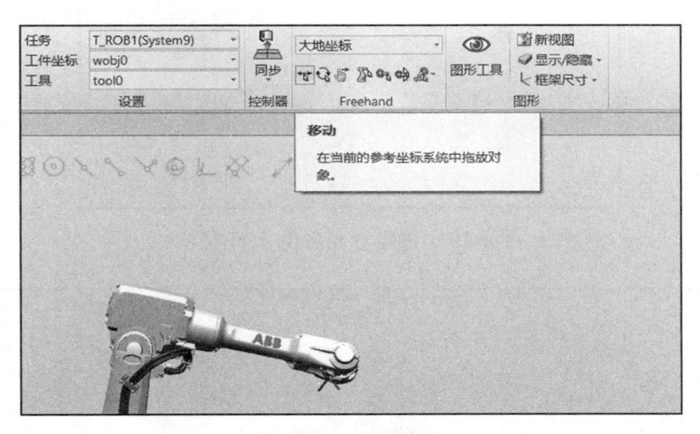

图 1-17　移动图标

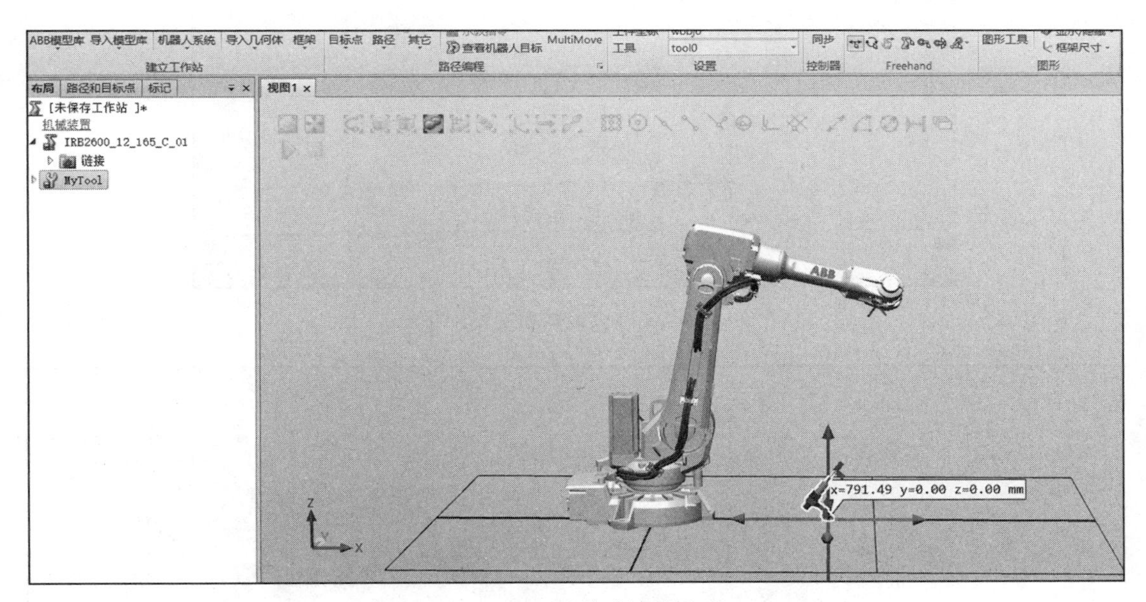

图 1-18　工具移动效果展示

1.2.2　工具安装设置

1）单击选择布局中的工具，向上拖动到机器人位置，直到机器人名称出现灰色方框，光标下方有虚线矩形时，松开鼠标，则会弹出工具安装对话框，提示是否安装工具，如图 1-19、图 1-20 所示。

2）单击“是（Y）”后，工具即被安装至机器人法兰盘上，如图 1-21 所示。

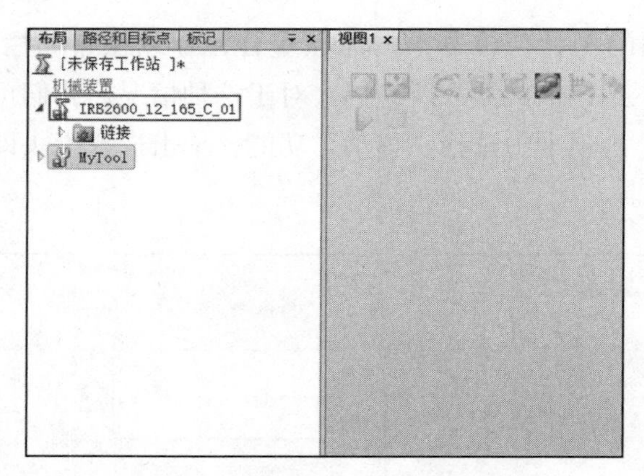

图 1-19　布局界面中的工具安装

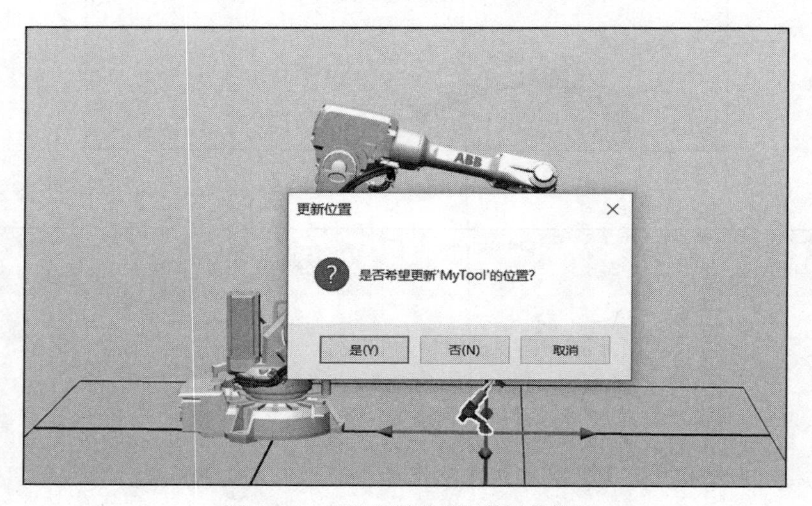

图 1-20　工具安装位置更新对话框

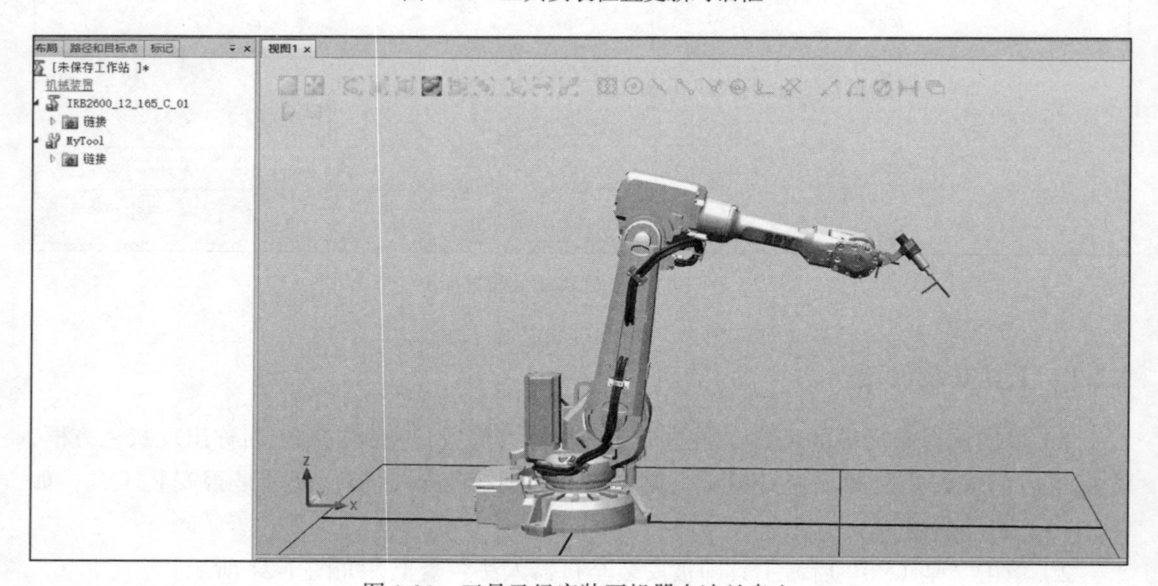

图 1-21　工具已经安装至机器人法兰盘上

3）若想拆除工具，则在布局栏右击即可弹出菜单，单击拆除，在弹出的对话框中单击“是（Y）”后，工具会回到原位，如图 1-22 ～图 1-24 所示。

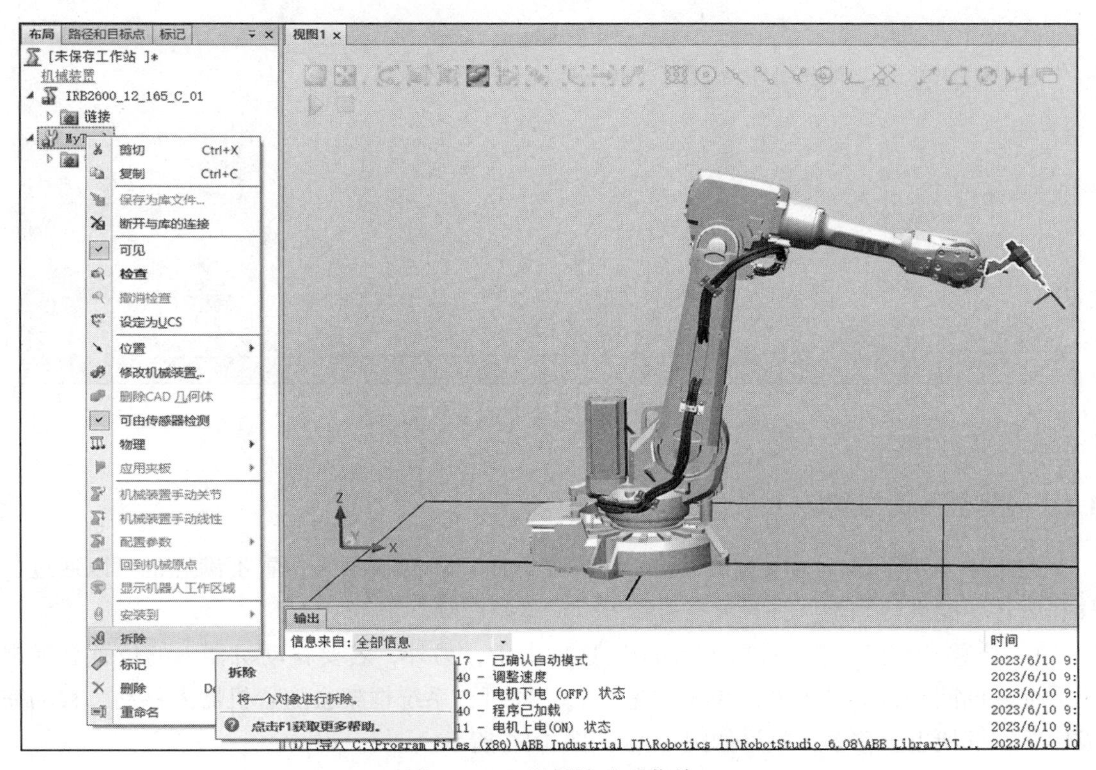

图 1-22　工具拆除选项菜单

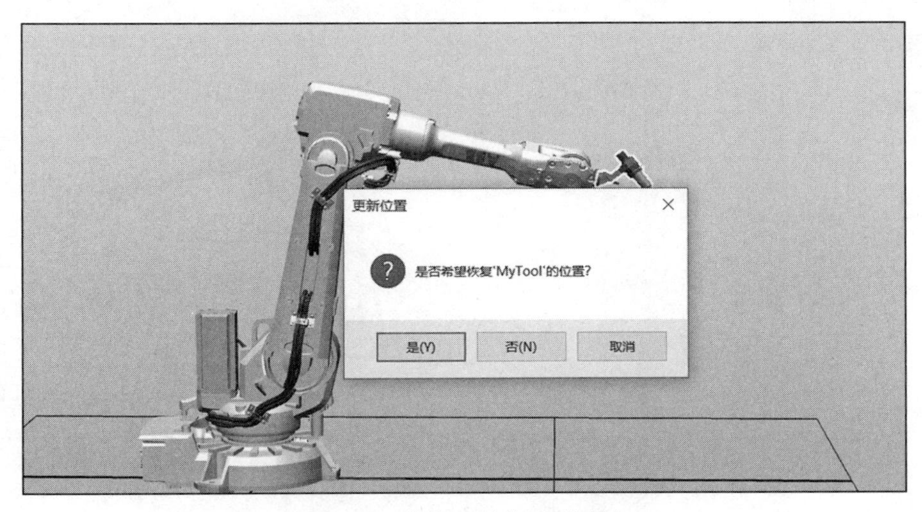

图 1-23　恢复工具位置对话框

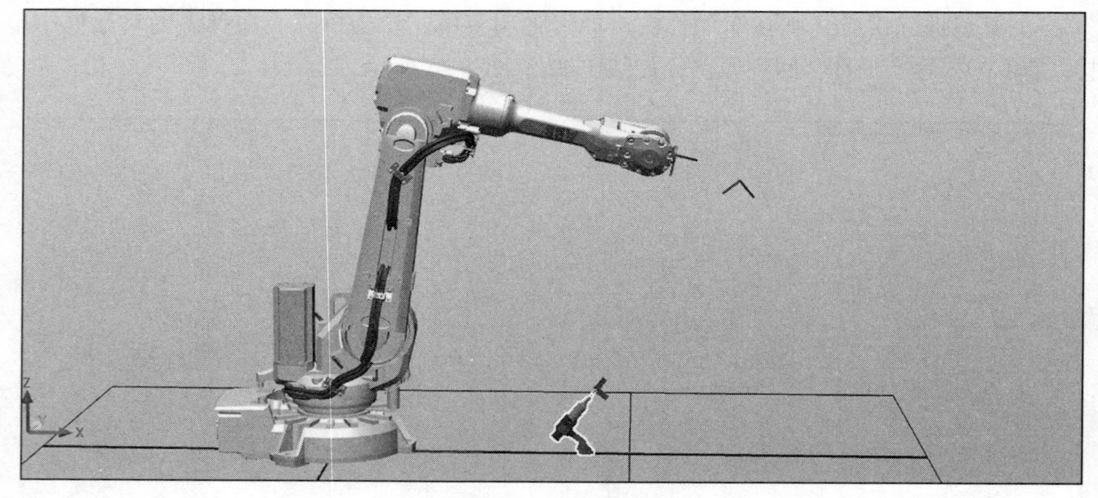

图 1-24　工具恢复原有位置

1.2.3　模型移动与翻转

前文中利用了移动选项对工具位置进行了调整，若对机器人位置不满意也可以通过位移和旋转功能进行调整。

1）位移和旋转功能在“Freehand”选项卡中，另外，若要移动机器人的位置会弹出对话框，询问是否移动框架，单击“是（Y）”即可，系统框架会随着机器人移动，移动完成后系统框架也会移动，效果如图 1-25～图 1-27 所示。

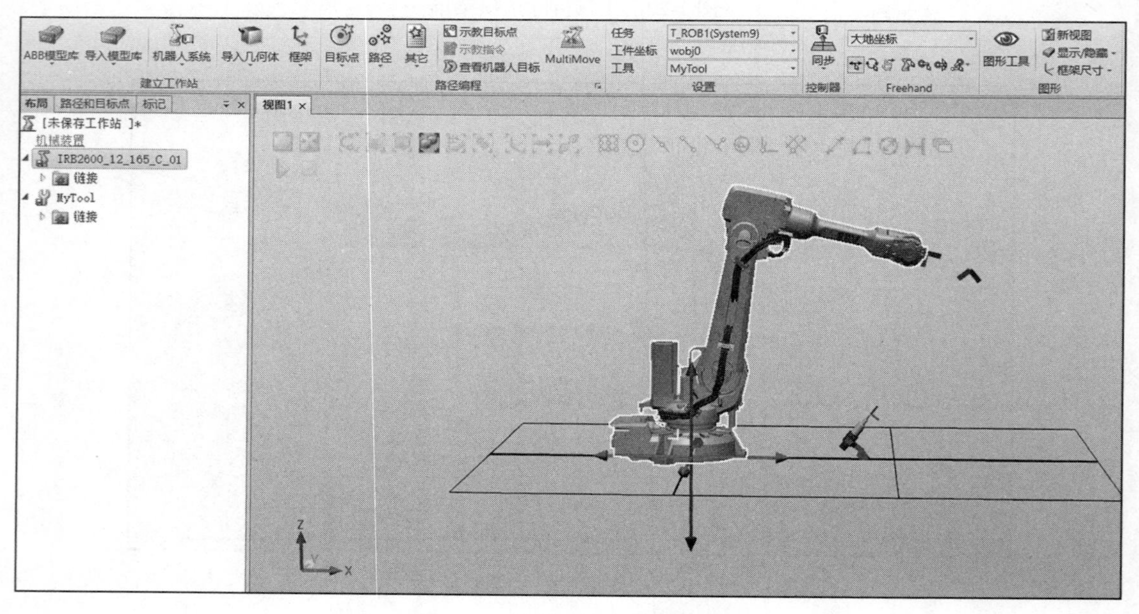

图 1-25　机器人进入移动状态

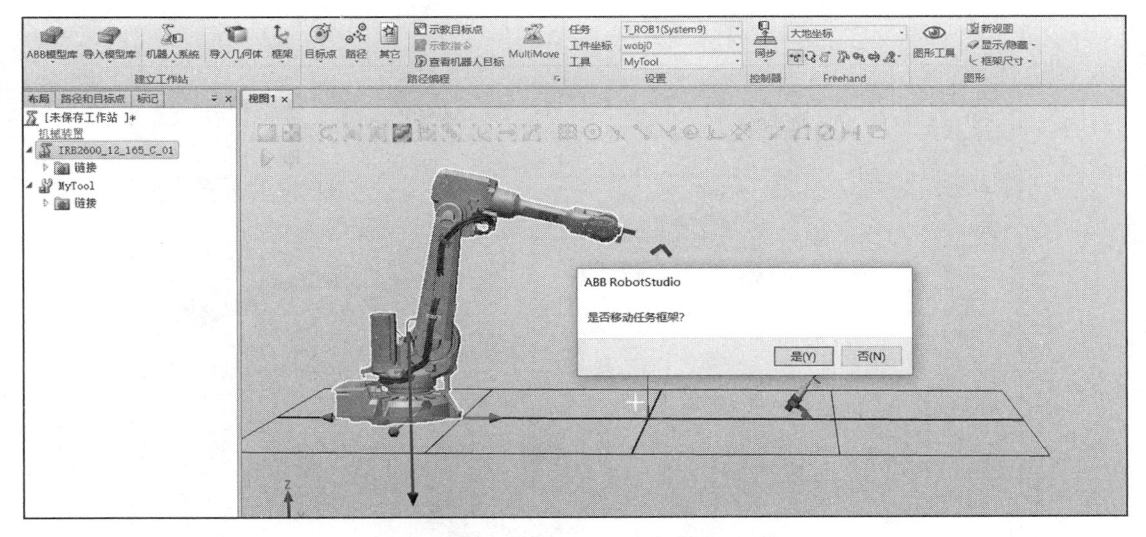

图 1-26　移动机器人到新位置弹出对话框

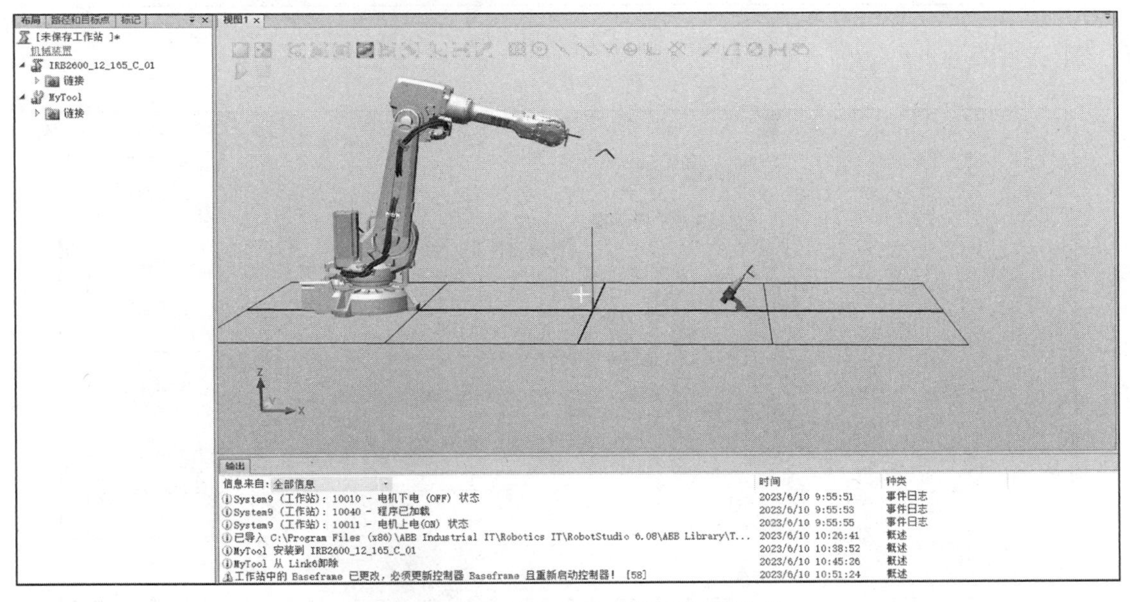

图 1-27　单击“是（Y）”后移动到新位置

2）工业机器人到达新位置后需要重启控制器才能完成框架变更，在菜单栏选择“控制器”，选择“重启”会弹出重启对话框，单击“确定”后等待软件界面控制器一栏重新变绿且输出栏显示“电机上电（ON）状态”即表示重启完成，如图 1-28 ～图 1-30 所示。

3）旋转可以旋转夹具与模型的位置，单击布局栏中要旋转的模型，再单击“Freehand”选项卡中的“旋转”功能，即可单击坐标轴线条进行旋转操作，如图 1-31、图 1-32 所示。

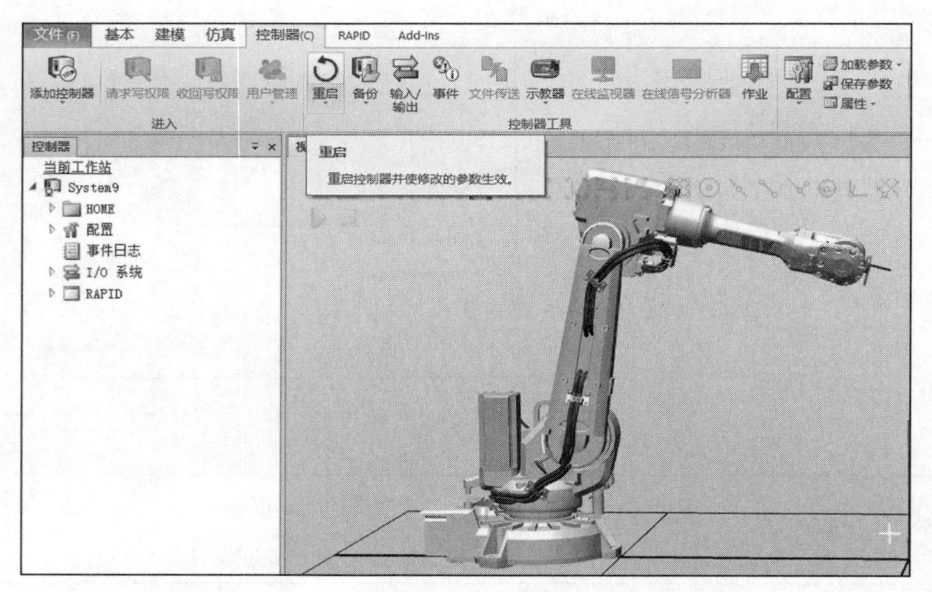

图 1-28　重启图标

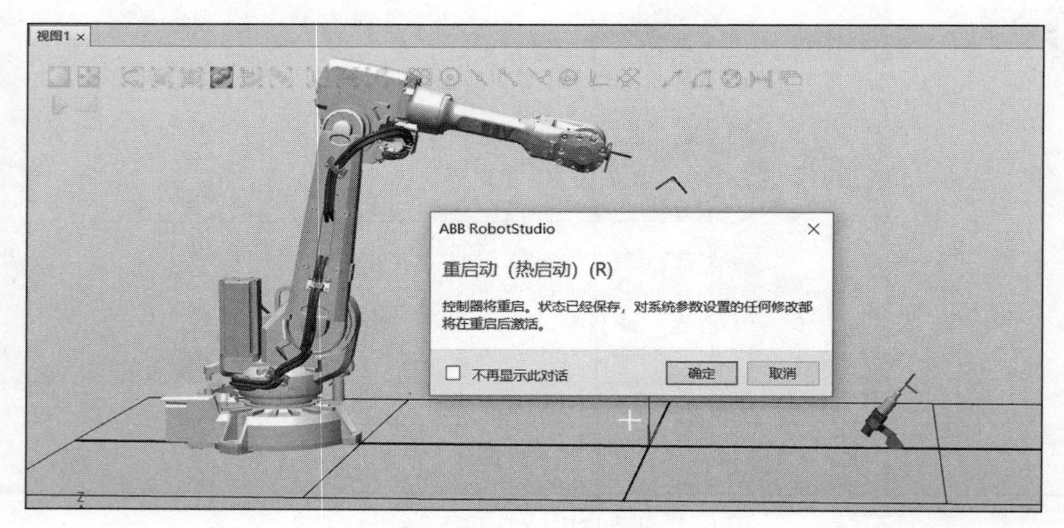

图 1-29　重启确认对话框

控制器状态　输出　搜索结果

信息来自：全部信息

	时间	种类
System9（工作站）：10002 – 程序指针已经复位	2023/6/10 10:58:48	事件日志
System9（工作站）：10129 – 程序已停止	2023/6/10 10:58:48	事件日志
System9（工作站）：10016 – 已请求自动模式	2023/6/10 10:58:51	事件日志
System9（工作站）：10017 – 已确认自动模式	2023/6/10 10:58:51	事件日志
System9（工作站）：10140 – 调整速度	2023/6/10 10:58:51	事件日志
System9（工作站）：10010 – 电机下电（OFF）状态	2023/6/10 10:58:51	事件日志
System9（工作站）：10011 – 电机上电(ON) 状态	2023/6/10 10:58:51	事件日志

控制器状态：1/1

图 1-30　重启完成输出栏显示

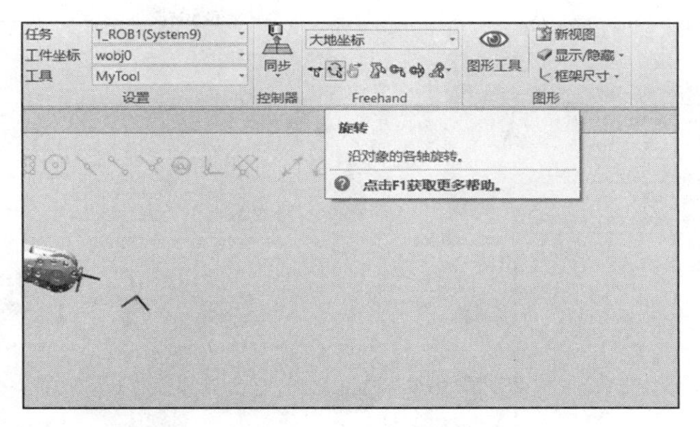

图 1-31　旋转图标

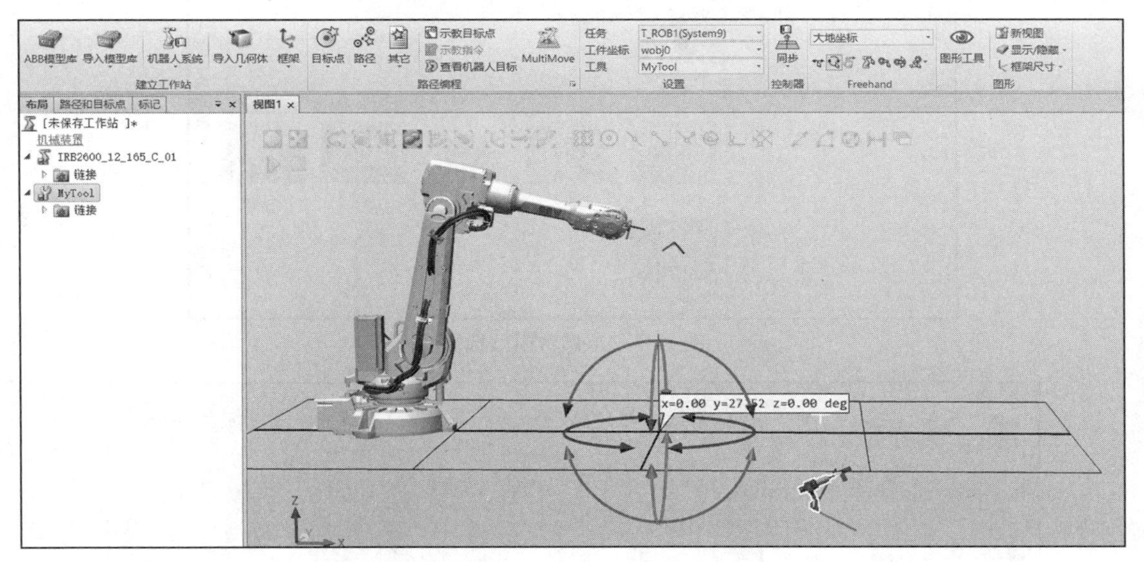

图 1-32　旋转效果展示

1.3　设置工作台与工件

1.3.1　工作台的摆放

完成机器人及工具的摆放后，就要进行工作台及工件的摆放了。

1）首先按照本书 1.2 节的内容将工具安装到机器人法兰盘上。与导入工具类似，在“基本”选项卡中，单击选择“导入模型库”中的“设备”栏，弹出设备选择目录，选择“propeller table”作为工作台，如图 1-33 所示。

2）在布局中选择机器人，右击选择“显示机器人工作区域”即可查看机器人可以到达的工作范围，工作对象应当调整到工业机器人最佳的工作范围之内才能提升工作节拍和方便轨迹规划，白线圈起的范围就是机器人工作的范围，如图 1-34 和图 1-35 所示。

图 1-33　工作台模型选择

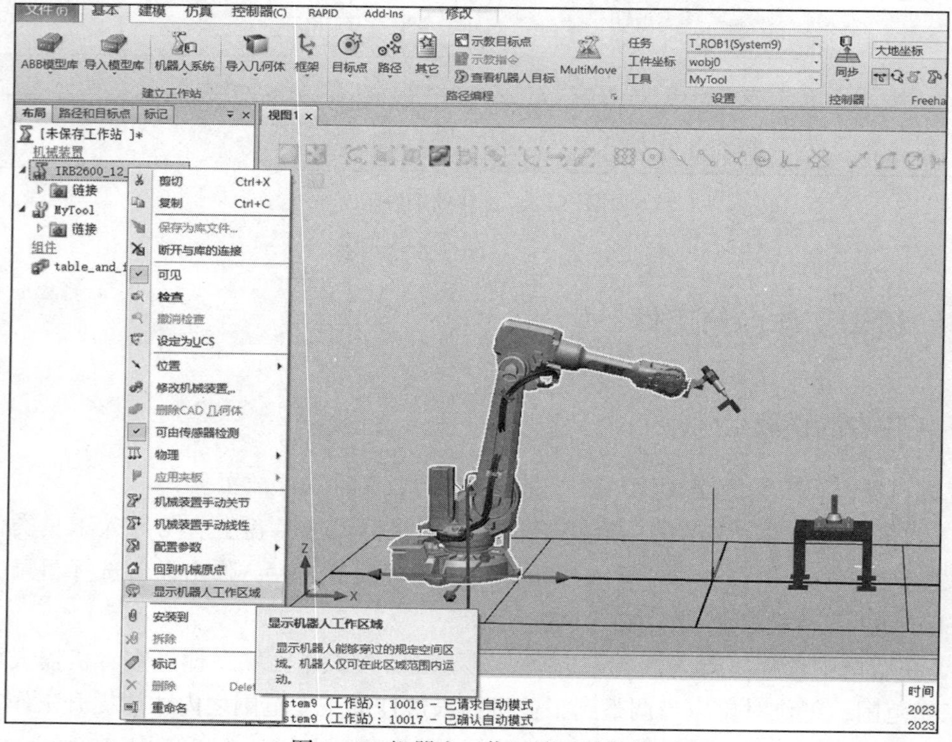

图 1-34　机器人工作区域显示菜单

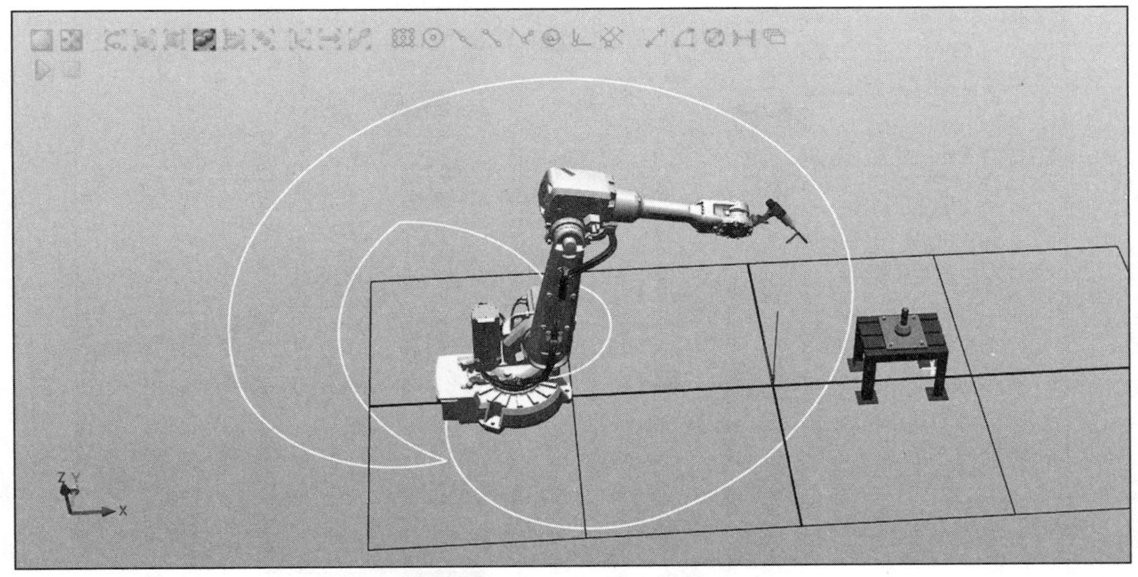

图 1-35　机器人工作区域显示

3）在图 1-35 中发现工作台在机器人工作范围之外，所以需要使用“Freehand”选项卡中的旋转和平移功能将工作台移入机器人工作范围内，如图 1-36 所示。

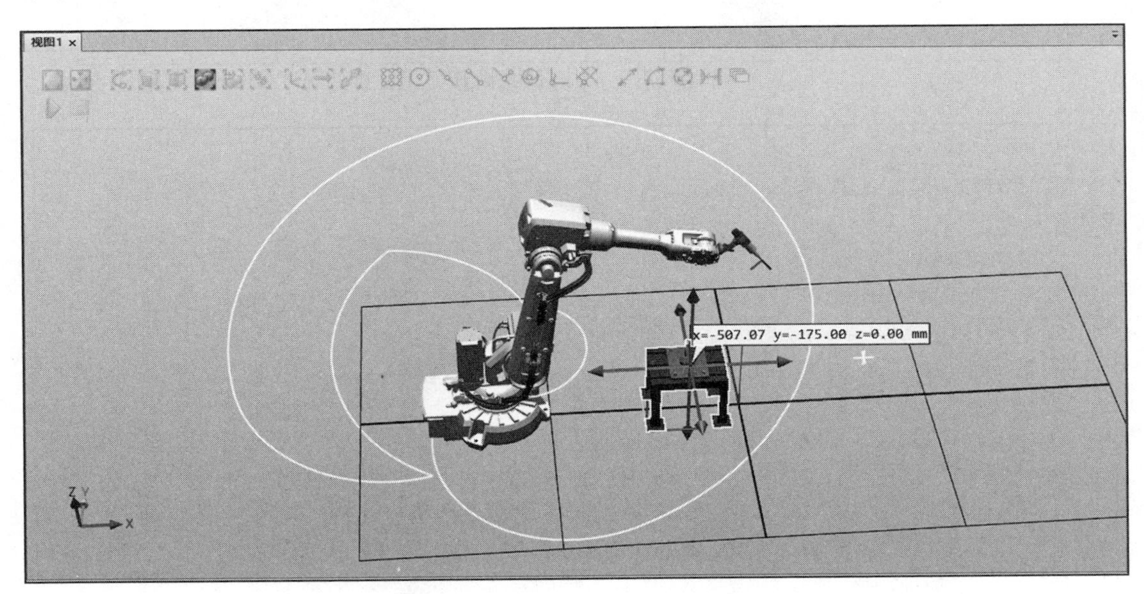

图 1-36　拖动工作台到工作范围内

1.3.2　工件的摆放与安装

接着导入工件。

1）在“基本”选项卡中，单击选择“导入模型库”中的“设备”栏，弹出设备选择目录，选择“Curve Thing”作为工件导入工作站，如图 1-37 和图 1-38 所示。

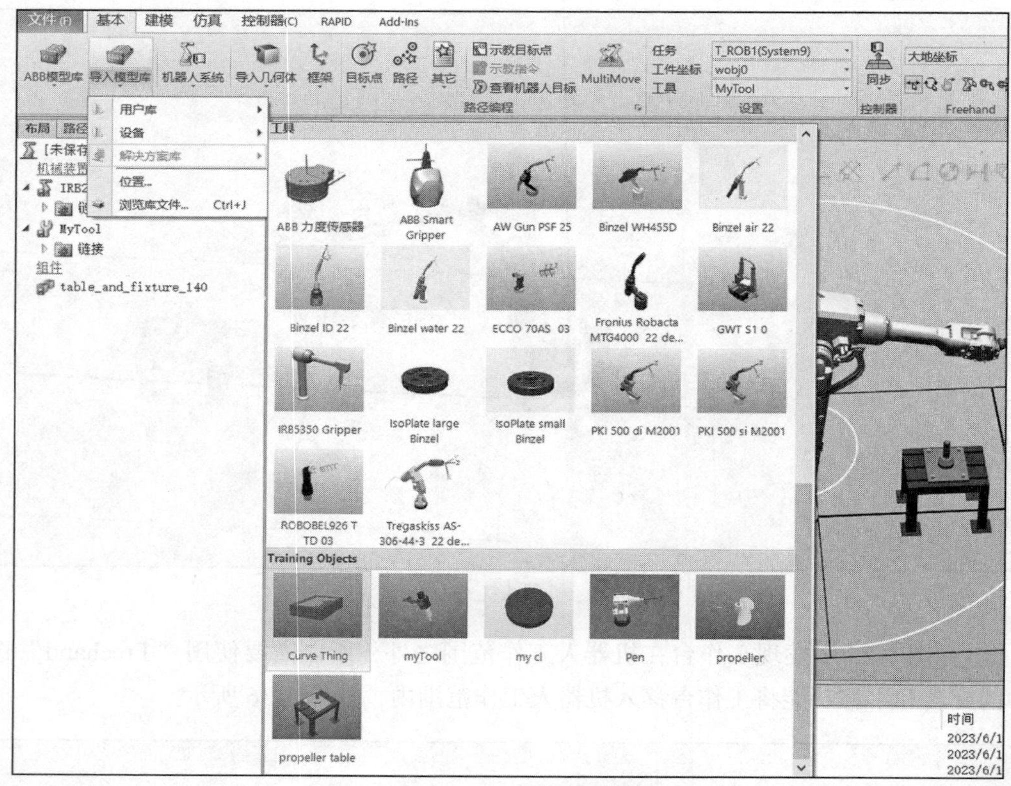
图 1-37　工件导入界面

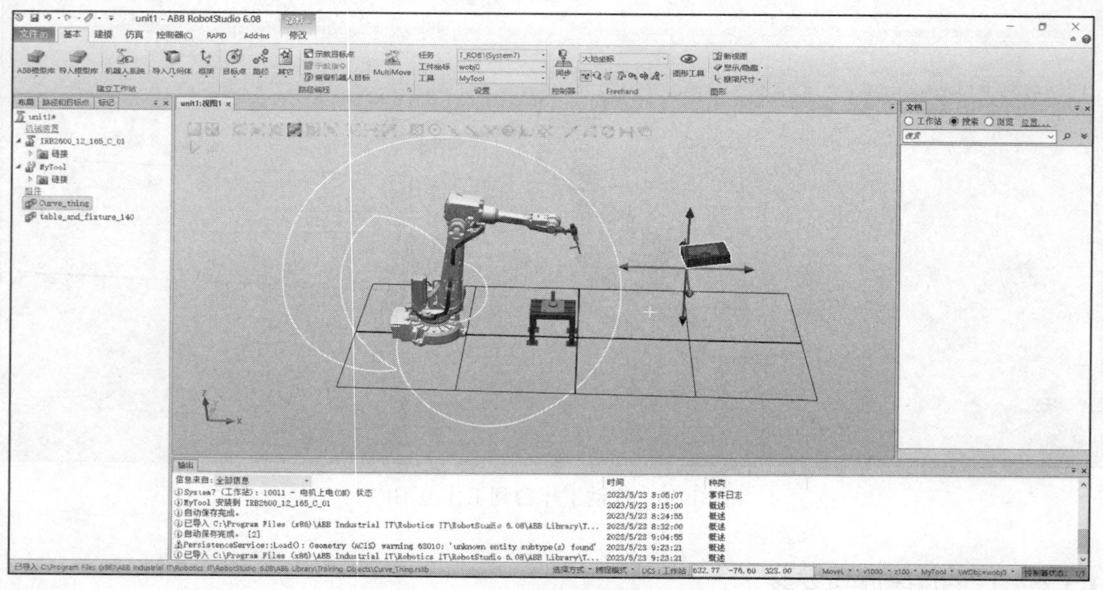
图 1-38　工件导入后的界面

2）在图 1-38 中可以看到，导入的工件位置有些倾斜，即使用旋转和平移不能非常精确地将工件放置到工作台上，所以需要使用两点法进行放置。具体过程为右击工件“Curve Thing”，在弹出的快捷菜单中选择“位置”—“放置”—“两点”，如图 1-39 所示。

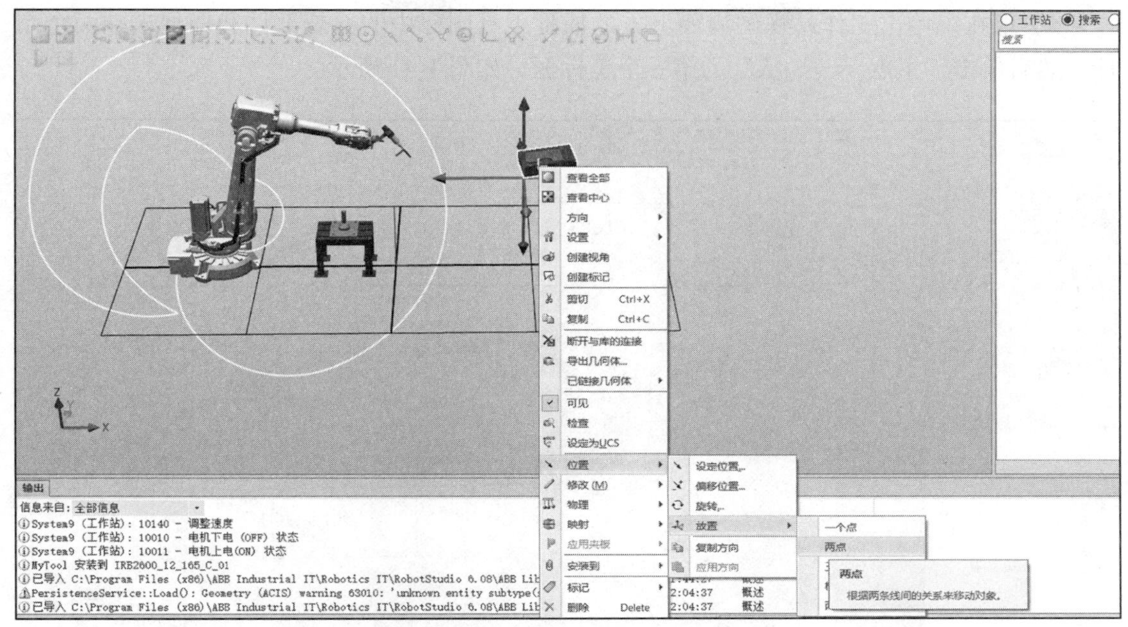

图 1-39　两点放置菜单

3）选择完成后，在软件画面左边会弹出两点放置对象（设置参数）对话框，如图 1-40 所示。

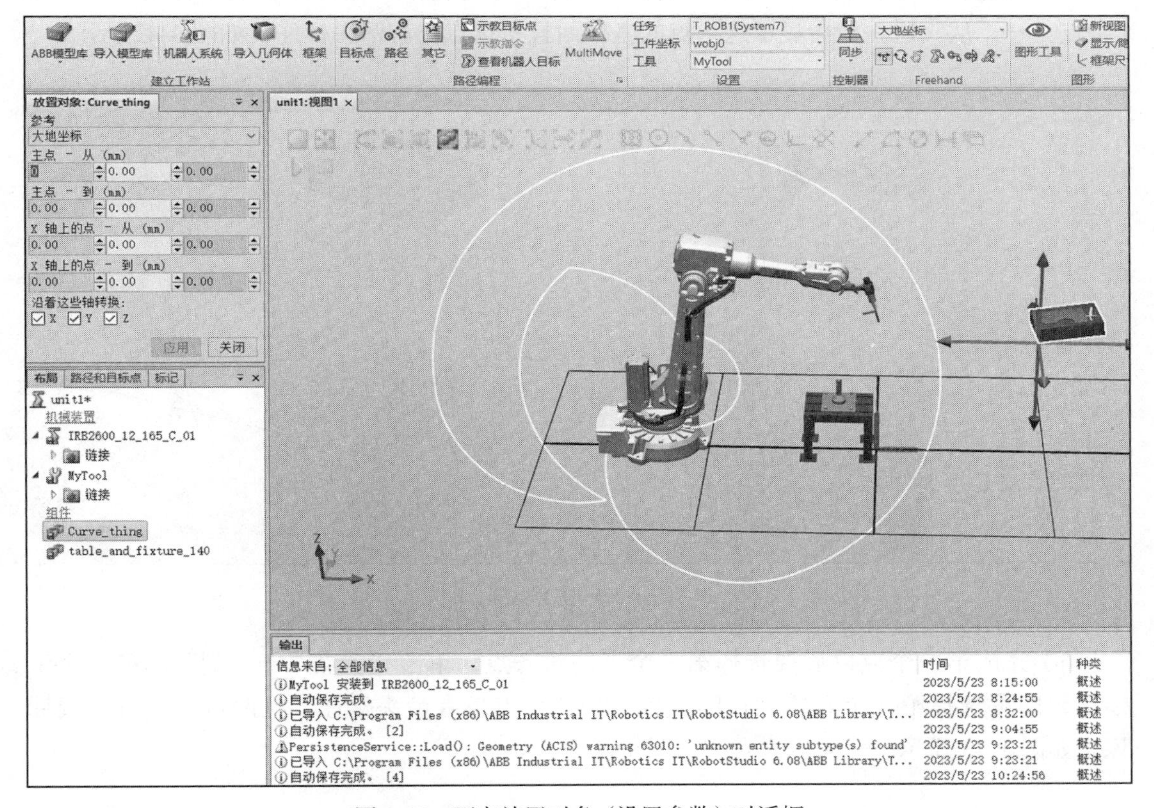

图 1-40　两点放置对象（设置参数）对话框

4）现在，单击工作站视图界面上方的捕捉工具图标中的部署部件和捕捉末端两个图标，然后单击“主点　—　从”的第一个坐标框，如图 1-41 所示。

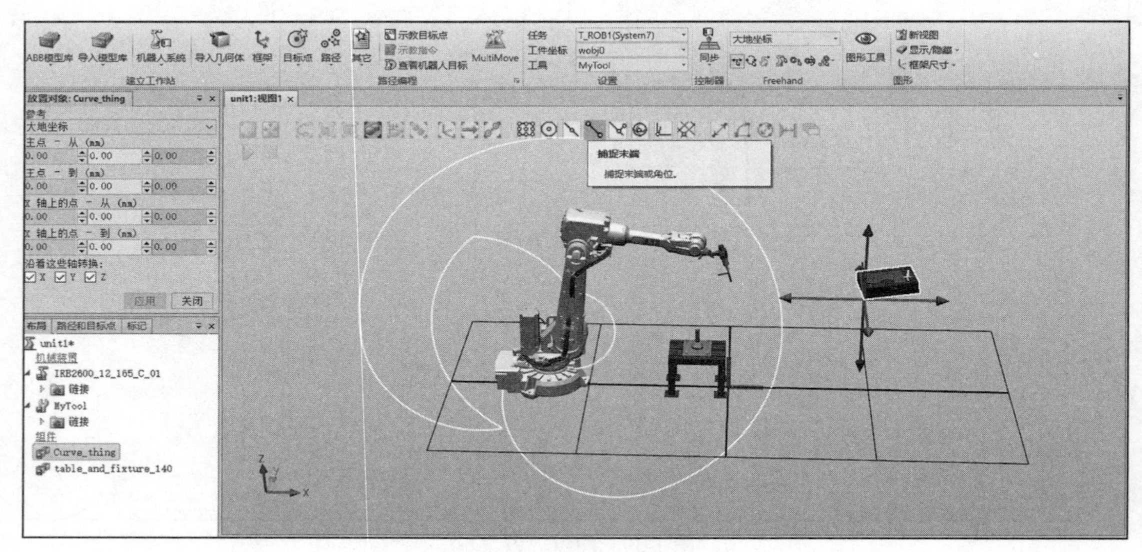

图 1-41　捕捉末端

5）在选完两个图标后，物体末端会出现小球型标注点，选择工具右下方的点后，在“主点　—　从”这一栏会显示这一点的坐标而且所选点还有箭头标注，如图 1-42 所示。

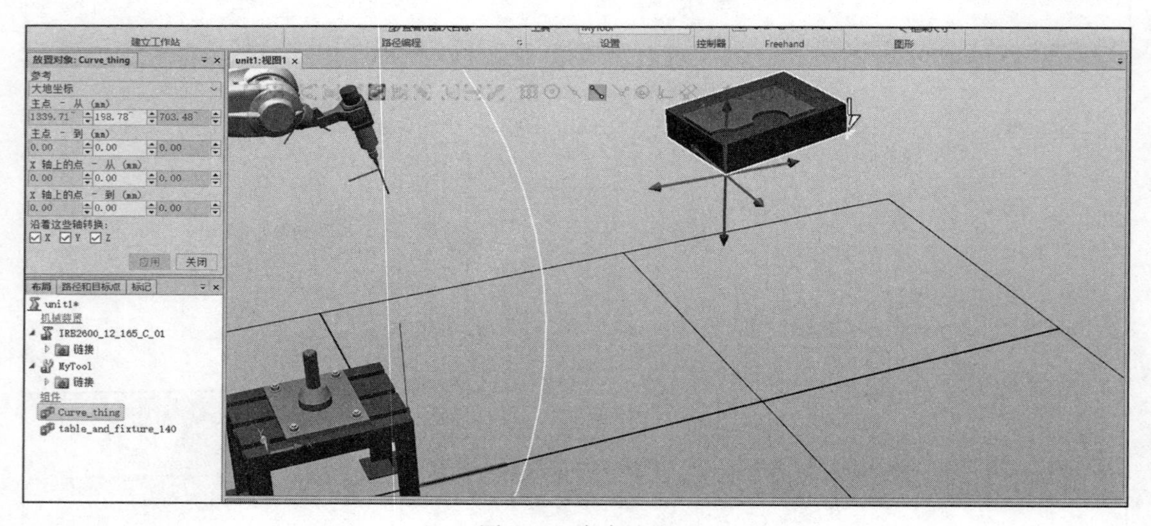

图 1-42　主点选取

6）完成第一个点以后要选择第一个点的对齐点，单击“主点　—　到”的第一个坐标框，即可选择第一个点要到达的位置，第二个点也有箭头标注，且两点之间有红线标识，如图 1-43 所示。

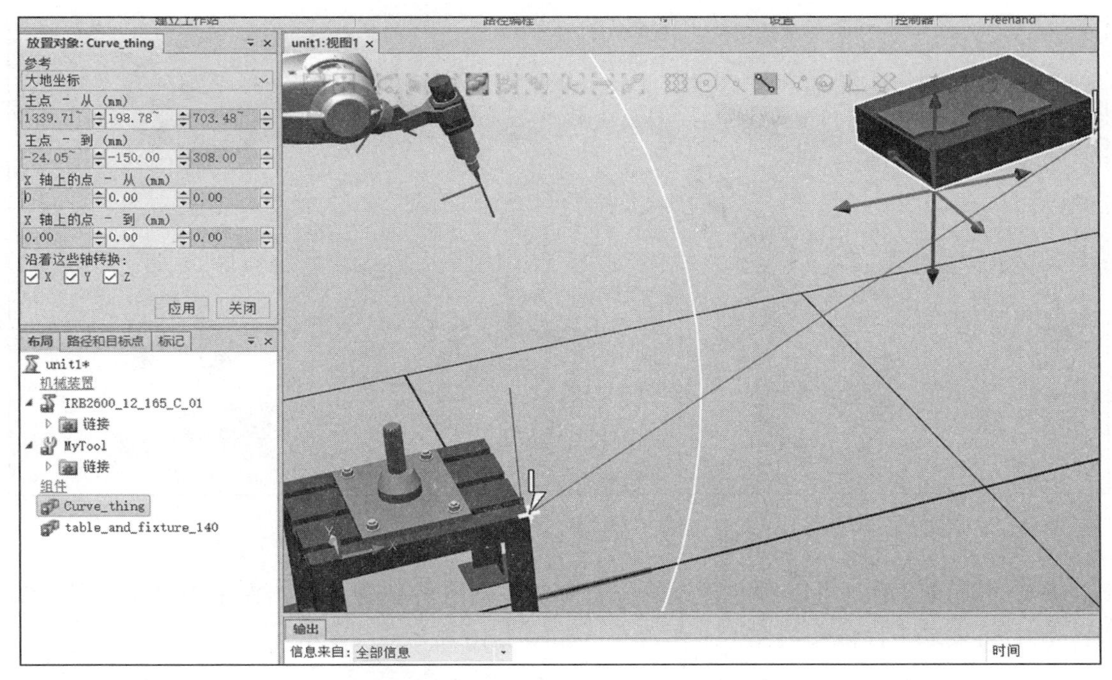

图 1-43　确定第一个点

7）单击“X 轴上的点　—　从”，选择在 X 轴上的第二个点，如图 1-44 所示。

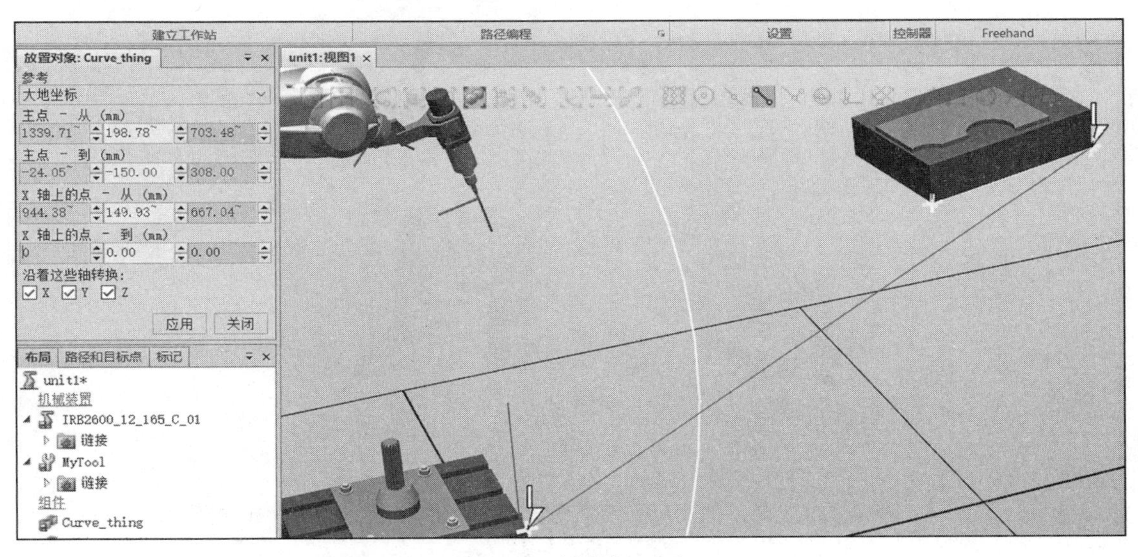

图 1-44　选择第二个点

8）按照同样的方法单击选择要对齐的点，单击“X 轴上的点　—　到”，选取第二个点所要到达的位置，如图 1-45 所示。

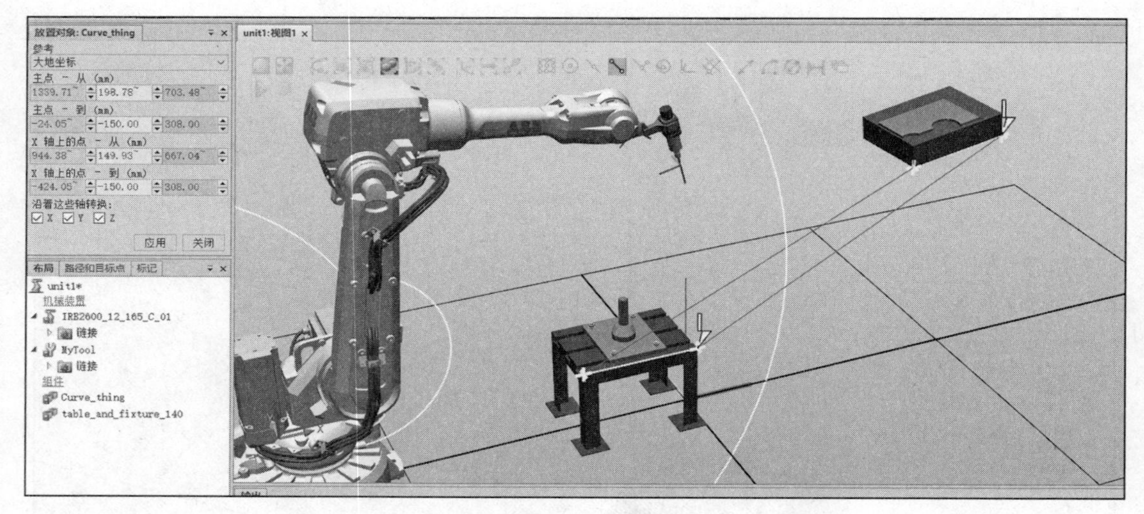

图 1-45　确定第二个点

9）完成设置后，可以看到两点的位置和需要对齐的位置，单击左上方菜单中的“应用”后，可发现工件被安放在了工作台上，如图 1-46 所示。

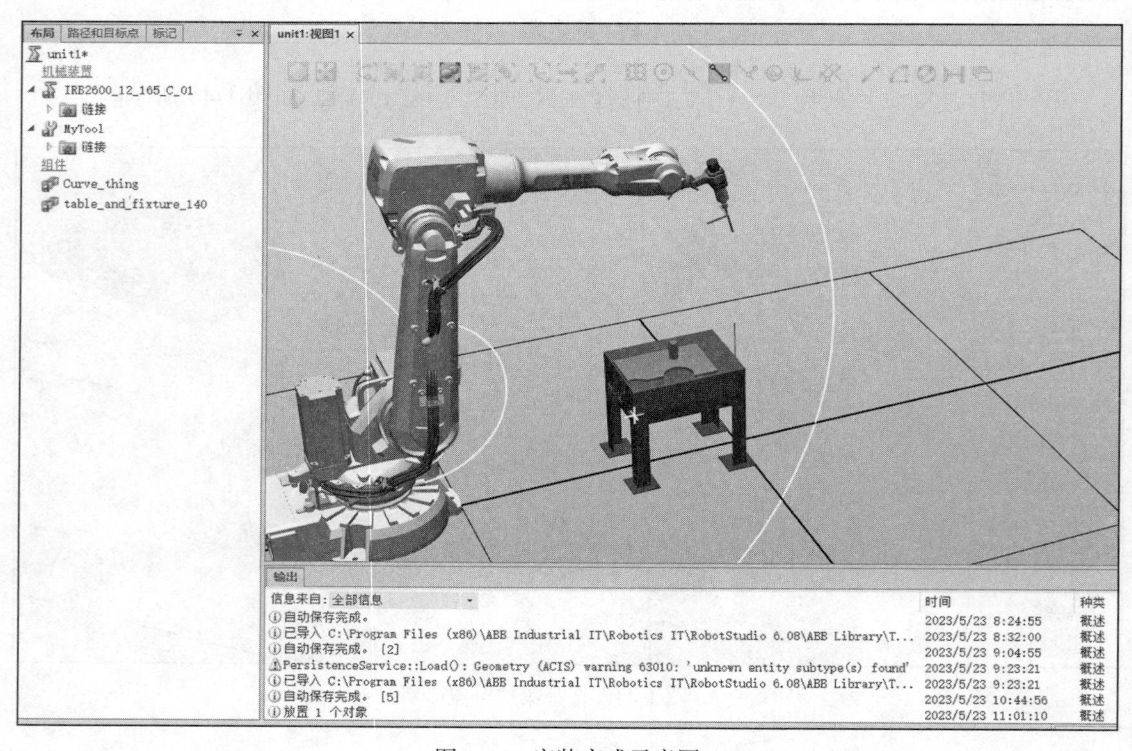

图 1-46　安装完成示意图

小结：在本章我们学习了如何导入机器人模型和导入机器人系统，以及系统设定的工具和工件的导入与安装。对于初学者需要通过熟悉软件的操作与机器人关节调整的过程。

1.4　作业：机器人姿态控制

1）在已经创建好的工作站中通过机器人手动关节调整机器人姿态到如图 1-47 所示位置，即工作台的中心凸起位置。

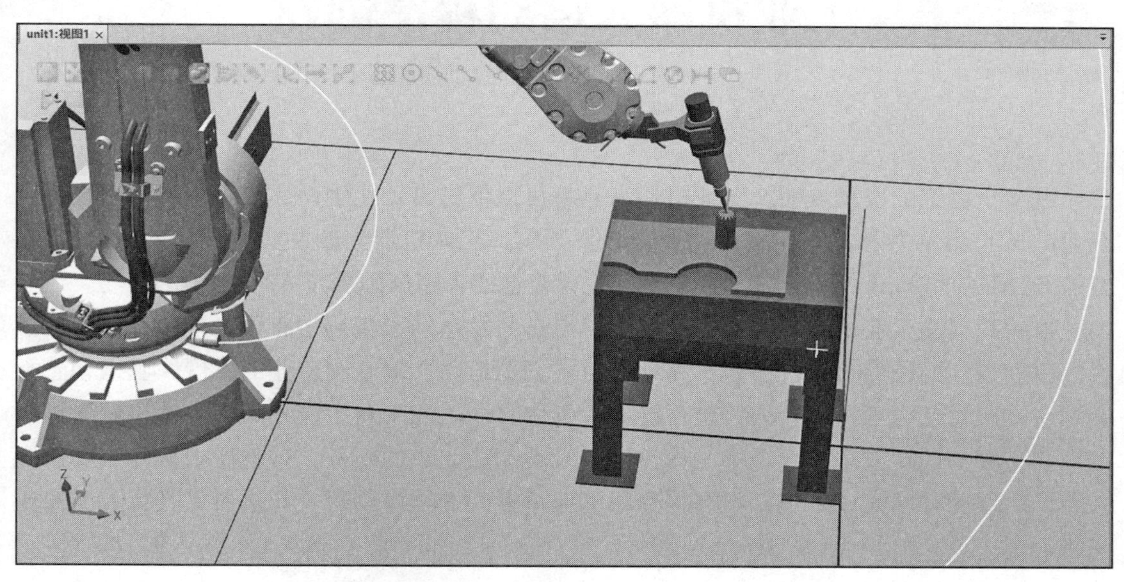

图 1-47　机器人姿态控制作业 1

2）移动机器人喷枪枪尖触碰金属板顶点，如图 1-48 所示。

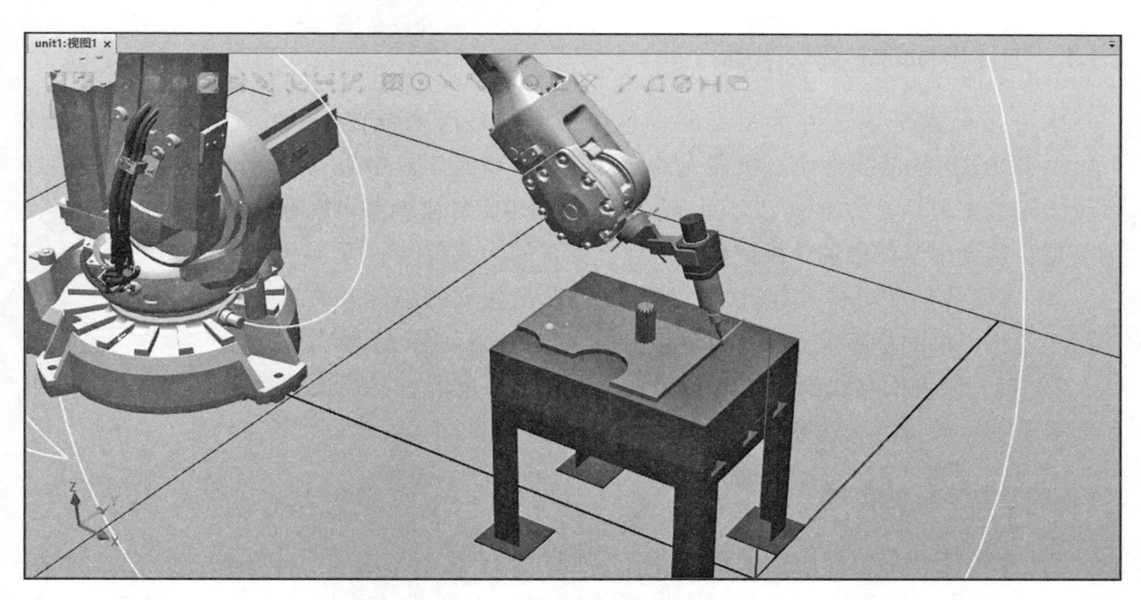

图 1-48　机器人姿态控制作业 2

第2章 工业机器人运动程序创建

近半个世纪的发展表明，工业机器人具有可以促进自动化生产、提升生产效率、提高企业的核心竞争力等优点而备受企业青睐。当前，工业机器人四巨头有瑞典的 ABB；日本的 FANUC 和 Yaskawa；德国的 KUKA。曾经这四大家族独霸了 67% 的中国市场。近年来，虽然我国的工业机器人产业不断发展，但是与发达国家相比还有很大差距，这就要求我们树立强烈的民族自信，坚定不移地走自主创新道路。随着制造业的发展，亟须朝着智能制造方向转变，工业机器人符合智能制造发展方向。在工业生产领域，工业机器人可以在易燃易爆、危险或恶劣环境中工作，完成人类无法完成的任务，这就要求机器人要按照人类设定好的程序完成工作。本章将介绍工业机器人的程序创建，让机器人替代人类完成一些工作。

2.1 工件坐标创建

2.1.1 工件坐标的定义与作用

工件坐标系是以工件为基准的直角坐标系，是用来描述工具中心点（Tool Central Point，TCP）运动的坐标系。机器人的轨迹运动，就是工具中心点的运动，在我们安装好系统自带的工具后，TCP 就已经固定了，这时利用工件坐标系可以非常方便地描述机器人的位置，达到事半功倍的效果。建立工件坐标系的优点有以下两点：

1）方便我们在机器人运行时，按照我们自己建立的坐标系的方向做线性运动，而不拘泥于系统提供的基座坐标系和世界坐标系这几种固定的坐标系。

2）当工作台面与机器人之间的位置发生相对移动时，只需要更新工件坐标系，即可不需要重新示教机器人轨迹，从而便捷地实现轨迹的纠正。

2.1.2 工件坐标的创建

1）首先打开第 1 章所创建的基本工作站，在“基本”选项卡中单击“其它”，即可弹出其他选项卡，单击“创建工件坐标”即可在布局栏上方弹出工具坐标创建界面，如图 2-1 和图 2-2 所示。

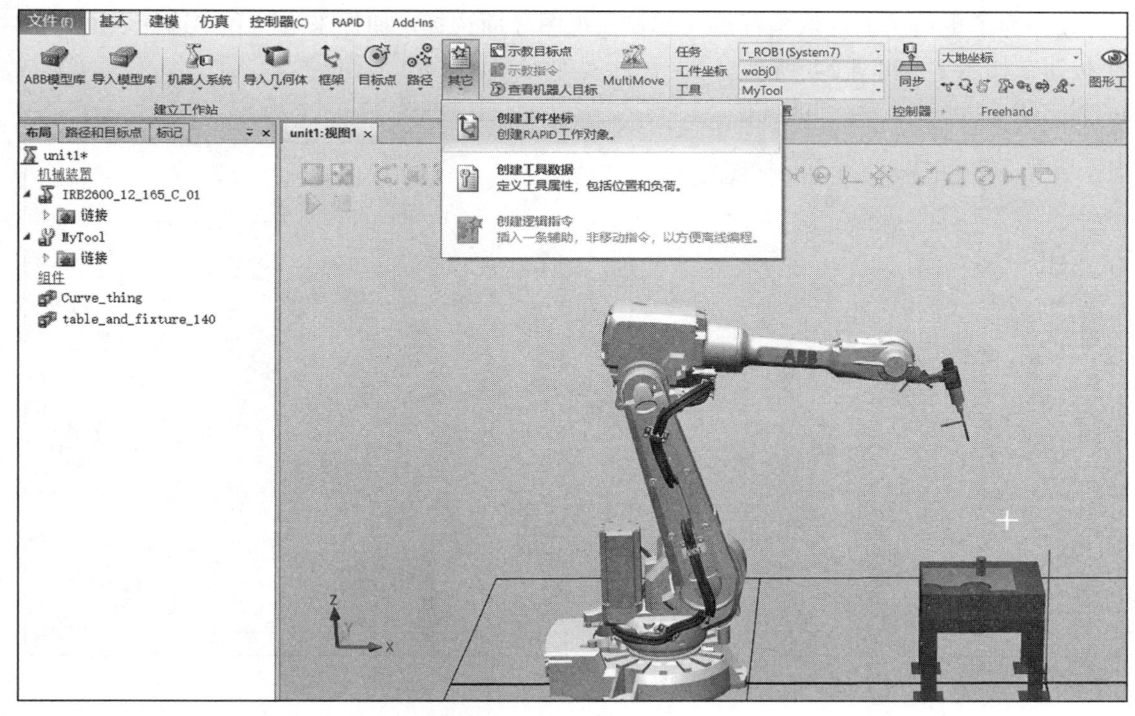

图 2-1　“创建工件坐标”位置

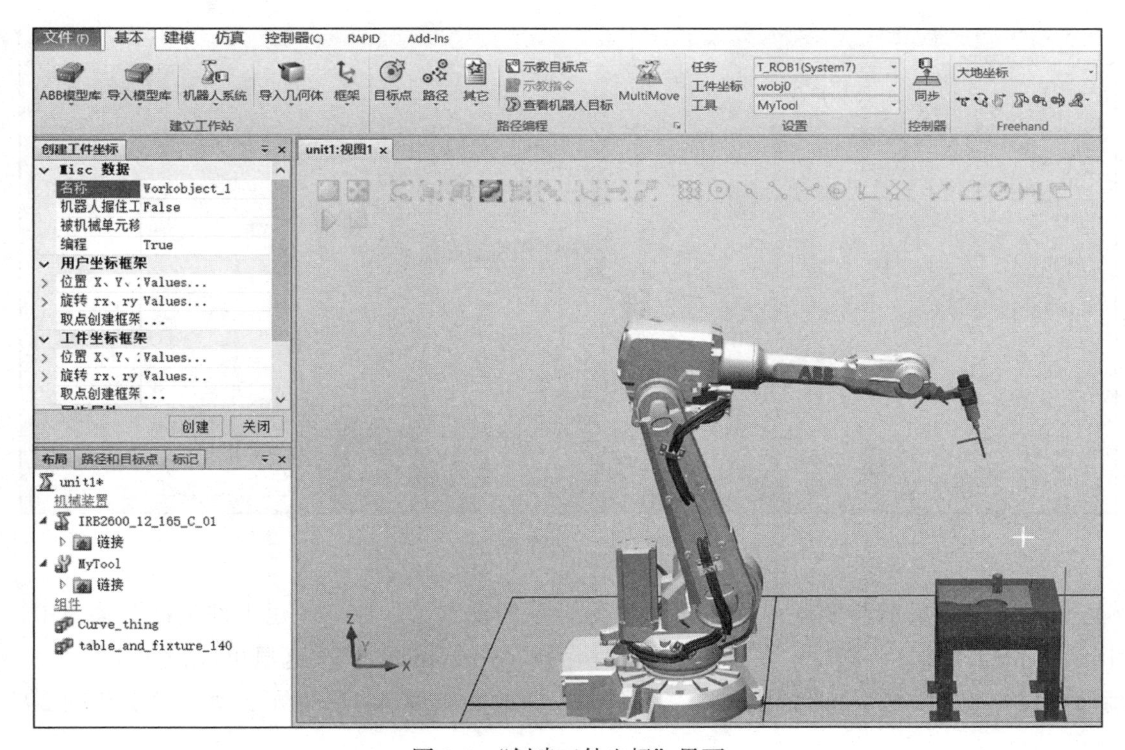

图 2-2　“创建工件坐标”界面

2）为了更精确地选取坐标点，需要在视图界面选择“捕捉末端”和“选择表面”两个按钮，如图 2-3 和图 2-4 所示。

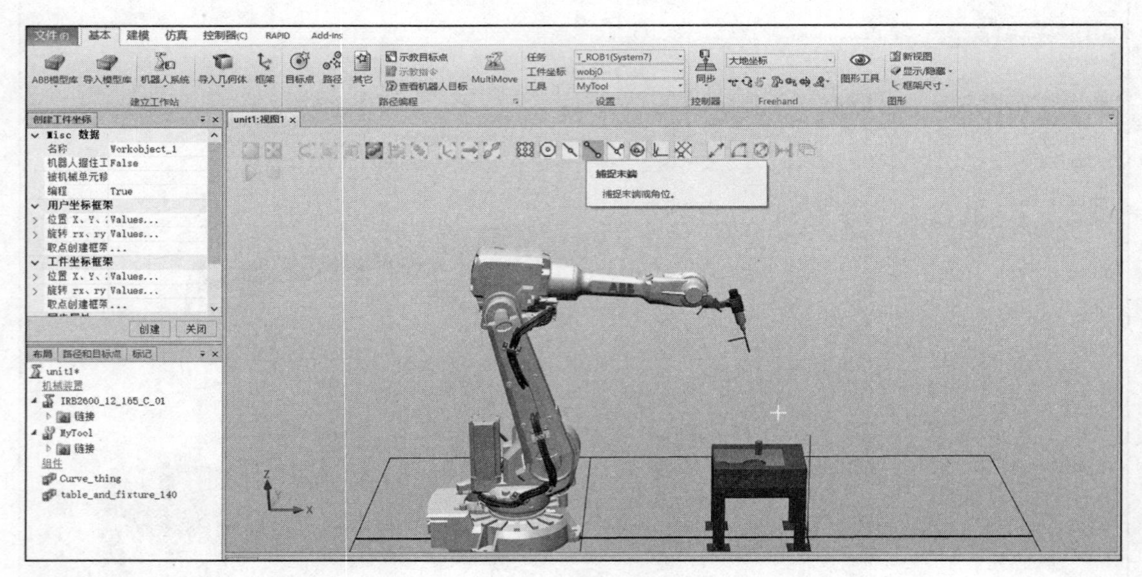

图 2-3 “捕捉末端”

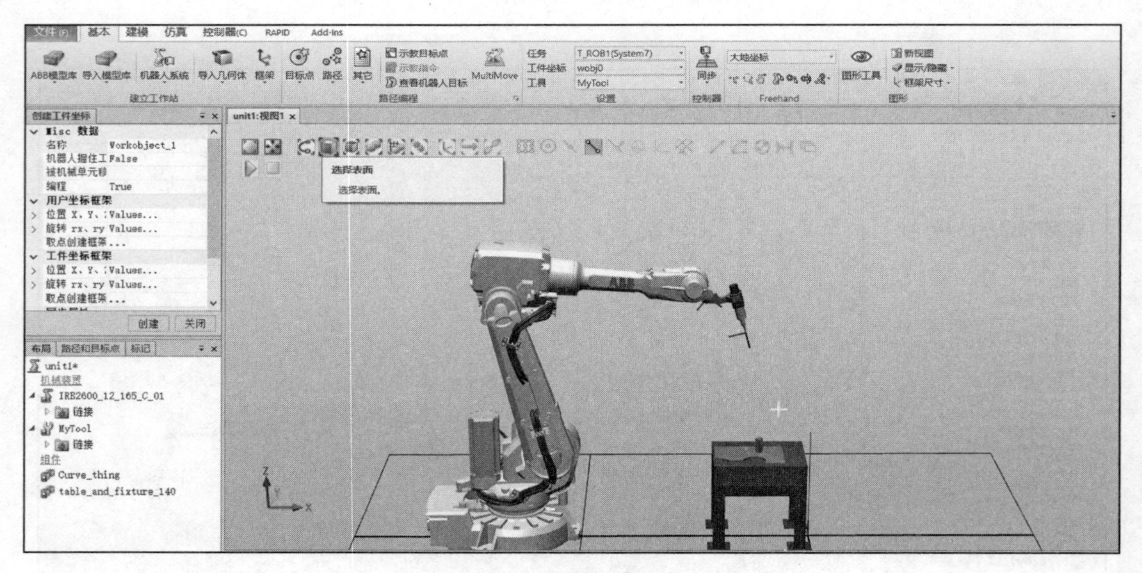

图 2-4 “选择表面”

3）完成之前的步骤就可以进行工件坐标系的设置了，在“创建工件坐标”菜单中，找到“Misc 数据”，其中“名称”一栏默认为“Workobject_1”，这里可以设定工件坐标系的名称，方便之后的使用，将“名称”一栏改为“Wobj1”即可，如图 2-5 和图 2-6 所示。

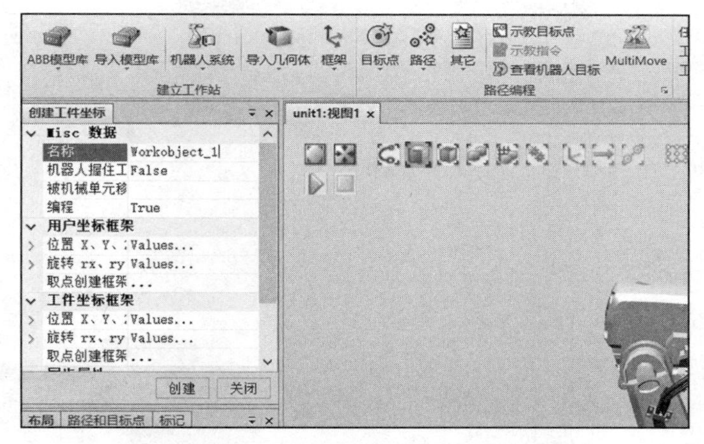

图 2-5　工件坐标系默认参数

图 2-6　修改名称后的参数

4）单击“用户坐标框架”，在下拉菜单中单击“取点创建框架 ...”的下拉箭头，会弹出取点创建框架选择菜单，如图 2-7 和图 2-8 所示。

图 2-7　“取点创建框架 ...”栏

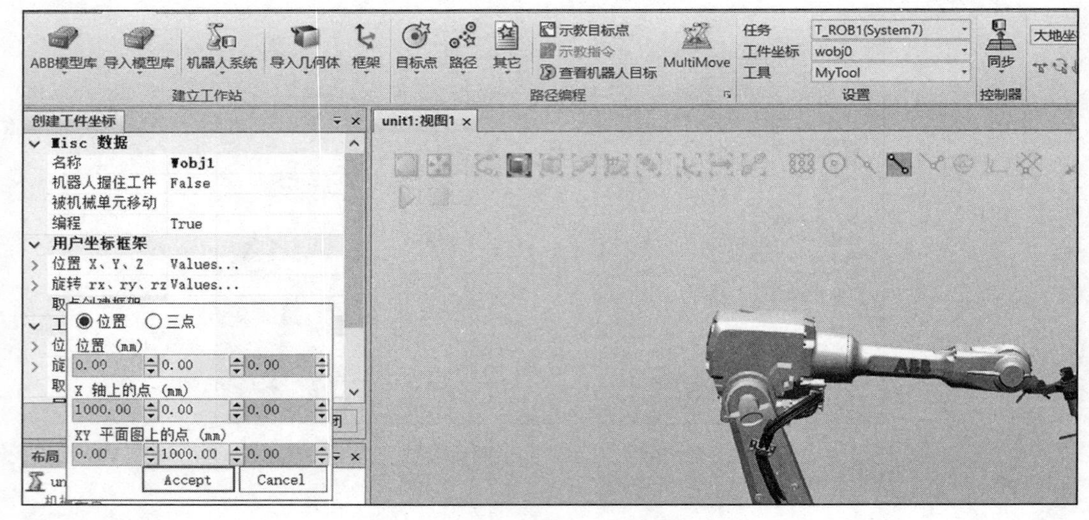

图 2-8 取点创建框架选择菜单

5）取点创建框架选择菜单中有两个选项，“位置”选项是通过位置选取进行坐标确定，选点精度要求较高且复杂，现阶段我们选择“三点”进行坐标定位，如图 2-9 所示。

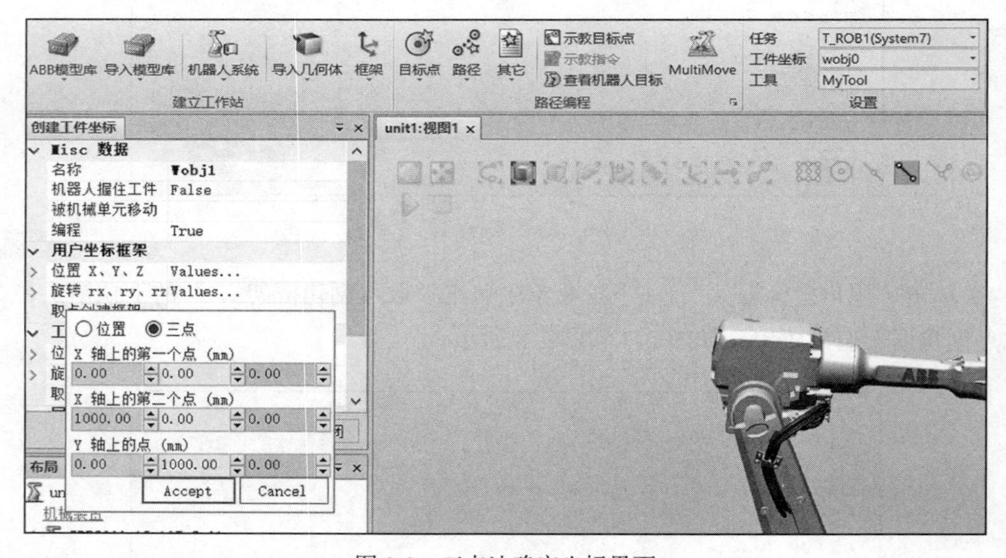

图 2-9 三点法确定坐标界面

6）单击“X 轴上的第一个点”的输入框，分别单击工件的坐标原点，X 轴上的一点和 Y 轴上的一点，即可完成三个点的输入，对应的点位如图 2-10 所示。找到点位单击即可发现“X 轴上的第一个点”的输入框已经将点坐标更新，如图 2-11 所示。

7）继续单击 X 轴上和 Y 轴上的点，建议选取点为工件的棱角处，如图 2-12 和图 2-13 所示。

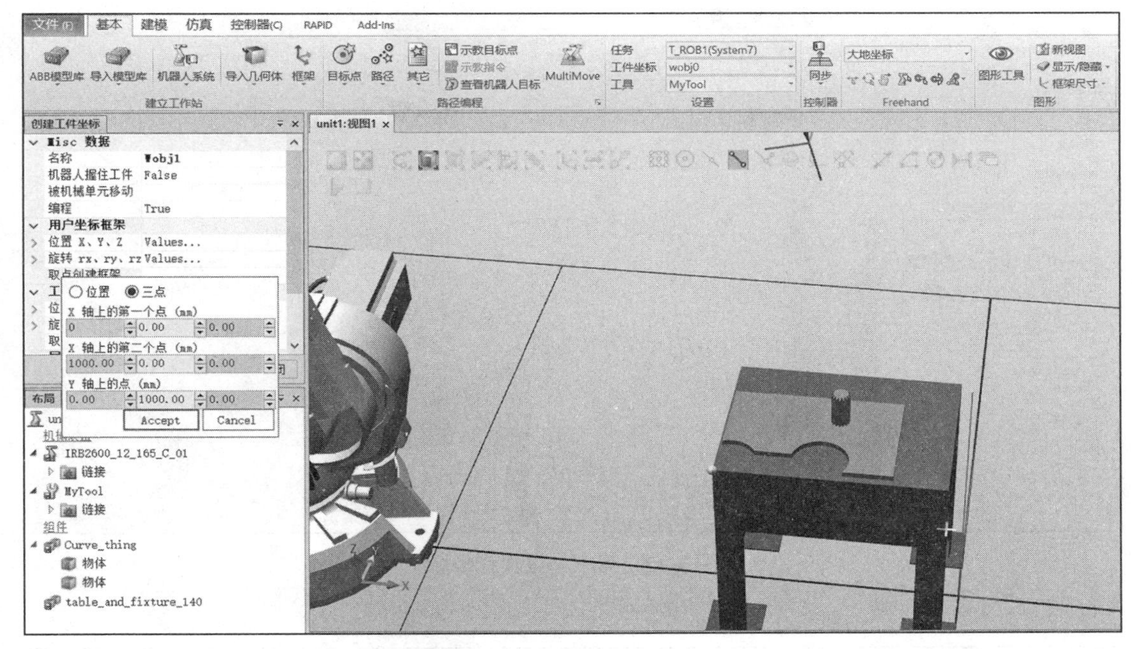

图 2-10　第一个点对应位置

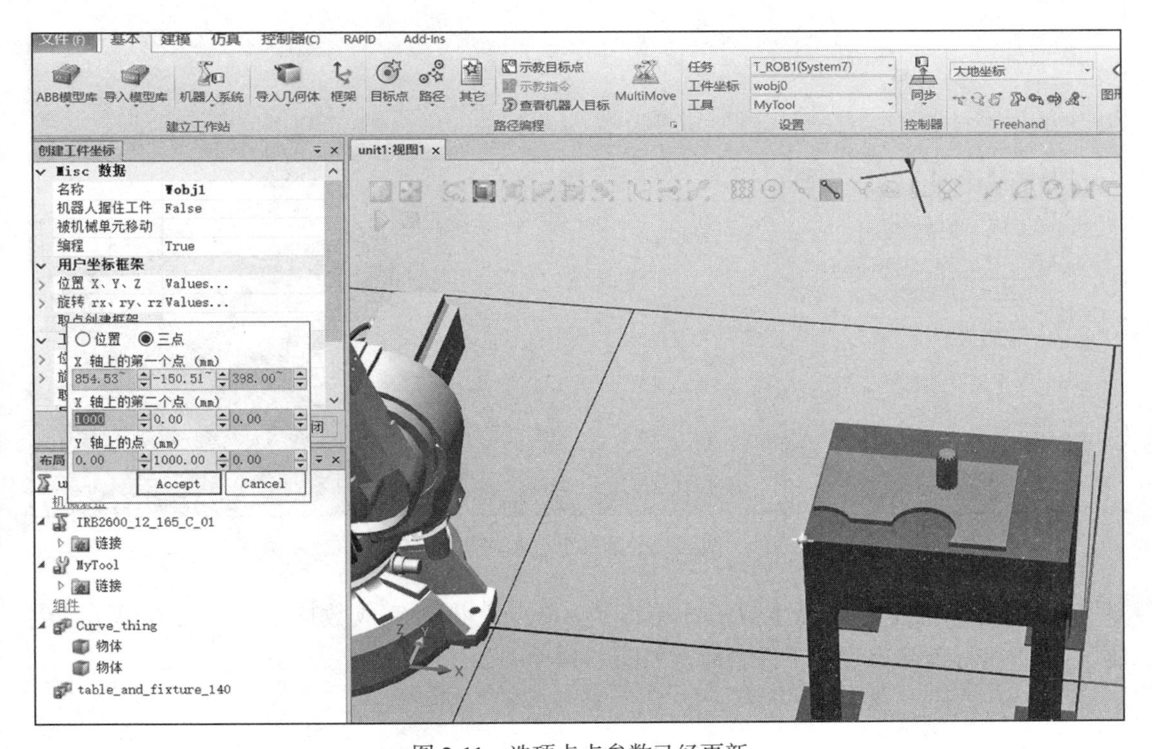

图 2-11　选项卡点参数已经更新

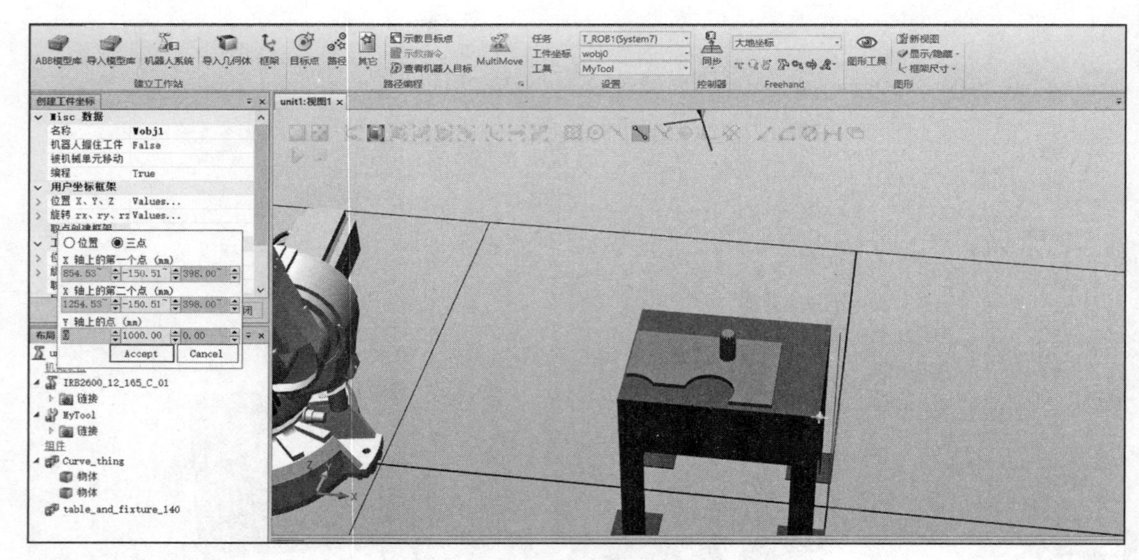

图 2-12　第二个点及其坐标

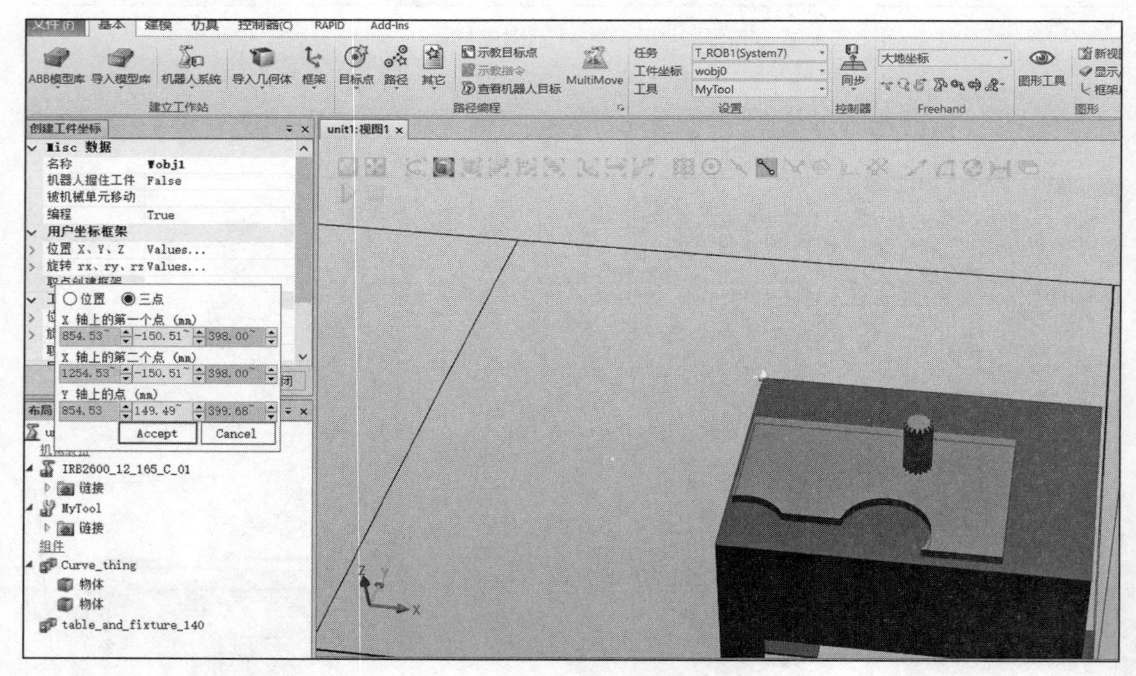

图 2-13　第三个点及其坐标

8）确定三点坐标已经生成后，单击“Accept”即可完成数据录入，接着单击“创建”，工件坐标就会出现在工件表面。如图 2-14 和图 2-15 所示。

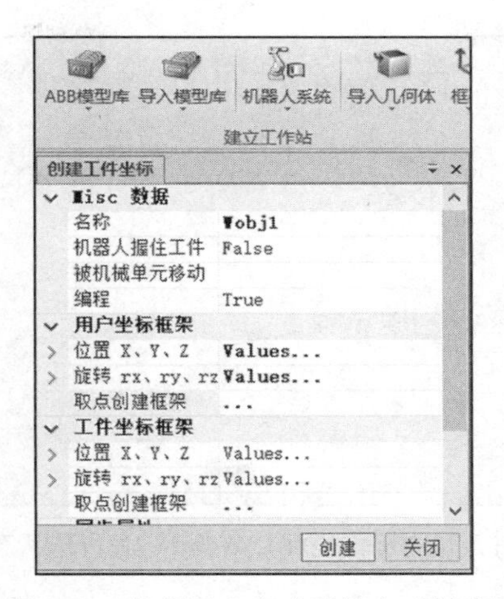

图 2-14　数据录入完成后单击“创建”

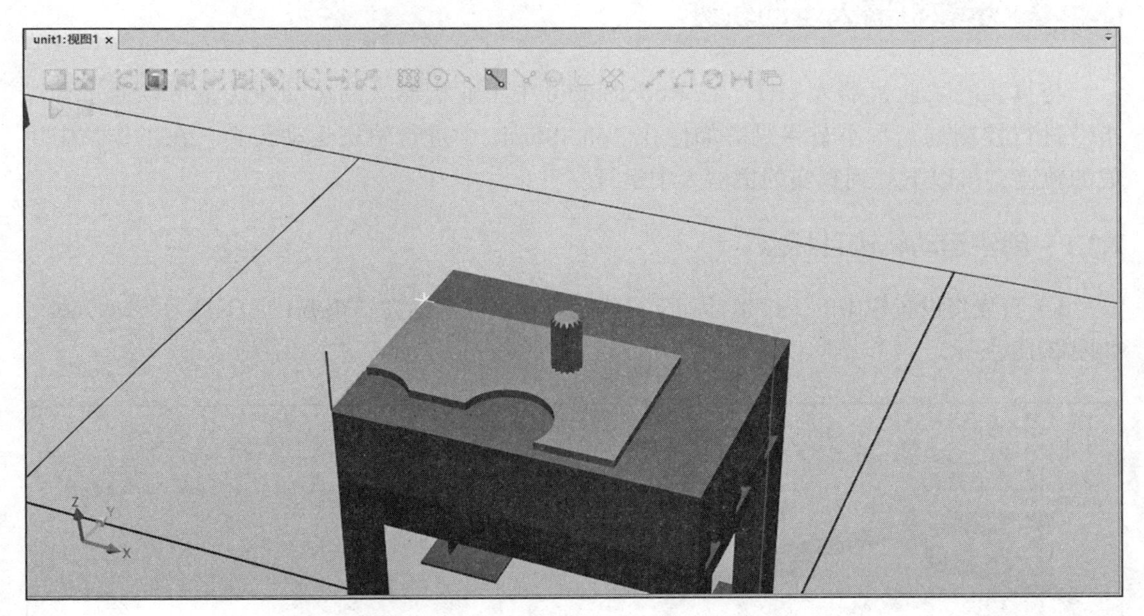

图 2-15　工件表面创建工件坐标系

9）检查输出菜单栏，发现有工件坐标创建完成提示，且设置栏中显示“ Wobj1”为可选模式，即表示工件坐标创建成功，如图 2-16 和图 2-17 所示。

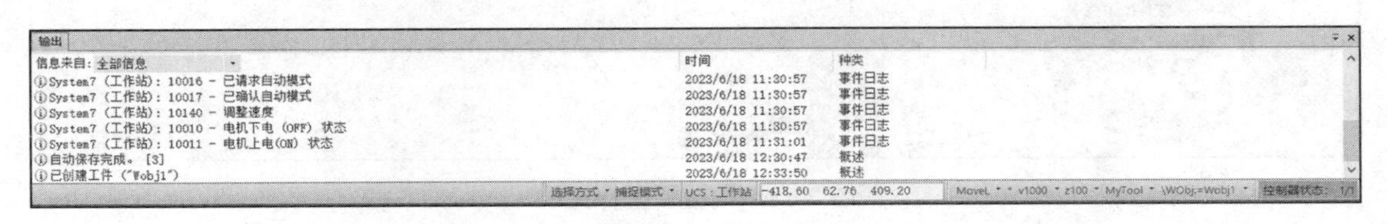

图 2-16　输出栏提示创建工件

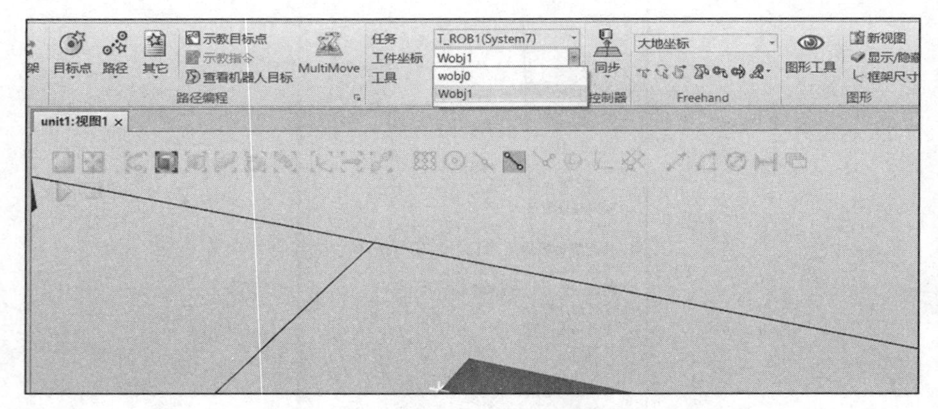

图 2-17　工件坐标“Wobj1”为可选状态

2.2 示教机器人运动轨迹

与真实的工业机器人一样，在 RobotStudio 中工业机器人的运动轨迹是可以通过程序指令进行控制的，本小节将讲解如何在 RobotStudio 中进行轨迹运动仿真。在工作站中生成的轨迹，可以下载到真实的机器人中运行。

2.2.1 创建运动轨迹目标点

1）首先将设置栏中的工件坐标和工具确定好，工件坐标为“Wobj1”，工具为“MyTool”，如图 2-18 所示。

图 2-18　设置栏坐标选取

2）在“基本”功能选项卡中，单击“路径”后单击“空路径”，如图 2-19 所示。单击“空路径”后系统会自动跳转到“路径与目标点”界面，并创建路径“Path_10”，如图 2-20 所示。

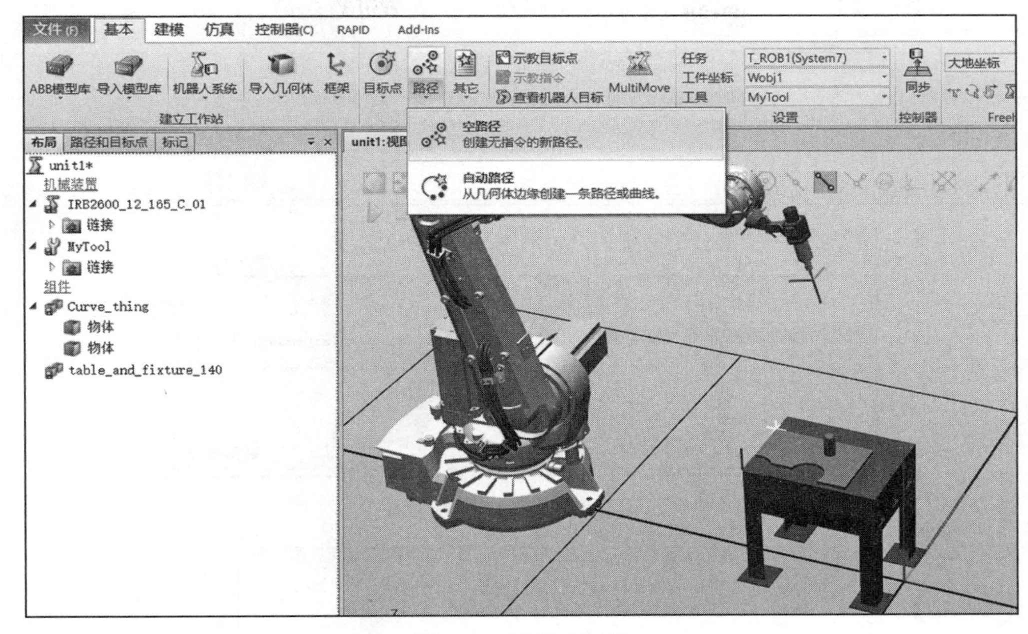

图 2-19　选择空路径

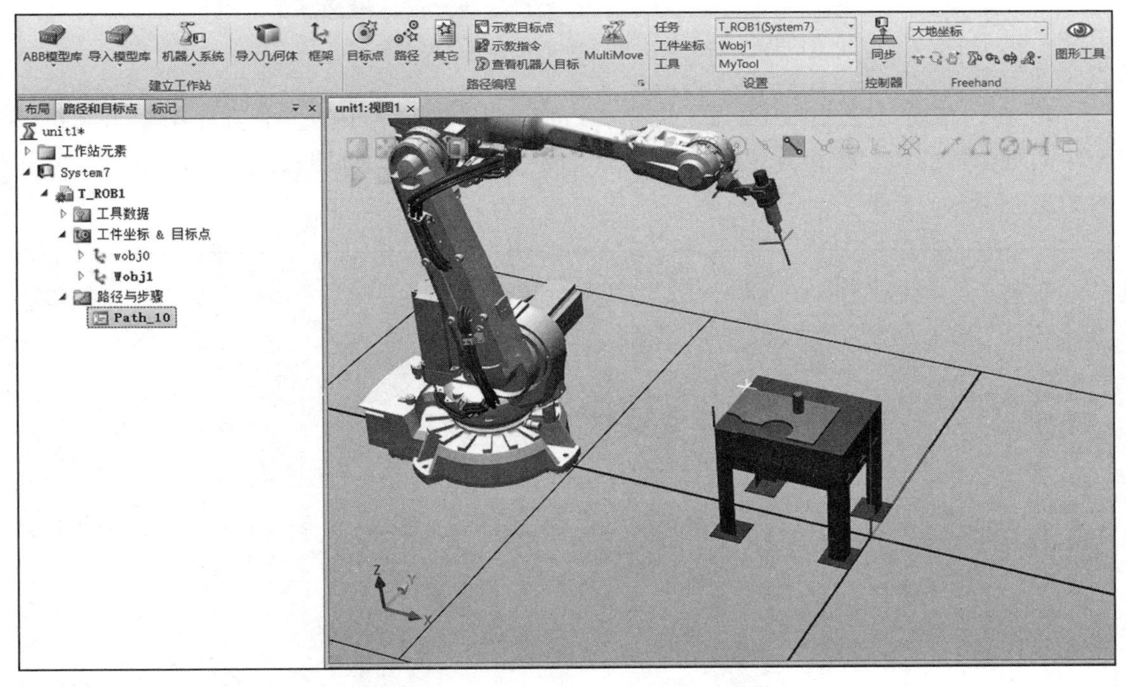

图 2-20　“Path_10”路径完成创建

3）在进行路径设定前，需要对运动指令进行参数设定，默认界面如图 2-21 所示。单击软件界面下方的路径参数选项，将其设定为“MoveJ*v150 fine MyTool\Wobj ：=Wobj1”，如图 2-22 和图 2-23 所示。具体的参数含义将在后续章节进行讲解。

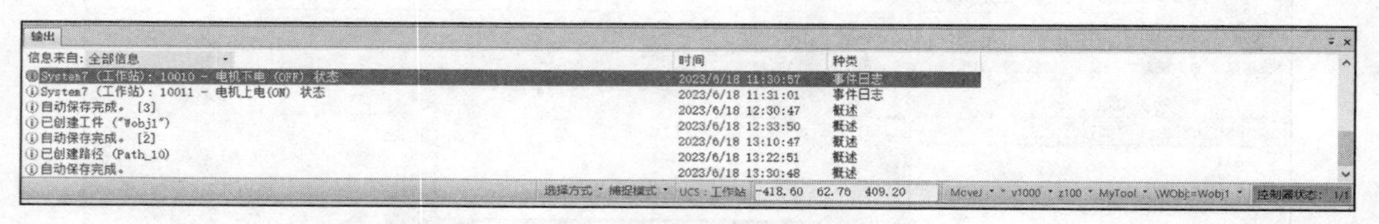

图 2-21　系统默认界面

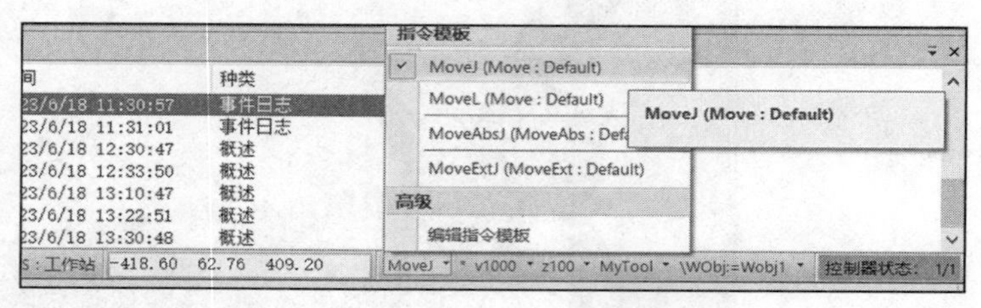

图 2-22　指令选择界面

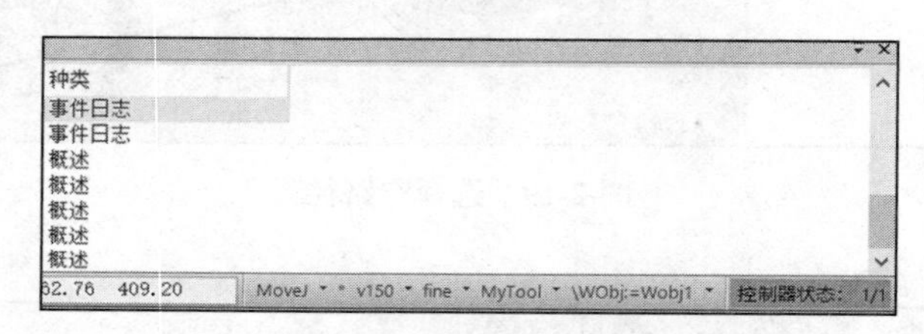

图 2-23　按步骤选择完成后指令界面显示

4）在“布局”栏选中机器人，选择“Freehand”选项卡中的“手动关节”，并将机器人移动至合适的点，这里建议距离工件一定高度，此点作为机器人的起点，如图 2-24 和图 2-25 所示。

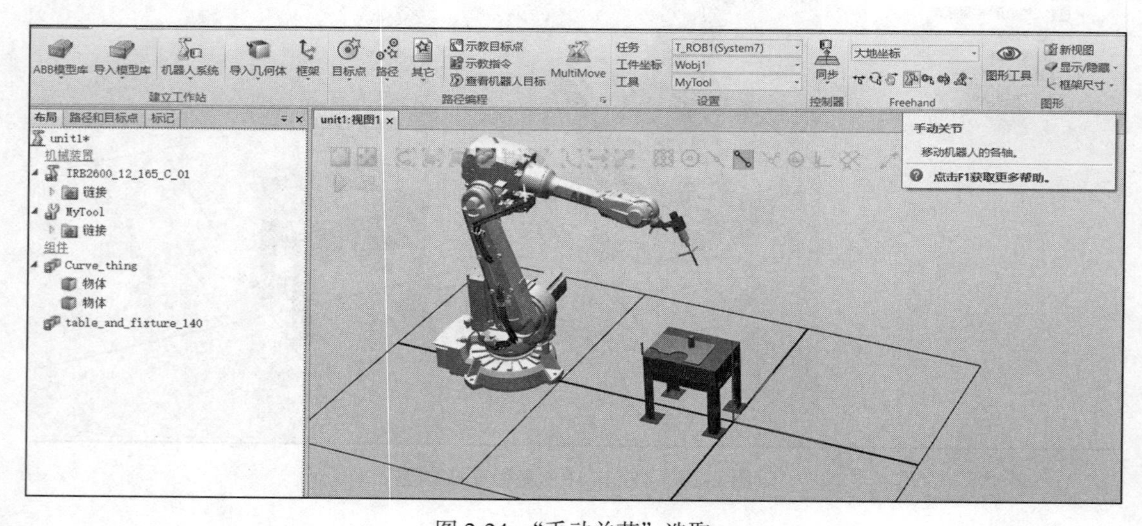

图 2-24　“手动关节”选取

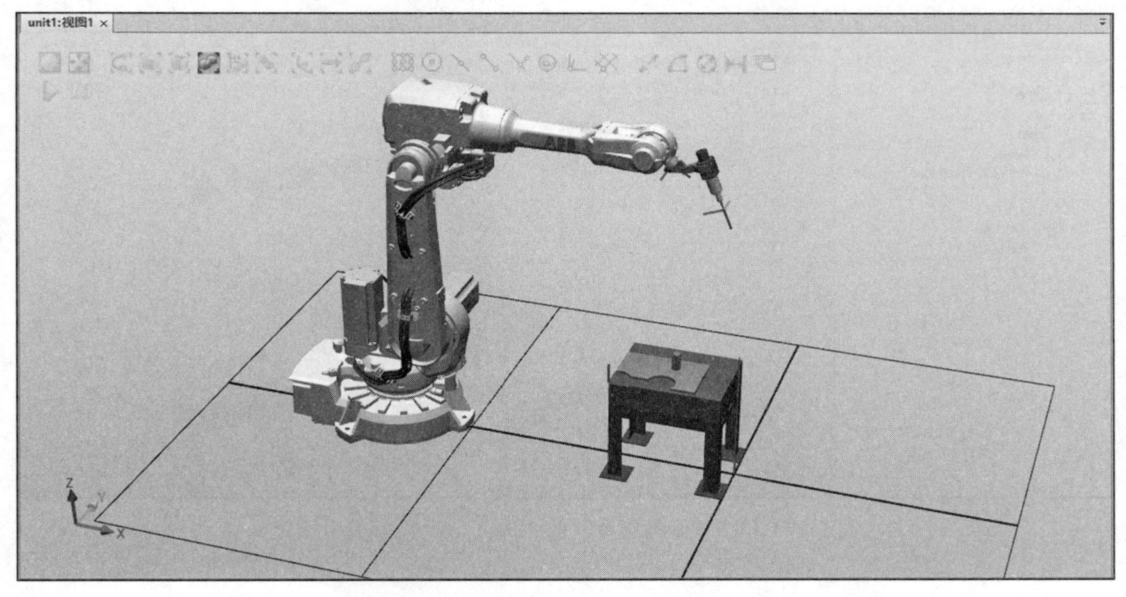

图 2-25　调整机器人各个关节至合适位置

5）单击“路径编程”中的“示教指令”，在“Path_10”路径里就会记录当前机器人的位置坐标，单击“Path_10”图标会显示具体路径，如图 2-26 ～图 2-28 所示。

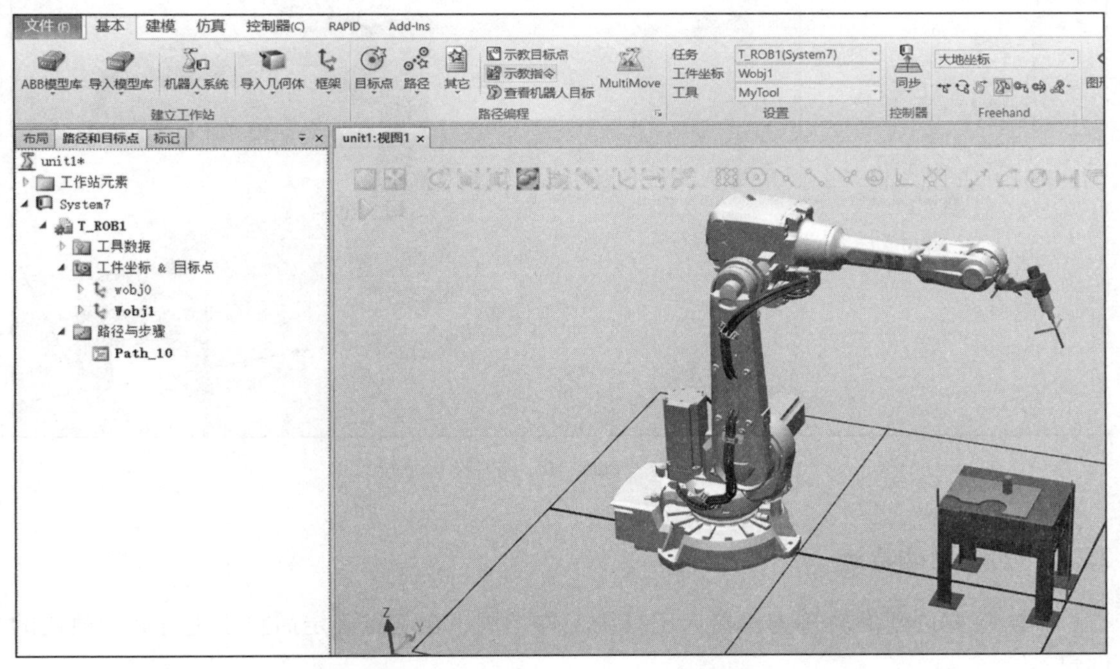

图 2-26　单击“示教指令”前“Path_10”图标无变化

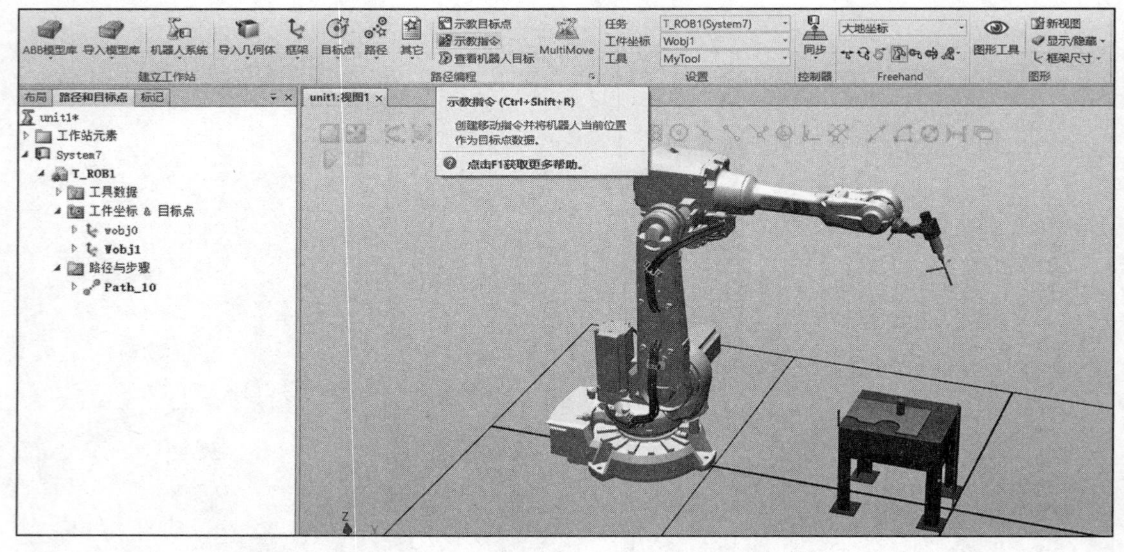

图 2-27　单击“示教指令”前“Path_10”图标发生变化

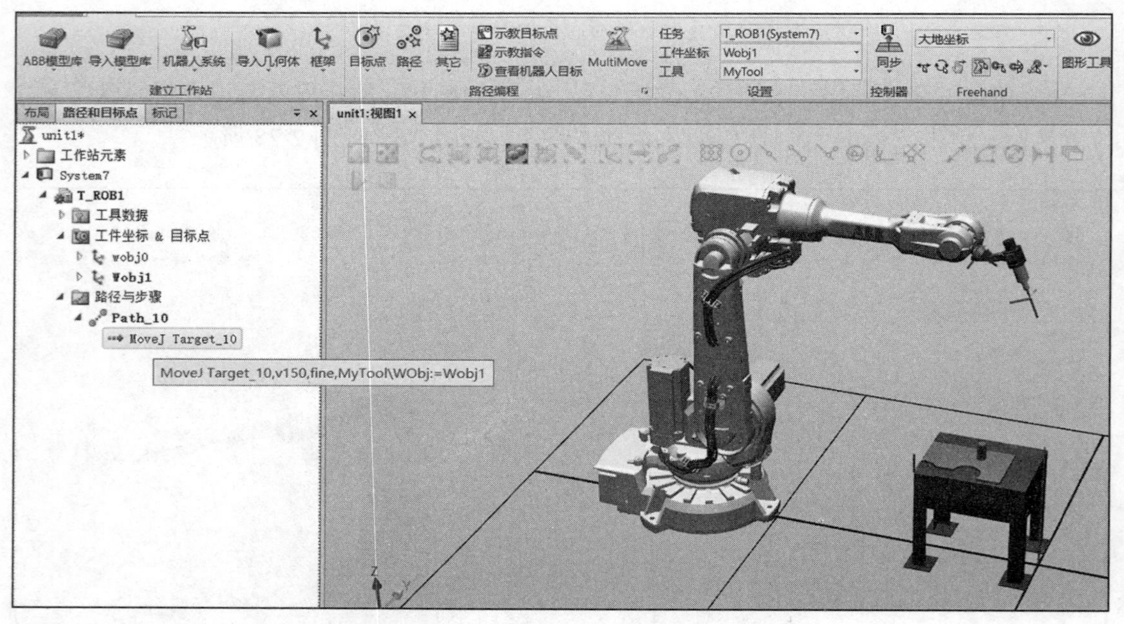

图 2-28　单击“Path_10”路径图标下拉菜单

2.2.2　创建运动轨迹

本次将要创建的轨迹为机器人工具绕工件一周，在起点确定后将会进行后续轨迹的创建。

1）单击“Freehand”选项卡中的“手动线性”或者其他模式，将机器人移动到工件第一个角点上，如图 2-29 和图 2-30 所示。

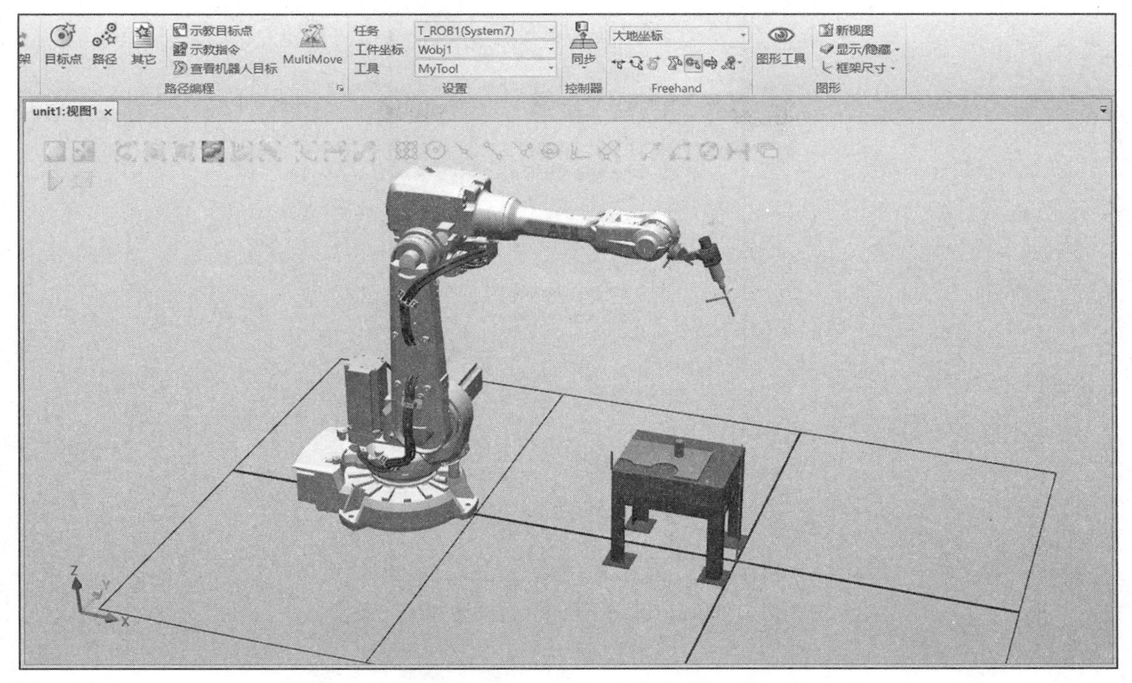

图 2-29　单击“手动线性”调整机器人姿态

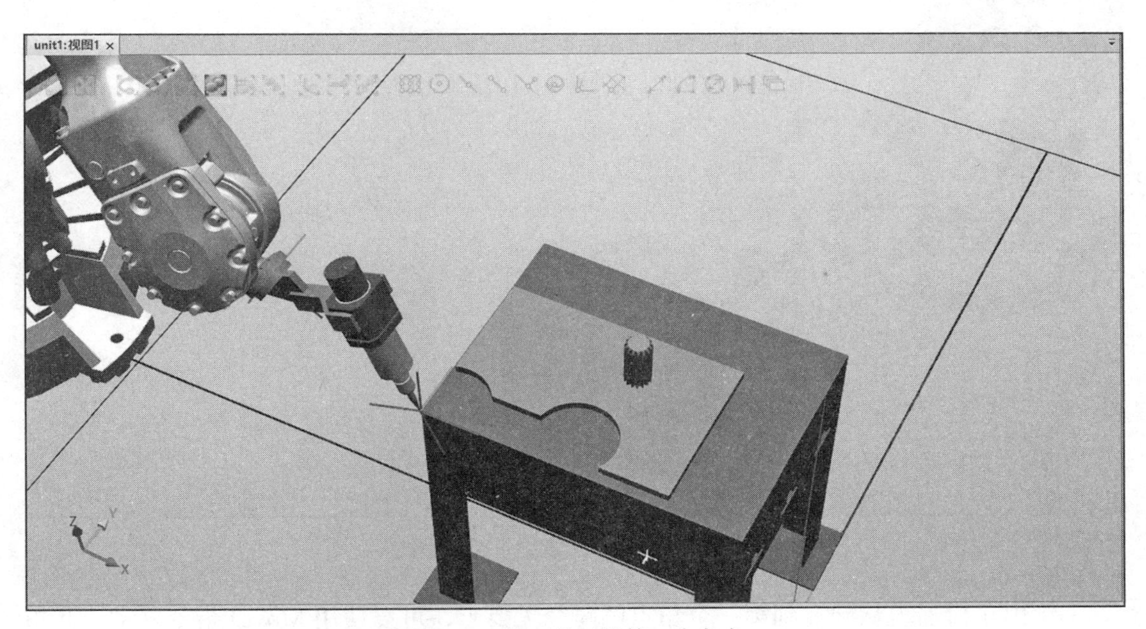

图 2-30　将工具对准第一个角点

2）完成角点对准后，单击“示教指令”，即可发现“Path_10”路径图标处多出了一条指令，且视图中有黄色路径虚线生成，如图 2-31 和图 2-32 所示。

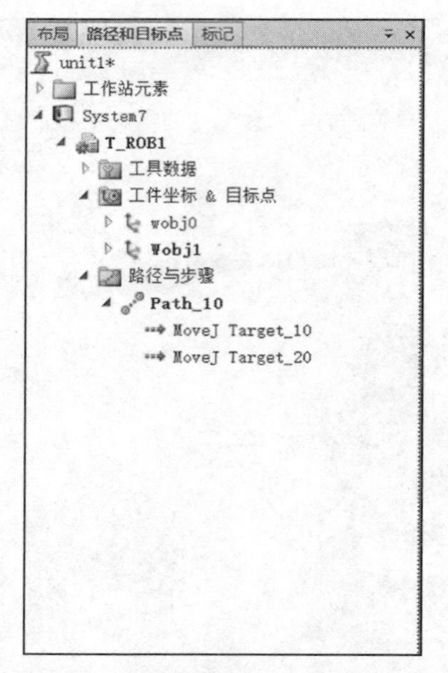

图 2-31 “Path_10”路径图标自动增加了一条指令

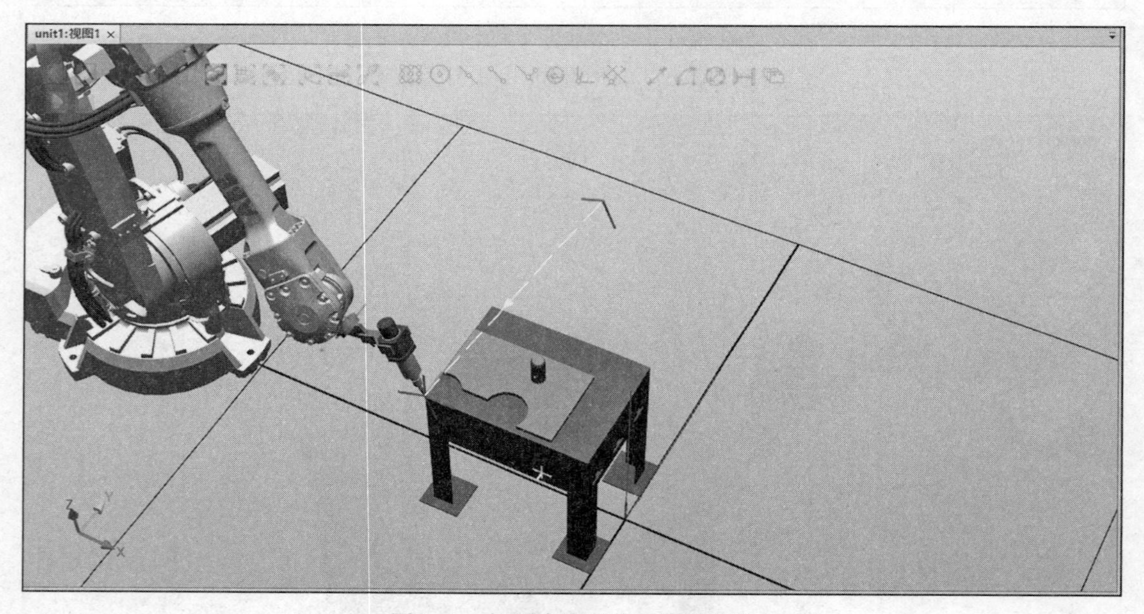

图 2-32 视图中出现黄色路径虚线

3）由于机器人从起点到第一个角点的路径无要求，可以使用 MoveJ 指令移动，此指令特点为移动路径不可控，机器人会根据计算情况自行优化移动轨迹，常用于空间大范围，无障碍移动，后续的轨迹需要绕工件一周，此步骤需要机器人沿着直线移动，所以需要调整移动指令为“ MoveL”，如图 2-33 所示，此指令特点为路径间的起点和终点路径唯一，为一条直线。参数调整完成后数据如图 2-34 所示。

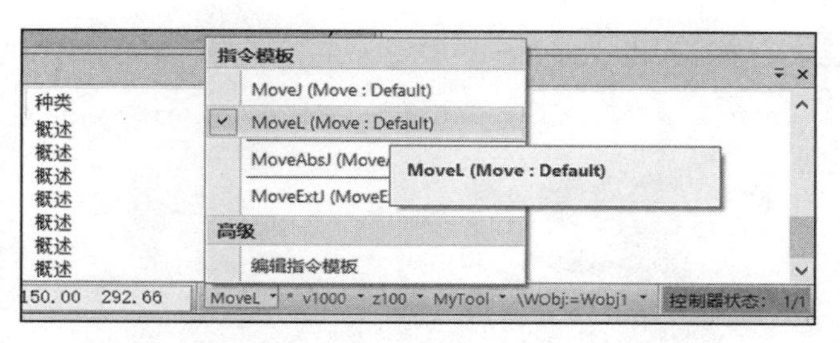

图 2-33 调整移动指令

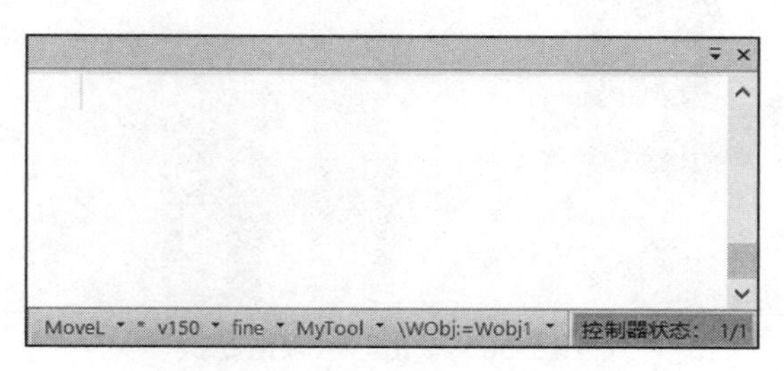

图 2-34 参数调整完成后数据

4）继续移动机器人，将机器人工具对准第二个角点，如图 2-35 所示。对准完成后即可单击“示教指令”，“Path_10”路径图标会再次增加一条运动指令，视图中路径会增加一条，如图 2-36 和图 2-37 所示。

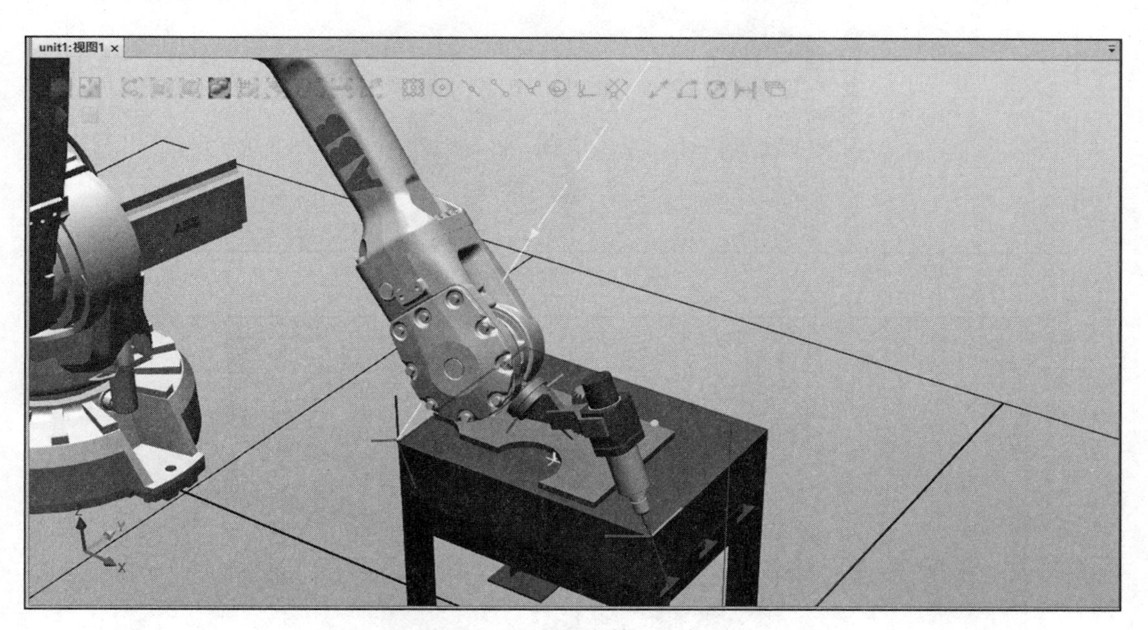

图 2-35 工具对准第二个角点

5）接下来拖动机器人到第三角点，单击“示教指令”，如图 2-38 ～图 2-40 所示。

6）拖动机器人到第四角点，单击“示教指令”，再拖动机器人至第一角点，再单击“示教指令”，如图 2-41 ～图 2-44 所示。

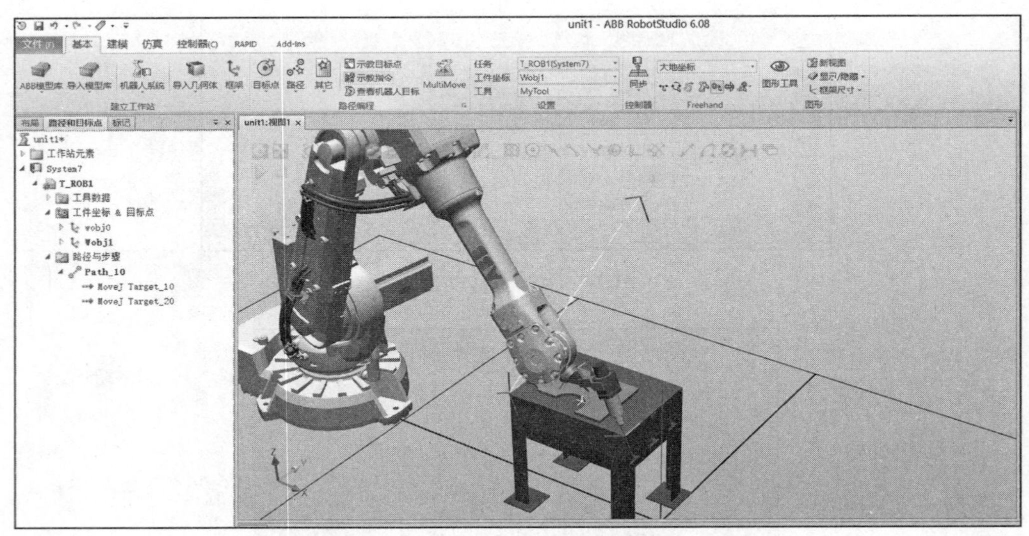

图 2-36　单击“示教指令”

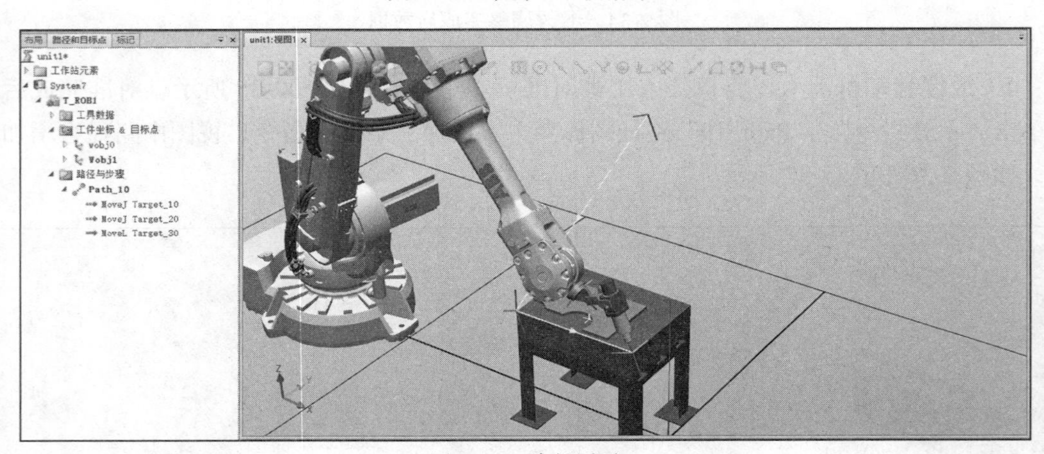

图 2-37　路径展示

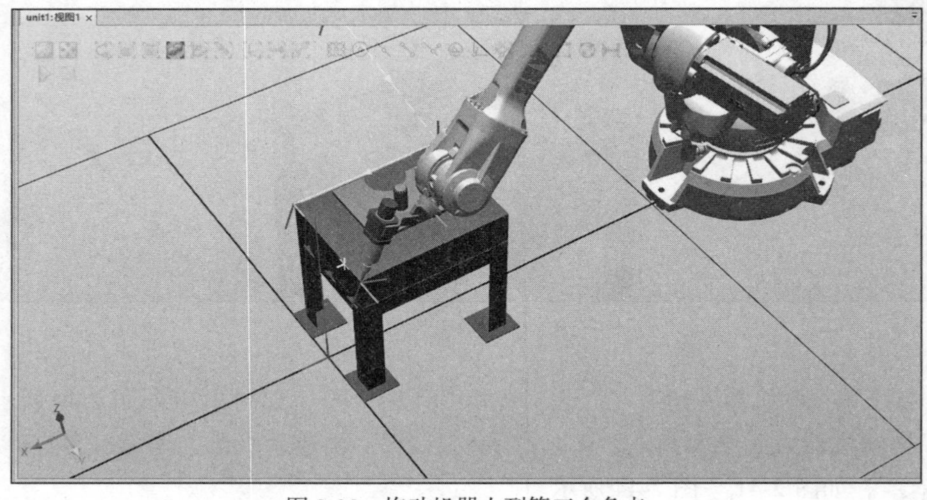

图 2-38　拖动机器人到第三个角点

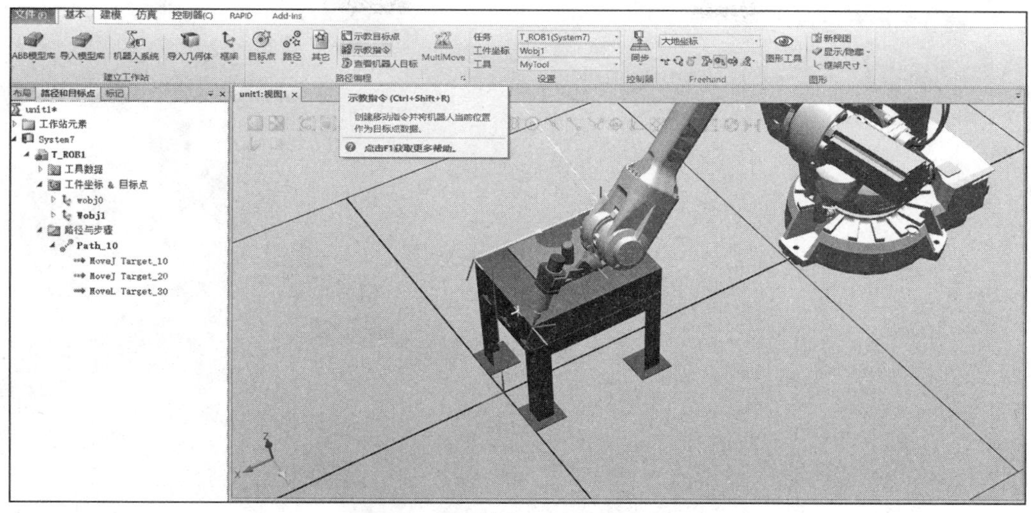

图 2-39　单击“示教指令”

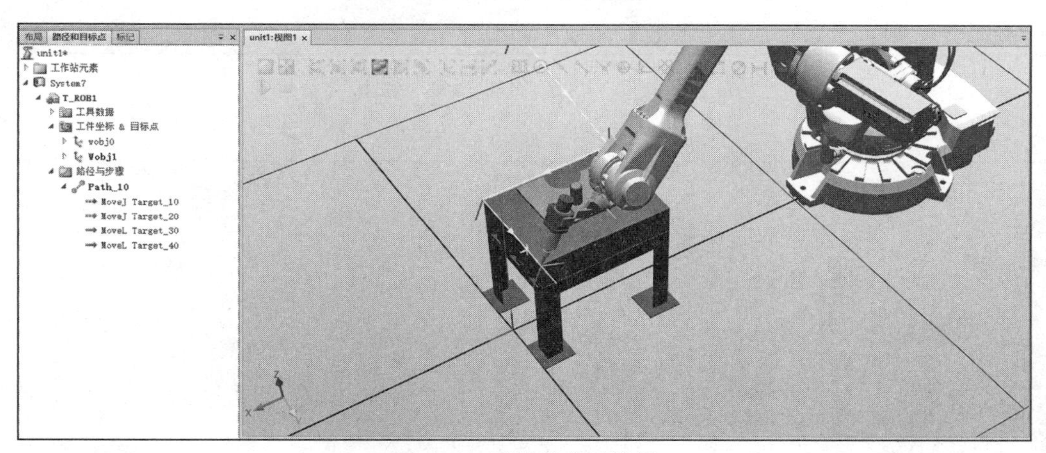

图 2-40　示教完成后效果

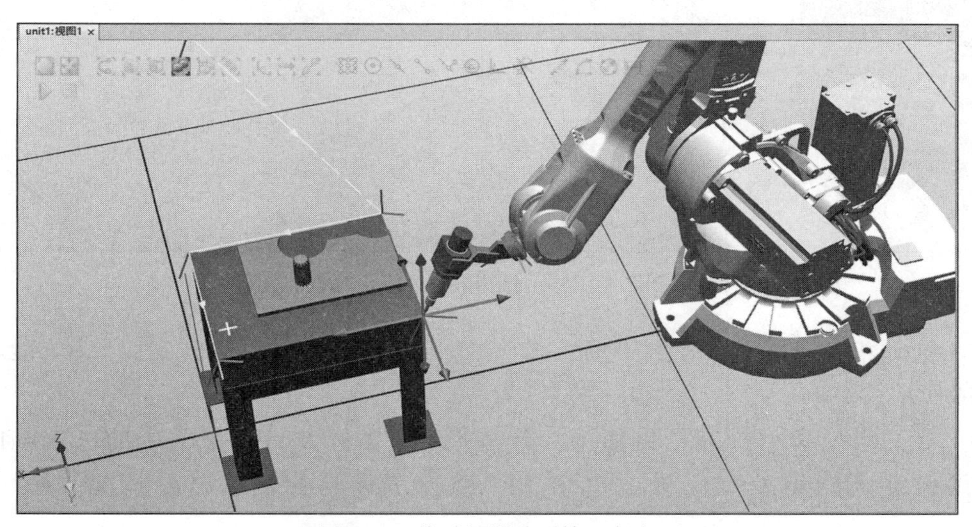

图 2-41　拖动机器人到第四角点

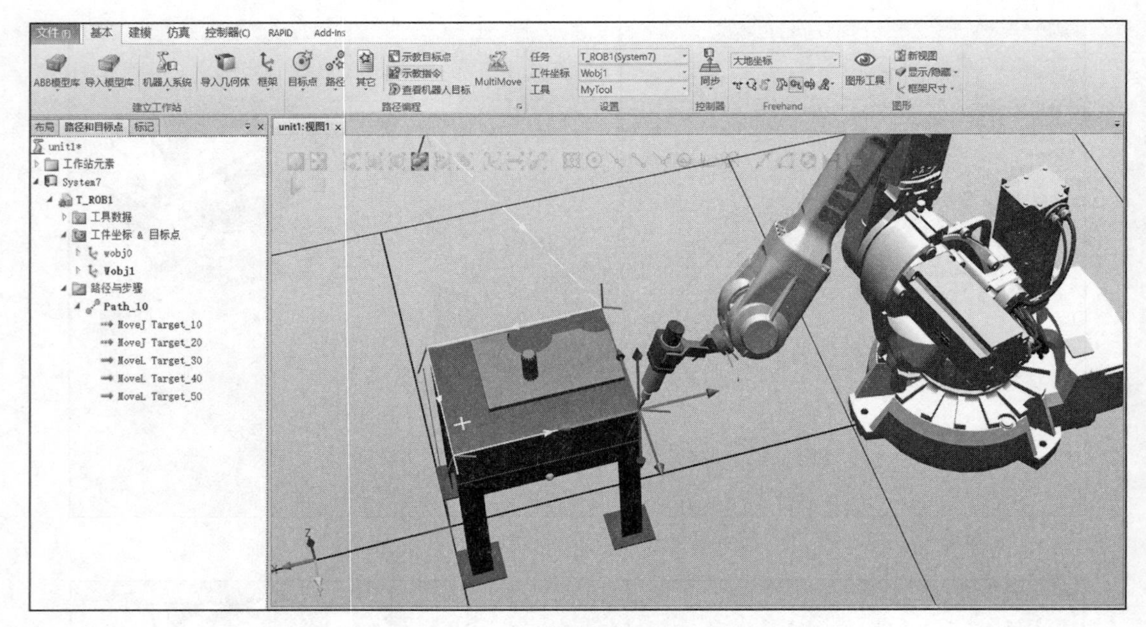

图 2-42　单击“示教指令”效果

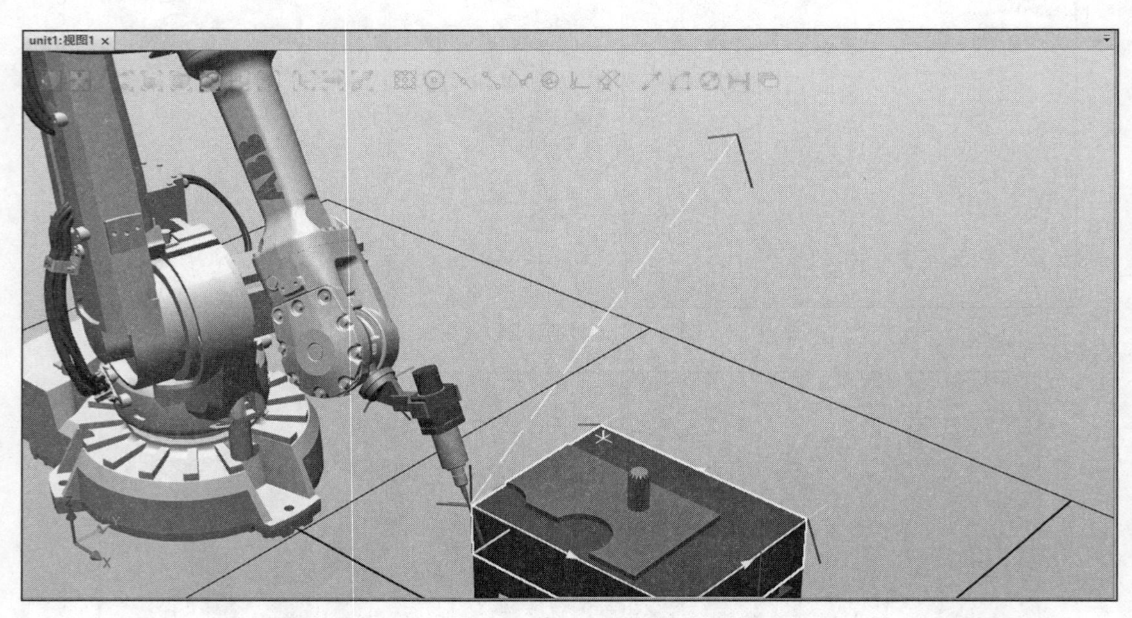

图 2-43　移动机器人至第一个角点

7）拖动机器人，离开工件平面一定位置，表示绕工件动作已完成，如图 2-45 和图 2-46 所示。

8）在“路径和目标点”界面下，单击“工件坐标 & 目标点”中的“Wobj1”可以看到机器人的示教点位置，“Path_10”路径图标则会显示路径情况，如图 2-47 所示。

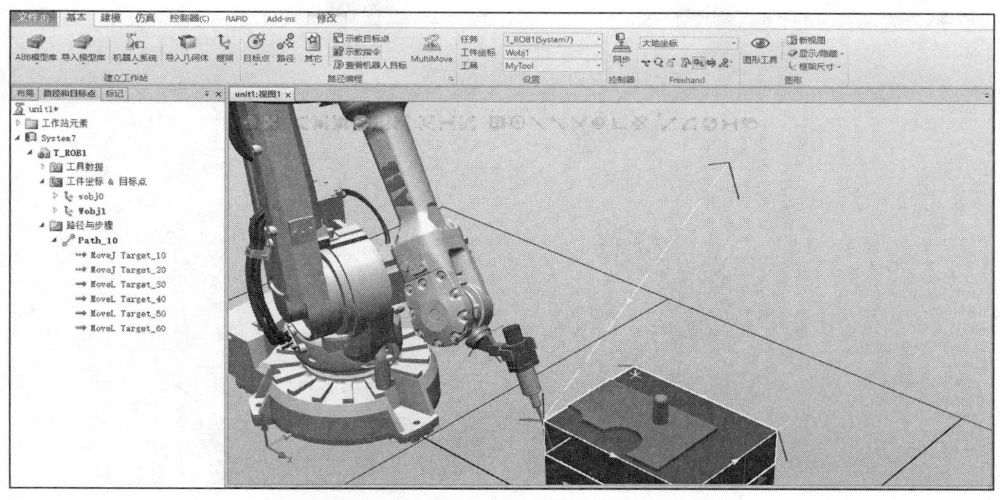

图 2-44　单击“示教指令”效果

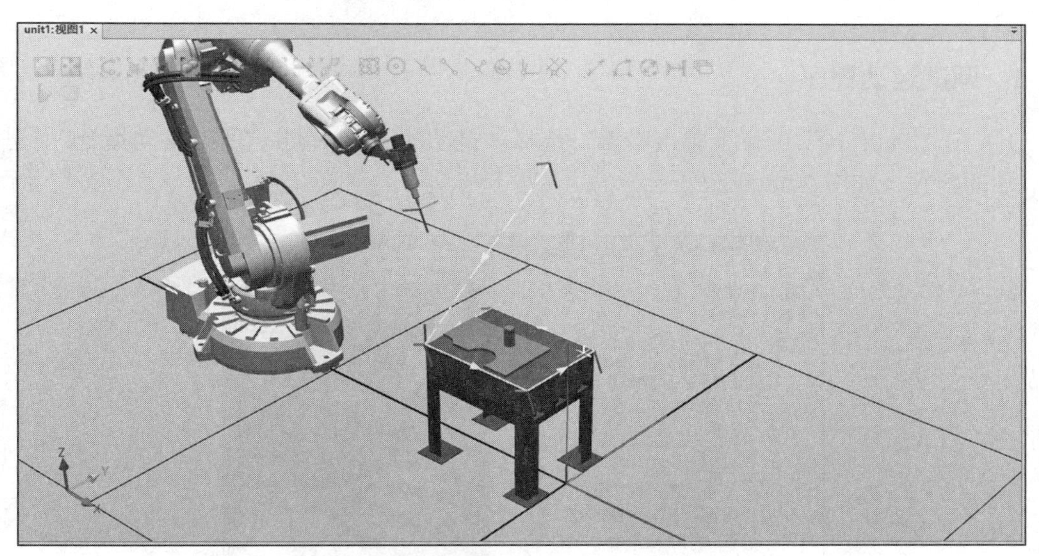

图 2-45　拖动机器人离开工件

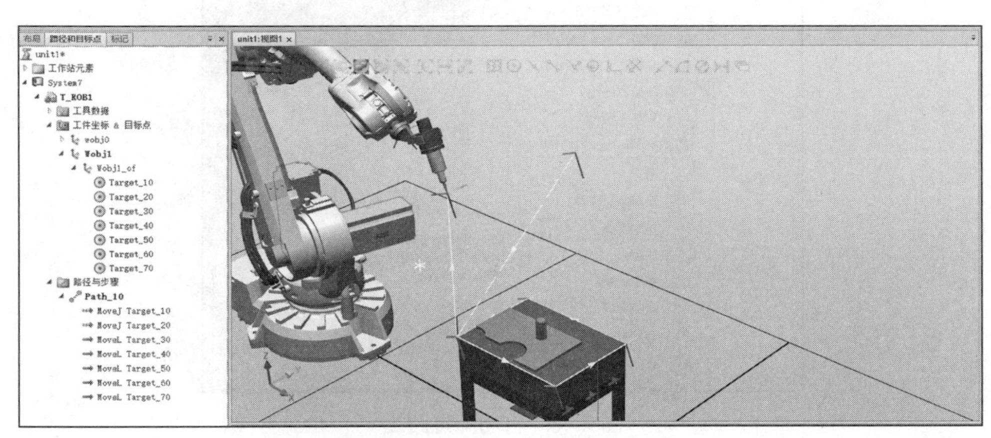

图 2-46　单击“示教指令”

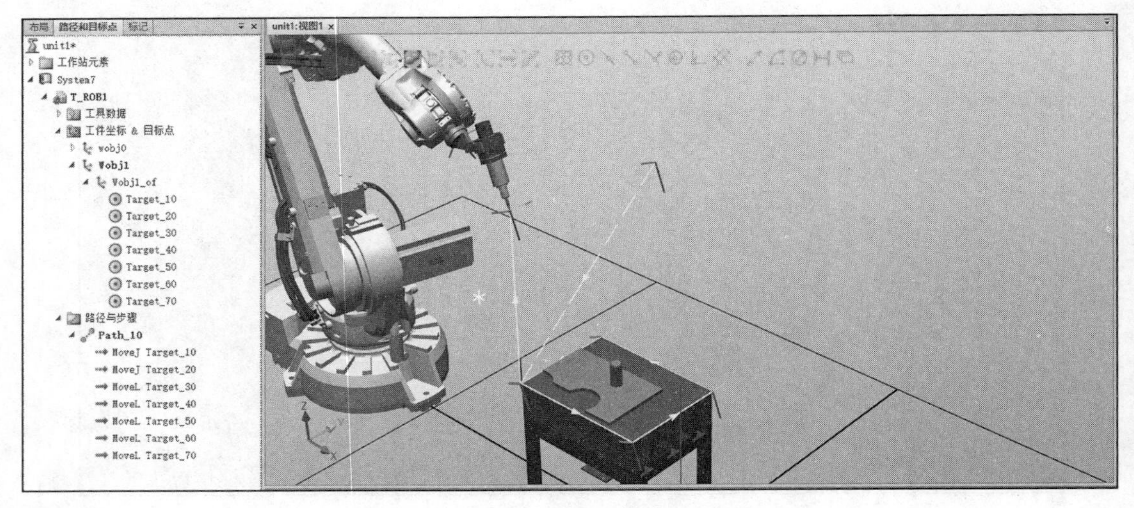

图 2-47 路径和目标点展示

2.2.3 调试运动程序

1）在“Path_10”图标上单击右键，选择“自动配置”，单击“所有移动指令”。进行关节轴的配置，如图 2-48 所示。

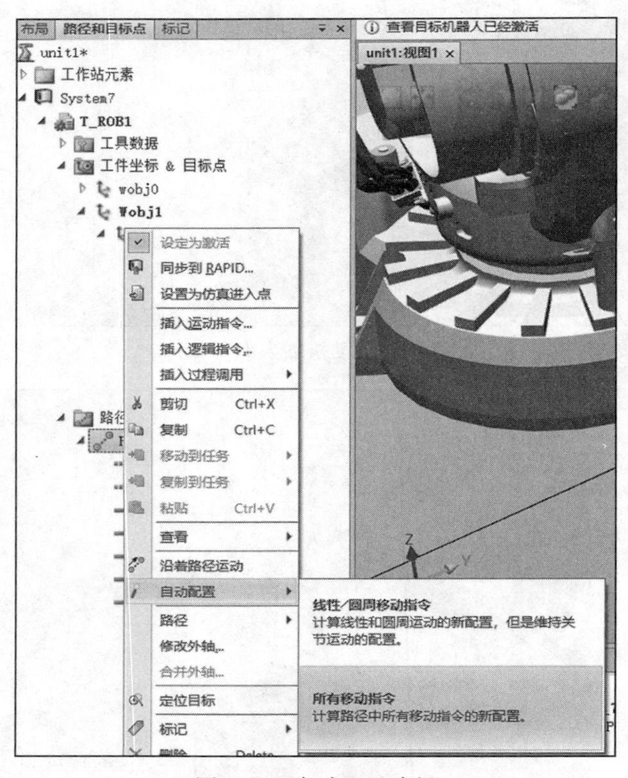

图 2-48 自动配置路径

2）在“Path_10”图标上单击右键，选择“沿着路径运动”，可发现机器人会移动到起点沿着创建的路径移动，如图 2-49 所示。若点位选择正常则可以正常移动，否则需要调整部分点位或者机器人姿态位置且路径会出现错误提示。机器人移动过程如图 2-50 所示。

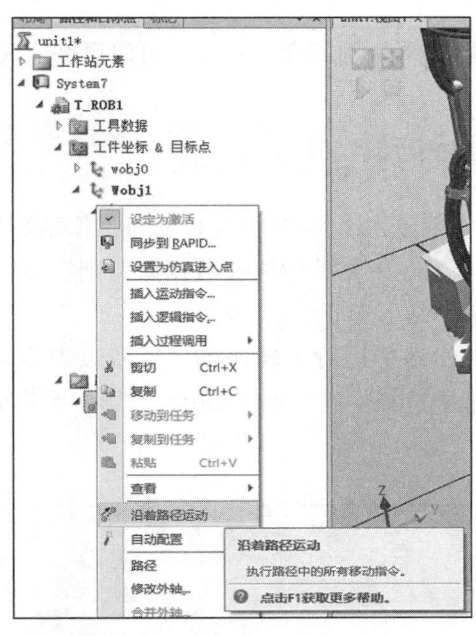

图 2-49 “沿着路径运动”选项

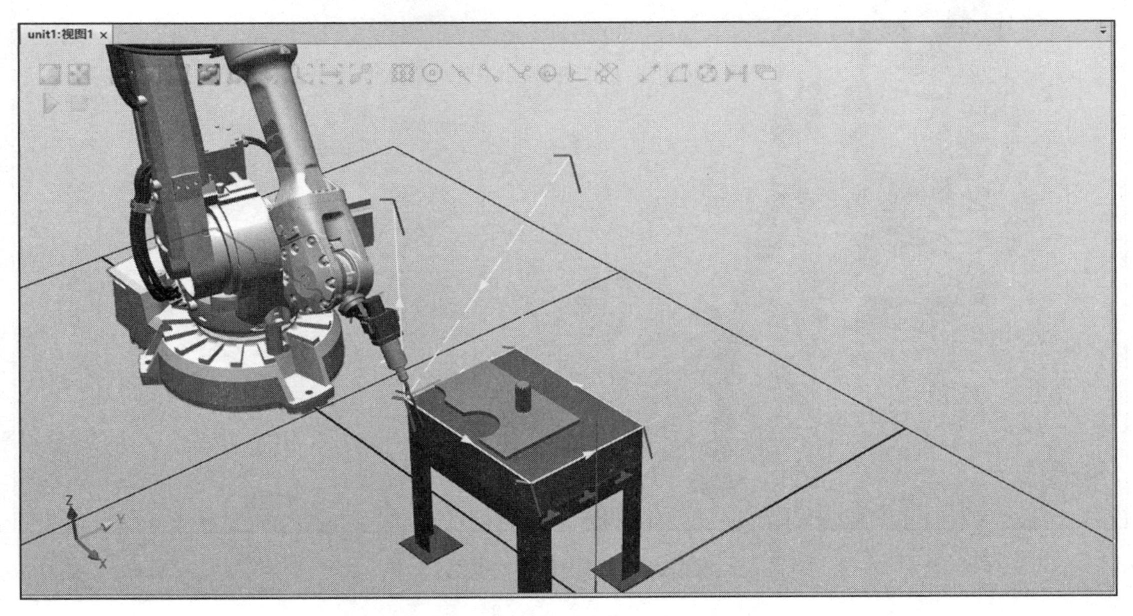

图 2-50 机器人移动过程

在创建机器人轨迹指令程序时，要注意以下几点：

1）手动线性时，要注意观察各关节轴是否会接近极限而无法拖动，这时要适当进行姿态调整。

2）在示教轨迹的过程中，如果出现机器人无法到达工件的情况，应适当调整工件的位置再进行示教。

3）在示教的过程中，要适当调整视角，这样才可以更好地观察。

2.3 工业机器人运行仿真

在 RobotStudio 中，为保证虚拟控制器中的数据与工作站数据一致，需要将虚拟控制器与工作站数据进行同步。当在工作站中修改数据后，则需要执行“同步到 RAPID…”；反之则需要执行“同步到工作站 …”。

1）由于上一小节在工作站中进行了轨迹创建，所以需要将轨迹同步到虚拟控制器中，在“基本”功能选项卡中选择“同步到 RAPID…”，会弹出同步对话框，如图 2-51 和图 2-52 所示。

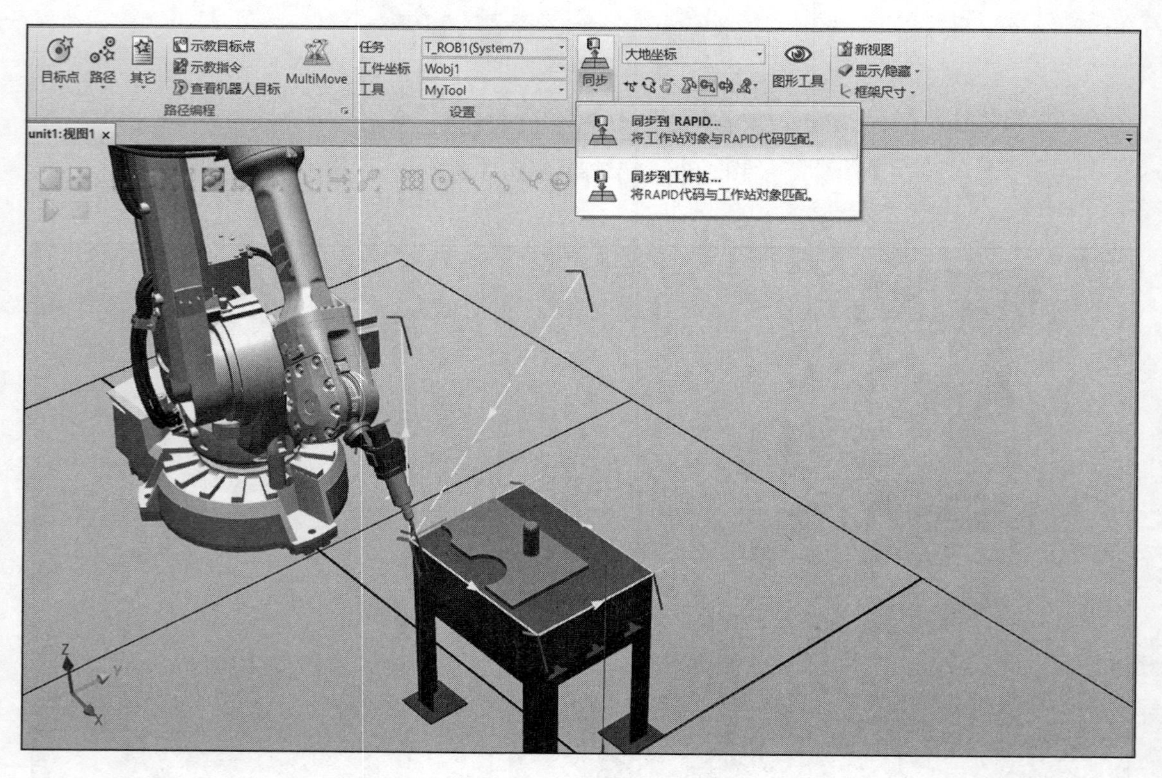

图 2-51 “同步到 RAPID…”

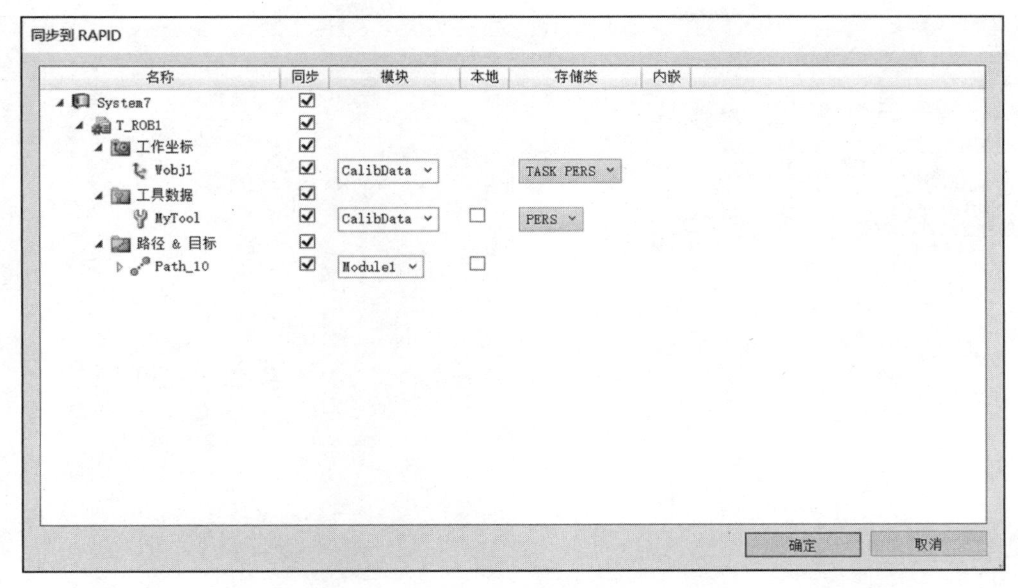

图 2-52　同步对话框

2）将同步一栏全部的“√”打上后即可单击“确定”，之后输出栏会提示同步完成，如图 2-53 所示。

图 2-53　提示完成同步

3）在“仿真”选项卡中单击“仿真设定”，可弹出仿真设定对话框，如图 2-54 和图 2-55 所示。

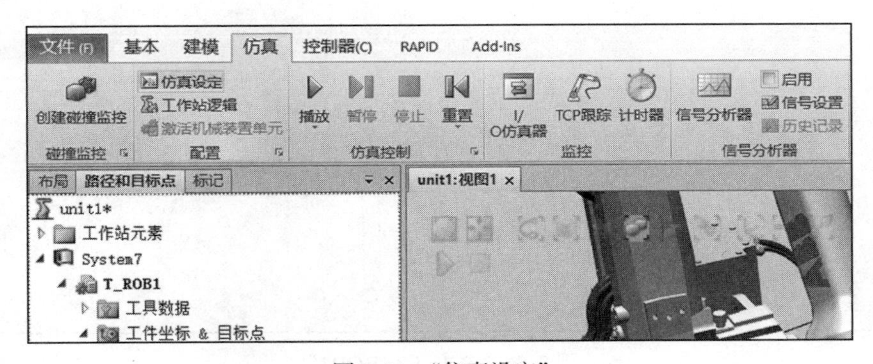

图 2-54　“仿真设定”

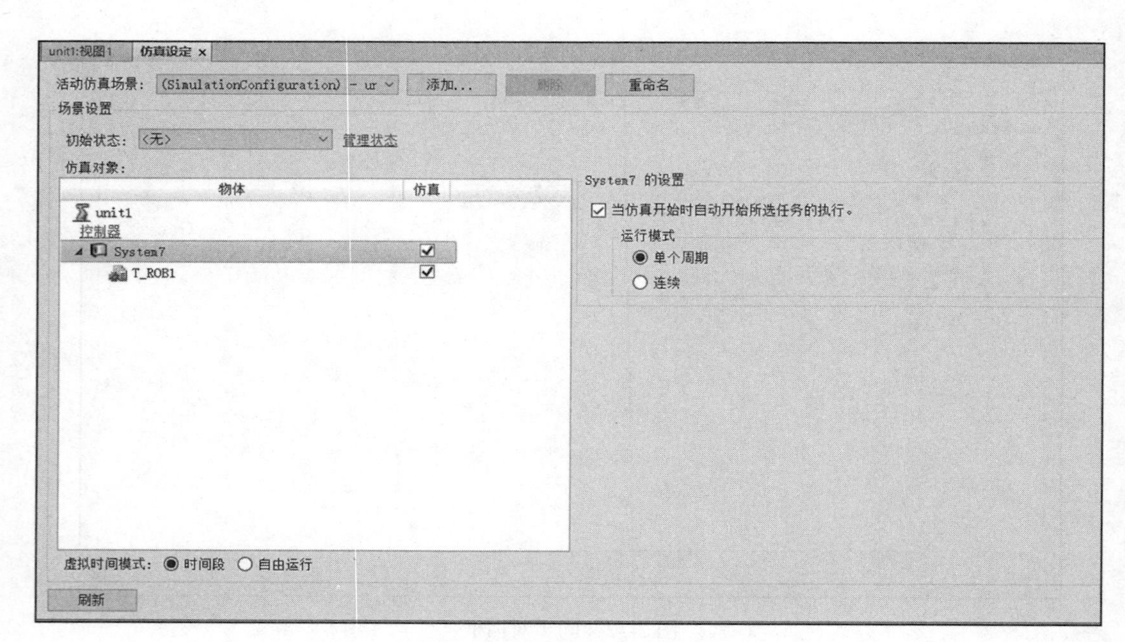

图 2-55 “仿真设定”对话框

4）单击“T_ROB1”，菜单右侧会发生改变，如图 2-56 所示。单击右侧“进入点”的下拉菜单，选择“Path_10”，这样仿真就会执行“Path_10”的路径，如图 2-57 和图 2-58 所示。

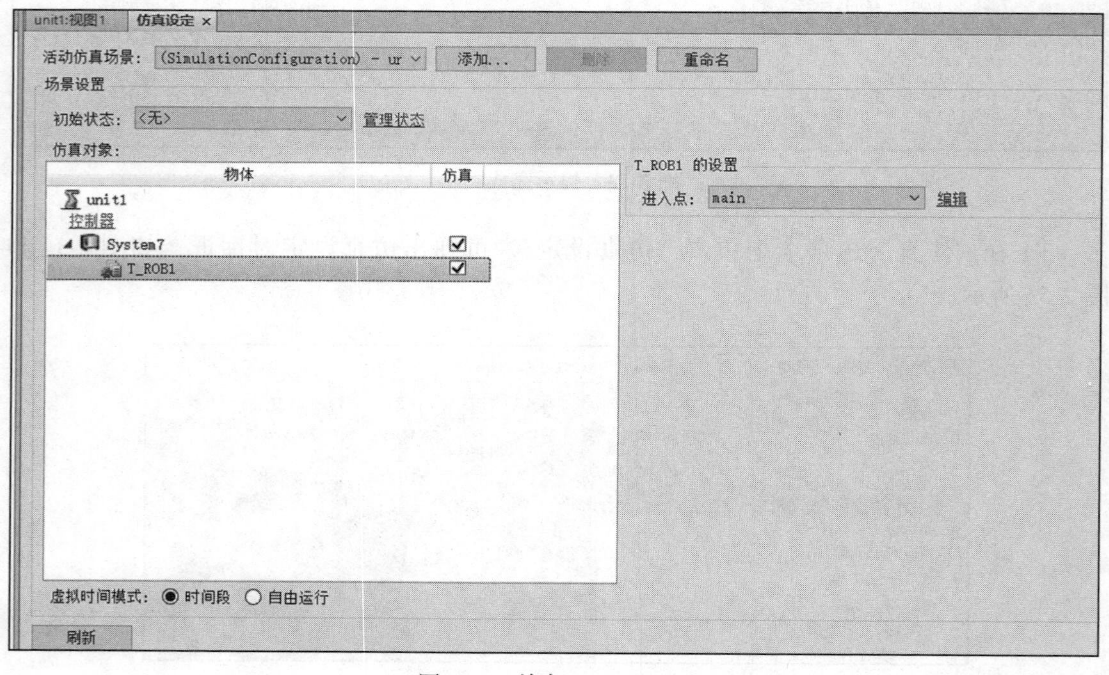

图 2-56 单击“T_ROB1”

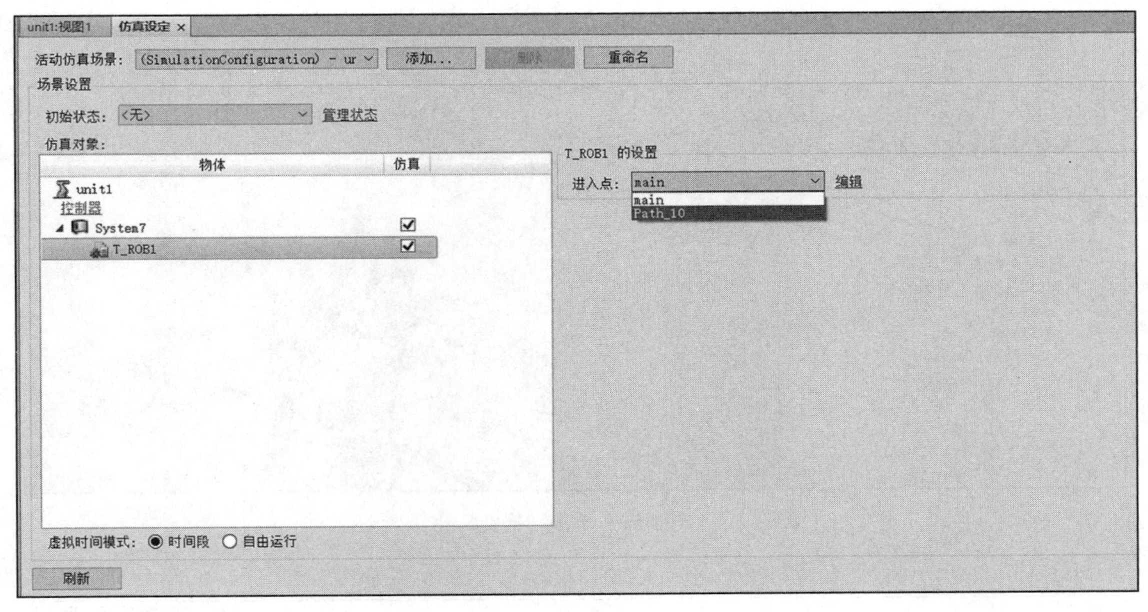

图 2-57　单击下拉菜单

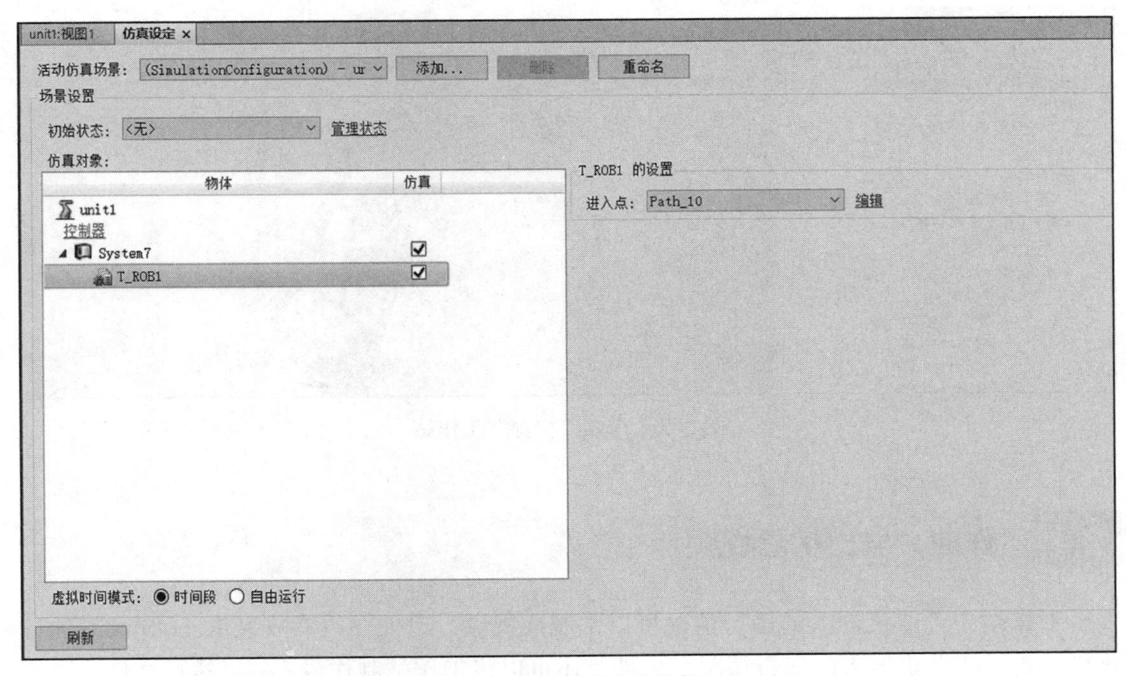

图 2-58　完成进入点选择

5）回到“仿真”选项卡，单击“播放”即可发现机器人会按之前示教的点进行运动，完成后单击“保存”即可，如图 2-59 和图 2-60 所示。

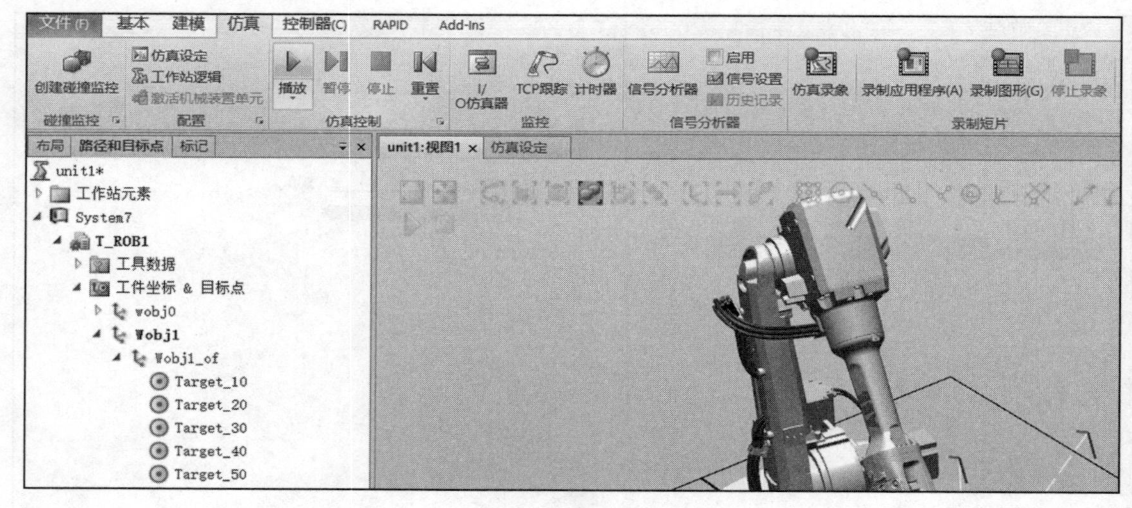

图 2-59　单击“播放”

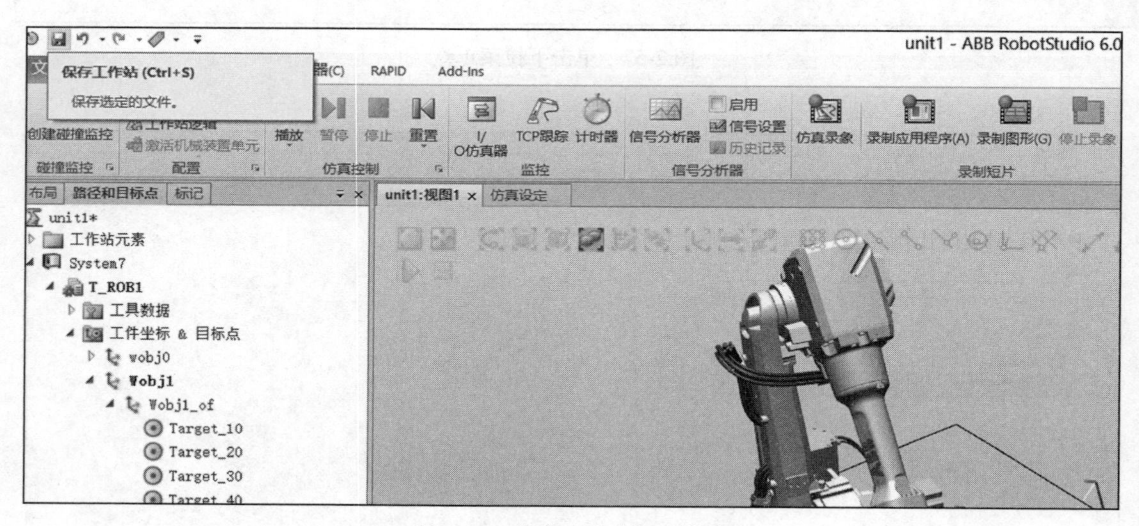

图 2-60　单击“保存”工作站

2.4 作业：导出仿真视频

工作站中工业机器人的运行情况可以录制成视频，以便在没有安装 RobotStudio 的计算机中查看工业机器人的运行情况。另外，还可以将工作站制作成 exe 可执行文件，以便进行更灵活的工作站查看。下面进行视频导出展示。

1）在“文件”功能选项卡中单击“选项”功能，弹出选项对话框，如图 2-61 和图 2-62 所示。

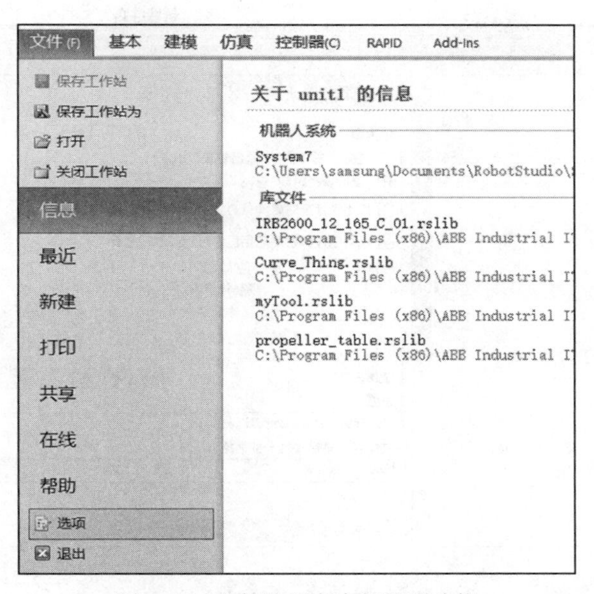

图 2-61　文件选项卡中的选项功能

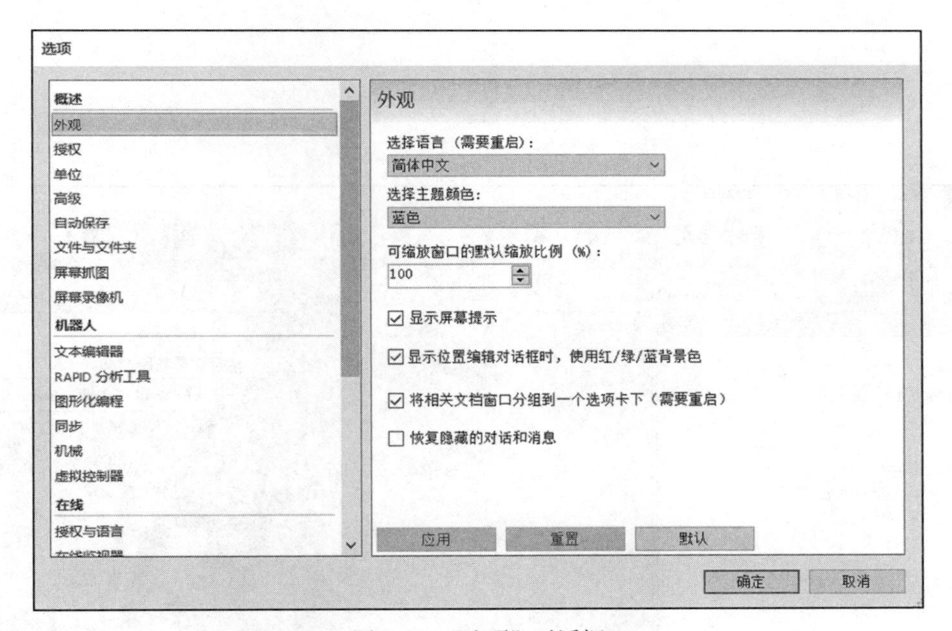

图 2-62　“选项”对话框

2）单击“屏幕录像机”，可以对录像的格式、长短、位置进行调整，调整完成后单击“确定”即可完成设置，如图 2-63 所示。

3）在“仿真”选项卡中单击“仿真录象”，之后在“仿真”选项卡中单击“播放”，在仿真完成后会在指定位置按照之前的设定生成仿真录像，如图 2-64 ～图 2-66 所示。

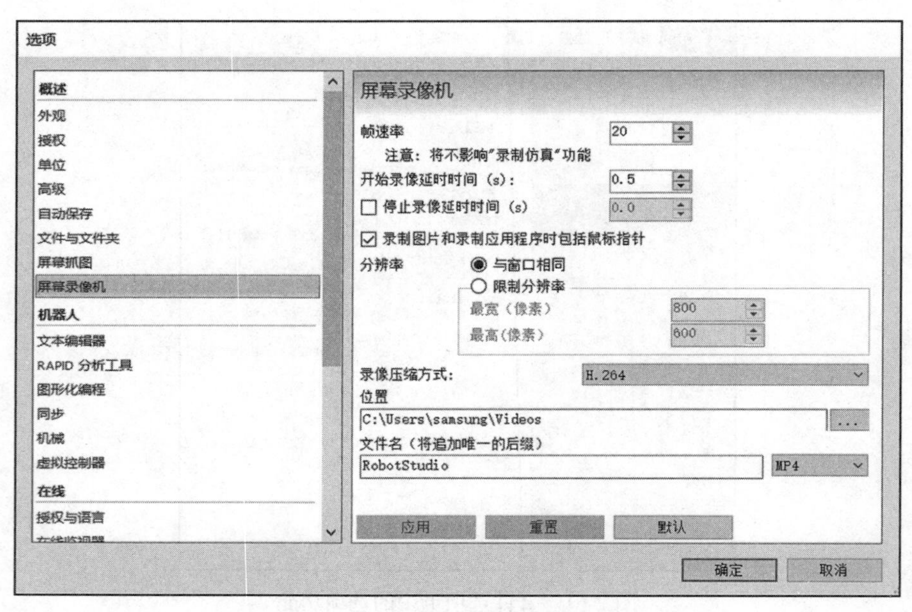

图 2-63 “屏幕录像机”参数设定

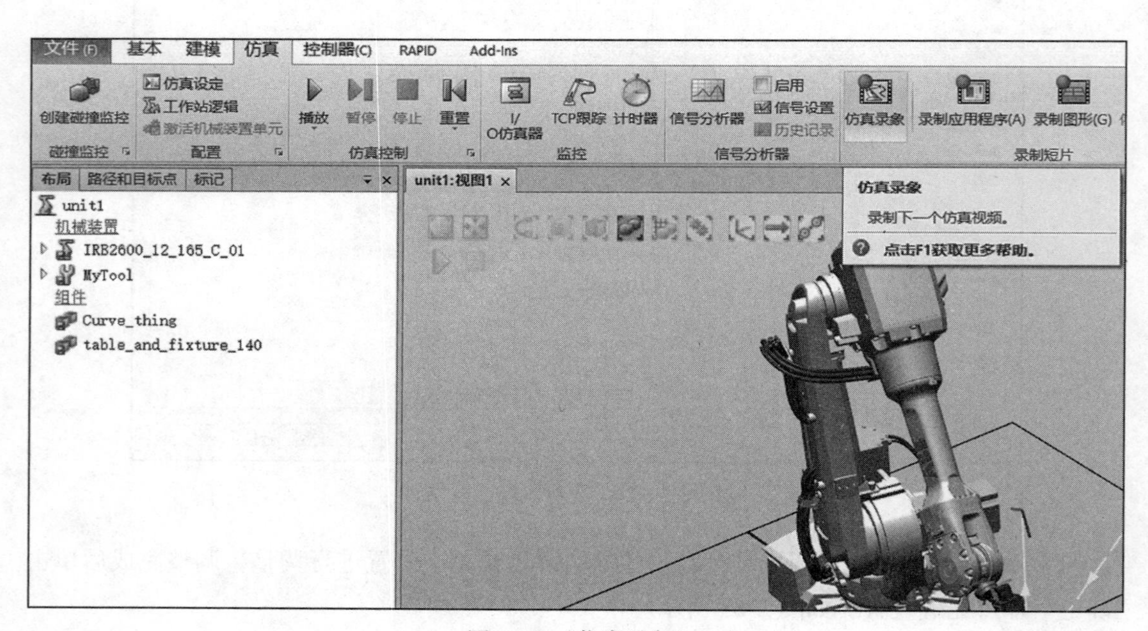

图 2-64 “仿真录象”

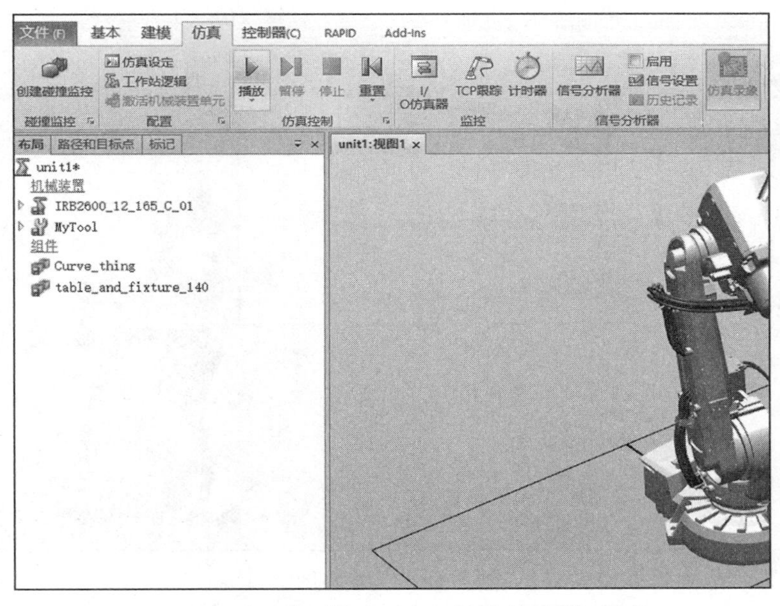

图 2-65　在选定“仿真录象”的情况下进行仿真

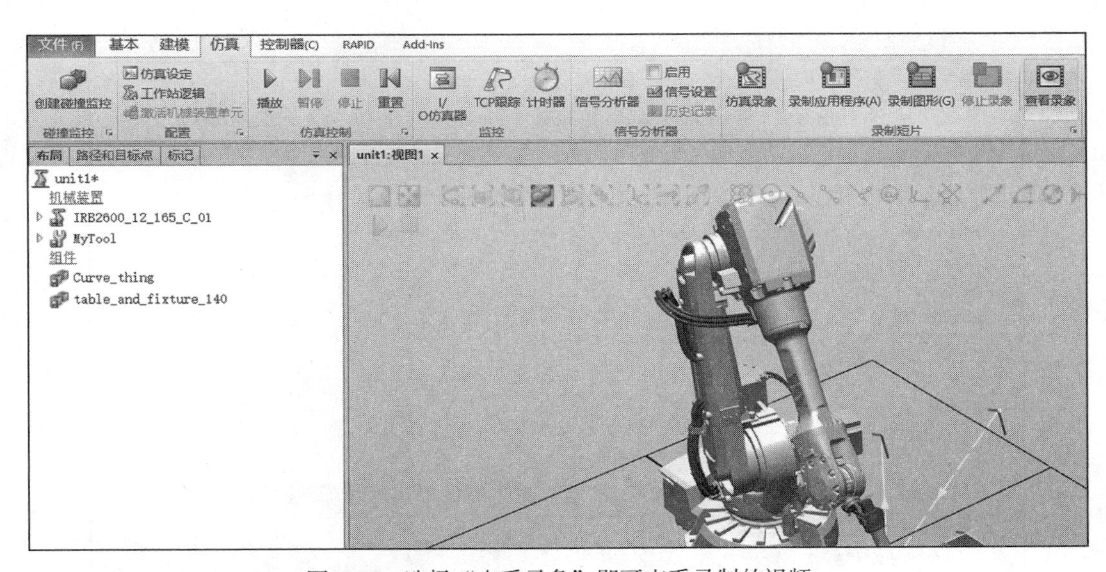

图 2-66　选择“查看录象”即可查看录制的视频

4）工作站还可以制作成 exe 文件，在“仿真”选项卡中单击“播放”的下拉菜单，选择“录制视图”，软件则会自动进行播放录制，完成后弹出录制保存对话框，设定视频名称后单击“保存（S）”，可以将录制的工作站视图以 exe 格式输出到指定位置，以方便任意计算机运行，如图 2-67 ～图 2-69 所示。

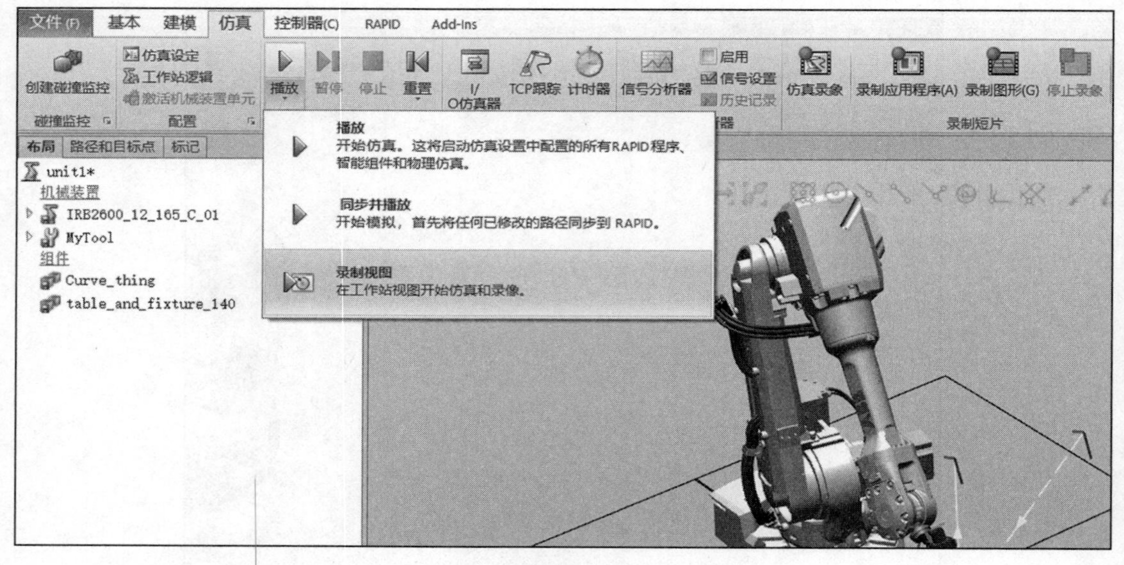

图 2-67 “录制视图”

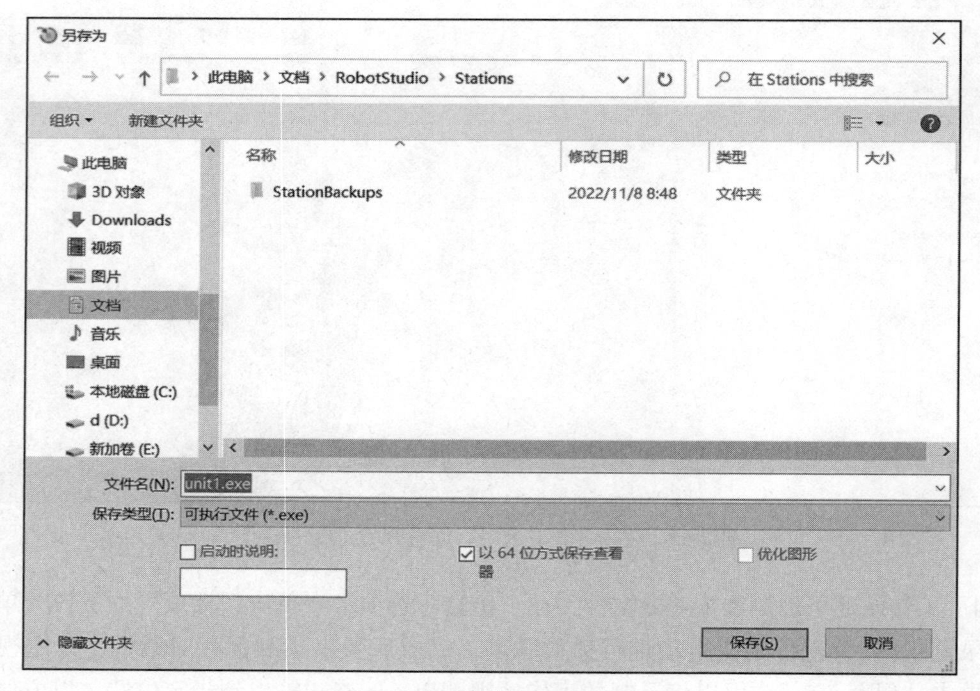

图 2-68 录制保存对话框

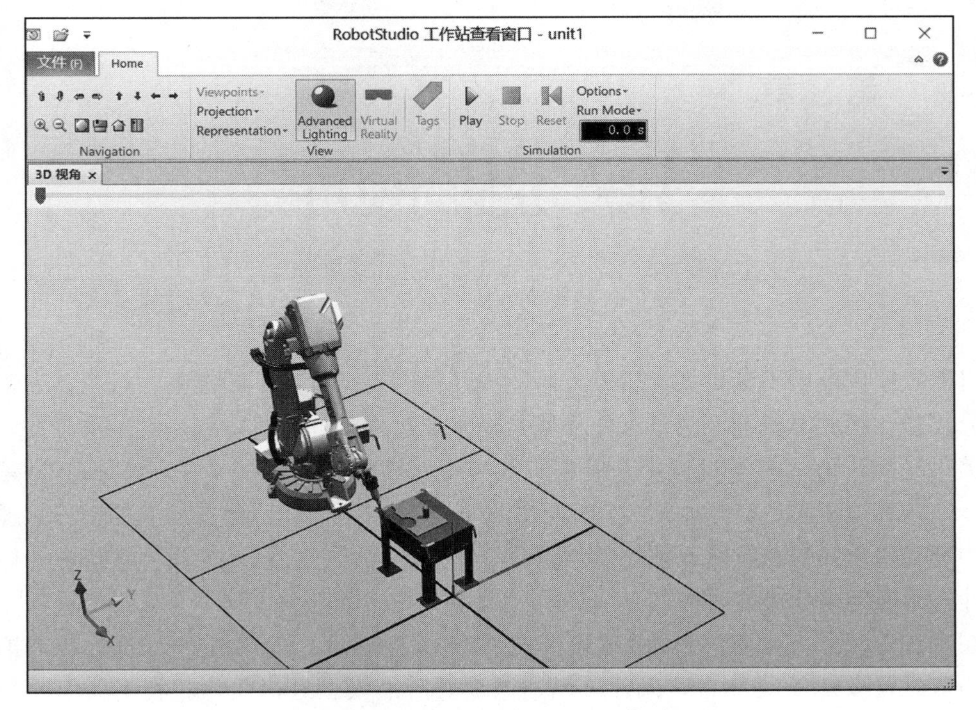

图 2-69　以 exe 格式运行的工作站

作业：将自己制作的仿真工作站图像导出，同时完成对工件的逆时针环绕并将两个不同的工作站视频制成 exe 格式。

第 3 章 建模功能的使用

机器人应用范围不断扩大，机器人所完成任务的复杂程度不断提高，且机器人工作环境十分复杂，因此对机器人及其工作环境乃至生产过程的计算机仿真是必不可少的。本章将相关理论知识融入教学过程中，做到实践与理论相辅相成。通过 RobotStudio 搭建机器人工作站的环境模型，让学生从生产实际出发，理论联系实际，激发学生的学习兴趣，掌握、构建和内化知识与技能，强化学生自我学习能力的培养，从而使学生在机电一体化系统设计方面得到综合提高。

在利用 RobotStudio 进行工业机器人模拟仿真验证时，若对机器人的生产节拍、到达能力等性能要求不是非常苛刻，可以适当地对产品模型进行简化。利用简单的和实际大小相同的基本模型进行替换，可以极大程度地节省仿真建模和仿真验证的时间，如图 3-1 所示。

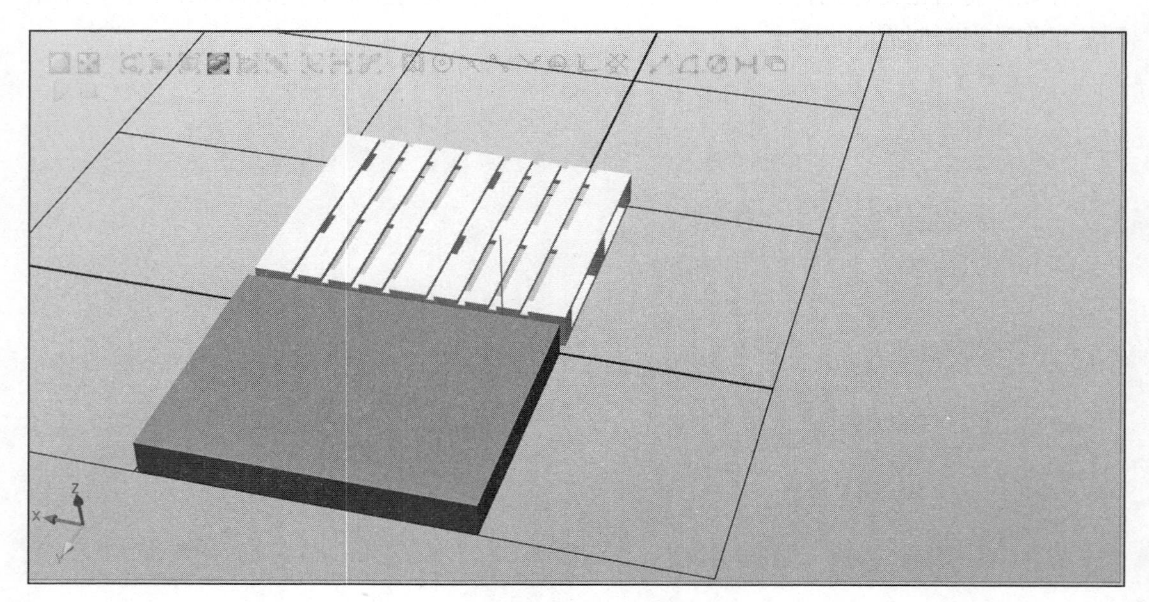

图 3-1　基本模型与仿真建模对比

如果需要精细的 3D 模型，可以通过第三方的建模软件进行建模，并通过 *.stp 等格式导入到 RobotStudio 中完成建模布局，单击“建模”选项卡中的“导入几何体”的下拉菜

单，选择“浏览几何体 ...”，如图 3-2 所示。在弹出的对话框中的“文件名”输入框的右边即可选择模型格式类型，RobotStudio 支持的模型格式如图 3-3 所示。

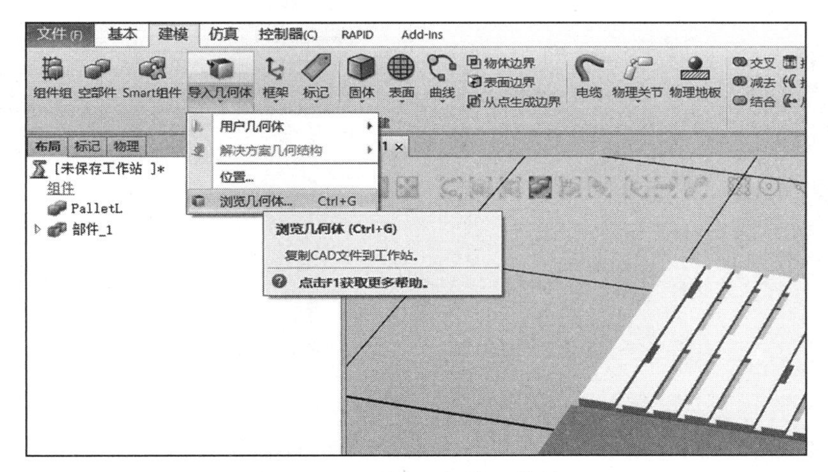

图 3-2　“浏览几何体”菜单

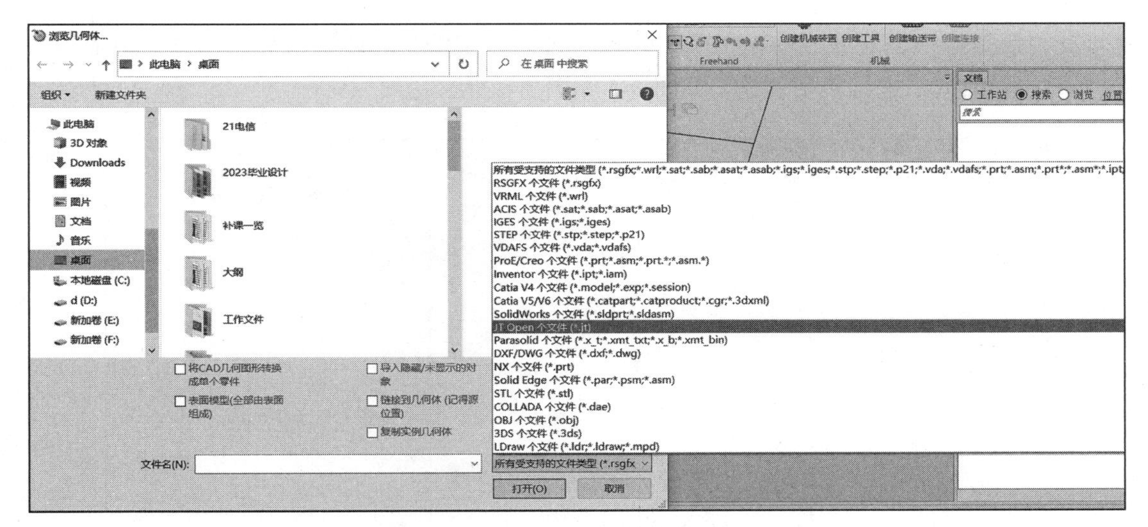

图 3-3　RobotStudio 支持的模型格式

3.1　工具模型的创建

3.1.1　3D 模型的创建

本小节将展示图 3-1 中的长方体模型的创建过程。首先打开 RobotStudio 软件，创建一个新工作站，如图 3-4 所示。

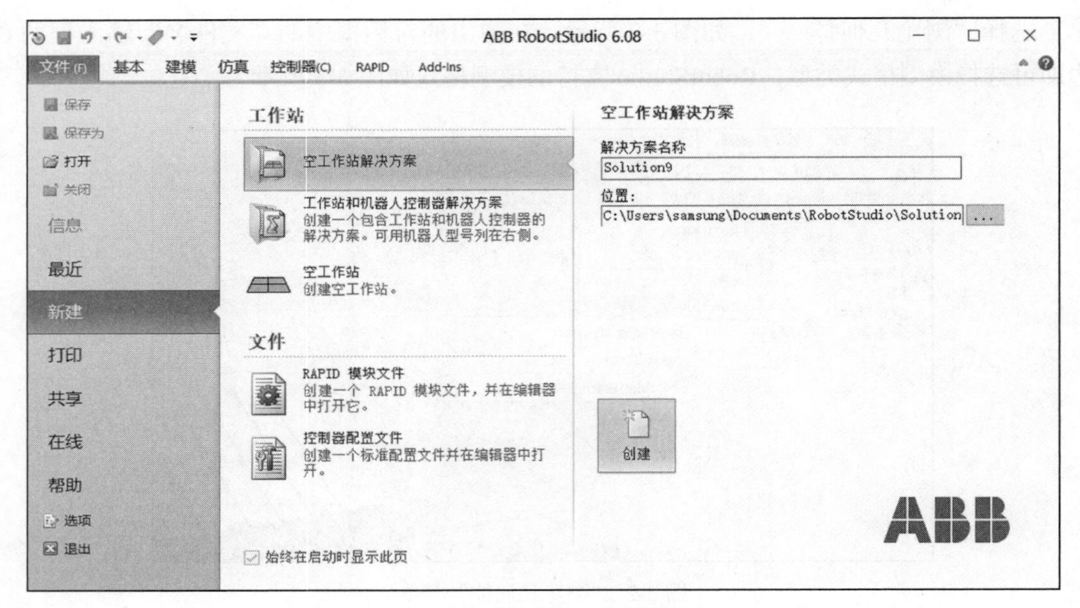

图 3-4　新工作站创建页面

1）新工作站创建完成后，单击“建模”选项卡中的“固体”菜单，选择“矩形体”，在弹出的对话框中进行模型创建，如图 3-5 和图 3-6 所示。

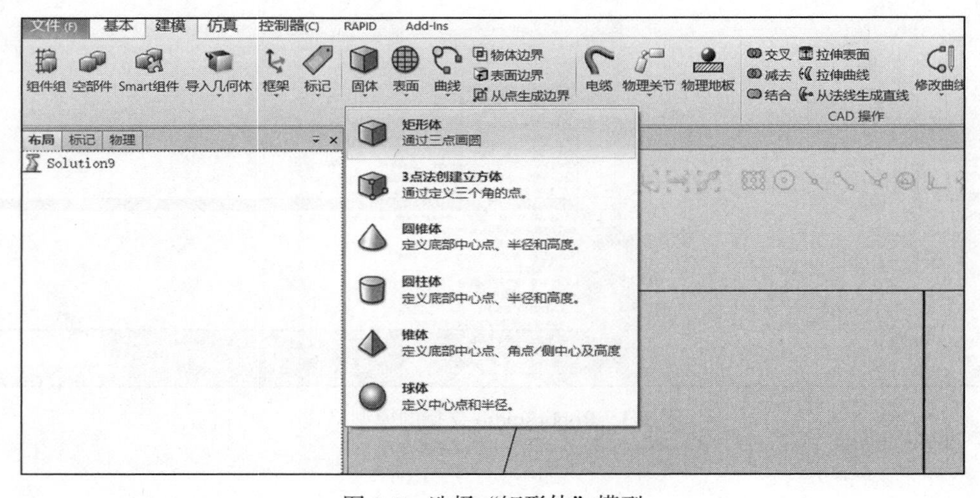

图 3-5　选择“矩形体”模型

2）在对话框中，可输入长度、宽度和高度值，即可生成对应长宽高的矩形体，输入数据后，在单击“创建”前还能看到几何体的预览图，单击“创建”后即可生成预览的模型。并且系统会在“布局”栏中添加模型名称。按照图 3-1 中垛板的数据进行参数输入：长度为 1200.00mm，宽度为 1000.00mm，高度为 140.00mm，如图 3-7 和图 3-8 所示。

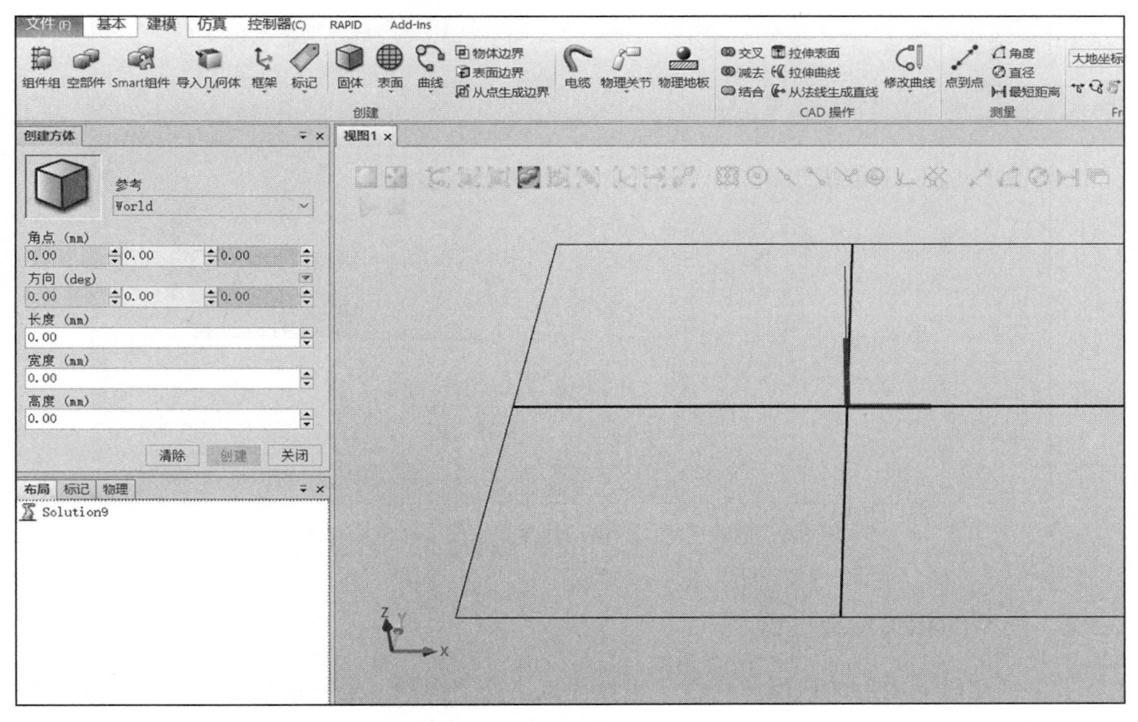

图 3-6　“创建矩形体”对话框

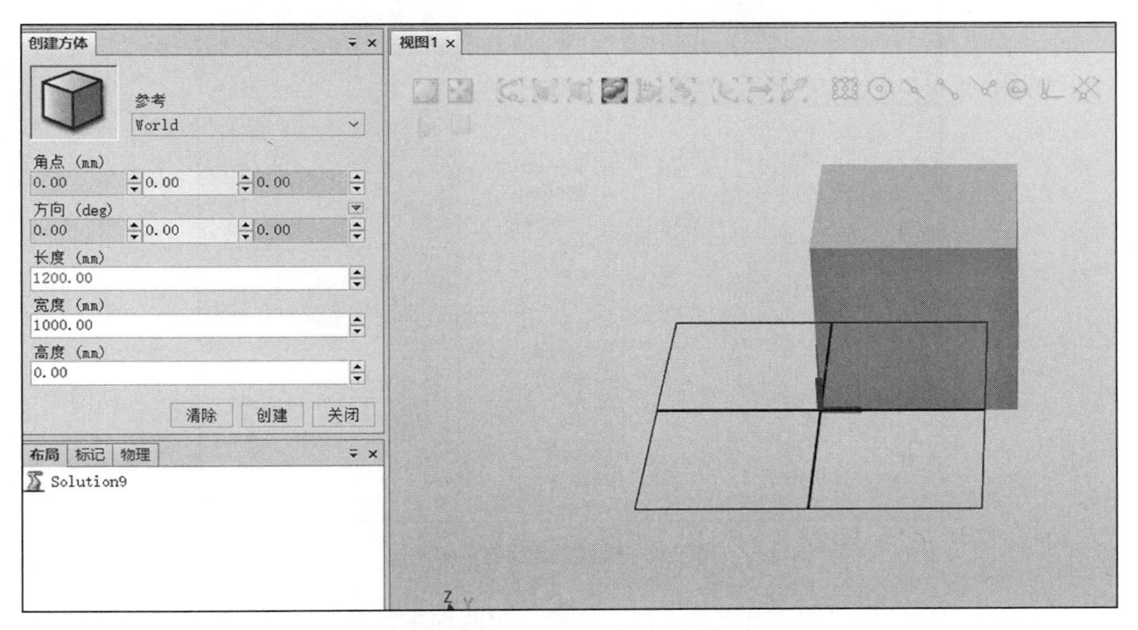

图 3-7　参数输入时展示的预览模型图

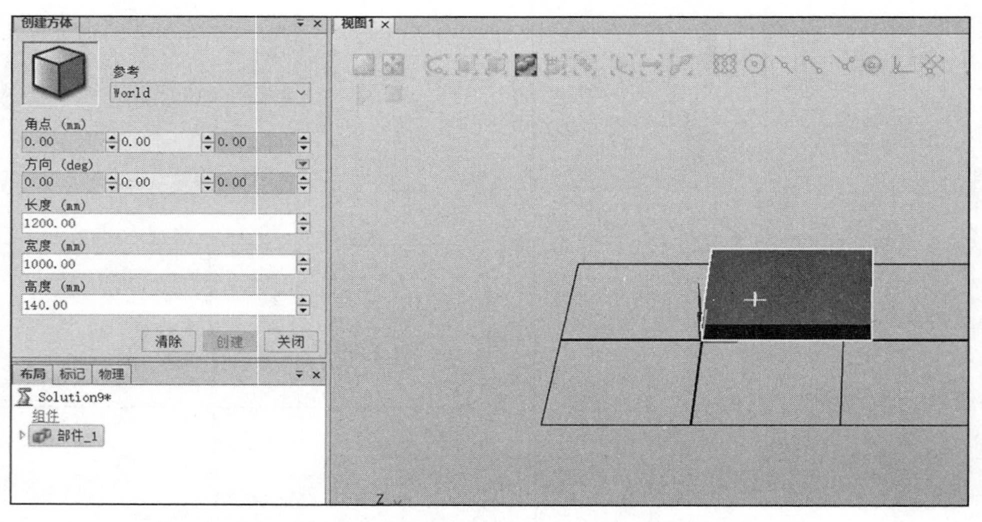

图 3-8　创建后生成的模型并在“布局”栏生成部件

3.1.2　模型的相关参数设置

1）创建后的矩形体模型原点位于坐标原点，在“视图”里右击新建模型，可对其进行参数设置，包括位置、修改等的相关参数，如图 3-9 所示。

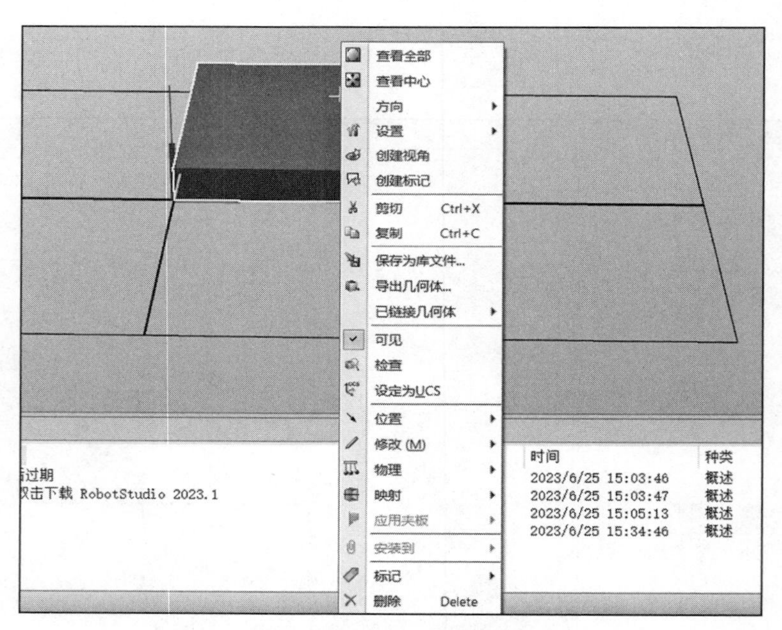

图 3-9　模型参数设置菜单

2）对于模型的位置调整有多种方法，这里介绍两种主要方法：第一种为简单的移动，单击“基本”选项卡中的“Freehand”组中的“移动”图标，即可对模型进行拖拽移动。如图 3-10 所示。如果需要精确移动，如将模型原点移动到某个固定点，则可以右击模型，

在弹出的菜单中单击“位置”，选择“设定位置”后，会弹出“设定位置”对话框，对话框会显示当前模型的原点位置，并包括控制模型转向等功能，在对话框中输入对应的 X、Y、Z 值分别为 400，200，0，方向角 X、Y、Z 值分别为 0，–90，0，并单击“应用”，即可完成模型的位置变换和翻转功能。以上内容如图 3-11 ～图 3-14 所示。

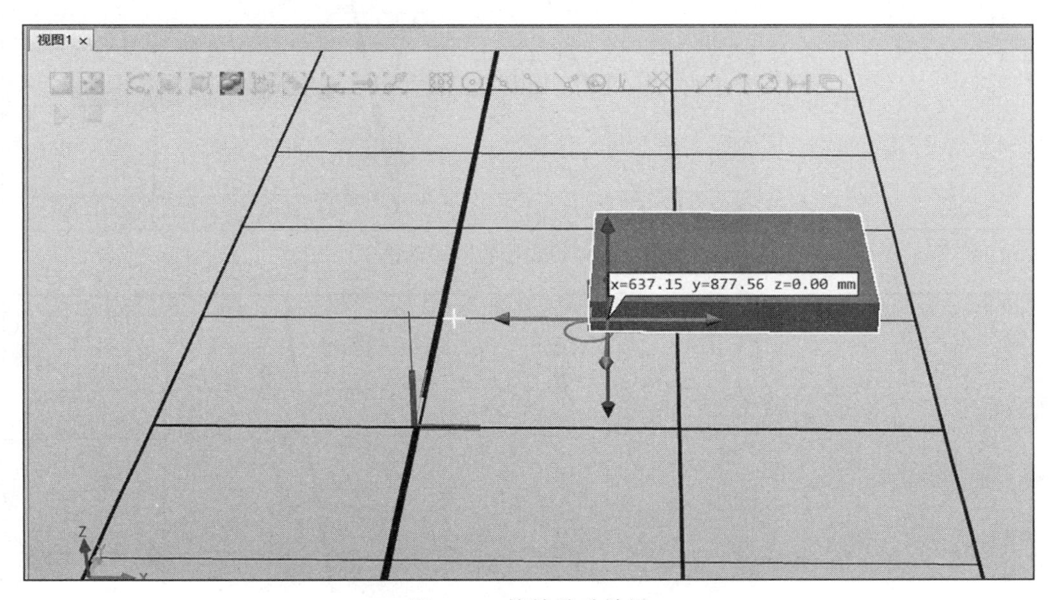

图 3-10　拖拽移动效果

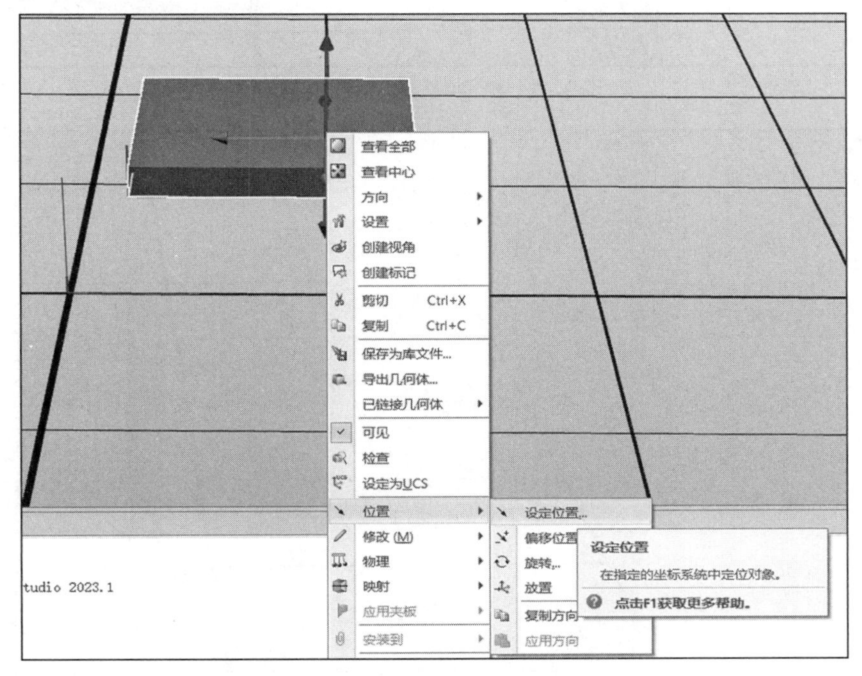

图 3-11　“设定位置”菜单

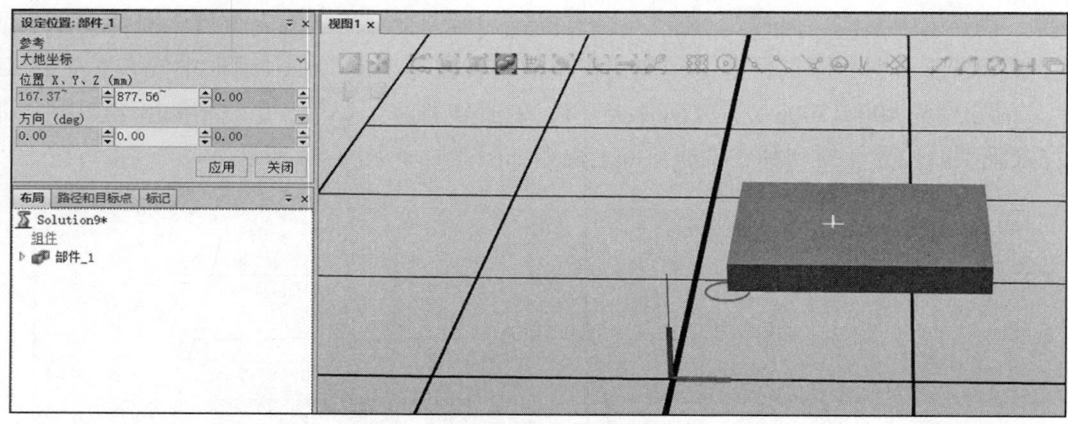

图 3-12 “设定位置”对话框

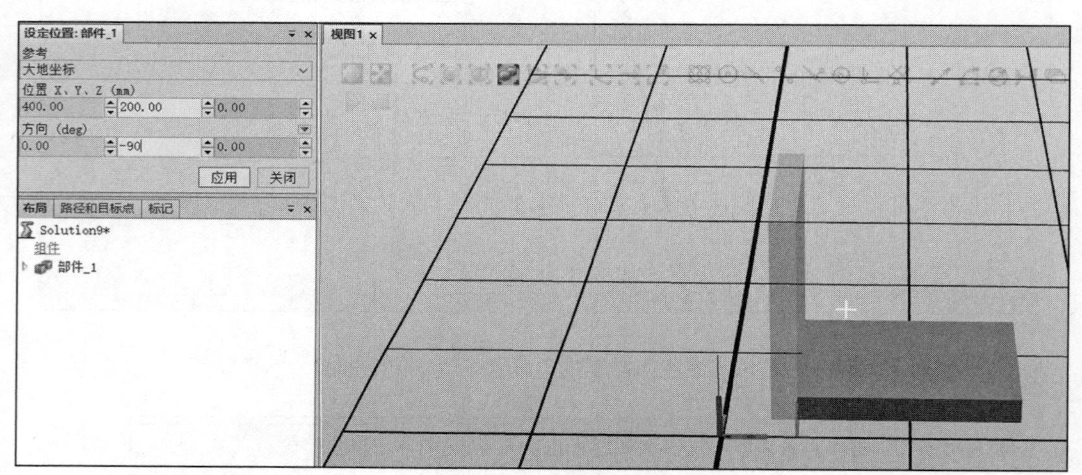

图 3-13 预览图与实际模型比较

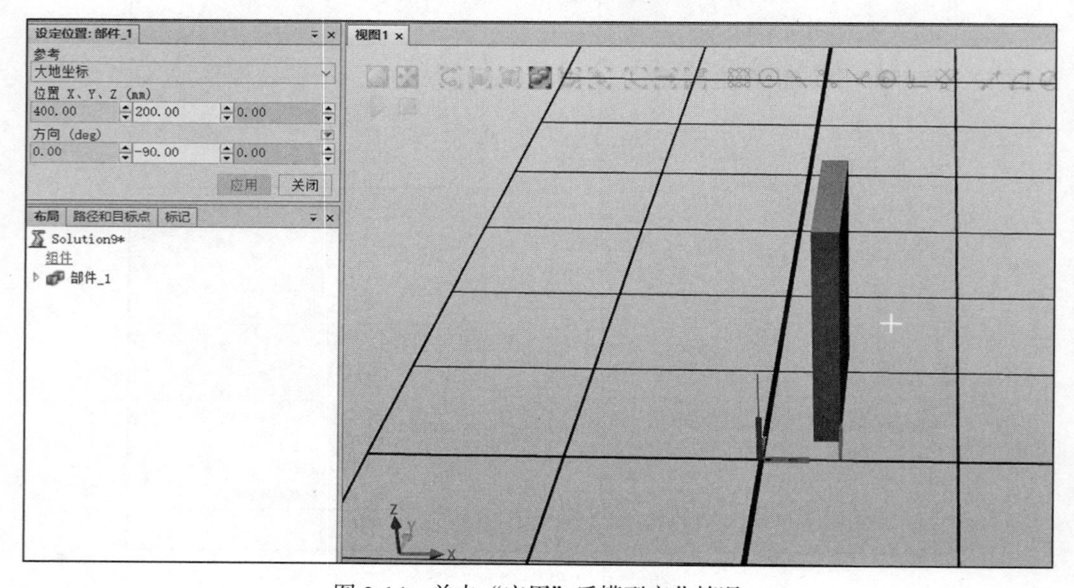

图 3-14 单击“应用”后模型变化情况

3）模型的颜色也可以改变。右击模型，在弹出的菜单中单击“修改”中的“设定颜色”，即可弹出“设定颜色”对话框，选择任意颜色单击“确定”后可对模型颜色进行修改，如图 3-15 ～图 3-17 所示。

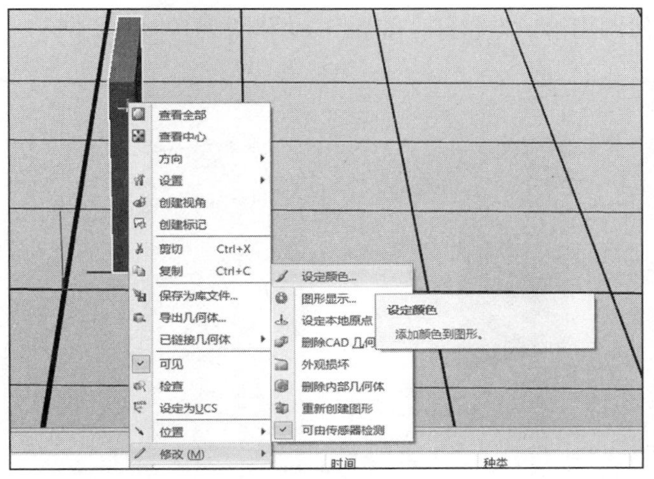

图 3-15　“设定颜色”

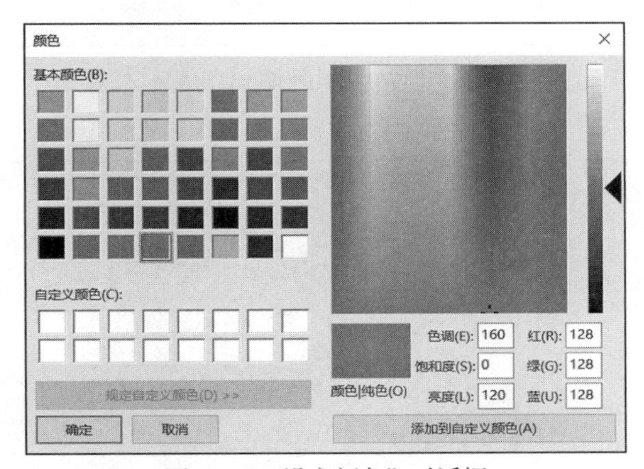

图 3-16　“设定颜色”对话框

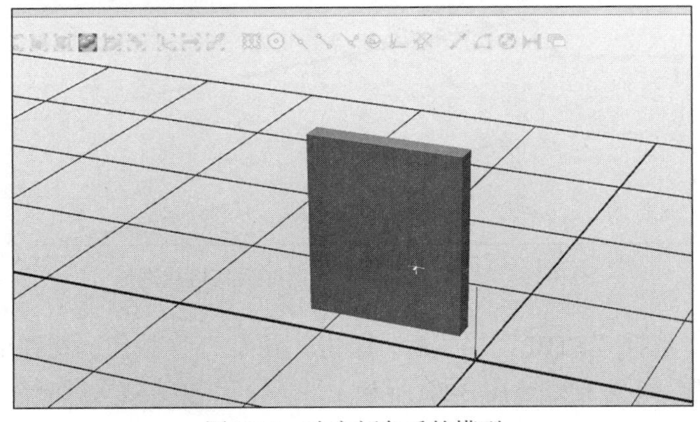

图 3-17　改变颜色后的模型

3.1.3 模型的导入与导出

1）对于创建的模型可以进行保存，以便后续直接导入使用，不必重复创建。右击模型，在弹出的菜单中单击“导出几何体 ...”，即可弹出“导出几何体”对话框，还能选择多种保存格式，方便调用第三方软件，如图 3-18 和图 3-19 所示。

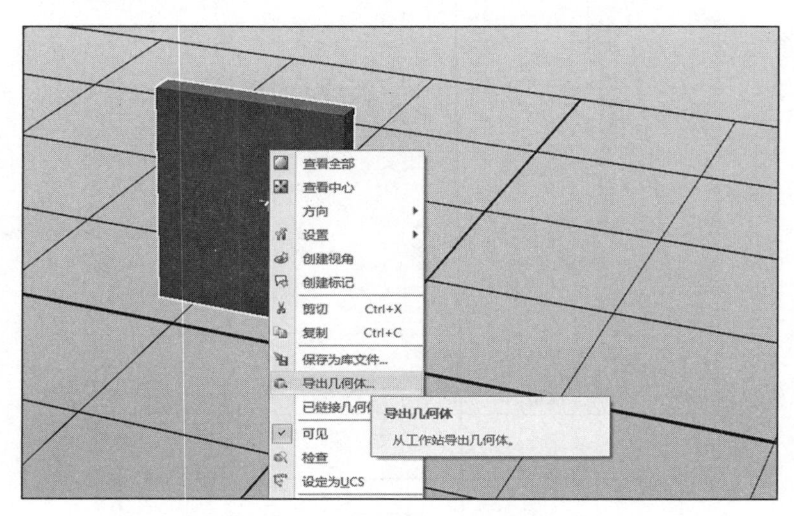

图 3-18 “导出几何体 ...”菜单

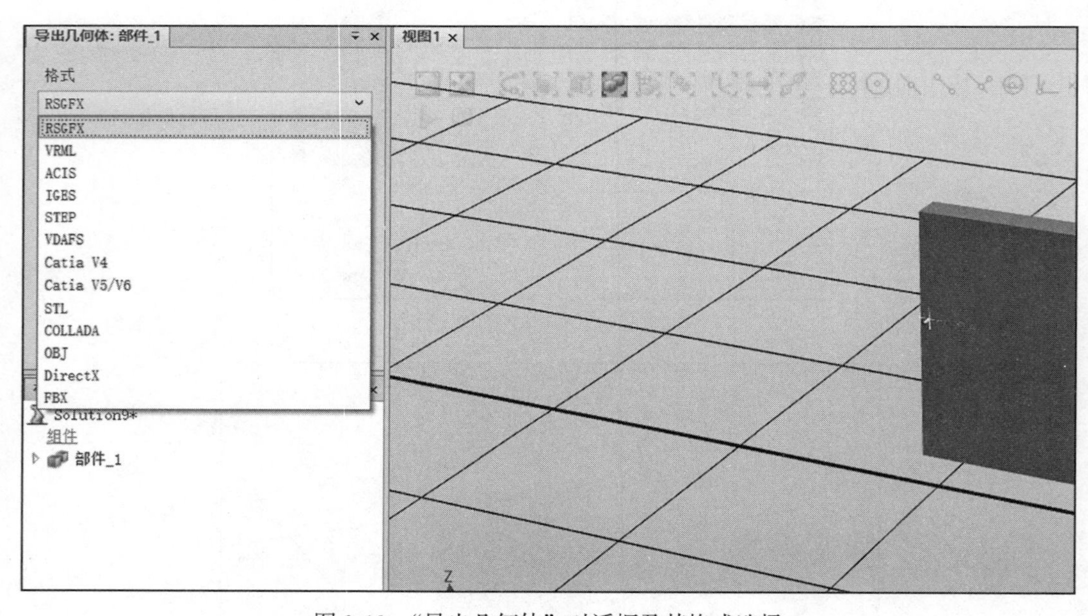

图 3-19 “导出几何体”对话框及其格式选择

2）在对话框中选择“STEP”格式后，单击“导出 ...”按钮，在弹出的保存对话框里可以选择保存位置，如图 3-20 ～图 3-22 所示。

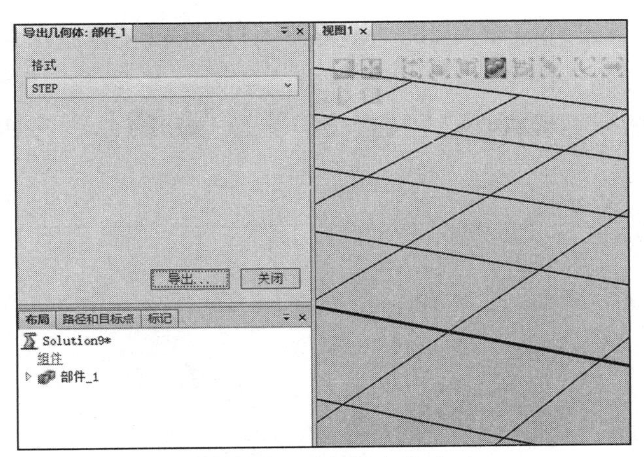

图 3-20　选择保存格式

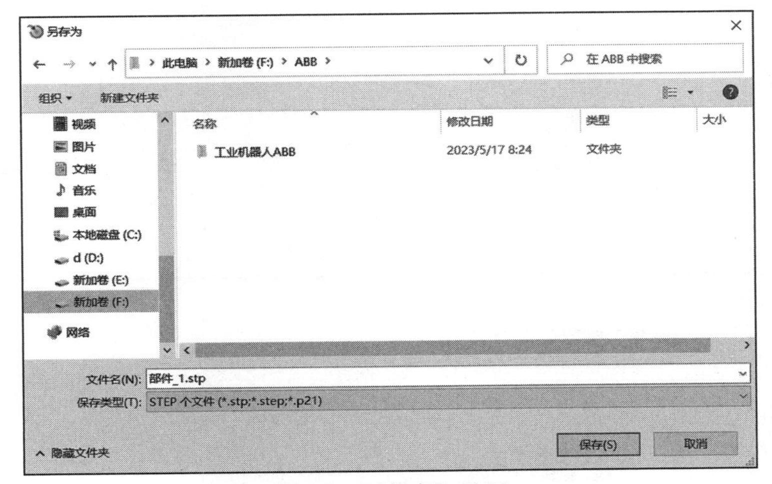

图 3-21　“保存”界面

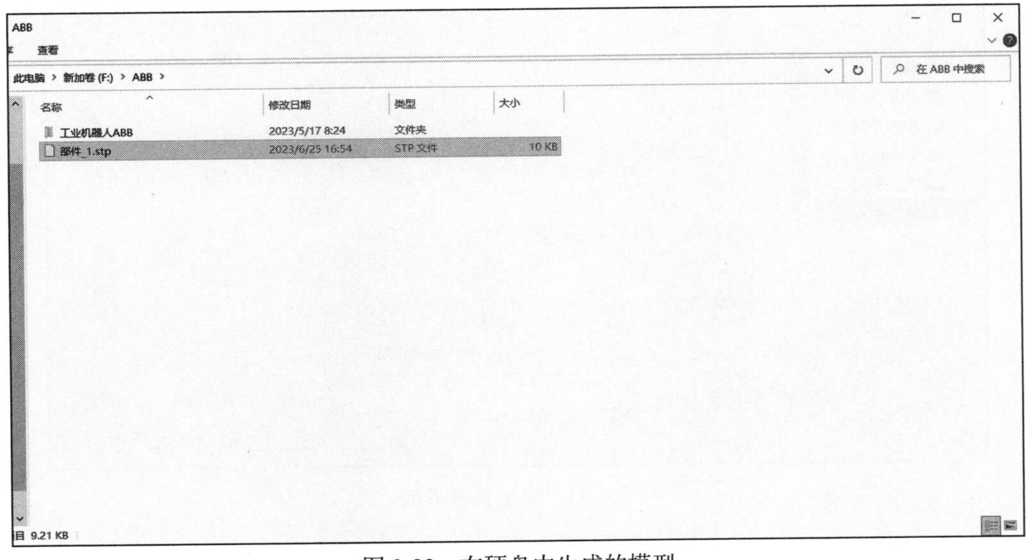

图 3-22　在硬盘中生成的模型

3）生成的模型可以直接导入 RobotStudio 软件，在新工作站中单击“基本”选项卡中的“导入几何体”的下拉菜单，单击“浏览几何体 ...”即可在本地硬盘中选择模型，选择上一步中生成的模型即可直接生成模型，单击“打开（O)”按钮即可完成加载，如图 3-23 ～图 3-25 所示。

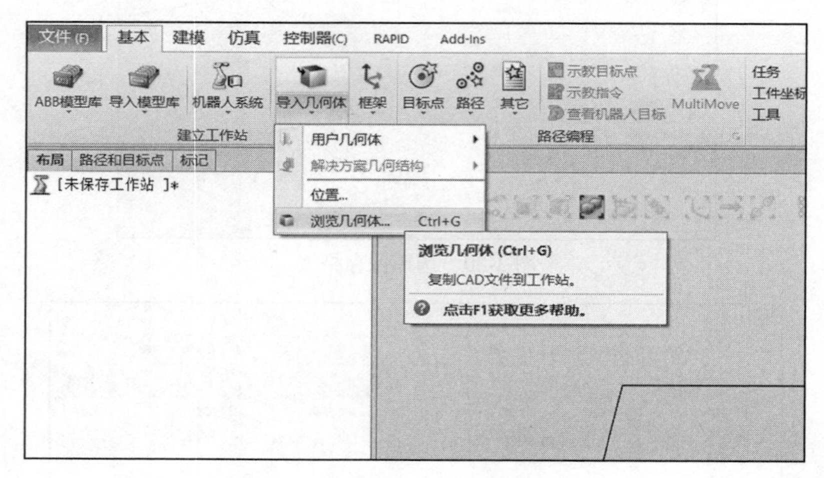

图 3-23 “导入几何体”

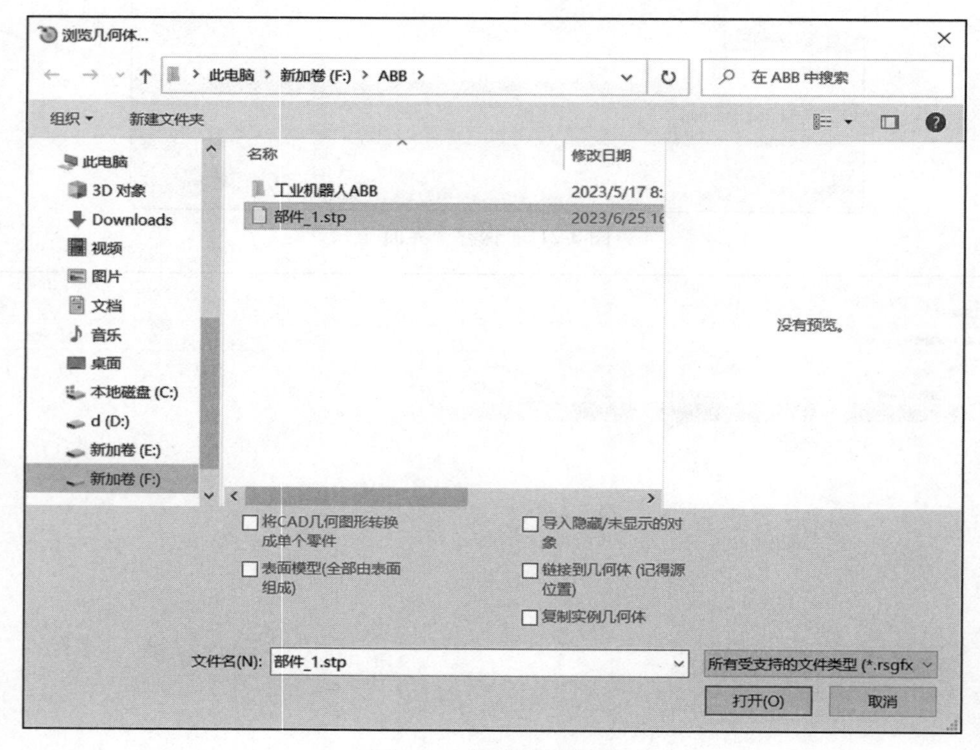

图 3-24 模型选择界面

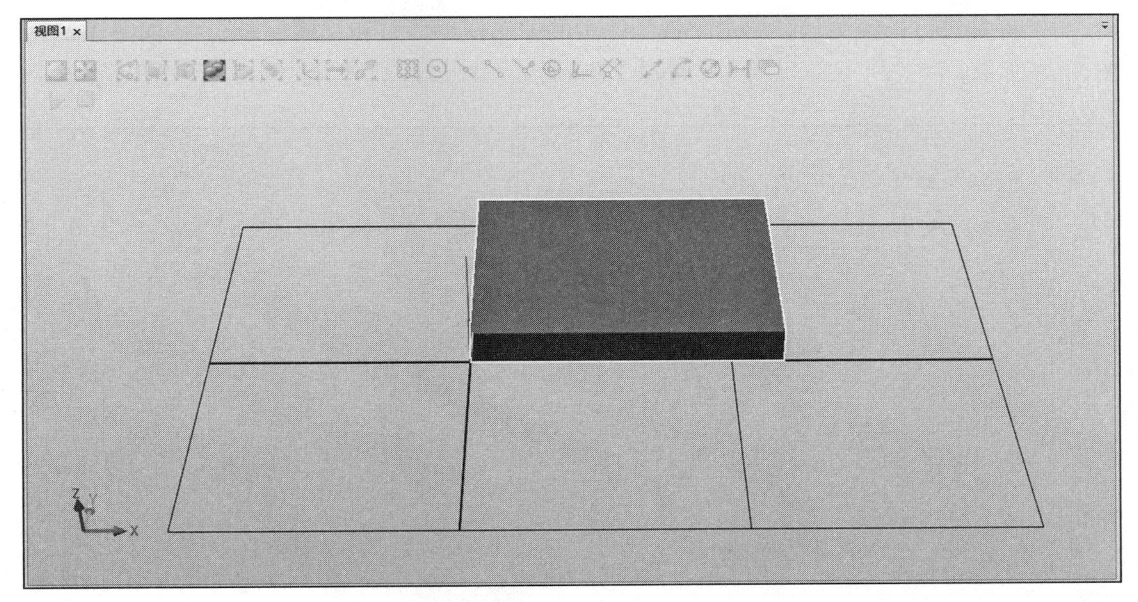

图 3-25　导入的模型展示

3.1.4　测量功能的使用

1）按照 3.1.1 小节的步骤做出一个圆柱体、一个矩形体，其中创建圆柱体需要设置圆柱体的半径和高度，案例中设定的半径为 50mm，高度为 200mm，并将圆柱体和矩形体移动到适当位置，如图 3-26 所示。

图 3-26　圆柱体和矩形体展示

2）首先进行长度测量，单击“视图”中的“选择部件”和“捕捉末端”，如图 3-27 和图 3-28 所示。

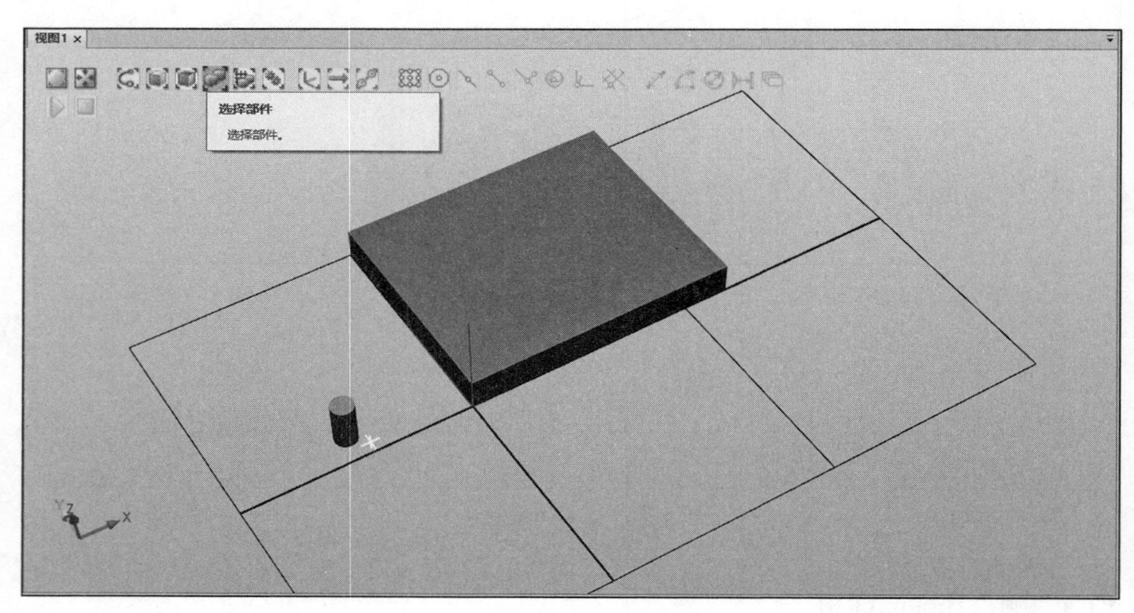

图 3-27 “选择部件”

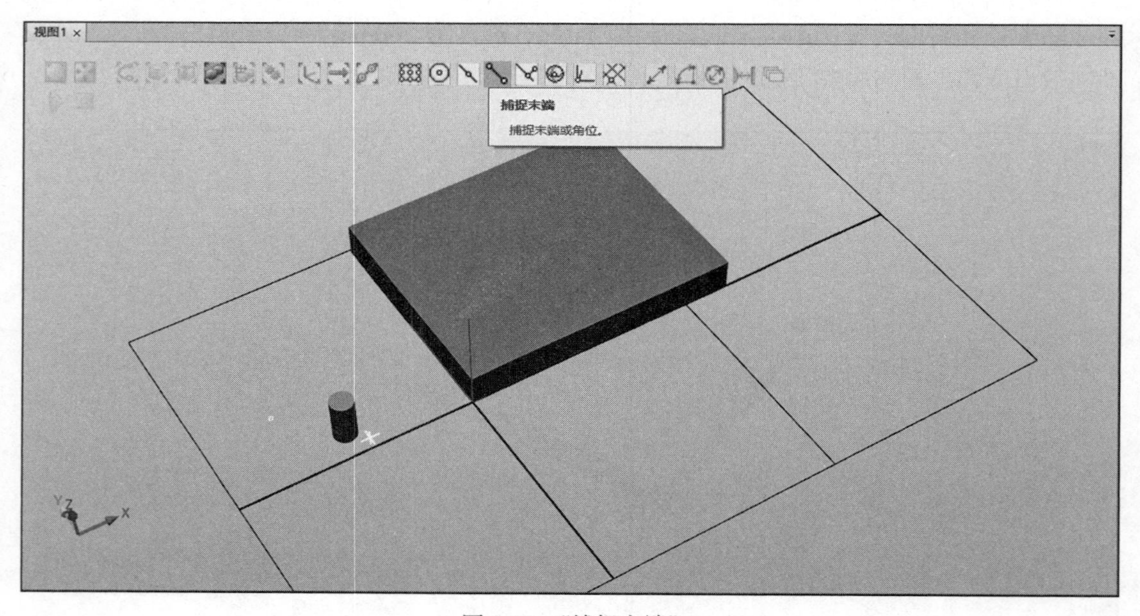

图 3-28 “捕捉末端”

3）在“建模”选项卡中单击选择“点到点”按钮即可开始测量，如图 3-29 所示。

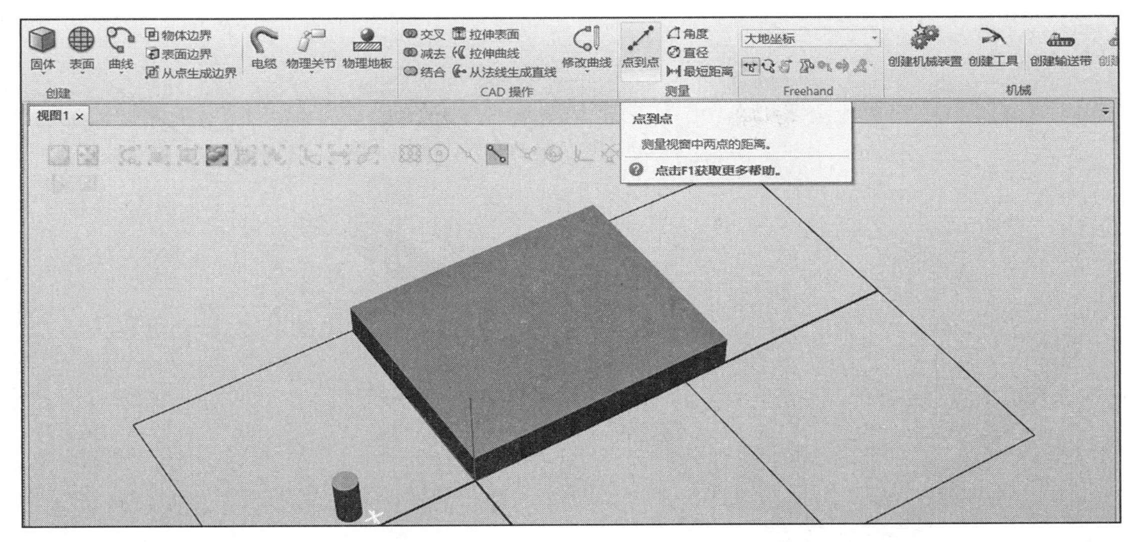

图 3-29　“点到点”

4）单击矩形模型的上方一个角点后再选择另外一个角点即可测出模型长度，如图 3-30 和图 3-31 所示。

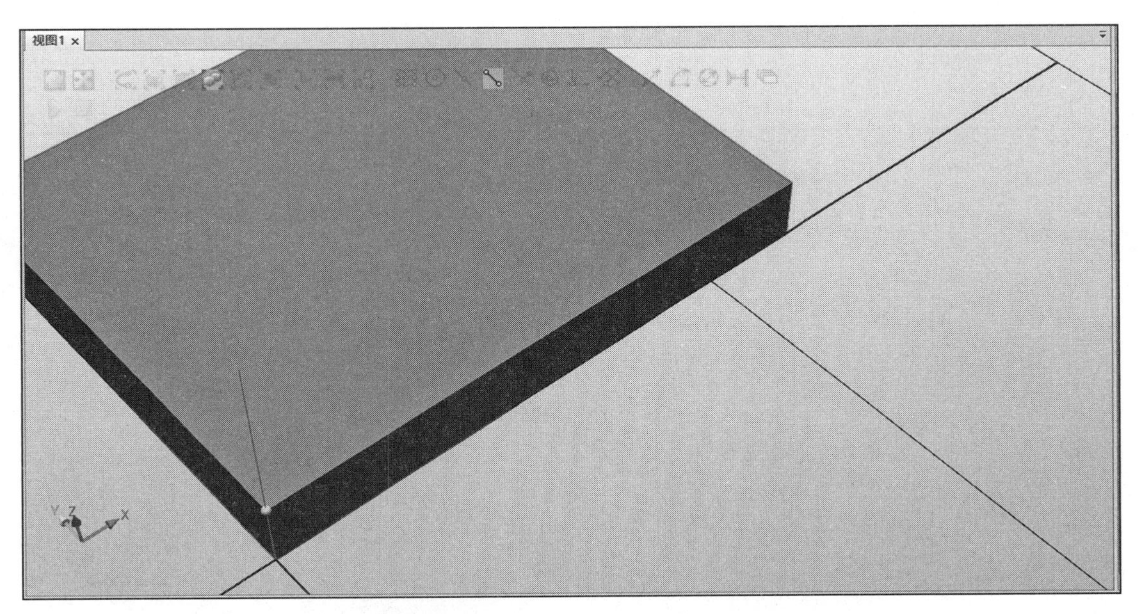

图 3-30　选择一个角点

5）下面进行角度测量，在“建模”选项卡中选择“角度”，即可进行角度测量，测量时注意测量角度方法为三点法，第一点为角顶点，第二点和第三点分别为角的两个延长线上的点，具体步骤如图 3-32 ～图 3-35 所示。

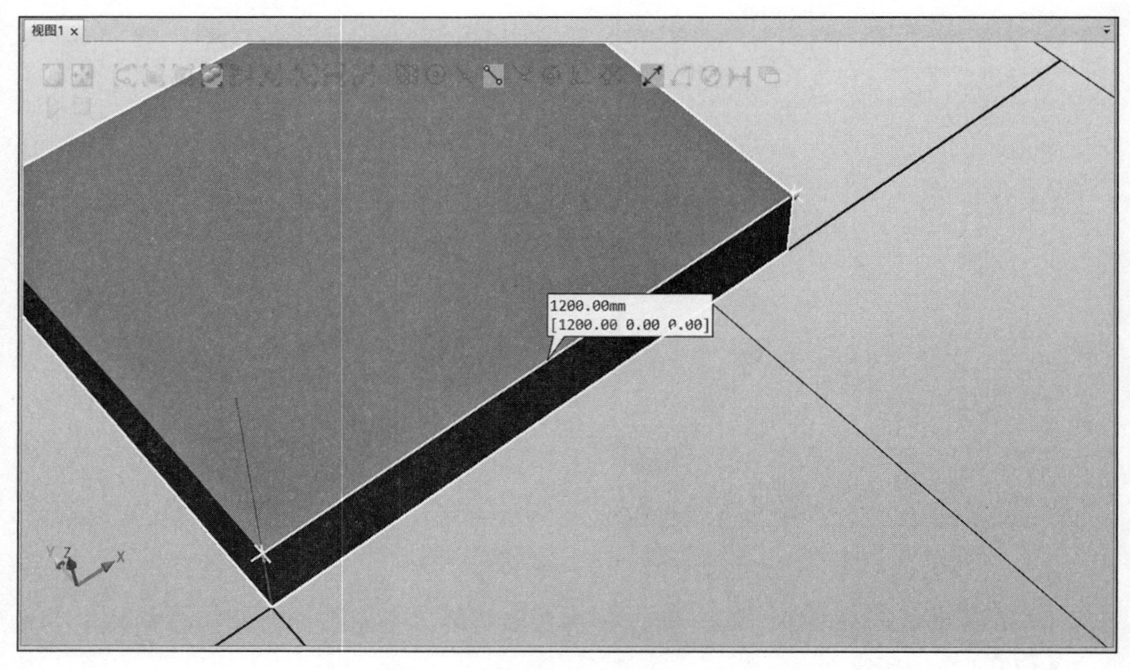

图 3-31　选择另一个角点后显示长度

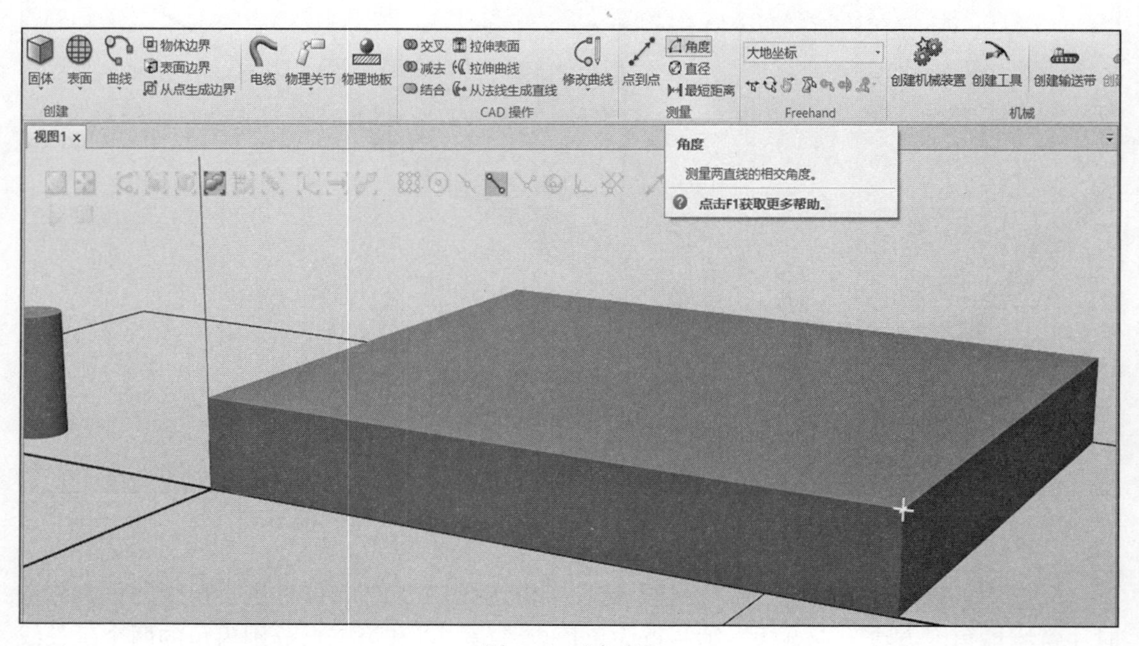

图 3-32　“角度”

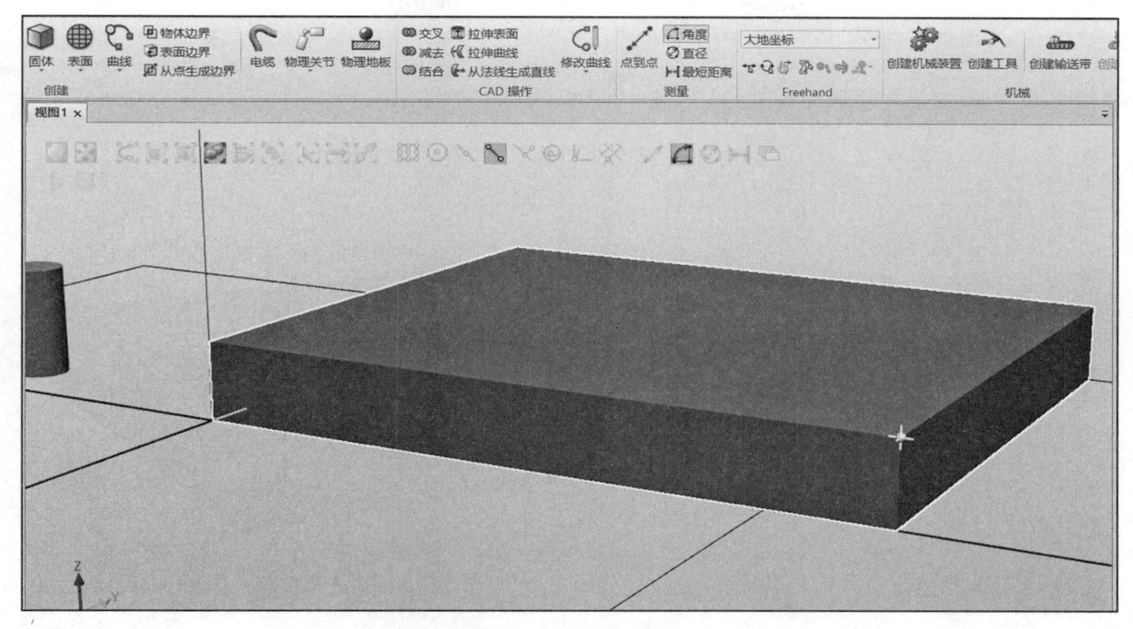

图 3-33　第一点为角顶点

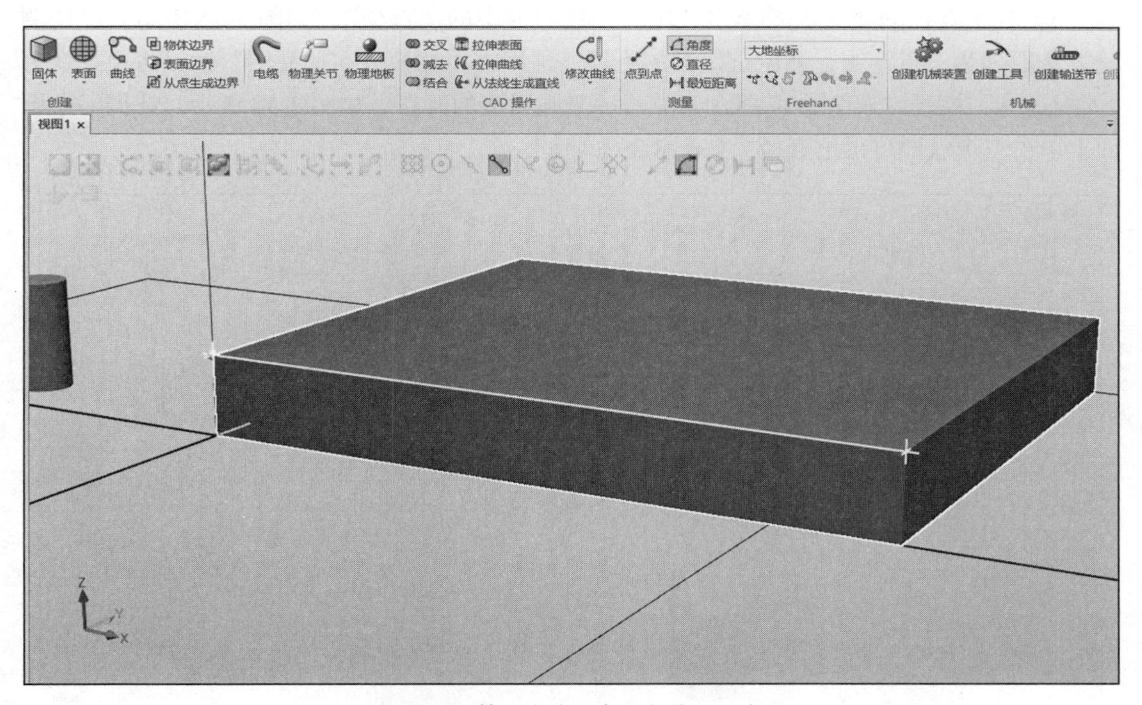

图 3-34　第二点为一条延长线上一点

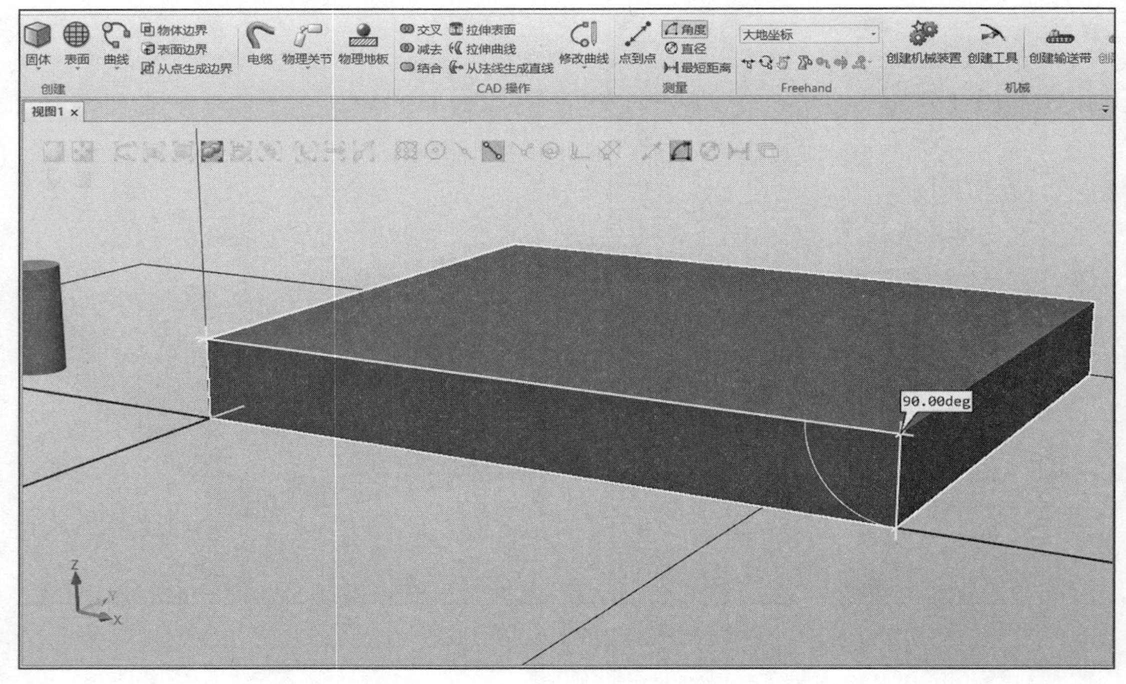

图 3-35　第三点为另一条延长线上一点并显示角度

6）对于直径的测量需要单击“建模”选项卡中的“直径”。如图 3-36 所示。直径测量方法原理为三点定圆，测定选定圆的直径，这里需要切换成在“视图”栏里将模式变为“捕捉边缘”模式，如图 3-37 所示。点选一个圆面上的两点，如图 3-38 所示。在同一个圆面上单击三个点即可得出直径，如图 3-39 所示。

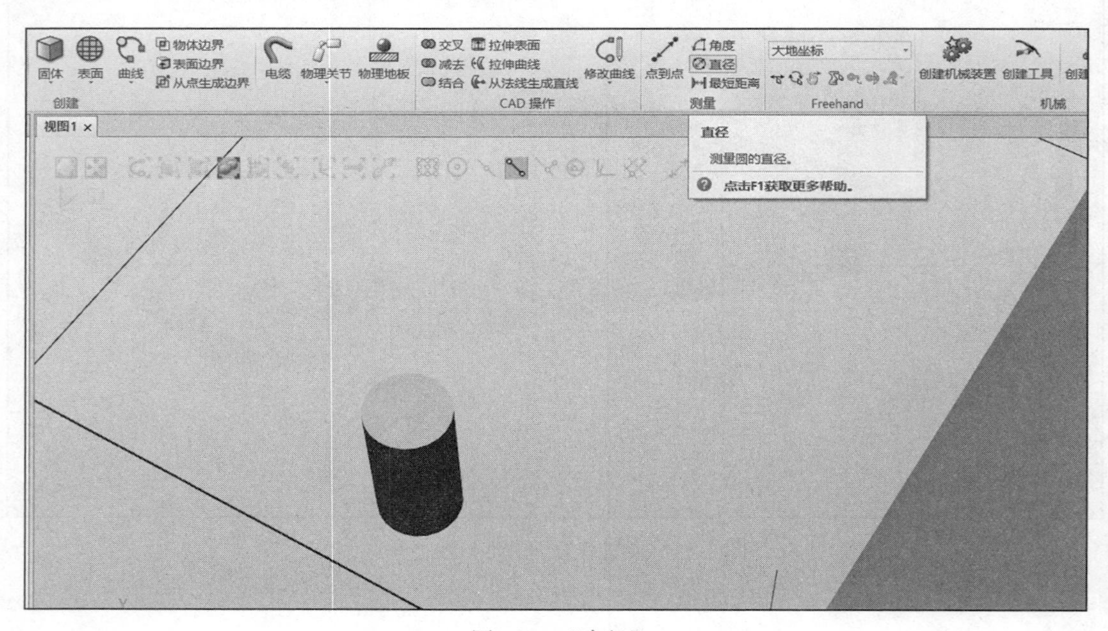

图 3-36　“直径”

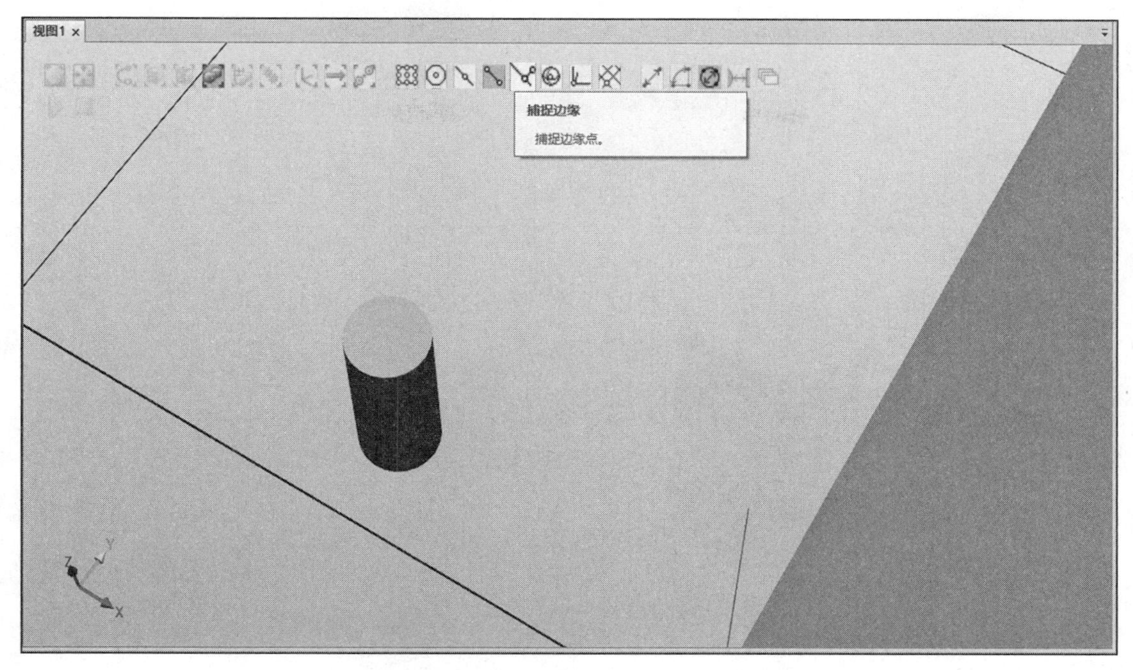

图 3-37　“捕捉边缘”模式

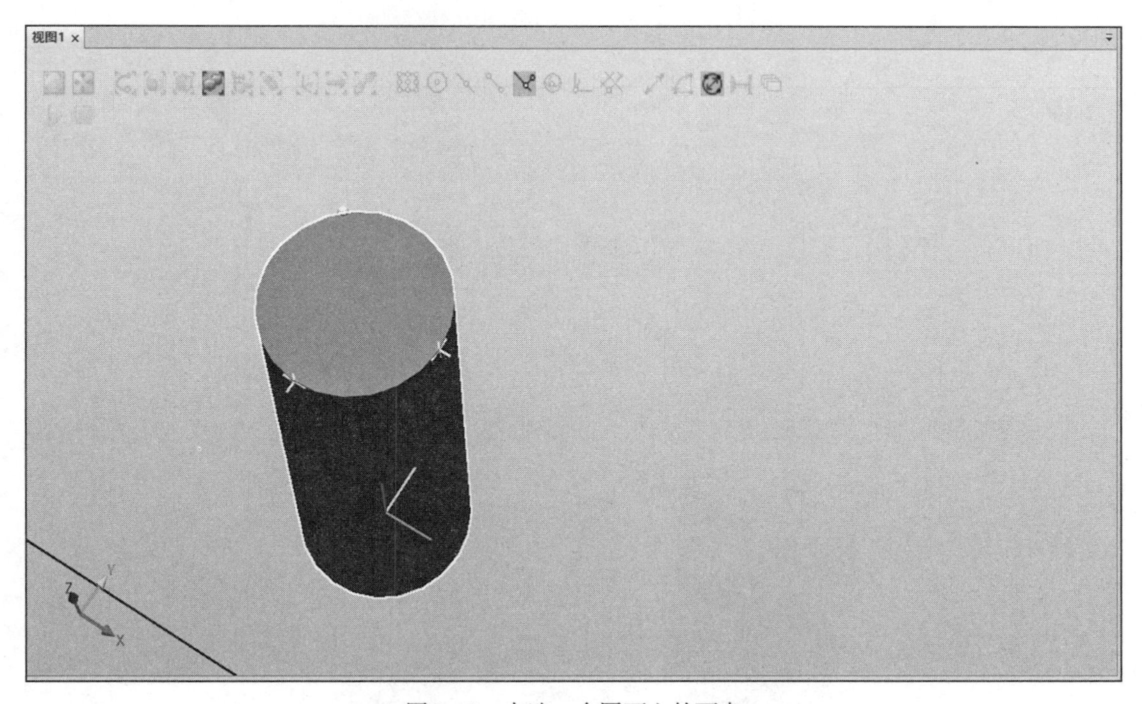

图 3-38　点选一个圆面上的两点

7）对于物体间距的测量需要使用“建模”选项卡中的“最短距离”功能，分别单击两个物体后即可测量出最短距离，如图 3-40 和图 3-41 所示。

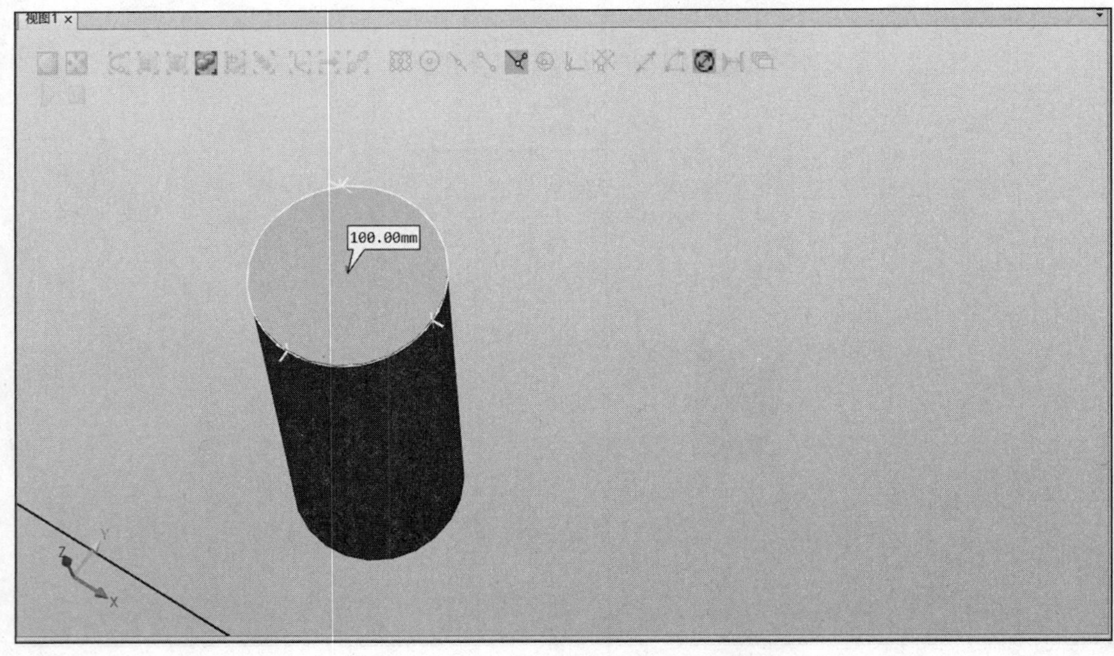

图 3-39　点选完第三点会显示直径

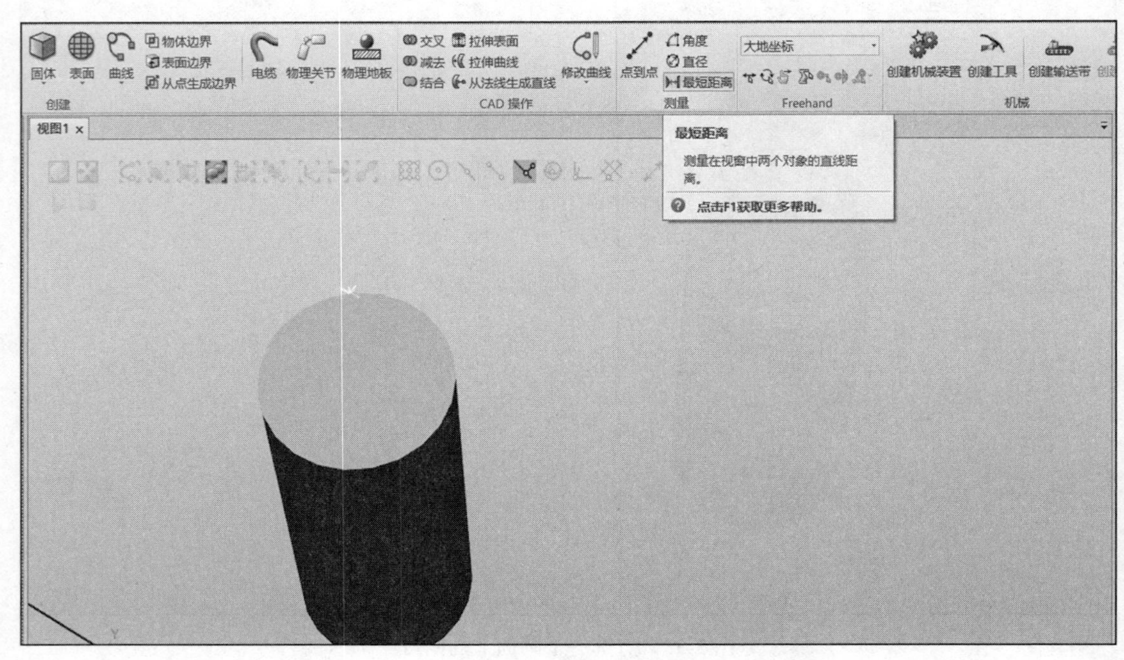

图 3-40　“最短距离”

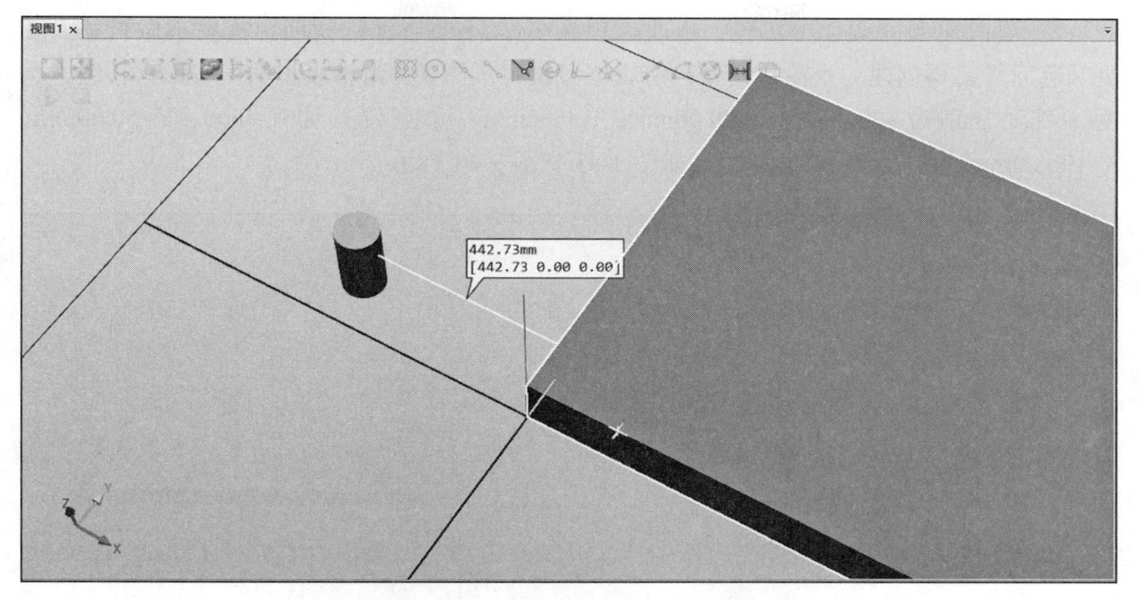

图 3-41　单击两个模型后即可显示最短距离

3.2　创建简单机械装置

在机器人仿真工作站中，为了更好地展示效果，会为机器人周边的模型制作动画效果，如传送带、滑台、夹具等。本小节以创建一个简单的机械滑台装置为例，讲解教学装置的创建过程。

3.2.1　模型的设置

1）一个简单的滑台装置由两个长方体组成，下方为滑台，上方为滑块，首先需要创建两个模型，在新工作站中创建第一个矩形体，长宽高分别为 2000.00mm，500.00mm，100.00mm，如图 3-42 所示。

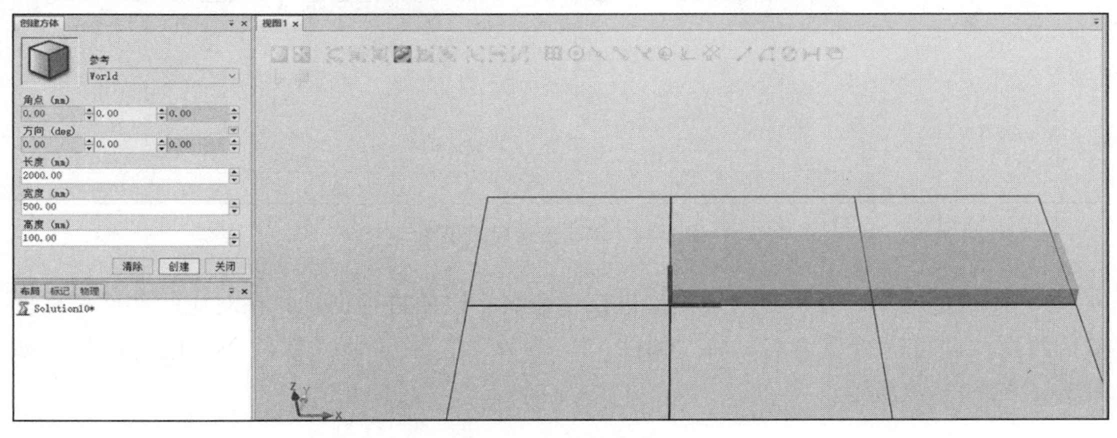

图 3-42　创建滑台模型

2）更改模型的颜色为黄色，更改过程在 3.1.2 小节有详细说明，这里不做赘述。变更颜色后需要再创建一个滑块模型，滑块体型较小，位置为滑台模型的上表面，长度、宽度、高度分别为 400.00mm，400.00mm，100.00mm，角点位置为 X=0.00，Y=50.00mm，Z=100.00mm，并将滑块改为绿色，如图 3-43 和图 3-44 所示。

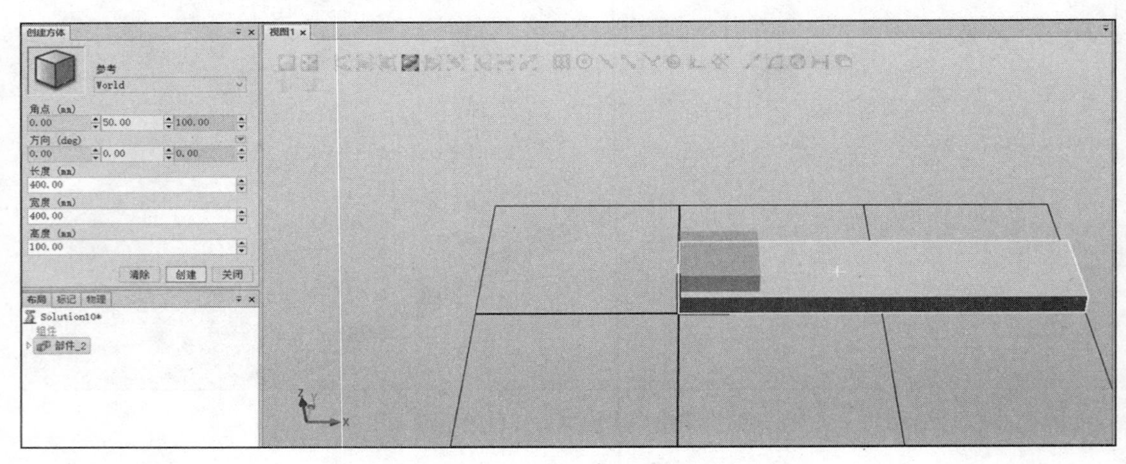

图 3-43　创建滑块数据图

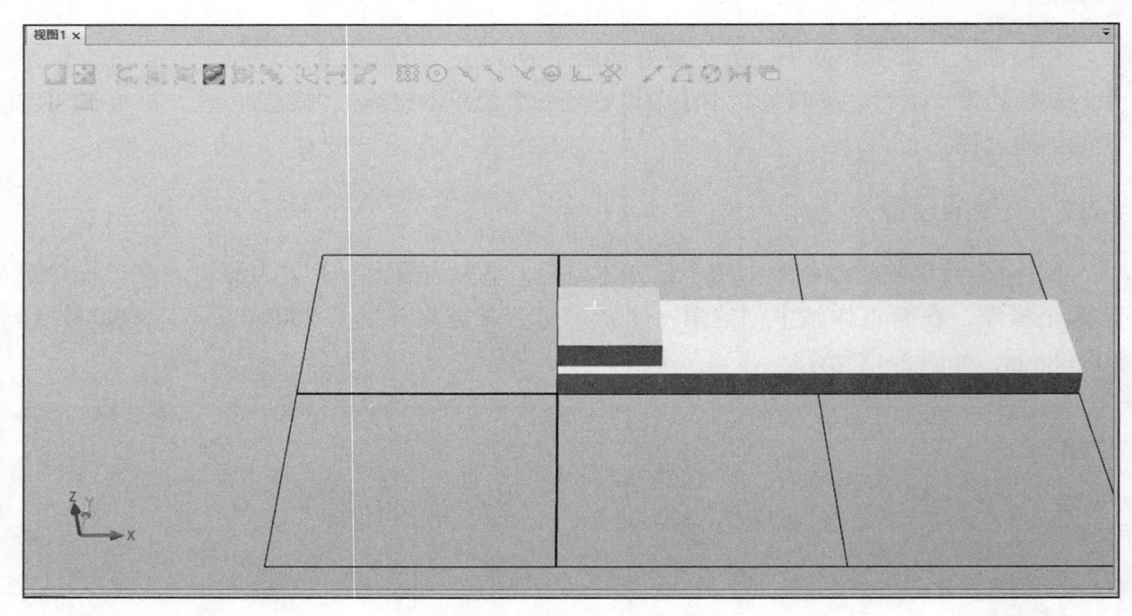

图 3-44　创建滑台后效果图

3）在“布局”栏分别对两个模型进行重命名，以便进行识别，在对应的部件名称上单击两次，即可进行重命名，将“部件 _2”改为“滑台”，将“部件 _3”改为滑块，如图 3-45 和图 3-46 所示。

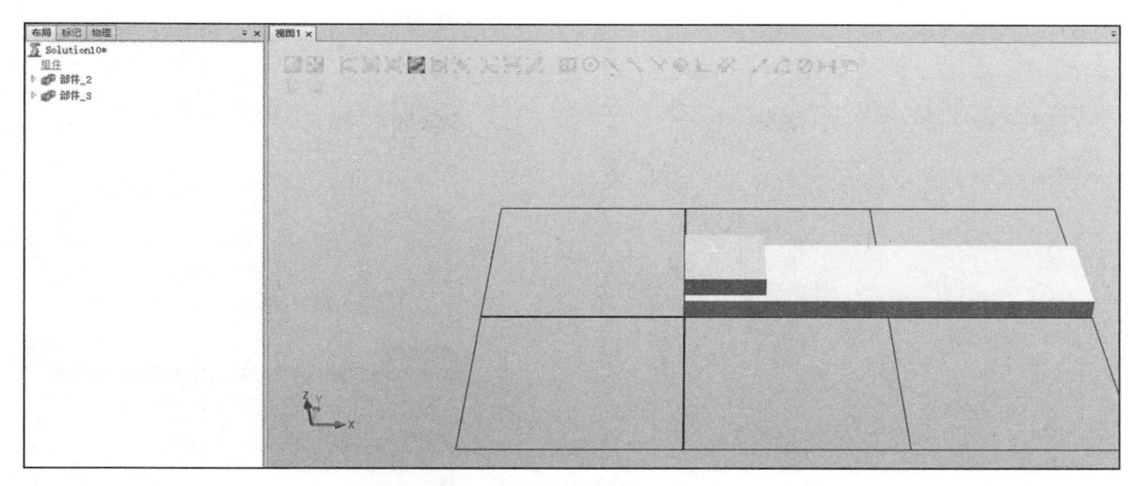

图 3-45　模型重命名前

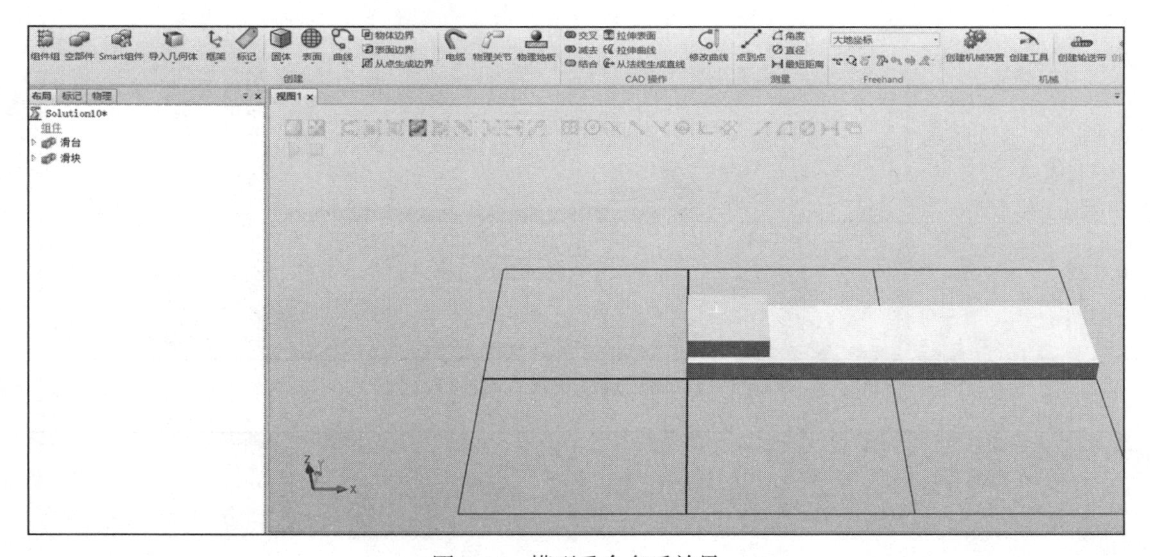

图 3-46　模型重命名后效果

3.2.2　创建机械装置及其参数设定

1）在“建模”选项卡中单击选择“创建机械装置”按钮，在弹出的“创建机械装置”对话框中的“机械装置模型名称”中输入“滑台装置”，在“机械装置类型”中选择“设备”，如图 3-47 和图 3-48 所示。

2）双击“滑台装置”对话框中的“链接”，弹出“链接”对话框，如图 3-49 和图 3-50 所示。

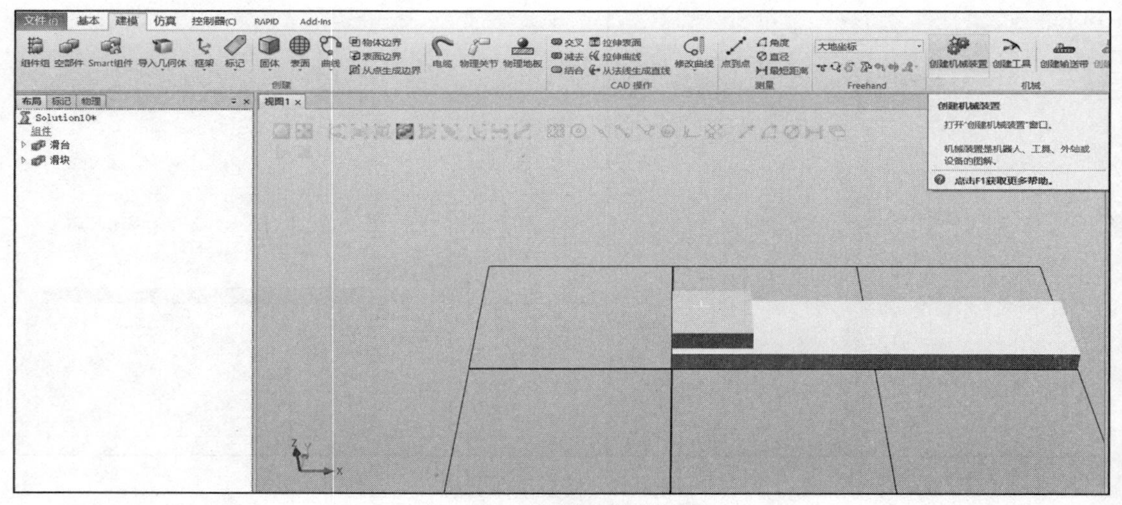

图 3-47 “创建机械装置”

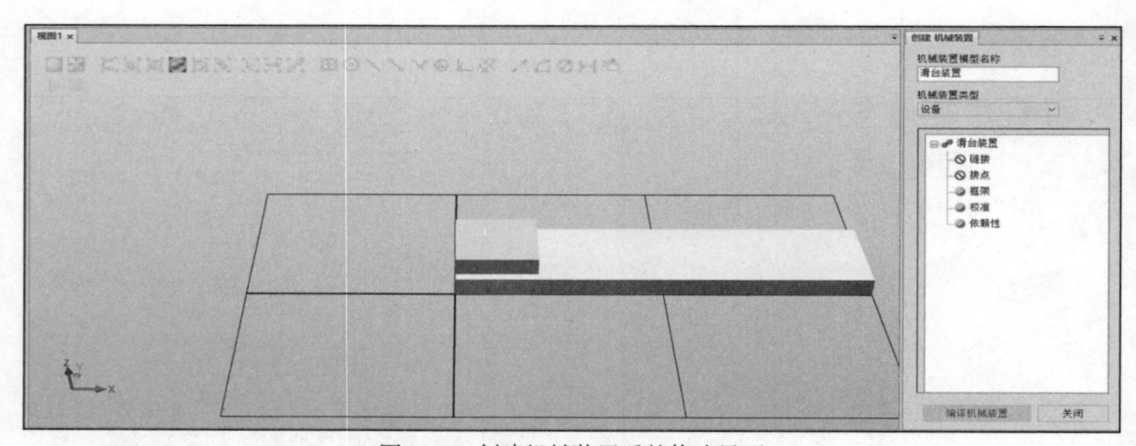

图 3-48 创建机械装置后的修改界面

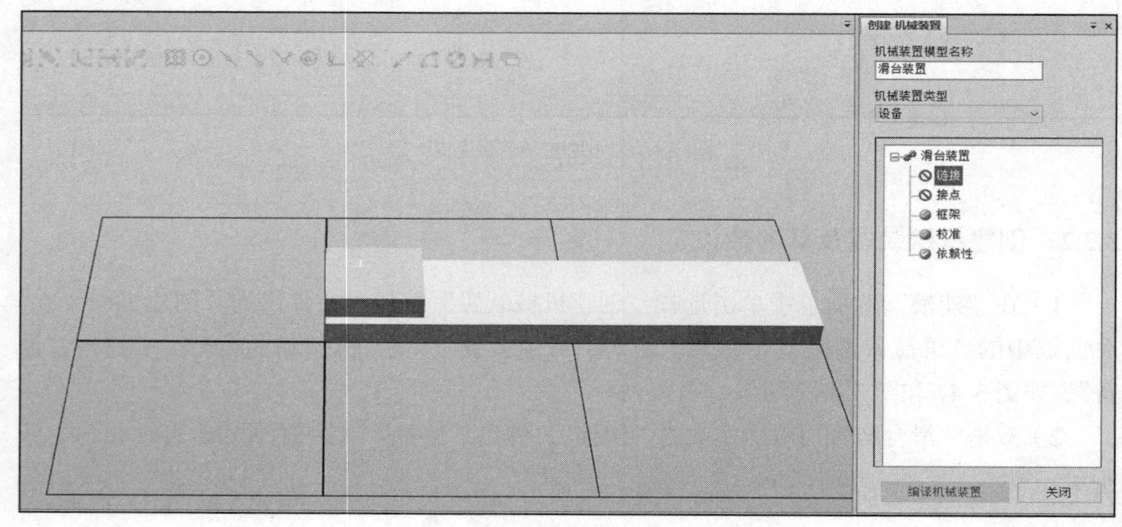

图 3-49 双击“链接”界面

3）在“所选组件”一栏选择“滑台”，勾选“设置为 BaseLink”后，单击添加部件“▶”，将“滑台”添加至右边表格中，单击“应用”即可，如图 3-51 和图 3-52 所示。

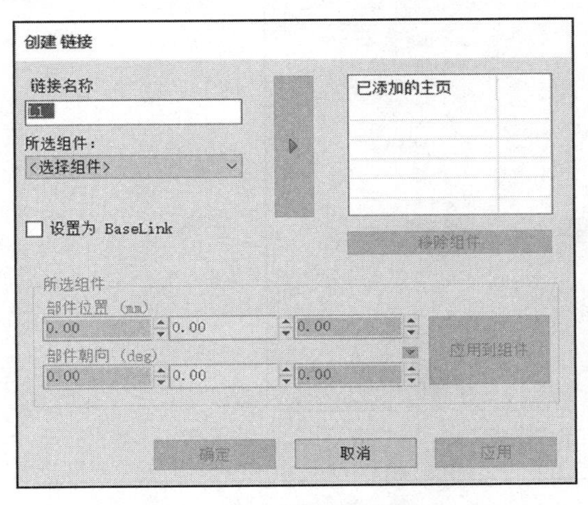

图 3-50　“链接”对话框

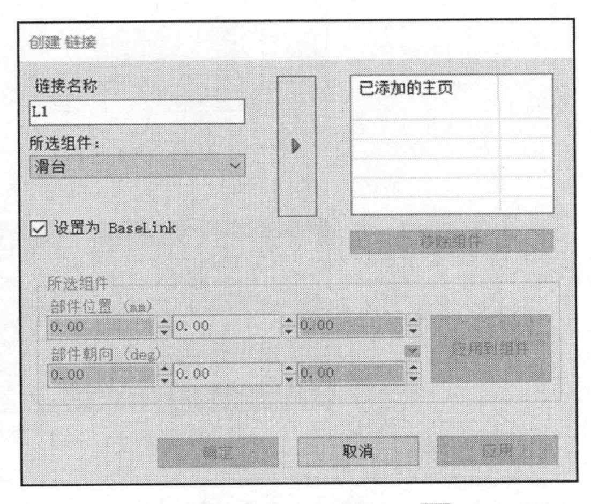

图 3-51　单击添加部件“▶”

4）在新弹出的窗口中将“链接名称”更改为“L2”，“所选组件”为“滑块”，单击添加后单击“应用”，之后在新弹出的窗口处单击“取消”，如图 3-53 所示。

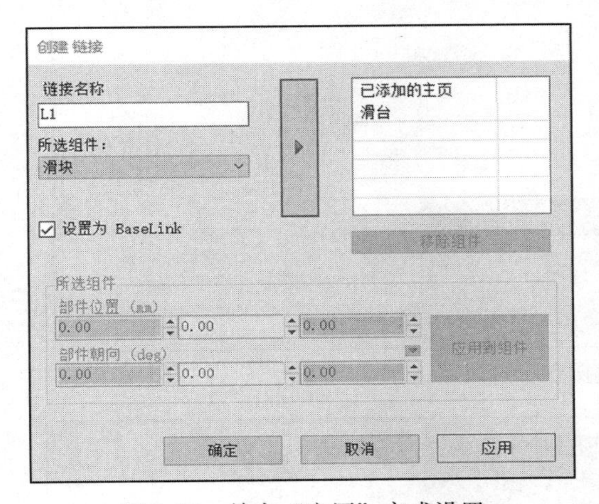

图 3-52　单击“应用”完成设置

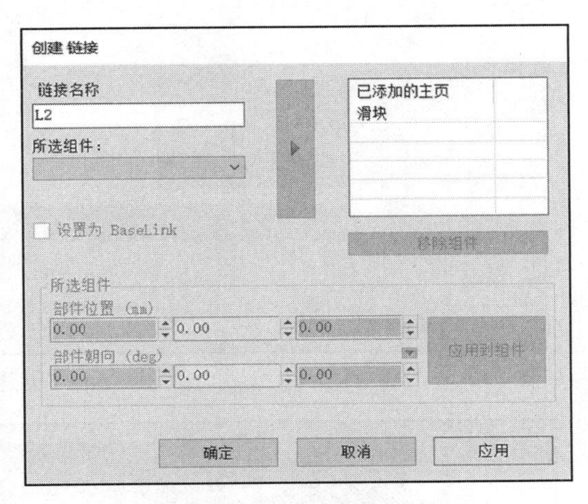

图 3-53　滑块链接对话框

5）在“创建机械装置”对话框中双击“接点”，进入“创建接点”对话框，在“视图”中选择“选择部件”和“捕捉末端”后，在“关节类型”中选择“往复的”，单击“第一个位置”的第一个输入框，单击滑台上方第一个角点 A，再单击滑台上方末端第二个角点 B，如图 3-54 ～图 3-57 所示。

6）在“关节限值”中设置“最小限值”为 0.00，“最大限值”为 1500.00，单击“应用”，如图 3-58 所示。

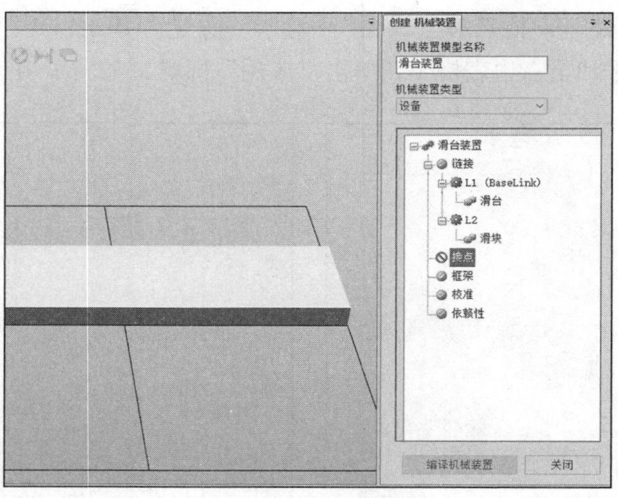

图 3-54　双击“接点”

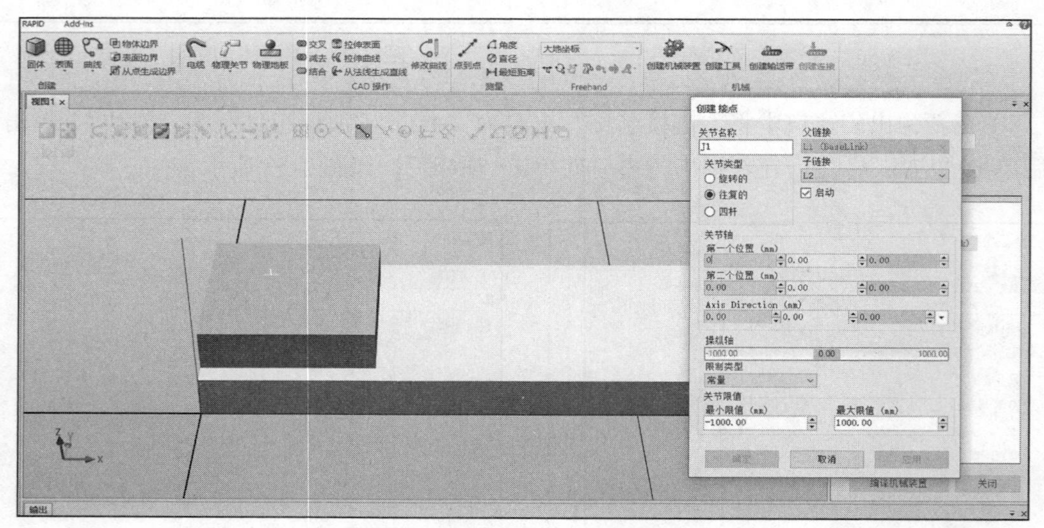

图 3-55　“创建接点”对话框

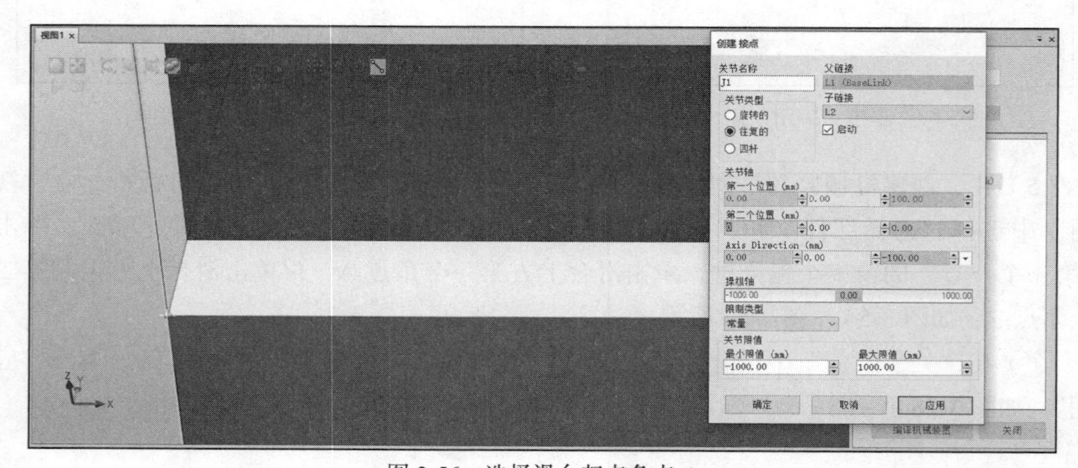

图 3-56　选择滑台起点角点 A

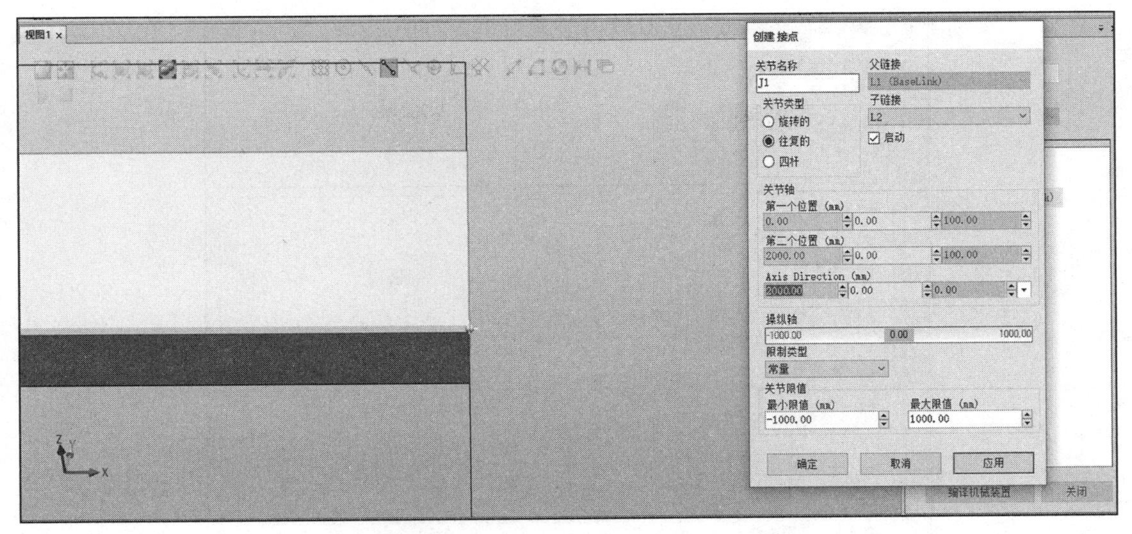

图 3-57　滑台末端角点 B

7）此时，“创建机械装置”对话框的所有元素均有绿色小对勾，如图 3-59 所示。单击“编译机械装置”按钮，弹出“编译机械装置”对话框，将对话框边缘放大，单击“添加”，弹出添加姿态对话框，如图 3-60 和图 3-61 所示。

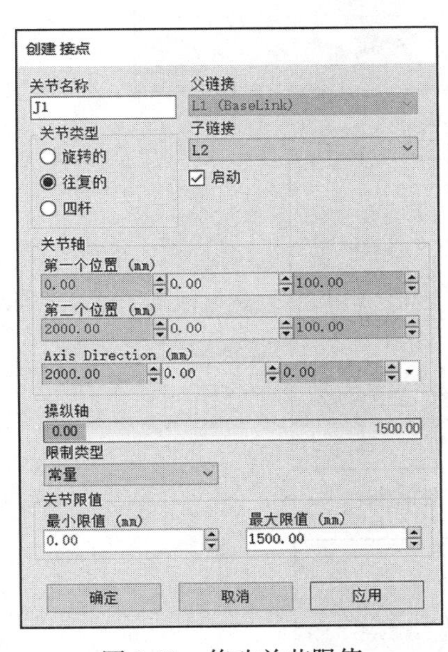

图 3-58　修改关节限值

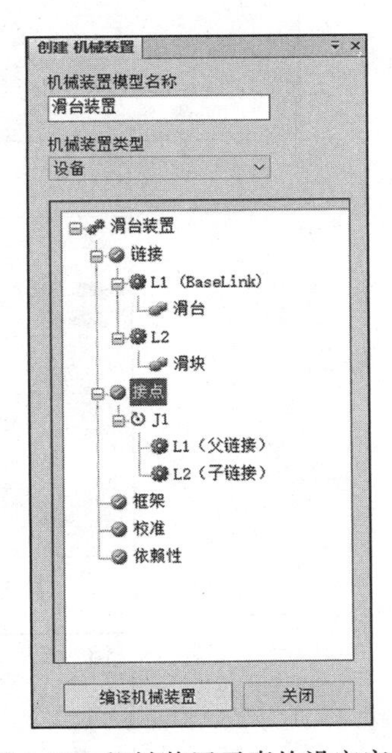

图 3-59　机械装置元素均设定完成

8）在“创建姿态”对话框中将滑块拖动到 1500 位置后单击“确定”后，在“创建机械装置”对话框中单击“设置转换时间”，弹出“设置转换时间”对话框，将“姿态 1”的“同步位置”一栏改为 5.000，单击“确定”，如图 3-62 ～图 3-64 所示。

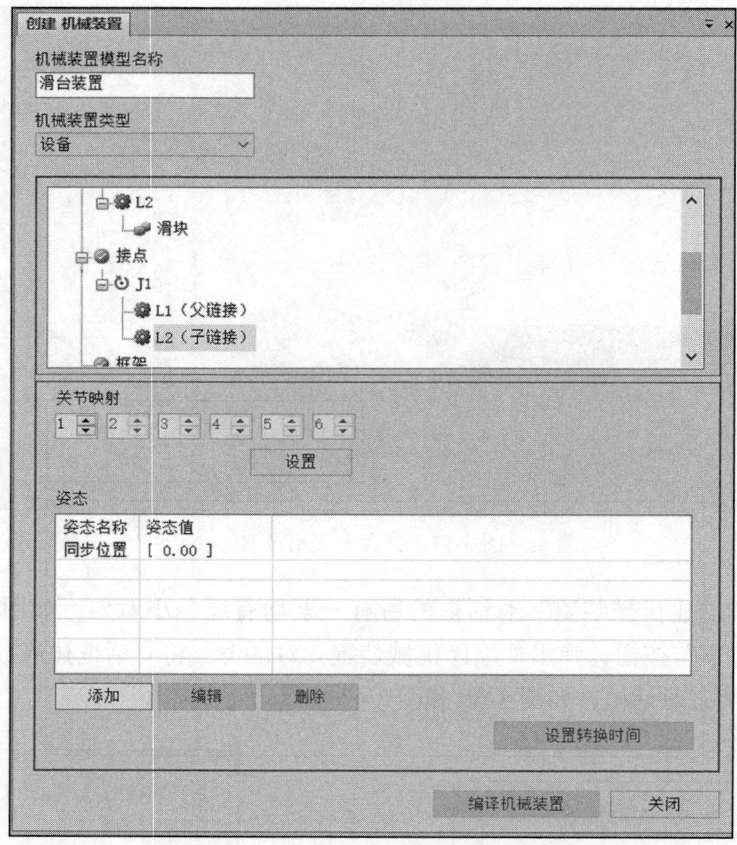

图 3-60　添加姿态

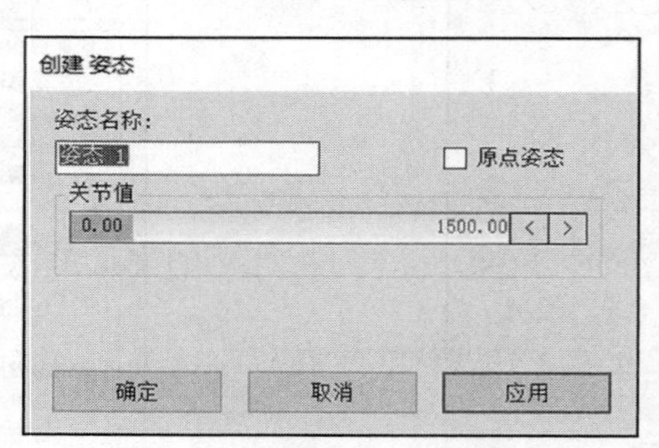

图 3-61　“创建姿态”对话框

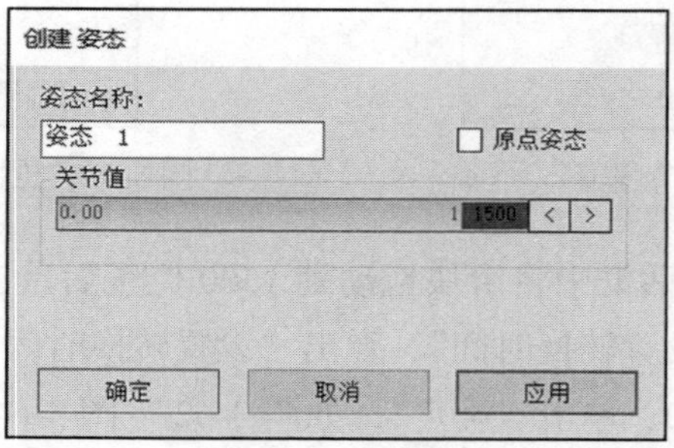

图 3-62　姿态信息修改

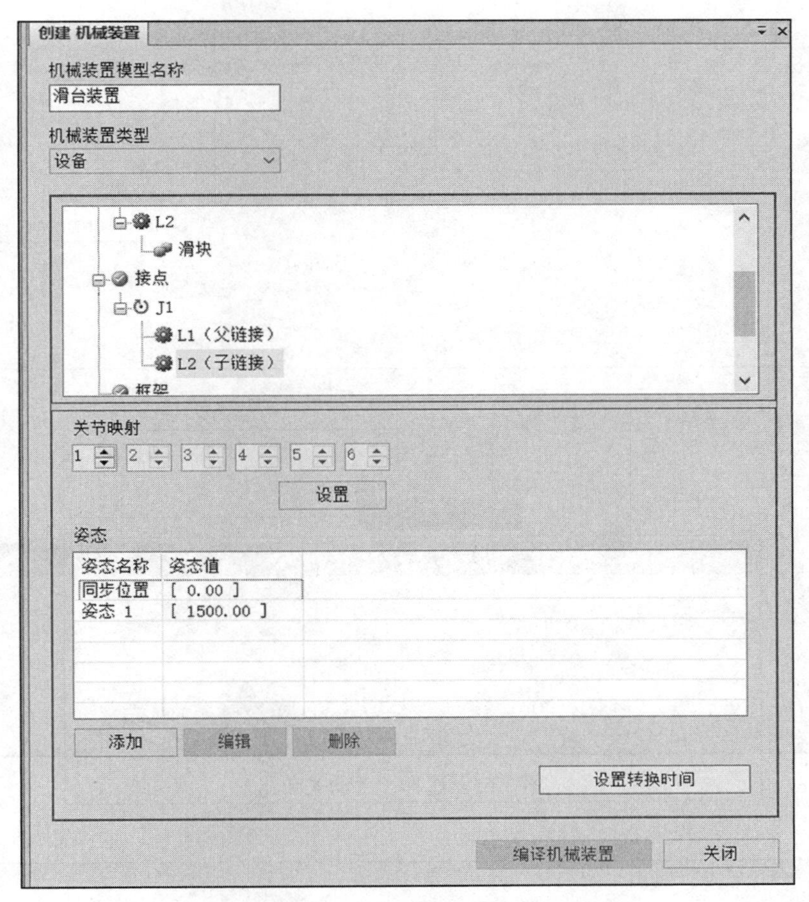

图 3-63　“设置转换时间”

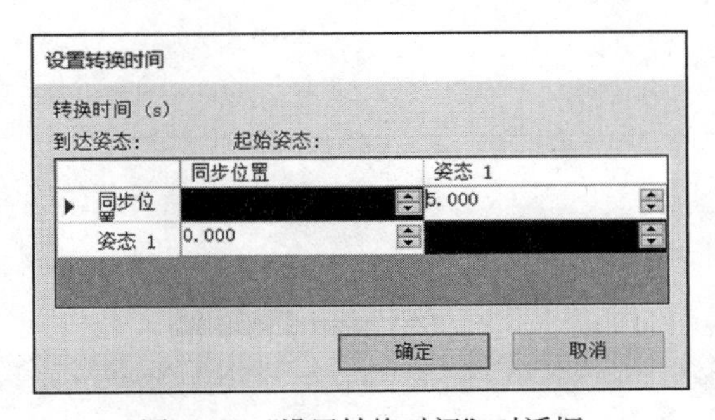

图 3-64　“设置转换时间”对话框

3.2.3　效果展示

在“基本”选项卡中选择“手动关节”，如图 3-65 所示，单击滑台即可发现滑块可以在滑台上运动了，如图 3-66 所示。

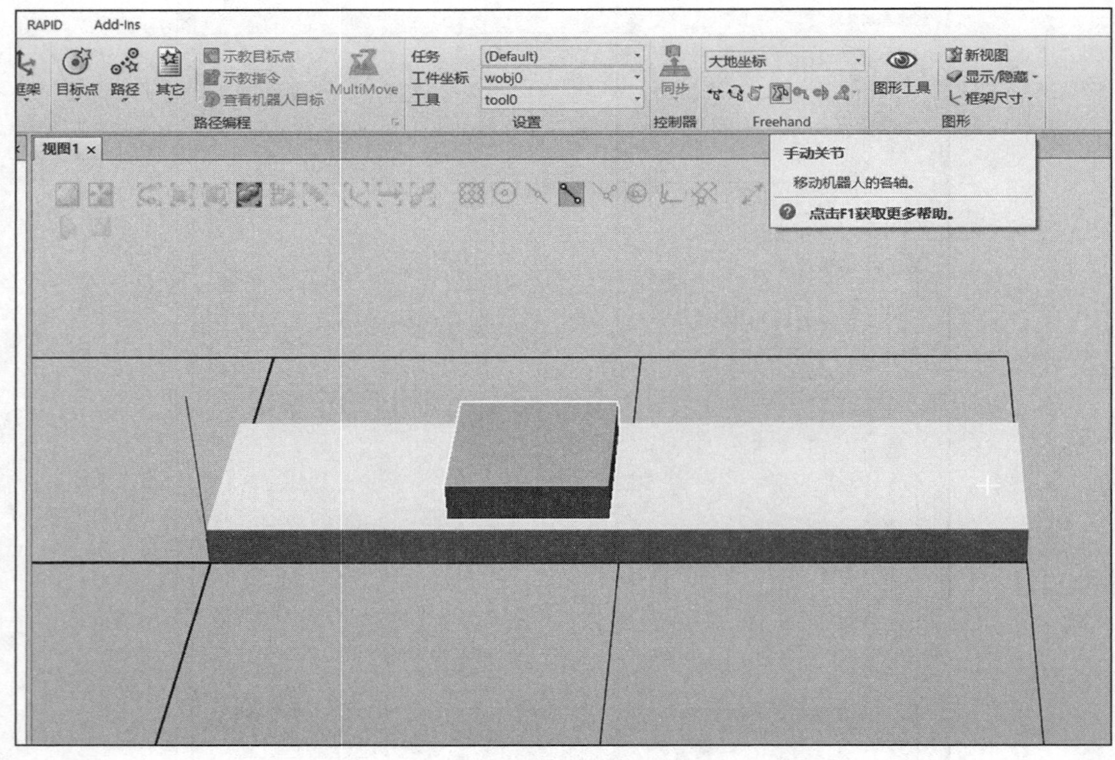

图 3-65　选择“手动关节”

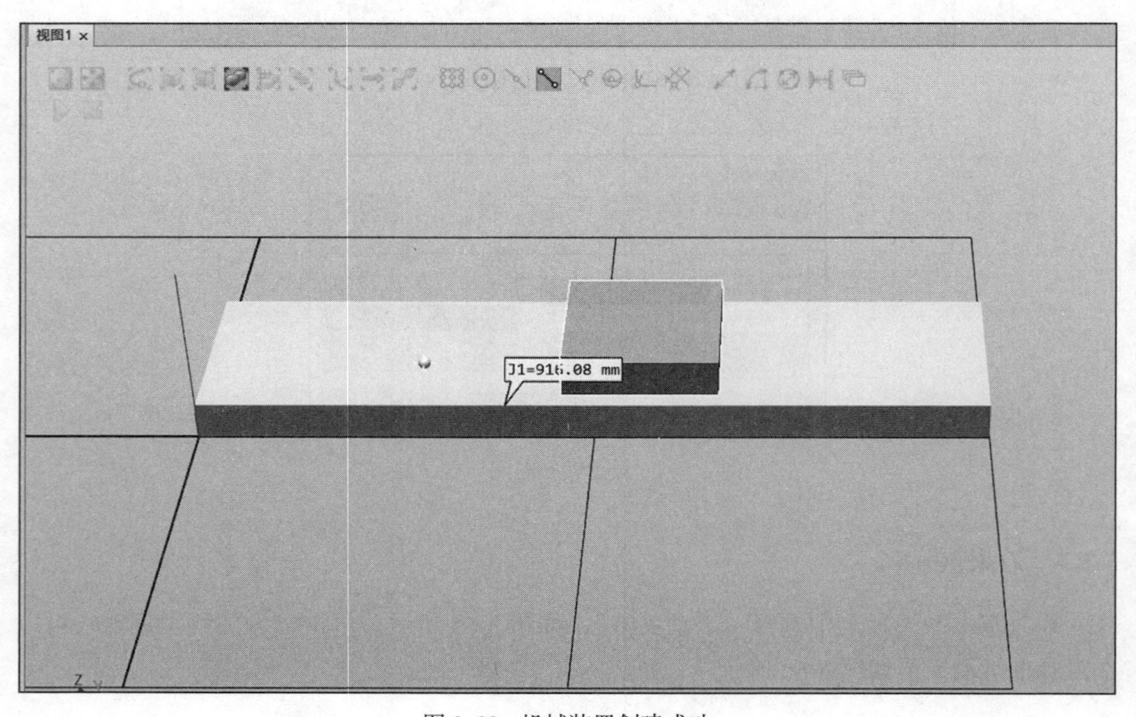

图 3-66　机械装置创建成功

3.3 创建机器人用工具

在构建工业机器人工作站时，机器人法兰盘末端会安装用户自定义的工具，我们希望的是用户工具能够像 RobotStudio 模型库中的工具一样，安装能够自动安装到机器人法兰盘末端并保证坐标方向一致，并且能够在工件末端自动生成工具坐标系，从而避免工具造成的仿真误差。在本小节中，将学习如何将导入的 3D 工具模型创建成具有机器人工作站特性的工具。

3.3.1　工具模型创建

将准备好的金属笔模型导入 RobotStudio 中，单击“基本”选项卡中的“导入几何体”，选择对应的金属笔模型，单击“打开（O）”即可将模型导入，此模型为第三方软件设计，格式为 stp 格式，如图 3-67 和图 3-68 所示。

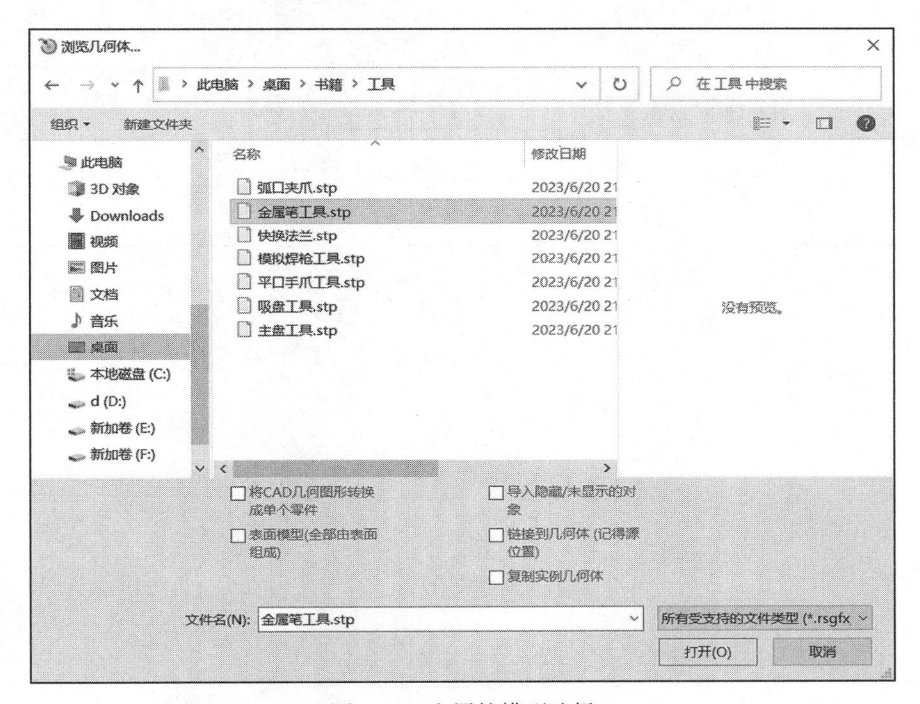

图 3-67　金属笔模型选择

3.3.2　设定模型本地原点

1）模型导入软件时状态以第三方软件为准，所以在 RobotStudio 中需要设定本地原点，本地原点与法兰盘中心重合是模型正确安装的关键，现在需要将模型的本地原点与大地原点重合，如图 3-69 所示，导入的模型笔尖为 Z 轴，黄色的塑料接口为 X 轴，且和大地坐标原点有一段距离，调整视角到模型底部，如图 3-70 所示。

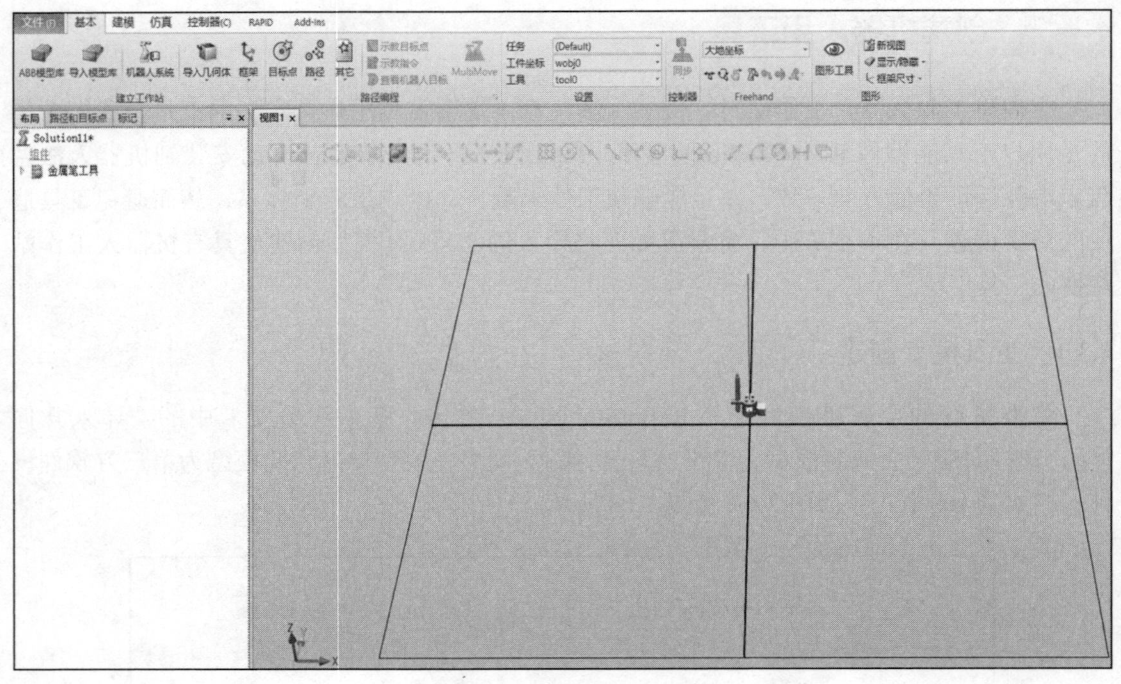

图 3-68　金属笔已导入到系统中

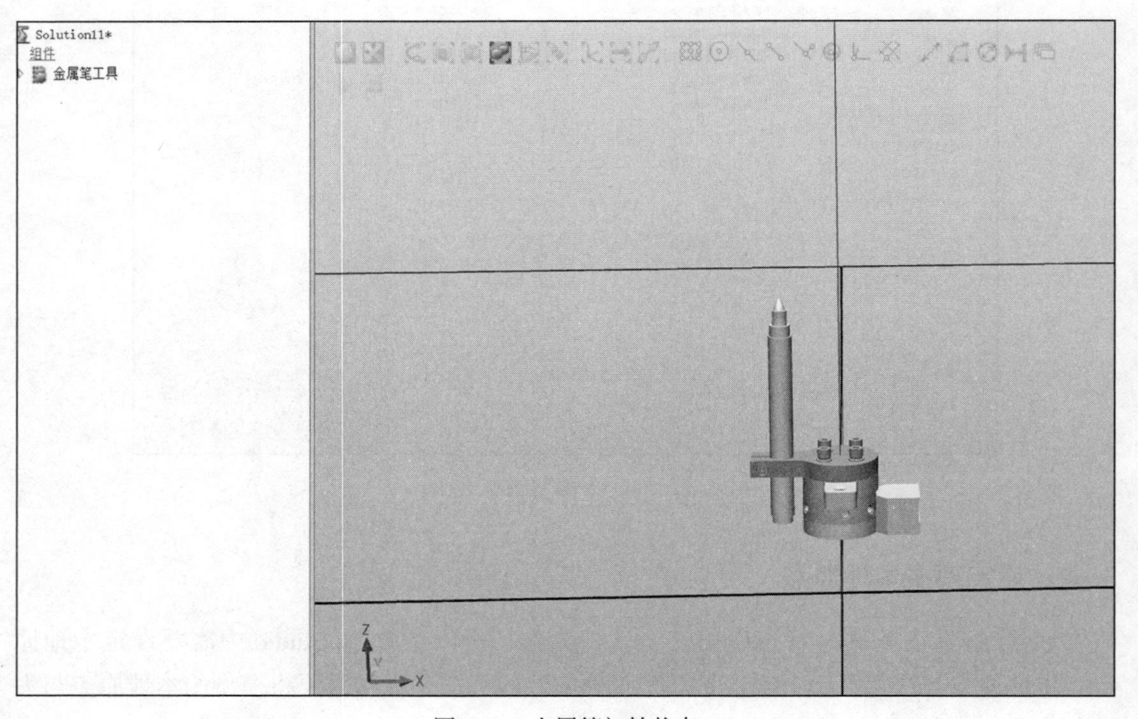

图 3-69　金属笔初始状态

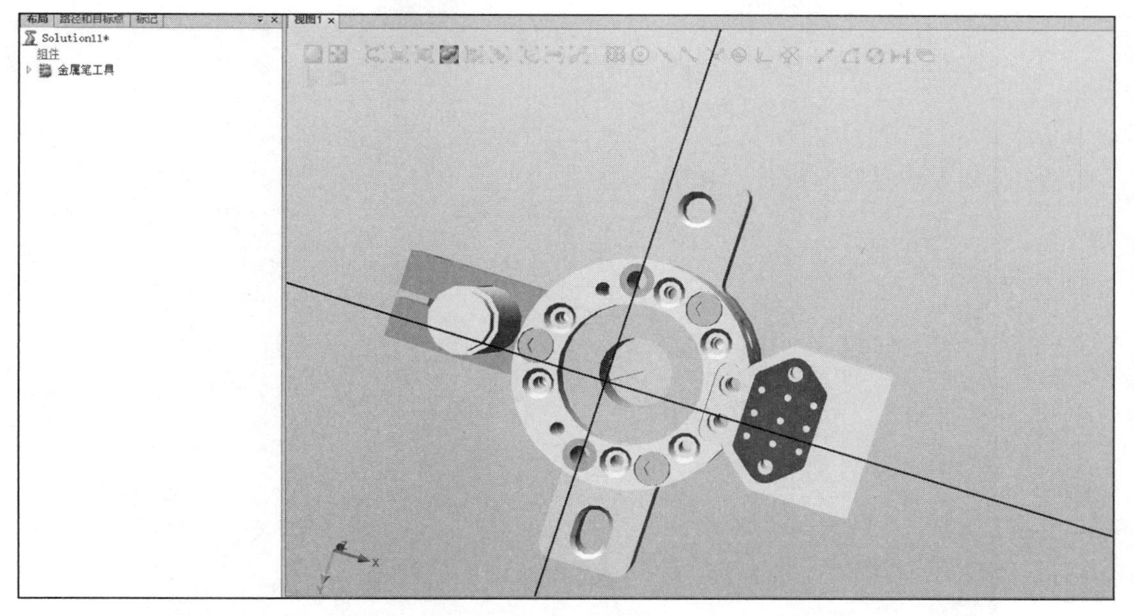

图 3-70　金属笔底部

2）在“视图”界面选择“选择表面”和“捕捉中心”，如图 3-71 和图 3-72 所示。

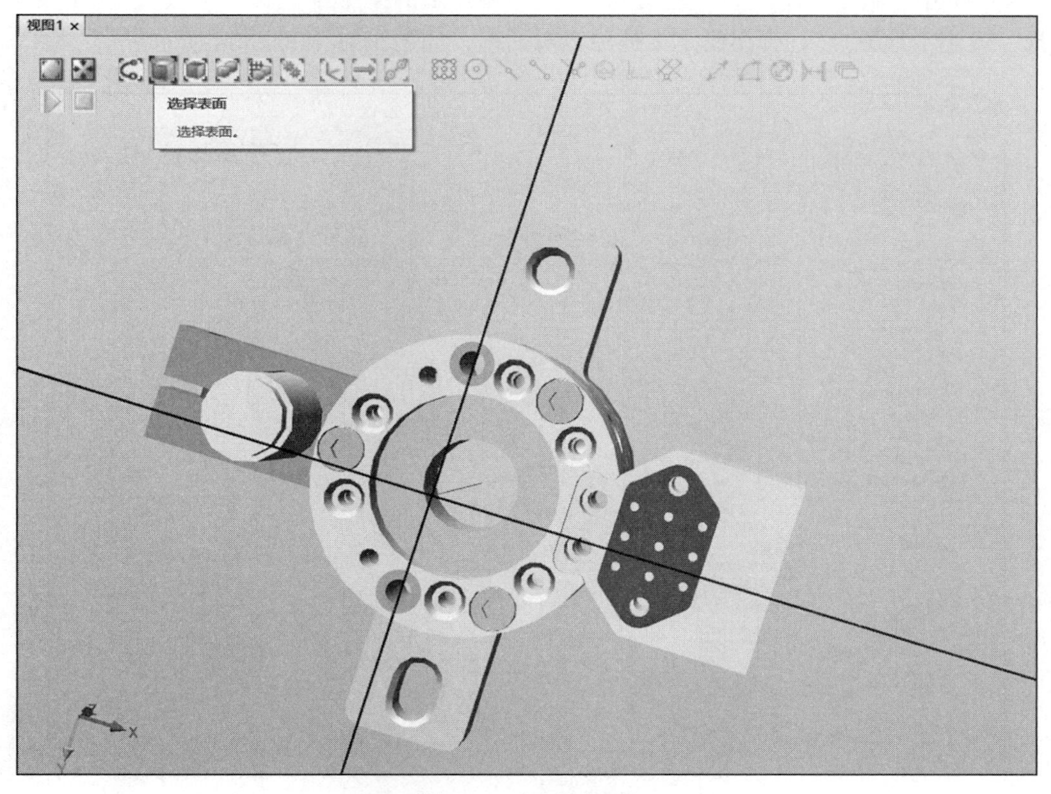

图 3-71　“选择表面”

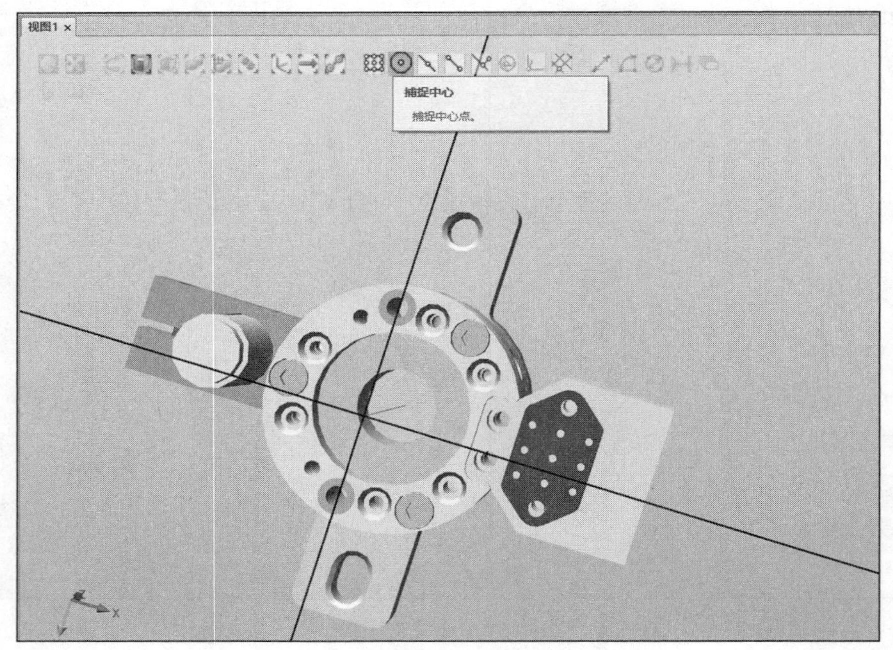

图 3-72 “捕捉中心”

3）右击“布局”界面的“金属笔工具”，在弹出的菜单中选择“修改”，在子菜单中选择“设定本地原点”，弹出设定本地原点对话框，如图 3-73 和图 3-74 所示。

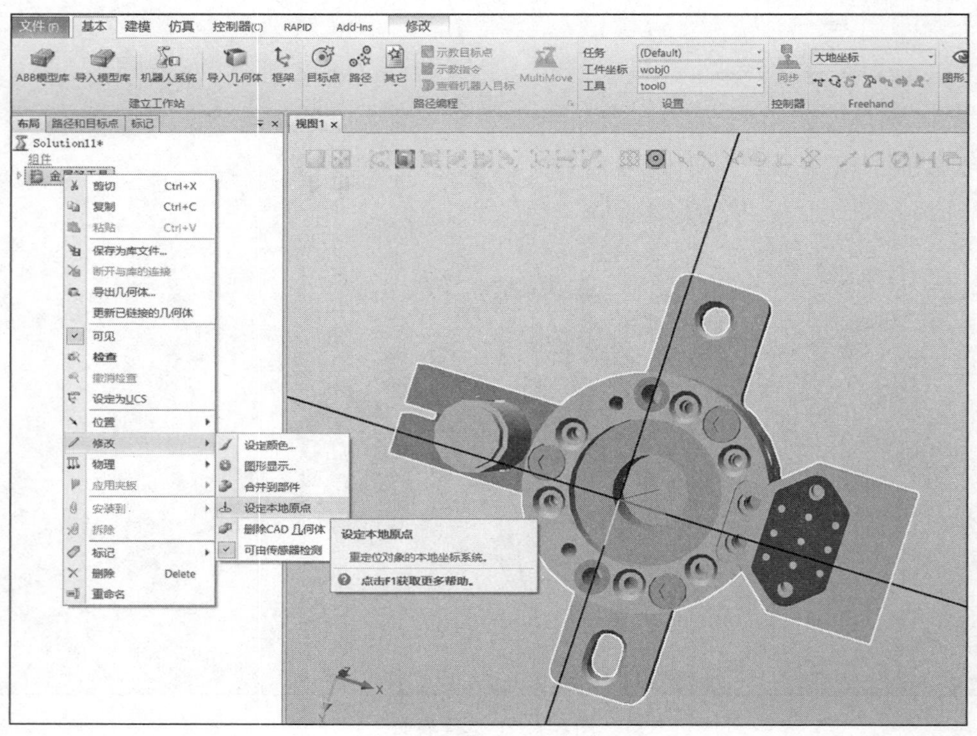

图 3-73 “设定本地原点”

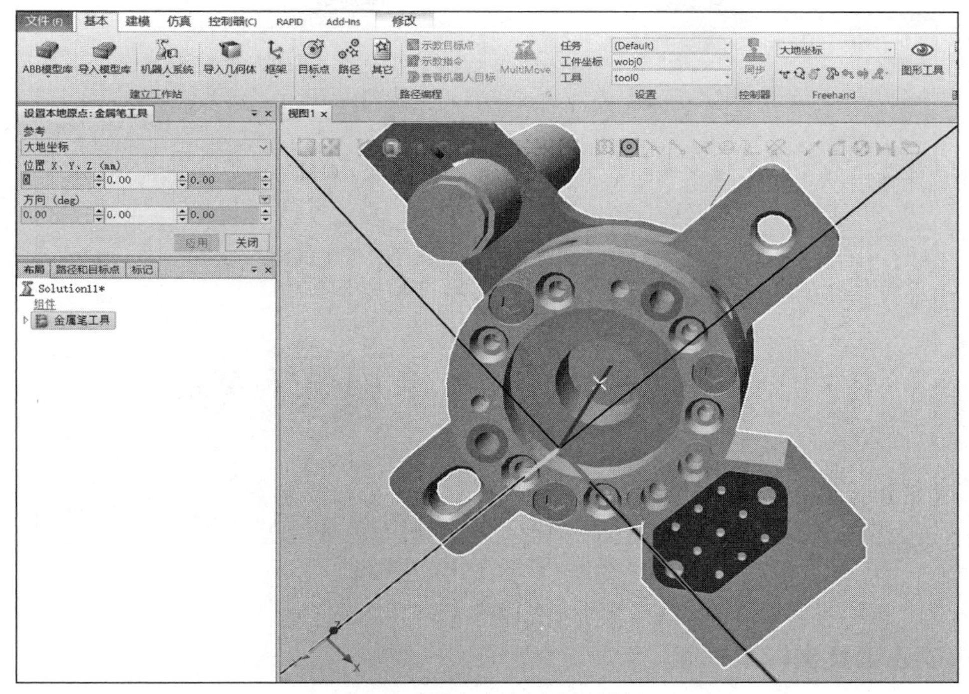

图 3-74　设定本地原点对话框

4）点选本地原点对话框中的第一个红色方框，再选择模型中间的圆面，圆中间就是圆心点，以此圆心点为本地原点，单击后此点坐标会在左上方对话框中显示，单击“应用”即可完成本地原点创建，如图 3-75 和图 3-76 所示。

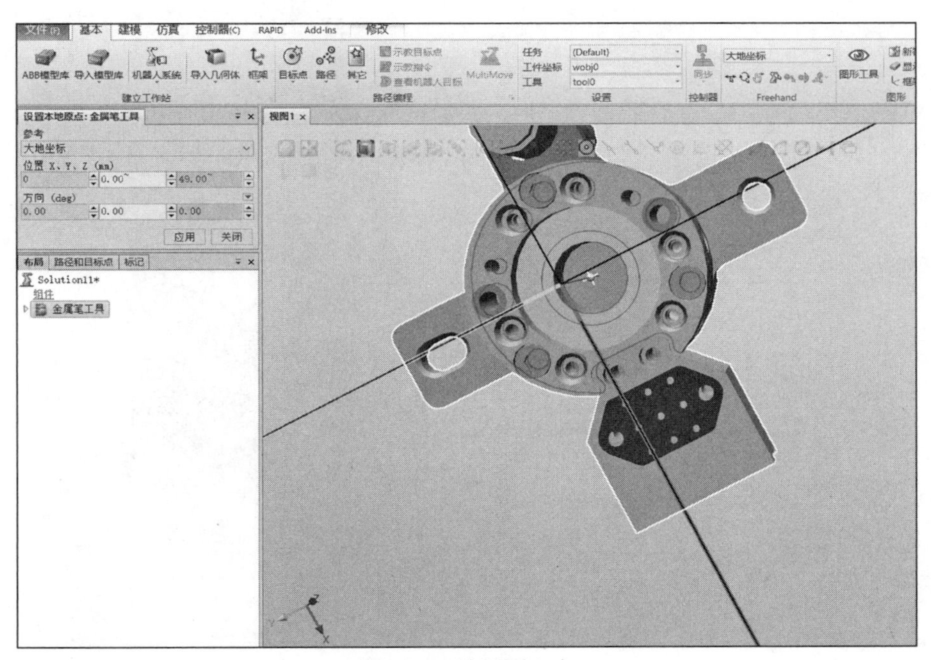

图 3-75　选择圆心点

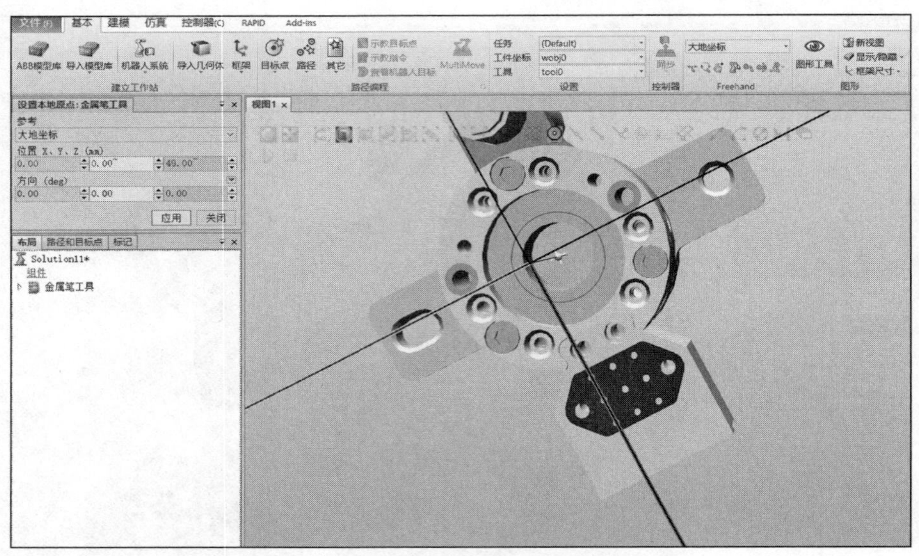

图 3-76　单击“应用”后完成本地原点创建

3.3.3　创建工具坐标系框架

1）创建完本地原点后，右击“布局”界面的“金属笔工具”，在弹出的菜单中选择“位置”，在子菜单中选择“设定位置 …”，弹出设定位置对话框，修改“位置 X、Y、Z”处的数据均为 0，单击“应用”，模型原点即会与大地坐标重合，如图 3-77 和图 3-78 所示。

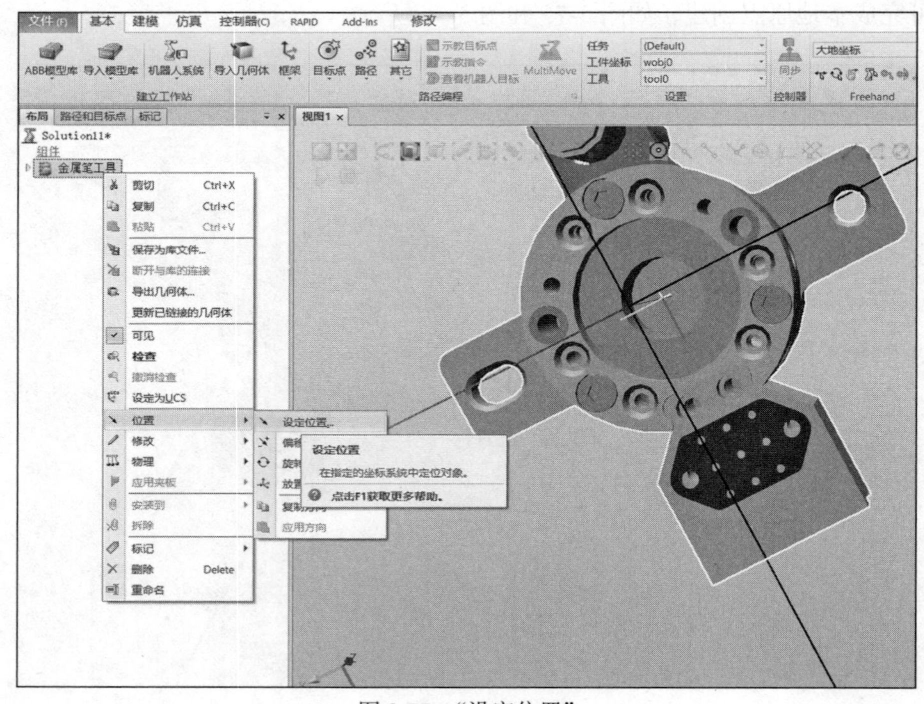

图 3-77　“设定位置”

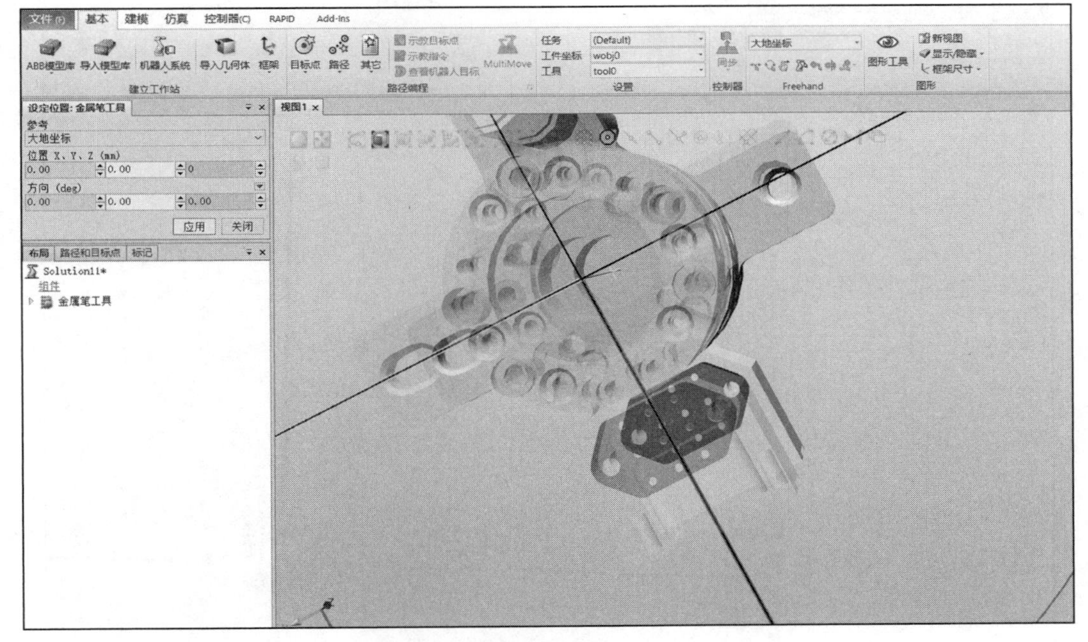

图 3-78　设定位置数据

2）单击“基本”选项卡中的“框架”，在下拉菜单中选择“创建框架”，弹出创建框架对话框，如图 3-79 和图 3-80 所示。

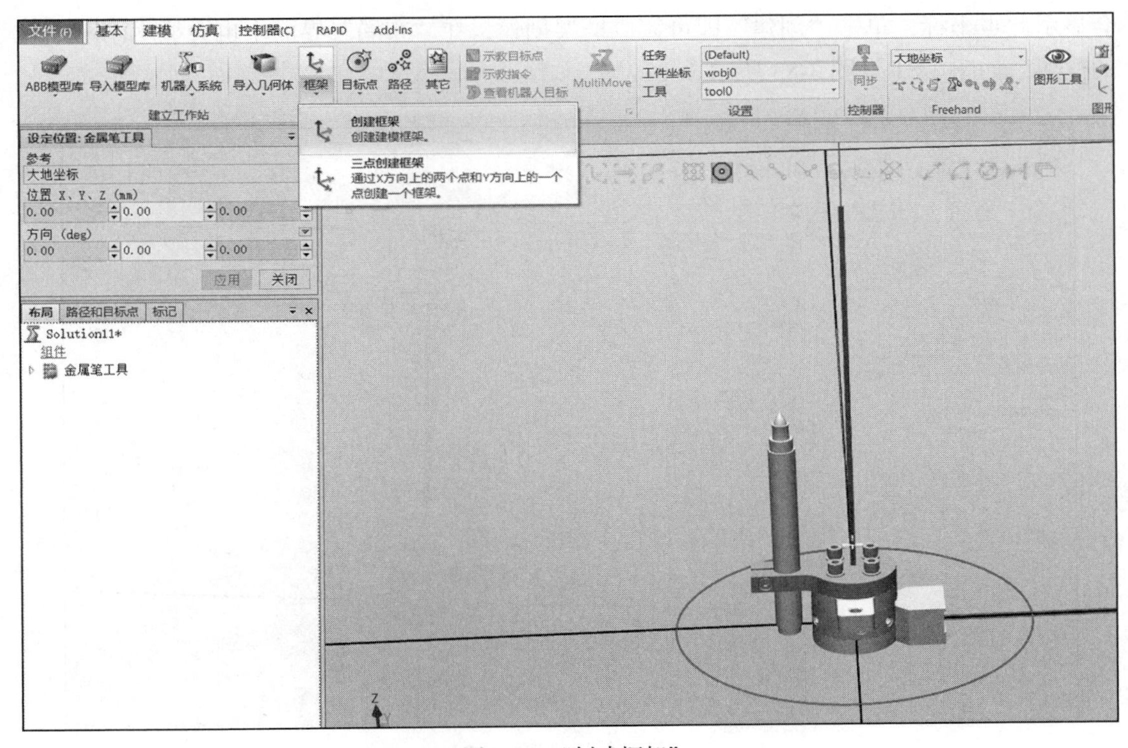

图 3-79　“创建框架”

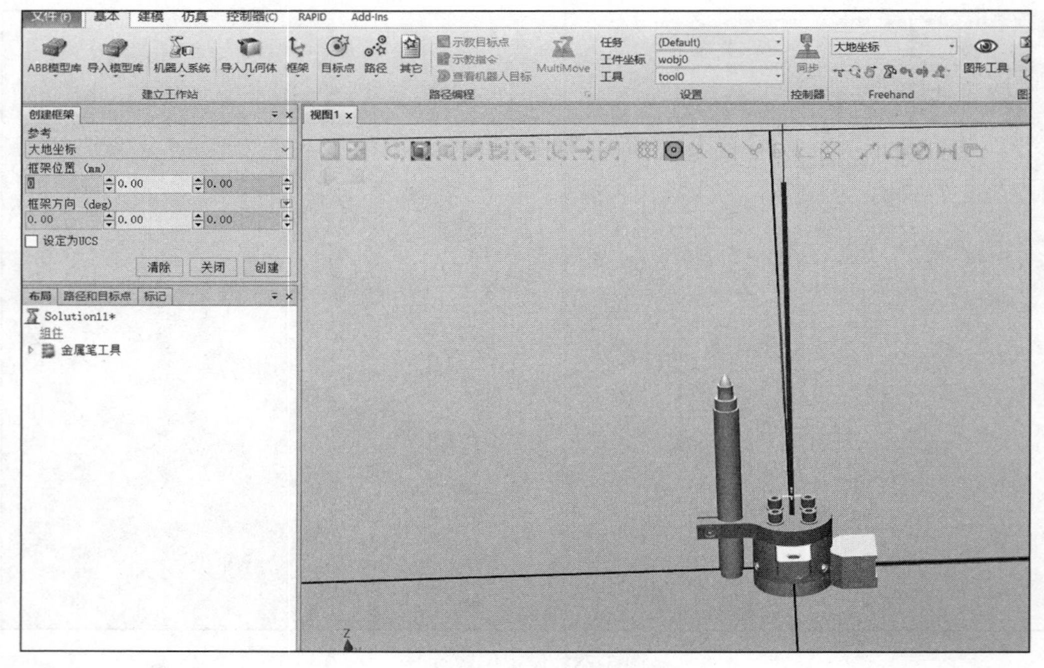

图 3-80 “创建框架”对话框

3）在“视图”界面中更改捕捉模式为“捕捉边缘”，单击创建框架对话框中的“框架位置”的红色输入框，在模型上单击尖端点，此步骤需要调整视角完成，同时对话框中也会显示此点坐标，单击“创建”即可完成框架创建，在“布局”界面中也会显示刚刚创建的框架，如图 3-81 ～图 3-83 所示。

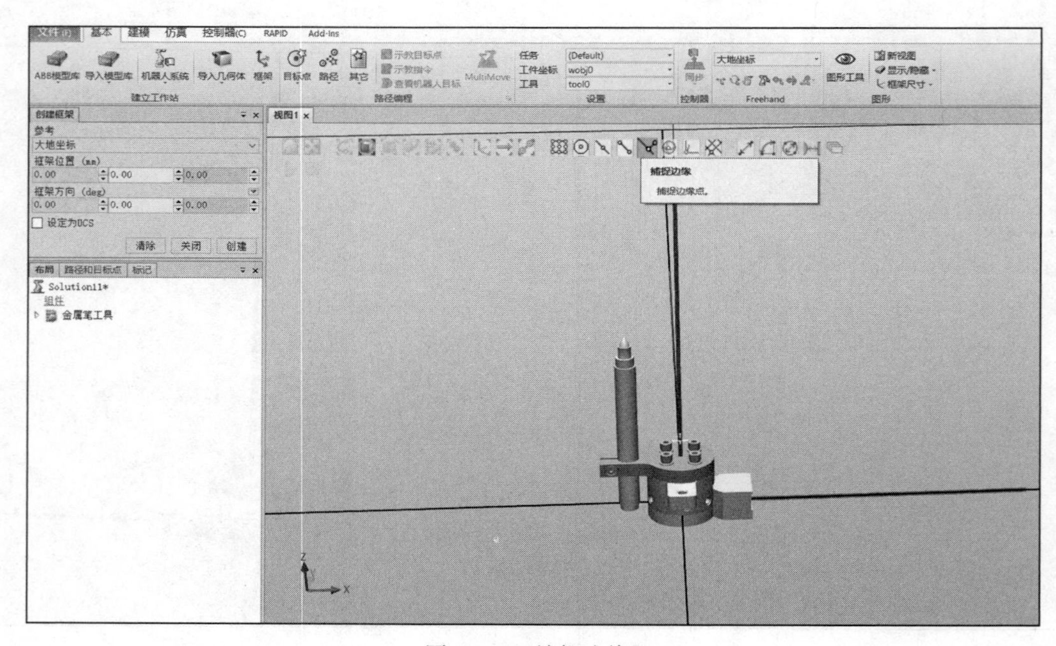

图 3-81 “捕捉边缘”

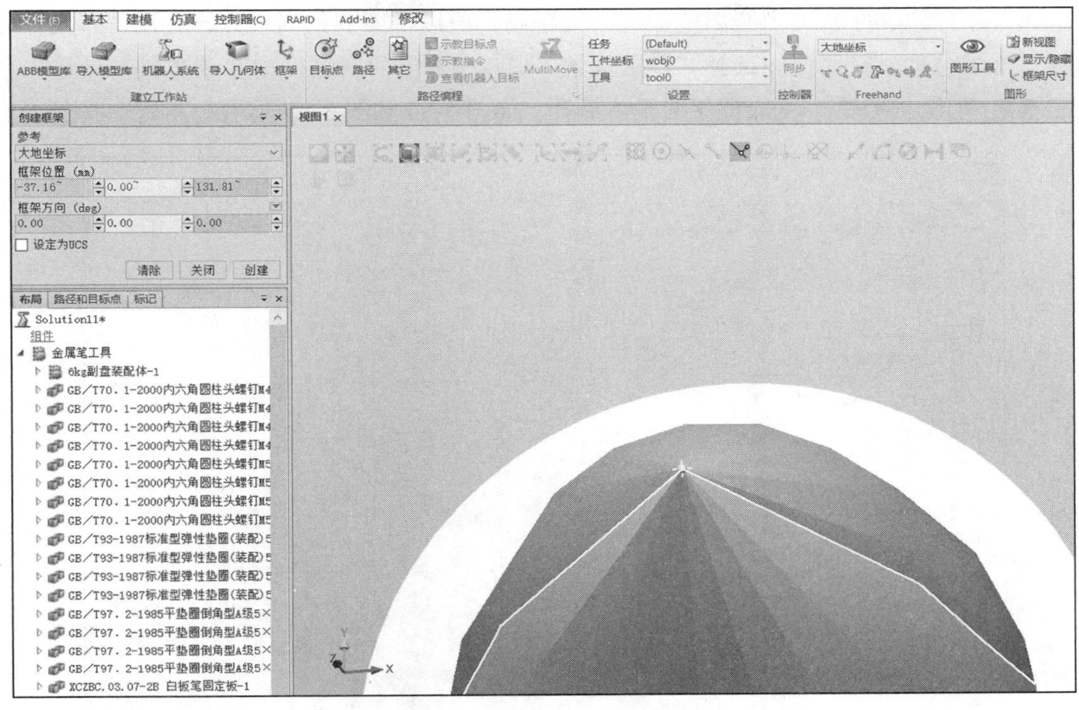

图 3-82　选择尖端点并显示点坐标

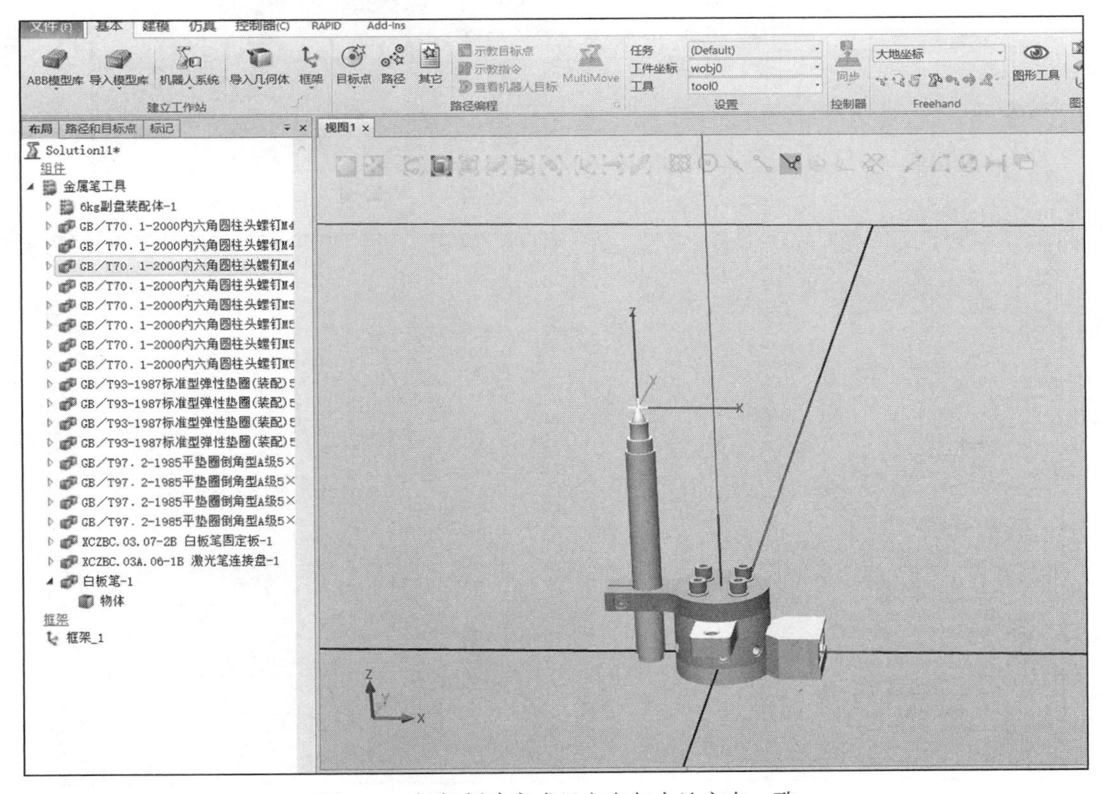

图 3-83　框架创建完成且方向与大地方向一致

4）由于实际的 TCP 点距离笔尖有一段距离，所以框架要抬高一点，右击“布局”界面的“框架 _1”，在菜单中选择“设定位置 ...”，在弹出的对话框中在“ Z 轴”处输入数字“5”，单击“应用”，完成框架的整体抬升，如图 3-84 和图 3-85 所示。

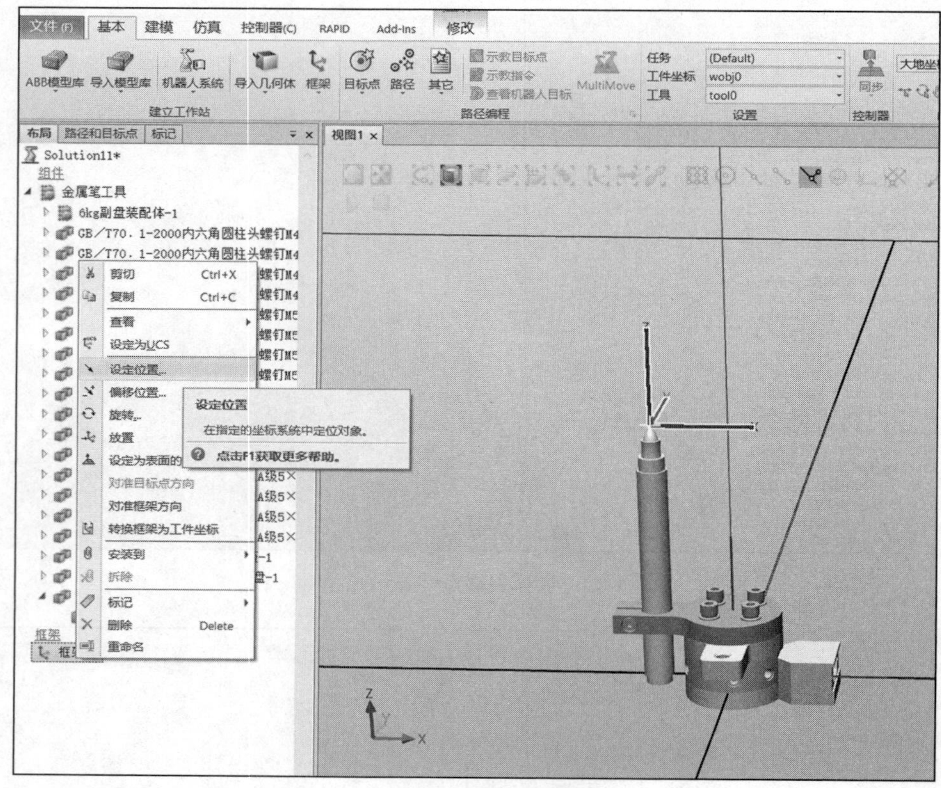

图 3-84 “设定位置”

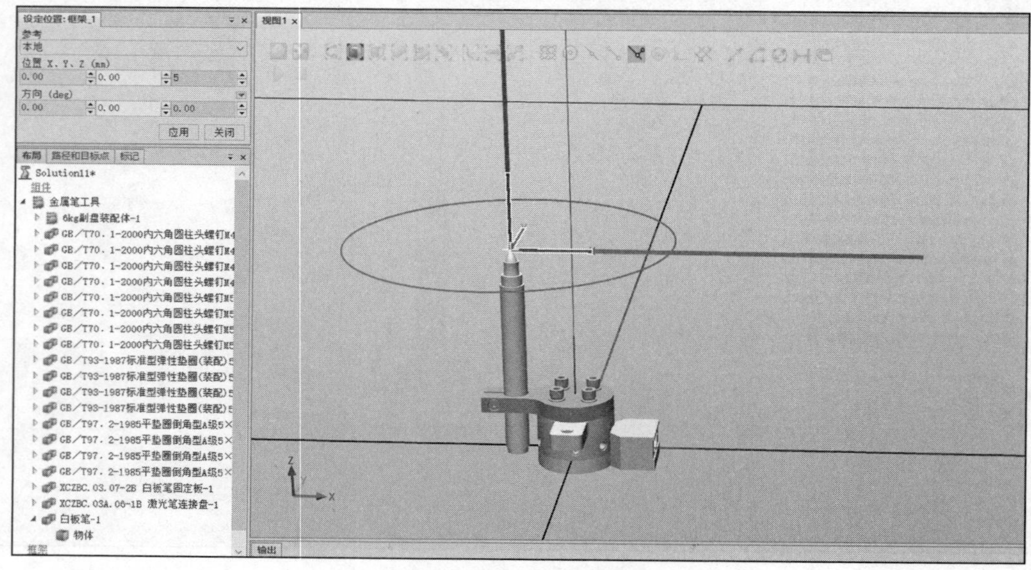

图 3-85 框架位置调整

3.3.4　创建工具

1）在“建模”选项卡中选择“创建工具”，弹出“创建工具”对话框，在对话框中选择“使用已有部件”后，单击“下一个”进入“TCP 信息”对话框，在“数值来自目标点 / 框架”的下拉菜单中选择“框架 _1”，单击长条状的“->”，写入 TCP 名称，单击“完成”即可完成工具创建，如图 3-86 ～图 3-89 所示。

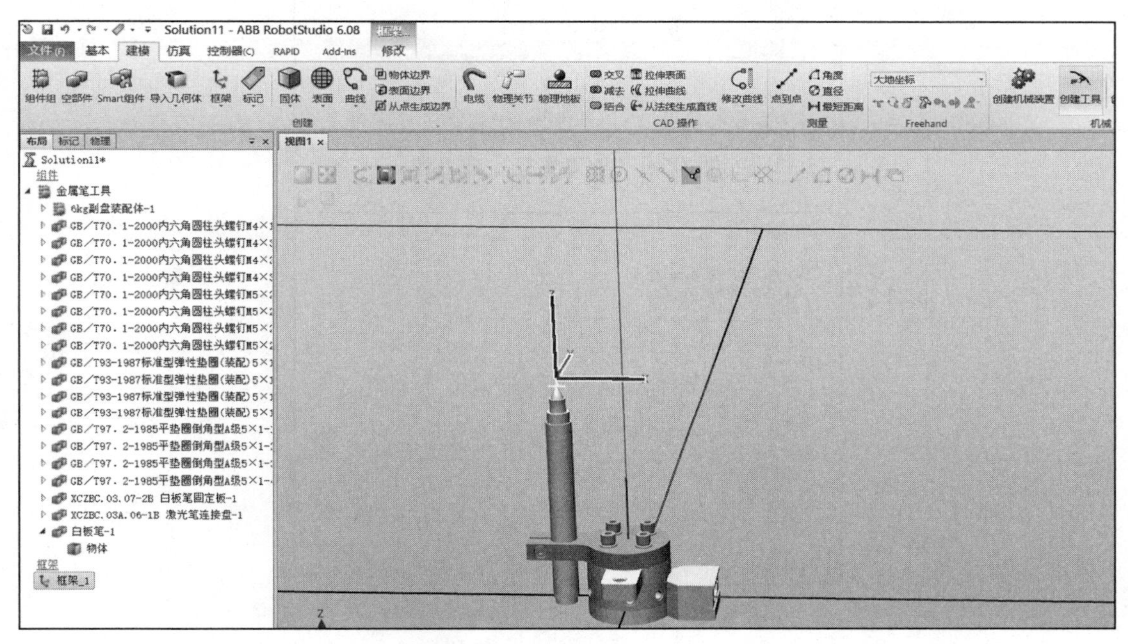

图 3-86　“创建工具”图标

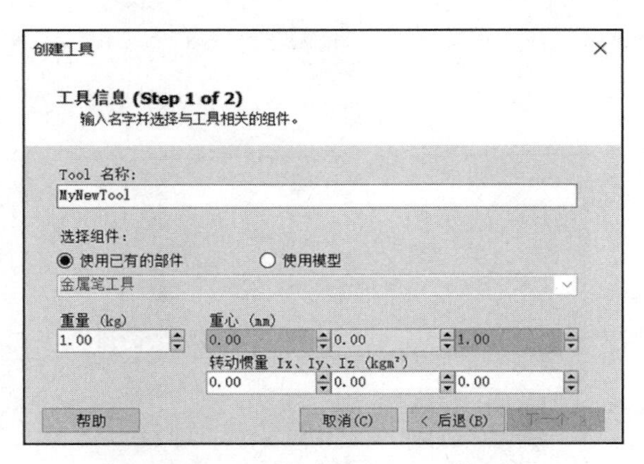

图 3-87　“创建工具”对话框

2）此时可以看到“布局”界面中的金属笔模型图标已经改变，加载机器人模型后便能将工具正确安装，如图 3-90 和图 3-91 所示。

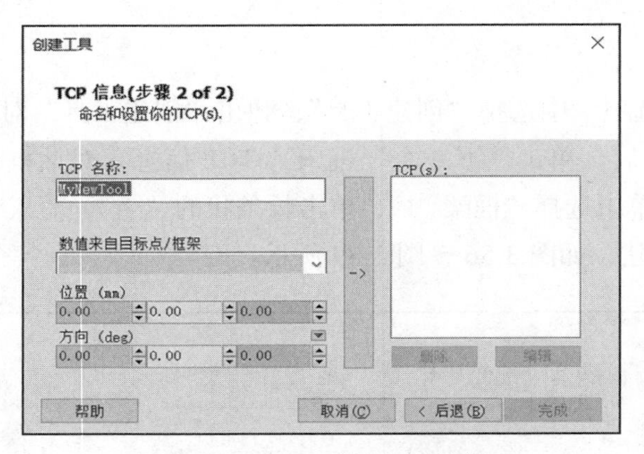

图 3-88 “TCP 信息”对话框

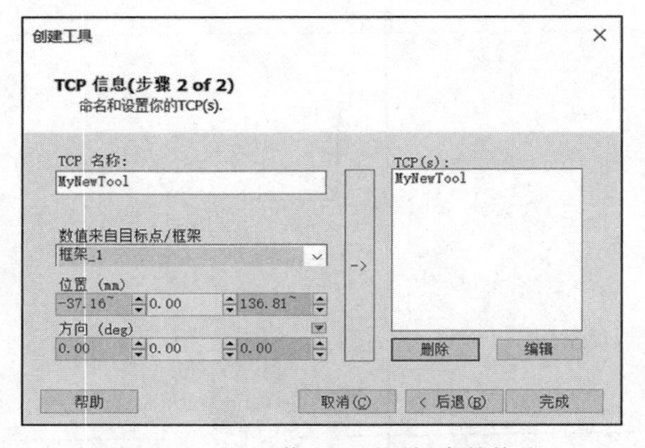

图 3-89 “TCP 信息”对话框参数修改

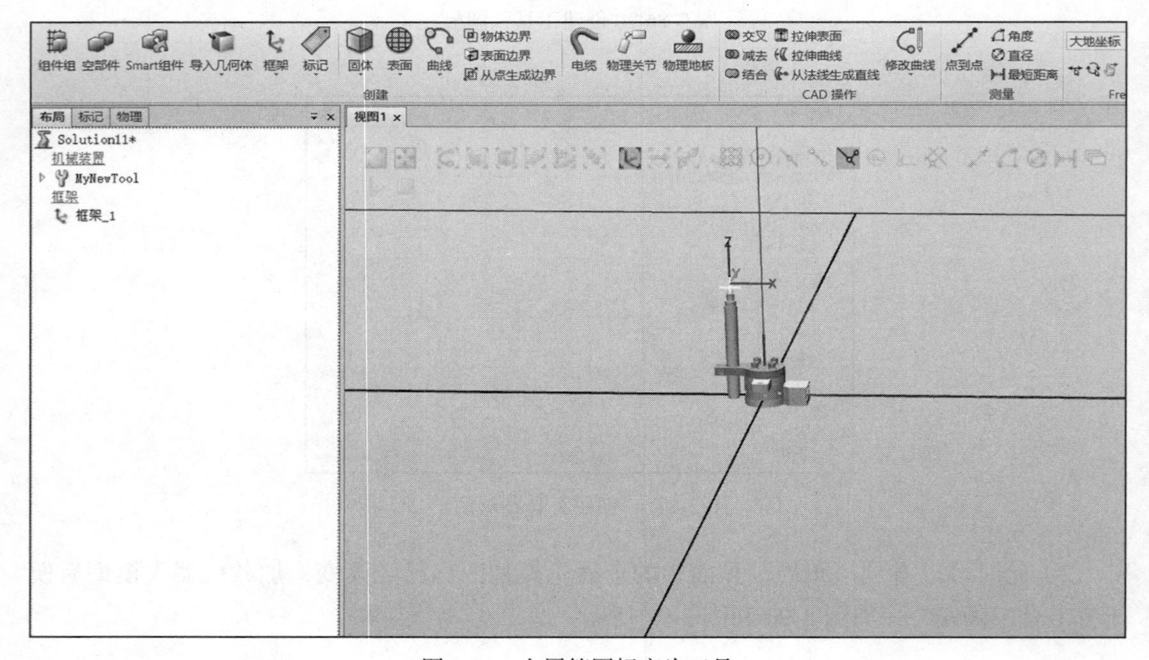

图 3-90 金属笔图标变为工具

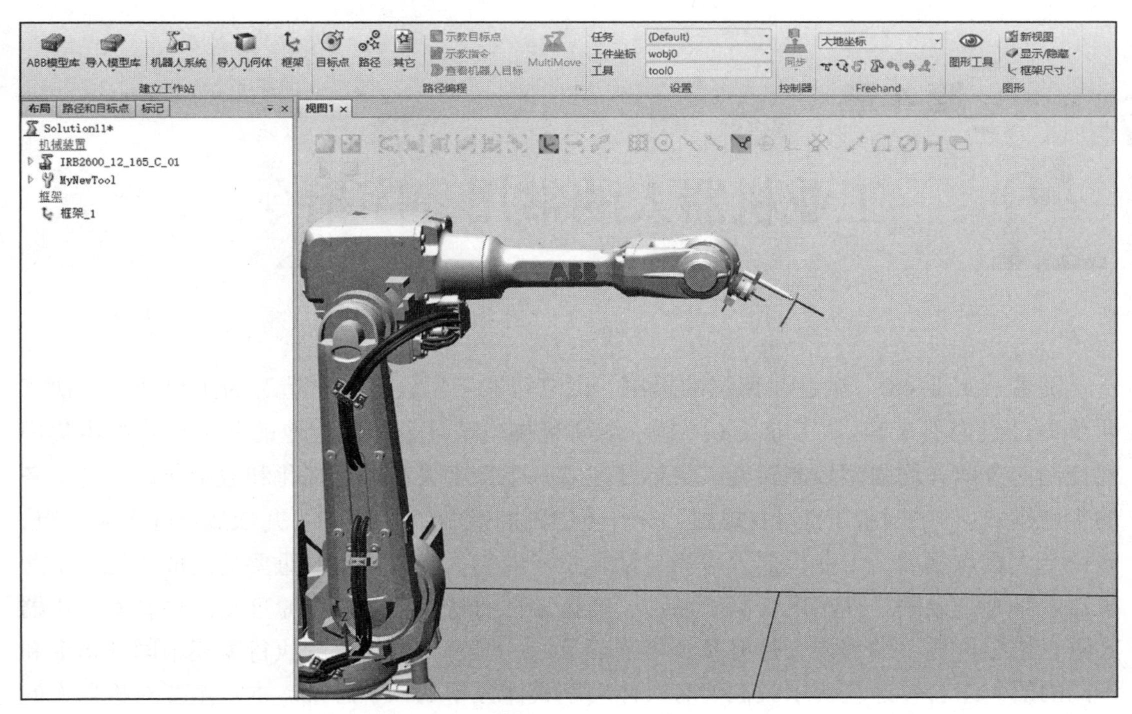

图 3-91　金属笔安装在机器人上效果展示

3.4 作业：创建双关节机械装置

类比 3.2 小节，创建一个双关节机械装置并导出为模型文件。

第4章 工业机器人的常用程序指令

随着“工业 4.0”概念在德国的提出，以“智能工厂、智慧制造”为主导的第四次工业革命已经悄然来临。“工业 4. 0”是一个高科技战略计划，制造业的基本模式将由集中式控制向分散式增强型控制转变，目标是建立一个高度灵活的个性化和数字化产品与服务的生产模式。“中国版工业 4.0 规划”——《中国制造 2025》明确了九项战略任务和重点，涉及十大重点领域。工业机器人作为自动化技术的集大成者，是其重要的组成单元。工业机器人具有高效率、高精度、高可靠性、高稳定性的特点，其工作原理是由最基本的机器人语言指令构成。编程指令是有基本规则要求的，但每一个任务的执行需要不同的指令和不同的语句组合，这就要求我们要有具体问题具体分析的科学思维。本章主要对机器人的程序指令进行详解。

ABB 机器人常用的程序指令包括 Common 类别、Prog.Flow 类别和 I/O 类别三种，本节采用简化语法和形式对程序指令进行说明，并配以示教程序进行说明。

4.1 程序指令介绍

4.1.1 Common 类别

（1）:= 赋值指令

向数据分配新值，该值可以是一个恒定值，也可以是一个算术表达式。指令详细描述见表 4-1。

表 4-1 赋值指令

格式	Data:=Value	
参数	Data	将被分配新值的数据
	Value	期望值
示例	reg1:=reg2;	
说明	将 reg2 的值赋给 reg1	

（2）FOR 循环指令

当一个或多个指令需要重复运行时，可以使用该指令。指令详细描述见表 4-2。

表 4-2　FOR 循环指令

格式	For Loop counter From Start value To End value [STEP step value] DO … ENDFOR	
参数	Loop counter	循环计数器名称，将自动声明该数据
	Start value	Num 型循环计数器起始值
	End value	Num 型循环计数器结束值
	step value	Num 型循环计数器增量值，若未设定该值，则起始值小于结束值时设置为 1，起始值大于结束值时设置为 -1
	…	待执行指令

示例	reg1:=1;
	FOR i FROM 1 TO 3 STEP 2 DO
	reg1:=reg1+1;
	ENDFOR	

说明	设置 reg1=1，此数循环加 1，循环两次	

（3）IF 条件指令

当满足条件仅需要执行某一条指令时，可以使用该指令。指令详细描述见表 4-3。

表 4-3　IF 条件指令

格式	IF Condition THEN
	{ELSEIF Condition THEN}
	[ELSE…]
	ENDIF	

参数	Condition	Bool 型执行条件
	…	待执行程序

示例	reg2:=4;
	IF reg2>5 THEN
	reg1:=1;
	ELSEIF reg2>3 THEN
	reg1:=2;
	ELSE
	reg1:=3;
	ENDIF	

说明	若 reg2 大于 5，则 reg1=1；若 reg2 在 3 ～ 5 之间，则 reg1=2；否则 reg1=3	

（4）MoveAbsJ 绝对位置运动指令

该指令是将机械臂和外轴移动至轴位置中指定的绝对位置。指令详细描述见表 4-4。

表 4-4 MoveAbsJ 绝对位置运动指令

格式	MoveAbsJ[\Conc]ToJoinPos[\ID][\NoEOffs]Speed[\V][\T]Zone[\Z][\Inpos]Tool[\Wobj][\TLoad]	
参数	[\Conc]	当机器人正在运动时，执行后续指令
	ToJoinPos	Jointtarget 型目标点位置
	[\ID]	在 MultiMove 系统中用于运动同步或者协调同步，其他情况下禁止使用
	[\NoEOffs]	设置该运动不受外轴有效偏移量的影响
	Speed	机器人运动速度
	[\V]	Num 型数据，指定指令中的 TCP 速度，以 mm/s 为单位
	[\T]	Num 型数据，指定机器人运动的总时间，以 s 为单位
	Zone	机器人运动转弯半径
	[\Z]	Num 型数据，指定机器人 TCP 位置精度
	[\Inpos]	stoppointdata 型数据，指定停止点中机器人 TCP 位置对的收敛准则，停止点数据取代 Zone 参数的指定区域
	Tool	指定运行时的工具
	[\Wobj]	指定运行时的工件
	[\TLoad]	指定运行时的负载
示例	MoveAbsJ jpos10\NoEOffs,v200,z50,tool0;	
说明	机器人运动至 jpos10 点	

（5）MoveC 圆弧运动指令

该指令是将工具点（TCP）沿圆弧移动至目标点，此指令原理为三点定圆，指令详细描述见表 4-5。

表 4-5 MoveC 圆弧运动指令

格式	MoveC[\Conc]CirPoint ToPoint [\ID] Speed [\V] [\T] Zone [\Z] [\Inpos] Tool [\Wobj] [\TLoad]	
参数	[\Conc]	当机器人正在运动时，执行后续指令
	CirPoint	robtarget 型中间点位置
	ToPoint	robtarget 型目标点位置
	[\ID]	在 MultiMove 系统中用于运动同步或者协调同步，其他情况下禁止使用
	Speed	机器人运动速度
	[\V]	Num 型数据，指定指令中的 TCP 速度，以 mm/s 为单位
	[\T]	Num 型数据，指定机器人运动的总时间，以 s 为单位
	Zone	机器人运动转弯半径
	[\Z]	Num 型数据，指定机器人 TCP 位置精度
	[\Inpos]	stoppointdata 型数据，指定停止点中机器人 TCP 位置对的收敛准则，停止点数据取代 Zone 参数的指定区域

（续）

参数	Tool	指定运行时的工具
	[\Wobj]	指定运行时的工件
	[\TLoad]	指定运行时的负载
示例	MoveC p10,p20,v100,z10,tool0\Wobj:=wobj0;	
说明	以圆弧形式过点 p10 移动至 p20 点	

（6）MoveJ 关节运动指令

机器人用最快捷的方式运动至目标点。此时机器人运动状态完全不可控，但运动路径保持唯一。此指令常用于机器人在空间内大范围移动。指令详细描述见表 4-6。

表 4-6　MoveJ 关节运动指令

格式	MoveJ[\Conc] ToPoint [\ID] Speed [\V] [\T] Zone [\Z] [\Inpos] Tool [\Wobj] [\TLoad]	
参数	[\Conc]	当机器人正在运动时，执行后续指令
	ToPoint	robtarget 型目标点位置
	[\ID]	在 MultiMove 系统中用于运动同步或者协调同步，其他情况下禁止使用
	Speed	机器人运动速度
	[\V]	Num 型数据，指定指令中的 TCP 速度，以 mm/s 为单位
	[\T]	Num 型数据，指定机器人运动的总时间，以 s 为单位
	Zone	机器人运动转弯半径
	[\Z]	Num 型数据，指定机器人 TCP 位置精度
	[\Inpos]	stoppointdata 型数据，指定停止点中机器人 TCP 位置对的收敛准则，停止点数据取代 Zone 参数的指定区域
	Tool	指定运行时的工具
	[\Wobj]	指定运行时的工件
	[\TLoad]	指定运行时的负载
示例	MoveJ p30,v100,z10,tool0\Wobj:=wobj0;	
说明	以关节运动模式移动至 p30 点	

（7）MoveL 线性运动指令

该指令是将工具中心点（TCP）沿直线移动至目标点，指令详细描述见表 4-7。

表 4-7　MoveL 线性运动指令

格式	MoveL[\Conc] ToPoint [\ID] Speed [\V] [\T] Zone [\Z] [\Inpos] Tool [\Wobj] [\TLoad]	
参数	[\Conc]	当机器人正在运动时，执行后续指令
	ToPoint	robtarget 型目标点位置
	[\ID]	在 MultiMove 系统中用于运动同步或者协调同步，其他情况下禁止使用

（续）

参数	Speed	机器人运动速度
	[\V]	Num 型数据，指定指令中的 TCP 速度，以 mm/s 为单位
	[\T]	Num 型数据，指定机器人运动的总时间，以 s 为单位
	Zone	机器人运动转弯半径
	[\Z]	Num 型数据，指定机器人 TCP 位置精度
	[\Inpos]	stoppointdata 型数据，指定停止点中机器人 TCP 位置对的收敛准则，停止点数据取代 Zone 参数的指定区域
	Tool	指定运行时的工具
	[\Wobj]	指定运行时的工件
	[\TLoad]	指定运行时的负载
示例	MoveL p40,v100,z10,tool0\Wobj:=wobj0;	
说明	以线性运动模式移动至 p40 点	

（8）ProcCall 调用无返回值程序指令

该指令调用无返回值例行程序。指令详细描述见表 4-8。

表 4-8 ProcCall 调用无返回值程序指令

格式	Procedure{Argument}	
参数	Procedure	待调用的无返回值程序名称
	Argument	待调用程序参数
示例	Routine1;	
说明	调用 Routine1 例行程序	

（9）Reset 复位数字输出信号指令

该指令将数字输出信号设置为 0。指令详细描述见表 4-9。

表 4-9 Reset 复位数字输出信号指令

格式	Reset Signal	
参数	Signal	Signaldo 型信号
示例	Reset do1;	
说明	将 do1 设置为 0	

（10）Set 复位数字输出信号指令

该指令将数字输出信号设置为 1。指令详细描述见表 4-10。

表 4-10　Set 复位数字输出信号指令

格式	Set Signal	
参数	Signal	Signaldo 型信号
示例	Set do1;	
说明	将 do1 设置为 1	

（11）WaitDI 等待数字输入信号指令

该指令等待数字输入信号直至条件满足方可执行程序。指令详细描述见表 4-11。

表 4-11　WaitDI 等待数字输入信号指令

格式	WaitDI Signal Value [\MaxTime][\TimeFlag]	
参数	Signal	Signaldo 型信号
	Value	期望值
	[\MaxTime]	允许等待的最长时间
	[\TimeFlag]	等待超时标志位
示例	WaitDI di0,1;	
说明	当 di0 等于 1 时，机器人继续执行后续程序指令，否则一直等待	

（12）WaitDO 等待直至已设置数字输出信号指令

WaitDO 等待直至已设置数字输出信号指令，输出信号满足条件后方可执行后续指令。指令详细描述见表 4-12。

表 4-12　WaitDO 等待直至已设置数字输出信号指令

格式	WaitDO Signal Value [\MaxTime][\TimeFlag]	
参数	Signal	Signaldo 型信号
	Value	期望值
	[\MaxTime]	允许等待的最长时间
	[\TimeFlag]	等待超时标志位
示例	WaitDO di0,1;	
说明	当 di0 输出为 1 时，机器人继续执行后续程序指令，否则一直等待	

（13）WaitTime 等待给定时间指令

WaitTime 等待给定时间指令，等待一定时间后方可执行后续指令。指令详细描述见表 4-13。

表 4-13　WaitTime 等待给定时间指令

格式	WaitTime [\InPos] Time	
参数	[\InPos]	Switch 型数值，指定该参数则开始计时前机器人和外轴必须静止
	Time	Num 型数据，程序等待时间，单位为 s，分辨率为 0.001s
示例	WaitTime 5;	
说明	等待 5s	

（14）WHILE 循环指令

WHILE 循环指令为当循环条件满足时重复执行相关指令。指令详细描述见表 4-14。

表 4-14　WHILE 循环指令

格式	WHILE Condition DO … ENDWHILE	
参数	Condition	循环条件
	…	重复执行指令

示例	reg1:=1;
	reg2:=0;
	WHILE reg1<5 DO
	reg1:=reg1+1;
	reg2:=reg2+1;
	ENDWHILE	

说明	结果为 reg1=5，reg2=4	

4.1.2　功能函数

机器人常用的功能函数有 CRboT 读取机器人当前位置，Offs 位置偏移和 Reltool 工具位置和角度偏移等。

（1）CRboT 读取机器人当前位置指令

该指令会读取机器人当前位置并返回位置数据。指令详细描述见表 4-15。

表 4-15　CRboT 读取机器人当前位置指令

格式	CRboT（[\TaskRef]|[\ TaskName][\Tool][\WObj]）	
参数	[\TaskRef]	指定任务 ID
	[\ TaskName]	指定程序任务名称
	[\Tool]	指定工具变量
	[\WObj]	指定工件变量
返回值	robtarget 型数据	

（续）

示例	pCurPos10:=CRobT();
	IF pCurPos10< >pInitPos THEN
	TPWrite “The robot is not in the initial position”
	EXIT;
	ENDIF

说明	判断机器人当前位置是否在 pInitPos 处，如果不在则提示信息并终止程序运行

（2）Offs 位置偏移指令

该指令在机器人目标点的工件位置方向上偏移一定量。指令详细描述见表 4-16。

表 4-16　Offs 位置偏移指令

格式	Offs（Point XOffset YOffset ZOffset ）	
参数	Point	待偏移的位置数据
	XOffset	Num 型数据，工件坐标系 X 方向的偏移，单位 mm
	YOffset	Num 型数据，工件坐标系 Y 方向的偏移，单位 mm
	ZOffset	Num 型数据，工件坐标系 Z 方向的偏移，单位 mm
返回值	robtarget 型数据	
示例	MoveL offs(p10,0,0,100); MoveL,p10,v200,fine,tool0;	
说明	移动至 p10 点工件坐标系上方 100mm 处，然后移动至 p10 点	

（3）Retool 工具位置和角度偏移指令

该指令在机器人目标点的工件位置和角度方向上偏移一定量。指令详细描述见表 4-17。

表 4-17　Retool 工具位置和角度偏移指令

格式	ReTool（Point Dx Dy Dz [\Rx][\Ry][\Rz]）	
参数	Point	待偏移的位置数据
	Dx	Num 型数据，工具坐标系 X 方向的偏移，单位 mm
	Dy	Num 型数据，工具坐标系 Y 方向的偏移，单位 mm
	Dz	Num 型数据，工具坐标系 Z 方向的偏移，单位 mm
	[\Rx]	Num 型数据，绕工具坐标系 X 方向的旋转，单位度
	[\Ry]	Num 型数据，绕工具坐标系 Y 方向的旋转，单位度
	[\Rz]	Num 型数据，绕工具坐标系 Z 方向的旋转，单位度
返回值	robtarget 型数据	
示例	MoveLReTool(p10,0,0,100),v200,z50,tool0; MoveL,p10,v200,fine,tool0;	
说明	移动至 p10 点工具坐标系 Z 轴上方 100mm 处，然后移动至 p10 点	

4.2 程序编辑

4.2.1 程序创建

1）在 RobotStudio 软件中进行程序创建有两种方法，第一种是在软件中直接创建，以第 1 章完成的工作站为例，在工作站视图中进行点示教，之后同步到控制器中，控制器会将点位置和移动模式生成程序，完成仿真动作，此方法可用于简单的演示过程，如图 4-1 所示。

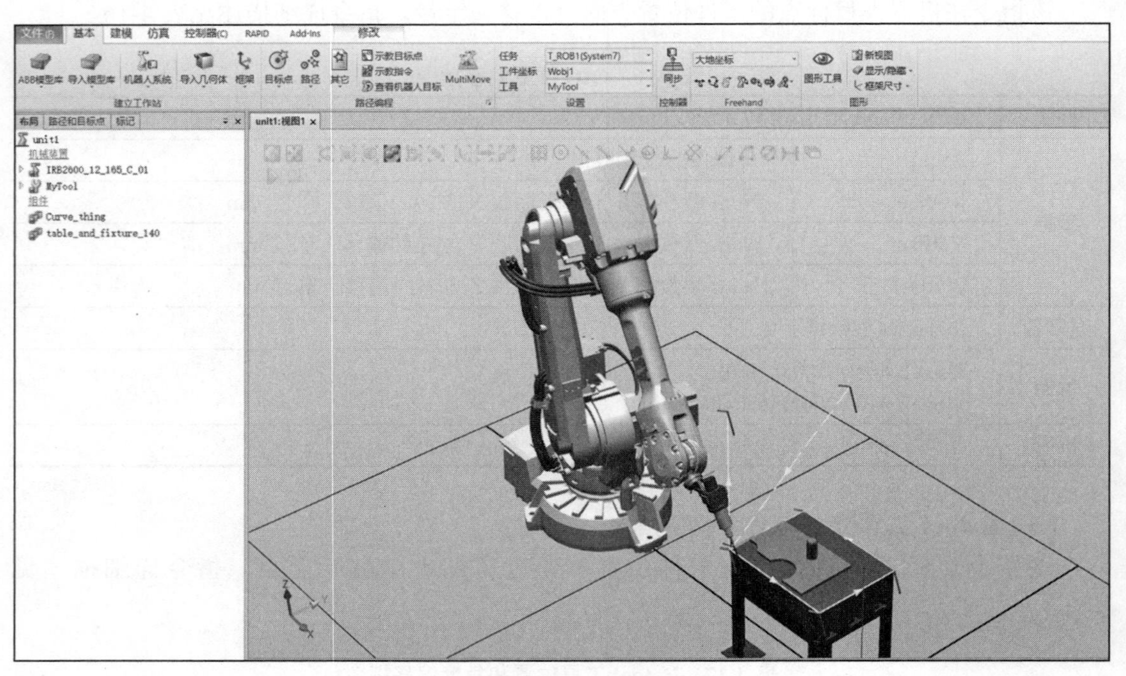

图 4-1 第 1 章完成的工作站

2）单击“控制器”选项卡，在弹出的“控制器”界面中可以看到“RAPID”选项，单击其下拉菜单，可以游览 RAPID 程序的各个模块及模块内的程序，如图 4-2～图 4-4 所示。

3）可以看到，在“Path_10”路径程序中有七行程序，第一行和第二行对应的移动模式为“MoveJ”，后续的模式为“MoveL”，符合在工作站中示教点模式的顺序，如图 4-5 所示。

4）不同模块对应不同的功能，而且模块的功能可以根据需求进行添加，如“Path_10”路径模块是我们一开始设置的，若需要设置新的路径程序，可在“控制器”界面中右击“T_ROB1”，在弹出的界面中选择“新建模块”，则会弹出“创建模块”对话框，如图 4-6 和图 4-7 所示。

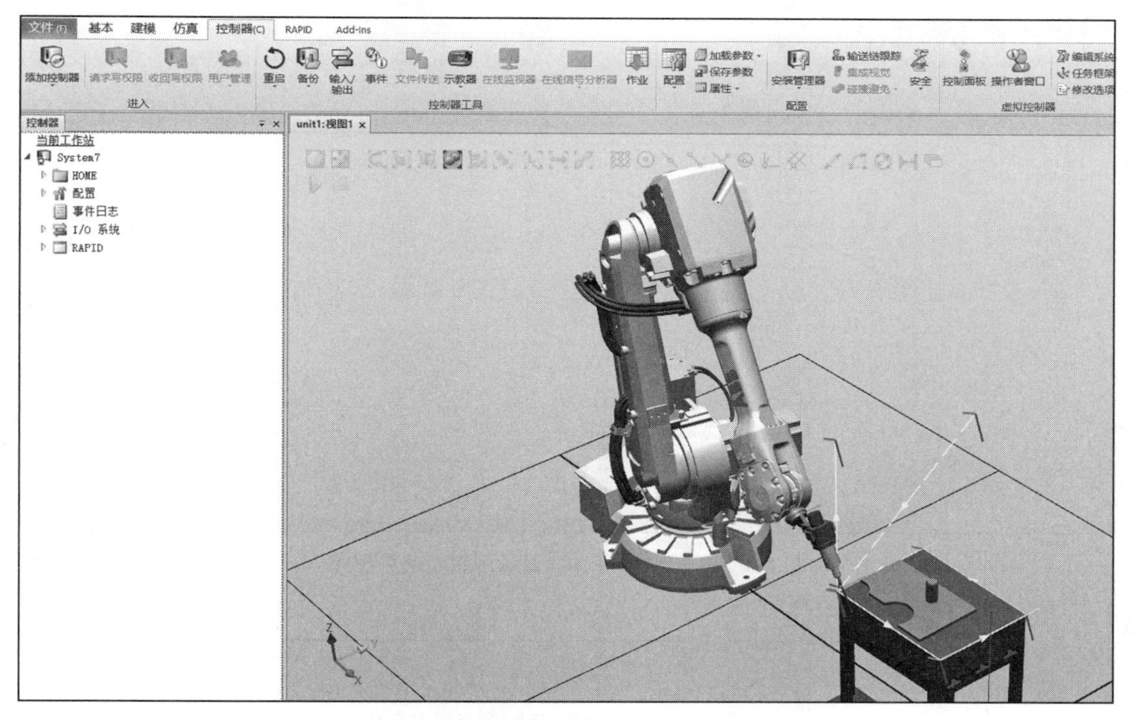

图 4-2　“控制器”界面

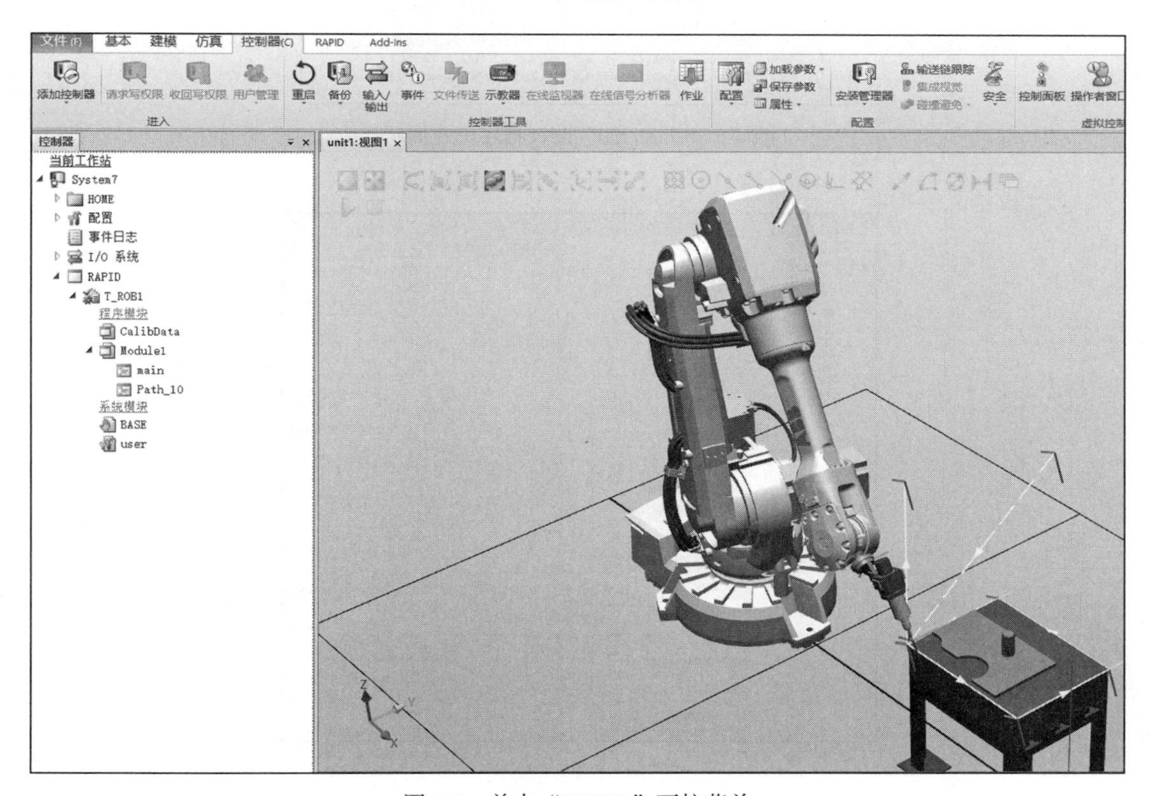

图 4-3　单击“PAPID”下拉菜单

```
 7  CONST robtarget Target_60:=[[-2.147358985,-2.796211901,0.628659683],[0.190806286,-0.000535127,0.981623688,-0.002758718],[-1,1,-2,0],[9E+09,9E+09,9E+09,9E+09,
 8  CONST robtarget Target_70:=[[-2.146142847,-0.023746341,493.944163959],[0.190806178,-0.000535124,0.981623709,-0.002758711],[-1,0,-1,0],[9E+09,9E+09,9E+09,9E+0
 9  !***********************************************************
10  !
11  ! Module:  Module1
12  !
13  ! Description:
14  !   <Insert description here>
15  !
16  ! Author: samsung
17  !
18  ! Version: 1.0
19  !
20  !***********************************************************
21
22
23  !***********************************************************
24  !
25  ! Procedure main
26  !
27  !   This is the entry point of your program
28  !
29  !***********************************************************
30  PROC main()
31      !Add your code here
32  ENDPROC
33  PROC Path_10()
34      MoveJ Target_10,v150,fine,MyTool\WObj:=Wobj1;
35      MoveJ Target_20,v150,z30,MyTool\WObj:=Wobj1;
36      MoveL Target_30,v150,fine,MyTool\WObj:=Wobj1;
37      MoveL Target_40,v150,fine,MyTool\WObj:=Wobj1;
38      MoveL Target_50,v150,fine,MyTool\WObj:=Wobj1;
39      MoveL Target_60,v150,fine,MyTool\WObj:=Wobj1;
40      MoveL Target_70,v150,fine,MyTool\WObj:=Wobj1;
41  ENDPROC
42  ENDMODULE
```

图 4-4　单击“Path_10”显示示教轨迹的程序

```
30  PROC main()
31      !Add your code here
32  ENDPROC
33  PROC Path_10()
34      MoveJ Target_10,v150,fine,MyTool\WObj:=Wobj1;
35      MoveJ Target_20,v150,z30,MyTool\WObj:=Wobj1;
36      MoveL Target_30,v150,fine,MyTool\WObj:=Wobj1;
37      MoveL Target_40,v150,fine,MyTool\WObj:=Wobj1;
38      MoveL Target_50,v150,fine,MyTool\WObj:=Wobj1;
39      MoveL Target_60,v150,fine,MyTool\WObj:=Wobj1;
40      MoveL Target_70,v150,fine,MyTool\WObj:=Wobj1;
41  ENDPROC
```

图 4-5　“Path_10”路径程序模式展示

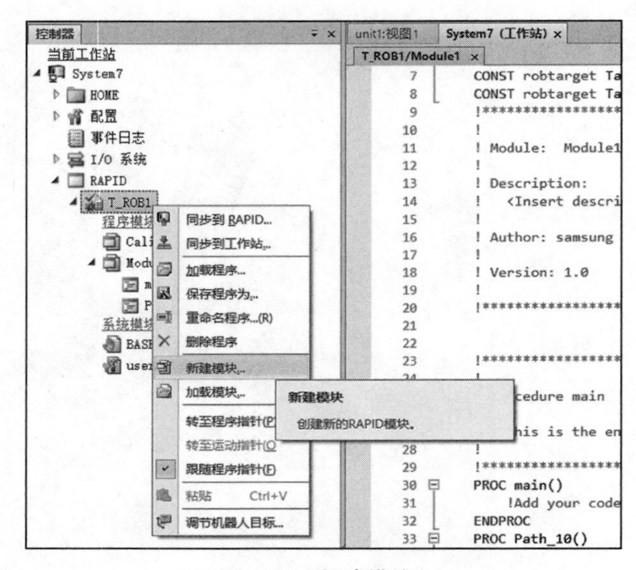

图 4-6　“新建模块”

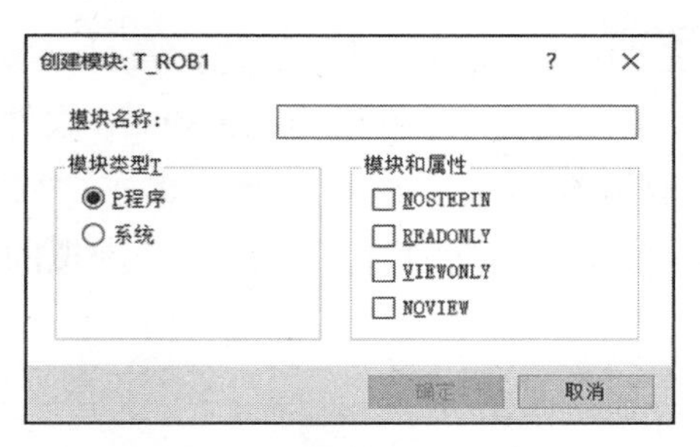

图 4-7　“创建模块”对话框

5）在新建模块对话框的“模块名称”中输入“text”，其他选项不变，即可完成名为“text”的程序模块创建，如图 4-8 和图 4-9 所示。

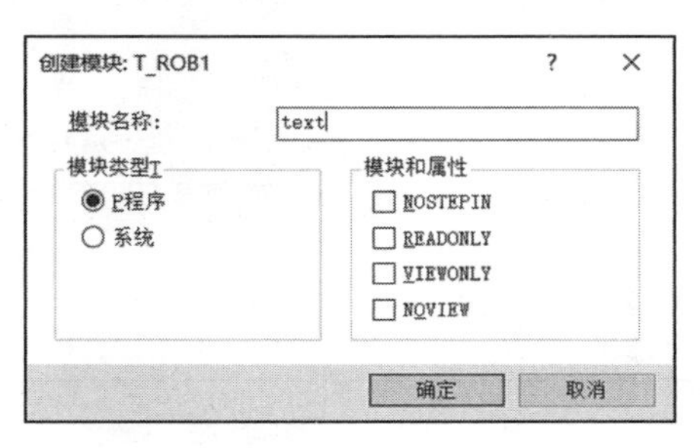

图 4-8　输入模块名称

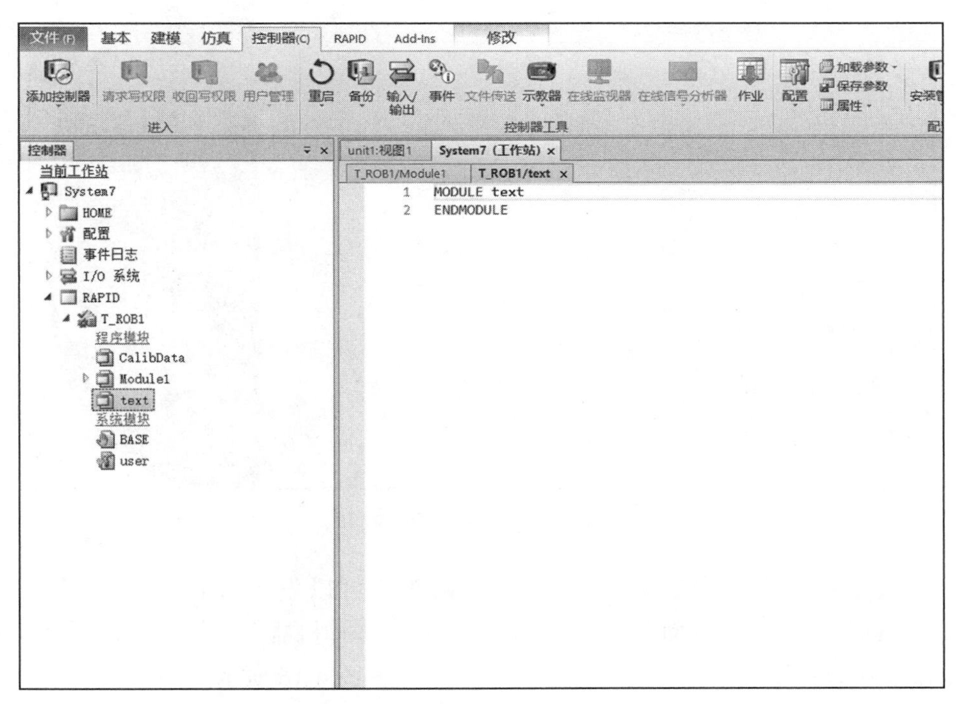

图 4-9　完成“text”程序模块的创建

6）第二种程序创建方法为在示教器内进行创建，常见于实际应用场景，机器人仅连接示教器，使用触控笔也可以完成模块创建。RobotStudio 软件拥有示教器模拟系统，我们可以在此系统内进行模拟示教器程序模块创建。单击“控制器”选项卡中的“示教器”的下拉，选择“虚拟示教器”，在界面中会弹出一个虚拟的示教器窗口，如图 4-10 和图 4-11 所示。

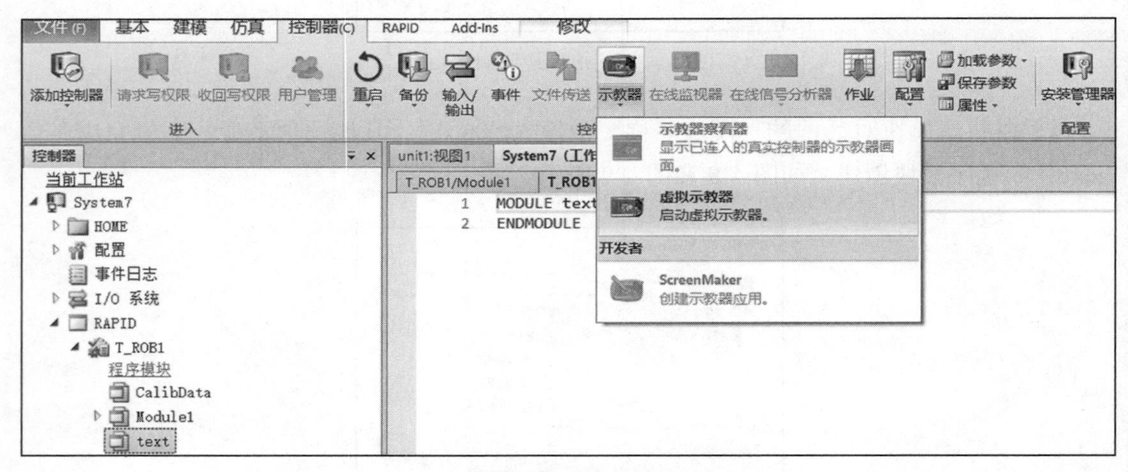

图 4-10 “虚拟示教器”

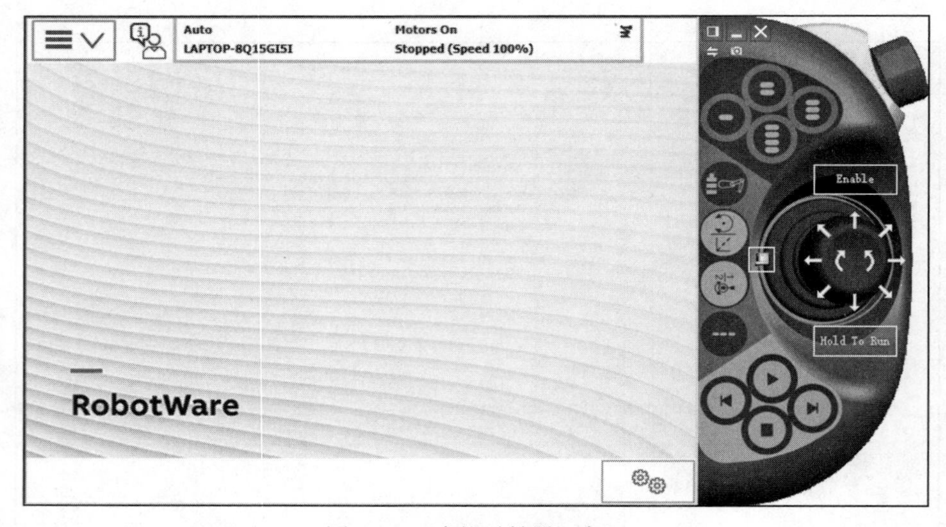

图 4-11 “虚拟示教器”窗口

7）单击虚拟示教器界面左上方的下拉箭头，可以发现界面是英文的，先单击“Control Panel”进入设置界面，单击右侧的小白点，选择机器人工作模式为手动，即可在“Language”中选择中文模式，变换界面，如图 4-12 ～图 4-16 所示。

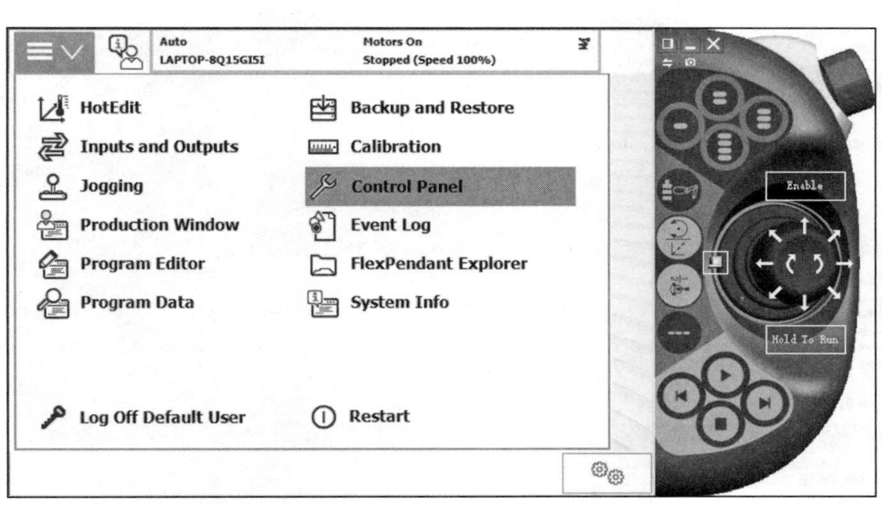

图 4-12　“虚拟示教器”下拉菜单

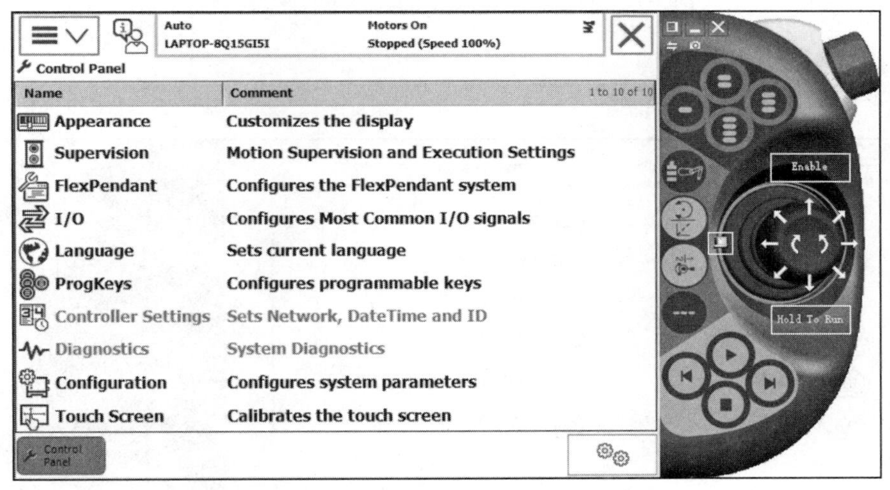

图 4-13　“虚拟示教器”设置界面

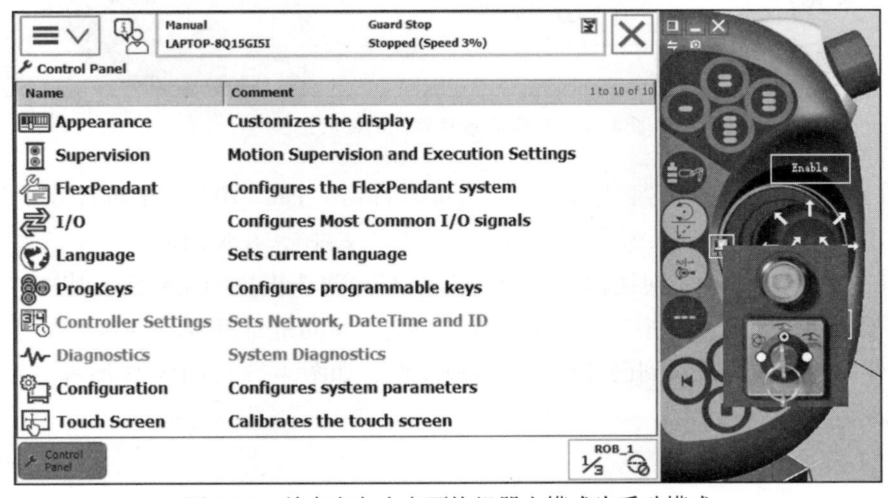

图 4-14　单击白色小点更换机器人模式为手动模式

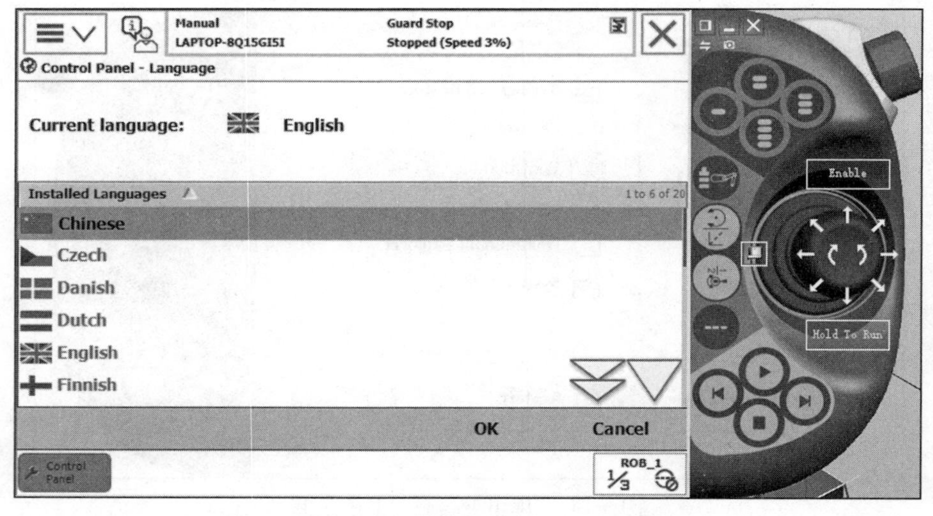

图 4-15　设置中文模式，单击“OK”等待重启

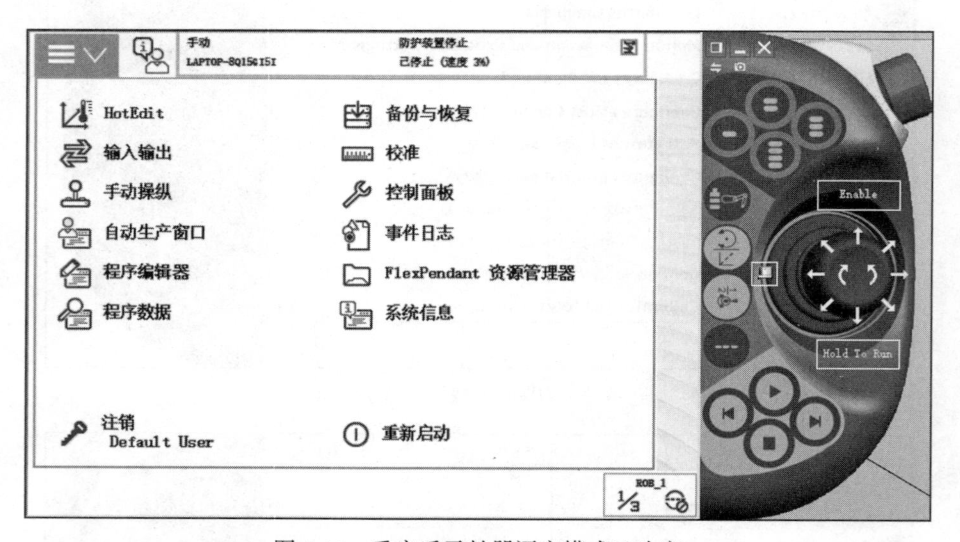

图 4-16　重启后示教器语言模式已改变

8）在下拉菜单中选择“程序编辑器”，可以看到“ Path_10”内的程序在示教器中已经显示，单击“模块”，进入模块编辑界面，单击“文件”，在弹出的菜单中选择“新建模块 ...”，在弹出的指针提示对话框中单击“是”，即可进入模块创建界面，其中“ ABC...”可以修改模块名称，设置好模块名称后单击“确定”即可完成新模块创建，同时在工作站的“控制器”界面中也能看到已经创建的程序模块，如图 4-17 ～图 4-23 所示。

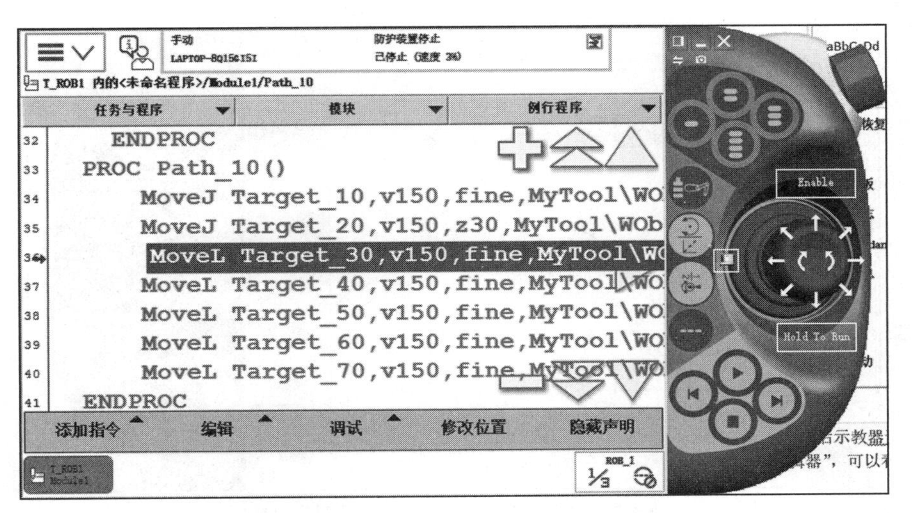

图 4-17　“Path_10”模块程序

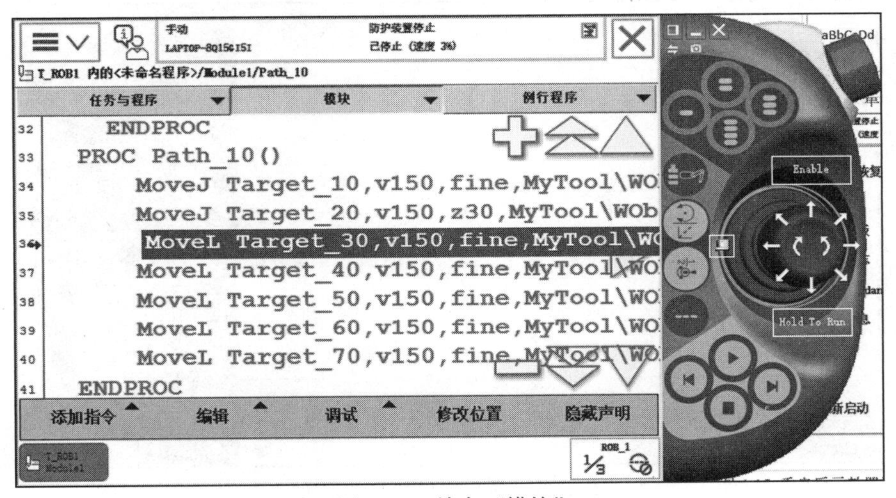

图 4-18　单击“模块”

手动 LAPTOP-8Q15GI5I　防护装置停止 已停止 (速度 3%)

T_ROB1

模块

名称	类型	更改
BASE	系统模块	
CalibData	程序模块	
Module1	程序模块	
	程序模块	
	系统模块	

新建模块...
加载模块...
另存模块为...
更改声明...
删除模块...

文件　刷新　显示模块　后退

图 4-19　程序模块编辑界面

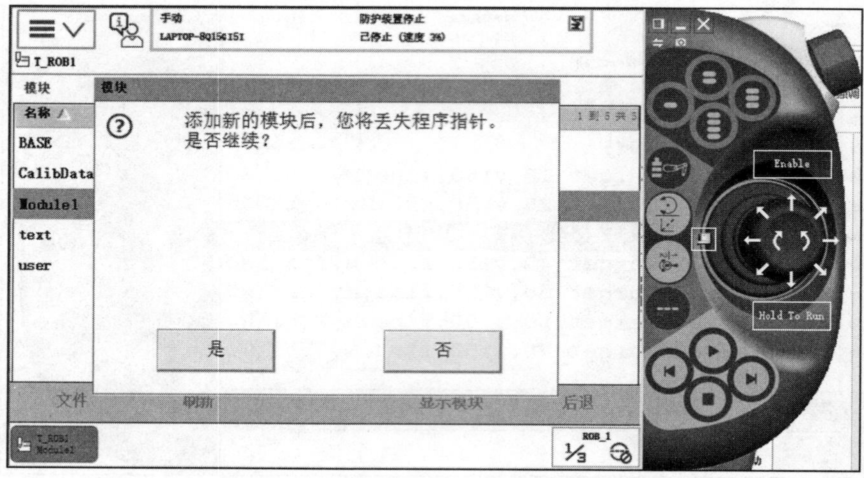

图 4-20　指针丢失提示，单击“是”即可

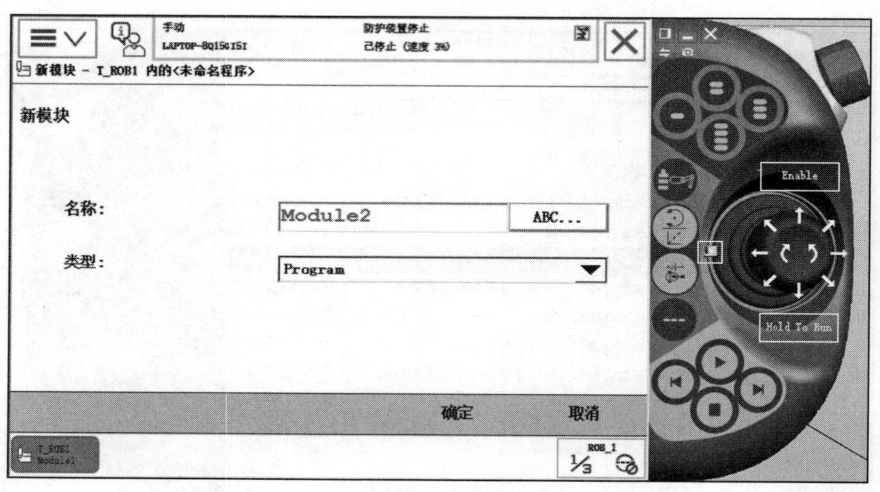

图 4-21　新程序模块创建界面

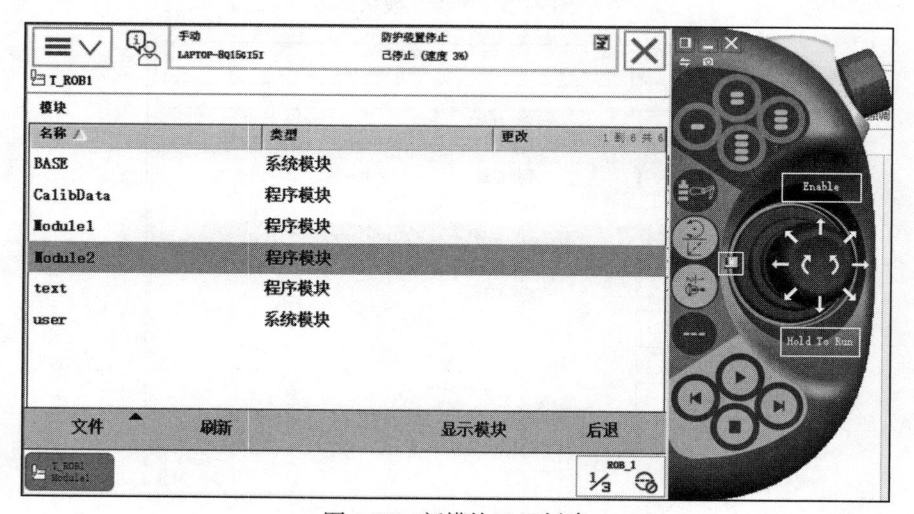

图 4-22　新模块已经创建

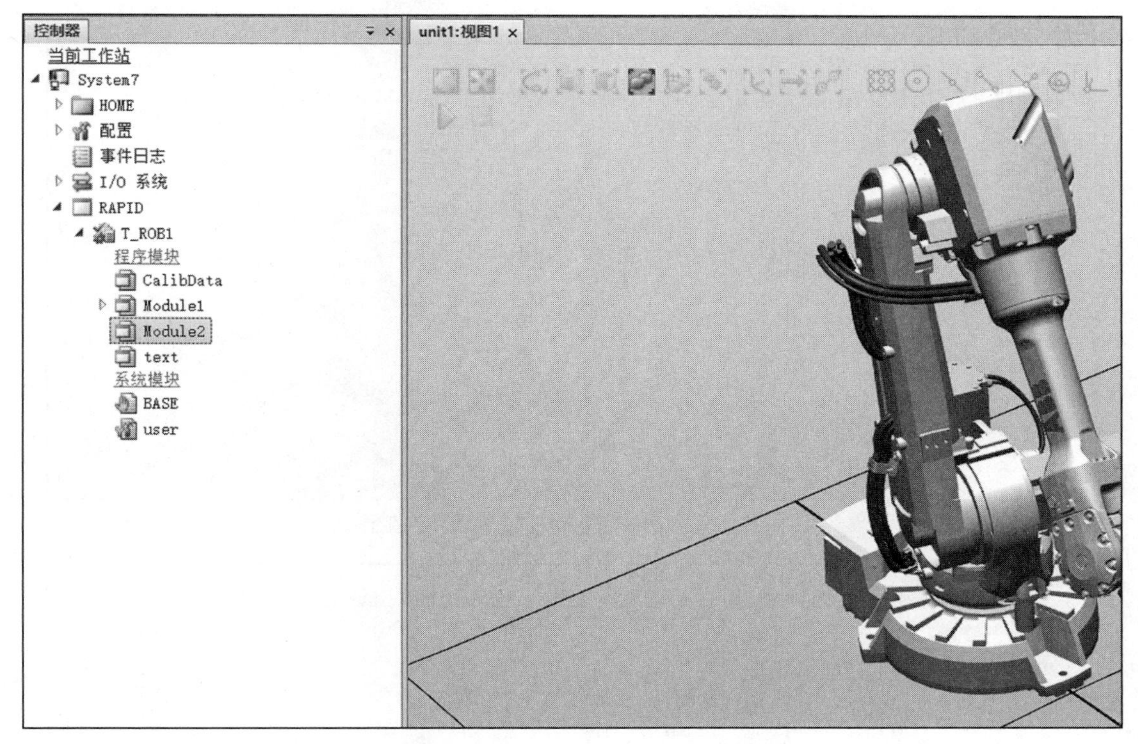

图 4-23　新模块已经同步到控制器中

4.2.2　程序修改

在 RobotStudio 软件中对程序的修改较为容易，找到对应程序进行修改即可，修改内容可以为速度、位置、角度等。例如将“Path_10”内的程序改变速度，将 v150 改为 v300，之后单击“文件”的同步按钮，单击“同步到工作站”，所有方框都勾选上，单击“确定”，同步修改后的程序到工作站中，仿真时可以发现修改速度后机器人运动速度会明显提升。在虚拟示教器上修改效果与软件修改一致。上述内容如图 4-24 ～图 4-27 所示。

```
30      PROC main()
31          !Add your code here
32      ENDPROC
33      PROC Path_10()
34          MoveJ Target_10,v300,fine,MyTool\WObj:=Wobj1;
35          MoveJ Target_20,v150,z30,MyTool\WObj:=Wobj1;
36          MoveL Target_30,v150,fine,MyTool\WObj:=Wobj1;
37          MoveL Target_40,v150,fine,MyTool\WObj:=Wobj1;
38          MoveL Target_50,v300,fine,MyTool\WObj:=Wobj1;
39          MoveL Target_60,v150,fine,MyTool\WObj:=Wobj1;
40          MoveL Target_70,v150,fine,MyTool\WObj:=Wobj1;
41      ENDPROC
```

图 4-24　修改“Path_10”内的程序第一行和第五行的速度

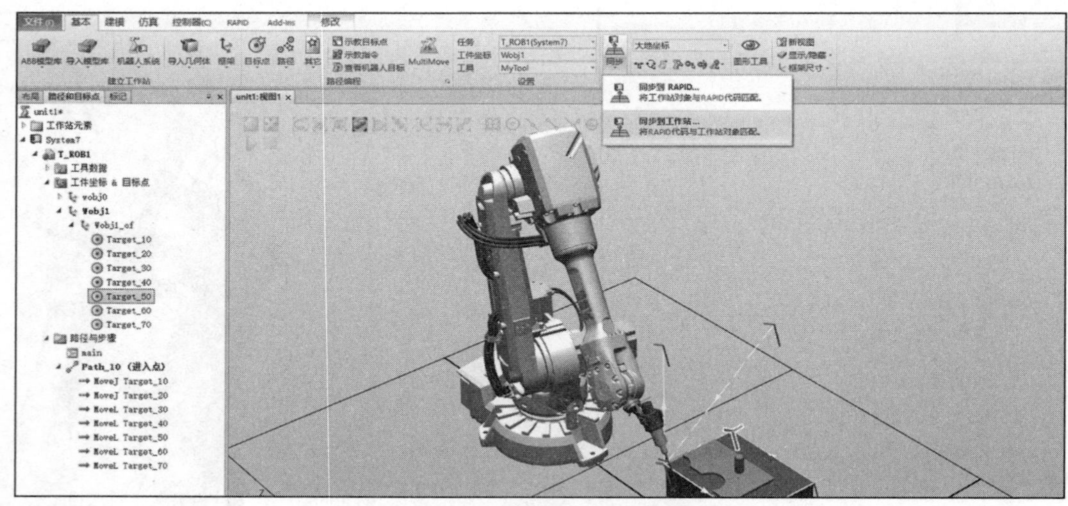

图 4-25　程序修改后将对应效果同步到工作站

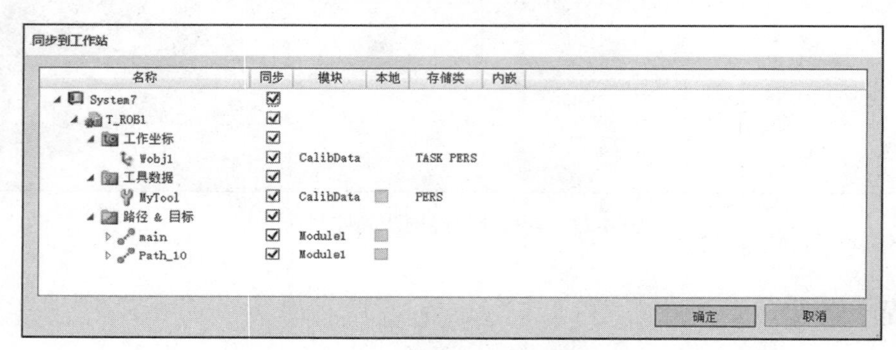

图 4-26　同步方框全部勾选

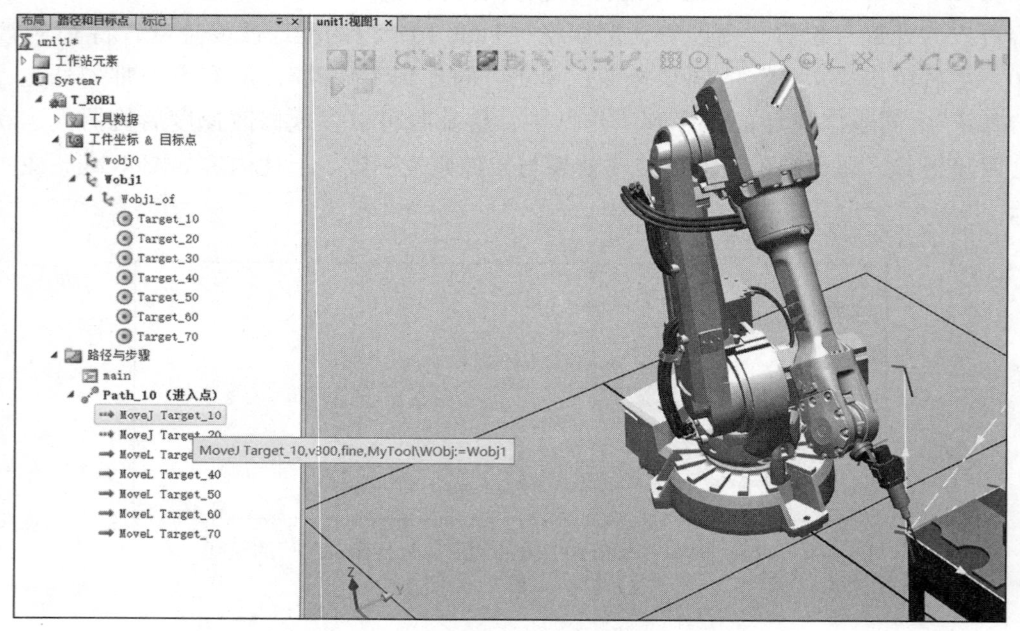

图 4-27　进入点速度发生改变，仿真速度加快

4.2.3　指令编辑

指令编辑和指令修改一样，依旧以“Path_10”程序模块为例，在最后一行添加一个回到最初点的指令，按上一节的方法同步到工作站中仿真就能看到效果，如图 4-28 和图 4-29 所示。

```
PROC Path_10()
    MoveJ Target_10,v300,fine,MyTool\WObj:=Wobj1;
    MoveJ Target_20,v150,z30,MyTool\WObj:=Wobj1;
    MoveL Target_30,v150,fine,MyTool\WObj:=Wobj1;
    MoveL Target_40,v150,fine,MyTool\WObj:=Wobj1;
    MoveL Target_50,v300,fine,MyTool\WObj:=Wobj1;
    MoveL Target_60,v150,fine,MyTool\WObj:=Wobj1;
    MoveL Target_70,v150,fine,MyTool\WObj:=Wobj1;
    MoveJ Target_10,v600,fine,MyTool\WObj:=Wobj1;
ENDPROC
```

图 4-28　在“Path_10”程序中添加回到最初点指令

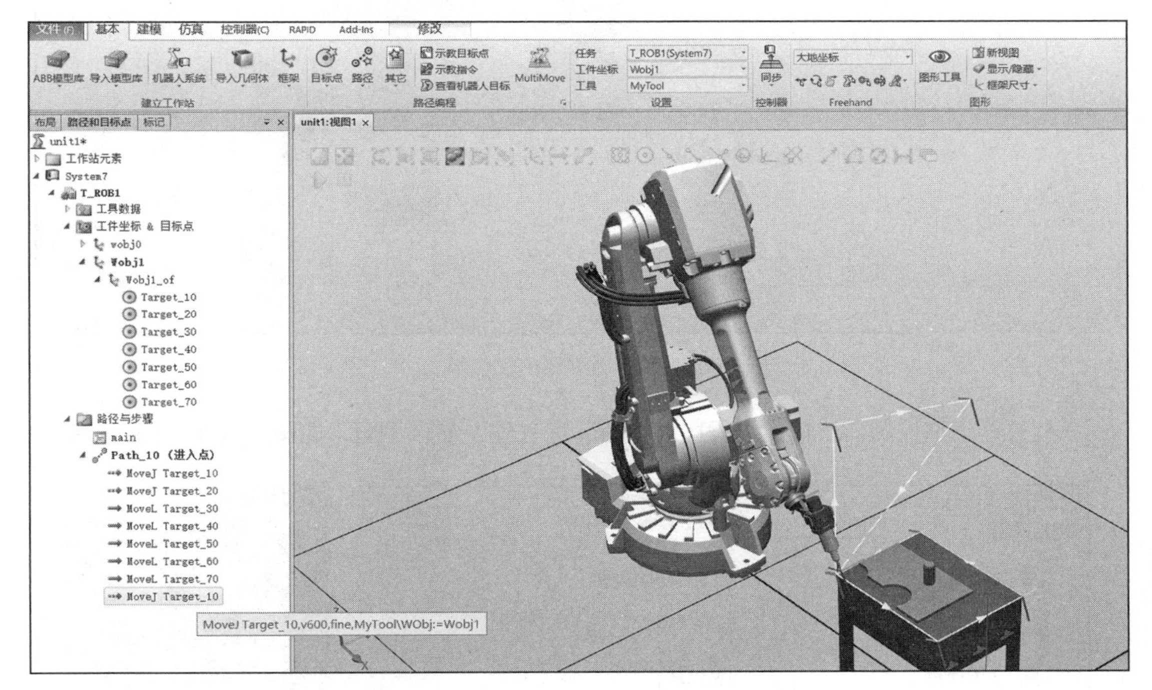

图 4-29　同步到工作站后路径点已经出现

4.3　程序调试菜单介绍与简单实例

4.3.1　直线运动实例

本章实例以实际的机器人示教器显示为主，在正常工作站的安装调试中示教器的使用频率是非常高的，编程前需要将机器人设置为“手动模式”。

按照第 1 章和第 3 章的内容创建一个机器人系统，一个矩形体和圆柱体，矩形体和圆柱体的大小可以自行设定，本次样例中的矩形体大小为边长 500mm 的正方体，圆柱为直径 400mm，高 300mm。机器人为 IRB2600，系统为默认系统，将示教器界面设定为中文模式，如图 4-30 所示。

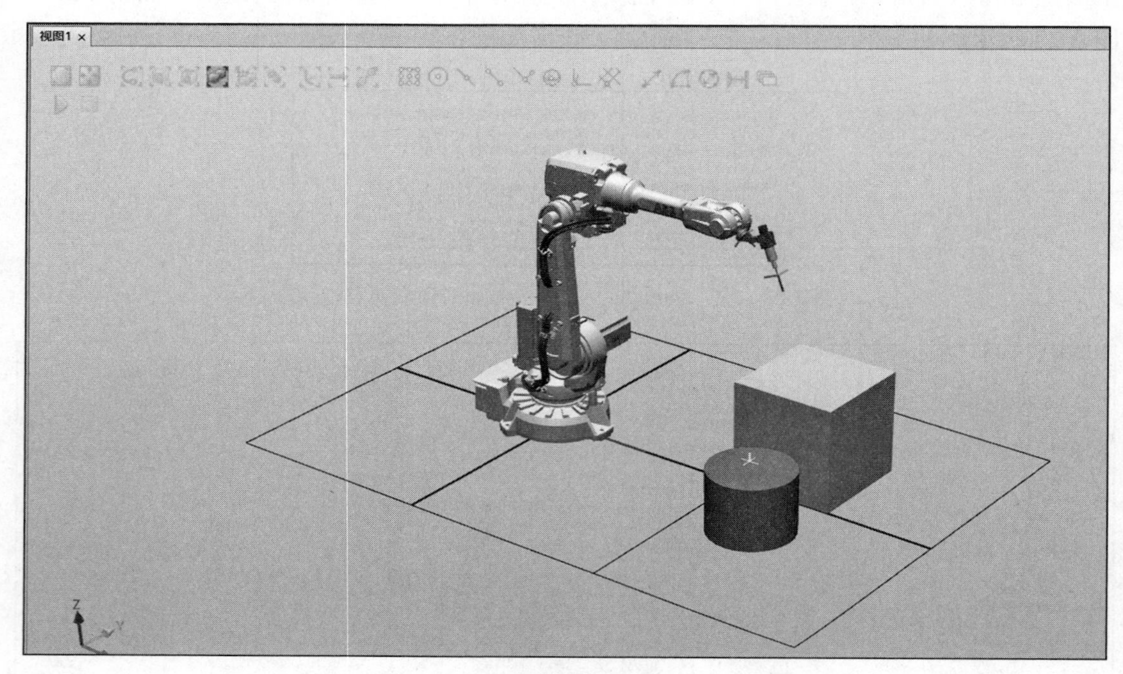

图 4-30　新创建的工作站

1）打开虚拟控制器，单击“程序编辑器”进入程序编辑界面，如图 4-31 和图 4-32 所示。

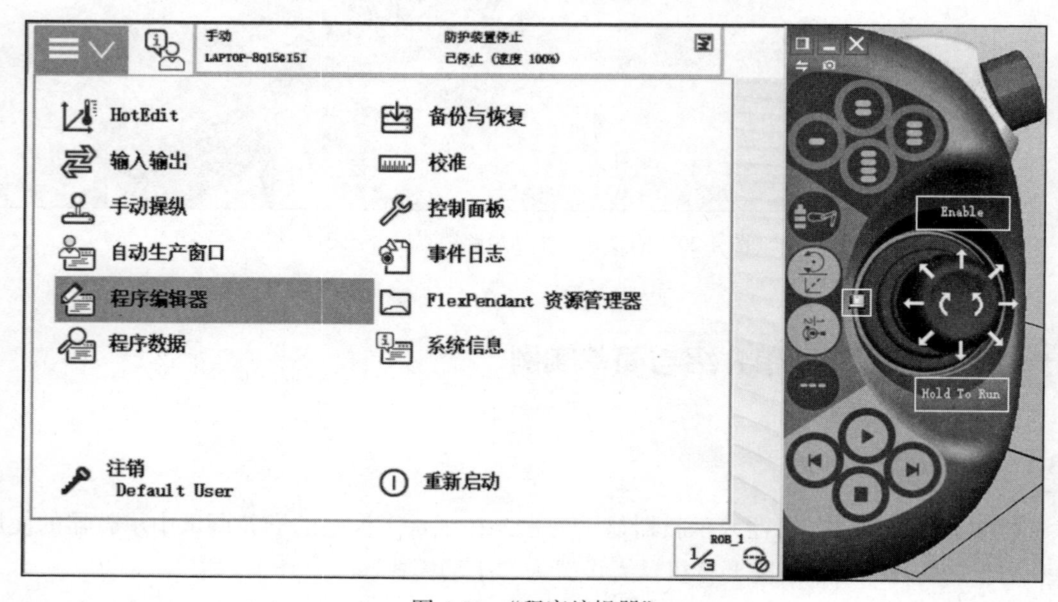

图 4-31　“程序编辑器”

图 4-32　程序编辑界面

2）单击“例行程序”，再单击左下角“文件”，进入例行程序创建窗口，创建一个新的例行程序，其中“ABC…”可以修改程序名称，将程序名称改为“zhixian”单击“确认”即可完成创建，如图 4-33 ～图 4-35 所示。

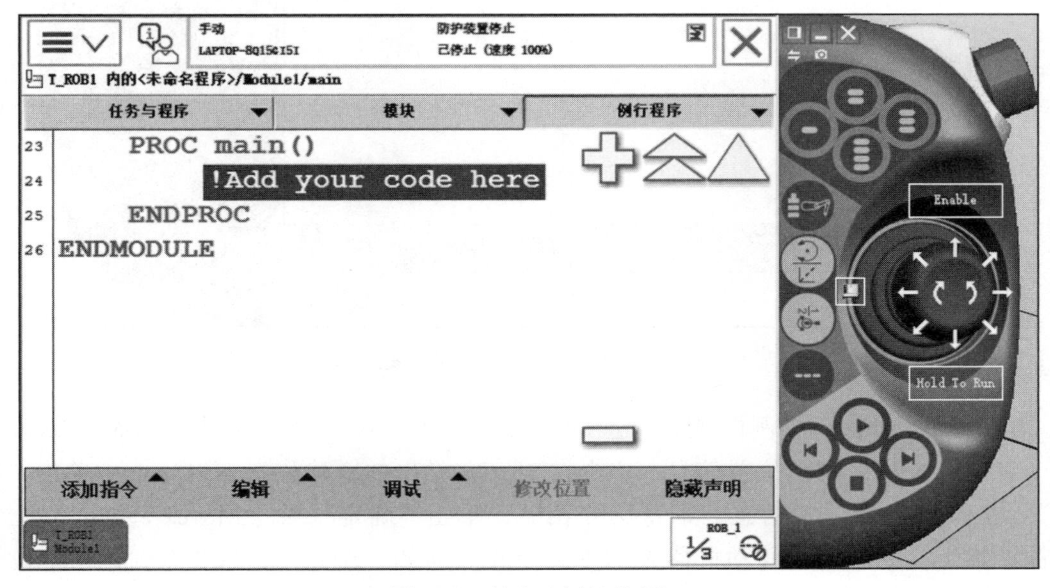

图 4-33　单击“例行程序”

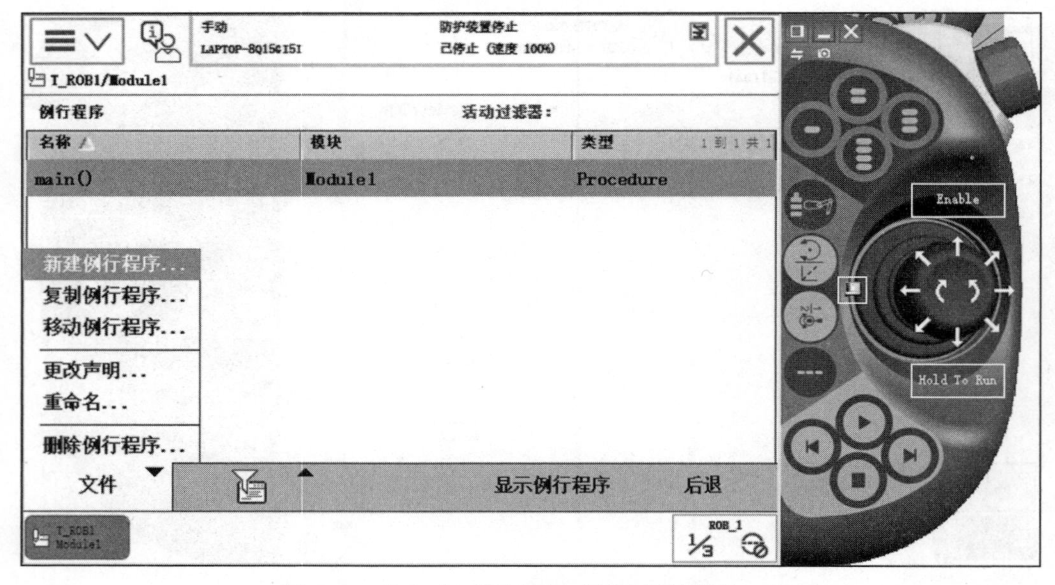

图 4-34 单击“文件”选择“新建例行程序 ...”

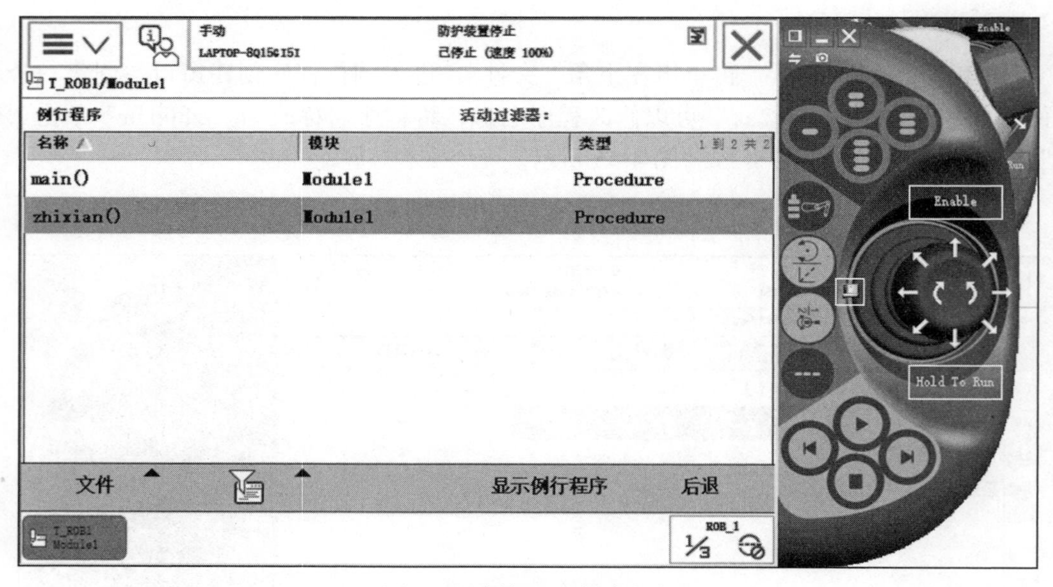

图 4-35 例行程序创建完成

3）双击“zhixian”例行程序，进入程序编辑界面，单击“添加指令”添加“MoveJ”指令，指令添加后缺少位置信息，单击“*”，在弹出的新建位置点对话框中单击“新建”，输入新建点位置信息，默认为“p10”，单击“确定”后“MoveJ”指令的位置点被添加上，此时需要移动机器人 TCP 点至正方体的一个角点，TCP 点到达指定位置后单击虚拟示教器上的“修改位置”，在弹窗上单击“修改”即可完成点位修改，如图 4-36 ～图 4-43 所示。

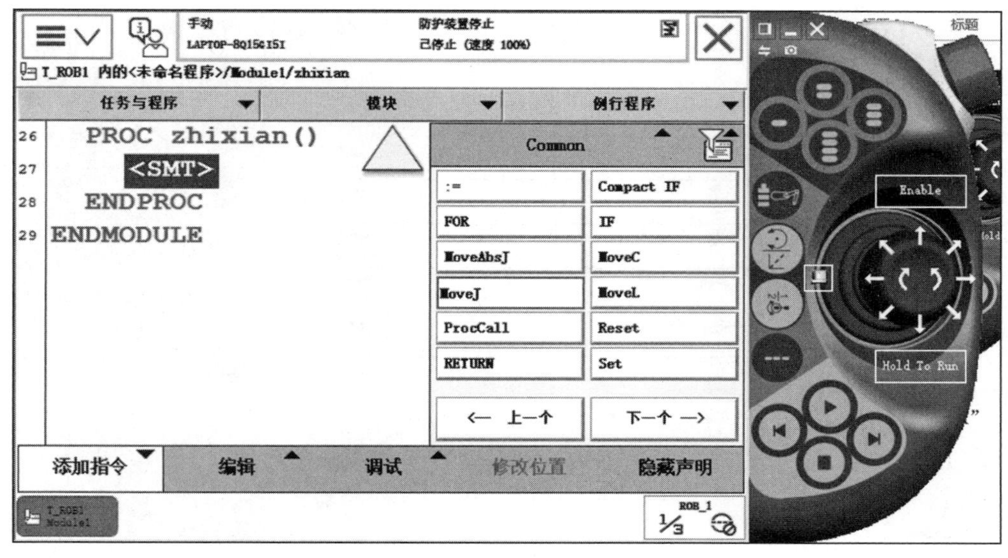

图 4-36　例行程序编辑界面

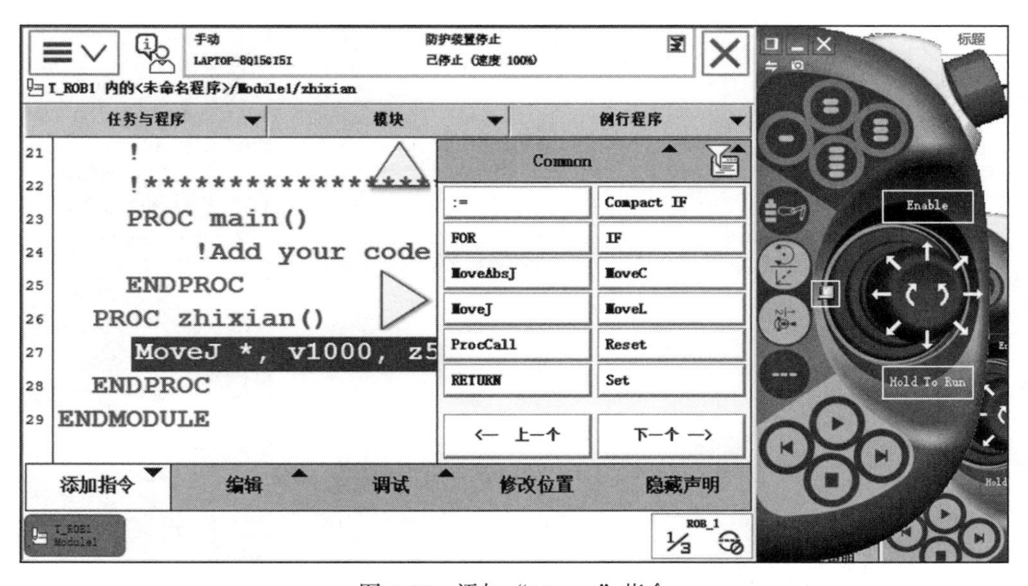

图 4-37　添加“MoveJ”指令

手动
LAPTOP-8Q15CI5I
防护装置停止
已停止（速度 100%）
新数据声明
数据类型：robtarget
当前任务：T_ROB1
名称：p10
范围：全局
存储类型：常量
任务：T_ROB1
模块：Module1
例行程序：<无>
维数 <无>
初始值 确定 取消
T_ROB1 Module1
ROB_1 1/3
Enable
Hold To Run

图 4-38　新建点对话框

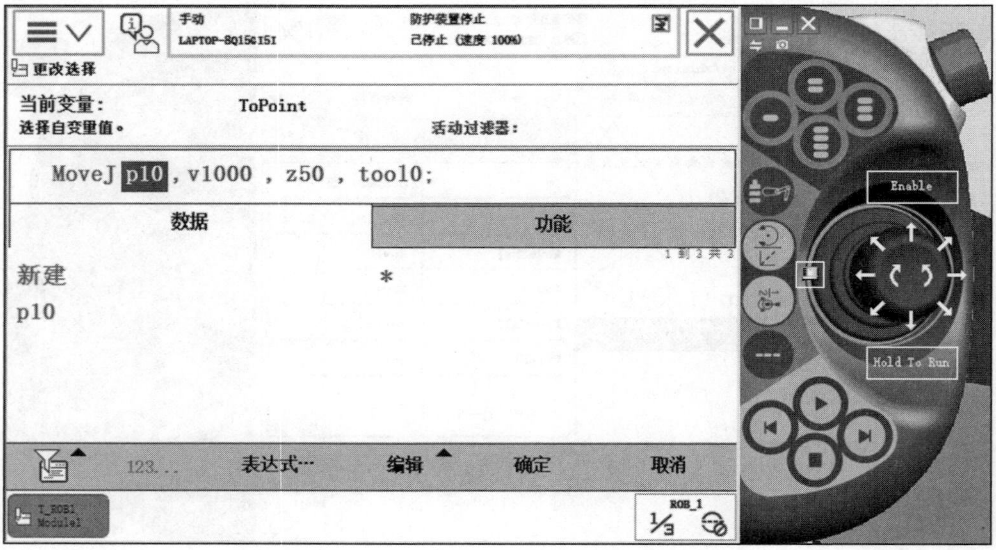

手动
LAPTOP-8Q15CI5I
防护装置停止
已停止（速度 100%）
更改选择
当前变量：ToPoint
选择自变量值。
活动过滤器：
MoveJ p10 , v1000 , z50 , tool0;
数据 功能
1 到 3 共 3
新建 *
p10
123... 表达式… 编辑 确定 取消
T_ROB1 Module1
ROB_1 1/3
Enable
Hold To Run

图 4-39　“p10”点创建完成

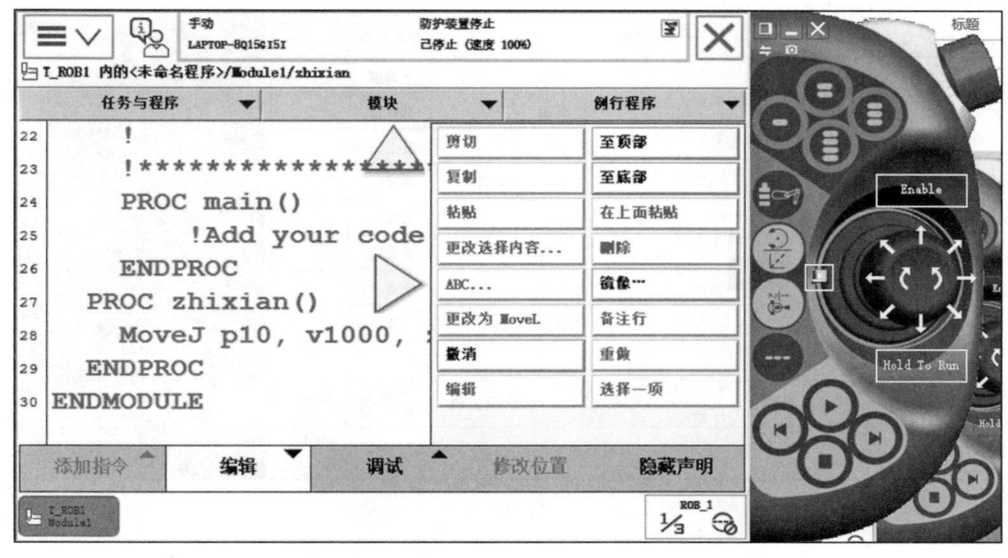

图 4-40　“MoveJ”指令已添加位置点“p10”

图 4-41　移动机器人 TCP 点到角点

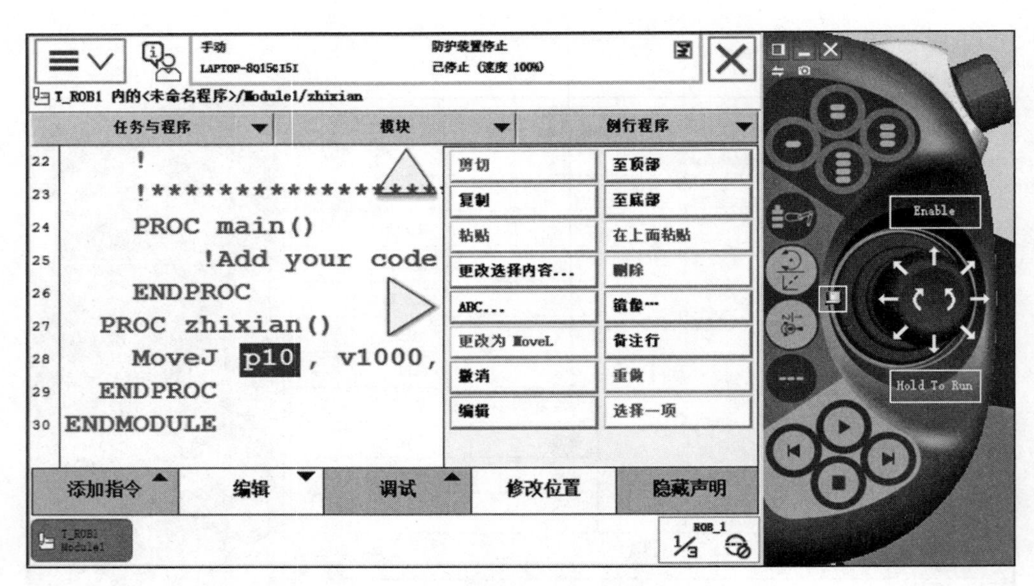

图 4-42 对“p10”进行位置修改

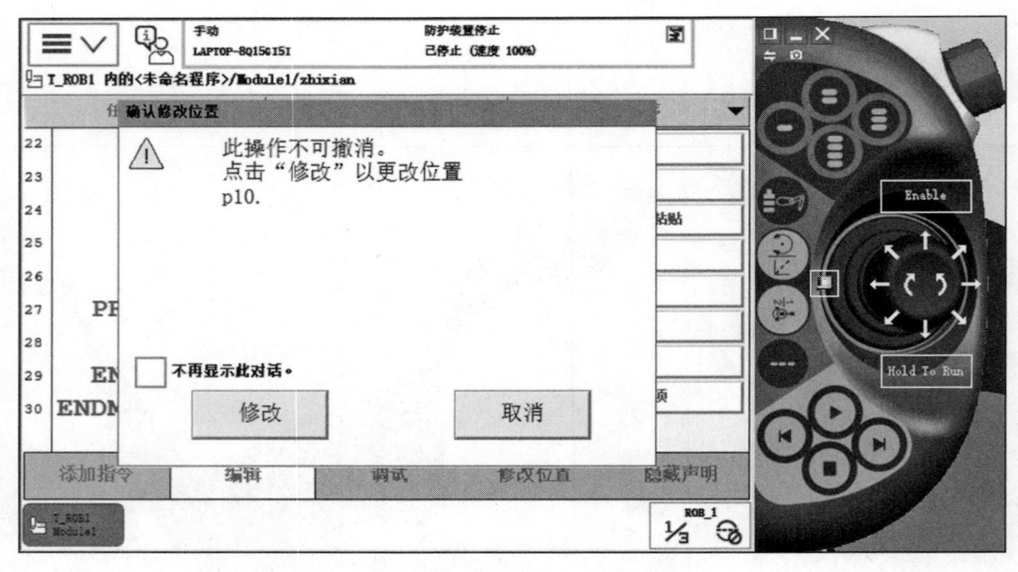

图 4-43 “修改”确认弹窗

4）按照第 3）步的方法，分别创建四条“MoveL”指令，并分别记录四个角点，完成 TCP 点绕正方体一周的效果，注意，角点记录后可重复使用，不必重复记录，如图 4-44 ～图 4-47 所示。

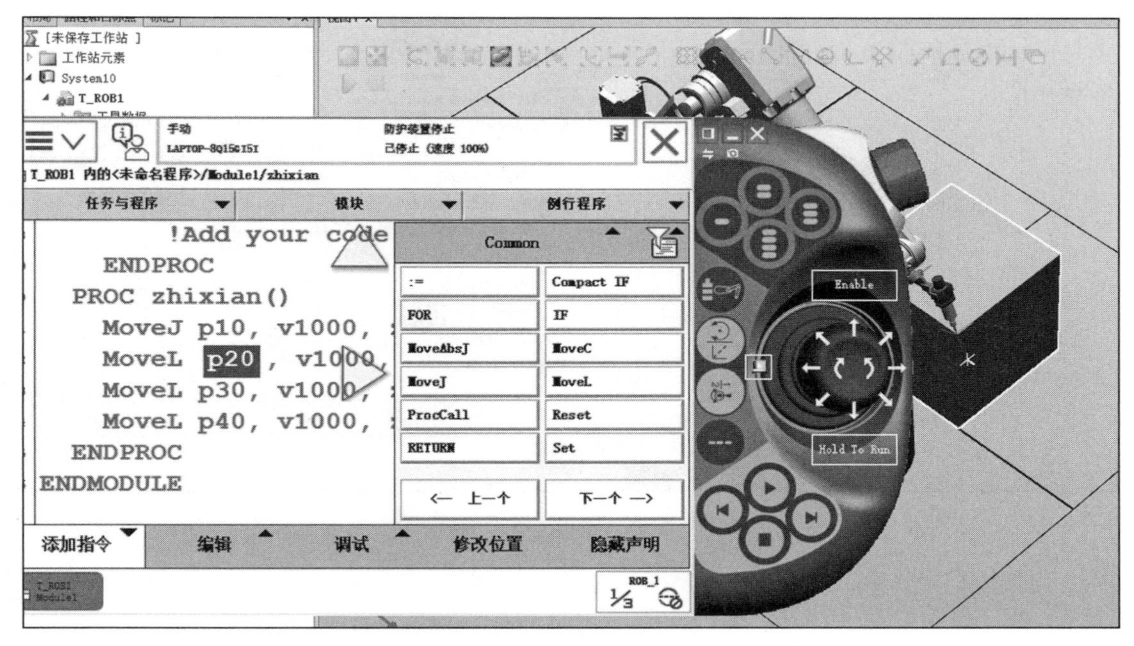

图 4-44　“p20”对应角点

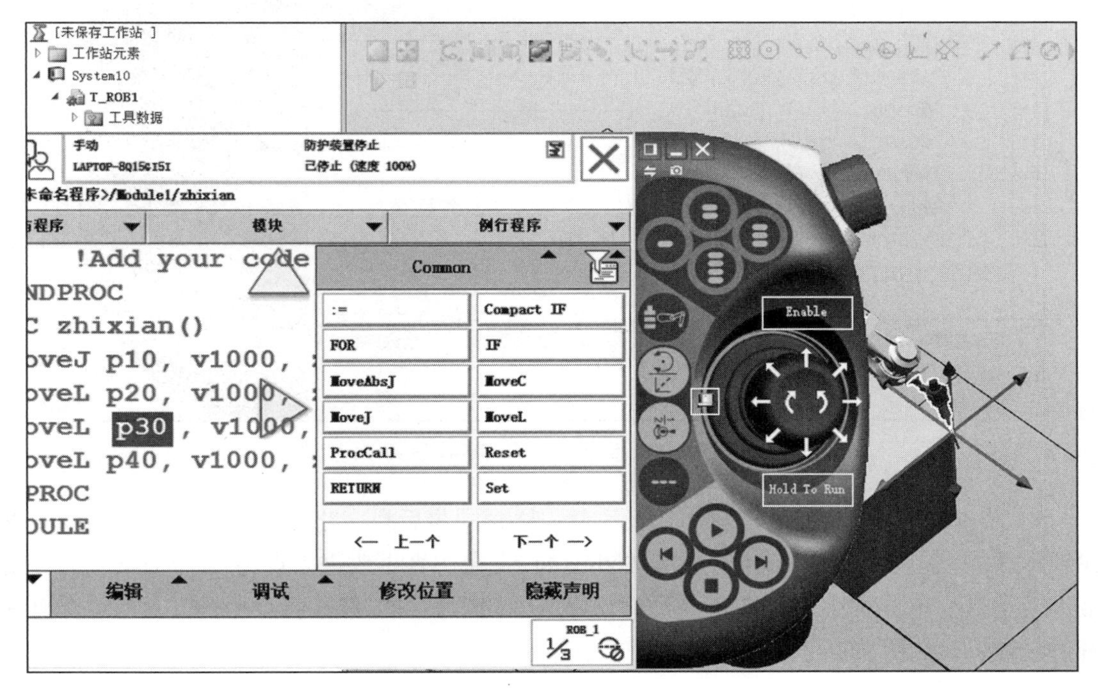

图 4-45　“p30”对应角点

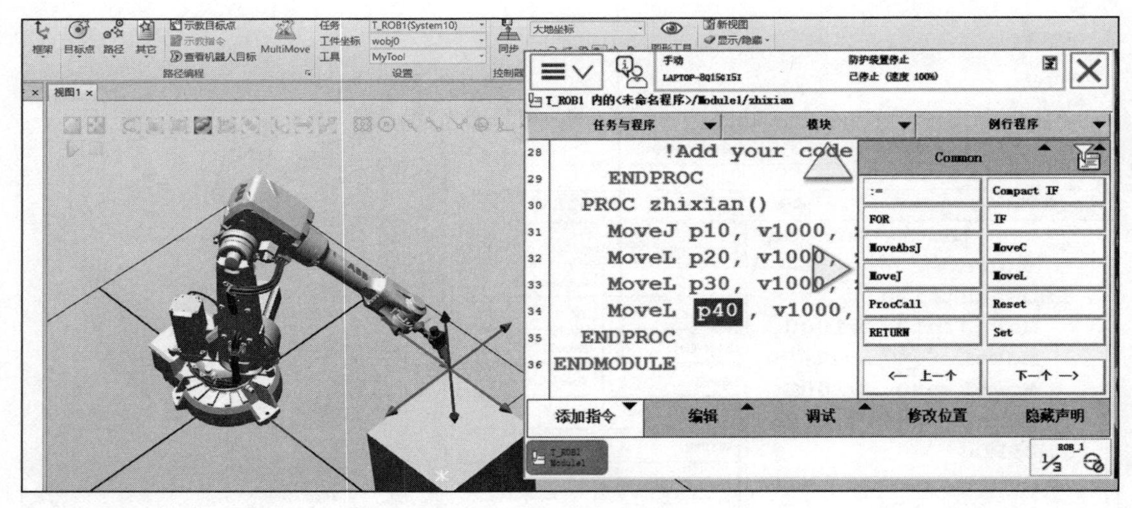

图 4-46 “p40”对应角点

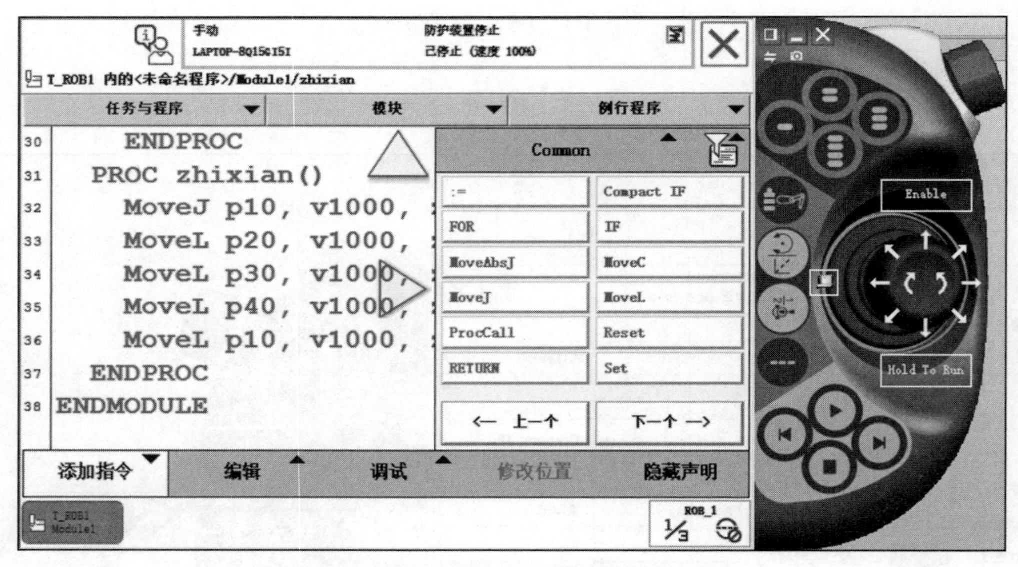

图 4-47 最后添加“p10”回到第一个角点

5）将 RAPID 同步到工作站，与上一节一样，同步后在“路径和目标点”界面中可以找到示教的点位置和对应的例行程序“zhixian”，在仿真更改进入点为“zhixian”后可正常进行仿真。本样例中未对转角路径进行修改，同学们可以修改指令中的“z”对应值查看仿真效果，如图 4-48 所示。

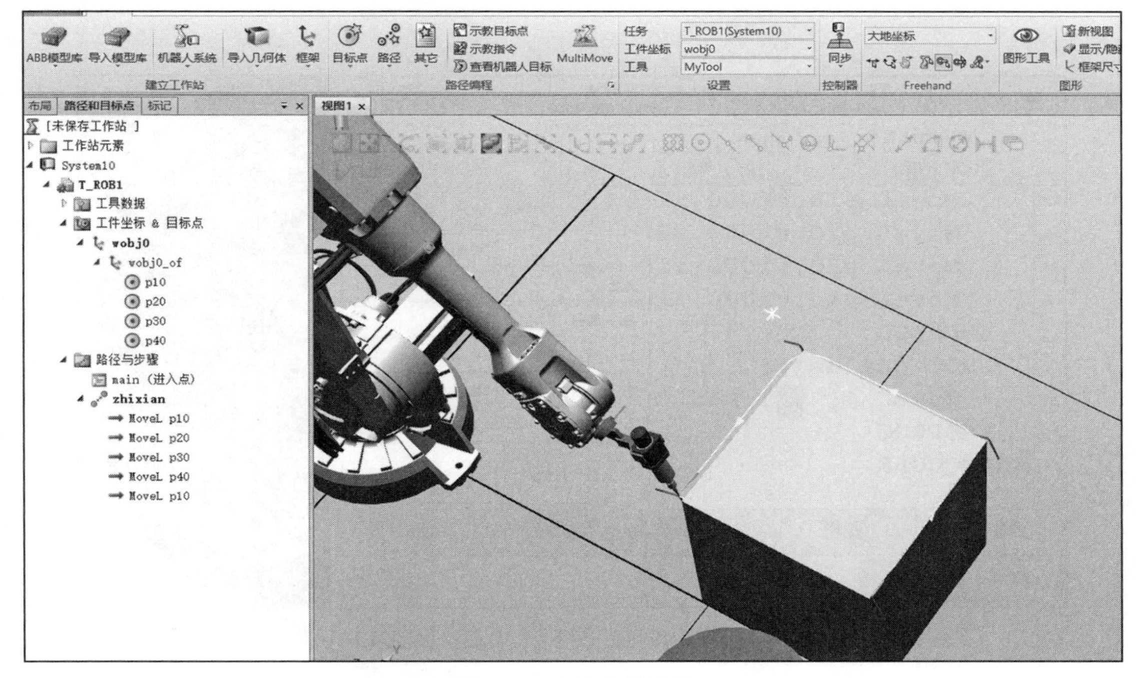

图 4-48　直线实例效果

4.3.2　曲线运动实例

曲线运动可利用“MoveC”指令完成，具体创建过程与直线类似，将“MoveL”换为“MoveC”指令即可，创建新点并记录。过程如图 4-49 ～图 4-52 所示。

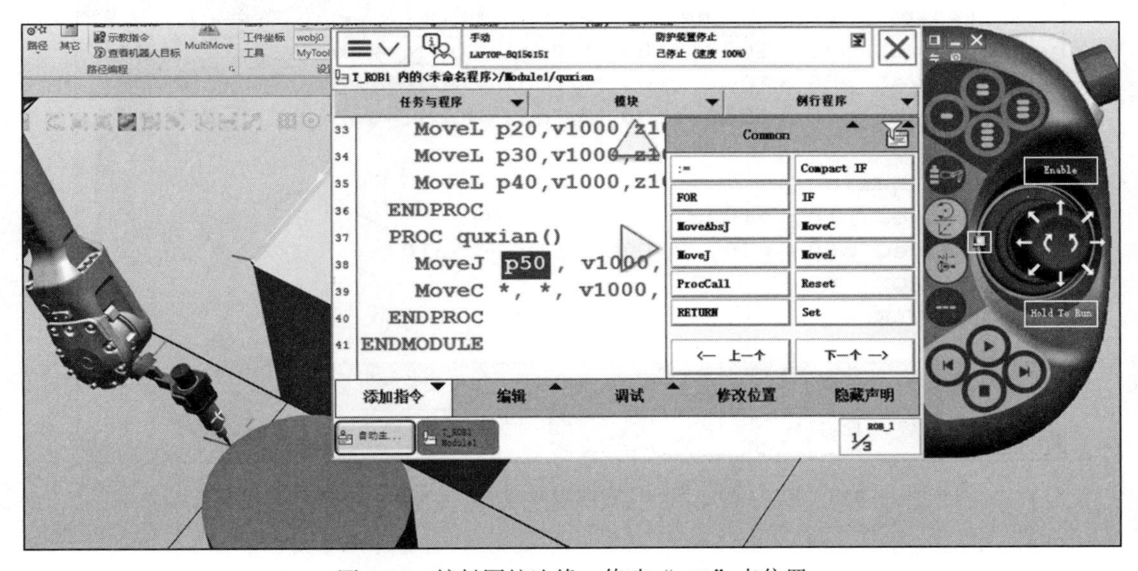

图 4-49　接触圆柱边缘，修改“p50”点位置

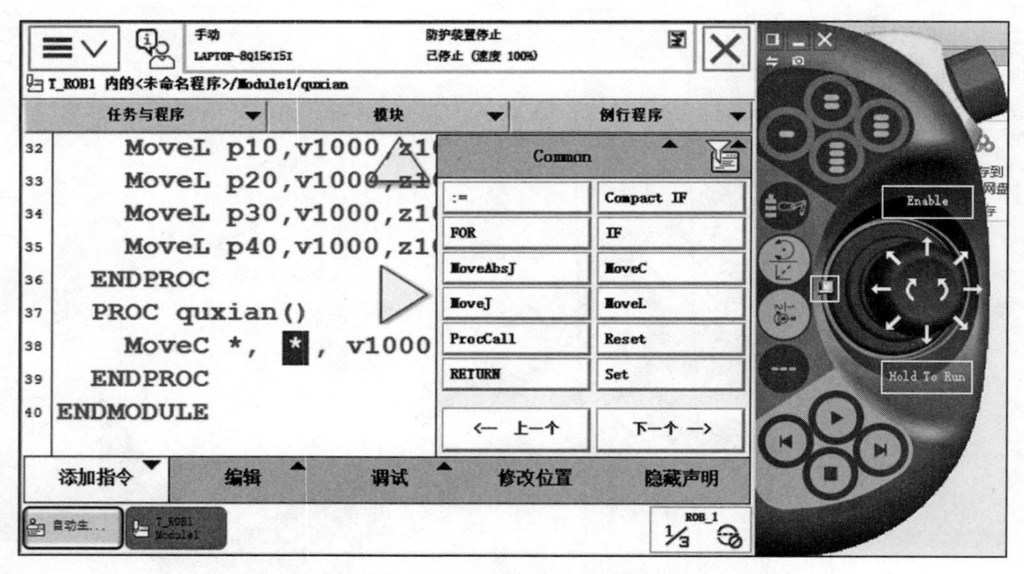

图 4-50　创建“MoveC”指令，具体介绍见 4.1 小节

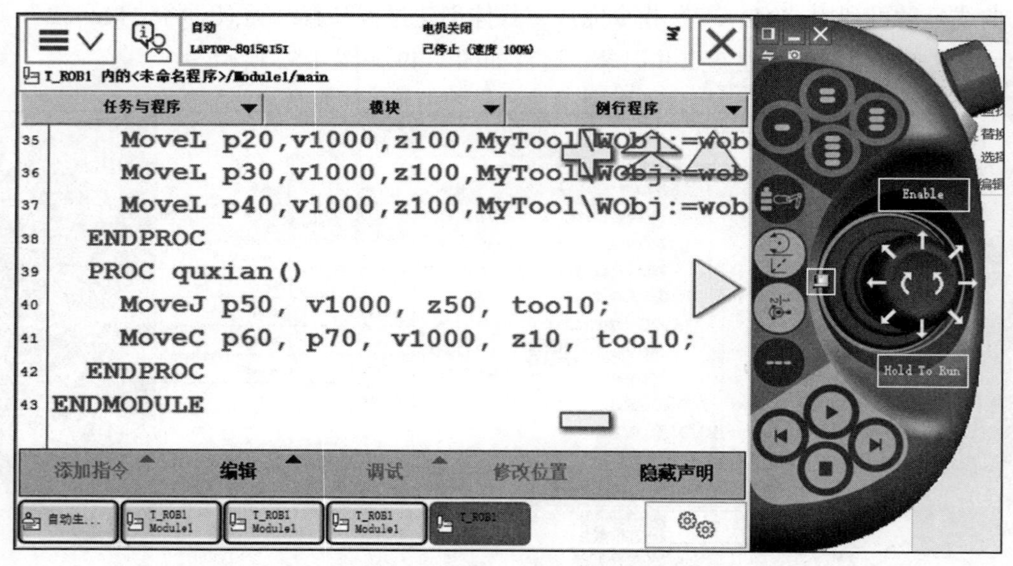

图 4-51　“p60”和“p70”为圆柱表面边缘两点，为曲线移动的过渡点和终点

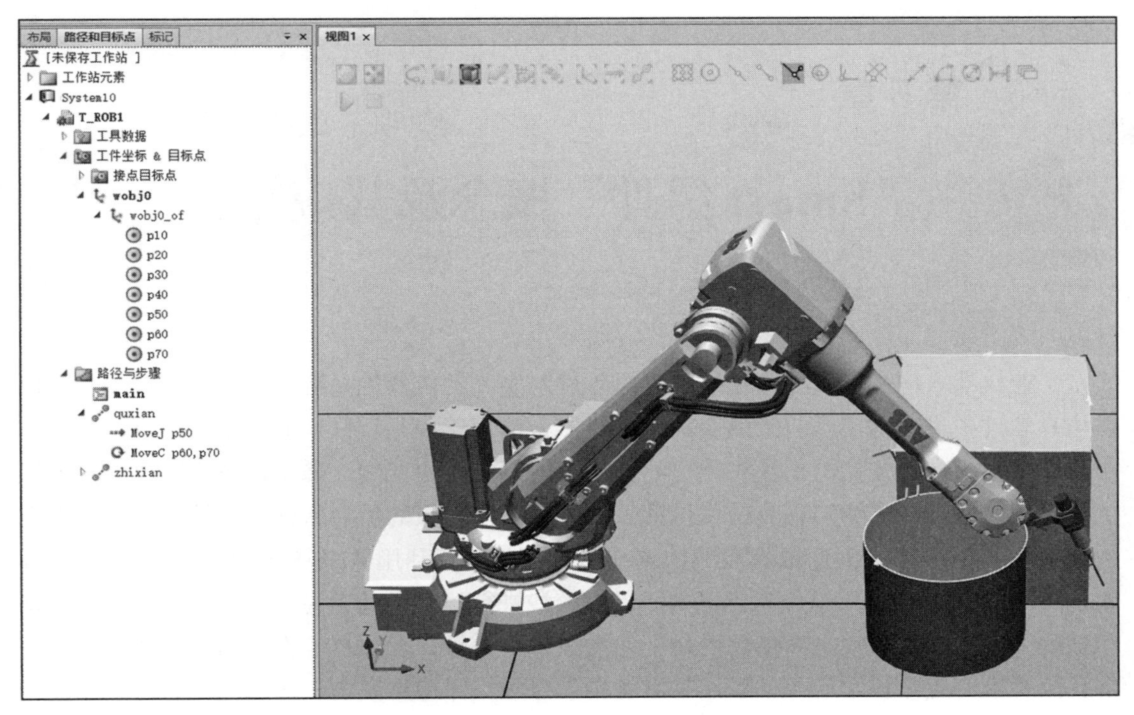

图 4-52　同步后效果

4.3.3　物料搬运实例

物料搬运涉及信号等待，若同学们有实物可以按照下列步骤进行，若没有实物，则需要学习 Smart 组件后方可实现效果。

4.4　作业：编程实现指定轨迹

根据本节以上三小节内容进行编程，实现指定轨迹。

第5章 “Smart组件”概念及其应用

工业机器人应用仿真是指通过计算机软件对实际的机器人系统进行模拟和检测，可以在仿真软件中进行与实际一致的全部工业机器人应用编程与调试。通过系统仿真，可以在产品制造与生产线使用之前模拟出实物，从而合理配置生产线，降低设备投资风险，缩短生产工期，提高生产率。在目前使用的软件中，工作站级的仿真软件功能较全，实时性高且真实性强，可以产生近似真实的仿真动态画面。本章利用ABB机器人的虚拟仿真软件RobotStudio及其Smart组件对机器人码垛生产线进行仿真设计，为其可行性提供理论依据和试验平台，可以大大提高仿真质量，而且减少了大量开发仿真工作站的工作量。这就要求我们要懂得遵守科学规律，善用基本的科学方法，保持严谨的工作作风，另外不能固守已有的科学成果，要善于创新，勇于突破。

在RobotStudio软件中创建的仿真工作站里，机器人和各类设备的动态效果对整个工作站会起到一个关键作用。Smart组件功能就是可以在RobotStudio中实现动画效果的高效工具。

5.1 用“Smart组件”创建动态输送链

以码垛工作站为例，创建一个拥有动态属性的Smart组件输送链来展示Smart组件的功能，其动态效果包含：输送链前端自动生成产品、产品随输送链向前运动、产品到达输送链末端后停止运动及产品被移走后输送链前端再次生成产品。

5.1.1 模型的创建

1）新建一个空工作站，在“基本”选项卡中选择“导入模型库”下拉菜单中的“设备”，在模型库中选择“输送链”，在弹出的对话框中选择“确定”即可，如图5-1和图5-2所示。

2）在输送链的一端生成一个矩形物块，设定其颜色为绿色，位置为输送链的顶端，如图5-3所示。

3）在“建模”选项卡中单击“Smart组件”，新建一个Smart组件，系统默认其名称为“SmartComponent_1”，如图5-4所示。右击该组件，在弹出的对话框中选择“重命名”，将组件名称改为“Infeeder”，如图5-5所示。

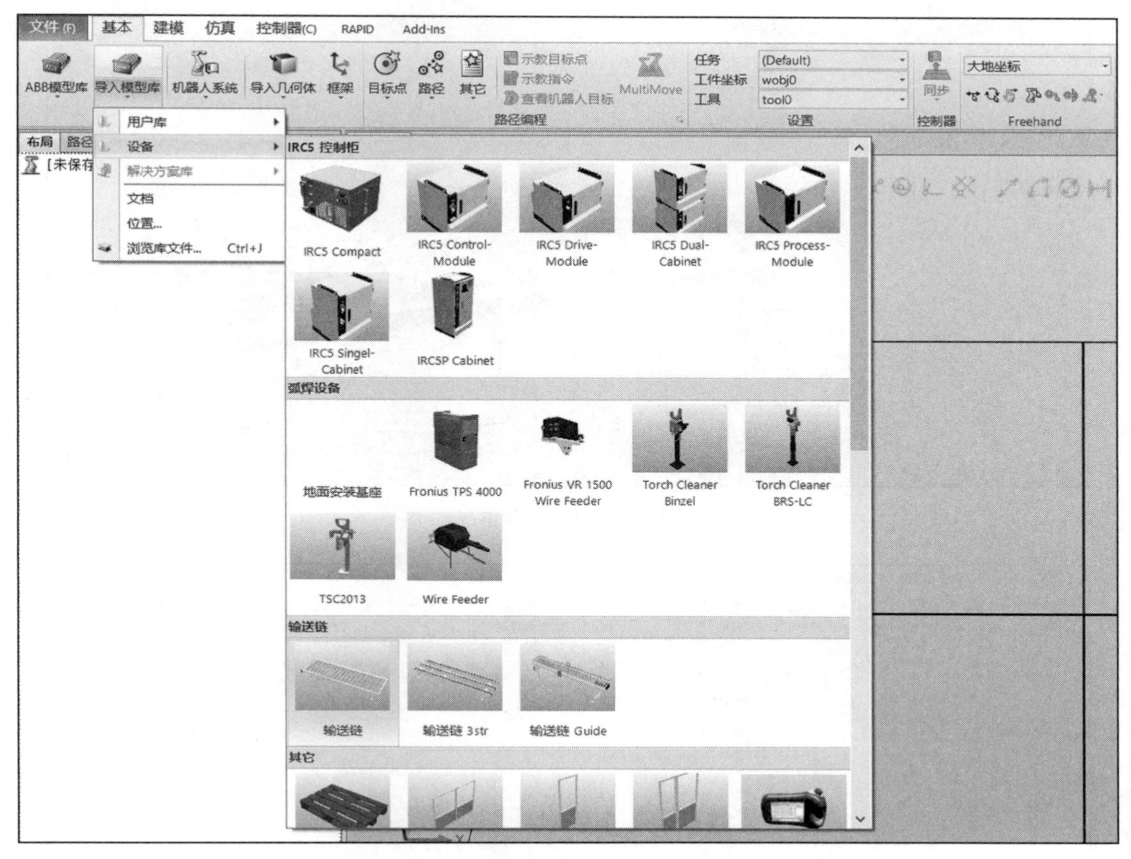

图 5-1 输送链模型导入

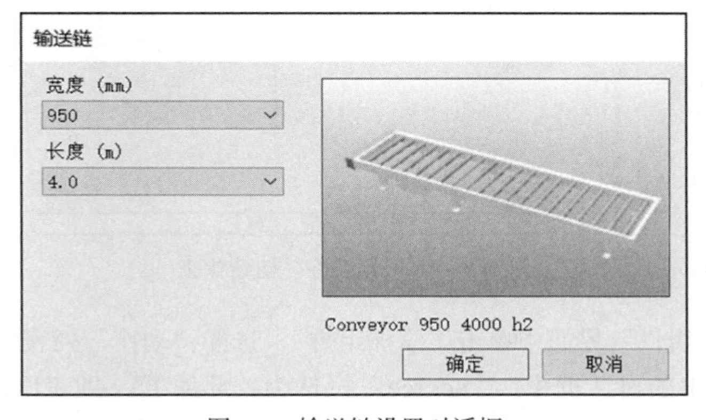

图 5-2 输送链设置对话框

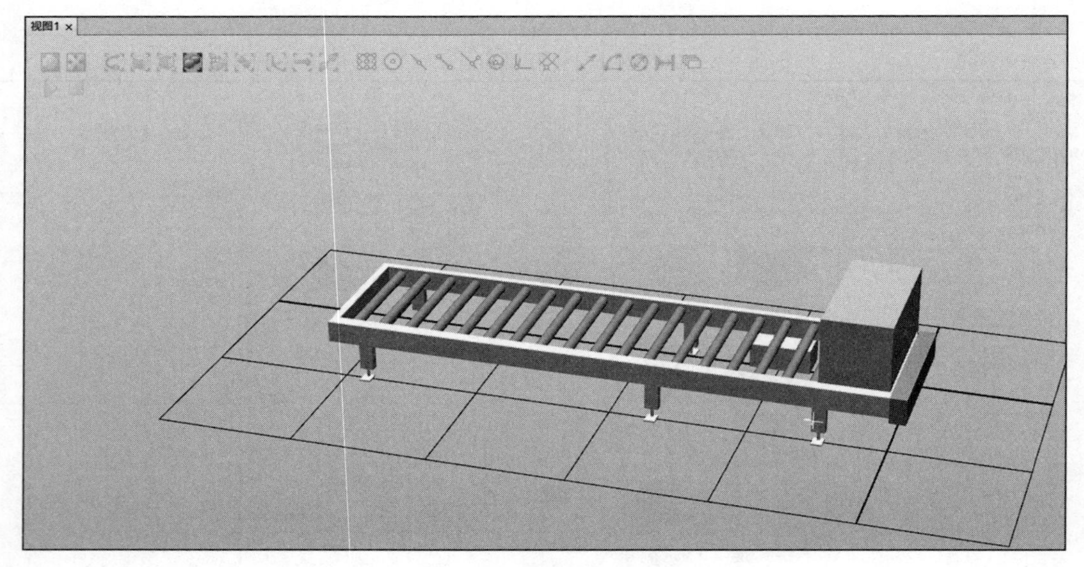

图 5-3　物块摆放情况

图 5-4　“Smart 组件”初始状态

4）在“Smart 组件”界面中单击“添加组件”，选择“动作”列表中的“Source”，如图 5-6 所示，在弹出的对话框中，“Source”栏选为“部件 1”，即表明刚刚创建的小物块是产品源，如图 5-7 所示，设置完成后单击“应用”即可完成产品源的设定，每触发一次“Source”都会自动生成一个产品源的复制品，在本次的码垛工作站中每次触发都代表着生成一个新的物块。

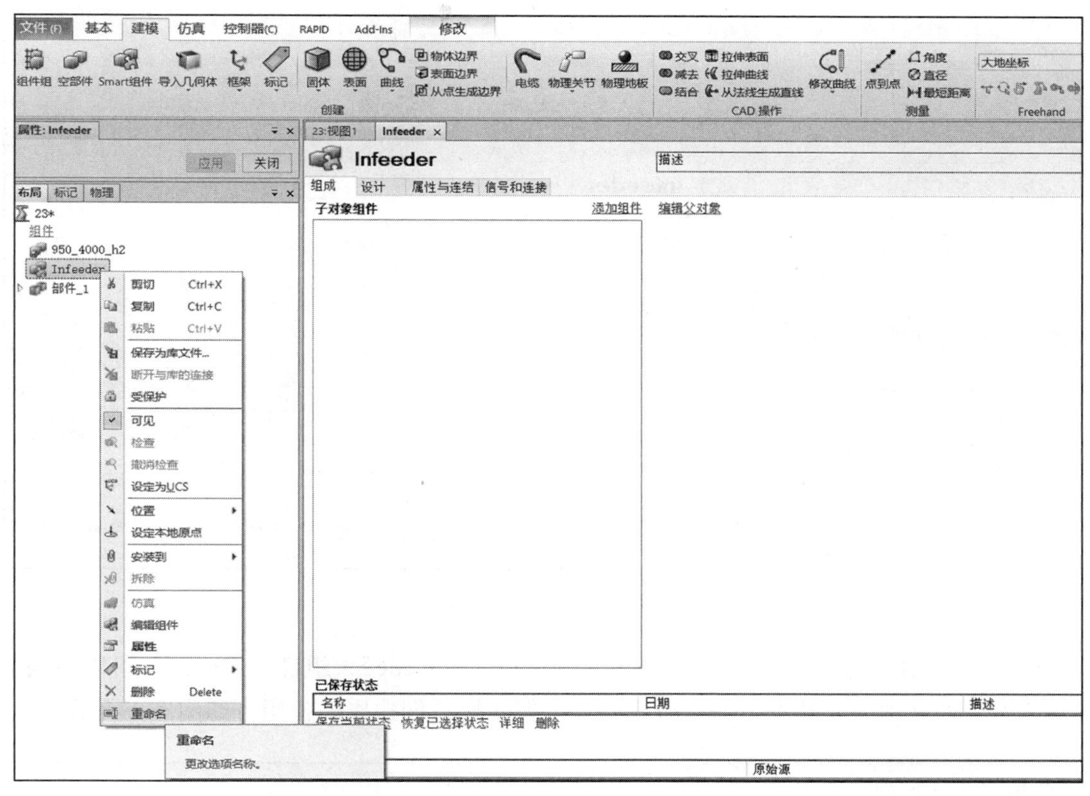

图 5-5 “重命名”组件名称

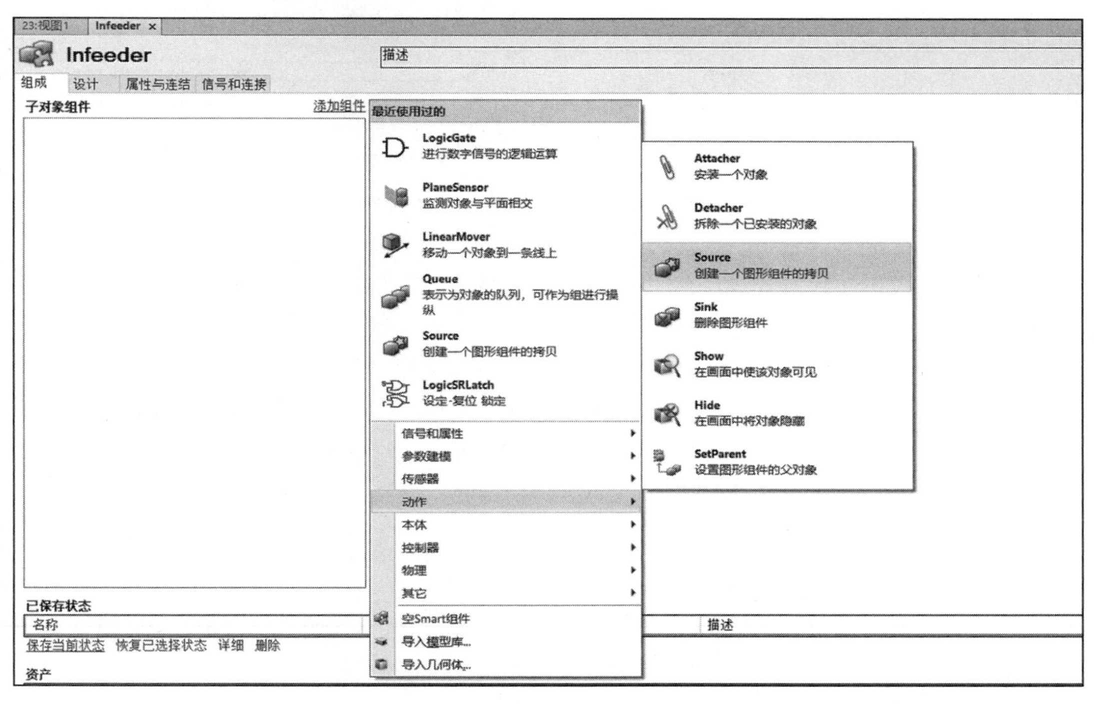

图 5-6 创建“Source”组件

图 5-7　产品源选取

5）单击“添加组件”，选择“其它”列表中的“Queue”，组件“Queue”可以将同类型物体做队列处理，此处本组件暂时不需要设置属性，创建出来备用，如图 5-8 所示。

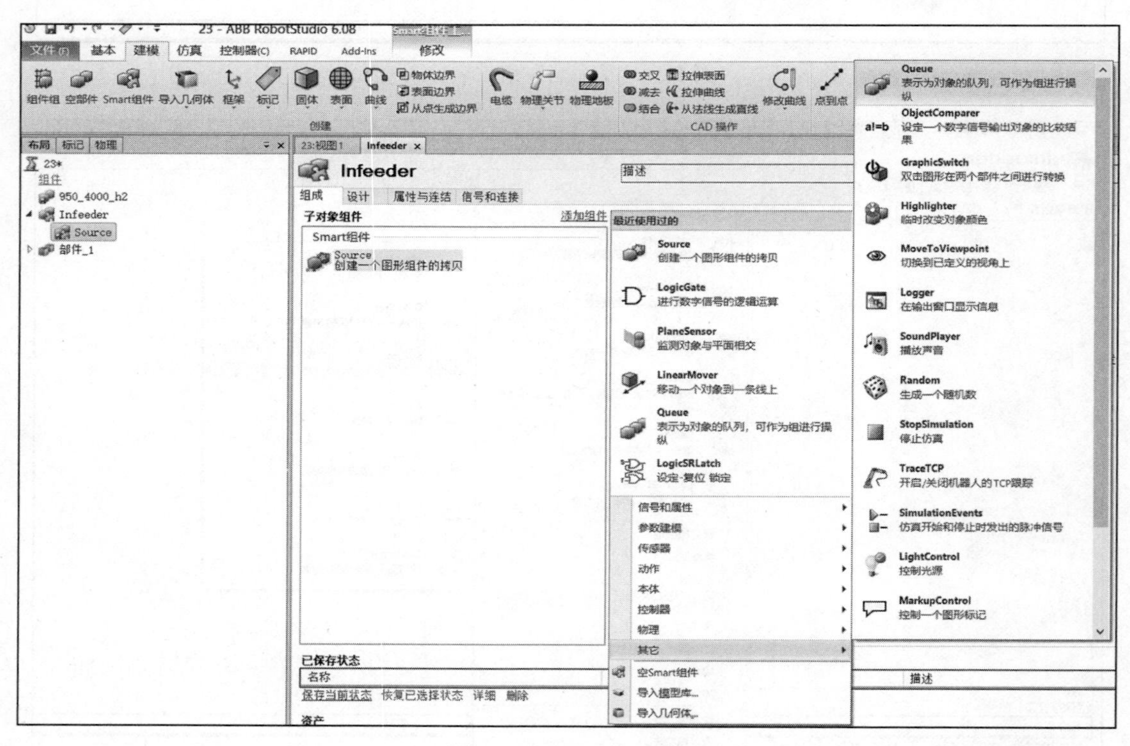

图 5-8　“Queue”组件

6）再次单击“添加组件”，选择“本体”列表中的“LinearMover”，此组件可以使创建的物块沿直线运行。在“Object”栏选择“Queue（Infeeder)”，“Direction”中第一项数值设置为 3600.00，“Speed”设为 300.00，“Execute”设置为 1，单击“应用”即可。子组件“LinearMover”设定运动属性，此处将之前设定的“Queue”设为运动物体，由于输送链长度为 4m，所以运动方向为 X 轴正方向 3600.00mm，速度为 300.00mm/s，将 Execute 设置为 1，则该运动处于一直执行状态，如图 5-9 所示。

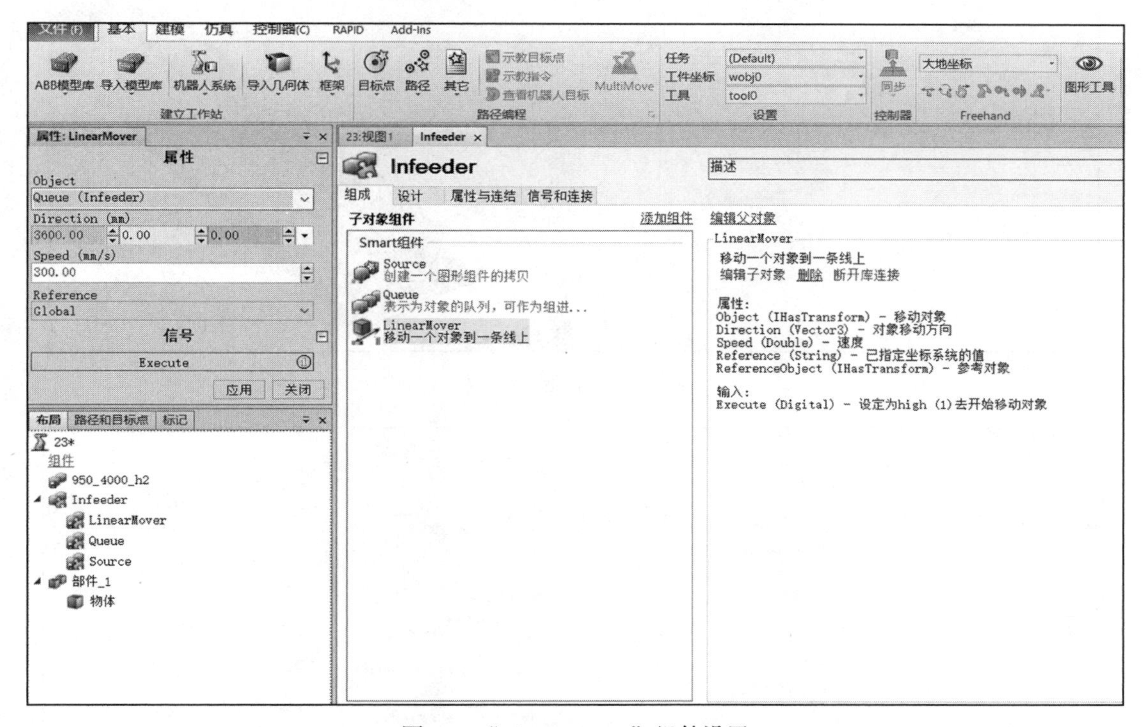

图 5-9 “LinearMover”组件设置

7）接下来设置输送链的限位传感器，在输送链末端的挡板处设置面传感器，设定方法为捕捉一个点作为面的原点 A，然后设定基于原点 A 的两个延伸轴的方向及长度（参考大地坐标方向），这样就构成了一个平面，按照图 5-10 中所示来设定原点及延伸轴。在此工作站中，也可以直接将下图 5-10 属性框中的数值输入到对应的数值框中，来创建深色显示的平面，此平面作为面传感器来检测产品是否到位，并会自动输出一个信号，用于逻辑控制。具体步骤为单击“添加组件”，选择“传感器”列表中的“PlaneSensor”，如图 5-11 所示。在弹出的窗口中输入对应参数，具体参数如图 5-10 所示，设定完成后单击“应用”即可完成设定。其中“Origin”属性为传感器原点，“Axis1”代表延伸轴 1，这里设定的是传感器的高度，“Axis2”代表延伸轴 2，这里设定的是传感器的宽度。设定完后效果如图 5-12 所示。

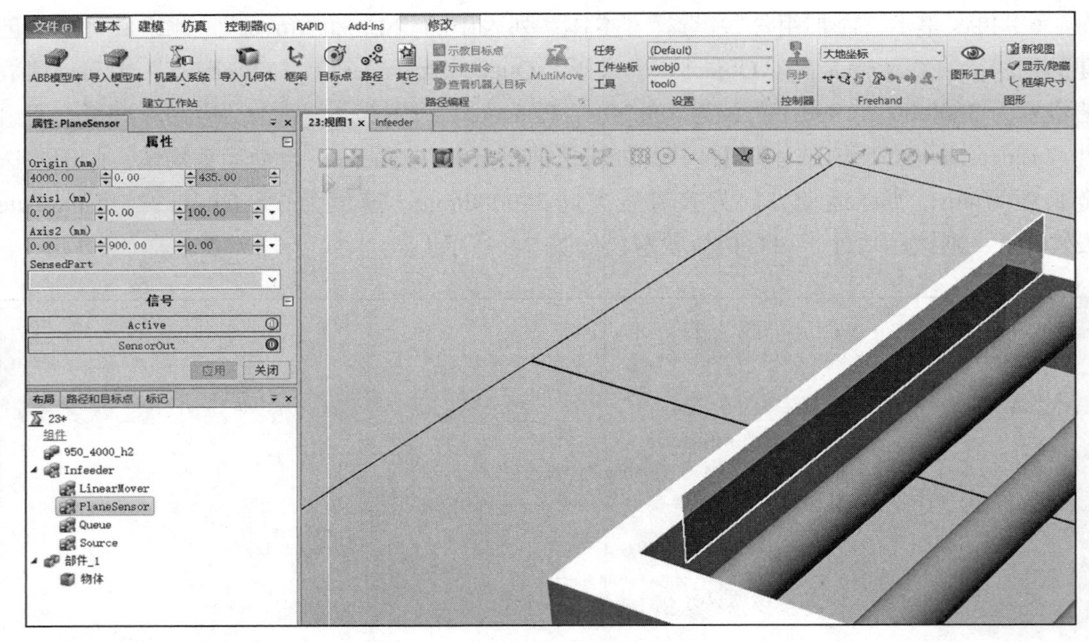

图 5-10　传感器参数

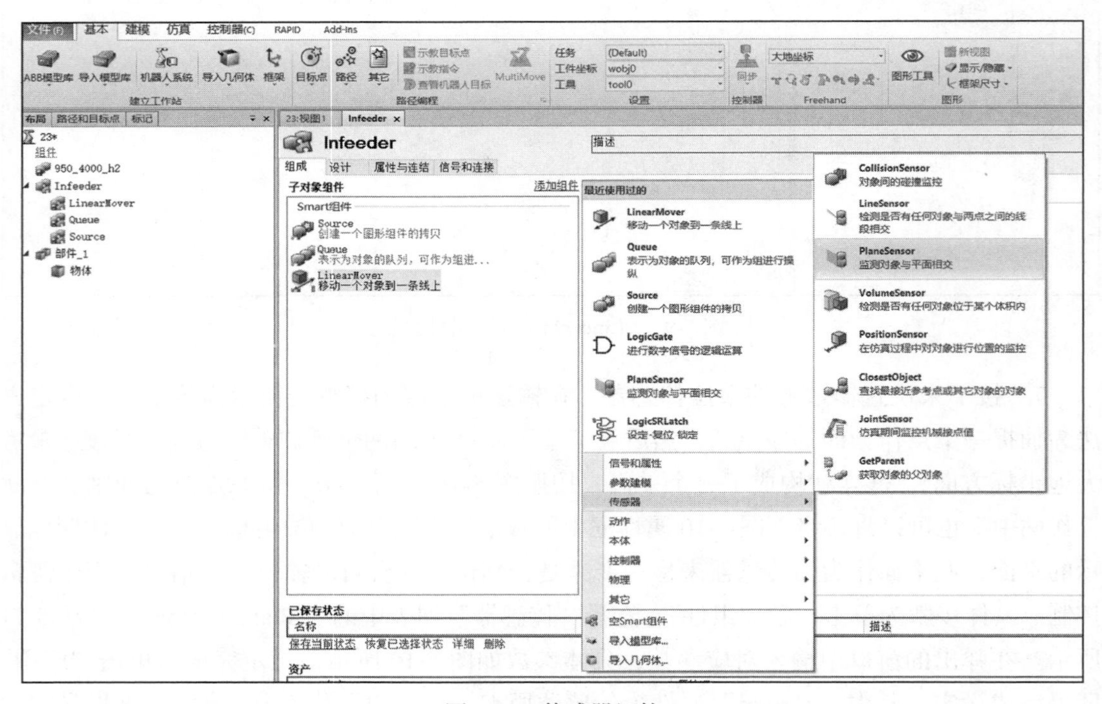

图 5-11　传感器组件

8）由于虚拟传感器一次只能检测一个物体，所以这里需要保证创建的传感器不能与周边设备接触，否则将无法检测到输送链末端的产品。可以在创建时避开周边的设备，也可以在无法避开的情况下选择将周边设备属性设置为“不可由传感器检测”。右击“布局”

窗口的“ Infeeder”，选择“修改”，在弹出的子界面中单击“可由传感器检测”可以去掉前面的勾选，如图 5-13 所示。

图 5-12　传感器设定完成效果图

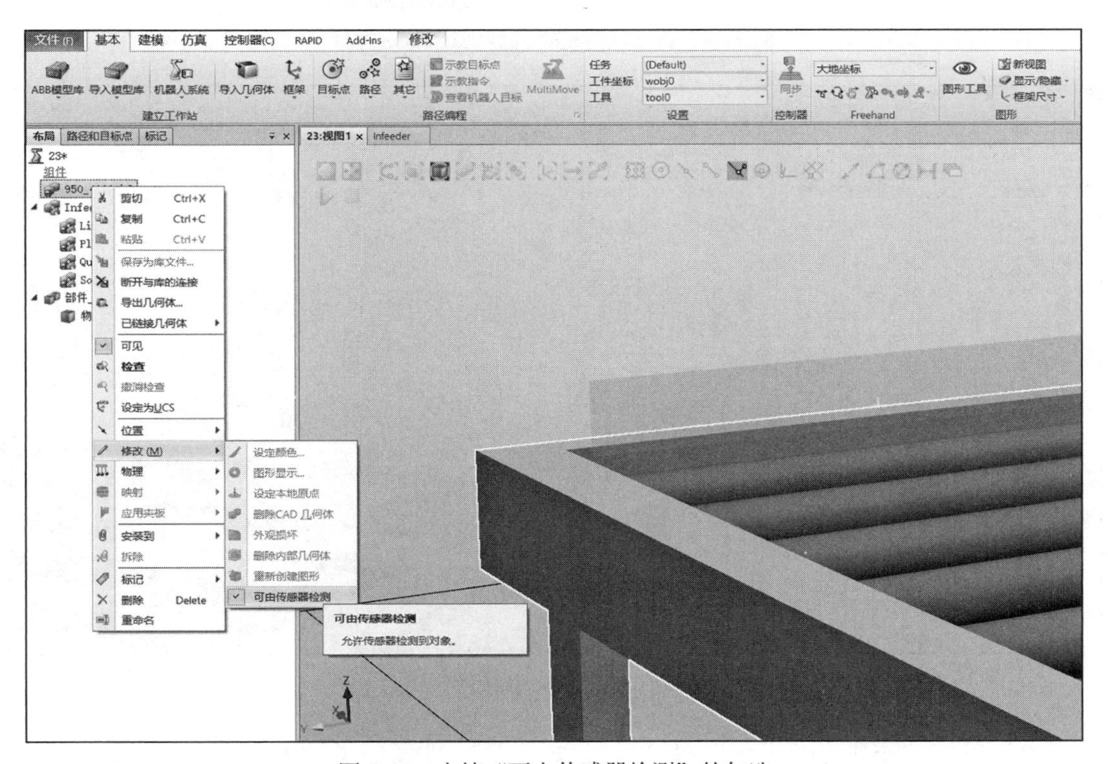

图 5-13　去掉“可由传感器检测”的勾选

9）为了方便处理输送链，可以将“Infeeder”放置到“Smart组件”中，左键单击“950_4000_h2”输送链部件拖动到“Infeeder”处再松开，如图5-14和图5-15所示。

图5-14　拖动输送链部件到“Infeeder”处

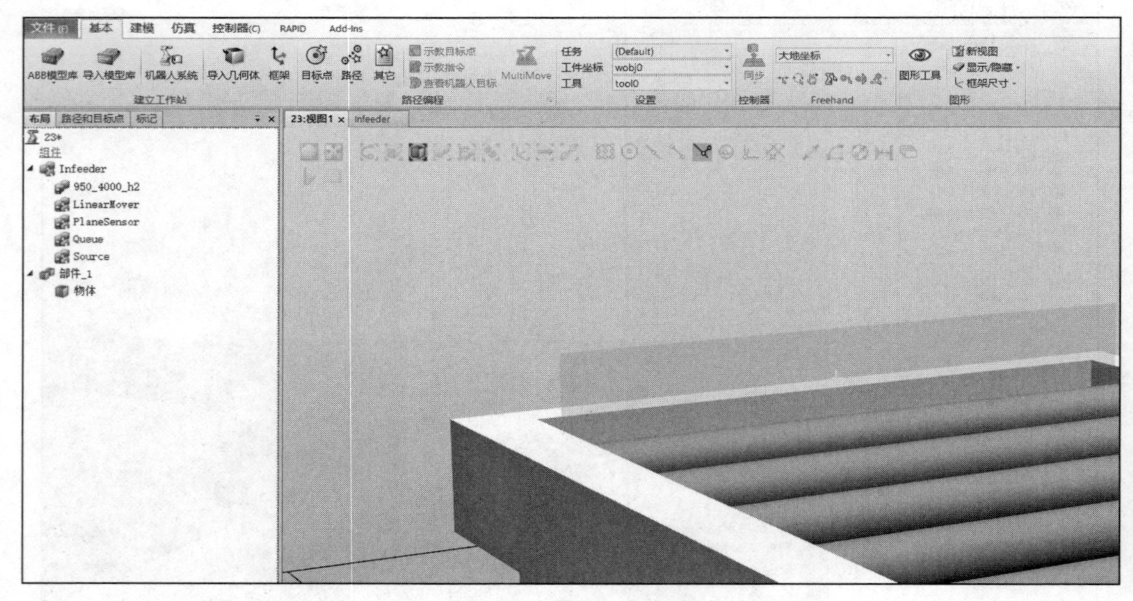

图5-15　移动后效果

10）单击“添加组件”，选择“信号和属性”列表中的“LogicGate”，在弹出的

对话框中，“Operator”栏设为“NOT”，设置完成后单击“应用”即可，如图 5-16 和图 5-17 所示。

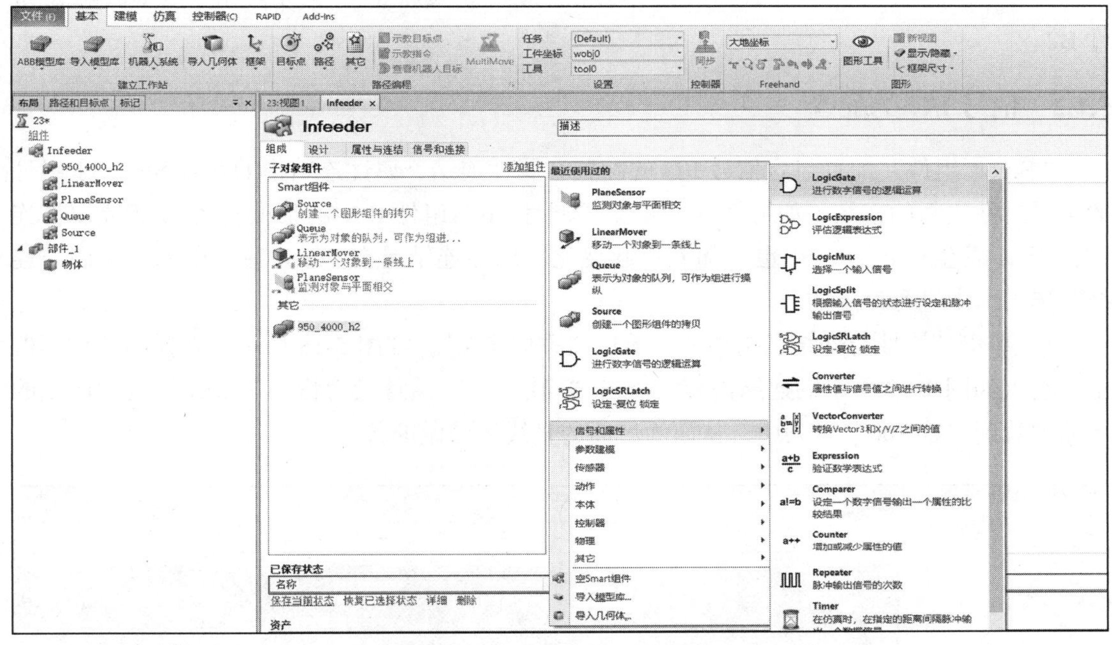

图 5-16 “LogicGate”组件位置

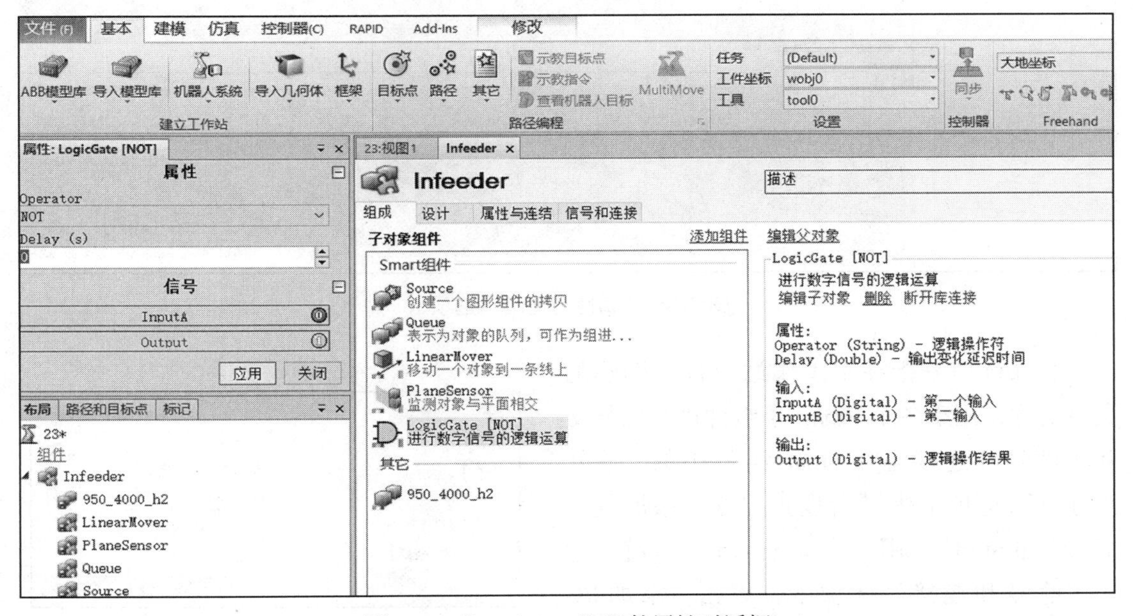

图 5-17 “LogicGate”组件属性对话框

至此所有“Smart 组件”已经创建完毕，在“Smart 组件”应用中只有信号发生 0→1 的变化时，才可以触发事件。假如有一个信号 A，我们希望当信号 A 由 0 变 1 时触发事件 B1，信号 A 由 1 变 0 时触发事件 B2；前者可以直接连接进行触发，但是后者就需要引入一个非门与信号 A 相连接，这样当信号 A 由 1 变 0 时，经过非门运算之后则转换成了由 0 变 1，然后再与事件 B2 连接，实现的最终效果就是当信号 A 由 1 变 0 时触发事件 B2。

5.1.2 信号 I/O 的配置

“Smart 组件”配置包含信号 I/O 的配置和属性连结，属性连结指的是各 Smart 子组件的某项属性之间的连结，如组件 A 中的某项属性 a1 与组件 B 中的某项属性 b1 建立属性连结，当 a1 发生变化时，b1 也会随着一起变化。属性连结是在 Smart 窗口中的“属性与连结”选项卡中进行设定的。

1）单击“属性与连结”选项卡，单击“添加连结”，如图 5-18 所示。在弹出的对话框中，输入如图 5-19 所示的连结内容，单击“确定”。连结意义为将“Source”复制产生的产品加载到“Queue”队列中，从而为后面的直线运动做准备。

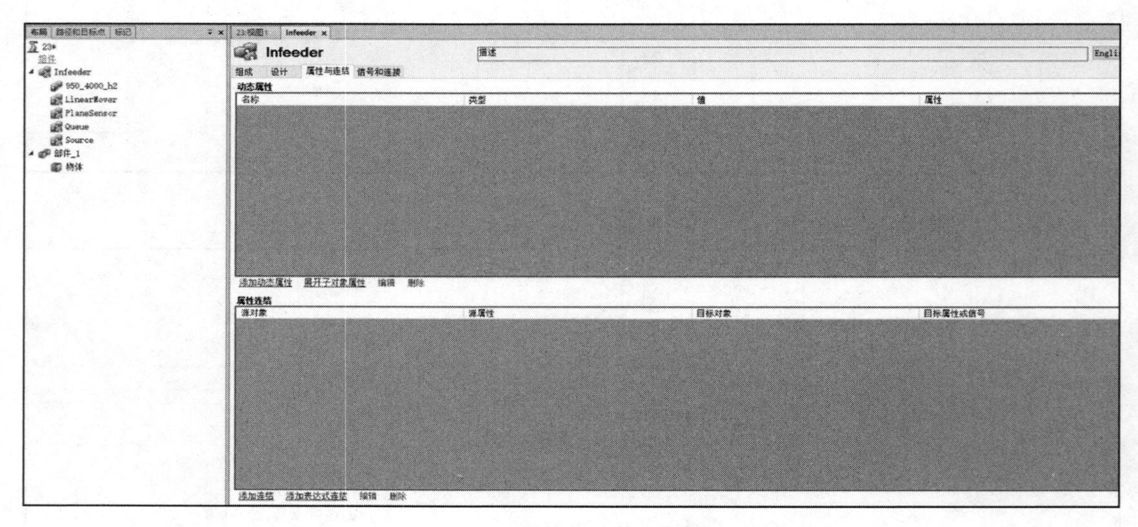

图 5-18 “属性与连结”选项卡

2）I/O 信号指在本工作站中自行创建的数字信号，用于各个 Smart 子组件进行信号交互，信号和连接是在 Smart 组件中的“信号和连接”选项卡中进行设置。首先添加数字信号“diStart”，用于启动 Smart 输送链。进入“信号和连接”选项卡，单击“添加 I/O Signals”，如图 5-20 所示。在弹出的对话框中，按图 5-21 所示的内容进行设定后，单击“确定”即可完成添加。

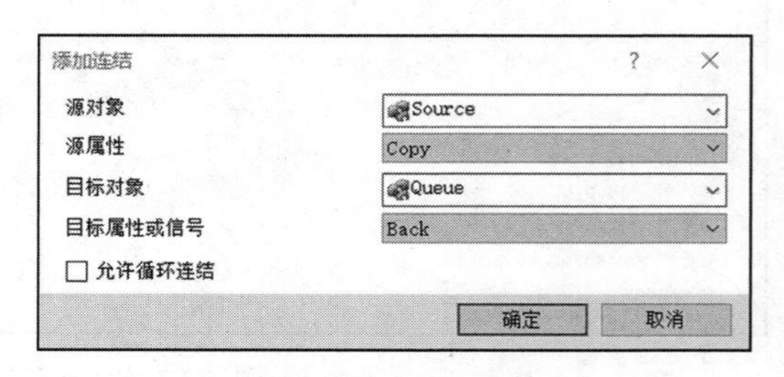

图 5-19 添加连结选项卡属性

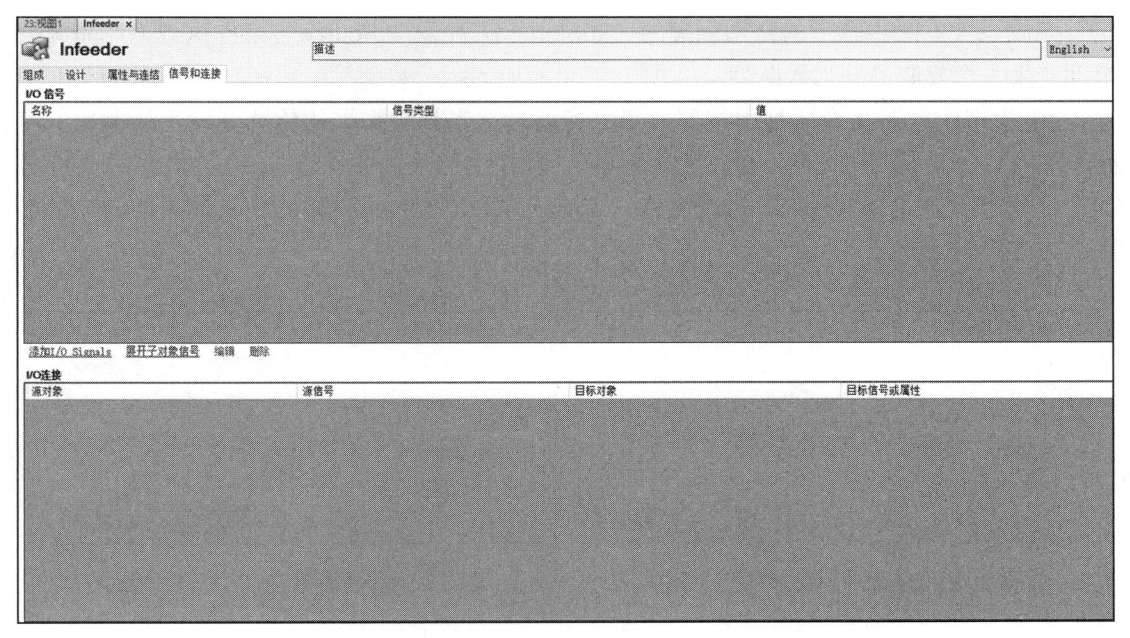

图 5-20 “信号和连接”选项卡

3）接下来添加一个输出信号“doBoxInPos”，作为产品到位的输出信号。具体参数如图 5-22 所示，设定完成后单击“确定”。

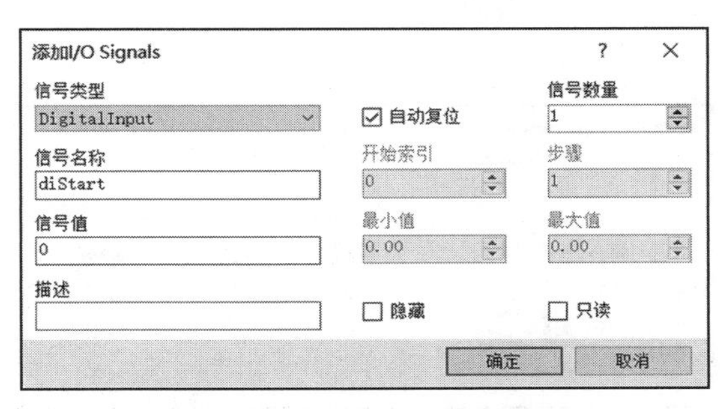

图 5-21 “diStart”设置参数

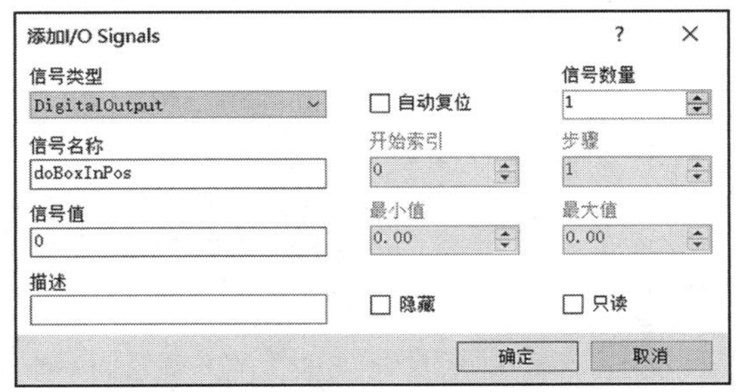

图 5-22 “doBoxInPos”设置参数

4）建立两个信号的 I/O 连接，单击“添加 I/O Connection”，在弹出的对话框中输入如图 5-23 的参数，单击“确定”完成后再次添加一个连接，参数如图 5-24 所示，单击“确

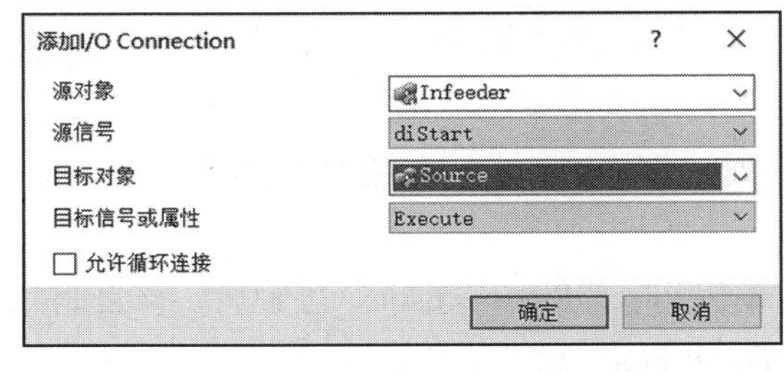

图 5-23 “diStart”触发“Source”

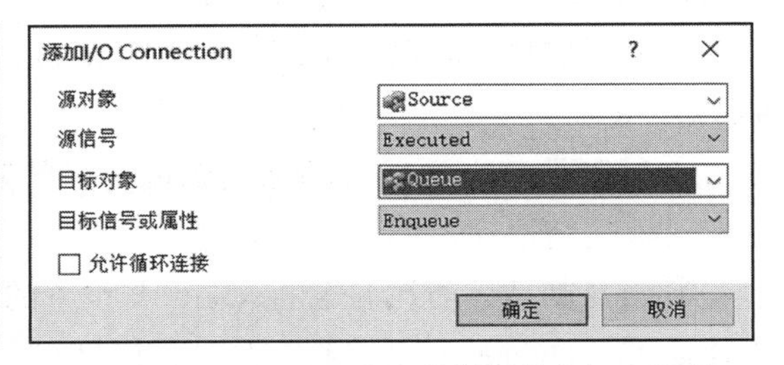

图 5-24 “Source”生产的复制品会加入队列

定”完成设置。此步骤目的是用创建的“diStart”去触发“Source”组件执行，产品源会自动产生一个复制品并加入队列。

5）生产的复制品在队列中按照直线进行运动，当其与末端的传感器发生接触后，传感器本身的输出信号“SensorOut”设置为 1，利用此信号触发“Queue”退出队列，即队列中的复制品自动退出队列，且此时将“doBoxInPos”信号设置为 1。具体添加的连接如图 5-25 和图 5-26 所示。

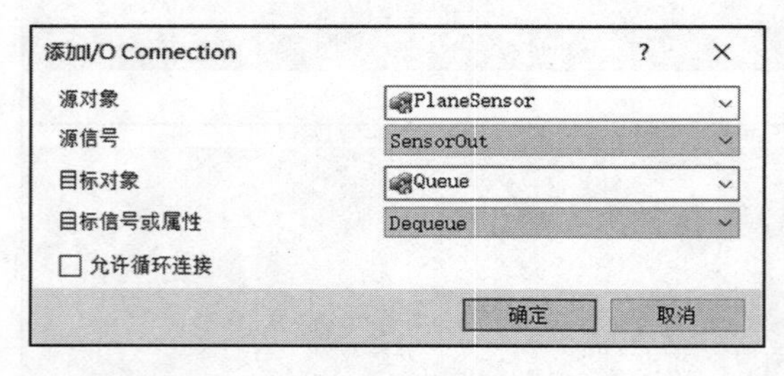

图 5-25 传感器检测到到位信号后将复制的物料踢出队

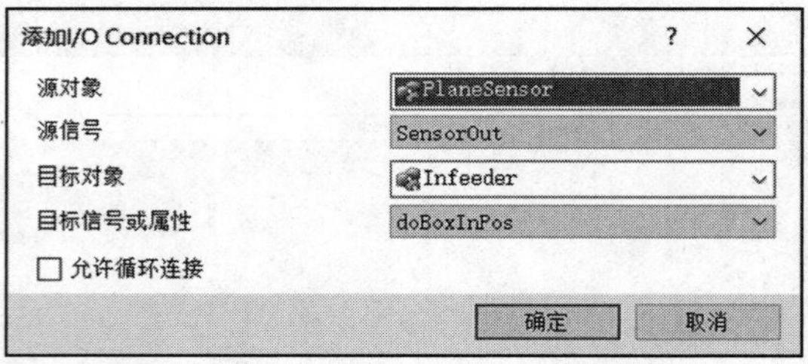

图 5-26 传感器到位后关联到位信号

6）将传感器的输出信号和非门进行连接，则非门的信号输出变化和传感器输出信号变化正好相反，非门信号输出会触发“Source”的执行，实现的效果为当传感器的输出信号由 1 变为 0 时，会触发产品源“Source”产生一个复制品。具体添加的连接如图 5-27 和图 5-28 所示。

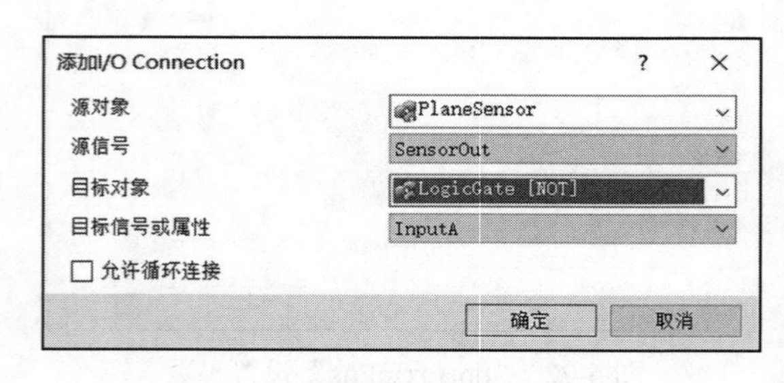

图 5-27 传感器信号连接非门

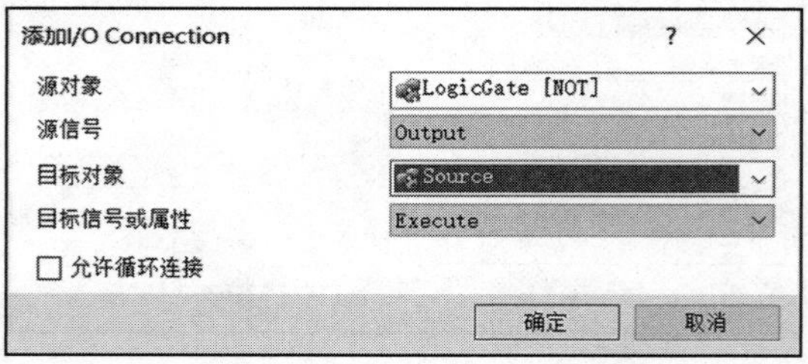

图 5-28 非门信号连接产品源

7）完成以上步骤后，整体连接情况如图 5-29 所示。目前一共创建了 6 个 I/O 连接，下面再来梳理一下整个事件触发过程：

①利用自己创建的启动信号“diStart”触发一次“Source”，使其产生一个复制品。

②复制品产生之后自动加入到设定好的队列“Queue”中，复制品会随着“Queue”一起沿输送链运动。

③当复制品运动到输送链末端，与设置的面传感器“PlaneSensor”接触后，该复制品退出队列“Queue”，并且将产品到位信号“doBoxInPos”设置为 1。

④通过非门的中间连接，最终实现当复制品与面传感器不接触后，自动触发“Source”

再产生一个复制品。此后进行下一个循环。

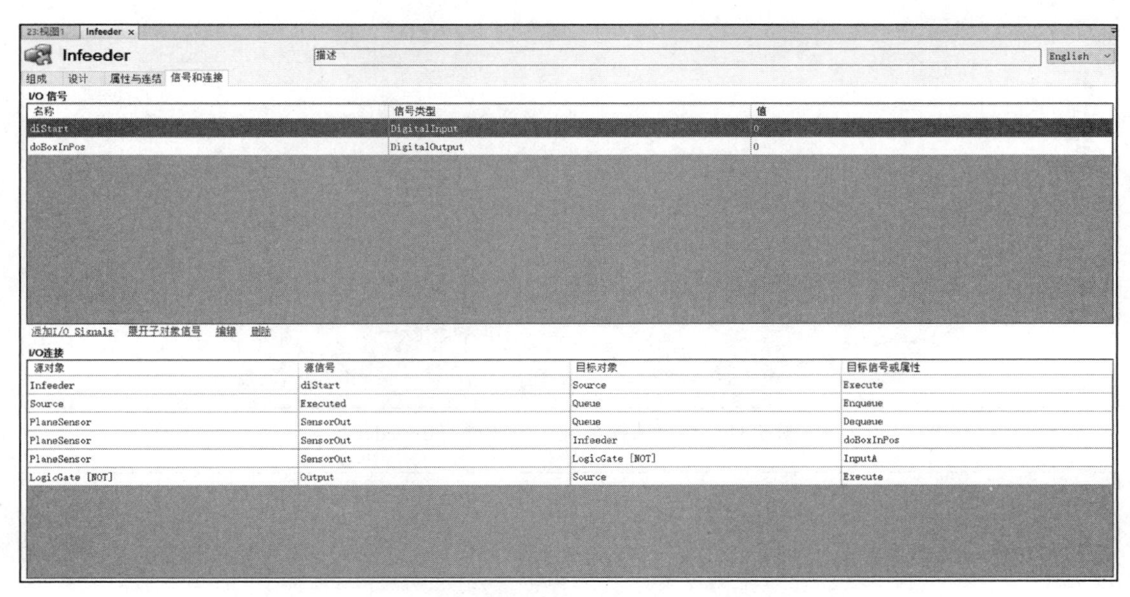

图 5-29　视图总览

5.1.3　仿真测试

1）在“仿真”功能选项卡中单击“ I/O 仿真器”在“选择系统”中选择“ Infeeder”，单击“播放”进行播放，单击“ diStart”，注意，这里“ diStart”只能单击一次，否则会出错。播放后发现小物块会沿直线运行，直到触碰传感器后停止且“ doBoxInPos”为 1。内容如图 5-30 ～图 5-33 所示。

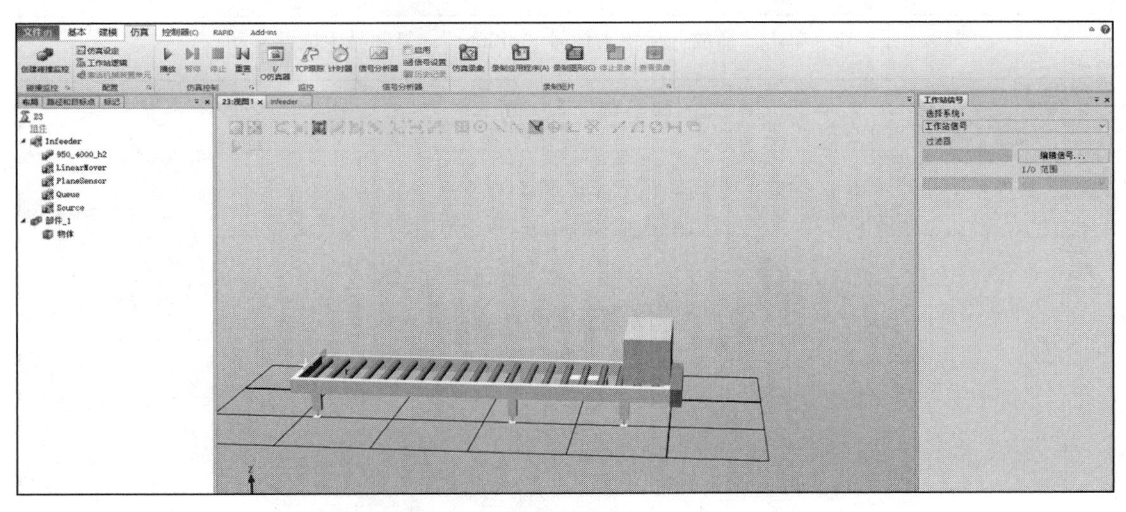

图 5-30　“I/O 仿真器”位置

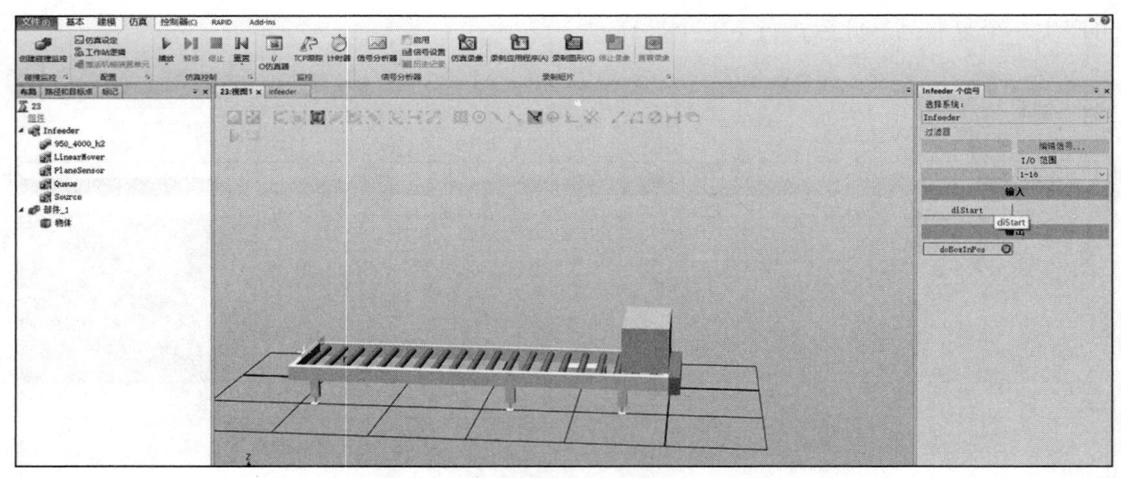

图 5-31　在“选择系统”中选择“Infeeder”

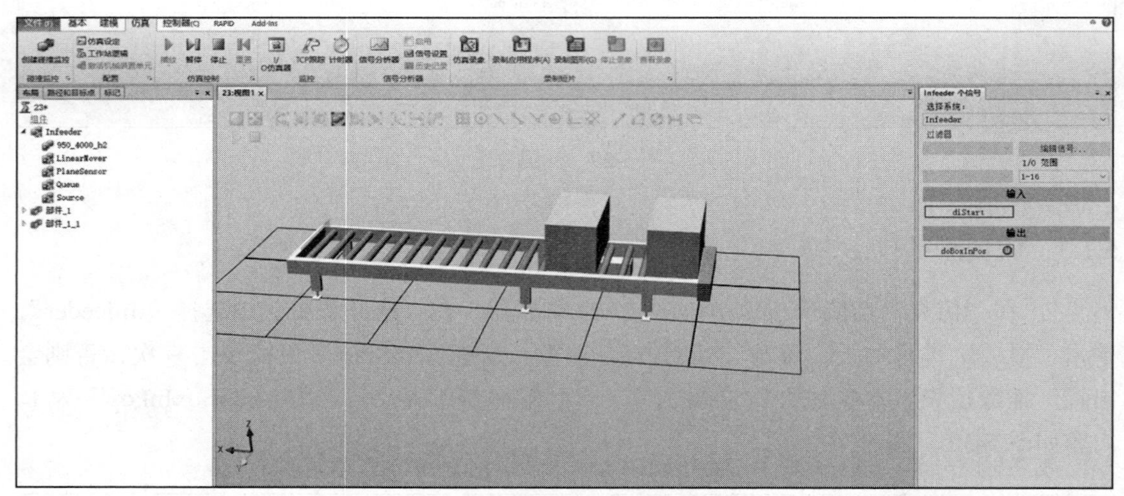

图 5-32　单击“播放”后单击信号“diStart”，复制品生成并移动

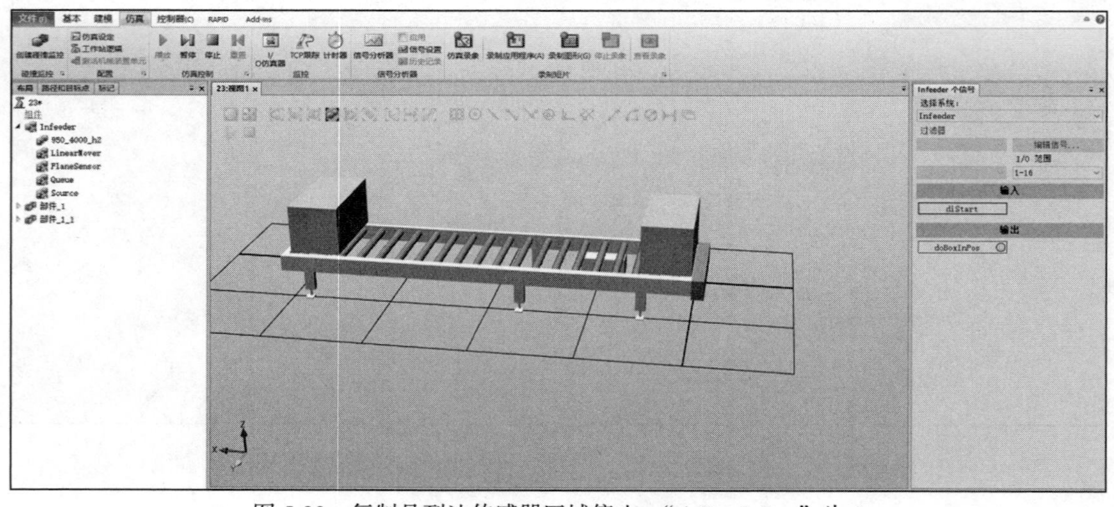

图 5-33　复制品到达传感器区域停止，“doBoxInPos”为 1

2）若此时回到“基本”选项卡，移动生成的复制品，则会发现产品源重新生成了新的复制品，且“doBoxInPos”信号变为 0，如图 5-34 和图 5-35 所示。

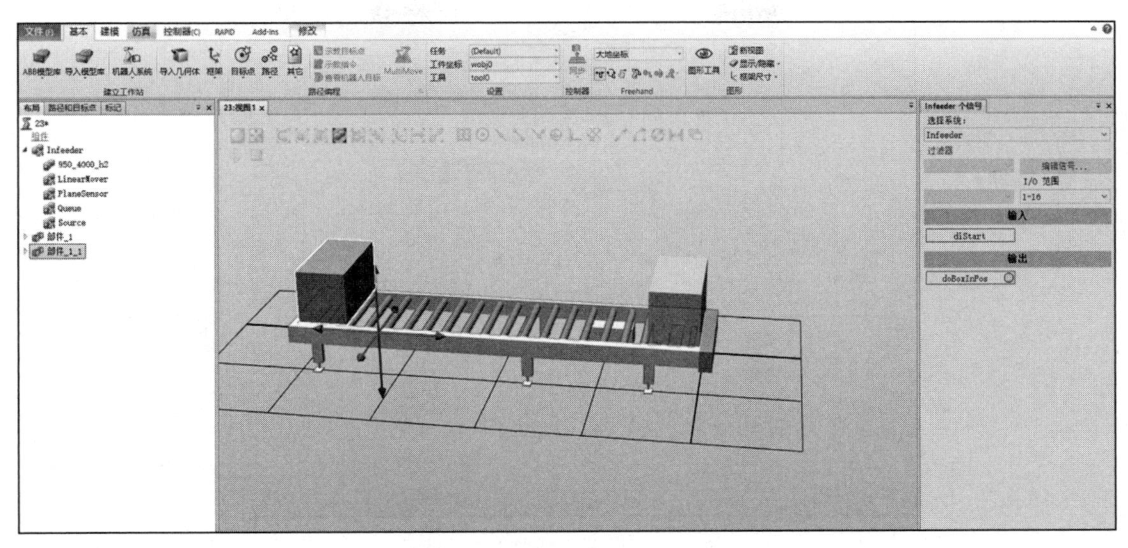

图 5-34　移动复制品

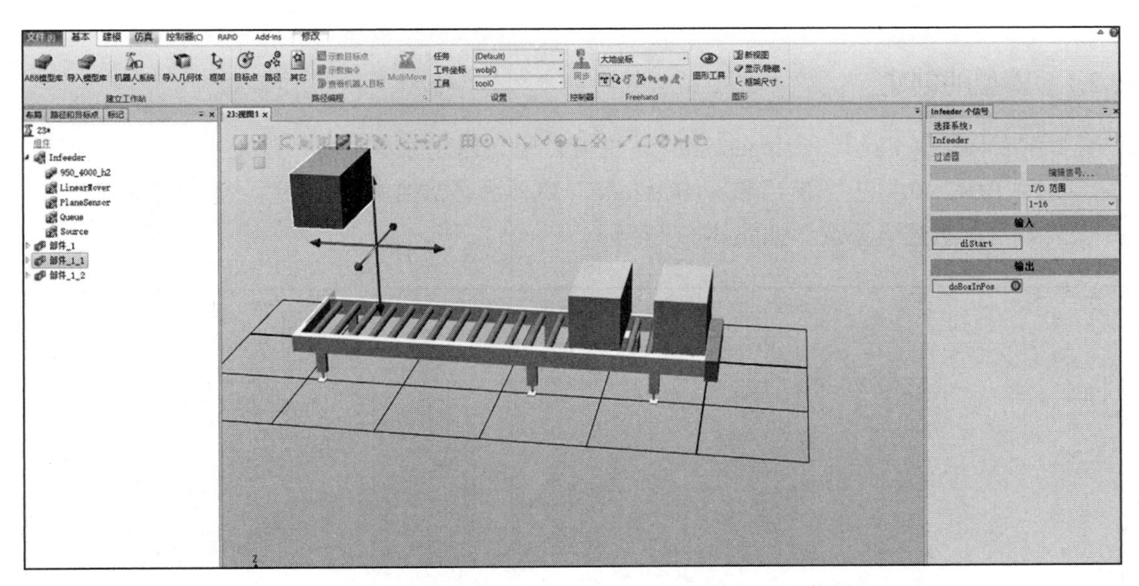

图 5-35　产品源重新生成复制品，且“doBoxInPos”信号置 0

3）为了防止在后续仿真中生成大量复制品，导致仿真运行不畅及需要手动删除等问题，所以在设置“Source”属性时，可以设置生成临时复制品，当仿真停止时，所有复制品会自动消失，设置更改为在“Transient”前打钩，如图 5-36 所示。

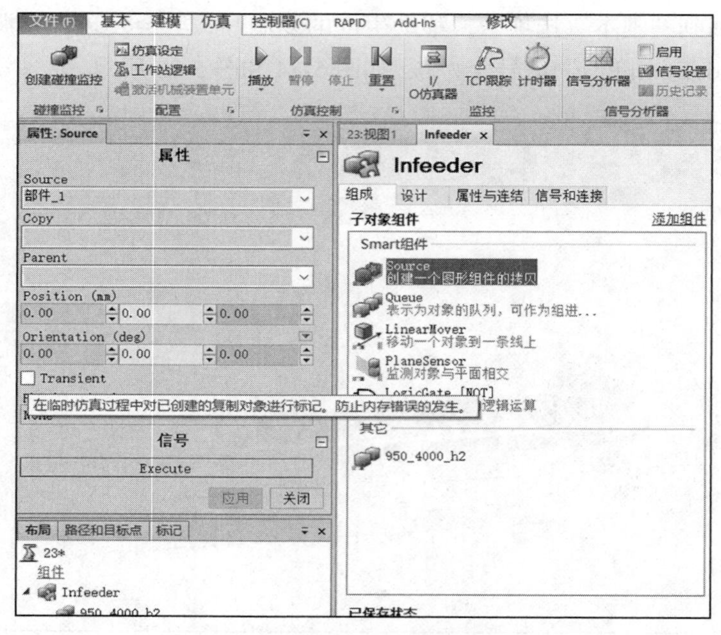

图 5-36　设置生成临时复制品

5.2　码垛机器人抓取与释放动作设置

5.2.1　模型的创建

1）导入吸盘工具“tGripper.rsilb”，也可自定义创建吸盘工具，设置 TCP 点，并将其安装在“IRB2600”上，然后将“IRB2600”机器人放置在输送链另一端的正中间位置，并安装好基础机器人系统，如图 5-37 所示。

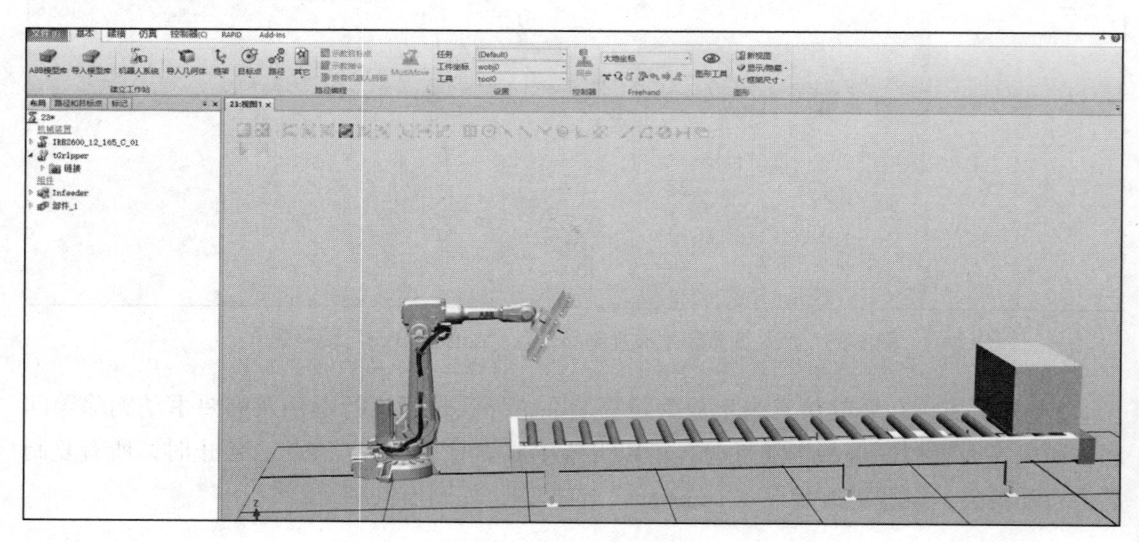

图 5-37　机器人和吸盘装置

2）在“建模”选项卡中单击“ Smart 组件”，将其命名为“ Gripper”，首先需要将工具“tGripper”从机器人末端拆卸下来，方便处理，如图 5-38 所示。

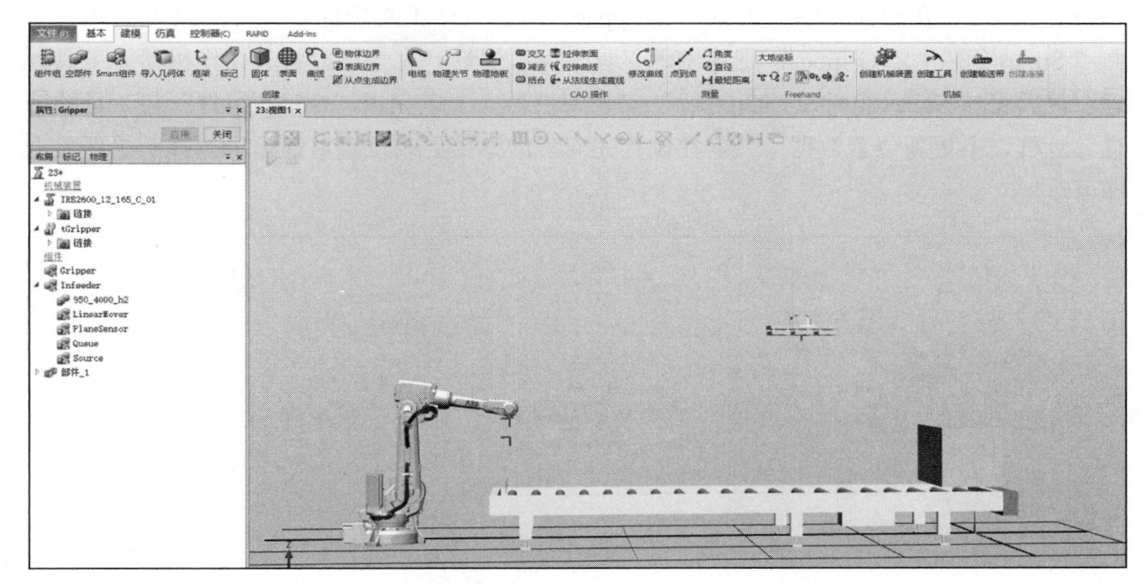

图 5-38 创建 Smart 组件及拆除工具后效果

3）在“布局”窗口中，用鼠标左键按住机器人工具“tGripper”将其拖放到“Gripper”组件中，将工具放到“Smart 组件”中，如图 5-39 所示。

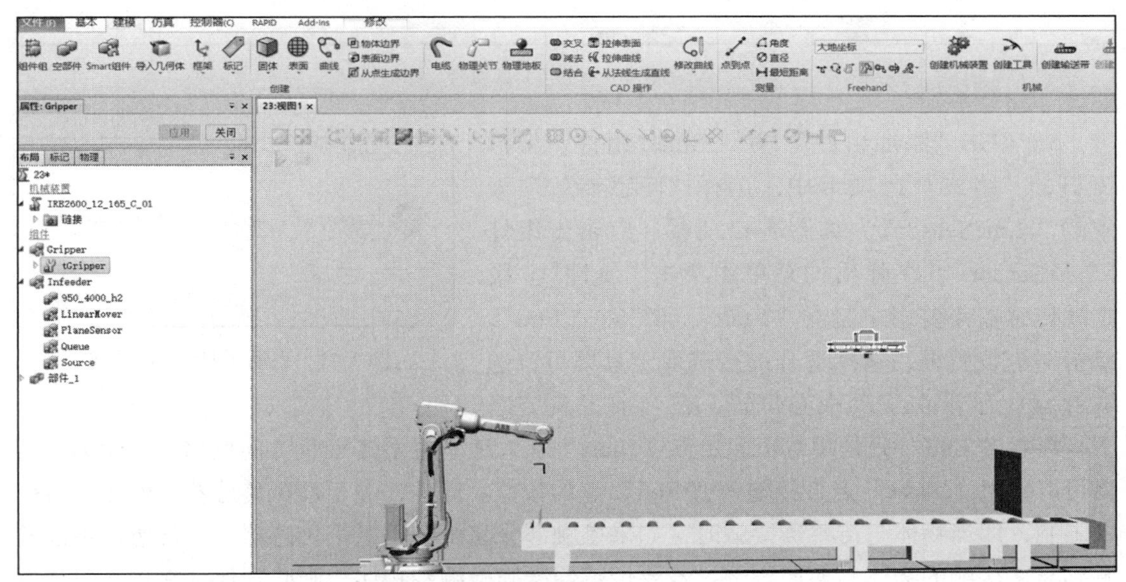

图 5-39 将工具放到“Smart 组件”中

4）在“Smart 组件”编辑窗口的“组成”选项卡中，单击“tGripper”，勾选“设定为 Role”，如图 5-40 所示。再将“ tGripper”安装到机器人法兰盘上，单击“是”进行安装，并在弹出的对话框中单击“是（Y）”以更新工具数据。如图 5-41 所示。此步骤的目的是将“Smart 组件”“Gripper”作为机器人工具，“设定为 Role”可以让“Smart 组件”获得“Role”属性。在本任务中，工具“tGripper”包含一个工具坐标系，将其设为“Role”，而“Smart 组件”“Gripper”则将继承工具坐标系属性，完全可以将其当作机器人工具处理。最后将“Smart 组件”“Gripper”安装到机器人上以完成“Smart 组件”与工具的结合。也可以不更新位置数据，只需在设置完安装的弹出更改位置对话框中选择不更新数据即可。

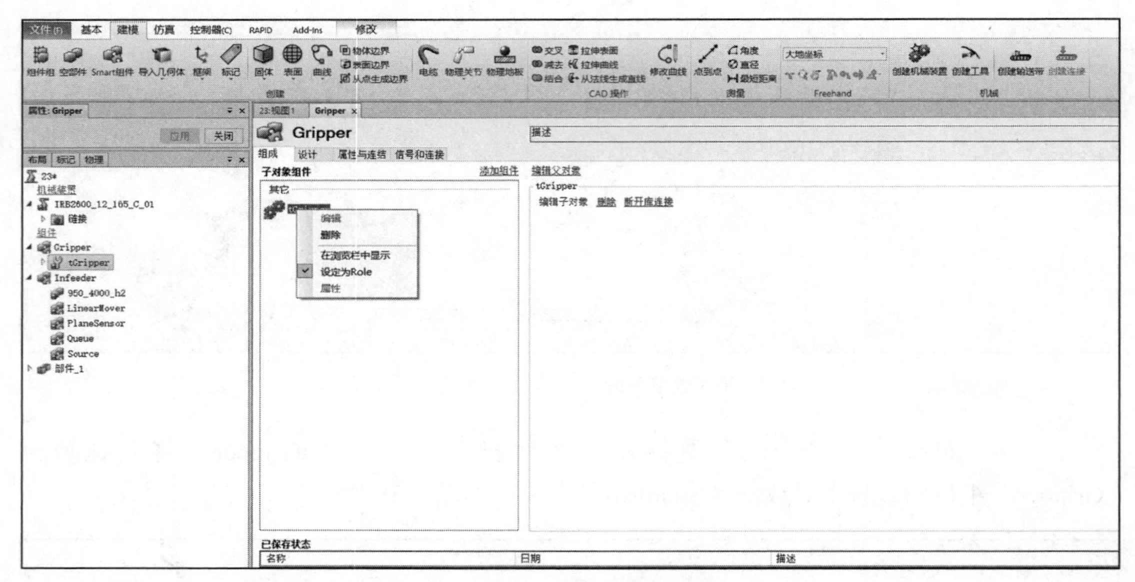

图 5-40　设定工具属性

5）单击“添加组件”，在“Smart 组件”编辑窗口的“组成”选项卡中，选择“传感器”列表中的“LineSensor”。如图 5-42 所示。右击子组件“LineSensor”，在弹出的菜单中单击“属性”。设定线传感器需要指定起点“Start”和终点“End”，单击对应位置框，选择适合的点选取工具即可，选取起点应尽量在工具中心位置，在当前工具姿态下，终点“End”只是相对于起始点“Start”在大地坐标系 Z 轴负方向偏移一定距离，所以可以参考“Start”点直接输入“End”点的数值。此外，关于虚拟传感器的使用还有一项限制，即当物体与传感器接触时，如果接触部分完全覆盖整个传感器，则传感器不能检测到与之接触的物体。换而言之，若要传感器准确检测到物体，则必须保证在接触时传感器的一部分在物体内部，一部分在物体外部。所以为了避免在吸盘拾取产品时该线传感器完全浸入产品内部，可人为将起始点“Start”的 Z 值加大，保证在拾取时该线传感器一部分在产品内部，一部分在产品外部，这样才能够准确地检测到该产品。本次传感器参数如

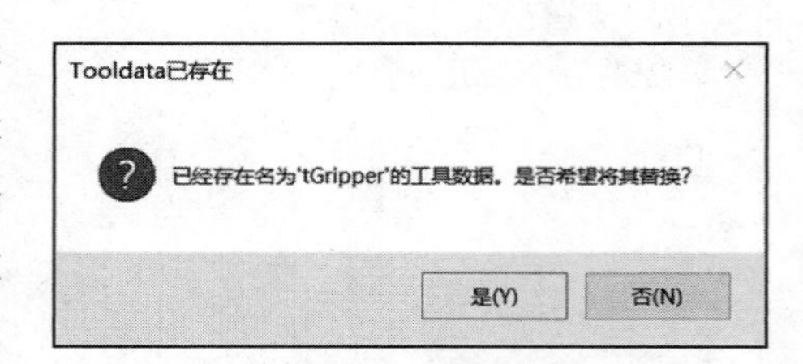

图 5-41　更新工具数据对话框

图 5-43 所示，其中“ Radius”代表传感器半径，为便于观测，将“ Active”设置为 0，暂时关闭传感器检测，设定完成后单击“应用”。

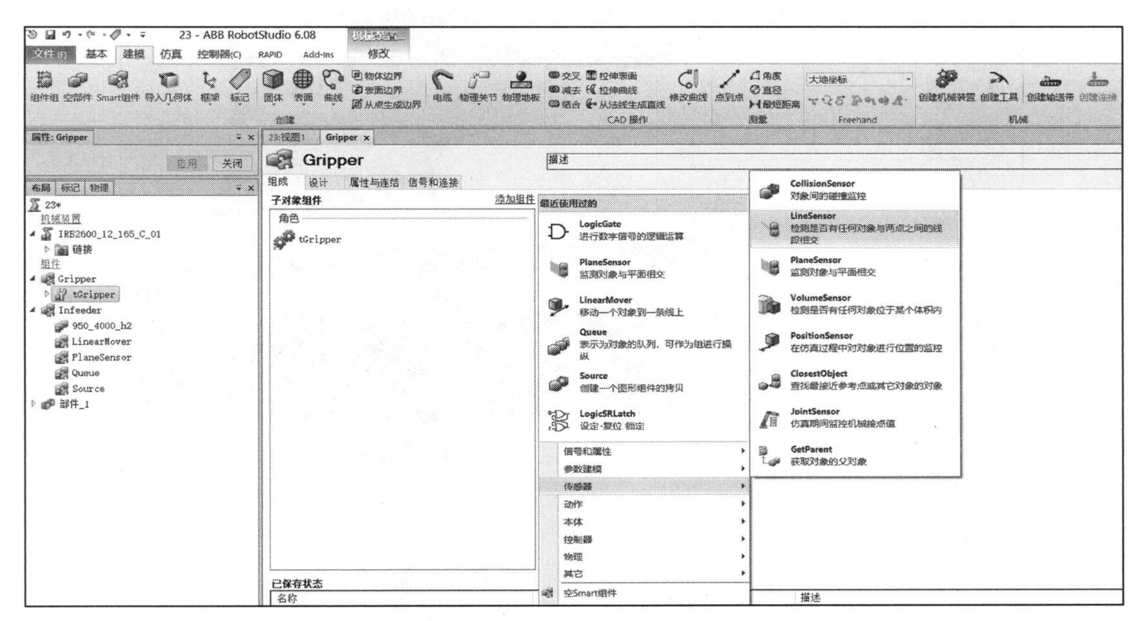

图 5-42 “LineSensor”传感器

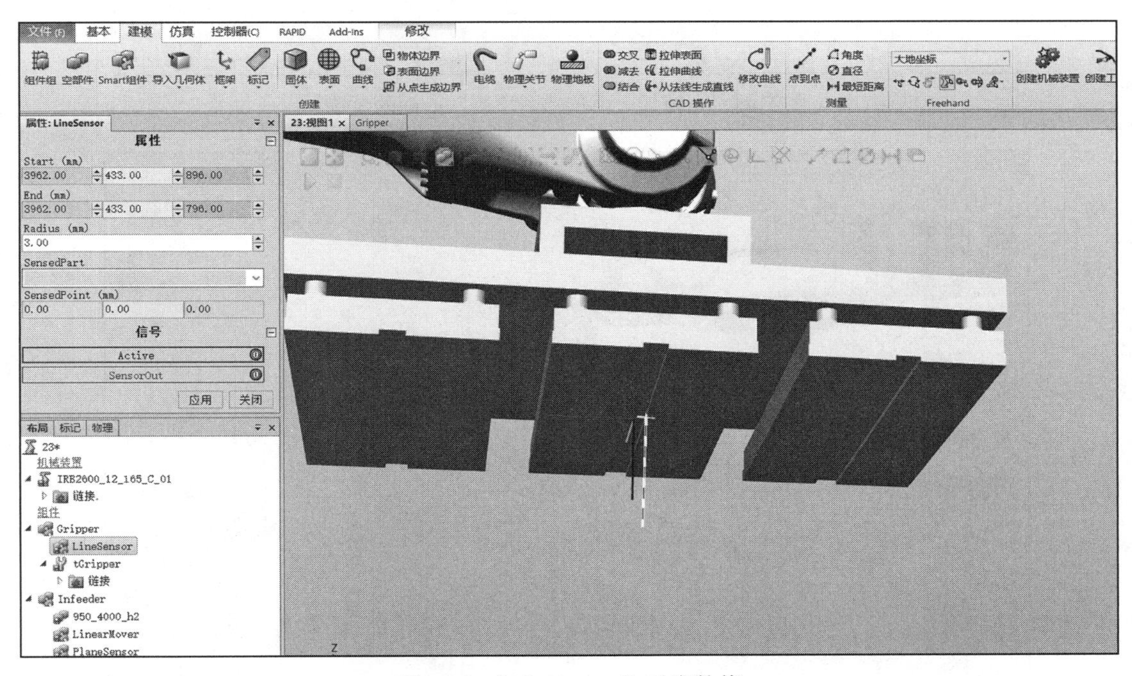

图 5-43 “LineSensor”对应数值

6）设置完成后，需要将工具设置为“不可由传感器检测”，以防止传感器与工具发生干涉，如图 5-44 和图 5-45 所示。

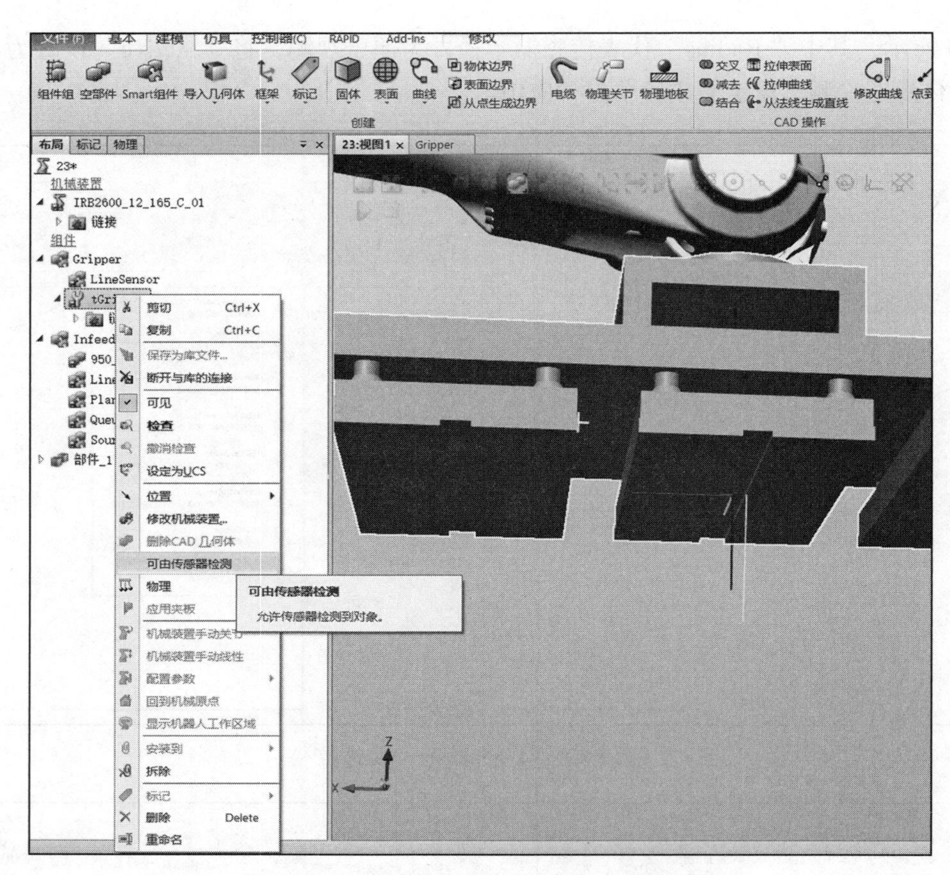

图 5-44　去掉“可由传感器检测”前面的对钩

图 5-45　黄线为创建的线传感器

7）单击“添加组件”，选择“动作”列表中的“Attacher”，如图 5-46 所示。在弹出的对话框中，“Parent”栏选为“Gripper”，“Child”栏是安装的子对象，不是一个特定物体，故暂不设置。参数如图 5-47 所示。

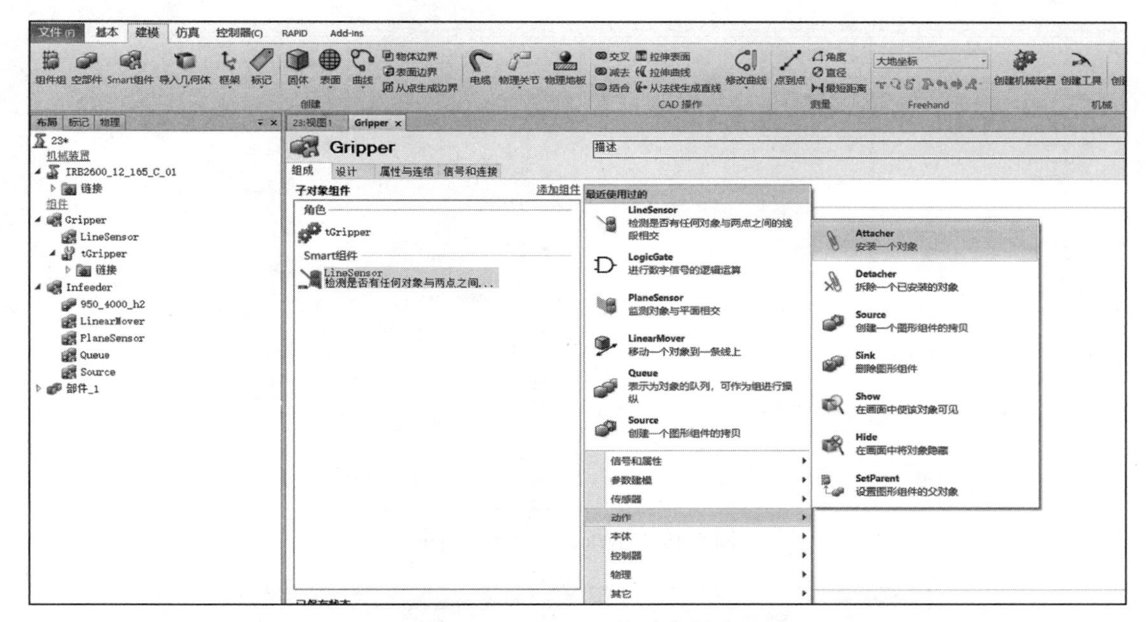

图 5-46 “Attacher”动作创建

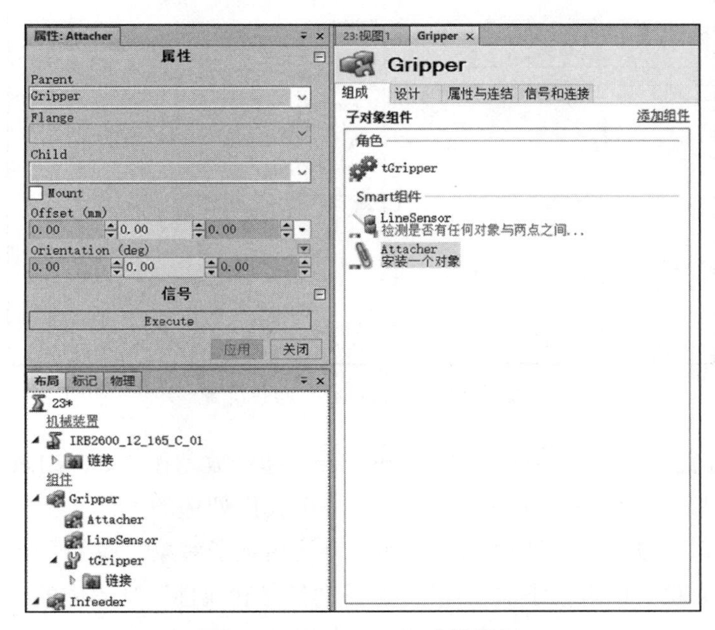

图 5-47 “Attacher”参数设置

8）单击“添加组件”，选择“动作”列表中的“Detacher”，如图 5-48 所示。在弹出的对话框中，“Child”设定的是拆除的子对象，由于子对象不确定，故暂不设定。

“KeepPosition”默认勾选，即释放后，子对象保持当前的空间位置，如图 5-49 所示。

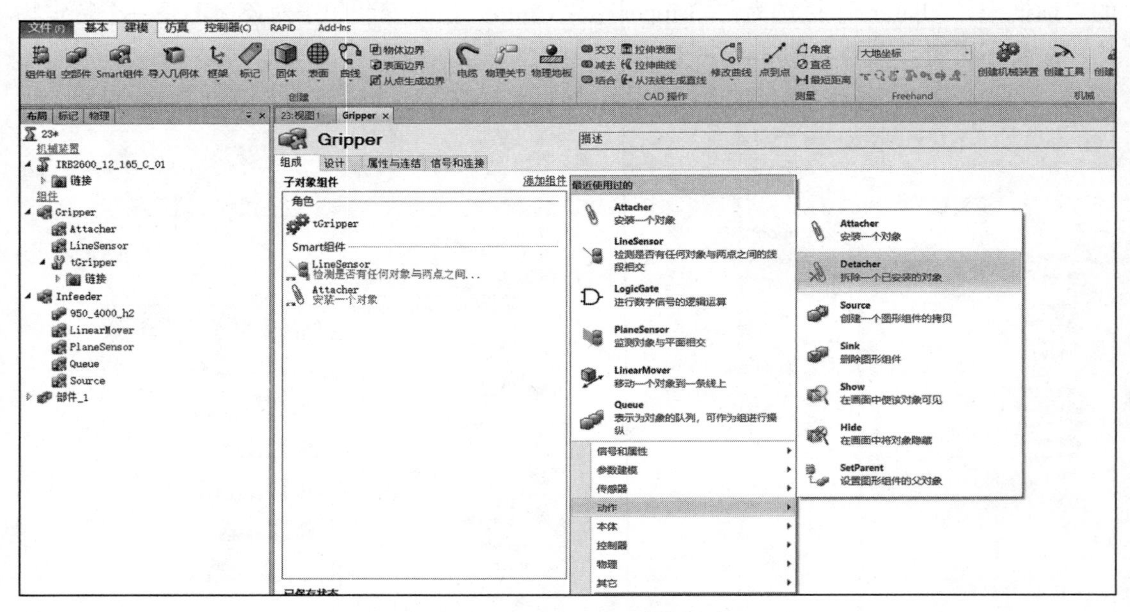

图 5-48 “Detacher”动作创建

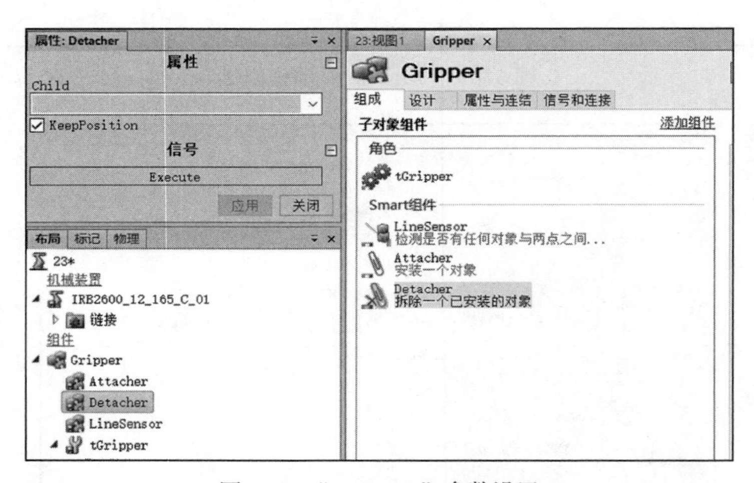

图 5-49 “Detacher”参数设置

9）在上述设置过程中，拾取动作“Attacher”和释放动作“Detacher”中关于子对象“Child”都暂时都未进行设定的原因是在本任务中我们处理的工件并不是同一个产品，而是产品源生成的各个复制品，所以无法在此处直接指定子对象。我们会在属性连结里面来设定此项属性的关联。单击“添加组件”，选择“信号和属性”列表中的“LogicGate”，创建一个非门，在弹出的对话框中，“Operator”栏选为“NOT”并单击“应用”。之后单击“添加组件”，选择“信号和属性”列表中的“LogicSRLatch”，用于信号置位和复位。以上内容如图 5-50 ～图 5-53 所示。

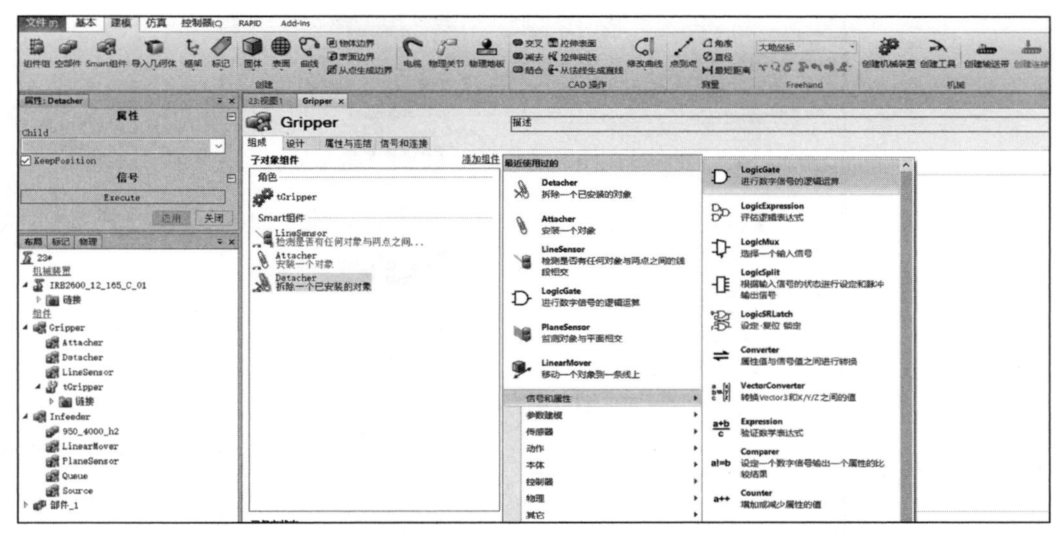

图 5-50 “LogicGate”的创建

图 5-51 创建非门

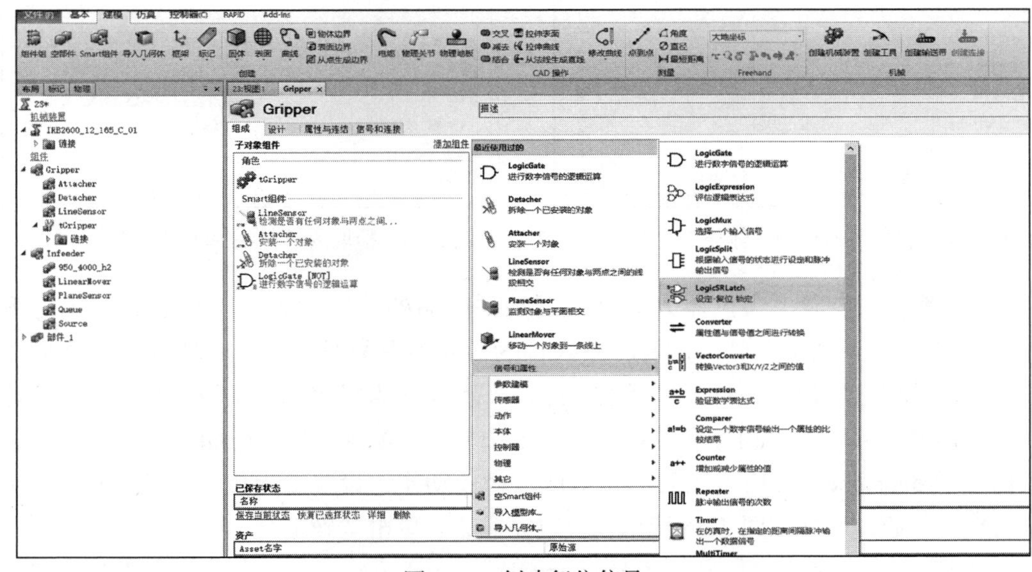

图 5-52 创建复位信号

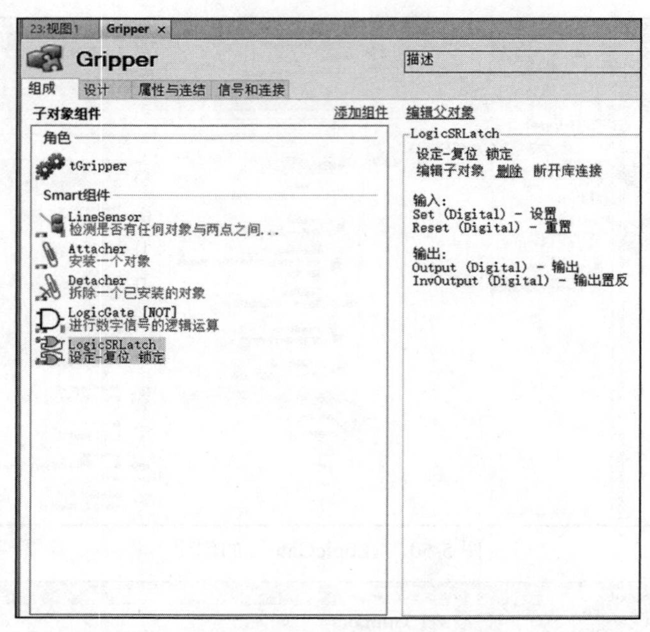

图 5-53 “Girpper”组件一览

5.2.2 信号 I/O 的配置

1）在“属性与连结”选项卡中单击“添加连结”，需要添加如图 5-54 和图 5-55 所示的两个连结。“ LineSensor”的属性“ SensedPart”指的是线传感器所检测到的与其发生接触的物体，此处连结的意思是将线传感器所检测到的物体作为拾取子对象，并关联到释放的子对象。

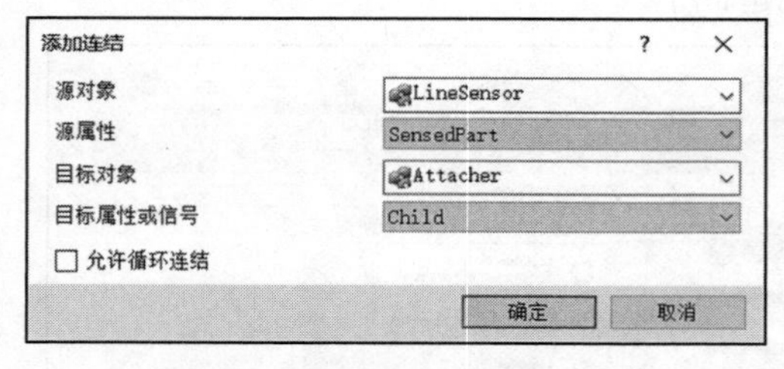

图 5-54 连结线传感器检测物体作为拾取的子对象

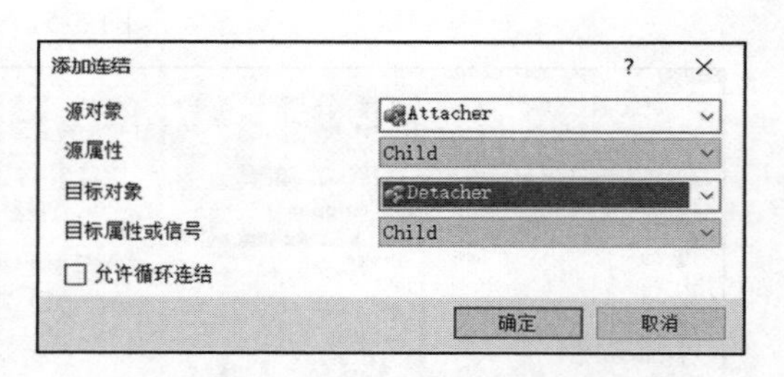

图 5-55 拾取的子对象关联到释放的子对象

2）梳理下一步骤：当机器人的工具运动到产品的拾取位置，工具上面的线传感器“ LineSensor”检测到了产品 A，则产品 A 即为所要拾取的对象，将产品 A 拾取之后，机器人工具运动到放置位置执行工具释放动作，产品 A 作为释放的对象被工具放下。梳理完成后进行信号连接，在“信号和连接”选项卡中单击“添加 I/O Singnals”，创建一个数字输入信号“ diGripper”，用于控制工具拾取，释放动作，设置 1 为打开真空拾取，设置 0 为关闭真空释放，属性如图 5-56 所示，设定完成后，单击“确定”。

3）创建一个数字输出信号“ doVacuumOK”，用于真空反馈信号，设置 1 为真空已建

立，设置 0 为真空已消失，其属性如图 5-57 所示，设置完成后单击“确定”即可。

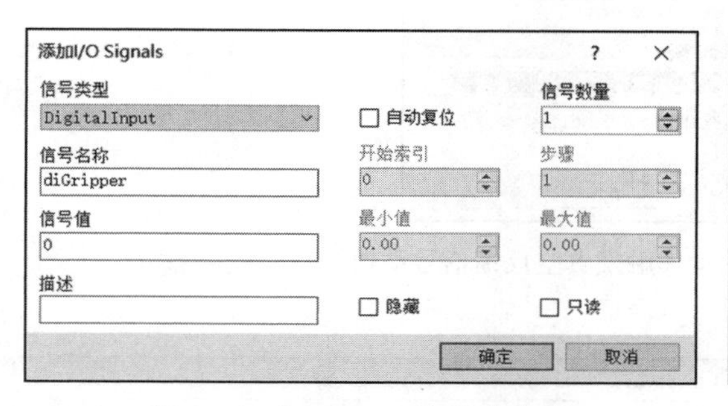

图 5-56 “diGripper”设定参数

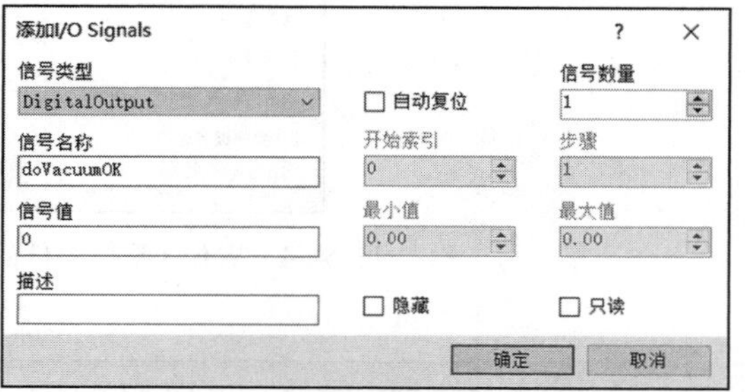

图 5-57 信号“doVacuumOK”设定参数

4）在“信号和连接”选项卡中单击“I/O Connection”，添加如图 5-58 ～图 5-65 所示。

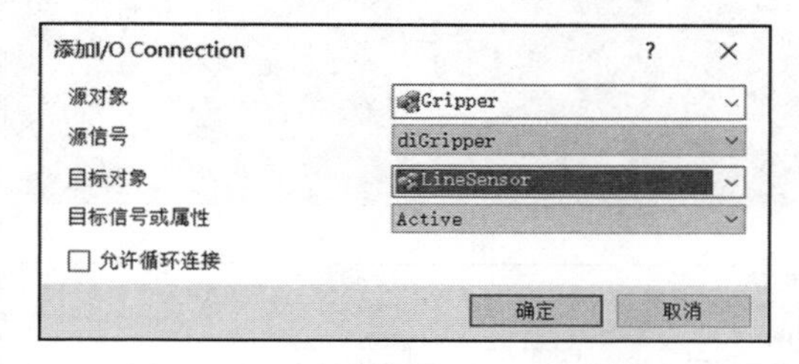

图 5-58 开启真空信号“diGripper”触发传感器检测

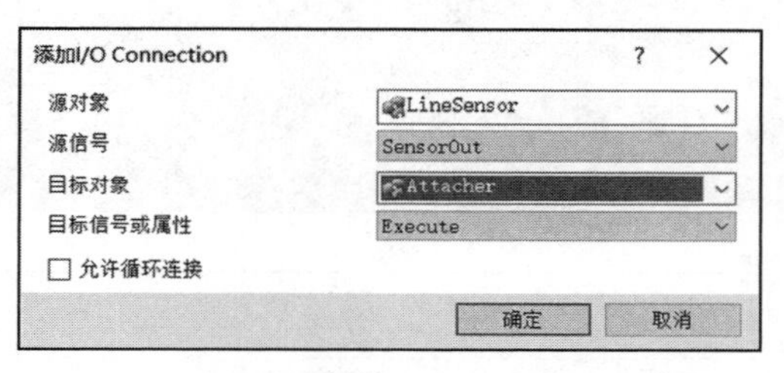

图 5-59 传感器检测到物体后触发拾取动作执行

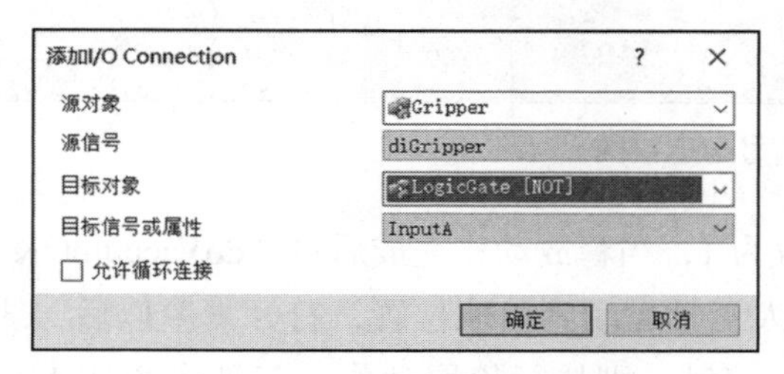

图 5-60 “diGripper”触发非门

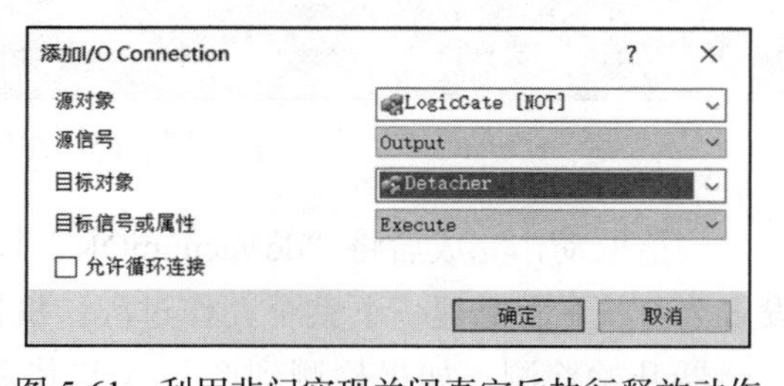

图 5-61 利用非门实现关闭真空后执行释放动作

添加I/O Connection

源对象 Attacher
源信号 Executed
目标对象 LogicSRLatch
目标信号或属性 Set
允许循环连接
确定 取消

图 5-62 拾取动作完成后触发置位 / 复位组件执行“置位”动作

添加I/O Connection

源对象 Detacher
源信号 Executed
目标对象 LogicSRLatch
目标信号或属性 Reset
允许循环连接
确定 取消

图 5-63 释放动作完成后触发置位 / 复位组件执行“复位”动作

添加I/O Connection

源对象 LogicSRLatch

源信号 Output

目标对象 Gripper

目标信号或属性 doVacuumOK

允许循环连接

确定 取消

图 5-64　置位 / 复位组件的动作触发真空反馈信号动作

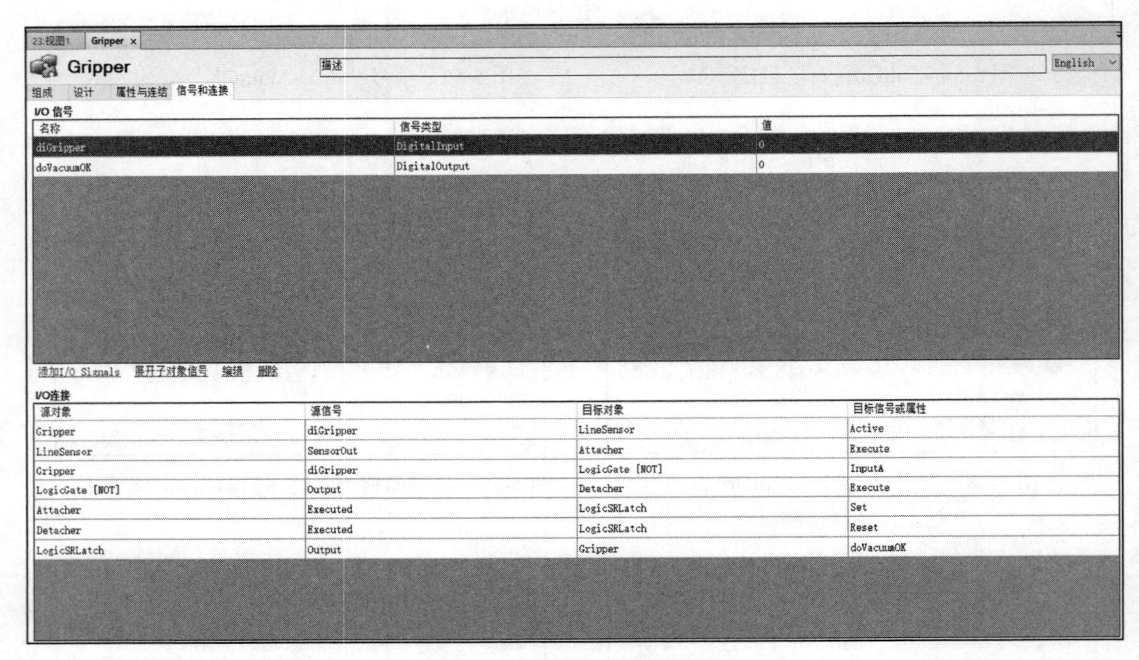

源对象	源信号	目标对象	目标信号或属性
Gripper	diGripper	LineSensor	Active
LineSensor	SensorOut	Attacher	Execute
Gripper	diGripper	LogicGate [NOT]	InputA
LogicGate [NOT]	Output	Detacher	Execute
Attacher	Executed	LogicSRLatch	Set
Detacher	Executed	LogicSRLatch	Reset
LogicSRLatch	Output	Gripper	doVacuumOK

图 5-65　总体信号与连接图

当拾取动作完成后将“doVacuumOK”设置为 1，当释放动作完成后将“doVacuumOK”设置为 0。下面梳理一下整个动作过程：机器人工具运动到拾取位置，打开真空以后，线传感器开始检测，如果检测到产品 A 与其发生接触，则执行拾取动作，工具将产品 A 拾取，并将真空反馈信号设置为 1，然后机器人工具运动到放置位置，关闭真空以后，执行释放动作，产品 A 被工具放下，同时将真空反馈信号设置为 0，机器人工具再次运动到拾取位置去拾取下一个产品，并进入下一个循环。

5.2.3　仿真测试

1）在输送链的末端复制一个与源头相同的产品源，如图 5-66 所示。

2）在“基本”选项卡中选取“手动线性”，单击末端法兰盘，出现坐标框架后用鼠标按住坐标轴进行拖动，将工具移到产品拾取位置后。单击“仿真”选项卡中的“I/O 仿真器”，选择系统为“Gripper”，如图 5-67 所示。

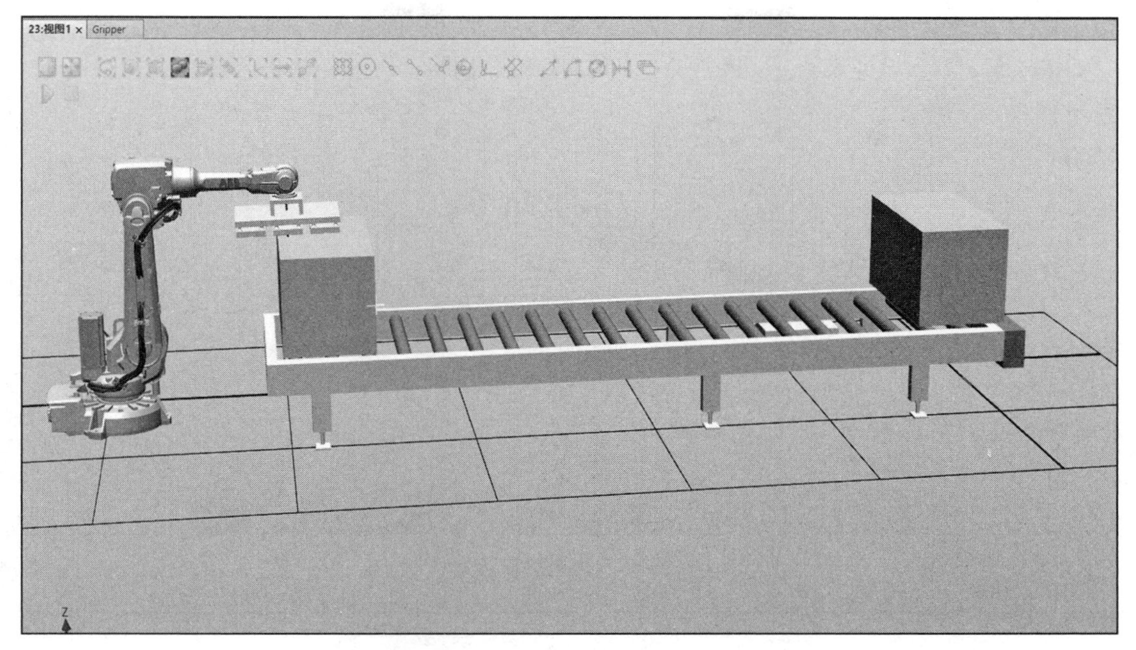

图 5-66 复制产品源到输送链末端

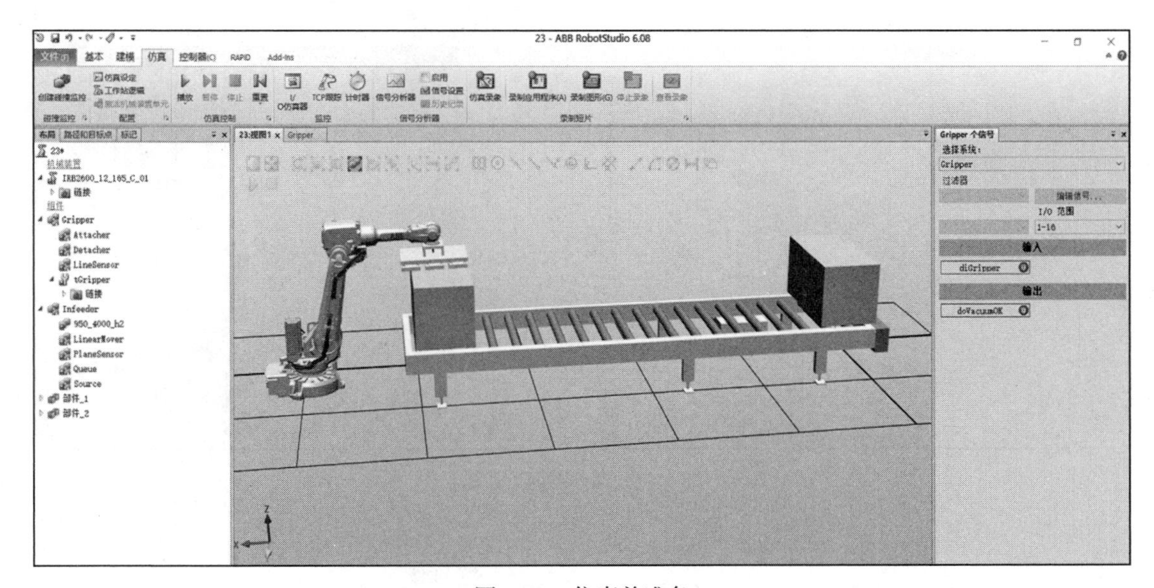

图 5-67 仿真前准备

3）单击右边的“diGripper”将其设置为 1，再次拖动坐标框架进行移动，发现工具已将物品拾取，物体会跟随法兰盘移动，且“doVacuumOK”信号被设置为 1，如图 5-68 所示。

4）再次单击“diGripper”将其设置为 0，物体被释放，不再跟随法兰盘移动，且“doVacuumOK”信号被设置为 0。图 5-69 所示为物块释放仿真。

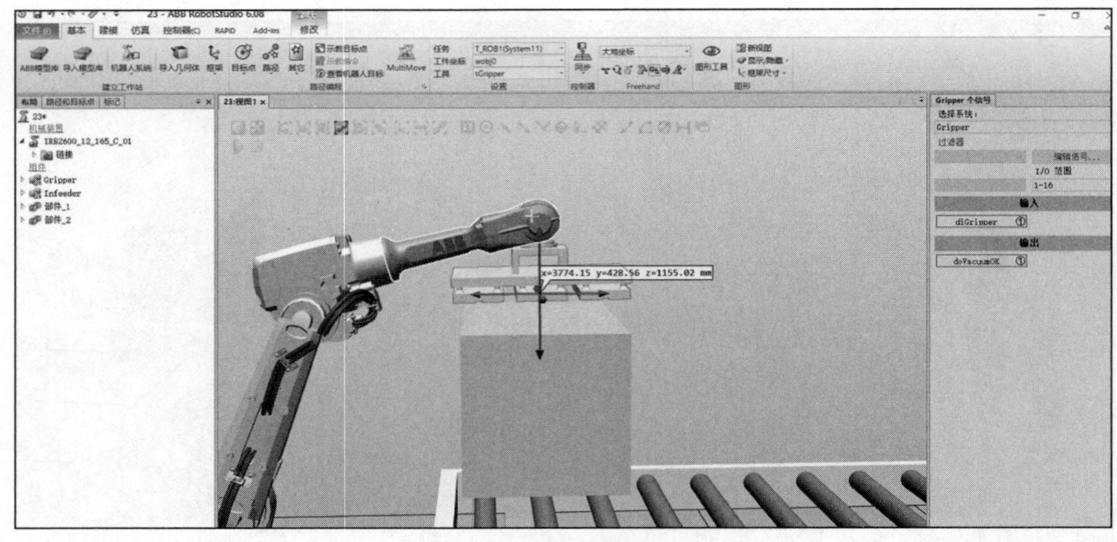

图 5-68　物块拾取仿真

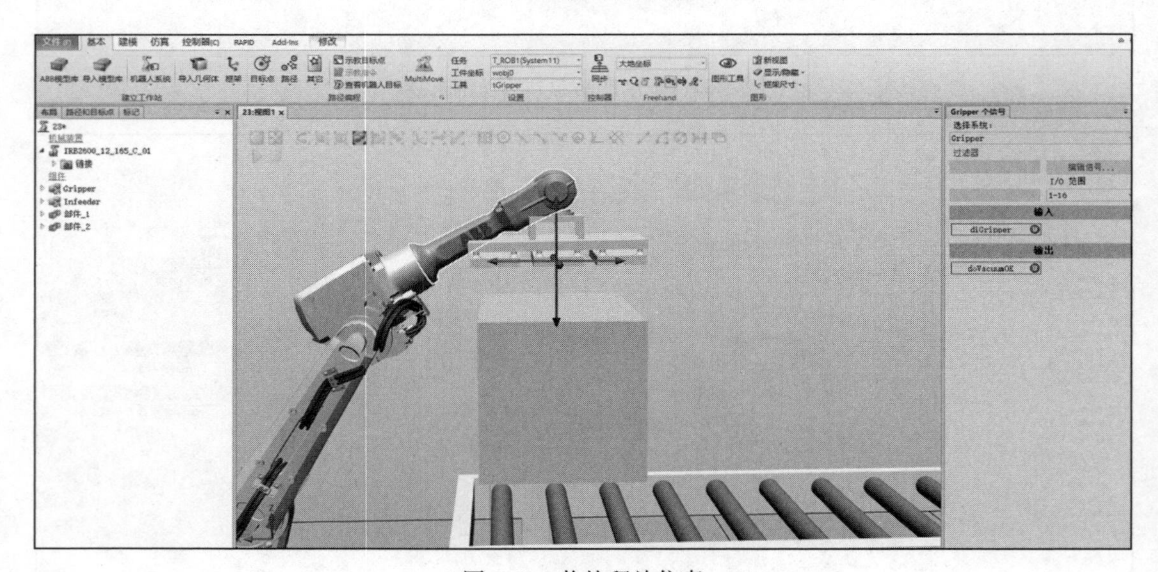

图 5-69　物块释放仿真

5.3　作业：机器人与传送带联合演示

将 5.1 节和 5.2 节所制作的输送链和机器人抓取动作相结合，完成一个输送链生产产品，手动控制机器人抓取的动画。

进阶篇

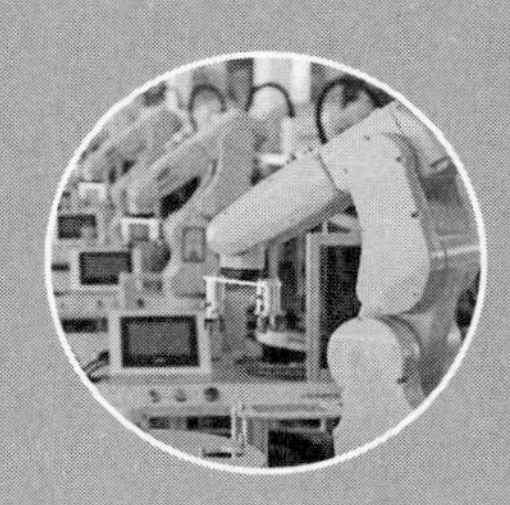

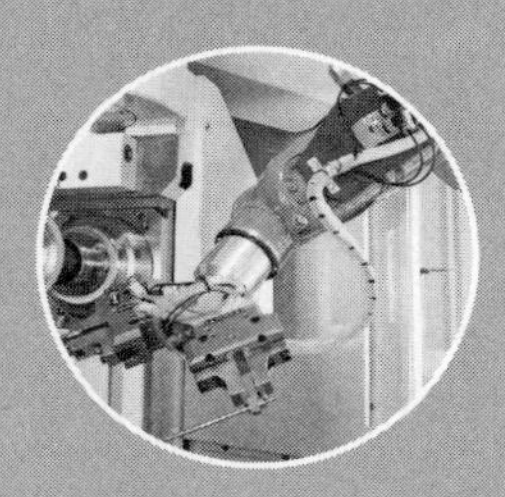

第6章 码垛工作站的创建

随着我国经济的飞速发展，码垛机器人在工业生产中的应用越来越广泛，国内有很多在生产或加工时有码垛需求的传统企业，开始由人工作业的搬运和码垛逐步向自动化码垛机器人作业转型。对于码垛产品体积较大或重量较重的情况，依靠人工码垛不仅作业强度大、效率低，而且具有较高的风险。为适应我国社会化大生产的需求，提高工业生产中的码垛效率，降低生产成本和人工劳动强度，设计一套自动化码垛工作站变得尤为重要，该机器人工作站在能保持尽可能大的搬运质量和动作范围的同时，还要求尽可能减轻自身质量，结构尽可能紧凑，位置精度尽可能高。这项工作要求我们发挥精雕细琢、精益求精的科研精神。

布局搬运码垛机器人工作站是实现机器人搬运码垛工作任务的基础，合理的布局有利于后续机器人搬运码垛工作任务的执行，因此，在布局时要综合考虑实际情况，将仿真中搬运码垛机器人工作站与现实中搬运码垛机器人工作站联系起来，以“实际”为基础，综合运行“放置”“测量”“设置本地原点”等功能来完成该任务。

6.1 搭建模型

6.1.1 传送带搬运任务介绍

在布局搬运码垛机器人工作站时要综合考虑实际情况，以“实际情况”为基础，将该任务假想为现实中搬运码垛机器人工作站的布局任务，来完成虚拟仿真中搬运码垛机器人工作站布局的任务。本任务也是对软件基础操作的一个小综合测试，因此在具体操作上不再细述。

6.1.2 物料盘及相关模型创建

1）导入机器人“IRB2600”和“机器人底座”。在创建的空工作站中导入机器人和底座，底座为矩形体，长度为700.00mm，宽度为500.00mm，高度为300.00mm，在“建模”选项卡中自行创建，如图6-1所示。

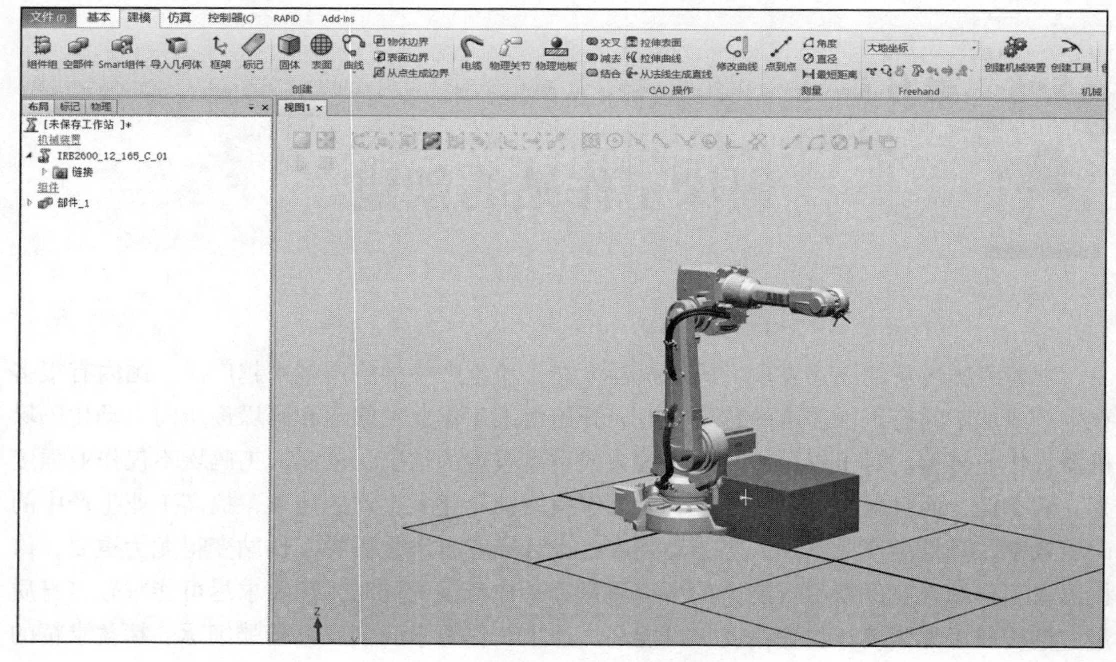

图 6-1　创建机器人模型和底座模型

2）利用视图界面的点选取工具先设置底座底面的中心点为原点，将机器人底座的中心点放置在大地坐标原点处，并通过位置偏移将机器人安装到底座上。如图 6-2 和图 6-3 所示。

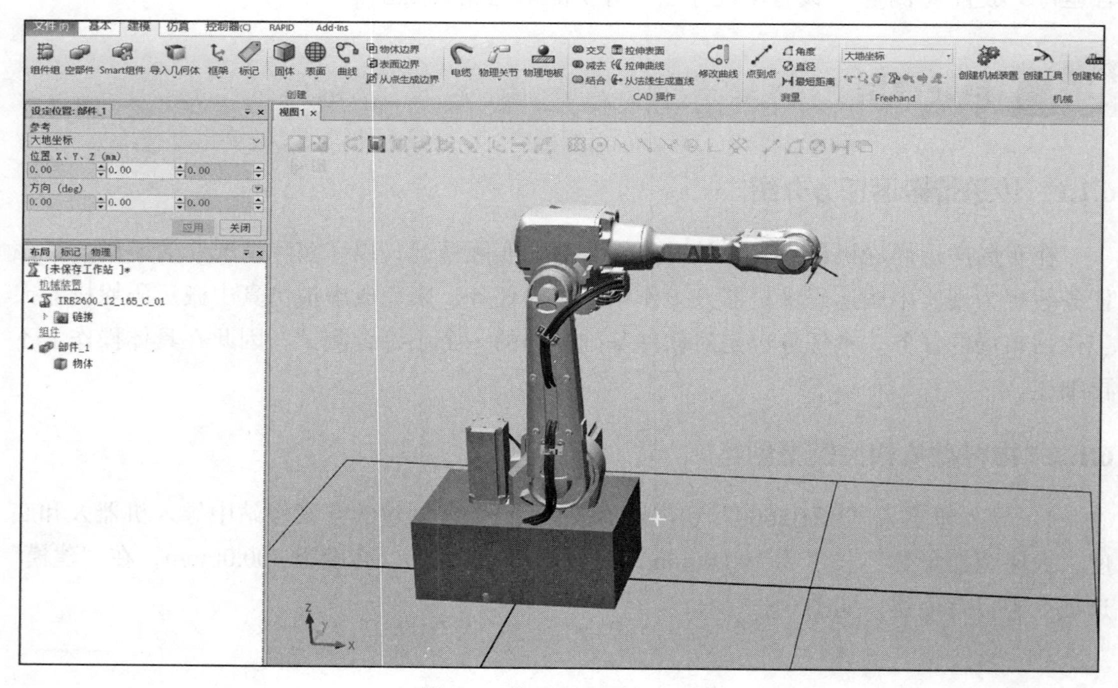

图 6-2　移动底座到中心点

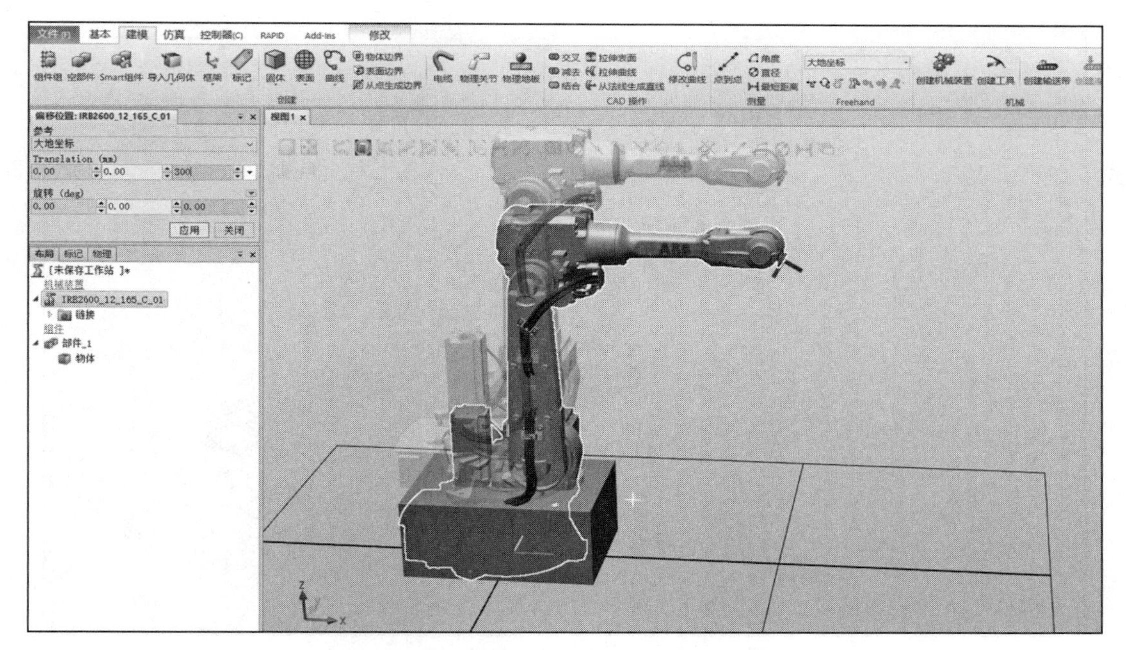

图 6-3　通过位置偏移将机器人安装到底座上

3）完成机器人本体设定后，接下来进行输送链的位置确定，由于涉及机器人的工作区域问题，在设置输送链位置之前，需要显示机器人工作区域，这样可以为输送链的位置设定提供参考。在“导入模型库”中选择“设备”，单击“输送链 Guide”，将输送链导入工作站中，导入 2 个输送链后使用线性移动或者位置偏移摆放好，如图 6-4 和图 6-5 所示。

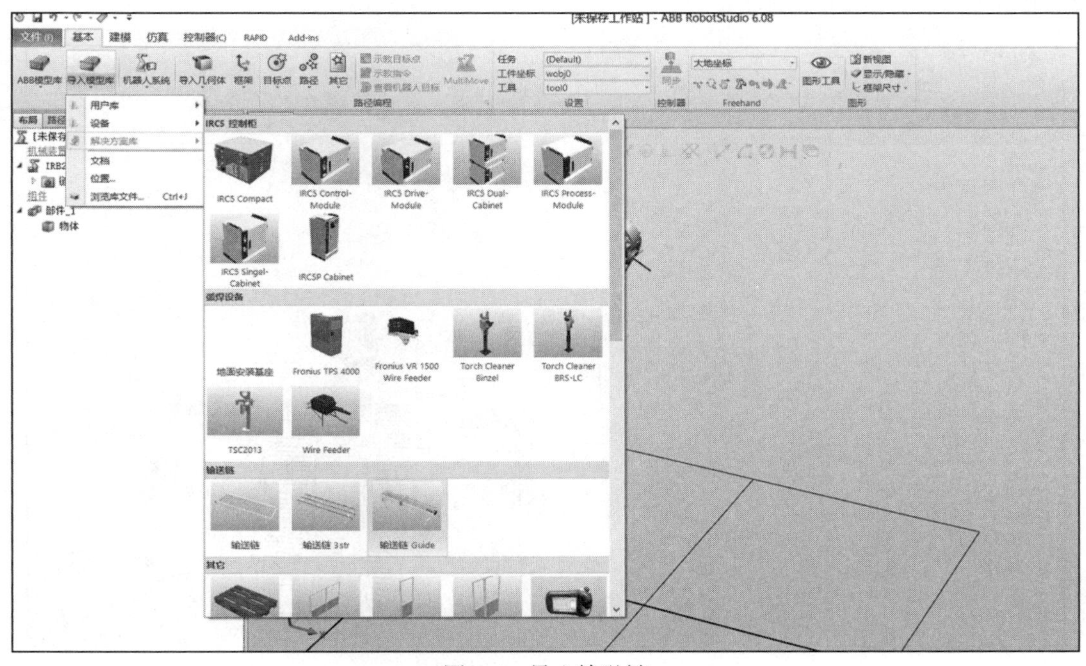

图 6-4　导入输送链

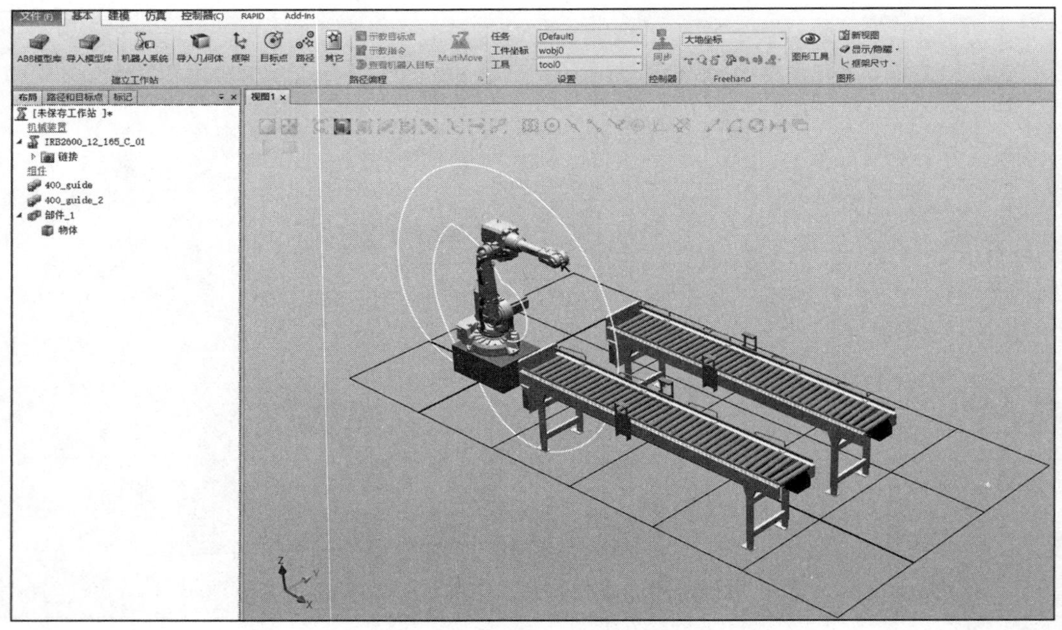

图 6-5　确定输送链位置

4）将托盘和托盘座导入机器人工作站，托盘和托盘座导入后经常需要一起移动，故可以单击“建模”选项卡中的“组件组”，按住鼠标左键将托盘和托盘座拖到对应组中即可完成组合，并将该组重命名为“ Pallet_L”。托盘和托盘座可以自己使用第三方软件制作，也可以用矩形体代替。组合好托盘后复制一个托盘组，放置在机器人右边，并重命名为“Pallet_R”，如图 6-6 所示。

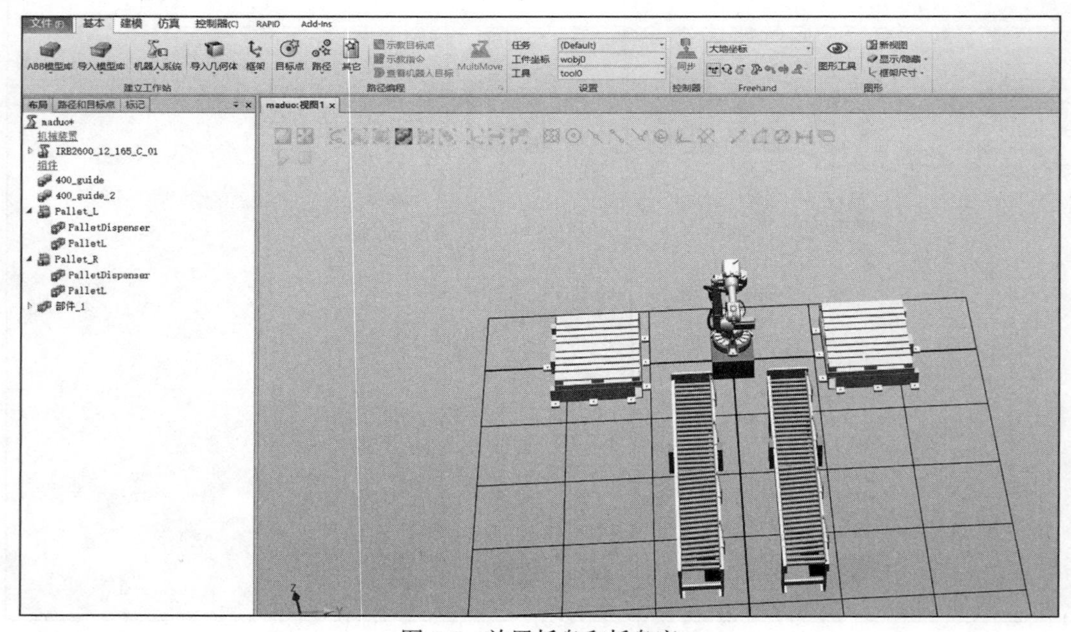

图 6-6　放置托盘和托盘座

5）在“基本”选项卡中导入机器人系统，之后导入周边模型，如围栏、机器人控制柜等，完成码垛工作站的布局如图 6-7 所示。

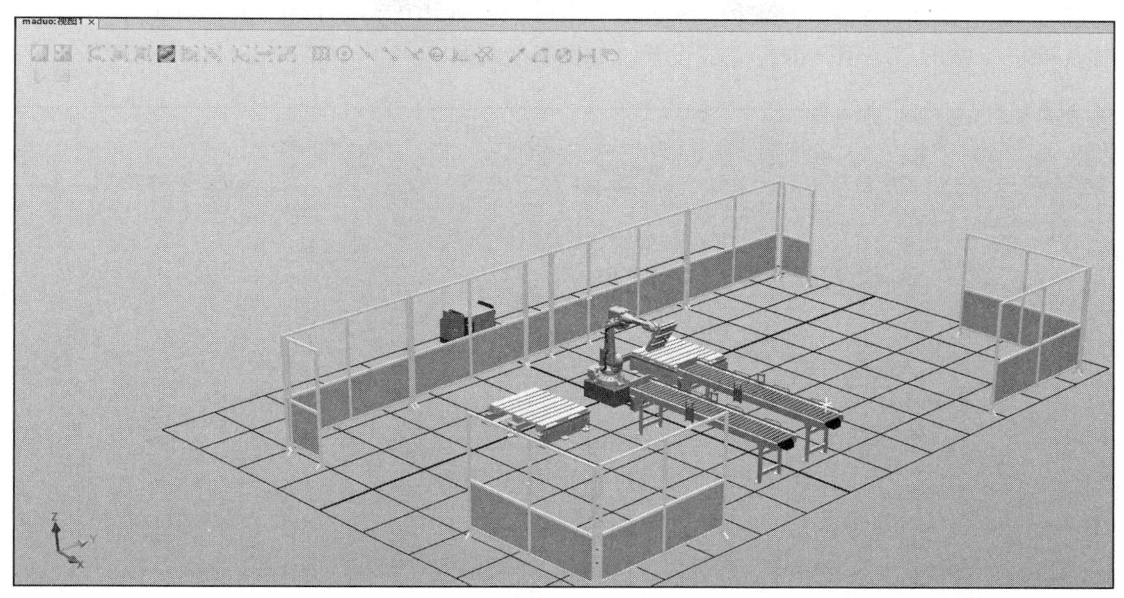

图 6-7　码垛工作站的布局

6.1.3　物料源的生成

1）使用“建模”选项卡创建物料源并放置在输送链的一端。安装第 5 章使用的真空式机器人工具到法兰盘上，完成整体布局，如图 6-8 所示。

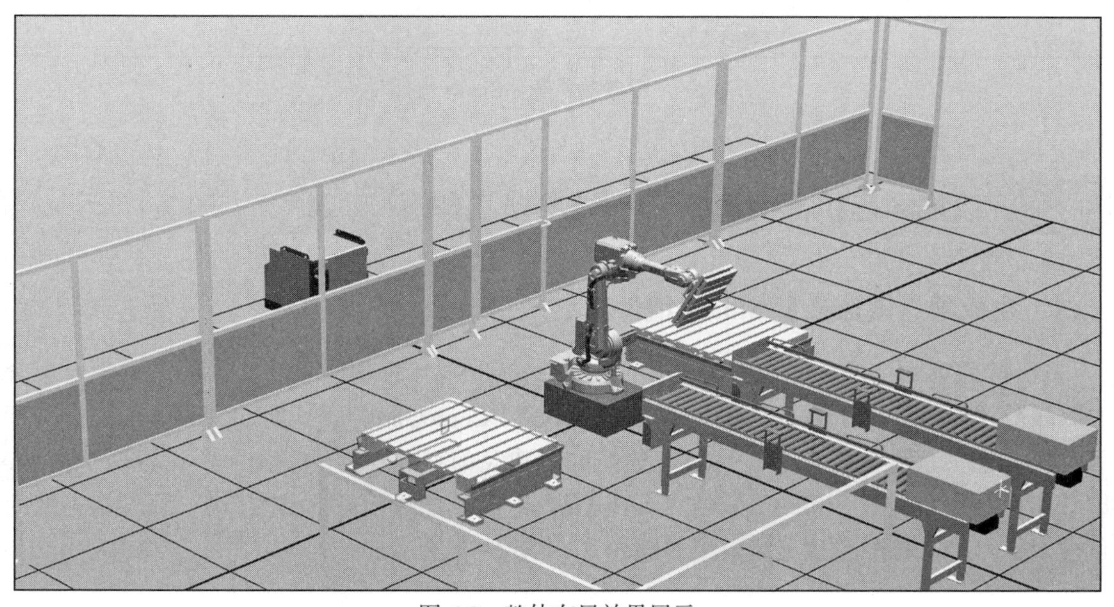

图 6-8　整体布局效果展示

2）利用本书 5.1 节介绍的动态输送链生成方法，完成两个物料源的“Smart 组件”，在“建模”选项卡中选择“Smart 组件”，为组件重命名为“SC_Infeeder”，单击“添加组件”，在“动作”列表中选择“Source”组件。将弹出的对话框中的“Source”栏选为“物料源”，单击“应用”即可完成设置，如图 6-9 所示。

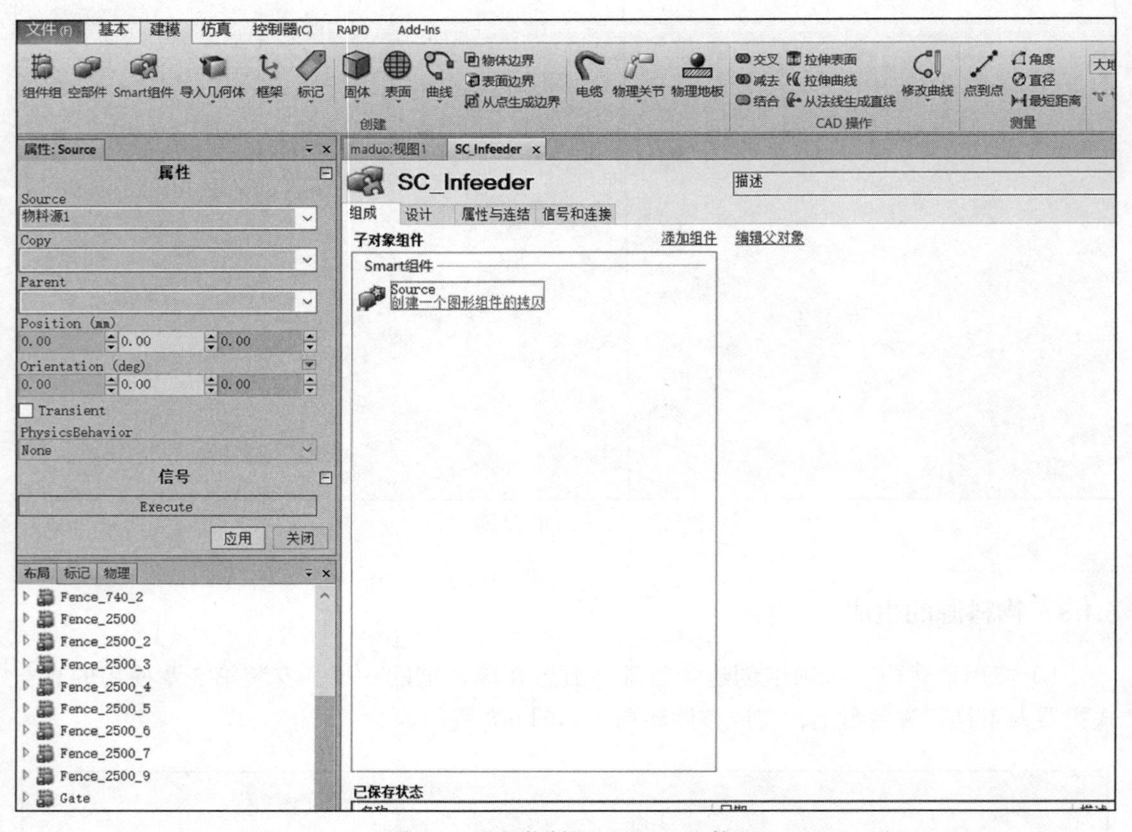

图 6-9　设置物料源“Smart 组件”

6.2 双物料盘机器人码垛工作站准备工作

6.2.1 生成输送链及吸盘 Smart 组件

1）按照第 5 章的内容制作输送链和吸盘的抓取与释放功能。动态输送链中主要包含“Source”“Queue”“LineMover”“PlaneSensor”“LogicGate”等组件，并设置输送链为不可检测状态。设置完成后进行属性与连结的创建及信号和连接的创建，并设置两个信号，即开始信号“diStart”和到位信号“doBoxInPos”，具体过程见本书 5.1 节。属性与连结的创建及信号和连接的创建最终效果如图 6-10 和图 6-11 所示。

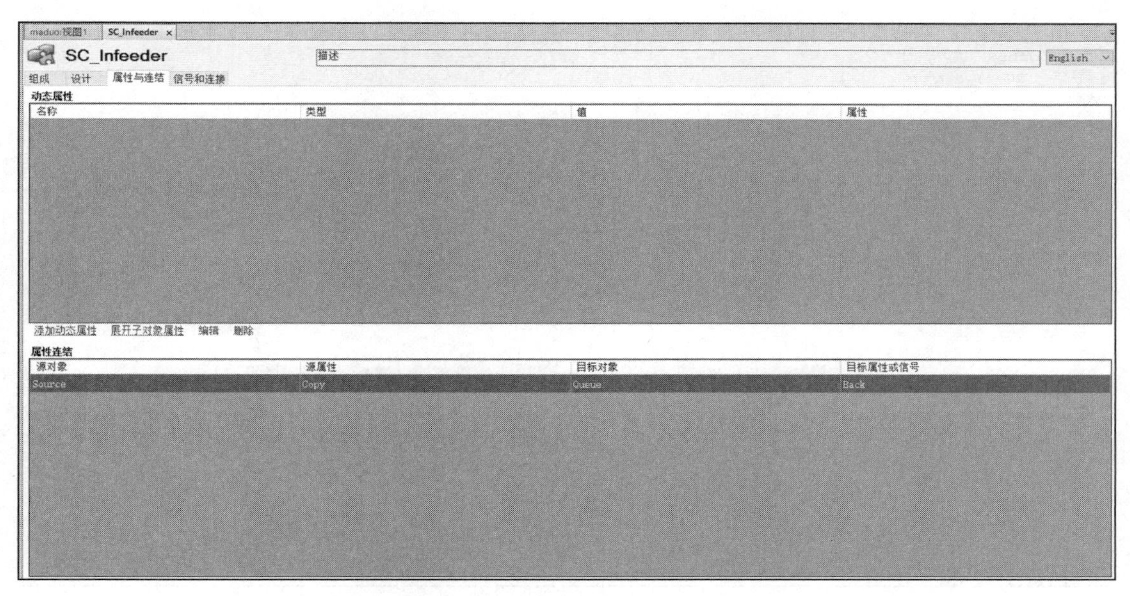

图 6-10 属性与连结效果图

maduo_1:视图1 SC_Infeeder

SC_Infeeder 描述 English

组成 设计 属性与连结 信号和连接

I/O 信号

名称	信号类型	值
diStart	DigitalInput	0
doBoxInPos	DigitalOutput	0

添加I/O Signals 展开子对象信号 编辑 删除

I/O连接

源对象	源信号	目标对象	目标信号或属性
SC_Infeeder	diStart	Source	Execute
Source	Executed	Queue	Enqueue
PlaneSensor	SensorOut	Queue	Dequeue
PlaneSensor	SensorOut	SC_Infeeder	doBoxInPos
PlaneSensor	SensorOut	LogicGate [NOT]	InputA
LogicGate [NOT]	Output	Source	Execute

图 6-11 信号和连接效果图

2）创建工具抓取与释放动作，具体步骤参见本书 5.2 节，创建一个新的“Smart 组件”，将其命名为“SC_gongju”，“Smart 组件”包含的子组件主要有“LineSensor”“Attacher”和“Detacher”，并设置机器人工具为不可检测状态。设置完成后进行属性与连结及信号和连接的创建，设置激活传感器信号“diGripper”，如图 6-12 和图 6-13 所示。创建完成后，自行测试是否能够完成相应的效果。

maduo_1:视图1　SC_gongju　SC_Infeeder

SC_gongju　描述　English

组成　设计　属性与连结　信号和连接

动态属性

名称	类型	值	属性

添加动态属性　展开子对象属性　编辑　删除

属性连结

源对象	源属性	目标对象	目标属性或信号
LineSensor	SensedPart	Attacher	Child
Attacher	Child	Detacher	Child

图 6-12　机器人工具抓取与释放属性与连结

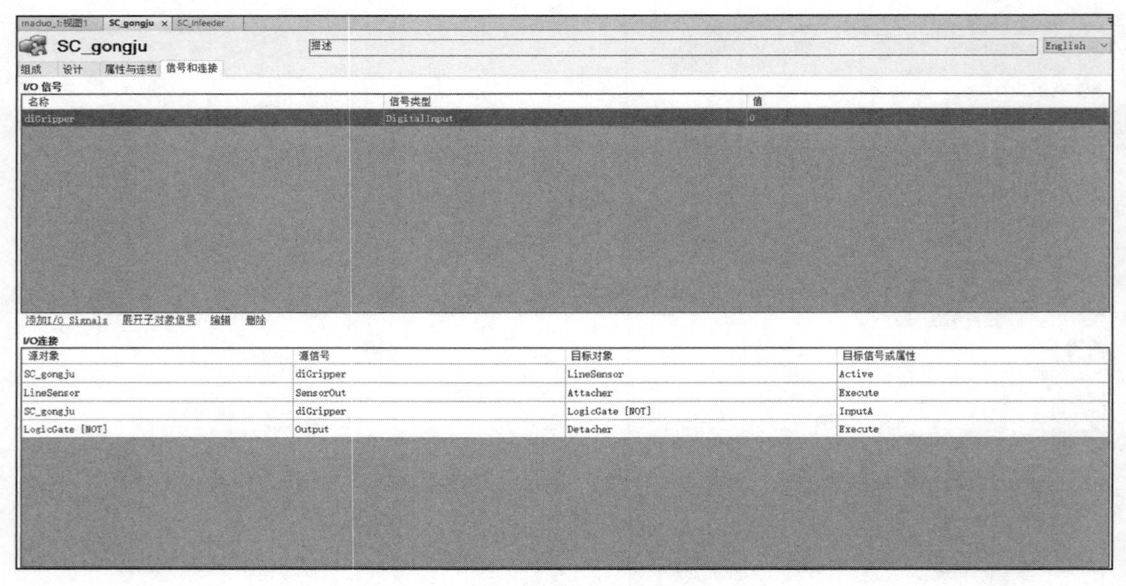

图 6-13　机器人工具抓取与释放信号和连接

6.2.2　机器人搬运码垛任务数据创建

1）单击“控制器”选项卡中的“虚拟示教器”，将“虚拟示教器”改为“手动”模式，并将其语言改为中文，如图 6-14 和图 6-15 所示。

2）打开虚拟示教器操作界面，单击“程序编辑器”，进入后单击“模块”，选择“文件”，新建一个模块，命名为“Banyun”，如图 6-16 ～图 6-18 所示。

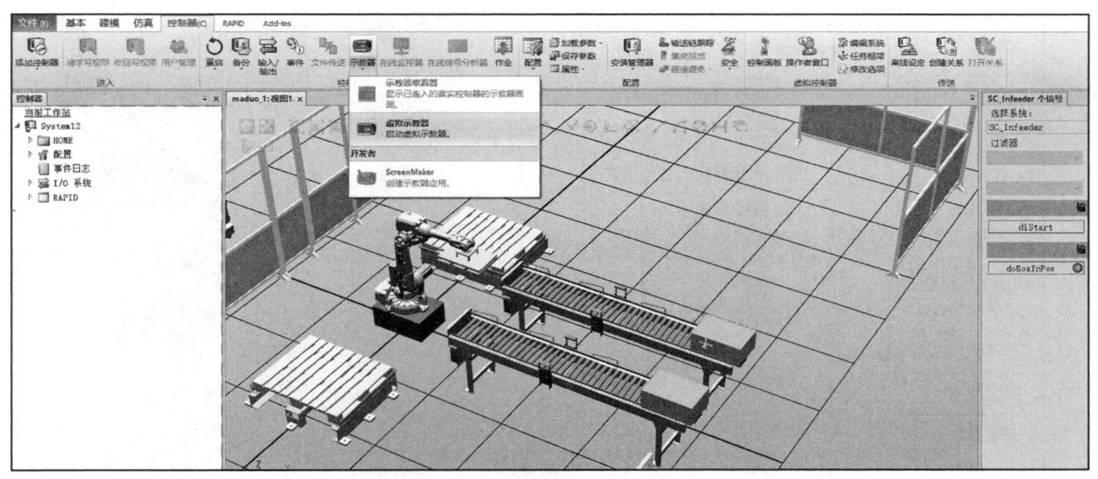

图 6-14　“虚拟示教器”

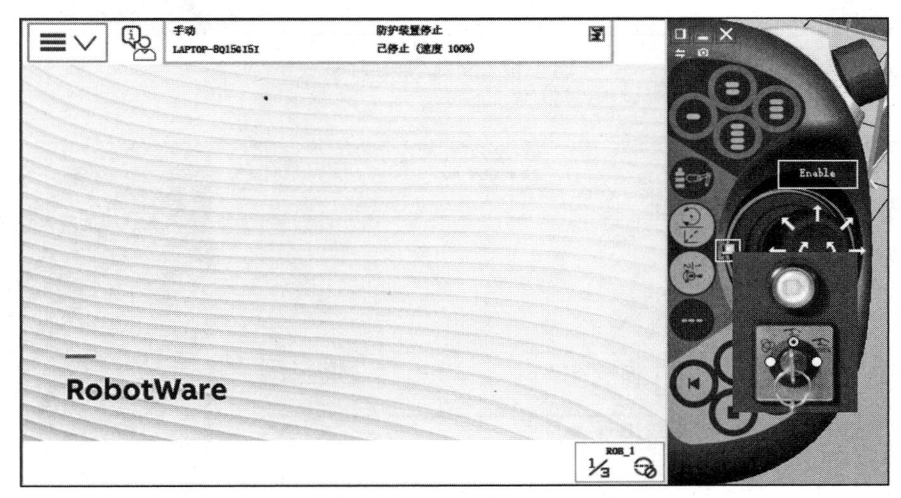

图 6-15　示教器选为“手动”模式并改为中文

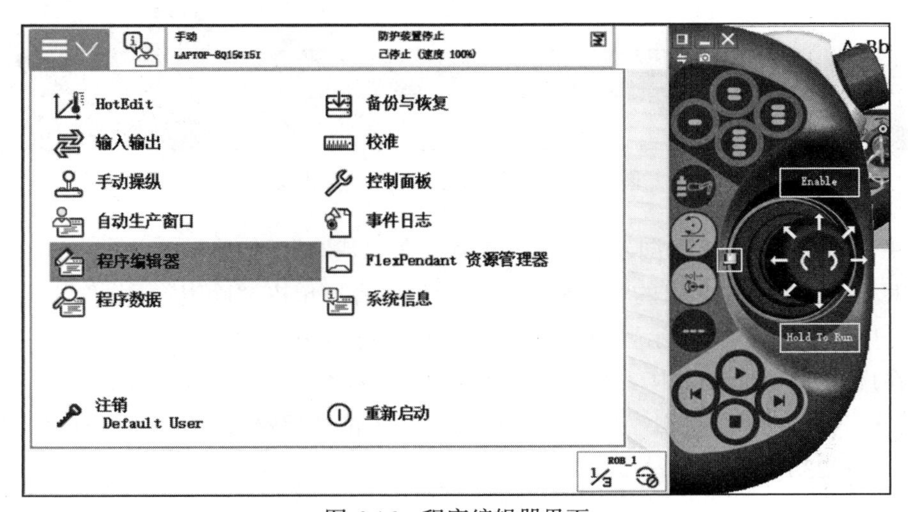

图 6-16　程序编辑器界面

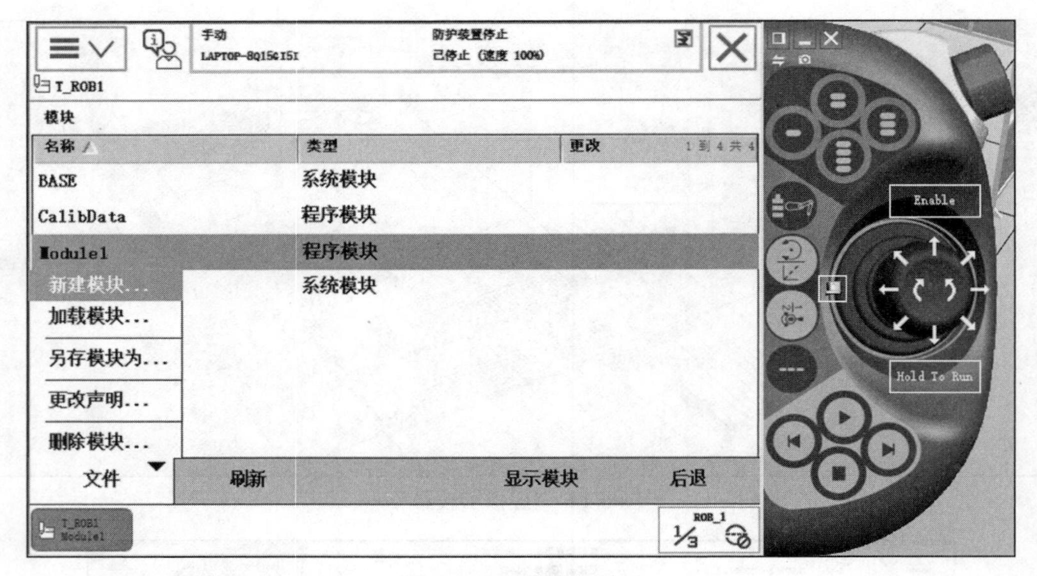

图 6-17　新建模块界面

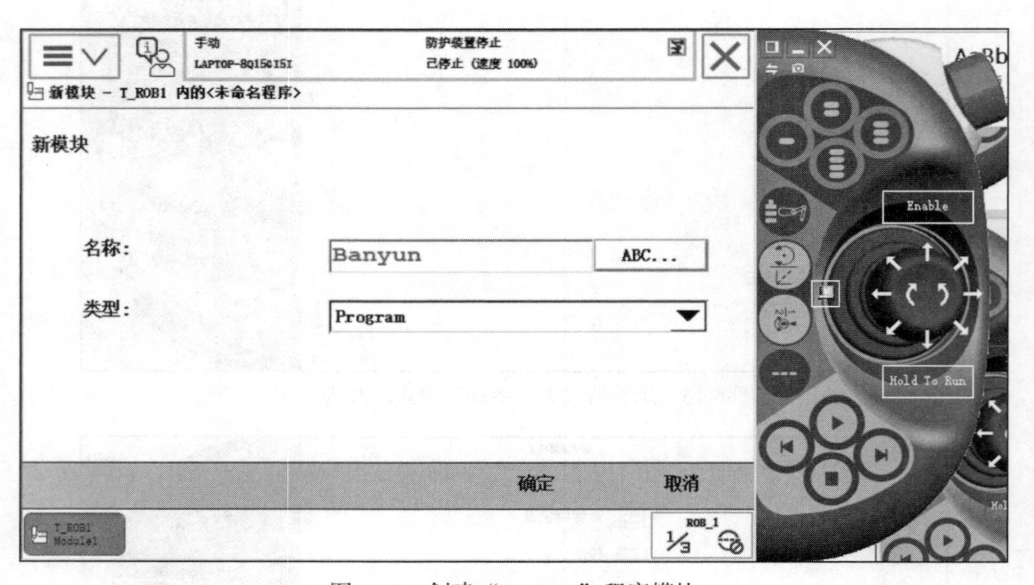

图 6-18　创建“Banyun”程序模块

3）在工作站中将数据同步到 RAPID 中，在“基本”选项卡中单击“同步”，选择“同步到 RAPID…”，在弹出的对话框中全选标识内容，单击“确定”。此步骤能够将工具坐标等信息参数导入到虚拟示教器中，如图 6-19 和图 6-20 所示。

4）在虚拟示教器界面中，单击“手动操纵”，选择“工具坐标”，对虚拟工作站的吸盘工具“tGripper”进行编辑。选中“tGripper”，单击“编辑”，选择“更改声明 …”，如图 6-21 ～图 6-23 所示。

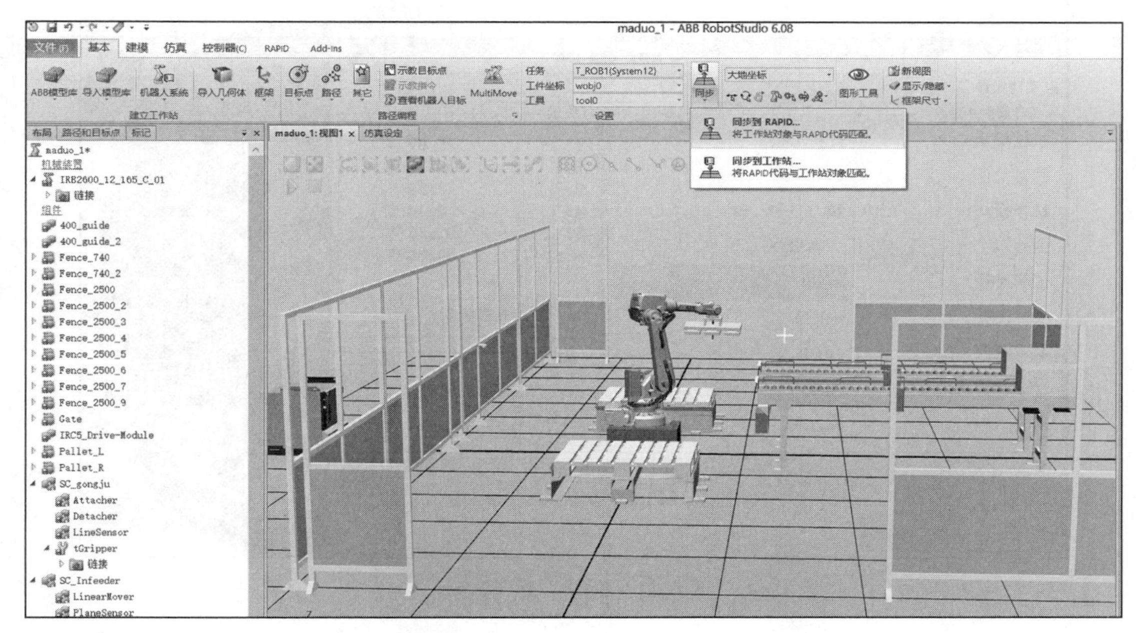

图 6-19　“同步到 RAPID…”

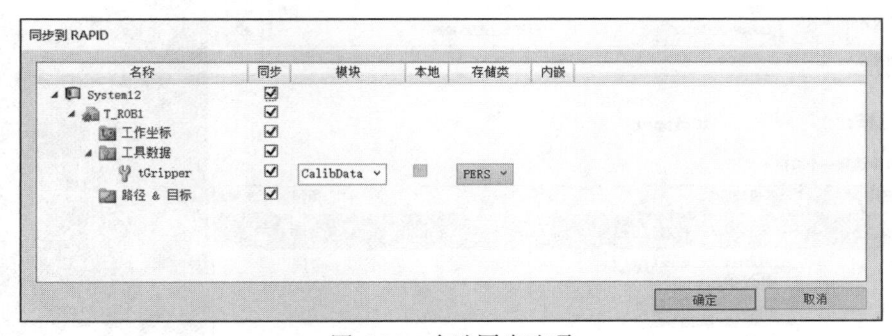

图 6-20　全选同步选项

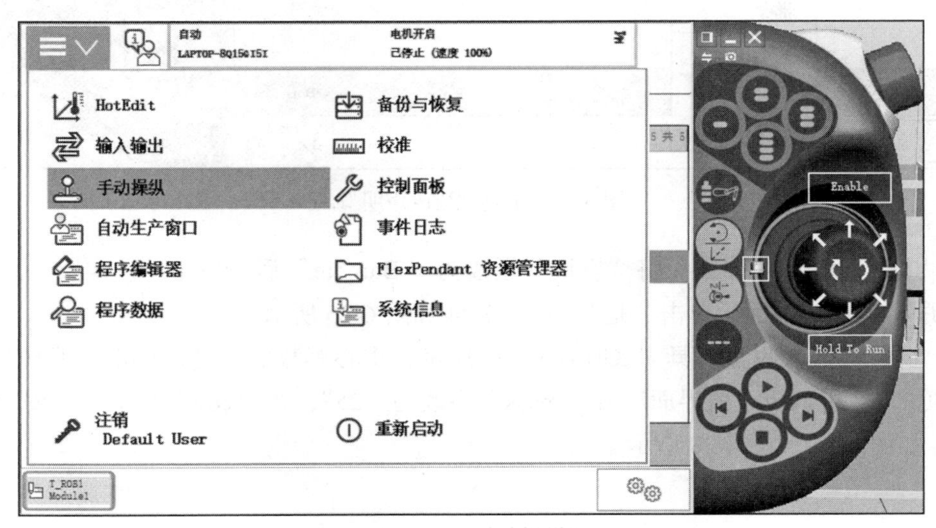

图 6-21　“手动操纵”

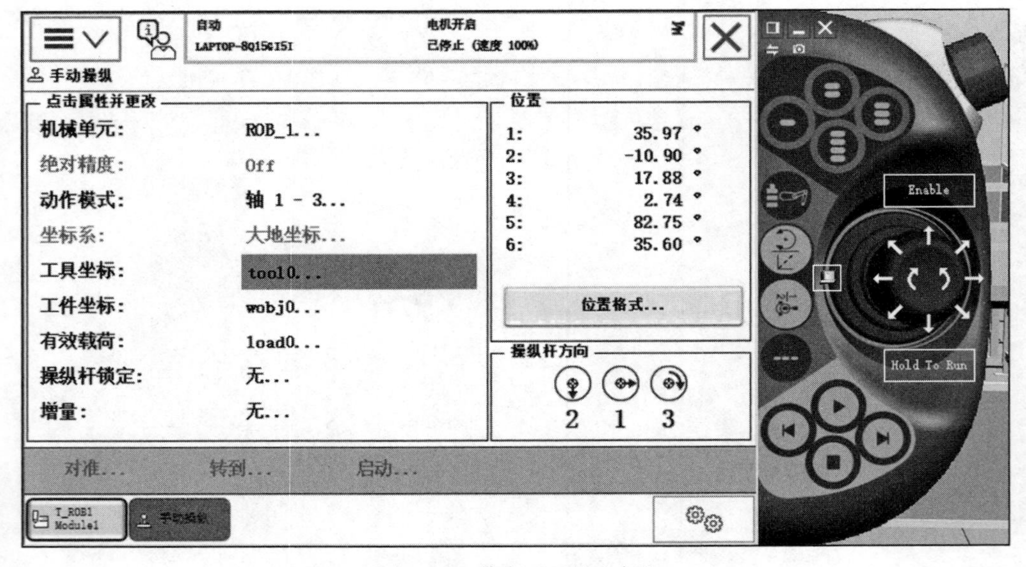

图 6-22　单击“工具坐标”

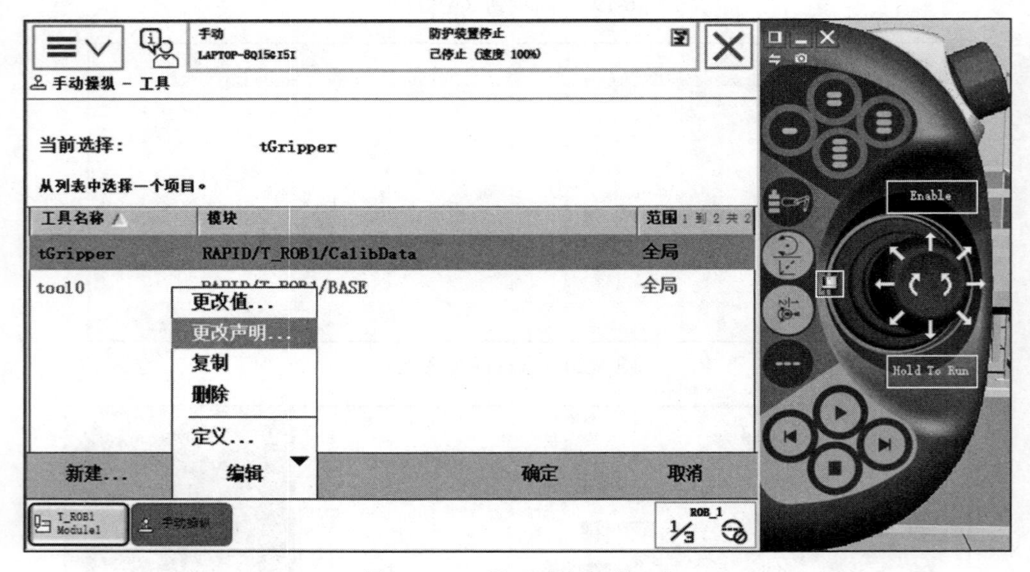

图 6-23　工具“更改声明 ...”

5）进入更改声明界面，将“模块”栏改为“ Banyun”后，单击“确定”。在弹出的丢失程序指针询问界面上单击“是”，如图 6-24 和图 6-25 所示。

6）设置机器人吸盘工具“ tGripper”的质量、重心等数值信息，单击“编辑”，选择“更改值 ...”，进入更改值界面后将“mass”栏改为“25”，在“cog”栏下将“z”值改为“120”，如图 6-26 ～图 6-28 所示。

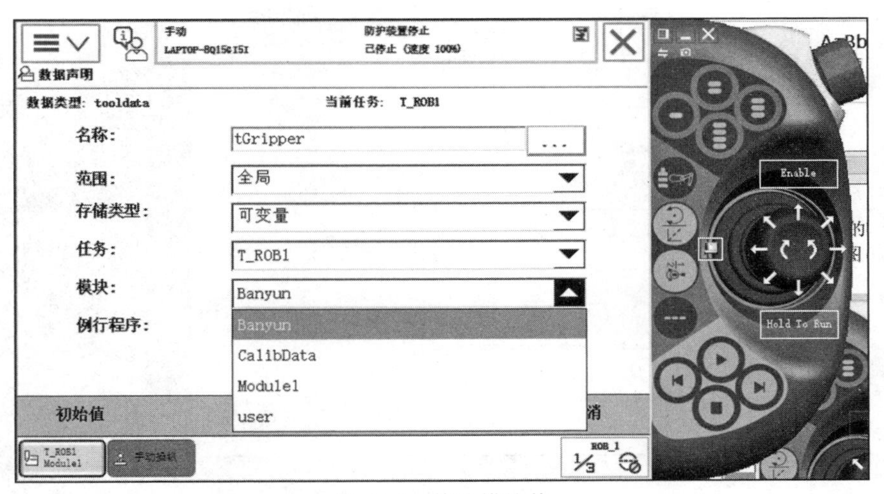

图 6-24　修改模块值

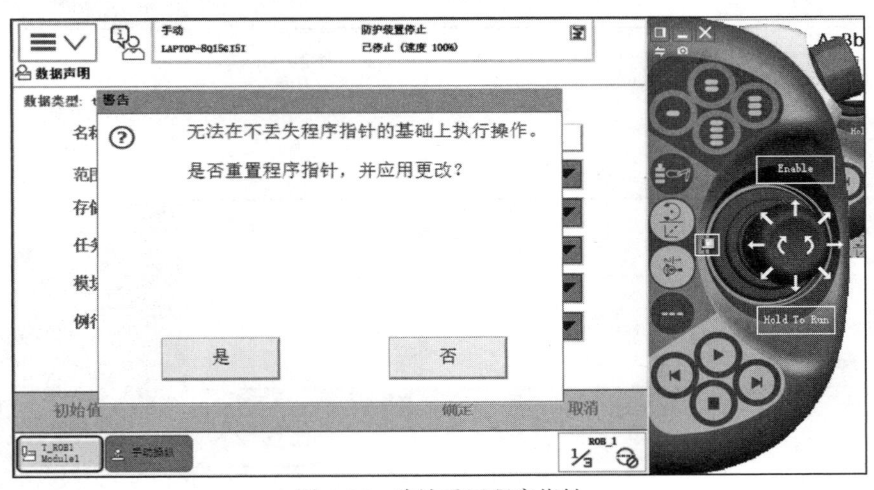

图 6-25　确认重置程序指针

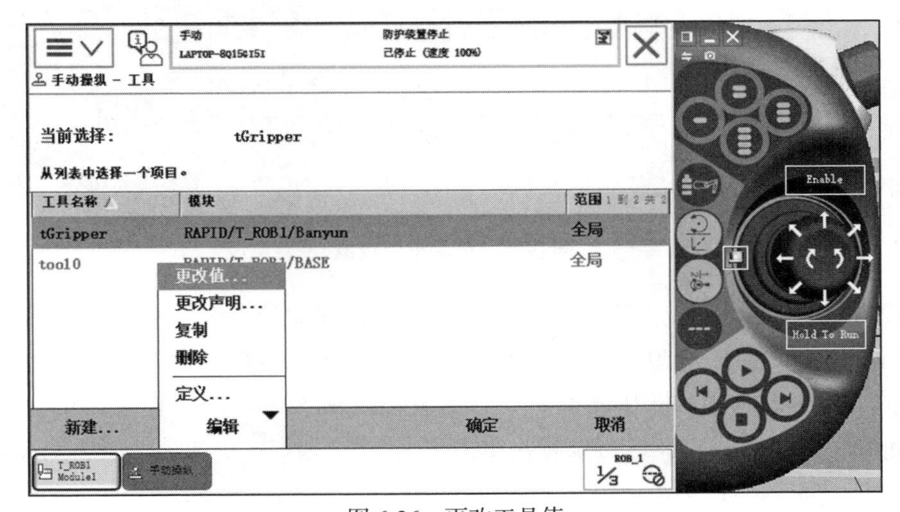

图 6-26　更改工具值

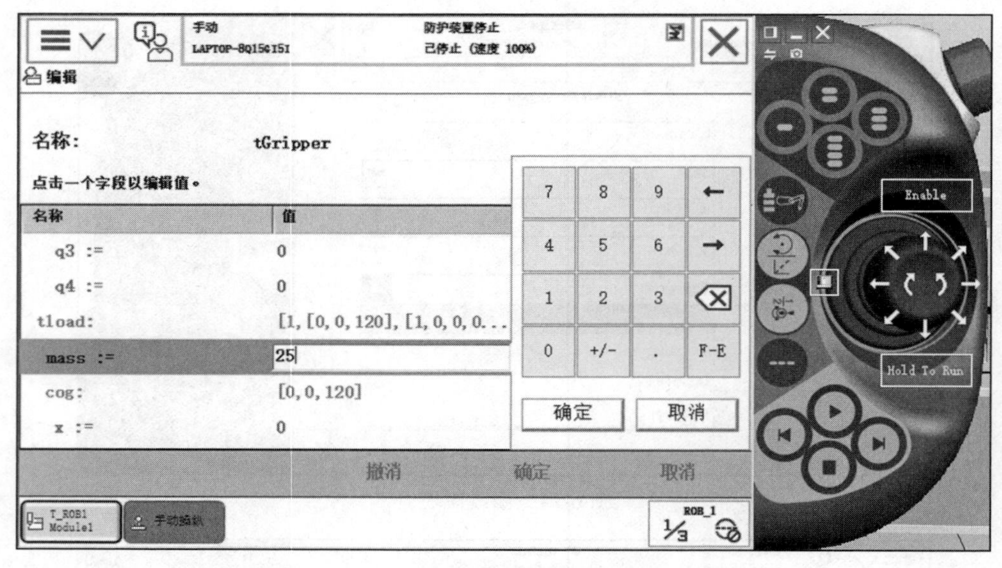

图 6-27　更改“mass”为 25

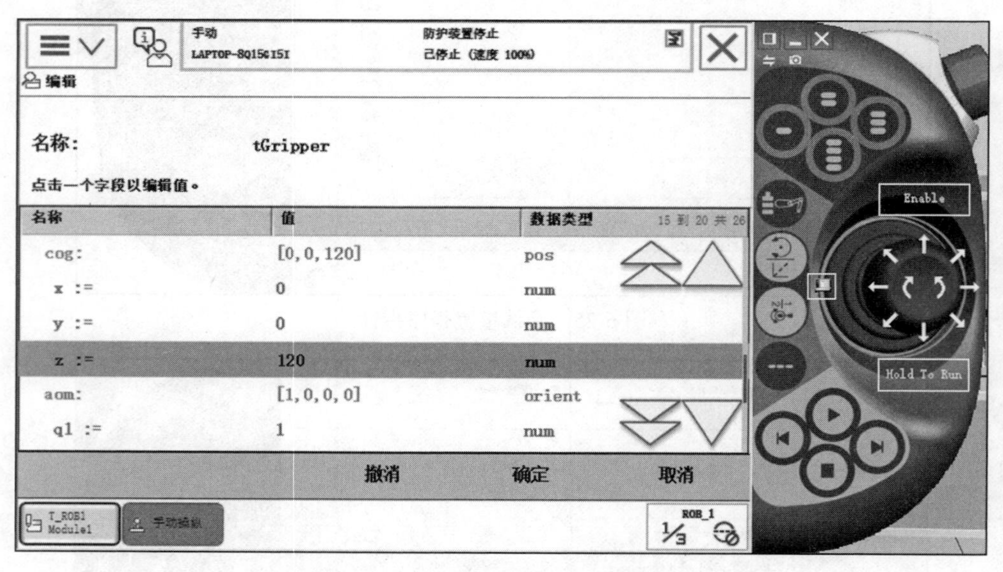

图 6-28　更改重心数值

7）设置好质量和重心之后，需要对工作中的载荷进行设定，在手动操纵界面进入“有效载荷”界面，如图 6-29 所示。进入界面后，单击“新建”，建立如图 6-30 所示数据的空载荷“LoadEmpty”，将其设置为全局变量，归属“Banyun”模块。创建完空载荷“LoadEmpty”后，需要对其进行设置，单击“编辑”，选择“更改值”，将“mass”改为“0.01”即可，如图 6-31 所示。

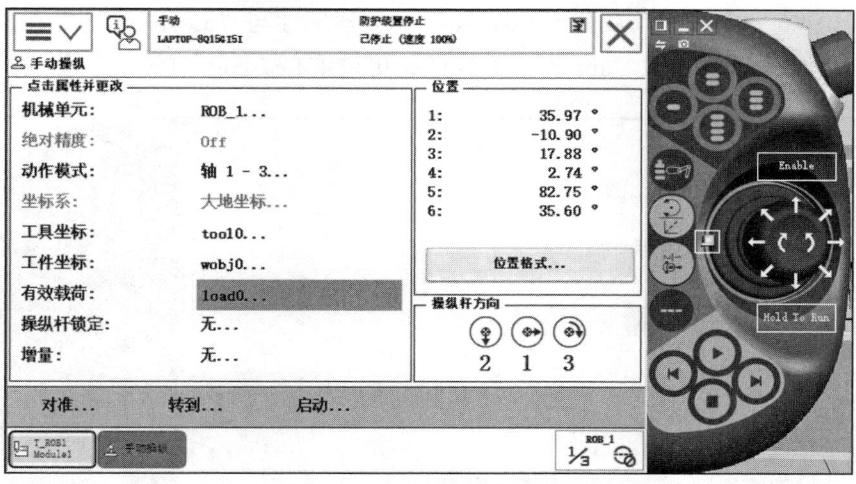

图 6-29　“有效载荷”界面

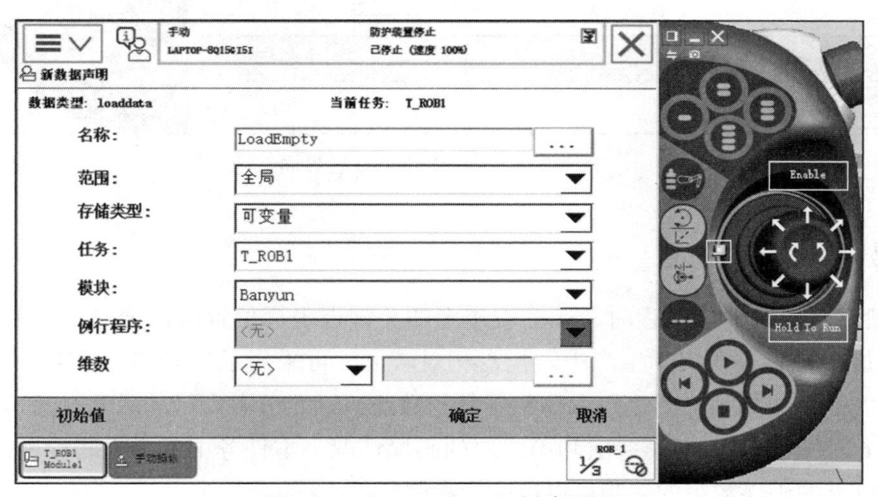

图 6-30　“LoadEmpty”创建界面

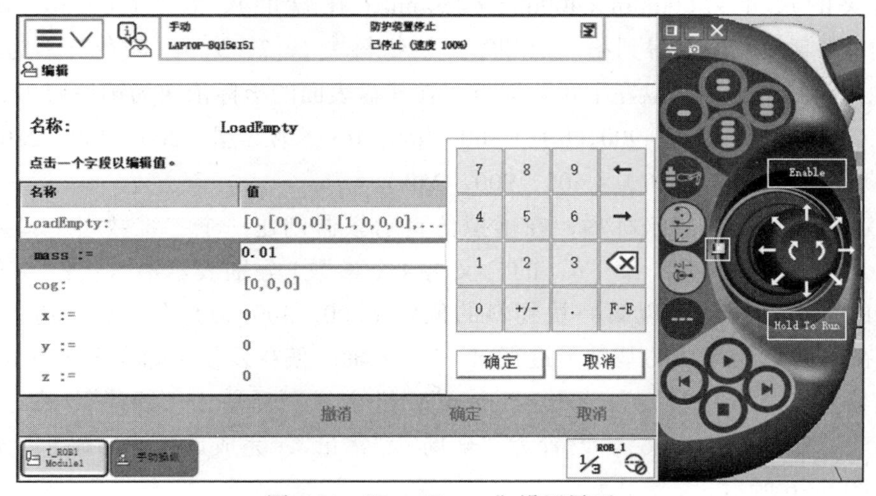

图 6-31　“LoadEmpty”设置界面

8）同样建立一个优秀满载荷“LoadFull”，创建属性与“LoadEmpty”相同，设置界面如图 6-32 所示，需要更改“mass”为“40”，更改重心“cog”的“z”值为“100”。

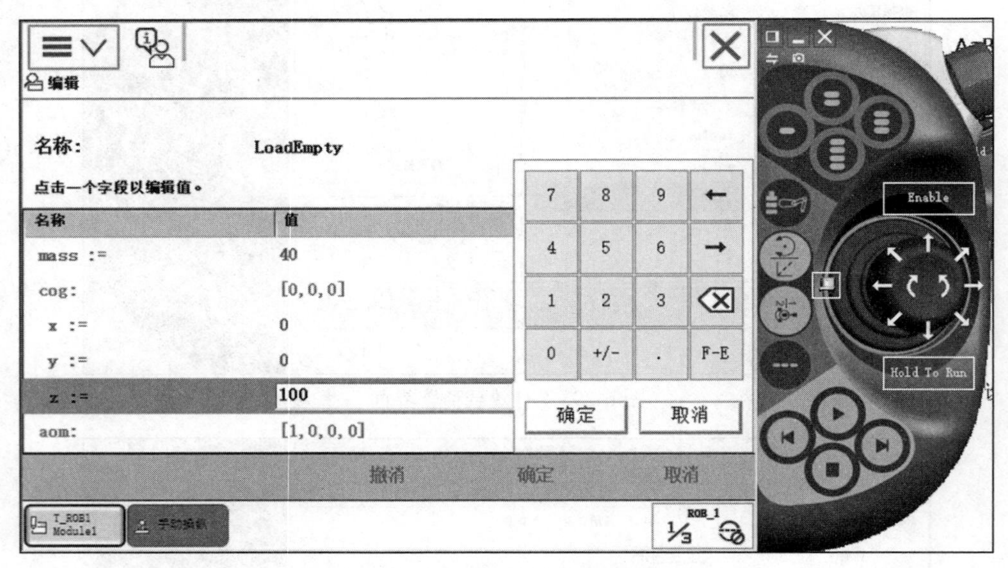

图 6-32 “LoadFull”设置界面

6.2.3 码垛规则讲解

1）搬运码垛机器人编程时，运动轨迹上的关键点坐标位置可以通过示教或者坐标赋值的方式进行设定，在实际生产中若托盘相对较大，可采用示教方式寻求第一个关键点，在第一个关键点的基础上创建码垛物料层数的数组，以此节省大量的示教时间，如图 6-33 所示。图 6-33 分别展示了第一层和第二层的码垛情况，本任务中只考虑码垛两层的情况，关于两层以上的码垛数组的编制可以以此为参照。

物料块的尺寸为 600mm × 400mm × 250mm，托盘的尺寸为 1200mm × 1000mm × 105mm，由几何关系可以得到第一层和第二层物料块 1、2、3、4（颜色分别为红色、黄色、蓝色、绿色）。若以托盘左下角为原点，在托盘表面的坐标依次为第一层（200，300，0），（400，300，0），（200，900，0），（400，900，0）；第二层（200，300，250），（400，300，250），（200，900，250），（400，900，250）。

在确定物料块的放置坐标后，在虚拟仿真示教器创建一个二维数组（8，4），其中“8”的含义为 8 个物料块，而“4”的含义为 4 个参数 [分别表示沿 X、Y、Z 轴的偏移及绕 Z 轴的旋转（Rz）]，以第一块物料的位置（200，300，0）为基准，其余 7 块物料块的位置在第一块物料块的基础上进行 X、Y、Z 轴的偏移及绕 Z 轴的旋转（Rz）。单击虚拟示教器中的“程序数据”，双击“num”，进入界面后单击“新建”，在“Banyun”模块下创建二维数组“reg6”，设置为“全局”“常量”，完成后单击“确定”即可，如图 6-34 ～图 6-36 所示。

图 6-33　码垛摆放位置

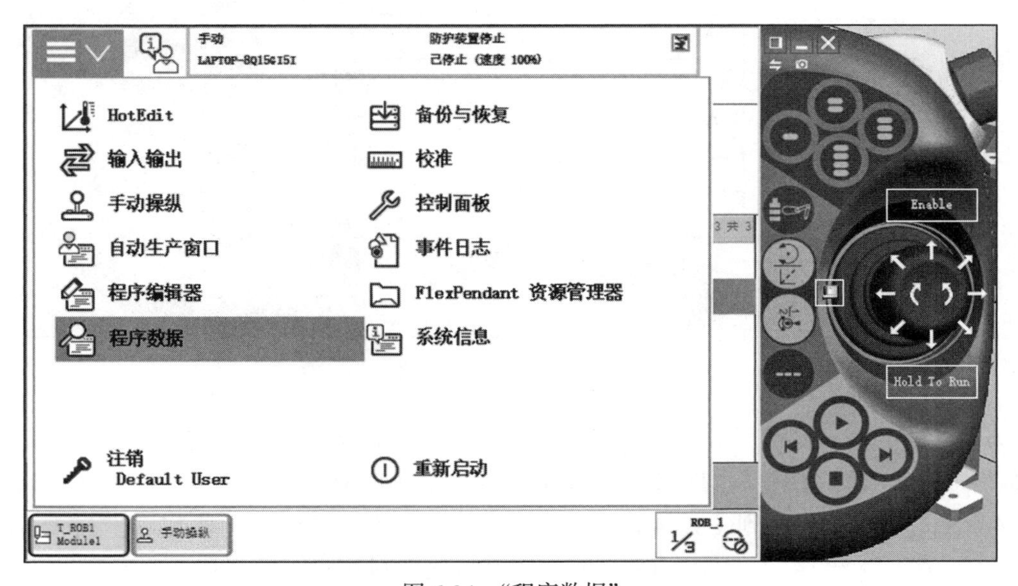

图 6-34　“程序数据”

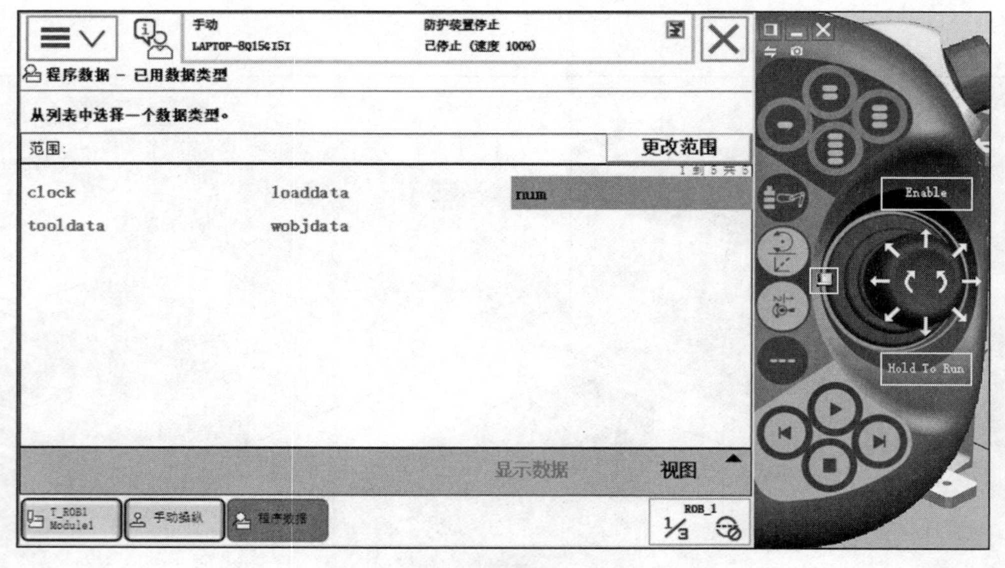

图 6-35　选择“num”模块

图 6-36　“reg6”参数

2）“reg6”二维数组创建完成后，选中“reg6”，单击“编辑”选择“更改值”，进入设置界面。在二维数组中，我们设定的数组为（8，4），按照（1，1），（1，2），（1，3），（1，4），（2，1）……直到（8，4），共计 32 个，由于第一层中第一块物料坐标为（200，300，0），第二块坐标为（400，300，0），使第二块物料相对于第一块物料需要向 X 轴偏移 200，Y 轴和 Z 轴不变。故按照上文所述定义，（1，1）～（1，4）的值全为 0，（2，1）的值为 200，（2，2）～（2，4）的值为 0。同理，第二块到第三块物料的偏移为 X 轴偏移 –200，Y 轴偏移 600，Z 轴不变，（3，1）的值应为 –200，（3，2）的值应为 600，（3，

3）和（3，4）的值为 0。第三块到第四块的偏移为 X 轴偏移 200，Y 轴和 Z 轴不变，（4，1）的值为 200，（4，2）～（4，4）的值为 0。第二层除了 Z 轴发生变化，其余不变，故（5，1）的值为 –200，（5，2）的值为 600，（5，3）的值为 250，（5，4）的值为 0，（6，1）的值为 200，（6，2）～（6，4）的值为 0，（7，1）的值为 –200，（7，2）的值为 600，（7，3）和（7，4）的值为 0，（8，1）的值为 200，（8，2）～（8，4）的值为 0。这些内容如图 6-37 ～图 6-43 所示。

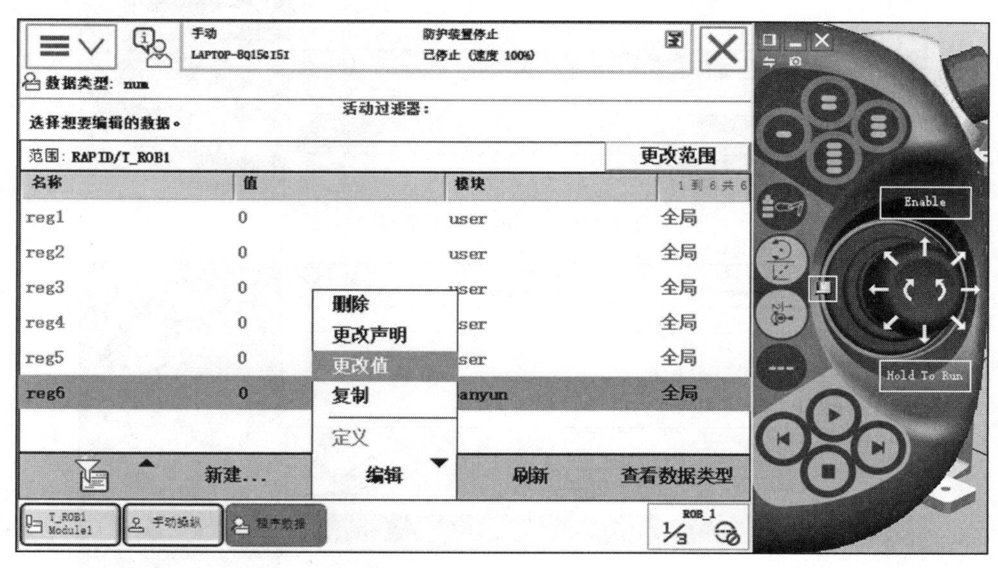

图 6-37　更改“reg6”数组

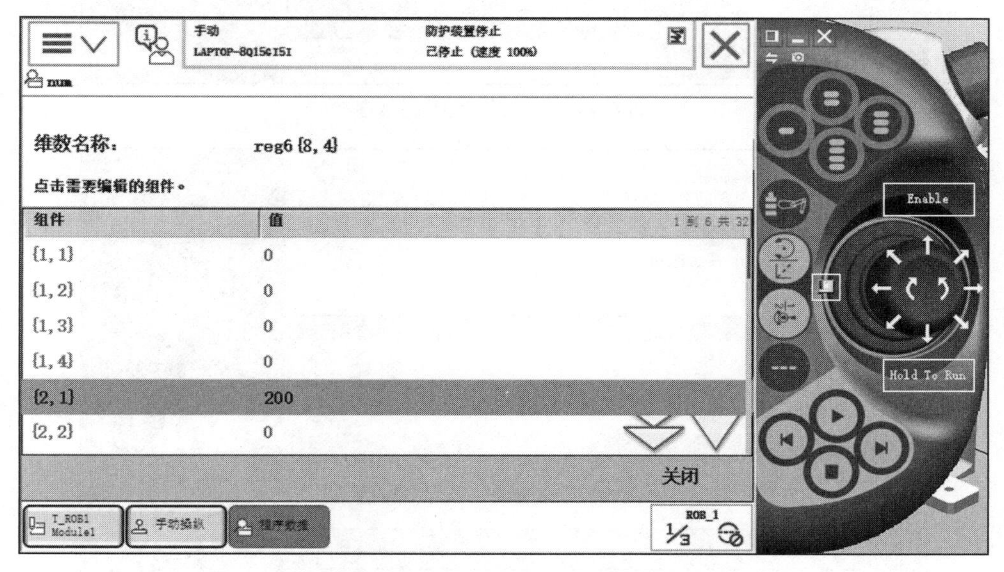

图 6-38　“reg6”数组展示 1

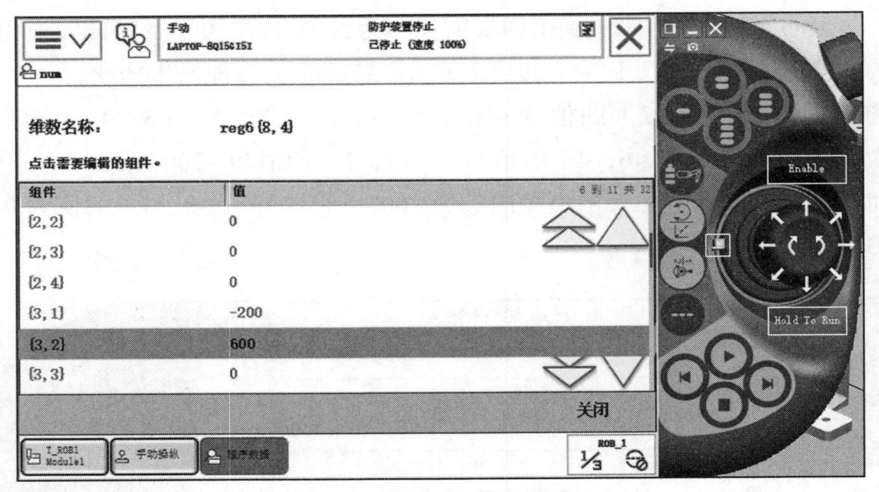

图 6-39 “reg6”数组展示 2

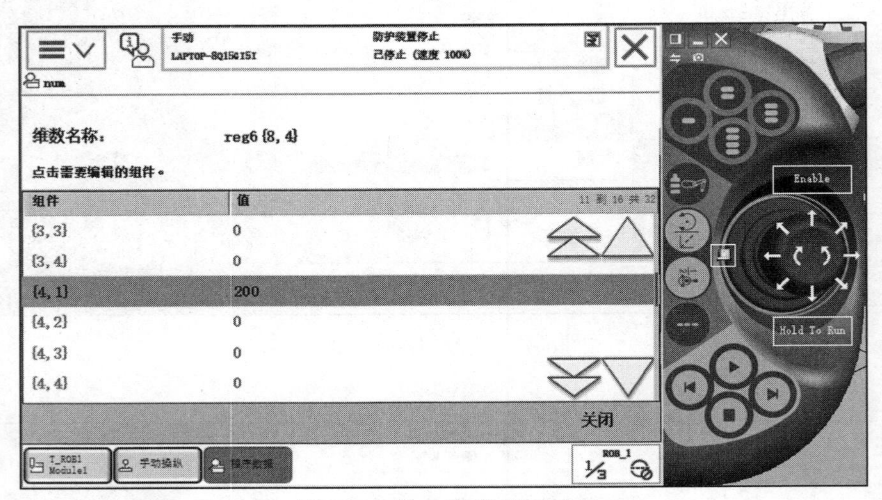

图 6-40 “reg6”数组展示 3

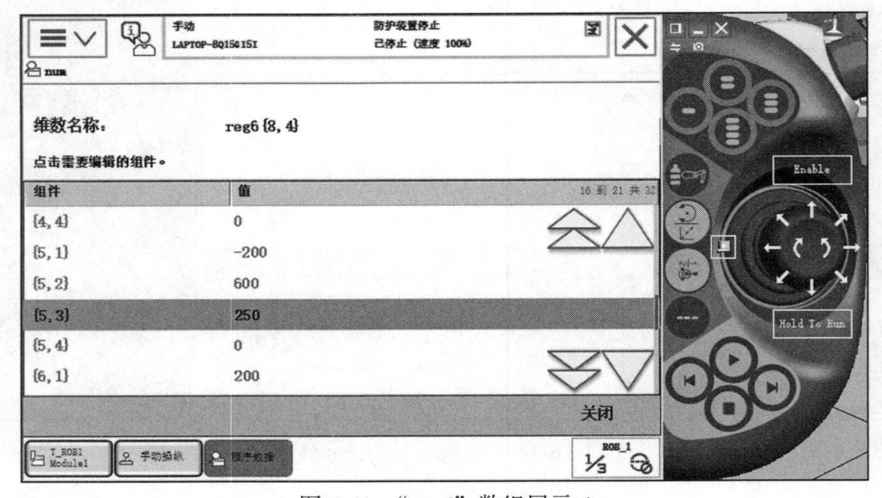

图 6-41 “reg6”数组展示 4

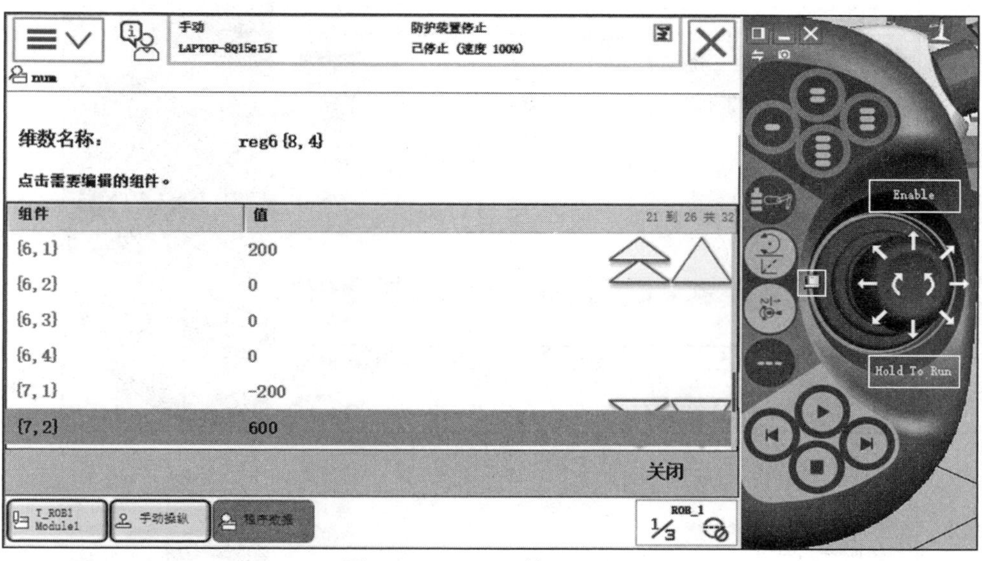

图 6-42　“reg6”数组展示 5

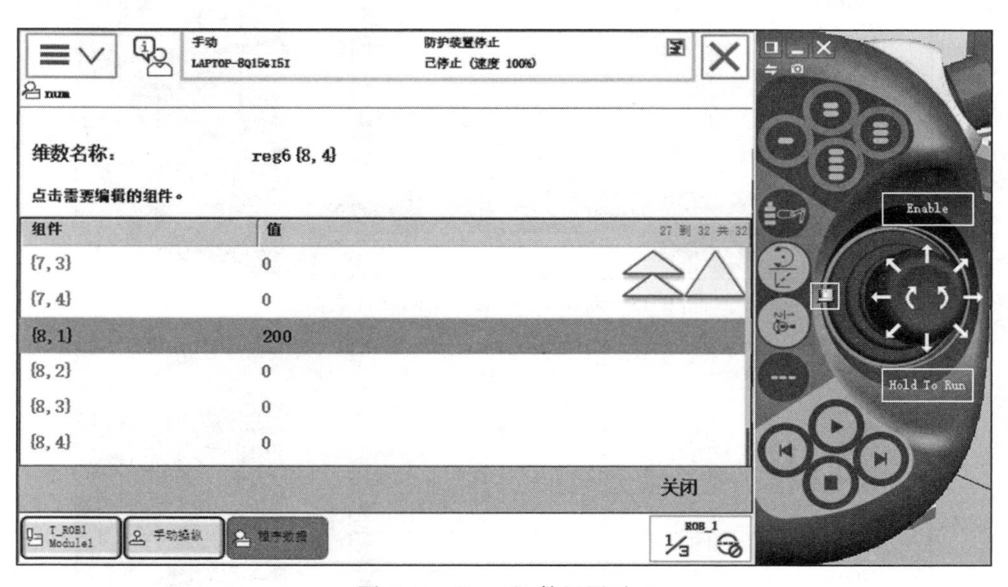

图 6-43　“reg6”数组展示 6

3）在完成码垛的数组创建后，新建两个计数器数据“nCount1”和“nCount2”用于记录搬运码垛机器人工作站在工作过程中的码垛情况，在“num”界面单击“新建 ...”，创建过程如图 6-44 ～图 6-46 所示。

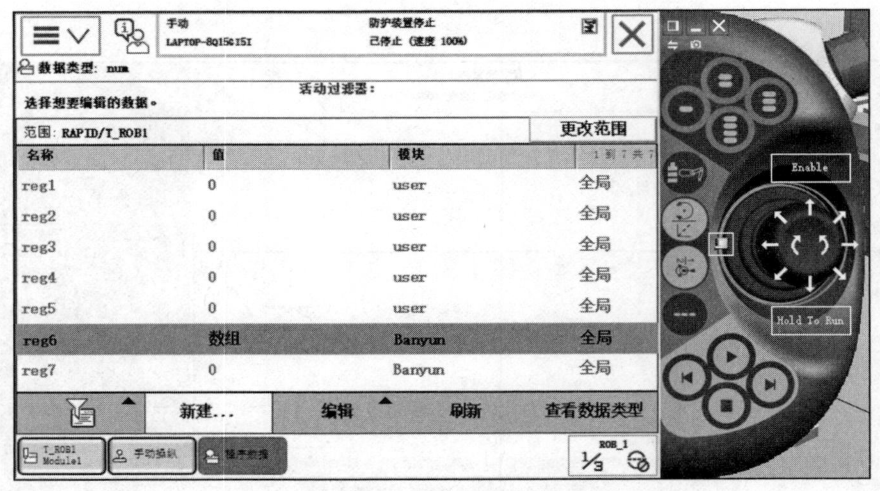

图 6-44　新建码垛计数器

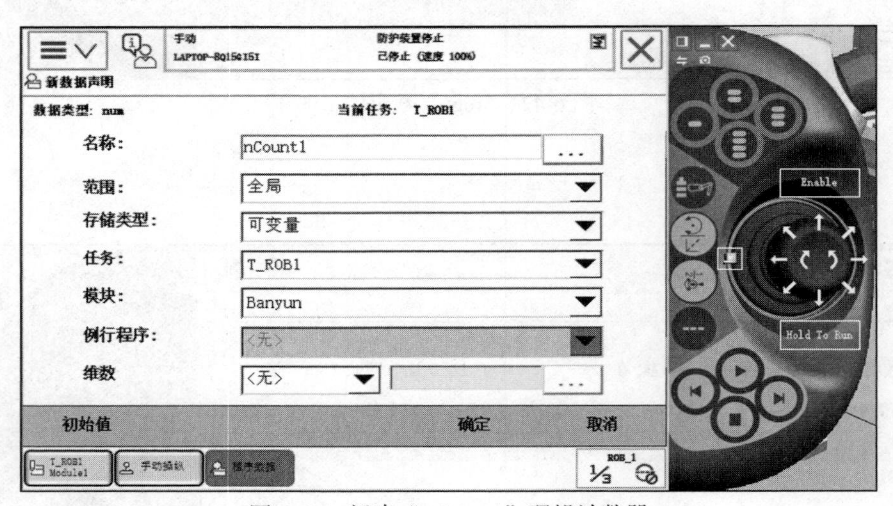

图 6-45　新建“nCount1”码垛计数器

图 6-46　新建“nCount2”码垛计数器

4）在搬运码垛工作任务中，机器人搬运物料块，在托盘上码垛，需要对托盘上物料块的数目进行确定，上述已经创建了计数器“nCount1”和“nCount2”，用于统计两个托盘上物料块的数目。如果托盘上的物料块已满（达到 8 个），则工作站会给机器人一个布尔信号（“True”），停止码垛，如果托盘上的物料块不足 8 个，布尔信号为“False”，则机器人继续码垛。单击“程序数据”，单击“视图”，选择“全部数据类型”，双击选择“bool”数据，单击新建布尔量“bPalleFull1”，然后单击“确定”，同样，创建一个布尔量“bPalleFull2”，如图 6-47 ～图 6-49 所示。

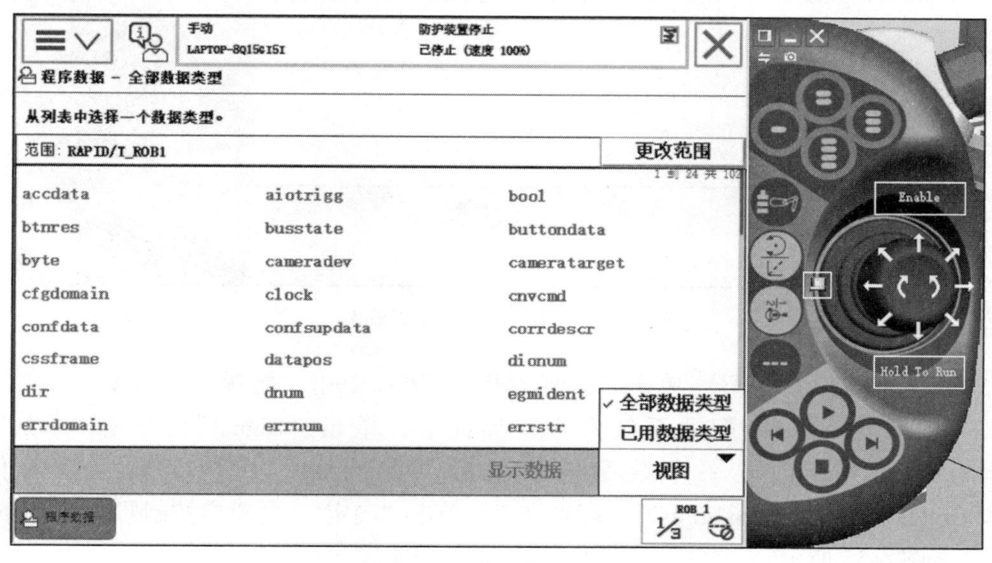

图 6-47　数据类型一览

图 6-48　布尔量创建

手动 LAPTOP-8Q15GI5I 防护装置停止 已停止（速度 100%）

数据类型：bool

选择想要编辑的数据。 活动过滤器：

范围：RAPID/T_ROB1 更改范围

名称	值	模块	1到2共2
bPalleFull1	FALSE	Banyun	全局
bPalleFull2	FALSE	Banyun	全局

新建... 编辑 刷新 查看数据类型

程序数据 ROB_1 1/3

Enable Hold To Run

图 6-49 布尔量创建完成效果

5）下面创建I/O信号，单击“控制面板”，选择单击“配置系统参数”如图 6-50 和图 6-51 所示。进入“配置系统参数”界面后，单击“Signal”，单击“添加”创建新的I/O信号，创建一个数字输出信号“do_Xipan”和两个数字输入信号“diBoxInPos1”和“diBoxInPos2”，配置完成后单击“确定”，并重启控制器。配置参数如图 6-52 ～图 6-55 所示。

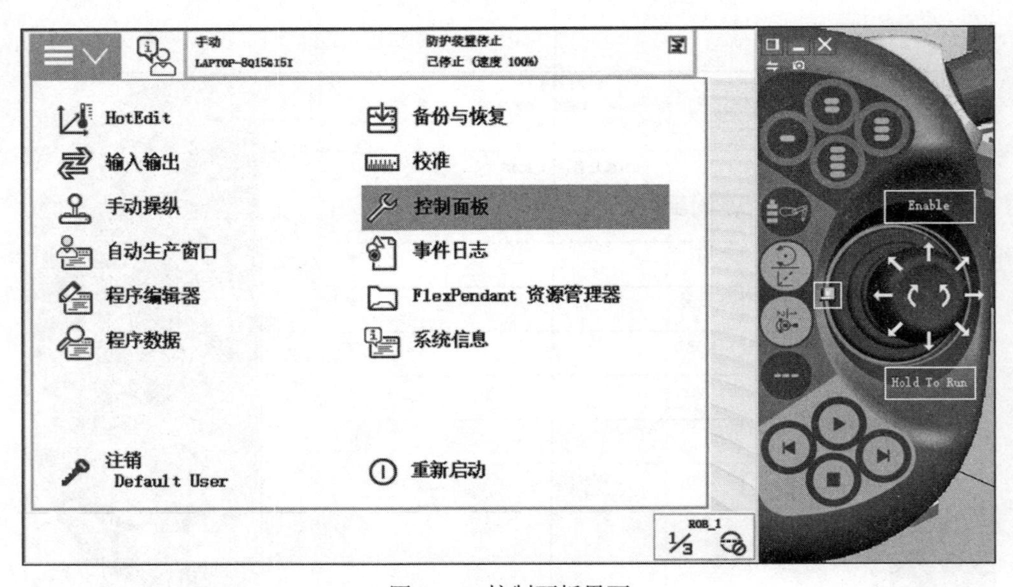

图 6-50 控制面板界面

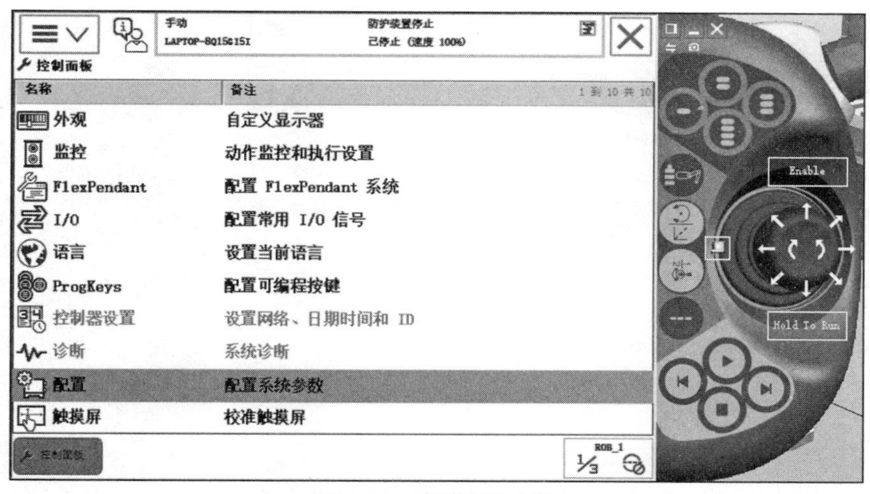

图 6-51　配置系统参数

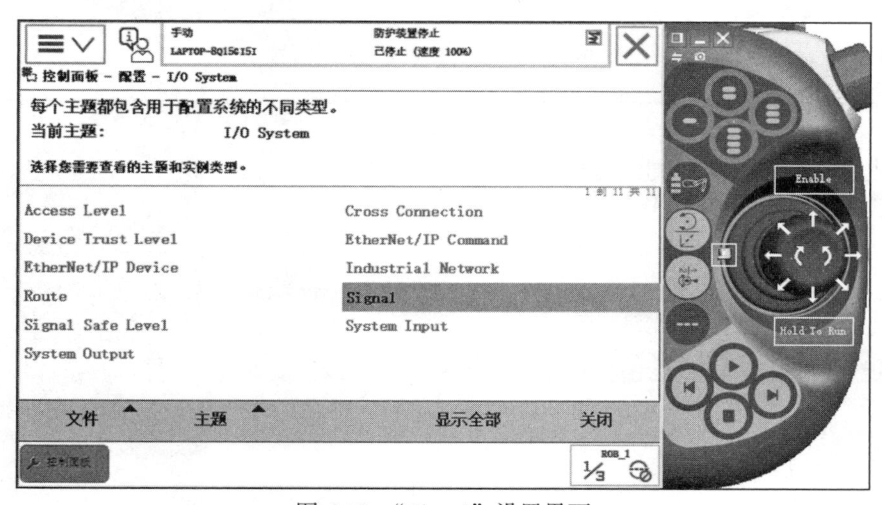

图 6-52　“Signal”设置界面

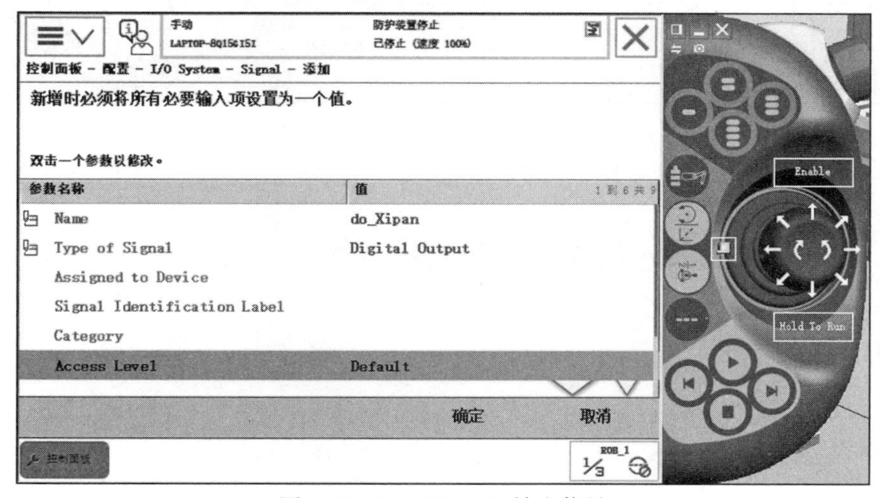

图 6-53　“do_Xipan”输出信号

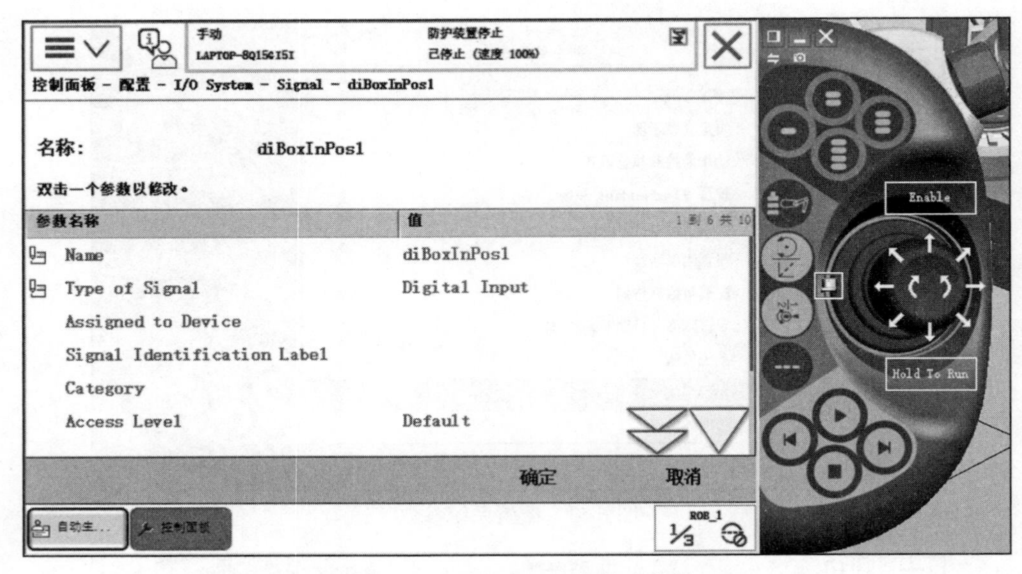

图 6-54 “diBoxInPos1”输入信号

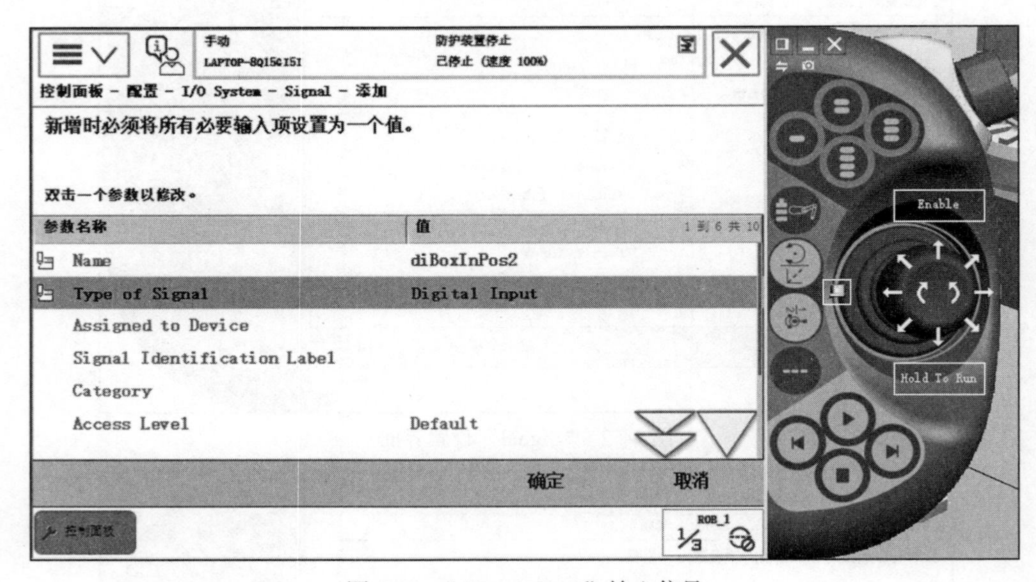

图 6-55 “diBoxInPos2”输入信号

6.3 双物料盘机器人码垛工作站程序编制

6.3.1 程序整体解析

```
MODULE Banyun
PERS tooldata tGripper:=[TRUE, [[0, 0, 160], [1, 0, 0, 0]], [25, [0, 0, 120], [1, 0, 0, 0], 0, 0, 0]];! 定义工具坐标系
```

```
PERS loaddata LoadEmpty:=[40, [0, 0, 100], [1, 0, 0, 0], 0, 0, 0];! 定义工具空载负荷
PERS loaddata LoadFull:=[0, [0, 0, 0], [1, 0, 0, 0], 0, 0, 0];! 定义工具满载负荷
CONST num reg7:=0;
CONST num reg6{8, 4}:=[[0, 0, 0, 0], [200, 0, 0, 0], [-200, 600, 0, 0], [200, 0, 0, 0],[-200, 600, 250, 0], [200, 0, 0, 0], [-200, 600, 0, 0], [200, 0, 0, 0]];! 定义码垛数组
PERS num nCount1:=0;! 定义两个计数器，当码垛一块物料后，计数器加1
PERS num nCount2:=0;
PERS bool bPalleFull1:=FALSE;! 定义两个布尔量
PERS bool bPalleFull2:=FALSE;
CONST jointtarget pHome:=[[27.2562, 9.83663, -10.579, 0.368097, 91.4566, 27.2633], [9E+9, 9E+9, 9E+9, 9E+9, 9E+9, 9E+9]];! 定义Home点
CONST robtarget p10:=[[1379.62, 648.74, 740.15], [0.012144, 0.000316382, 0.999805, 0.0155881], [0, 0, 0, 0], [9E+9, 9E+9, 9E+9, 9E+9, 9E+9, 9E+9]];! 定义吸盘拾取右边输送链物料位置
CONST robtarget p20:=[[749.67, 703.07, 1024.15], [0.0121441, 0.000316217, 0.999805, 0.0155882], [0, 0, 0, 0], [9E+9, 9E+9, 9E+9, 9E+9, 9E+9, 9E+9]];! 定义吸盘拾取右边输送链物料位置后抬升一段的安全位置
CONST robtarget p30:=[[-63.47, 925.86, 1121.21], [0.00145123, -0.687228, 0.726432, 0.00345563], [1, 0, 0, 0], [9E+9, 9E+9, 9E+9, 9E+9, 9E+9, 9E+9]];! 定义右边托盘上方有一定高度的安全位置
CONST robtarget p40:=[[151.70, 1331.31, 327.44], [1.26142E-8, -4.85241E-8, 1, -1.13107E-9], [0, -1, 0, 0], [9E+9, 9E+9, 9E+9, 9E+9, 9E+9, 9E+9]];! 定义右边托盘第一块放置位置
CONST robtarget p110:=[[1379.62, -648.74, 740.15], [0.012144, 0.000316382, 0.999805, 0.0155881], [0, 0, 0, 0], [9E+9, 9E+9, 9E+9, 9E+9, 9E+9, 9E+9]];! 定义吸盘拾取左边输送链物料位置
CONST robtarget p120:=[[749.67, -703.07, 1024.15], [0.0121441, 0.000316217, 0.999805, 0.0155882], [0, 0, 0, 0], [9E+9, 9E+9, 9E+9, 9E+9, 9E+9, 9E+9]];! 定义吸盘拾取左边输送链物料位置后抬升一段的安全位置
CONST robtarget p130:=[[101.3, -1199, 1501.21], [0.00145123, -0.687228, 0.726432, 0.00345563], [1, 0, 0, 0], [9E+9, 9E+9, 9E+9, 9E+9, 9E+9, 9E+9]];! 定义左边托盘上方有一定高度的安全位置
CONST robtarget p140:=[[287.49, -1930.76, 45.20], [1.26142E-8, -4.85241E-8, 1, -1.13107E-9], [0, -1, 0, 0], [9E+9, 9E+9, 9E+9, 9E+9, 9E+9, 9E+9]];! 定义左边托盘第一块放置位置
PROC rInitAll()! 初始化程序，用于复位信号，复位数据
    ConfL\Off;! 关闭轴监控
    ConfJ\Off;
```

```
        Reset do_Xipan;! 复位吸盘工具
        MoveAbsJ pHome\NoEOffs, v1000, z50, tGripper;! 回到 Home 点
        bPalletFull1 := FALSE;! 复位布尔量
        bPalletFull2 := FALSE;
        nCount1 := 1;! 复位计数器，将其设置为 1
        nCount2 := 1;
    ENDPROC
PROC rPick1()! 拾取程序
        MoveAbsJ pHome\NoEOffs, v1000, z50, tGripper;! 回到 Home 点
        MoveL Offs(p10, 0, 0, 100), v1000, z50, tGripper;! 机器人运动关节到 100mm 上方
        MoveL p10, v1000, z50, tGripper;! 机器人线性运动到 p10 点
        Set do_Xipan;! 打开吸盘
        WaitTime 0.5;! 等待 0.5s
        GripLoad LoadFull;! 加载负荷数据
        MoveL Offs(p10, 0, 0, 100), v1000, z50, tGripper;! 机器人线性运动到 p10 点上方 100mm 处
        MoveL p20, v1000, z50, tGripper;! 机器人线性运动到 p20 点
    ENDPROC
PROC rPlace1()! 物料放置程序
        MoveJ p30, v1000, z50, tGripper;! 机器人运动到 p30 点
        MoveL RelTool(p40, reg6{nCount1, 1}, reg6{nCount1, 2}, reg6{nCount1, 3}-100\Rz:=reg6{nCount1, 4}), v1000, z50, tGripper;! 机器人采用关节运动，移动到物料块放置位置正上方 100mm 处
        MoveL RelTool(p40, reg6{nCount1, 1}, reg6{nCount1, 2}, reg6{nCount1, 3}\Rz:=reg6{nCount1, 4}), v1000, z50, tGripper;! 机器人线性运动至物料块放置位置
        Reset do_Xipan;! 关闭吸盘
        WaitTime 0.5;! 等待 0.5s
        GripLoad LoadEmpty;! 加载负荷数据
        MoveL RelTool(p40, reg6{nCount1, 1}, reg6{nCount1, 2}, (reg6{nCount1, 3}-100)\Rz:=reg6{nCount1, 4}), v1000, z50, tGripper;! 线性运动至放置位置正上方 100mm 处
        MoveJ p30, v1000, z50, tGripper;! 移动到 p30 点位置
        nCount1:=nCount1+1;! 完成放置后数值加 1
        IF nCount1>8 THEN! 做出判断，若 nCount1 值大于 8，则判断物料已经放满，将布尔量 bPalleFull1 设置为 TRUE，否则继续运行
            bPalleFull1:= TRUE;
        ENDIF
    ENDPROC
PROC rPick2() 拾取程序 2
```

```
        MoveAbsJ pHome\NoEOffs, v1000, z50, tGripper;! 机器人回到 Home 点
        MoveL Offs(p110, 0, 0, 100), v1000, z50, tGripper; 在点 p110 的
基础上点偏移
        MoveL p110, v1000, z50, tGripper; 机器人回到 p110 点
        Set do_Xipan; 打开吸盘
        WaitTime 0.5; 等待 0.5s
        GripLoad LoadFull; 加载负荷数据
        MoveL Offs(p110, 0, 0, 100), v1000, z50, tGripper; 在点 p110 的
基础上点偏移
        MoveL p120, v1000, z50, tGripper; 机器人回到 p120 点
    ENDPROC
  PROC rPlace2() 物料放置程序 2
        MoveJ p130, v1000, z50, tGripper; 机器人回到 p130 点
        MoveL RelTool(p140, reg6{nCount1, 1}, reg6{nCount1, 2}, reg6
{nCount1, 3}-100\Rz:=reg6{nCount1, 4}), v1000, z50, tGripper; 机器人采用关节
运动，移动到物料块放置正上方 100mm 处
        MoveL RelTool(p140, reg6{nCount1, 1}, reg6{nCount1, 2}, reg6
{nCount1, 3}\Rz:=reg6{nCount1, 4}), v1000, z50, tGripper; 机器人线性运动至物
料块放置位置
        Reset do_Xipan; 关闭吸盘
        WaitTime 0.5; 等待 0.5s
        GripLoad LoadEmpty; 加载负荷数据
        MoveL RelTool(p140, reg6{nCount1, 1}, reg6{nCount1, 2}, (reg6{nCount1,
3}-100)\Rz:=reg6{nCount1, 4}), v1000, z50, tGripper;! 线性运动至放置位置正上方
100mm 处
        MoveJ p130, v1000, z50, tGripper; 机器人回到 p130 点
        nCount2:=nCount2+1; 更改物块计数
        IF nCount2>8 THEN! 物块计数判断
            bPalleFull2:= TRUE;
        ENDIF
    ENDPROC
  PROC main()! 主程序
        rInitAll; ! 调用初始化程序
        WHILE TRUE DO! 利用循环将初始化程序隔开，循环进行放置动作
            IF bPalleFull1 = FALSE AND diBoxInPos1 = 1 THEN! 判断是否满足条件
                rPick1; ! 执行码垛和拾取程序
                rPlace1; 执行码垛程序 1
            ENDIF
        IF bPalleFull2 = FALSE AND diBoxInPos2 = 1 THEN! 判断是否满足条件
                rPick2; 执行拾取程序 2
                rPlace2; 执行码垛程序 2
```

```
            ENDIF
        ENDWHILE
    ENDPROC
ENDMODULE
```

6.3.2 程序模块编制与参数设置

（1）创建吸盘拾取程序

在开始程序前，需要选择好工具坐标和工件坐标，本任务工具坐标为“tGripper…”，在“手动操纵”界面设置，如图 6-56 所示。单击“程序编辑器”，进入“Banyun”模块如图 6-57 和图 6-58 所示。

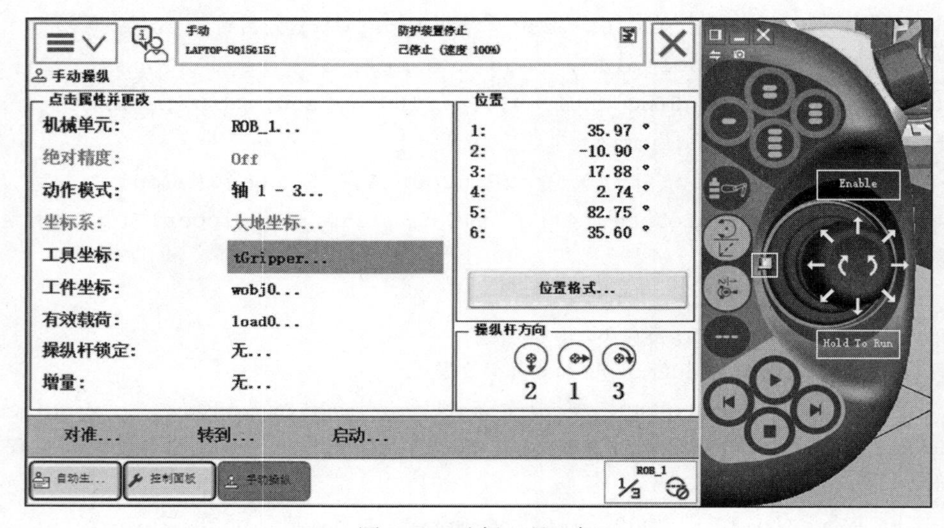

图 6-56 选择工具坐标

图 6-57 进入程序编辑器

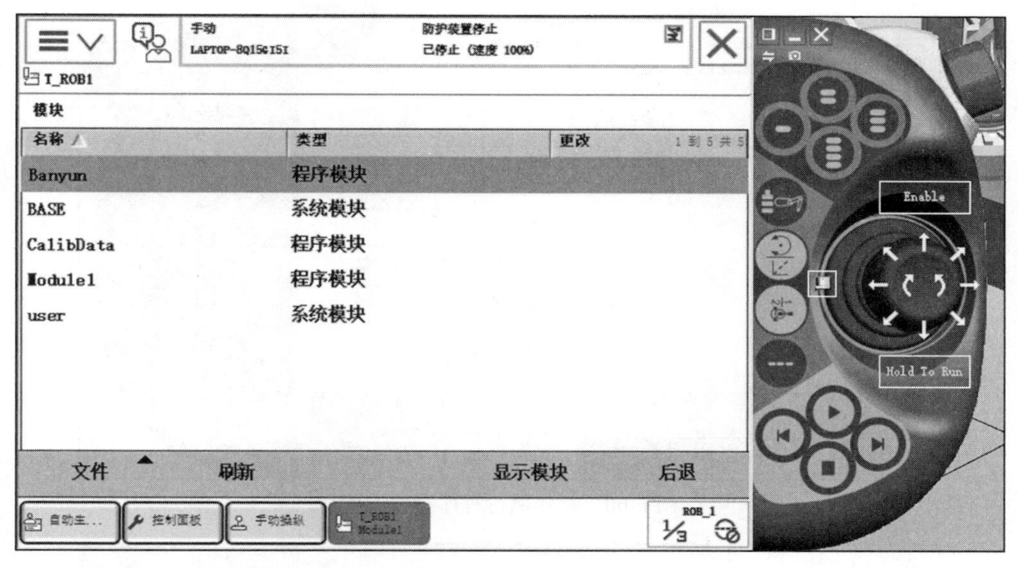

图 6-58　进入“Banyun”模块

新建一个例行程序“rPick1”，单击“例行程序”，选择“文件”，选择“新建例行程序...”，设置完成后单击“确定”即可，完成创建后单击“显示例行程序”，如图 6-59～图 6-61 所示。

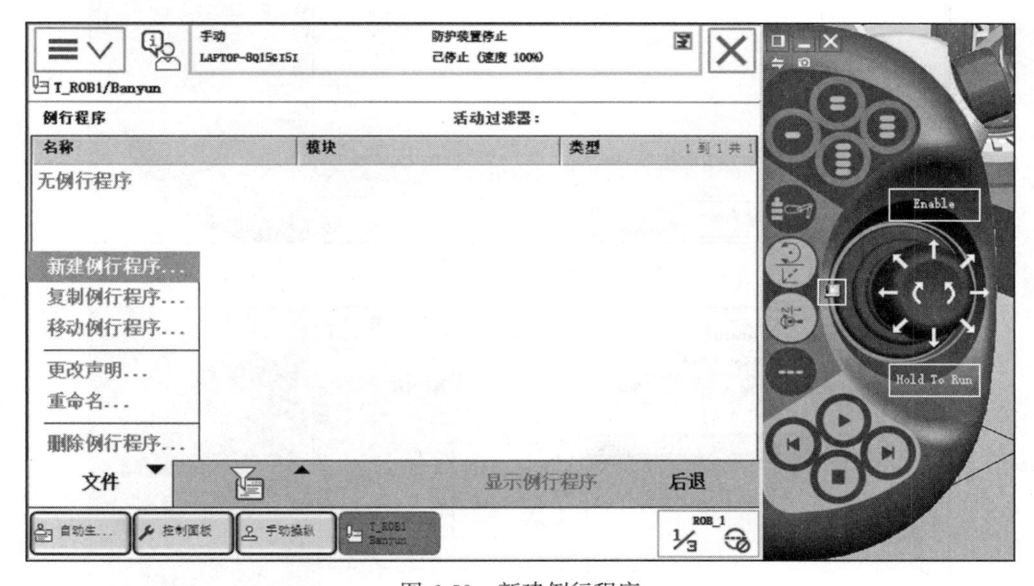

图 6-59　新建例行程序

新建机器人安全点“pHome”。该点是机器人在作业中的原点，常用绝对位置运动指令“MoveAbsJ”使机器人采用单轴运动的方式达到目标点。在例行程序“rPick1”中，单击“添加指令”，选择“MoveAbsJ”，如图 6-62 所示。双击“*”，单击“新建”进入编辑界面，“pHome”点参数如图 6-63 和图 6-64 所示，添加完成后单击“确定”。

手动 LAPTOP-8Q156I5I 防护装置停止 已停止 (速度 100%)

新例行程序 - T_ROB1 内的<未命名程序>/Banyun

例行程序声明

名称: rPick1 ABC...

类型: 程序

参数: 无 ...

数据类型: num ...

模块: Banyun

本地声明: □ 撤消处理程序: □

错误处理程序: □ 向后处理程序: □

结果... 确定 取消

图 6-60　新建例行程序参数设置

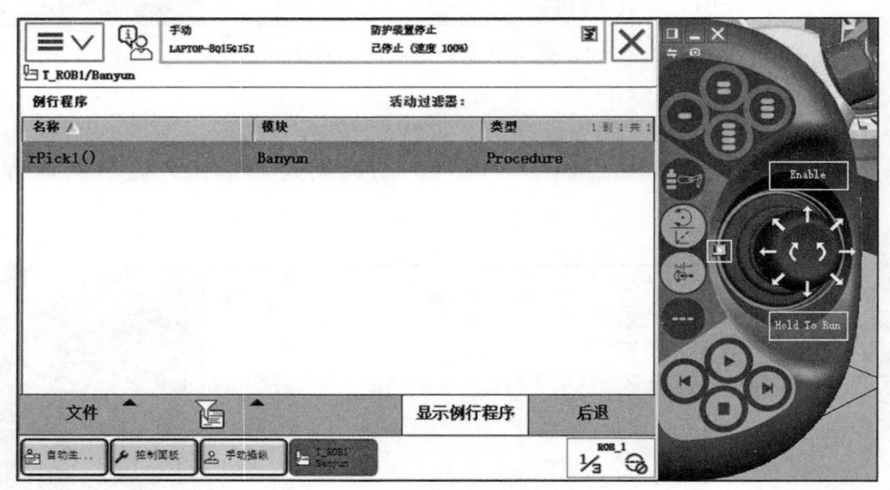

图 6-61　显示新建的例行程序

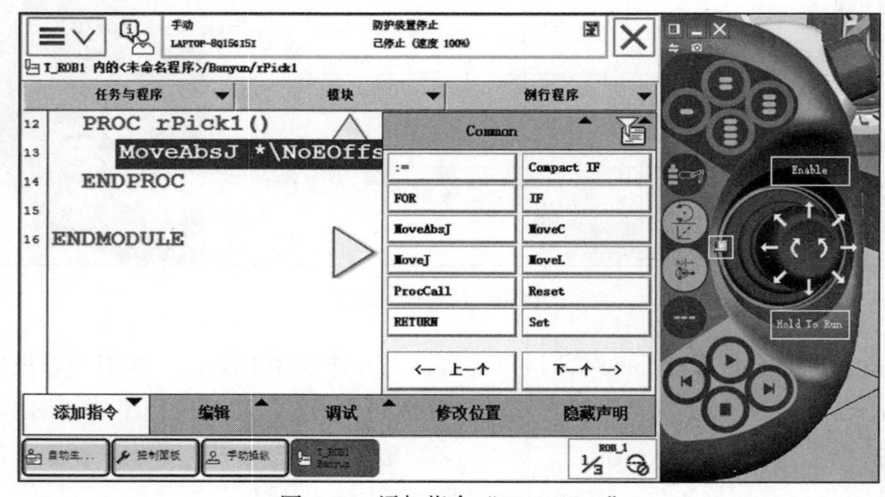

图 6-62　添加指令“MoveAbsJ”

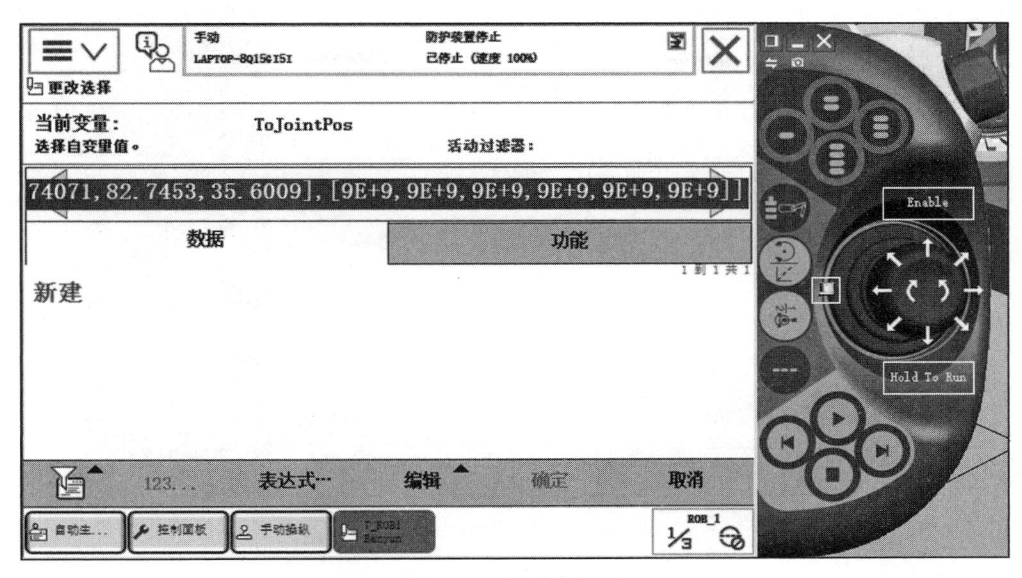

图 6-63　新建点界面

手动
LAPTOP-8Q15GI5I
防护装置停止
已停止 (速度 100%)
新数据声明
数据类型: jointtarget　　当前任务: T_ROB1
名称: pHome
范围: 全局
存储类型: 常量
任务: T_ROB1
模块: Banyun
例行程序: <无>
维数: <无>
初始值　确定　取消

图 6-64　编辑点参数

单击选择“pHome”点，并单击“确定”，在工作站内让机器人回到初始点，调整机器人 TCP 点，使其平行于 X 轴，并示教该点位置，在弹出的对话框中选择“修改”，如图 6-65～图 6-67 所示。

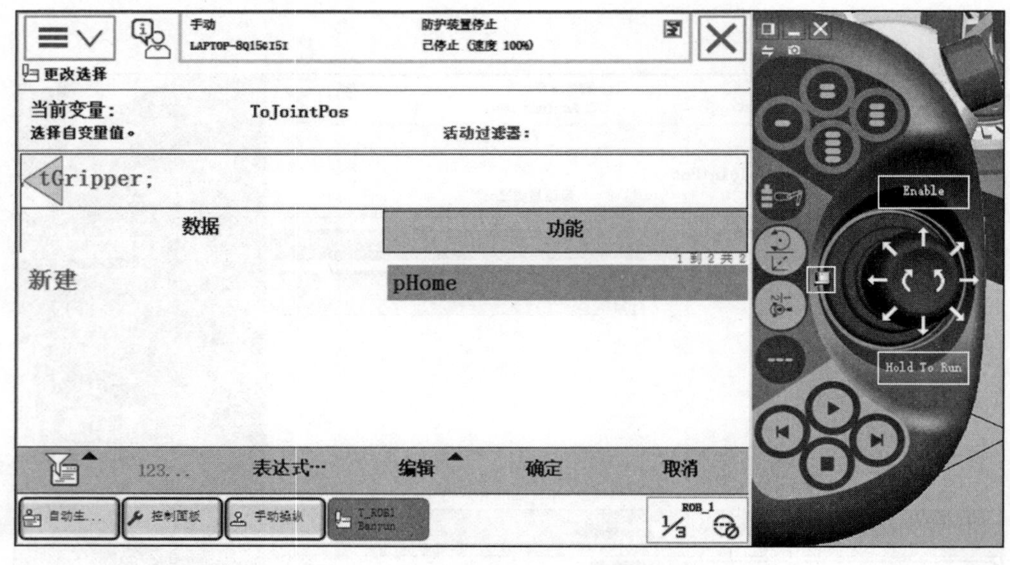

图 6-65　选择“pHome”点

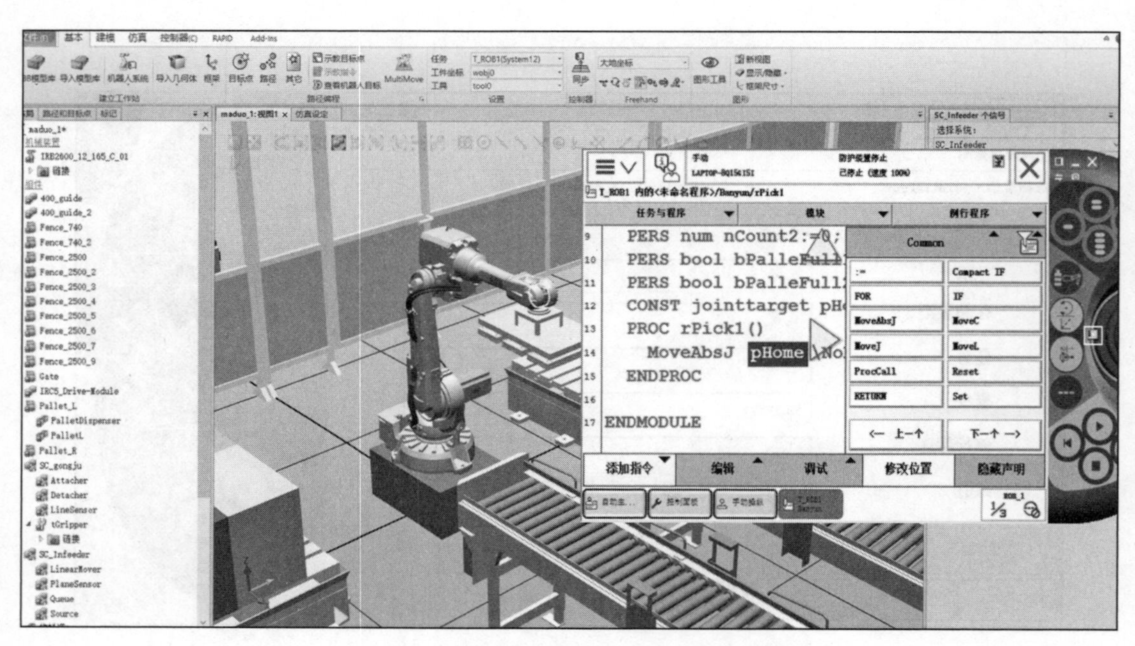

图 6-66　使机器人回到初始点并修改位置

新建点“p10”，该点主要用来实现对物块的抓取，使机器人处于抓取物块的临界状态，也可以作为机器人从“pHome”点到“p10”点的逼近点的参考点，可先通过仿真输送链将物块送到输送链末端，用“手动线性”方式将吸盘移动至物料块中心，并将此点设为“p10”点，“p10”点设置方法与“pHome”点相似，如图 6-68 所示。

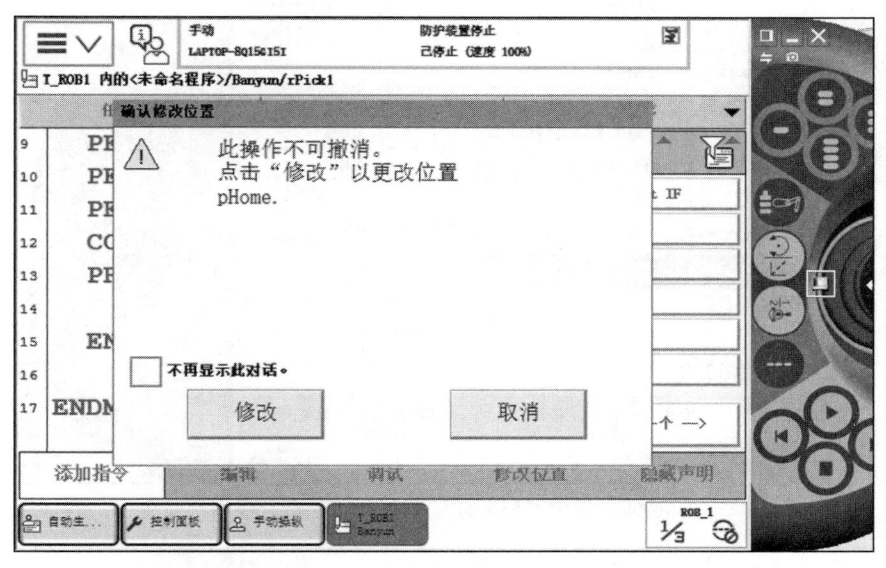

图 6-67　修改位置提示

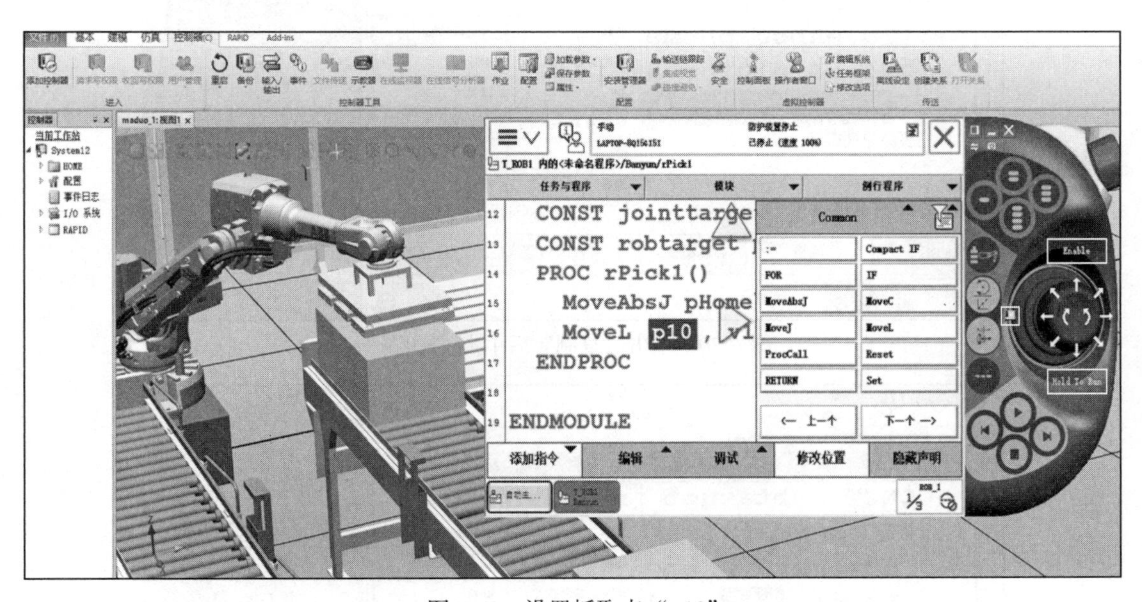

图 6-68　设置抓取点“p10”

设置一个逼近点，使机器人从“pHome”点到“p10”点位置时，在逼近点以较慢的速度到达“p10”位置，对原有“p10”点指令复制编辑即可，如图 6-69 ～图 6-75 所示。

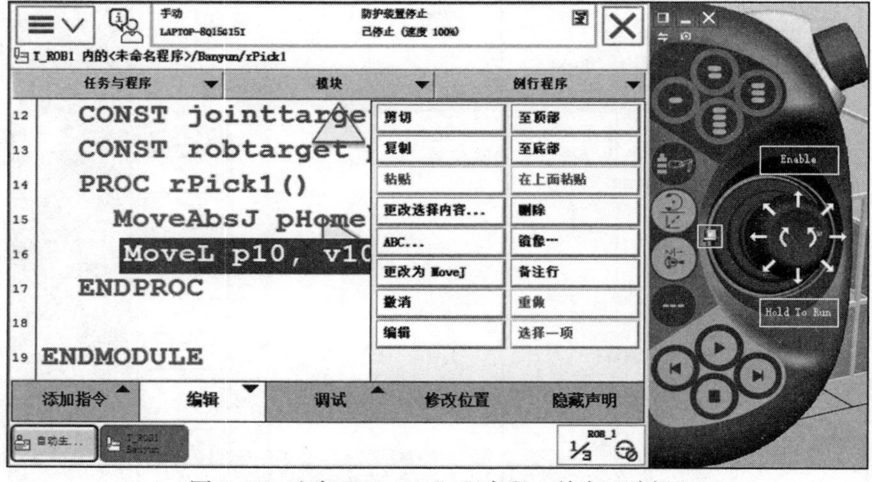

图 6-69　选中“MoveL”程序段，单击“编辑”

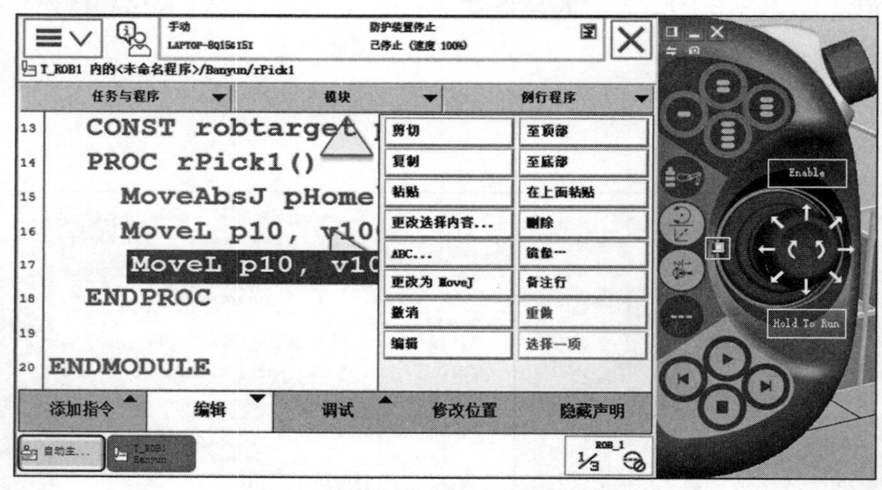

图 6-70　单击“复制”后单击“粘贴”

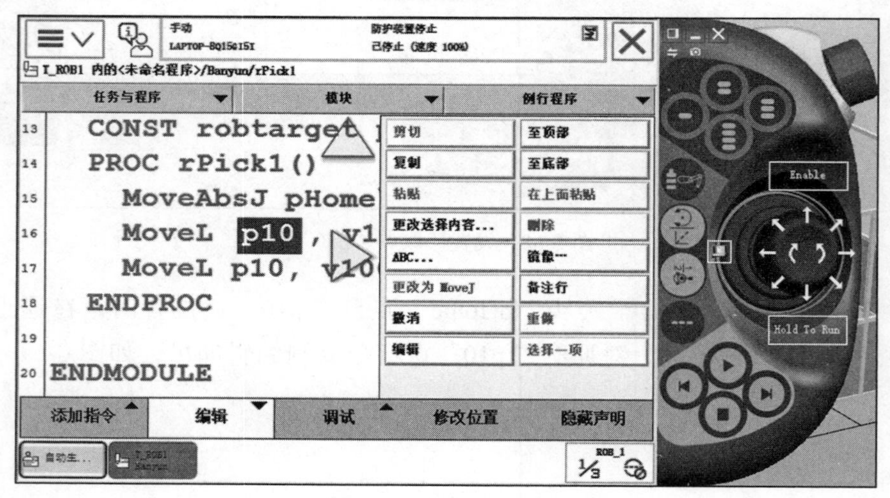

图 6-71　选中的“p10”

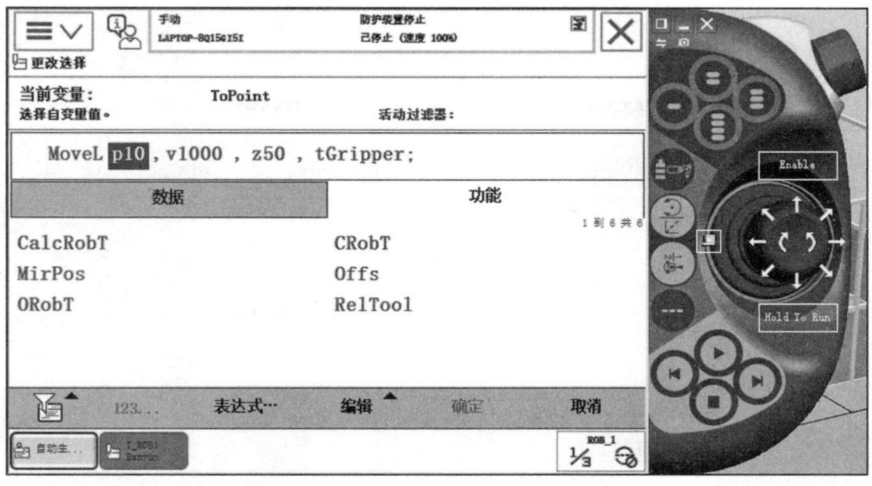

图 6-72　单击“功能”，选择“Offs”

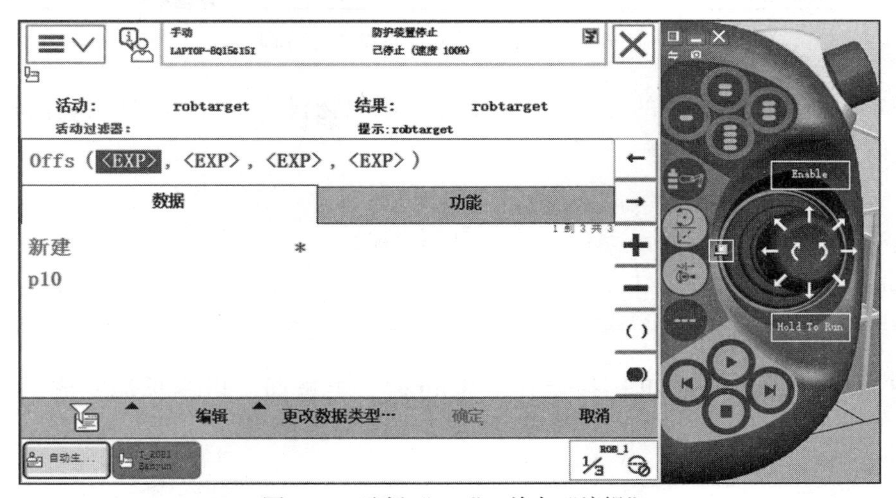

图 6-73　选择“p10”，单击“编辑”

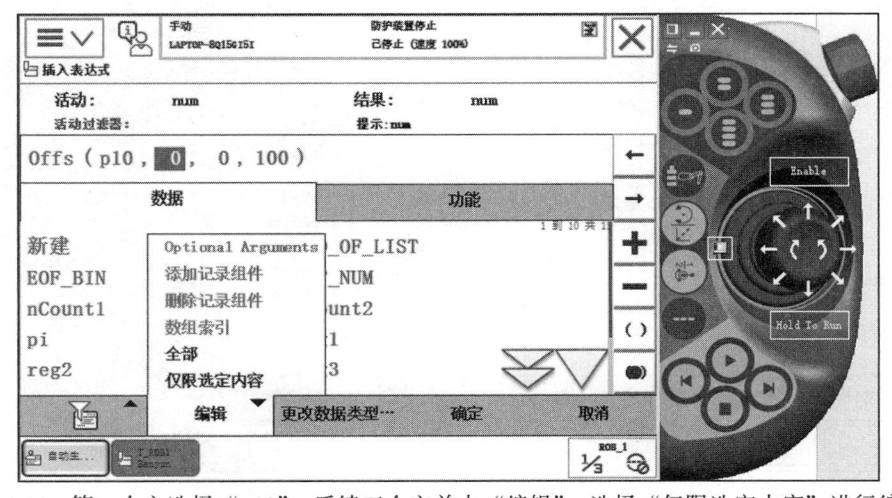

图 6-74　第一个空选择“p10”，后续三个空单击“编辑”，选择“仅限选定内容”进行编辑

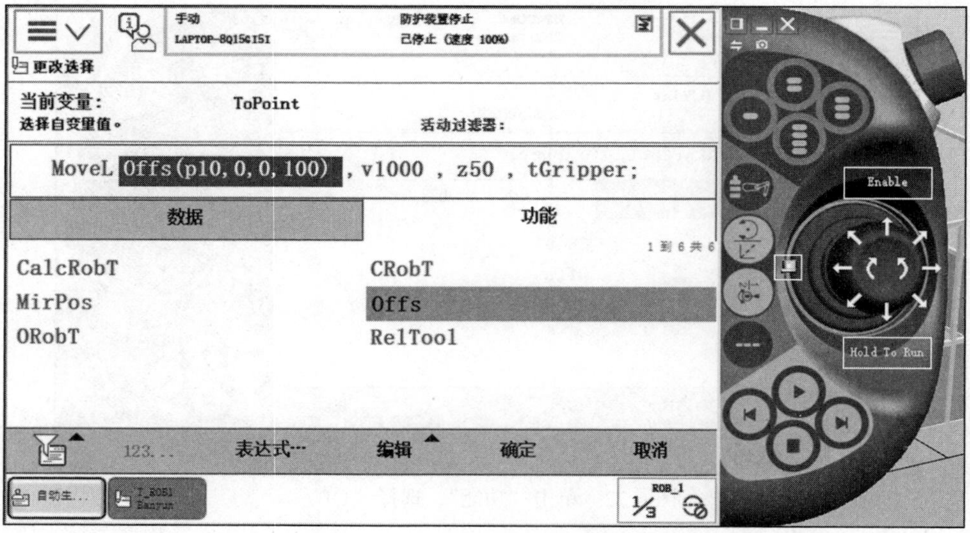

图 6-75　单击“确定”后的程序界面

在设定吸盘吸附物料块的方位后，开启吸盘吸取物料块，然后实现缓缓抬起的动作。添加程序段如下：

```
Set do_Xipan;               ! 吸取物料块
WaitTime 0.5;               ! 等待 0.5s，确保物料吸取成功
GripLoad LoadFull;          ! 加载满负荷
MoveL Offs(p10, 0, 0, 100),  v1000,  z50,  tGripper;
```

其中，GripLoad LoadFull；指令在“Settings”类里面，指令添加完成后如图 6-76 所示。

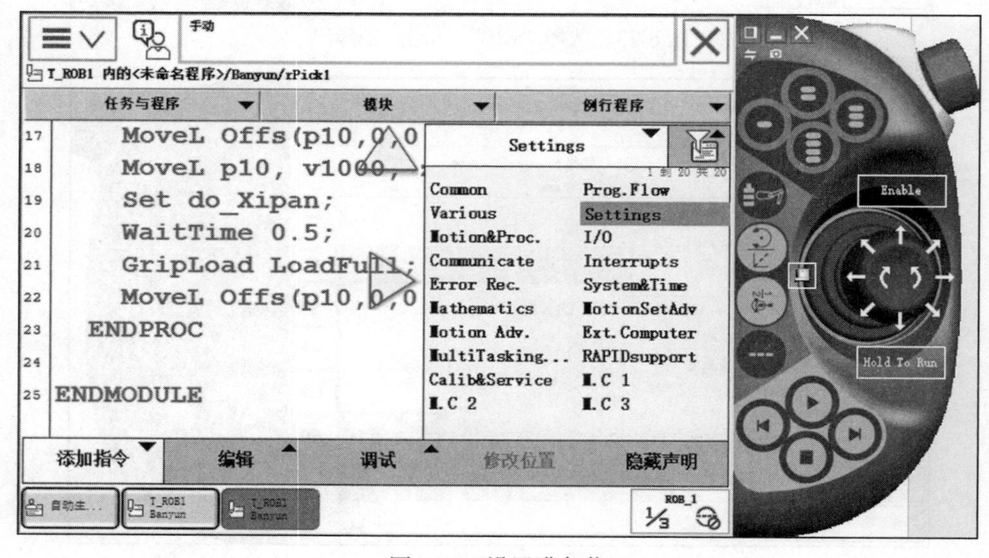

图 6-76　设置满负荷

新建拾取安全点“p20”，再将物料块移动至一定高度，方便机器人吸取物料块并安全转移到托盘处进行放置，如图 6-77 所示。

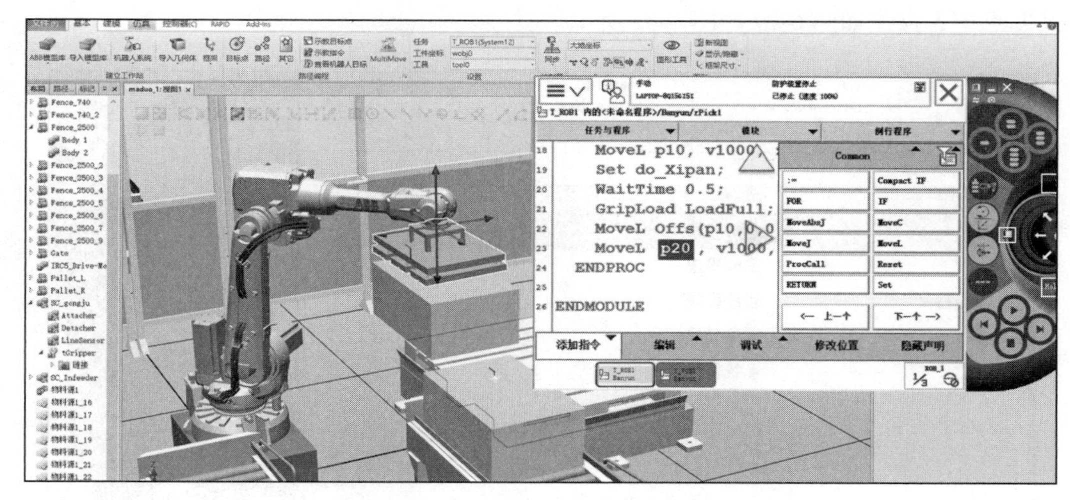

图 6-77　设置“p20”点并修改位置

至此，我们完成了机器人搬运物料程序的“rPick1”，采用同样的方法可以完成另外一条运输线上的程序“rPick1”。

（2）创建吸盘码垛程序

新建码垛安全点“p30”，该点主要用于机器人从输送链上搬运物料到托盘过程中的过渡点，用来确保机器人大范围移动时不会与其他设备进行碰撞。“p30”点位置如图 6-78 所示。

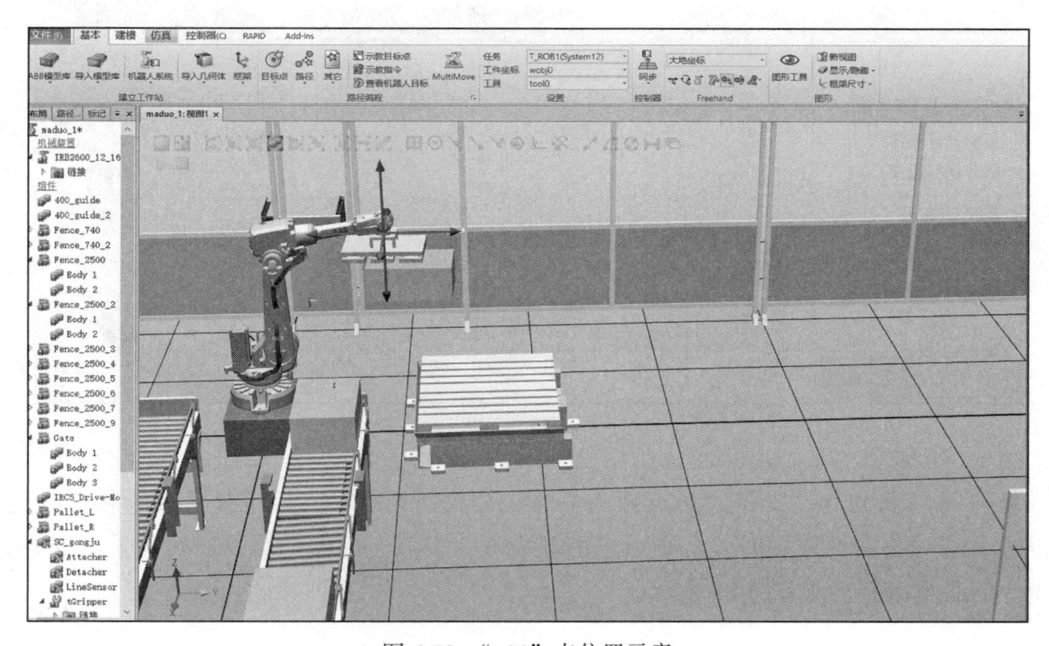

图 6-78　“p30”点位置示意

在示教器上新建物料块码垛程序，命名为“ rPlace1”，添加程序指令。在“ rPlace1”例行程序中新建一条“ MoveJ”指令，新建一个点“ p30”，将之前过渡点的位置记录到“p30”点中，操作如图 6-79 ～图 6-82 所示。

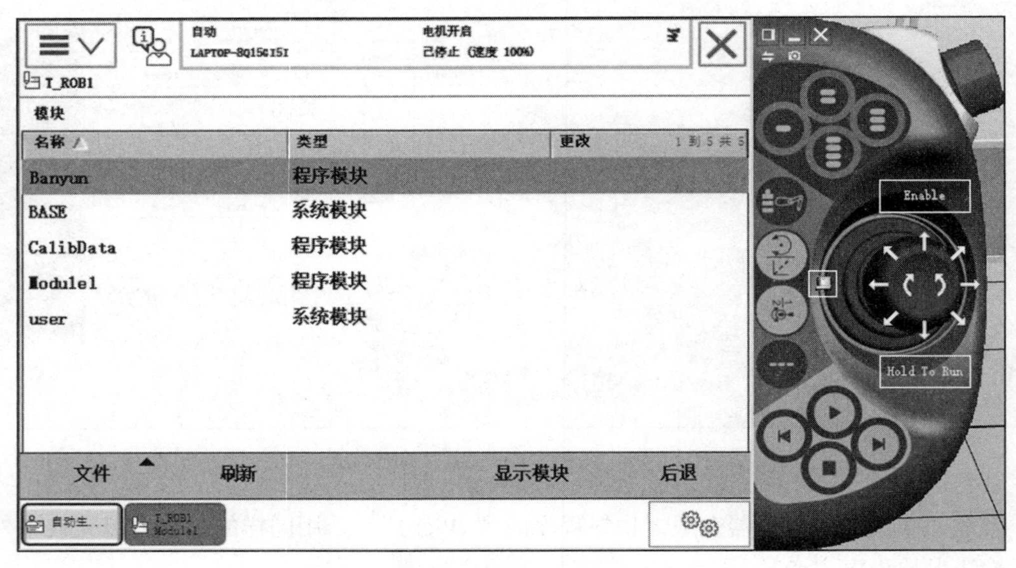

图 6-79　进入搬运模块

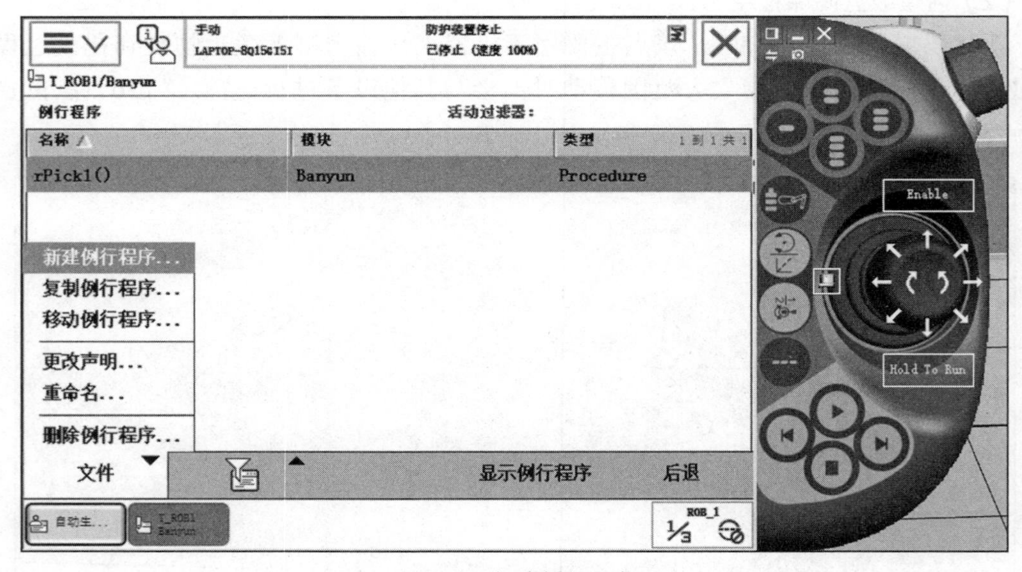

图 6-80　新建例行程序

新建码垛基准点“ p40”，该点作为物料块放置的第一个点，也是后续物料块放置的基准点，还是物料块放置时设定逼近点的基准点，类似于前面拾取物料块所采用的方法，“p40”点位置和指令如图 6-83 所示。

图 6-81　“rPlace1”参数设置

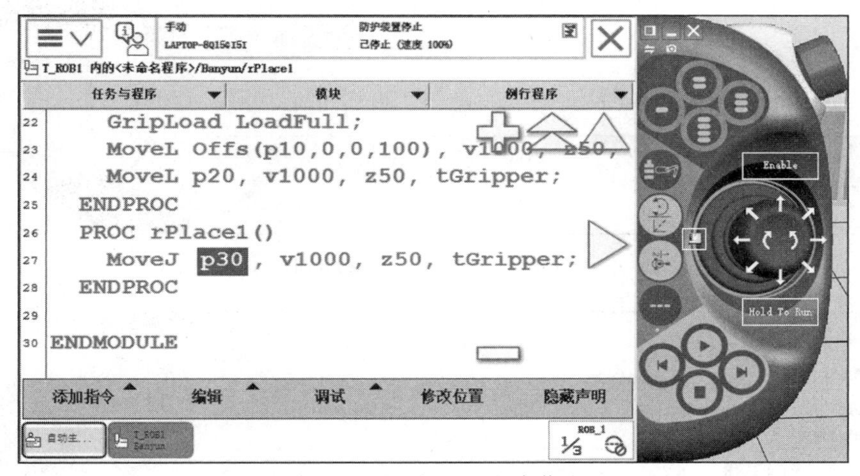

图 6-82　记录“p30”点位置

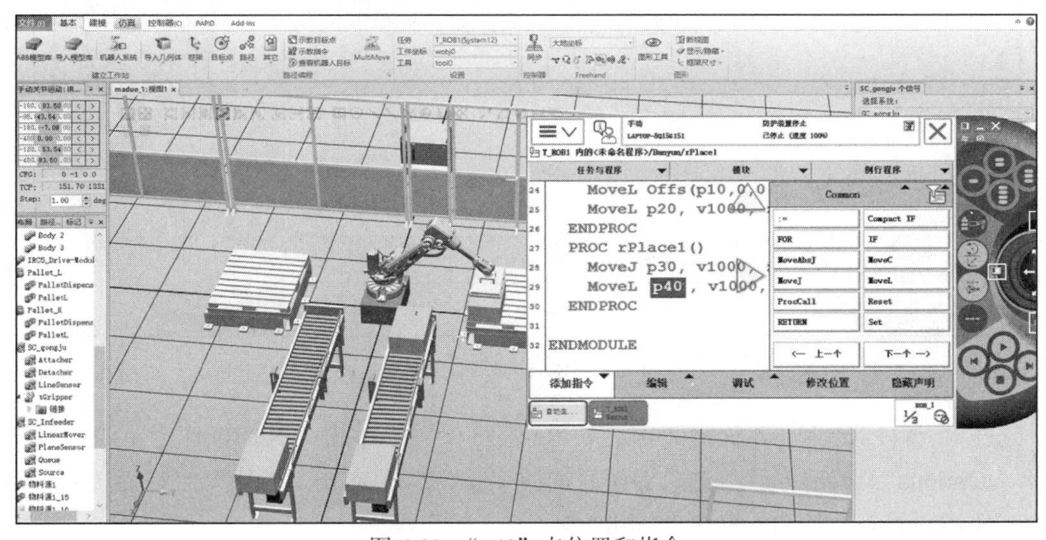

图 6-83　“p40”点位置和指令

记录完“p40”点位置后，机器人在码垛作业中采用“reg6”数组和“RelTool”功能，该功能是参考坐标系进行相关偏移，远程需要对物料块放置的程序指令进行修改。双击“p40”，选择“功能”，选择“RelTool”，进入“RelTool”设置界面，如图 6-84 和图 6-85 所示。

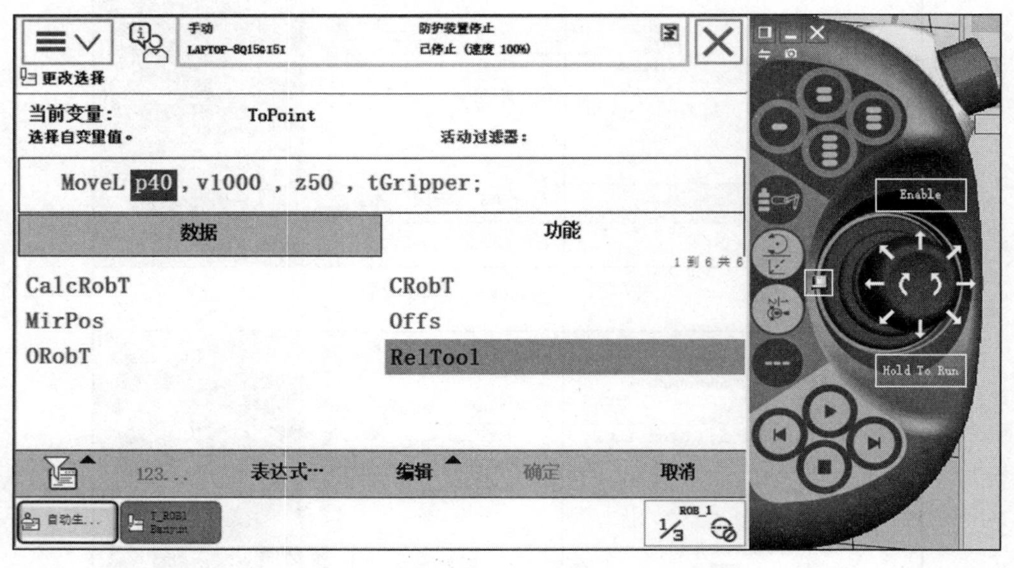

图 6-84 单击进入“RelTool”

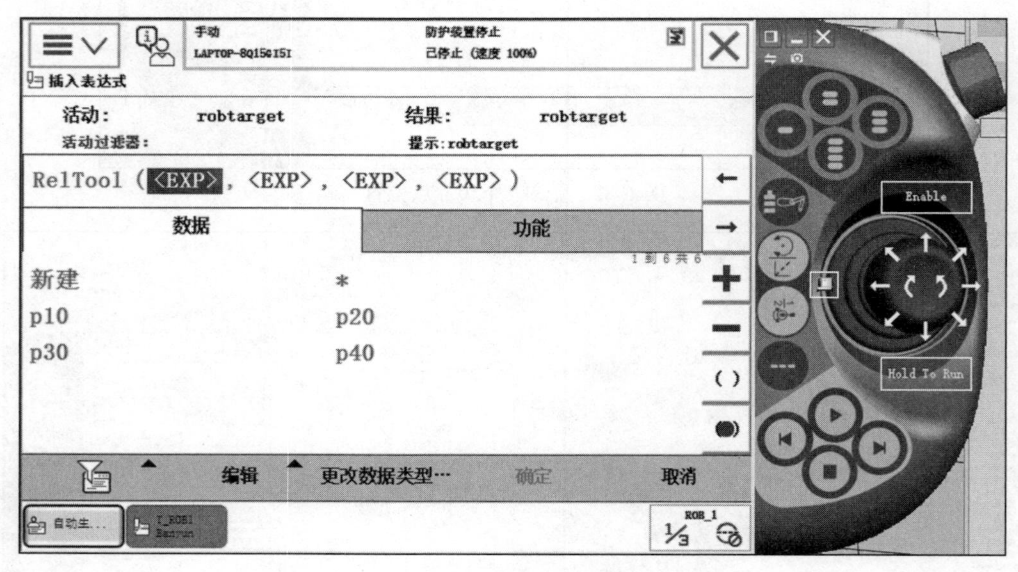

图 6-85 “RelTool”设置界面

这里需要对 X、Y、Z 及绕 Z 轴旋转 Rz 进行设置，单击“RelTool”，单击“编辑”，选择“Optional Arguments”，进入界面后选择“[/Rz]”并单击“使用”启动旋转功能使其变为“使用”状态，如图 6-86 和图 6-87 所示。

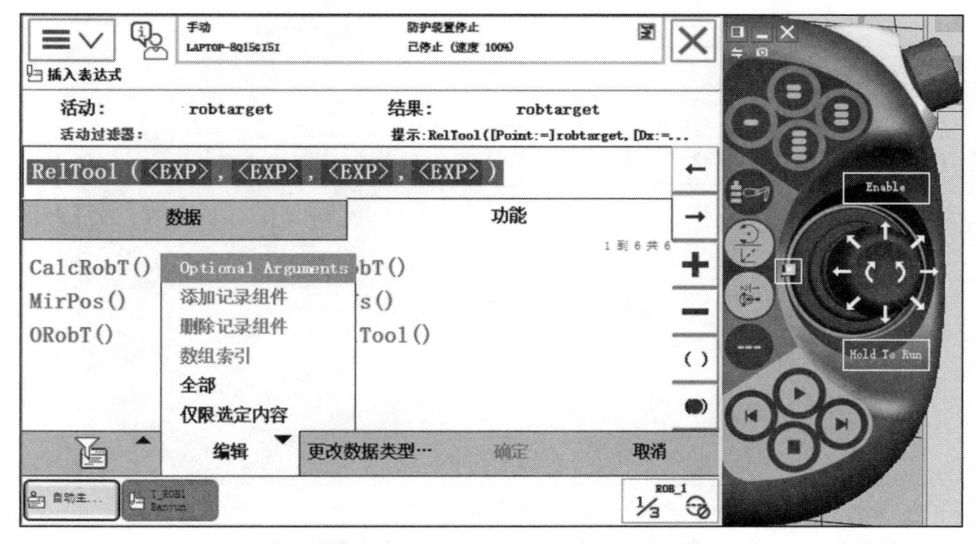

图 6-86　“RelTool”属性设置界面

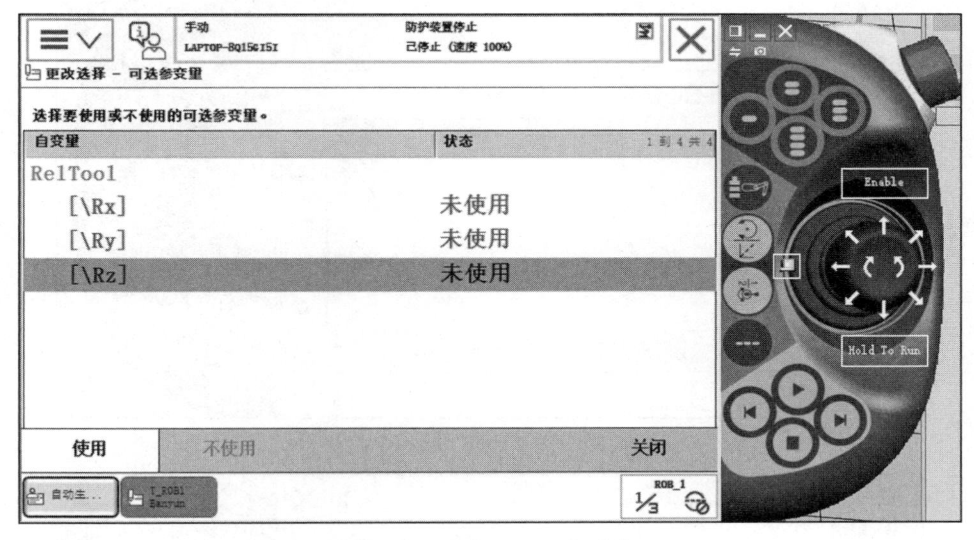

图 6-87　开启“[/Rz]”功能

单击“RelTool”的第一个参数，选择“p40”，第二个参数选择“reg6”，选择后会弹出两个大括号，前一个选择“nCount1”，后一个单击“编辑”选择“仅限选定内容”并输入“1”此时已设定好 X 轴的偏移方向。Y 轴，Z 轴及 Rz 的配置跟之前一样。设置完成后，完整语句为：

```
MoveL RelTool
(p40, reg6{nCount1, 1}, reg6{nCount1, 2}, reg6{nCount1, 3}\Rz:=reg6
{nCount1, 4}), v1000, z50, tGripper;
```

其设定过程如图 6-88 ～图 6-91 所示。

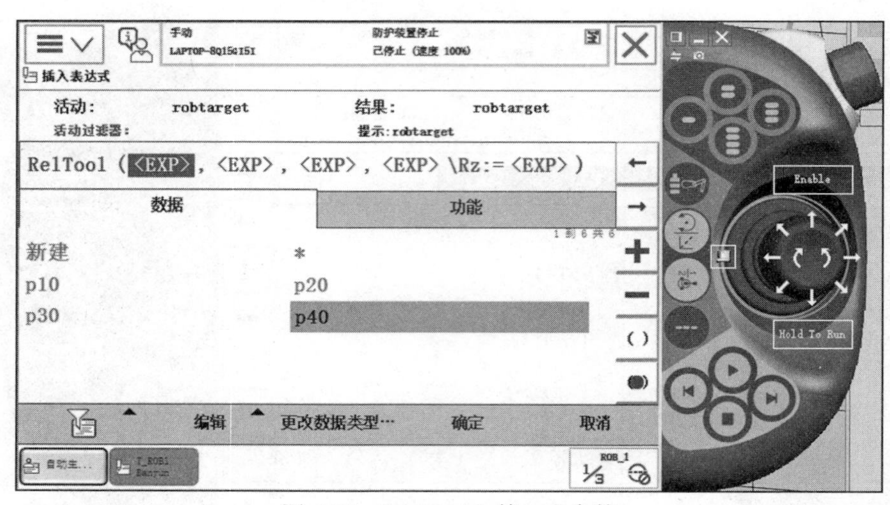

图 6-88 “RelTool” 第一个参数

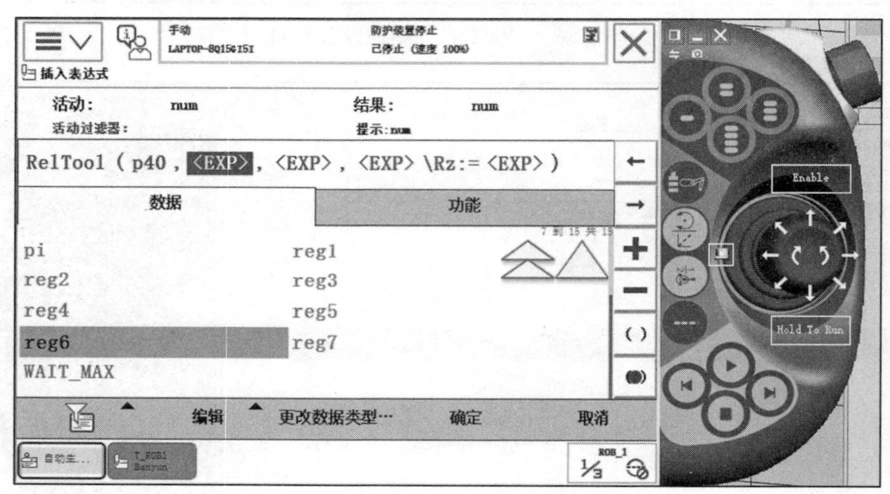

图 6-89 “RelTool” 第二个参数

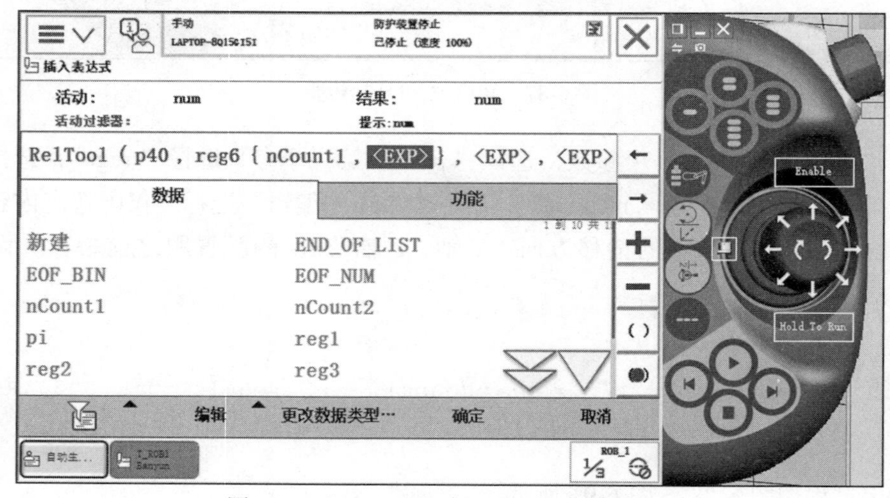

图 6-90 “RelTool” 中 “reg6” 参数设置 1

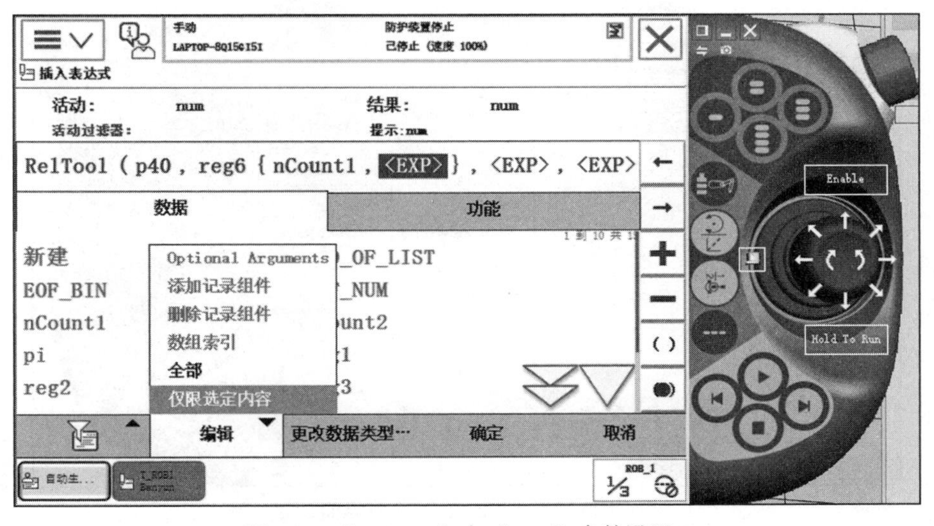

图 6-91　“RelTool”中“reg6”参数设置 2

其他程序参照物料块程序“rPick1”来编制，同样，可以建立另外一条输送链上的码垛物料程序“rPick2”。程序整体解析见 6.3.2 小节。

（3）创建初始化程序

初始化程序主要用于复位工作站的 I/O 信号、程序数据及机器人回到原点等内容，一般作为主程序中第一个调用的程序，在“Banyun”模块下，创建一个初始化程序，命名为“rInitAll”如图 6-92 所示。

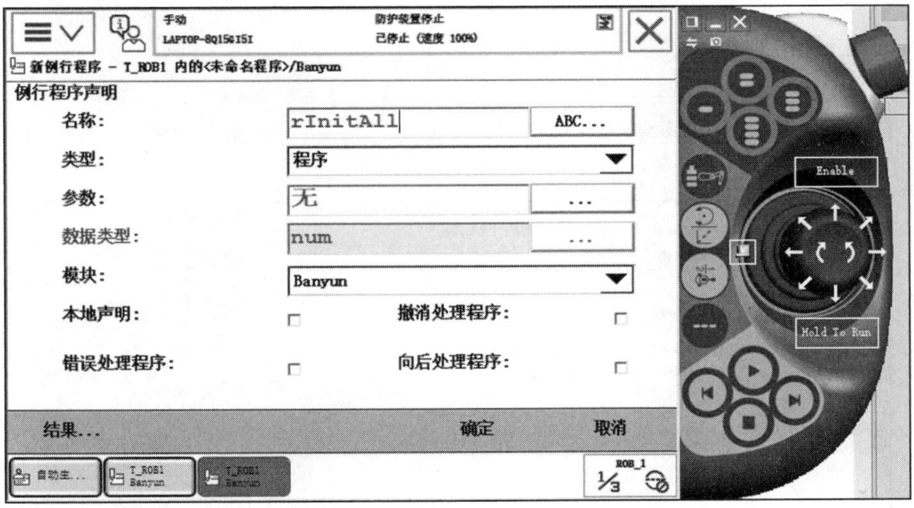

图 6-92　设定初始化程序

在“rInitAll”中单击“添加指令”，选择“Settings”类中的“ConfL”，在弹出的界面中选择“可选变量”，单击“[\Off]”后单击“使用”，用同样的方法添加指令“ConfJ”，如图 6-93 ～图 6-96 所示。

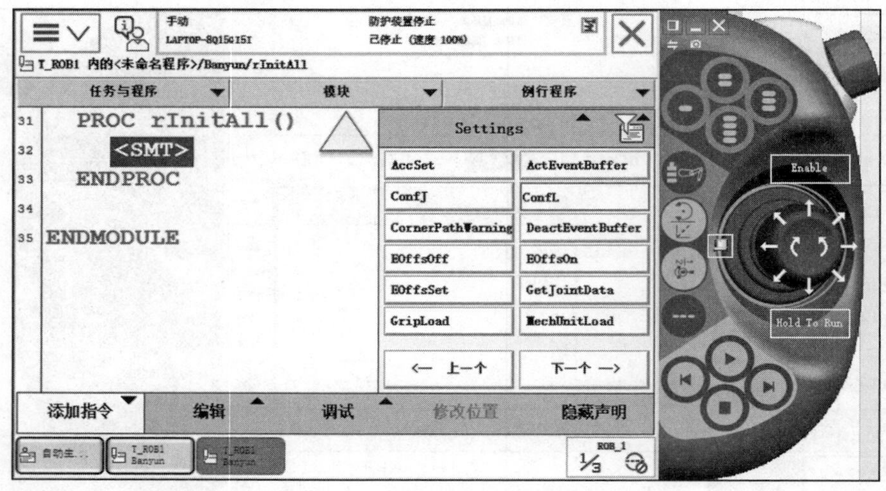

图 6-93 “ConfL”选择界面

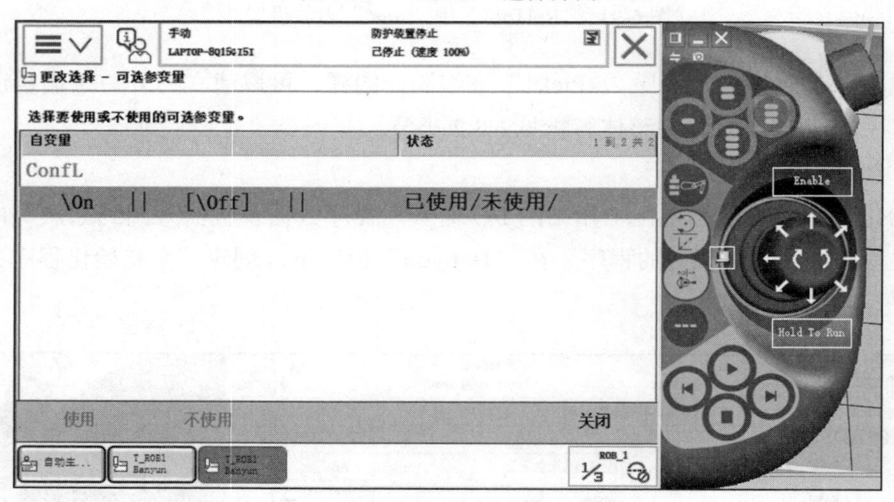

图 6-94 关闭功能

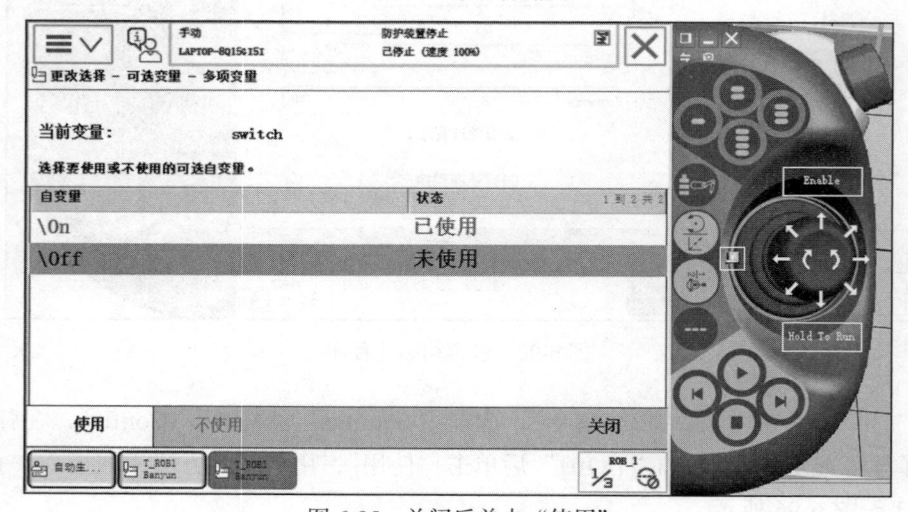

图 6-95 关闭后单击“使用”

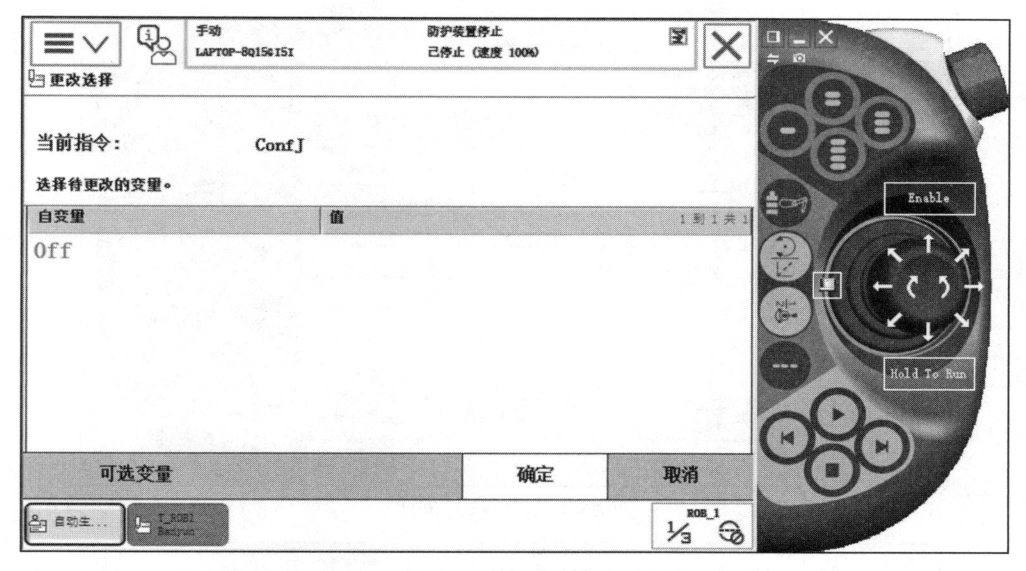

图 6-96　设定完成后单击“确定”

添加复位信号，添加吸盘工具的复位信号“do_Xipan”，使吸盘工具处于关闭状态，运行程序后工具吸盘处于关闭状态，不会影响程序运行。在“rInitAll”中选择“I/O”类，选择“Reset”，如图 6-97 和图 6-98 所示。

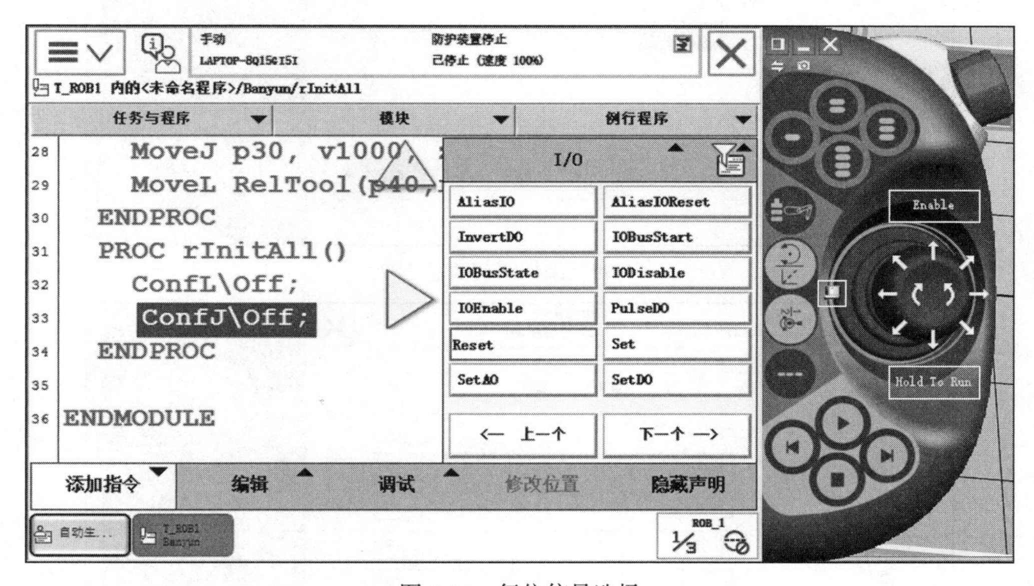

图 6-97　复位信号选择

完成复位信号创建后需要添加机器人回到初始点指令，确保初始化后机器人在机械原点处。同时添加布尔量指令“bPalletFull1”，该指令在“Mathematics”类中，单击“:=”，选择“bPalletFull1”，之后选择“FALSE”，使用同样的方法创建布尔量指令“bPalletFull2”。如图 6-99 ～图 6-103 所示。

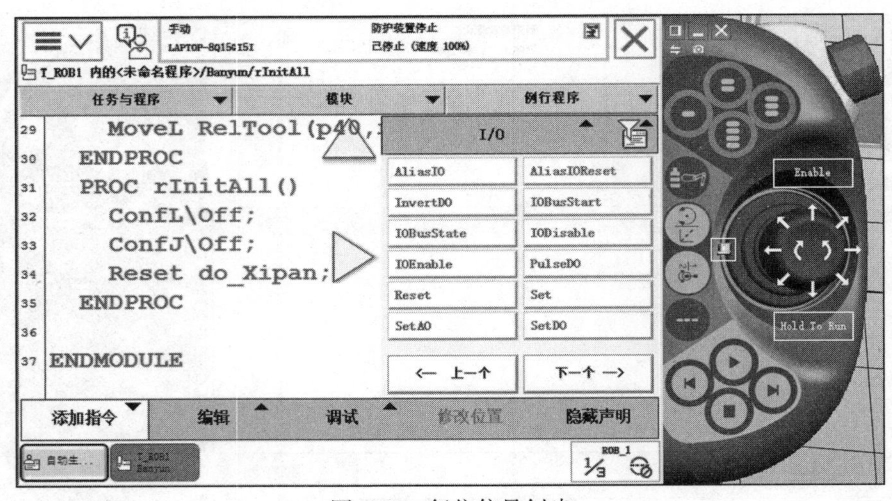

图 6-98 复位信号创建

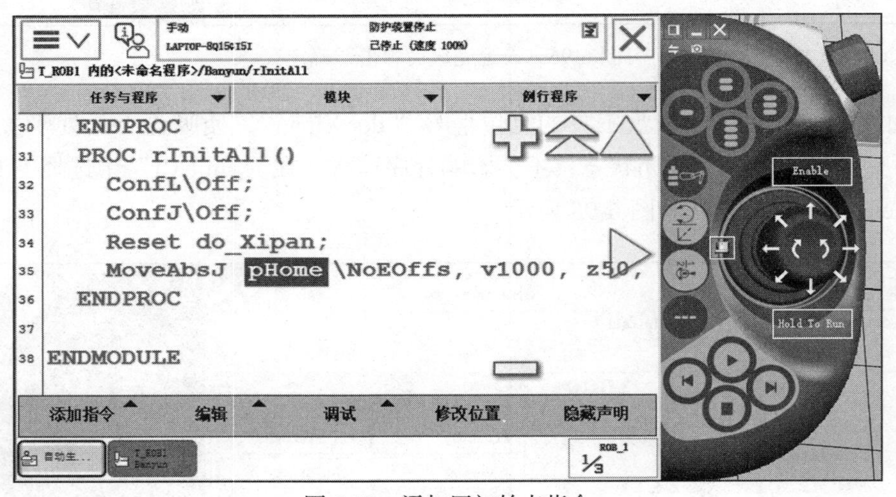

图 6-99 添加回初始点指令

手动 LAPTOP-8Q15615I 防护装置停止 已停止（速度 100%）

新数据声明

数据类型：num　　当前任务：T_ROB1

名称：bPalletFull1

范围：全局

存储类型：可变量

任务：T_ROB1

模块：Banyun

例行程序：<无>

维数 <无>

初始值　确定　取消

图 6-100 新建“bPalletFull1”变量

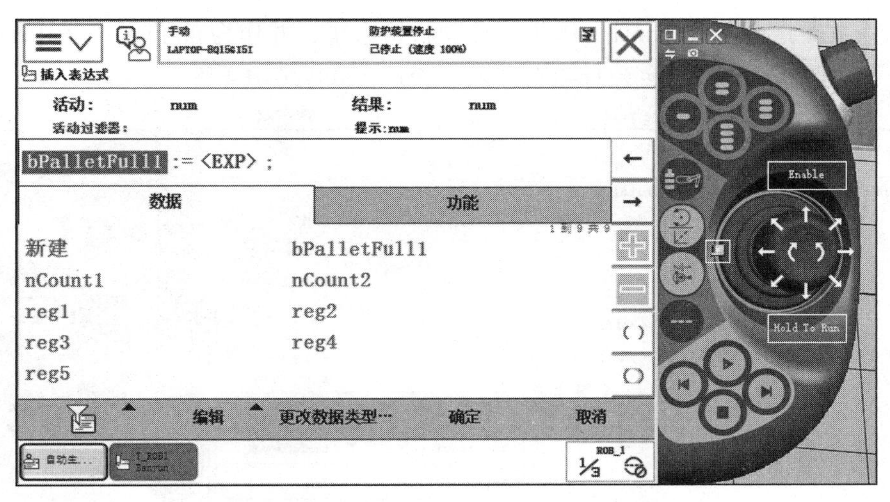

图 6-101　选择“bPalletFull1”并单击“更改数据类型 …”

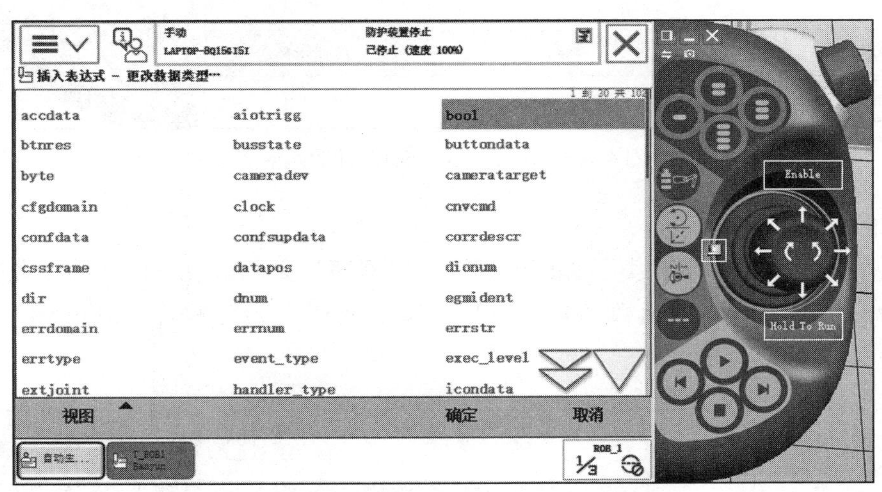

图 6-102　选择“bool”类型并单击“确定”

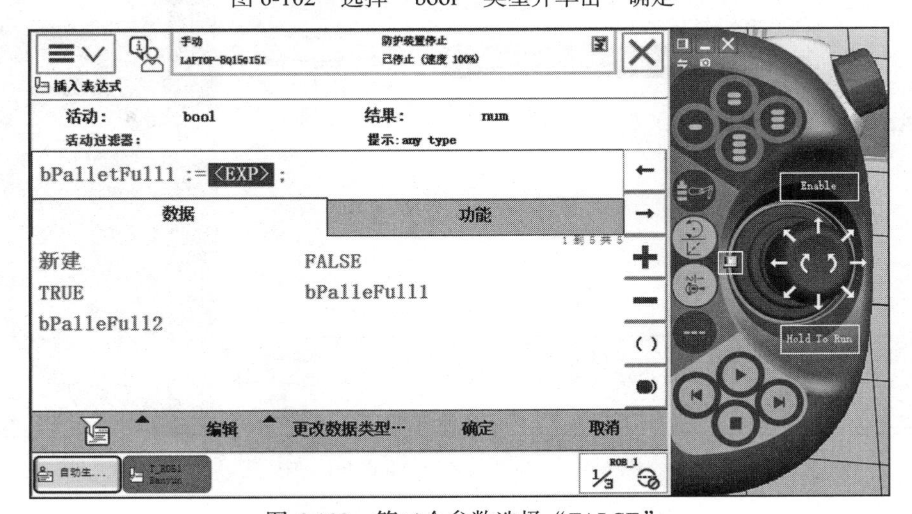

图 6-103　第二个参数选择“FALSE”

添加计数器指令“nCount1”用于统计物料块数量，并作为布尔量“bPalletFull1”的判定依据，按照同样的方法创建计数器“nCount1”，如图 6-104 所示。

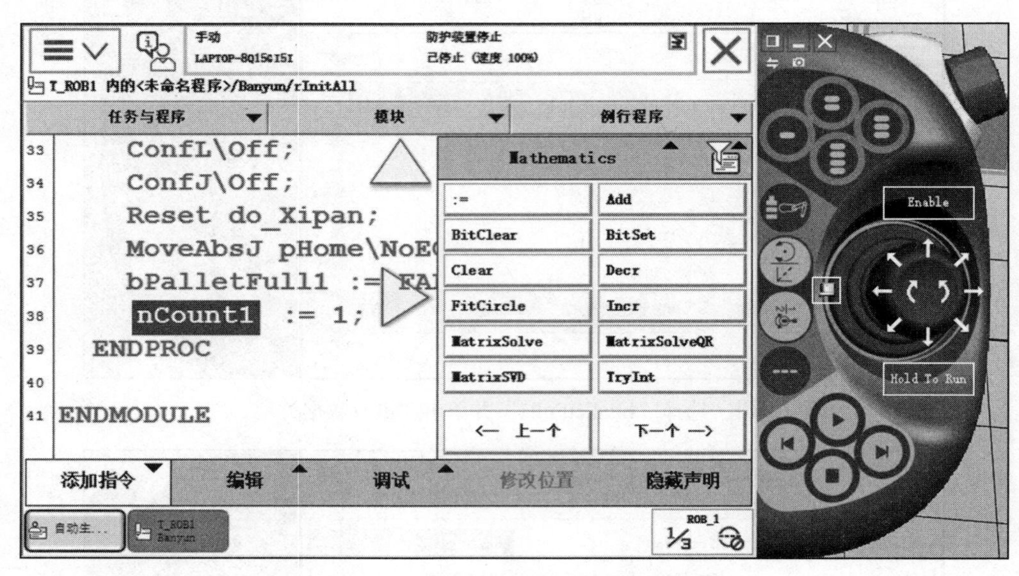

图 6-104 添加“nCount1”计数器指令

（4）创建主程序

主程序主要用于调用各类子程序，设置逻辑程序，完成整改工作站的作业任务，在主程序“main()”中调用函数“ProcCall”，以及调用初始化程序“rInitAll”，操作如图 6-105～图 6-107 所示。

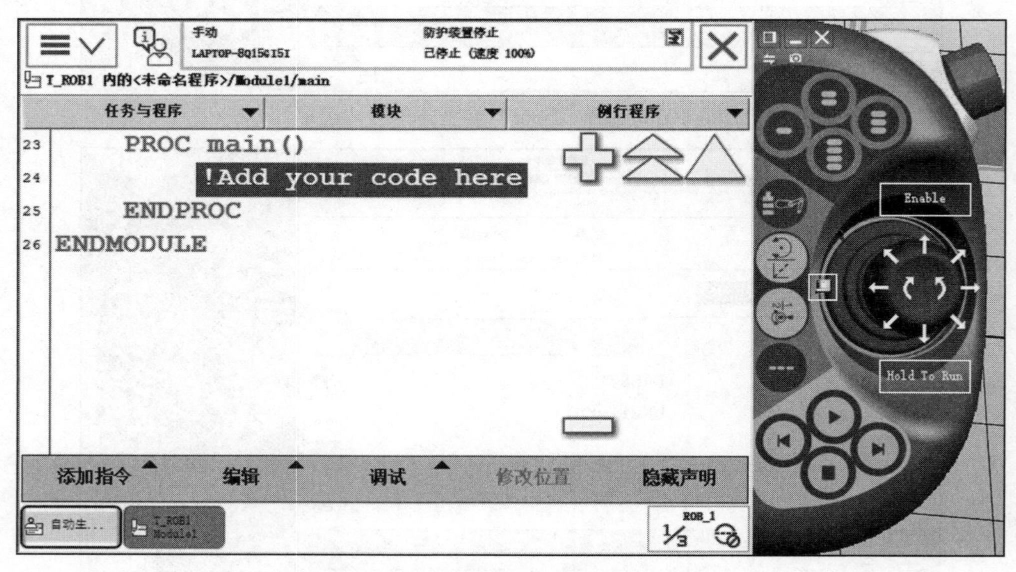

图 6-105 主程序在“Module1”中

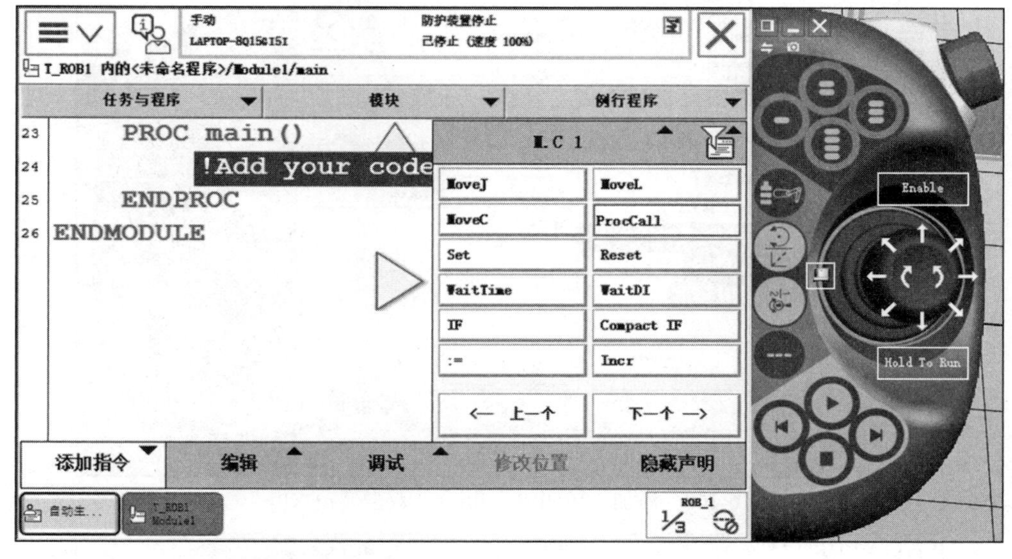

图 6-106 在“M.C1”类中选择“ProcCall”

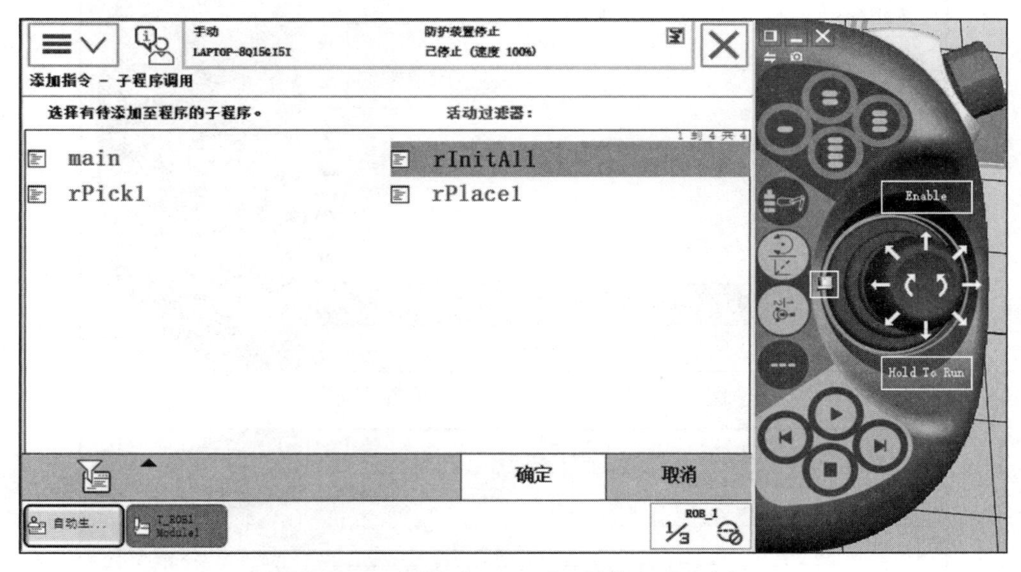

图 6-107 调用“rInitAll”，并单击“确定”

创建循环指令“ WHILE”，用于控制整个程序的逻辑，增加逻辑判断，当机器人搬运码垛环境为“TURE”时，机器人会有序地进行两条输送链上的码垛。添加过程如图 6-108 和图 6-109 所示。

创建“ IF”循环指令，为每条传送带上的码垛程序提供逻辑判断，控制机器人的物料块码垛，创建过程如图 6-110 ～图 6-113 所示。

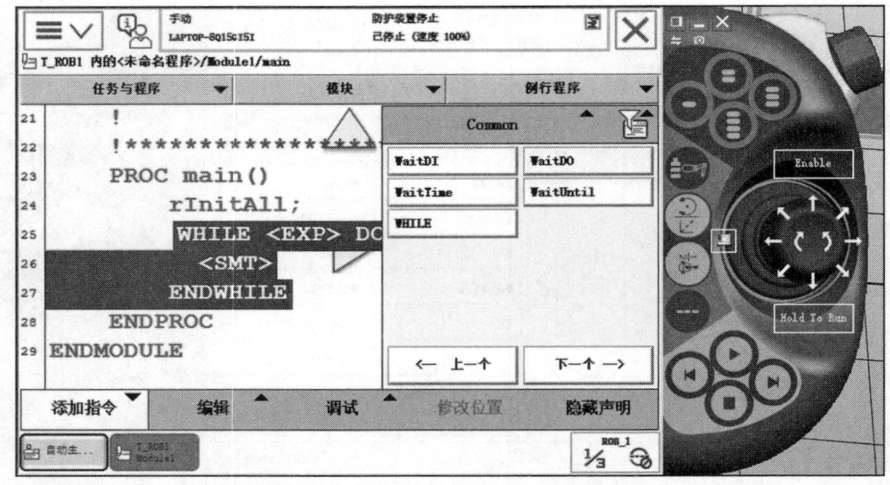

图 6-108 添加“WHILE”指令并双击“<EXP>”

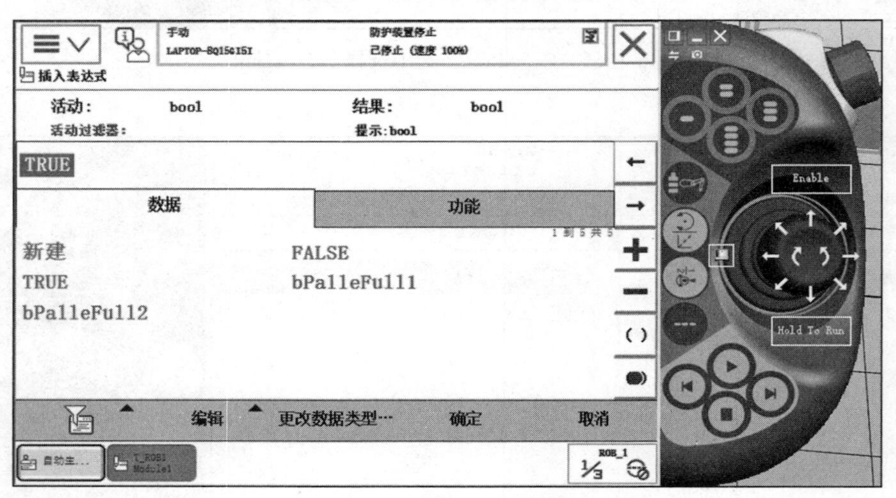

图 6-109 选择“TRUE”并单击“确定”

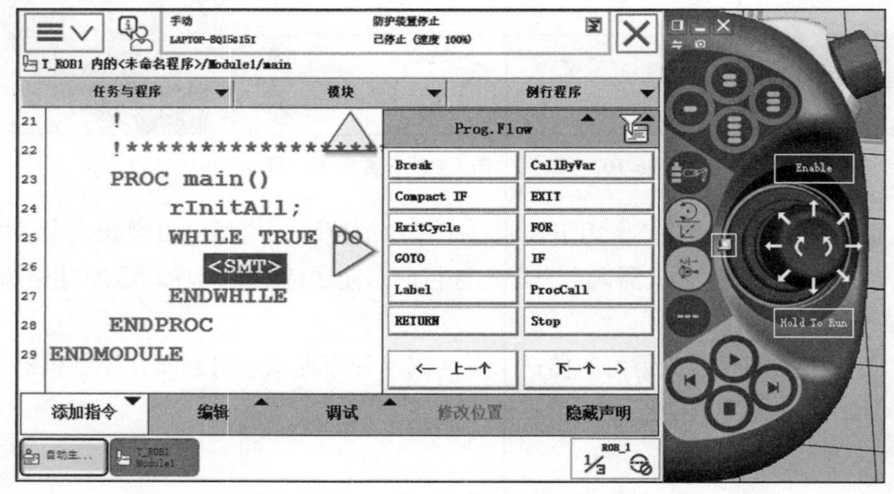

图 6-110 选中“<SMT>”，在“Prog.Flow”类中选择“IF”

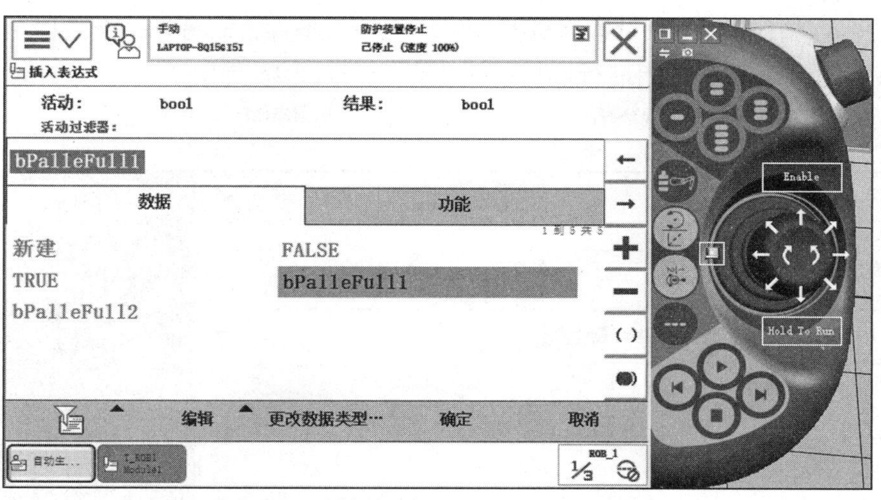

图 6-111　界面跳转后选择“bPalleFull1”并单击“+”

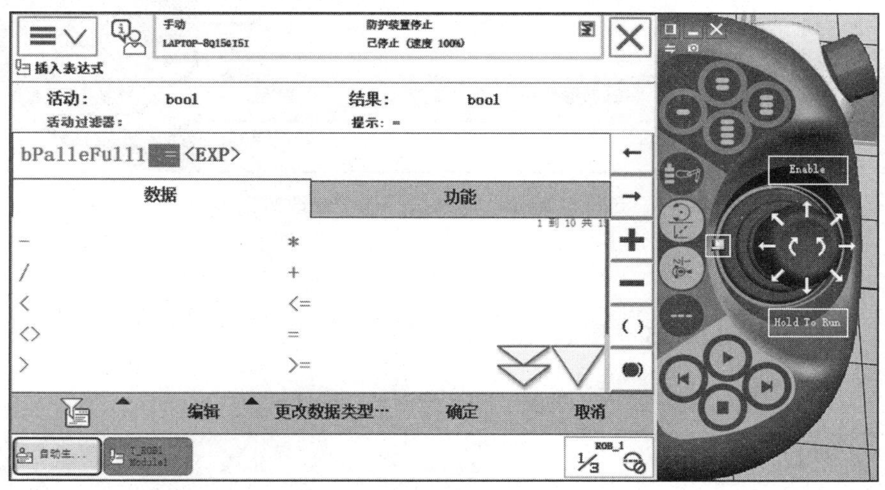

图 6-112　选择“=”

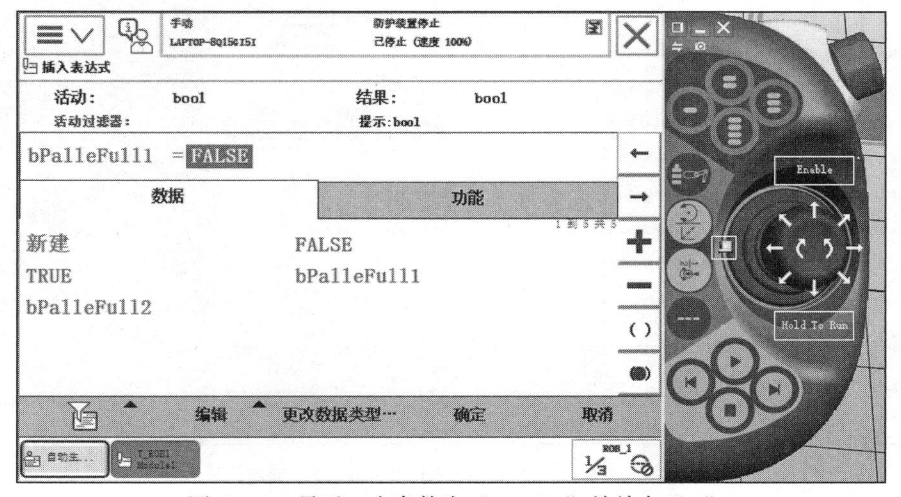

图 6-113　最后一个参数为“FALSE”并单击“+”

以上步骤将托盘为空时设置为机器人码垛的一个条件，而另外一个条件是产品是否到位，只有同时满足，才能进行码垛，对于两个条件，需要用“AND”进行连接，如图 6-114 所示。

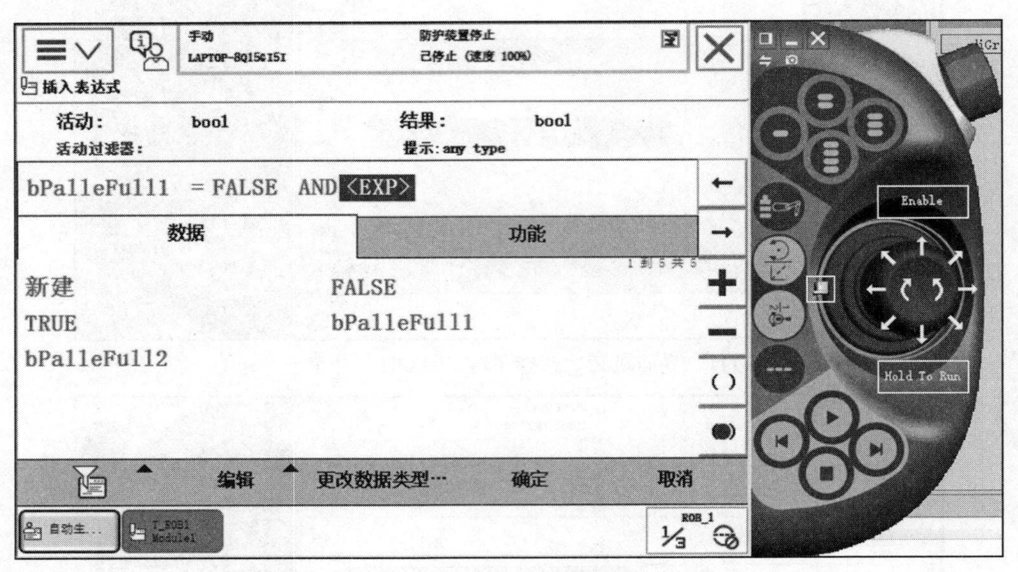

图 6-114 选择“AND”连接并单击“更改数据类型…”

进一步的操作如图 6-115 ～图 6-118 所示。

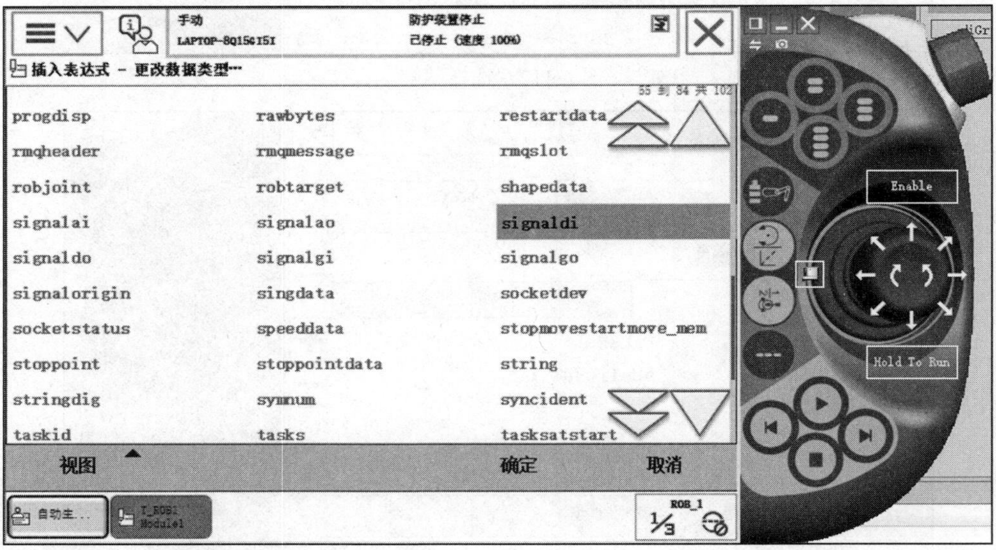

图 6-115 选择“signaldi”并单击“确定”

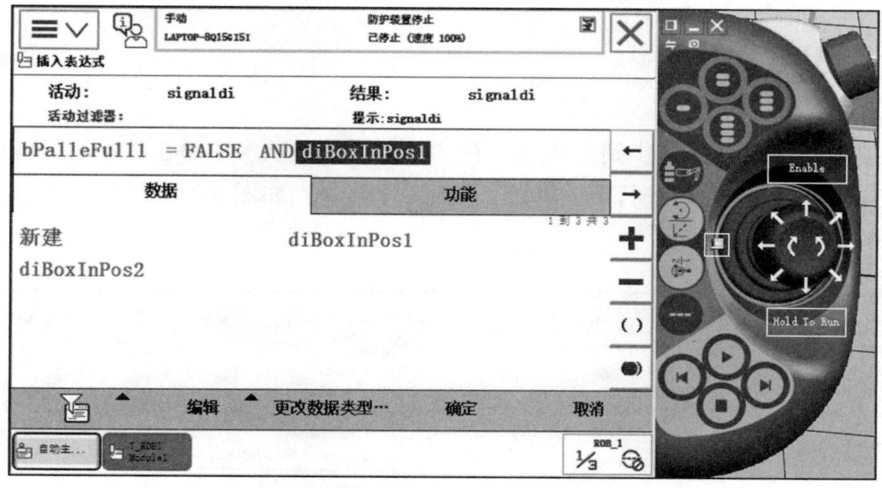

图 6-116　选择“diBoxInPos1”并单击“+”

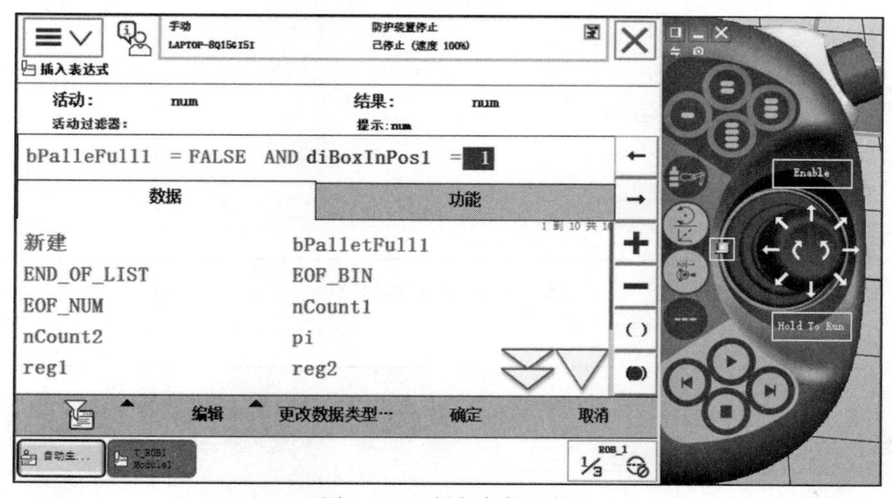

图 6-117　判断条件添加

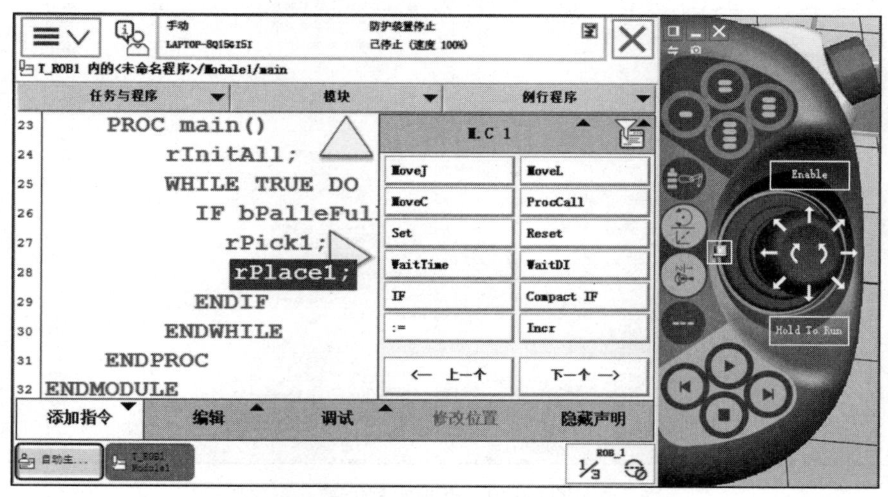

图 6-118　调用“rPick1”和“rPlace1”

完成程序编制后需要仔细核对、调试。

6.3.3 工作站逻辑设定

将虚拟示教器的程序同步到工作站，在“控制器”选项卡中单击“配置”编辑器，查看“I/O System”，在这里进行I/O单元、I/O信号创建，如图6-119所示，查看所有信号如图6-120所示。

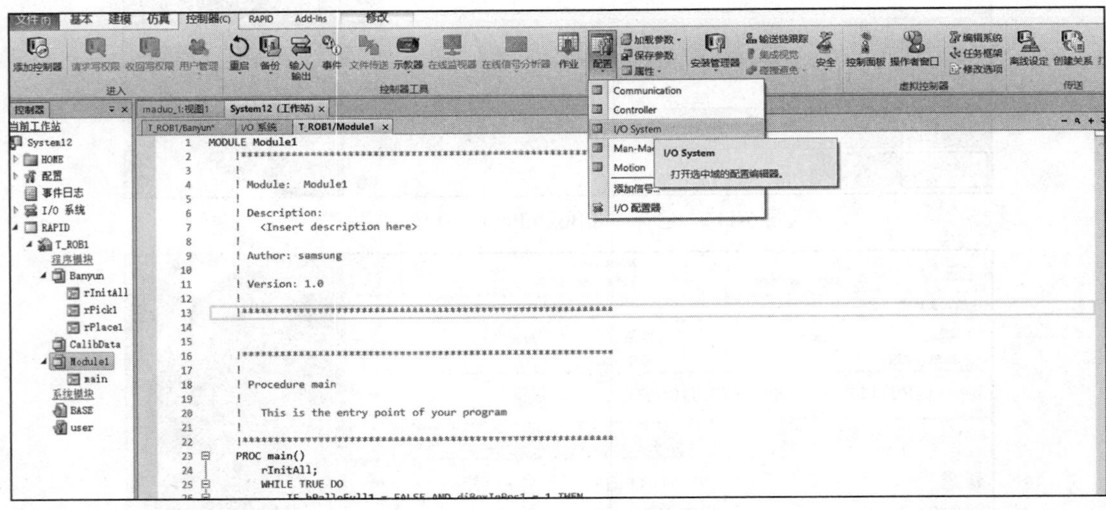

图 6-119 配置编辑器

Name	Type of Signal	Assigned to Device	Signal Identification Label	Device Mapping	Category	Access Level	
AS1	Digital Input	PANEL	Automatic Stop chain(X5:11 to X5:6) and (X5:9 to X5:1)	13	safety	ReadOnly	0
AS2	Digital Input	PANEL	Automatic Stop chain backup(X5:5 to X5:6) and (X5:3 to X5:1)	14	safety	ReadOnly	0
AUTO1	Digital Input	PANEL	Automatic Mode(X9:6)	5	safety	ReadOnly	0
AUTO2	Digital Input	PANEL	Automatic Mode backup(X9:2)	6	safety	ReadOnly	0
CH1	Digital Input	PANEL	Run Chain 1	22	safety	ReadOnly	0
CH2	Digital Input	PANEL	Run Chain 2	23	safety	ReadOnly	0
diBoxInPos1	Digital Input			N/A		Default	0
diBoxInPos2	Digital Input			N/A		Default	0
do_Xipan	Digital Output			N/A		Default	0
DRV1BRAKE	Digital Output	DRV_1	Brake-release coil	2	safety	ReadOnly	0
DRV1BRAKEFB	Digital Input	DRV_1	Brake Feedback(X3:6) at Contactor Board	11	safety	ReadOnly	0
DRV1BRAKEOK	Digital Input	DRV_1	Brake Voltage OK	15	safety	ReadOnly	0
DRV1CHAIN1	Digital Output	DRV_1	Chain 1 Interlocking Circuit	0	safety	ReadOnly	0
DRV1CHAIN2	Digital Output	DRV_1	Chain 2 Interlocking Circuit	1	safety	ReadOnly	0
DRV1EXTCONT	Digital Input	DRV_1	External customer contactor (X2d) at Contactor Board	4	safety	ReadOnly	0
DRV1FAN1	Digital Input	DRV_1	Drive Unit FAN1(X10:3 to X10:4) at Contactor Board	9	safety	ReadOnly	0
DRV1FAN2	Digital Input	DRV_1	Drive Unit FAN2(X11:3 to X11:4) at Contactor Board	10	safety	ReadOnly	0
DRV1K1	Digital Input	DRV_1	Contactor K1 Read Back chain 1	2	safety	ReadOnly	0
DRV1K2	Digital Input	DRV_1	Contactor K2 Read Back chain 2	3	safety	ReadOnly	0
DRV1LIM1	Digital Input	DRV_1	Limit Switch 1 (X2a) at Contactor Board	0	safety	ReadOnly	0
DRV1LIM2	Digital Input	DRV_1	Limit Switch 2 (X2b) at Contactor Board	1	safety	ReadOnly	0
DRV1PANCH1	Digital Input	DRV_1	Drive Voltage contactor coil 1	5	safety	ReadOnly	0
DRV1PANCH2	Digital Input	DRV_1	Drive Voltage contactor coil 2	6	safety	ReadOnly	0
DRV1PTCEXT	Digital Input	DRV_1	External Motor temperature(X2d:1 to X2d:2)	8	safety	ReadOnly	0
DRV1PTCINT	Digital Input	DRV_1	Motor temperature warning(X5:1 to X5:3) at Contactor Board	7	safety	ReadOnly	0
DRV1SPEED	Digital Input	DRV_1	Speed Signal(X1:7) at Contactor Board	12	safety	ReadOnly	0
DRV1TEST1	Digital Input	DRV_1	Run chain 1 glitch test	13	safety	ReadOnly	0
DRV1TEST2	Digital Input	DRV_1	Run chain 2 glitch test	14	safety	ReadOnly	0
DRV1TESTE2	Digital Output	DRV_1	Activate ENABLE2 glitch test at Contactor Board	3	safety	ReadOnly	0
DRVOVLD	Digital Input	PANEL	Overload Drive Modules	31	safety	ReadOnly	0

图 6-120 查看所有信号

本任务中程序的工作流程为：机器人在输送链末端等待，物料块到位后（信号“diBoxInPos1”或“diBaxInPos2”设置为 1），机器人拾取物料块，然后放置在托盘上。其中，输送链上的产品到位信号（“doBoxInPos1”或“doBoxInPos2”）作为输出信号，传递给机器人端的输入信号（“diBoxInPos1”或“diBoxInPos2”）；机器人端的信号（“do_Xipan”）作为输出信号，传递给吸盘工具的输入信号（“do_Xipan”），来确保搬运码垛工作站的循环进行。在确定各部分之间的信号关联时，需要注意，是将输送链组件信号与机器人系统信号、机器人系统信号与吸盘工具组件的信号之间的关联，而不是工作站本身的信号，工作站本身包含各组件及各信号等的关联。

在“仿真”界面单击“工作站逻辑”，单击“信号和连接”后，单击“添加 I/O Connection”添加以下信号连接如图 6-121 ～图 6-123 所示。

添加I/O Connection
源对象　System12
源信号　do_Xipan
目标对象　SC_gongju
目标信号或属性　diGripper
☐ 允许循环连接
确定　取消

图 6-121　信号添加，其中“System12”为当前工作站属性，非确定值

编辑
源对象　SC_Infeeder
源信号　doBoxInPos
目标对象　System12
目标信号或属性　diBoxInPos1
☐ 允许循环连接
确定　取消

图 6-122　到位信号关联到位信号 1

编辑
源对象　SC_Infeeder
源信号　doBoxInPos
目标对象　System12
目标信号或属性　diBoxInPos2
☐ 允许循环连接
确定　取消

图 6-123　到位信号关联到位信号 2

单击“仿真”选项卡中的“仿真设定”，按照 6-124 所示设置即可，单击播放就会发现机器人正在进行码垛工作，如图 6-124 所示。

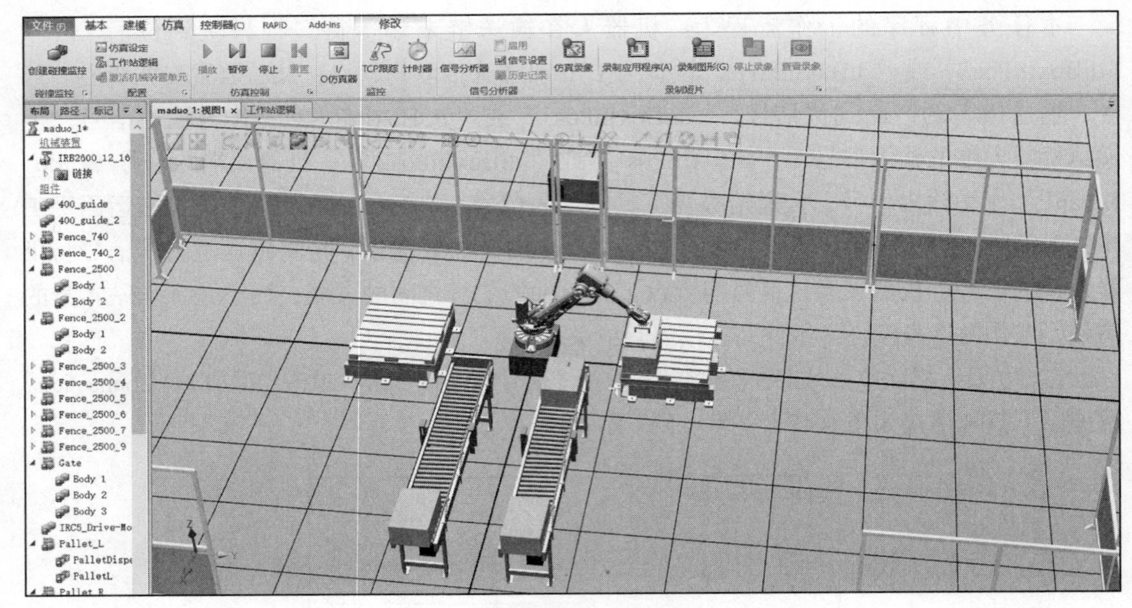

图 6-124　仿真运行过程

6.4 作业：码垛工作站仿真演示并导出视频文件

完成码垛工作站，并尝试改变物料块大小或者增加一层码垛层数完成码垛工作站的创建并导出视频。

第7章 涂胶工业机器人工作站的创建

涂装机器人作为一种典型的涂装自动化设备，具有工件涂层均匀，重复精度好，通用性强、工作效率高，能够将工人从有毒、易燃、易爆的工作环境中解放出来的优点，已在汽车、工程机械制造、3C（计算机、通信和消费电子产品）产品及家具建材等领域得到广泛应用。涂装机器人与传统的机械涂装相比，具有以下优点：

1）最大限度提高涂料的利用率、降低涂装过程中的有害发挥性有机物（VOC）排放量。喷涂作业产生的有毒气体，需要经过净化，达标后才能排放到大气中，保护环境就是保护生产力，改善环境就是发展生产力，这是我们新生代需要做的事情。生态环境保护和经济发展不是矛盾对立的关系，而是辩证统一的关系。

2）显著提高喷枪的运动速度，缩短生产节拍，效率显著高于传统的机械涂装。

3）柔性强，能够适应多品种、小批量的涂装任务。

4）能够精确保证涂装工艺的一致性，获得较高质量的涂装产品。

5）与高速旋杯经典涂装站相比，可以减少大约 30% ～ 40% 的喷枪数量，降低系统故障率和维护成本。

机器人代替人工进行涂胶，不仅工作量大，省人工，而且做工精细，在生产生活中已经大范围使用。涂胶机器人是用机器人代替人工涂胶，涂胶效率高，是人工涂胶的 10 ～ 15 倍。用涂胶机器人喷漆，漆膜质量好，涂层无刷痕，平面平顺、光滑。本章将创建一个简易的涂胶工作站，利用“ Smart 组件”使输送链持续上料，工业机器人在工件板上进行全面涂胶后输送到下一个工序中。

7.1 框架搭建

7.1.1 创建机器人和系统

首先创建机器人和系统，新建一个空工作站，选择“基本”选项卡中的“ ABB 模型库”，在模型库中选择“ IRB2600”机器人导入到工作站中选择默认的型号参数即可，导入后单击“机器人系统”，选择“从布局 ...”导入一个基本的机器人系统。其设置如图 7-1 ～图 7-5 所示。

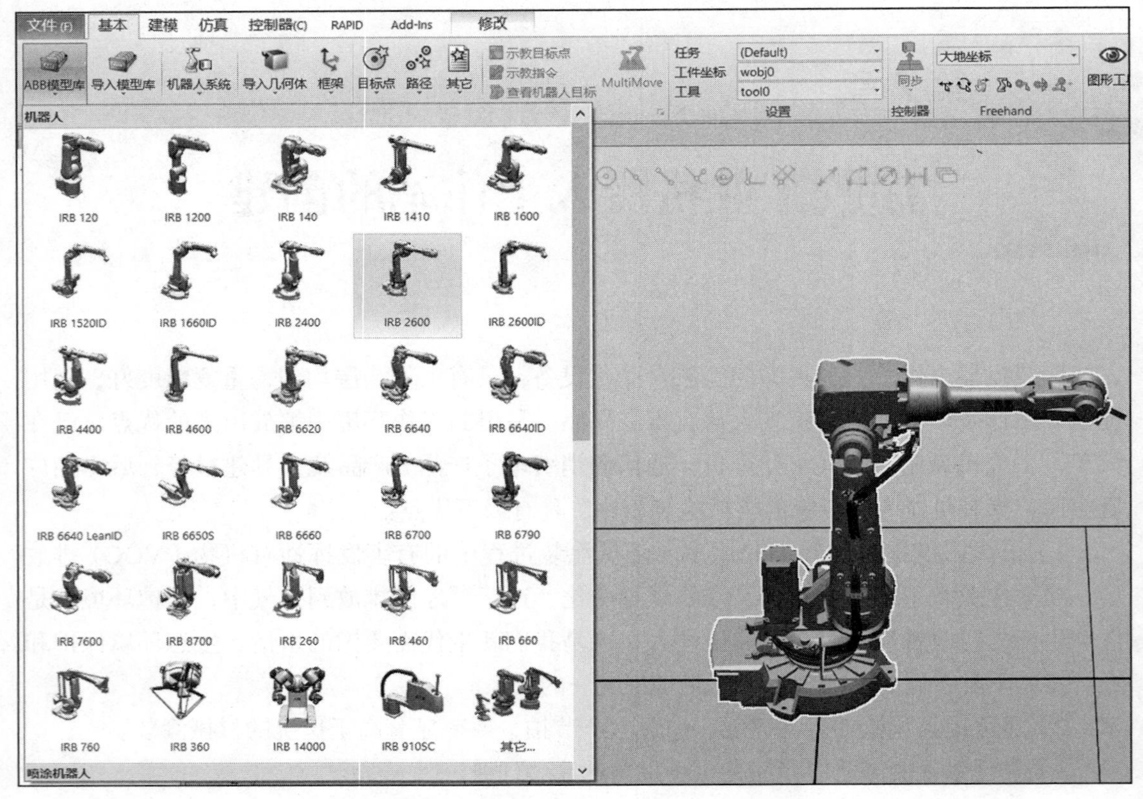

图 7-1　导入“IRB2600”机器人

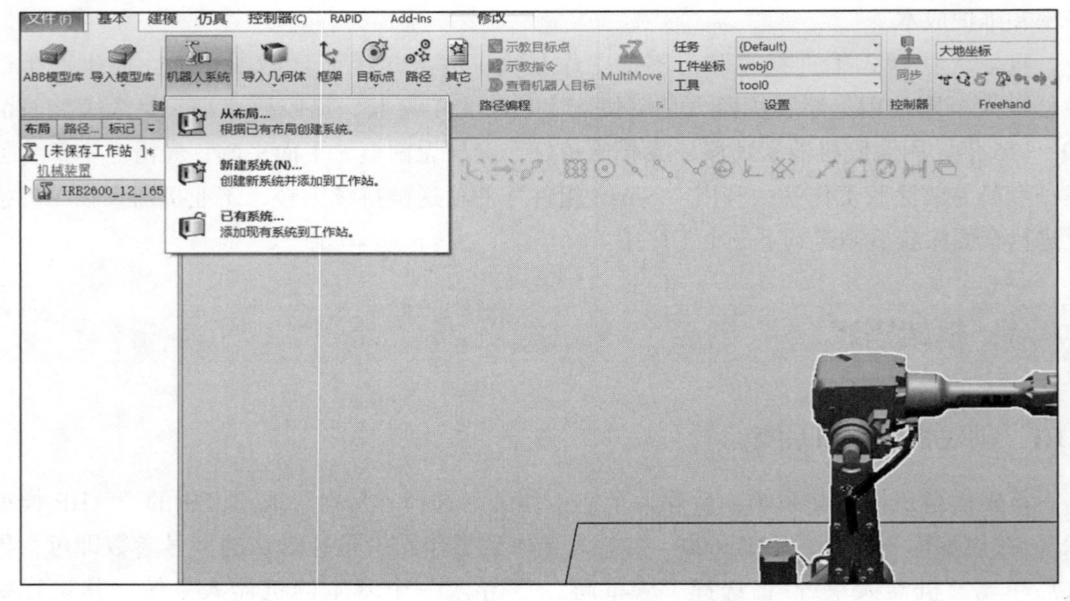

图 7-2　“从布局 ...”导入机器人系统

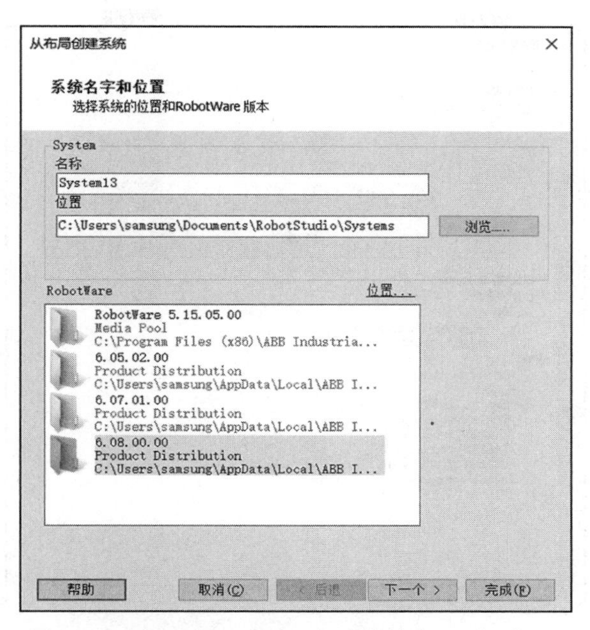

图 7-3　选择“6.08.00.00”版本并单击“下一个 >”

图 7-4　选择默认的机器人并单击“下一个 >”

7.1.2　创建传送带

1）在“基本”选项卡中选择“导入模型库”，选择“输送链 Guide”，并安装到合适位置，本案例给出的输送链原点位置为 X 轴 1200.00mm，Y 轴 –1300.00mm，Z 轴 0.00mm 且绕 Z 轴旋转 90°，如图 7-6 和图 7-7 所示。

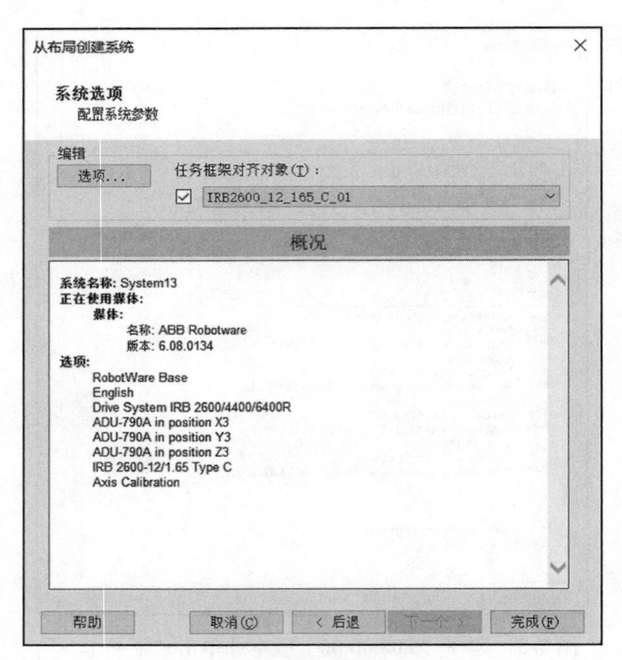

图 7-5　机器人系统默认配置展示并单击“完成（F）”

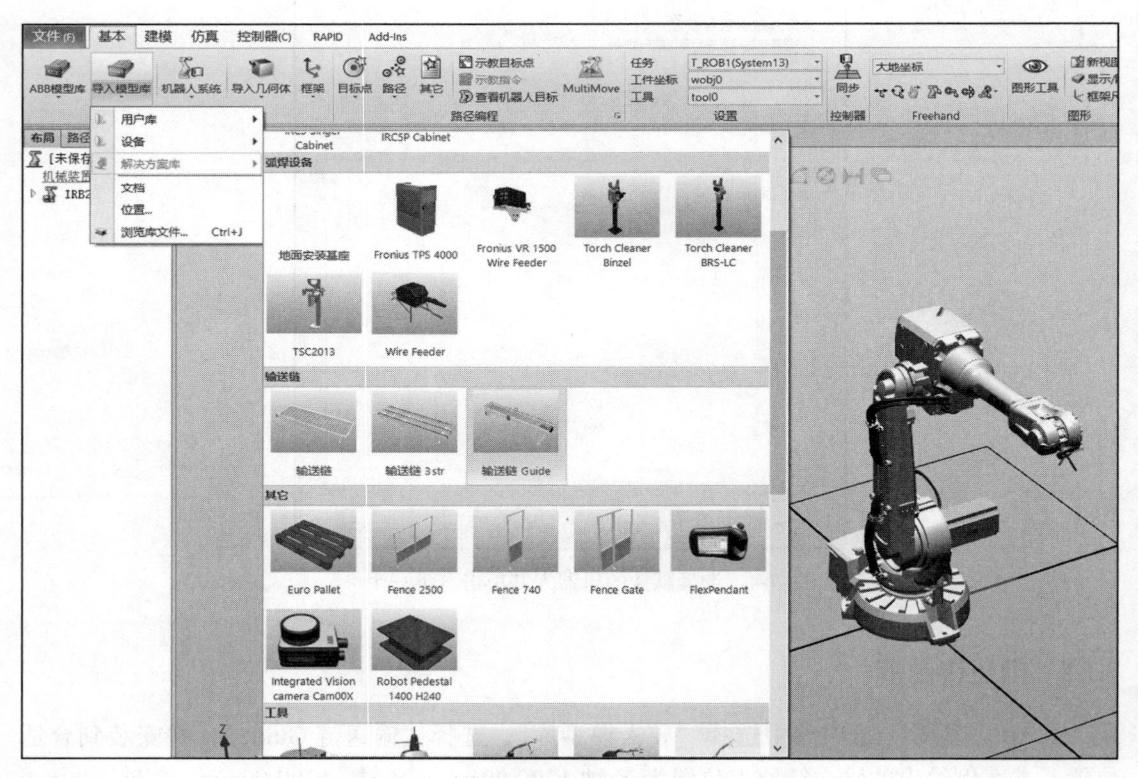

图 7-6　选择输送链

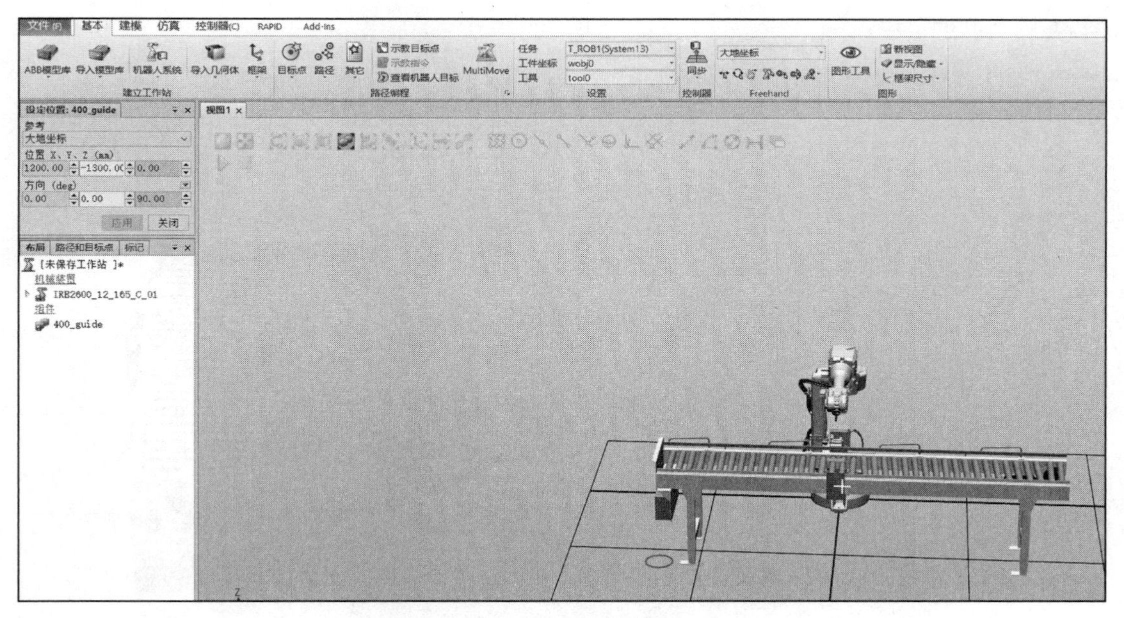

图 7-7　输送链放置位置及效果

2）单击“导入模型库”，加载一个涂胶工具，这里使用“ myTool”进行代替，也可以使用第三方制作的组件将其转变为工具进行使用，并将其安装到机器人上，如图 7-8 和图 7-9 所示。

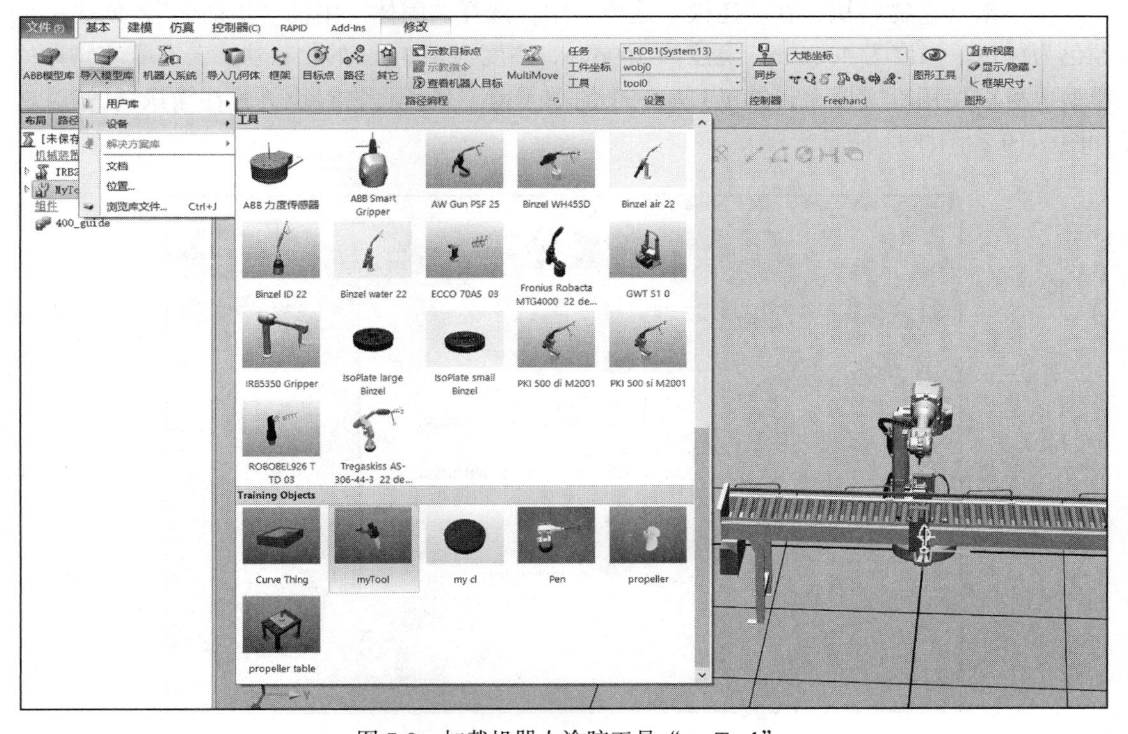

图 7-8　加载机器人涂胶工具“myTool”

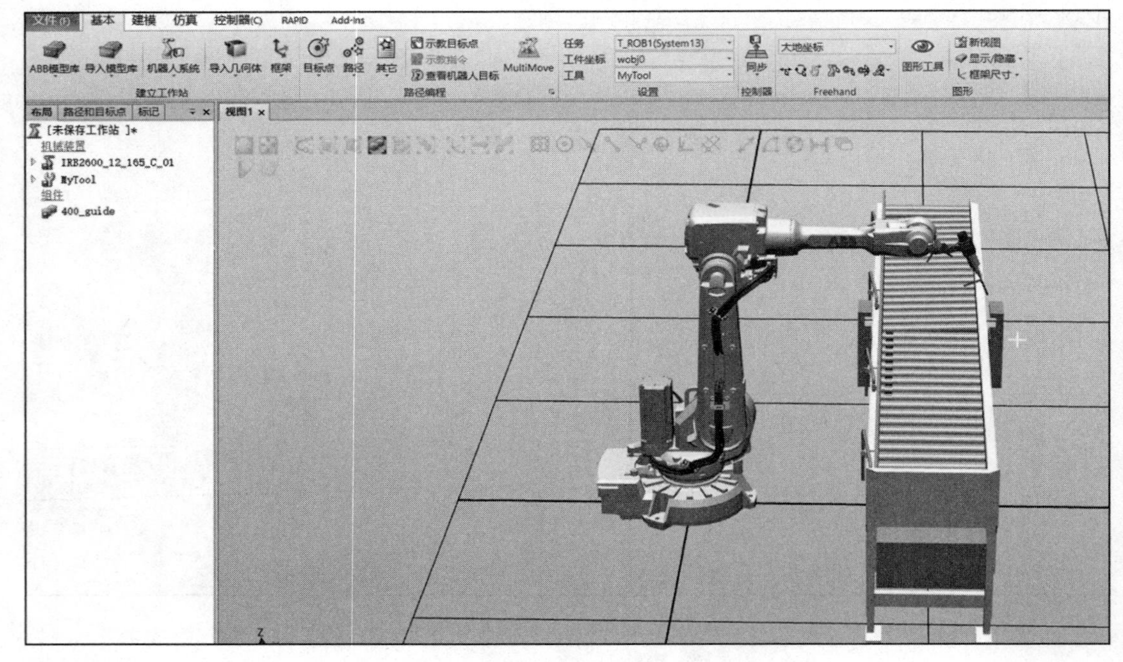

图 7-9 机器人安装工具后的效果

7.1.3 创建物料块

接下来创建物料块，在“建模”选项卡中，选择“固体”中的“矩形体”，创建一个颜色为绿色，长度为400mm，宽度为300mm，高度为100mm的物料块。若有真实物体的模型也可以使用真实模型，这里只做一个简单示范。最后将物料块放置在输送链的起点，如图7-10和图7-11所示。

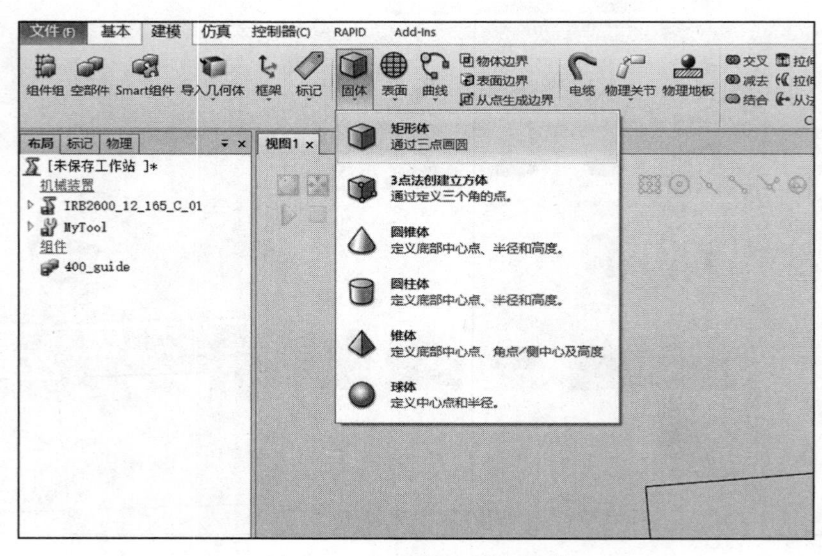

图 7-10 “矩形体”模型创建

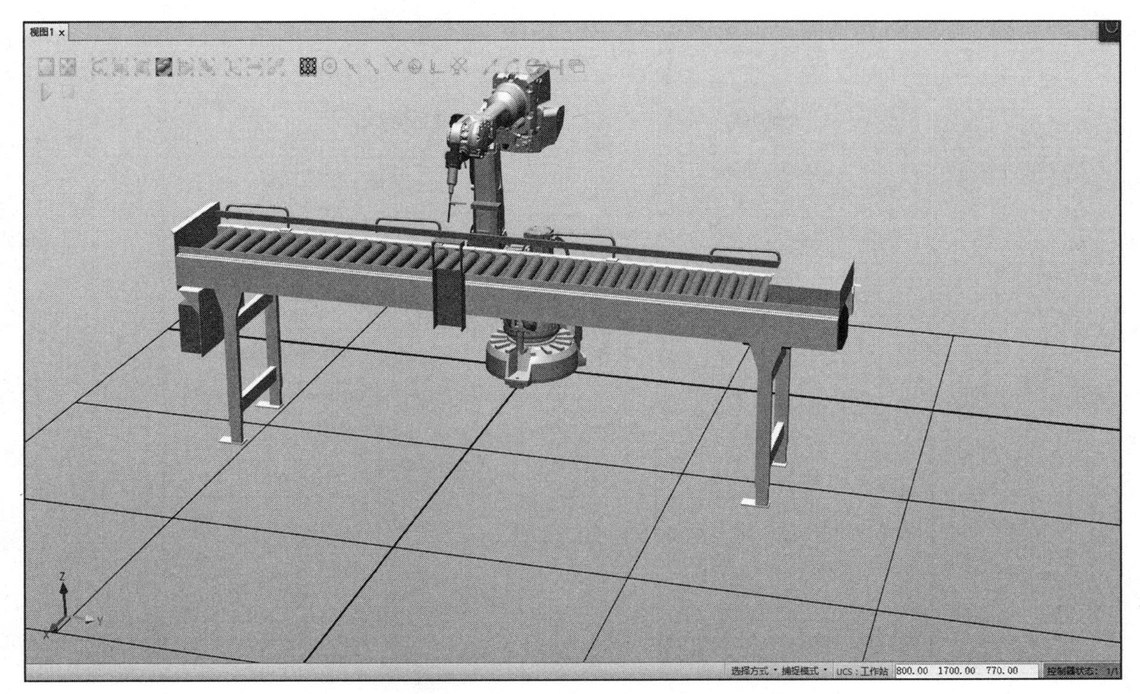

图 7-11　模型创建并放置后的效果

7.2 工具与工件的“Smart 组件”制作

7.2.1 工件“Smart 组件”配置

工件“Smart 组件”配置与第 5 章的输送链配置相同，均为物料向前运动，碰到传感器停止，与第 5 章不同的是，本任务中物块完成涂胶后需要继续移动前往下一阶段。

1）创建“Smart 组件”，单击“建模”选项卡，选择“Smart 组件”，并将其命名为“gongjian”。在创建的“Smart 组件”中单击“添加组件”，添加传感器组件“PlaneSensor”，将传感器布置在输送链的适当位置，本任务中传感器原点为（1200，–280，770），X 轴方向延伸 –400，Z 轴方向延伸 100，如图 7-12 和图 7-13 所示。

2）将输送链的“可由传感器检测”前面的对钩去掉，如图 7-14 所示。按照本书 5.1 小节创建“Smart 组件”中的各个模块，具体模块属性如图 7-15 ～图 7-17 所示，其中“Source”模块复制品的位置和产品源的本地原点相关，若发生位置改变，可修改产品源的本地原点或者复制品产生位置。

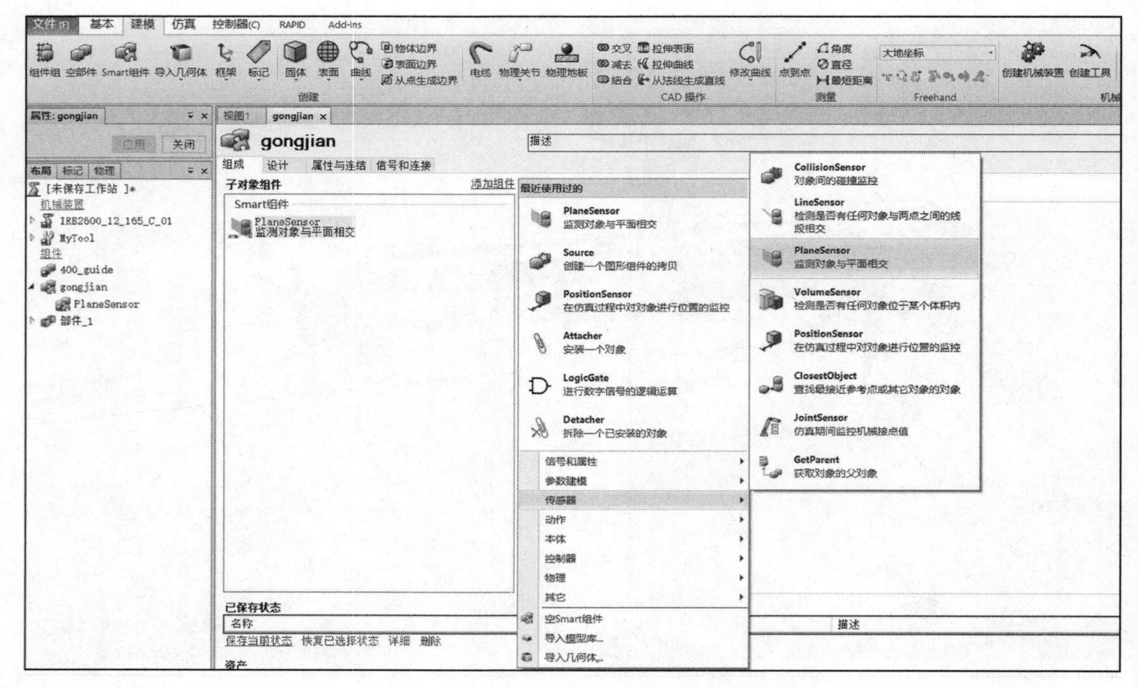

图 7-12　创建一个“PlaneSensor”传感器

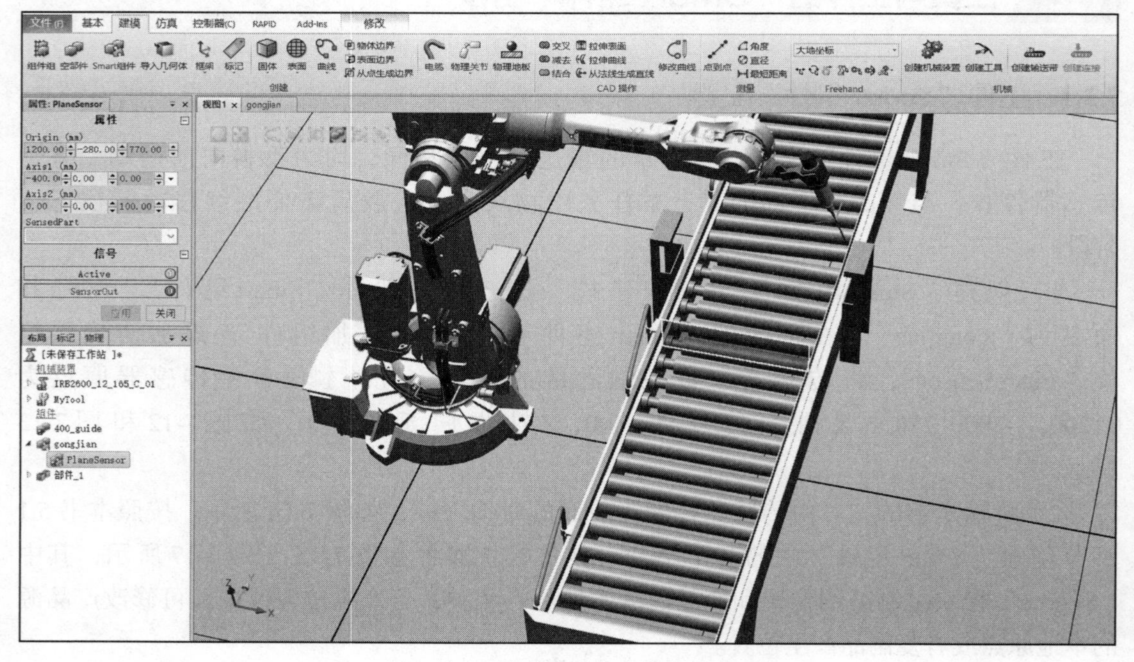

图 7-13　传感器设定参数及效果

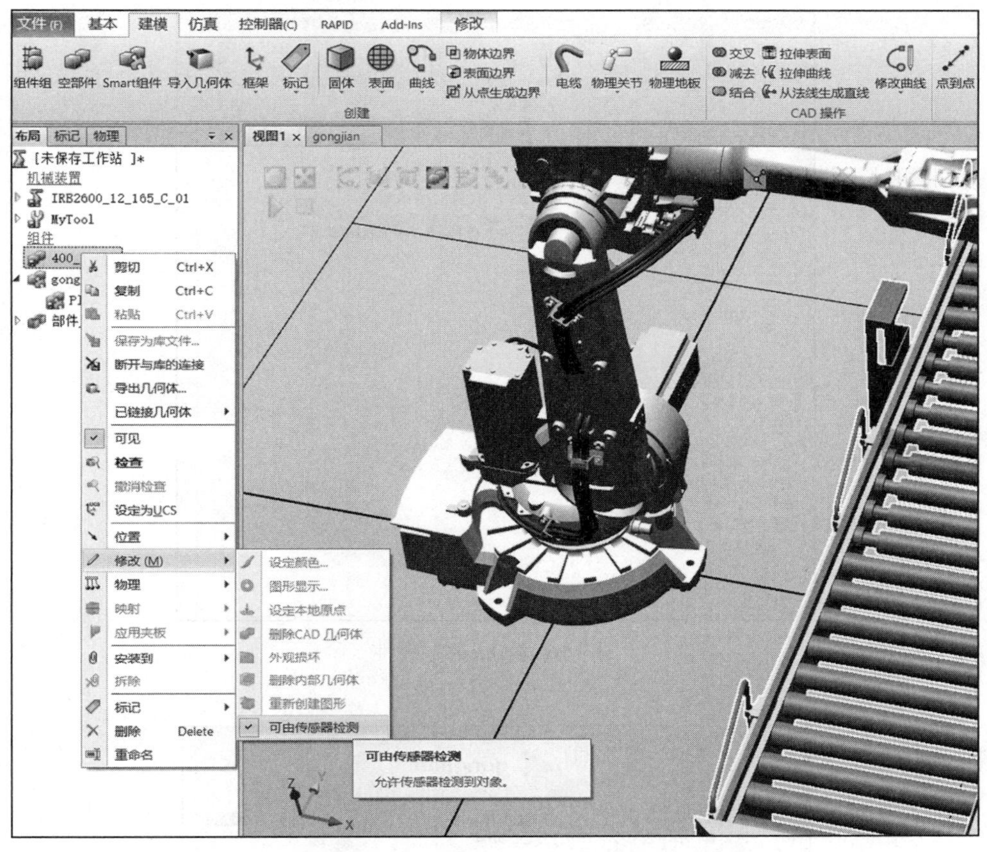

图 7-14　去除输送链“可由传感器检测”属性

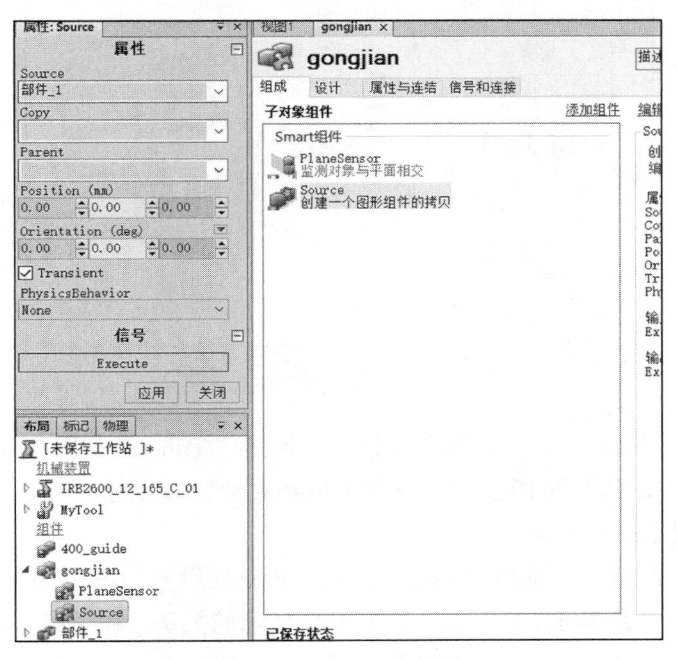

图 7-15　“Source”属性

图 7-16 “Queue”属性

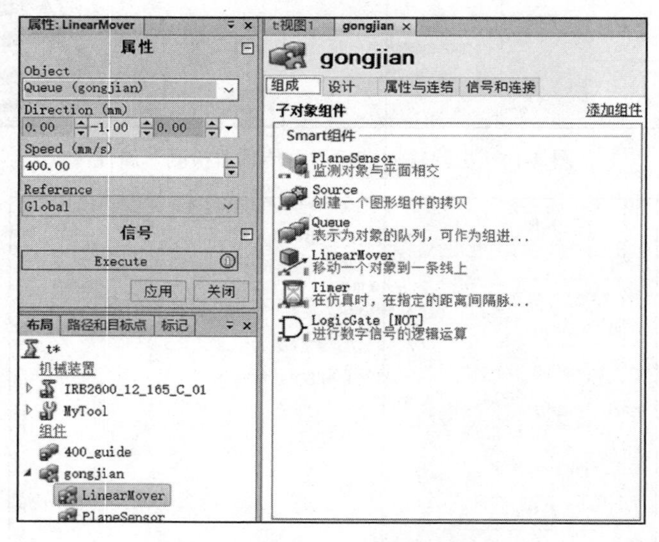

图 7-17 “LinearMover”属性

3）单击“添加组件”，在“信号和属性”中选择“ Timer”如图 7-18 所示。其属性设置如图 7-19 所示。本组件可用于控制连续生成物料块的复制品，每 2s 生成 1 个复制品，在进行涂胶工作时会中断生成。

4）单击“添加组件”，选择“ LogicGate”，其属性设置如图 7-20 和图 7-21 所示。添加完成非门后单击“属性与连结”添加如图 7-22 所示的关系，在“信号和连接”中添加如图 7-23 ～图 7-27 所示的关系。

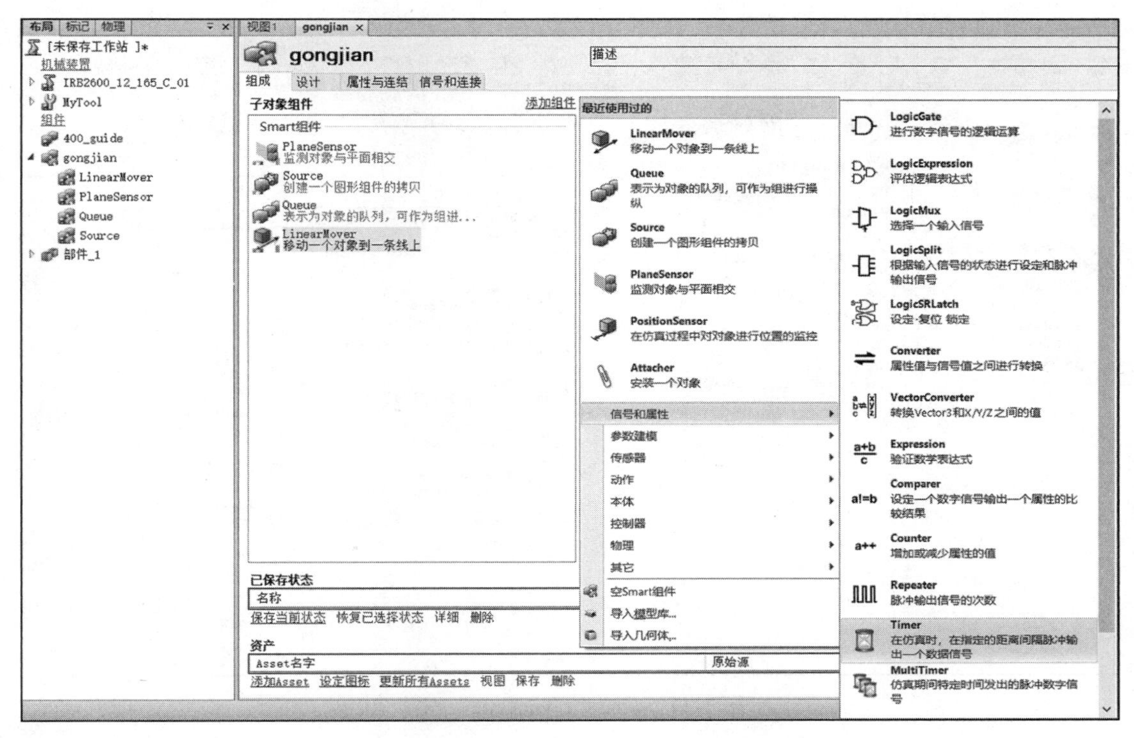

图 7-18 “Timer”组件位置

图 7-19 “Timer”属性设置

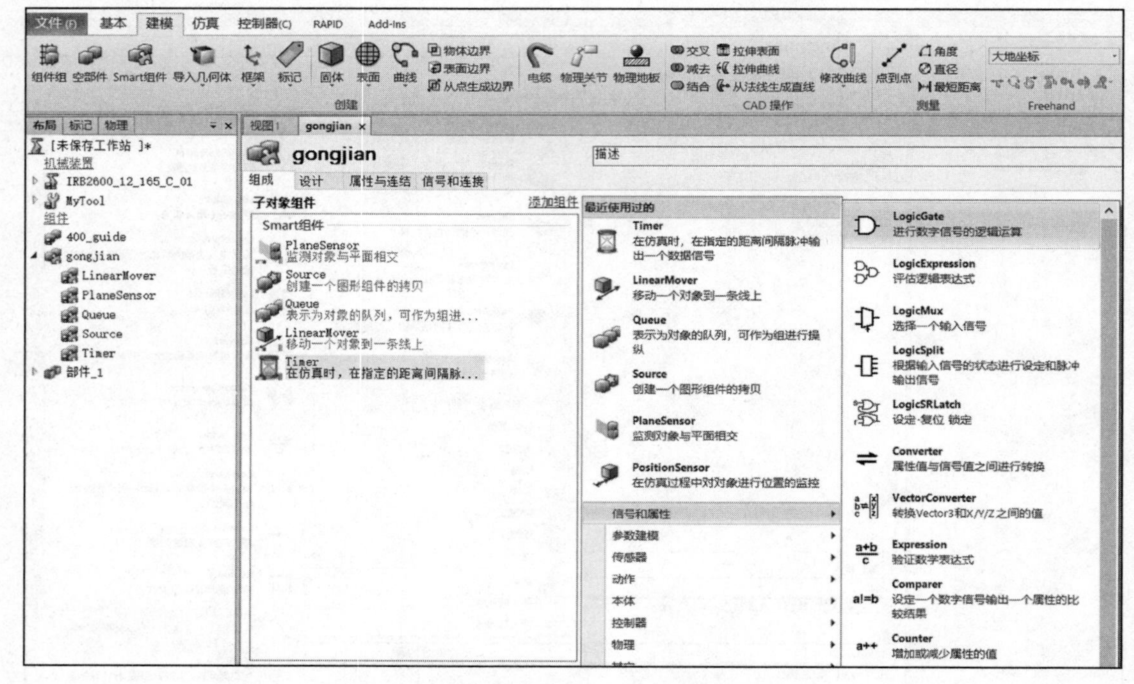

图 7-20　添加“LogicGate”组件

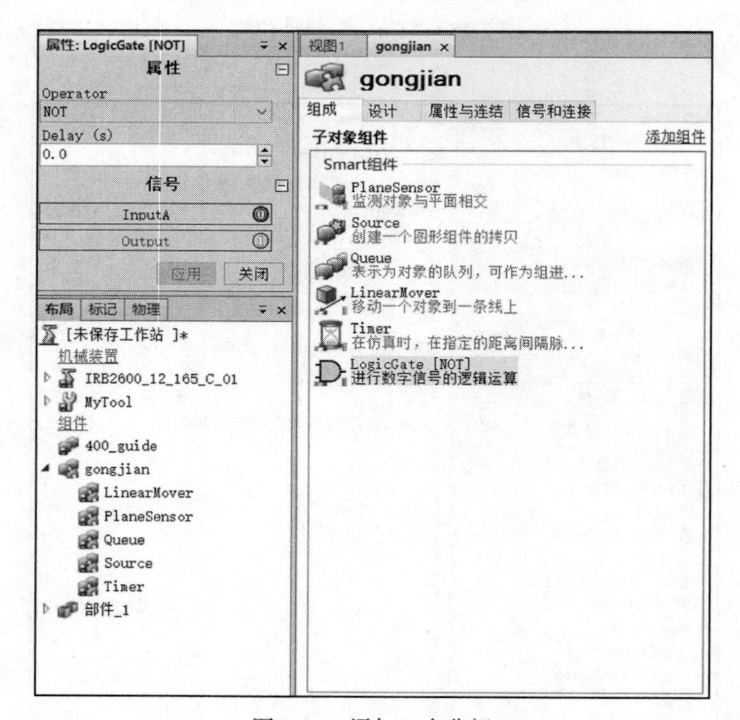

图 7-21　添加一个非门

5）以上设置全部完成后将右击产品源，将“可见”前面的对钩去掉，如图 7-28 所示。最终的“属性与连结”和“信号和连接”界面如图 7-29 和图 7-30 所示。

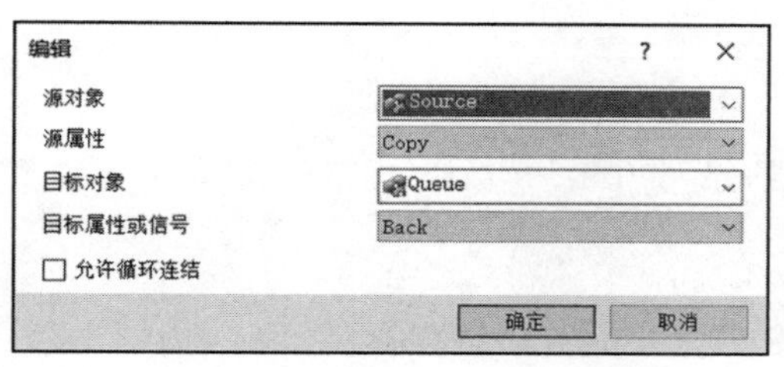

图 7-22 在“属性与连结”中将物料块的复制品加入到队列中

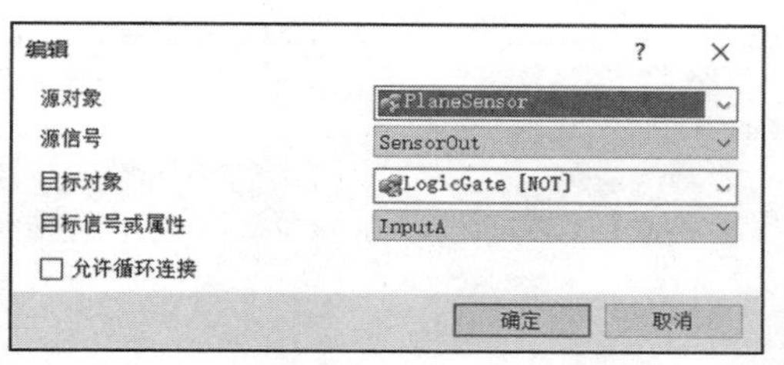

图 7-23 将传感器的输出连接到非门

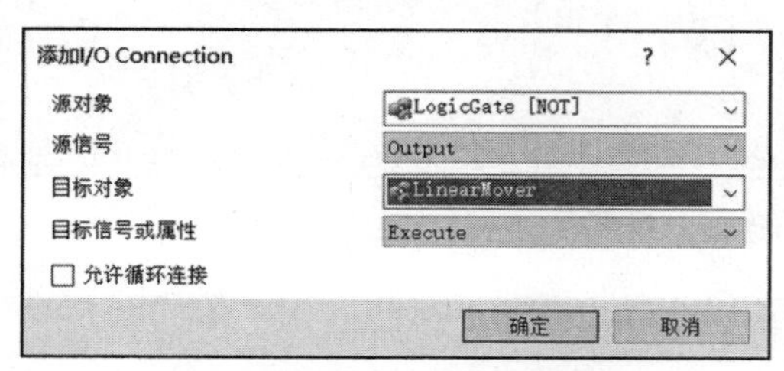

图 7-24 将非门连接到线性运动开关

图 7-25 将非门连接到时间控制器

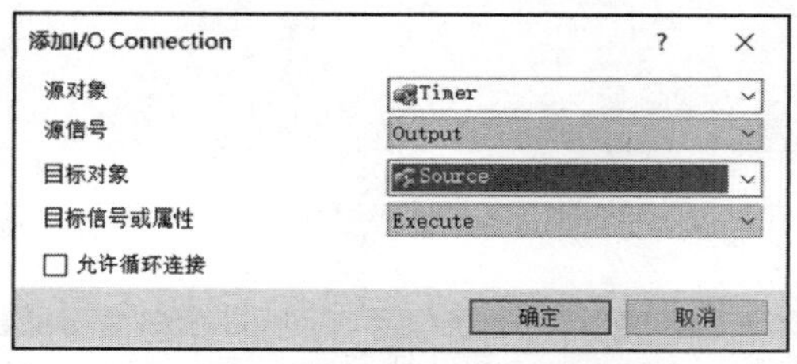

图 7-26 时间控制器连接到产品源，间歇性产生复制品

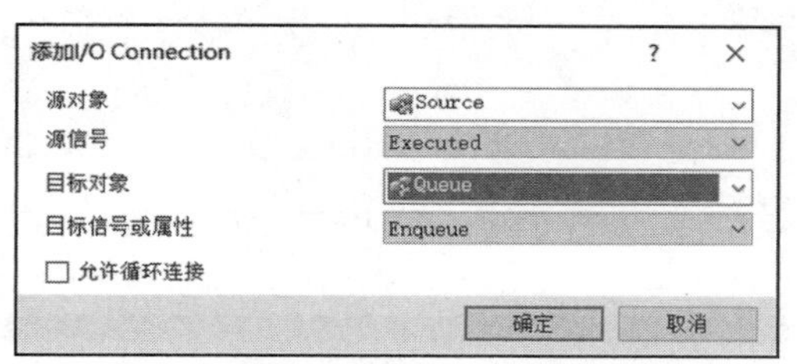

图 7-27 将产生的复制品加入到队列中

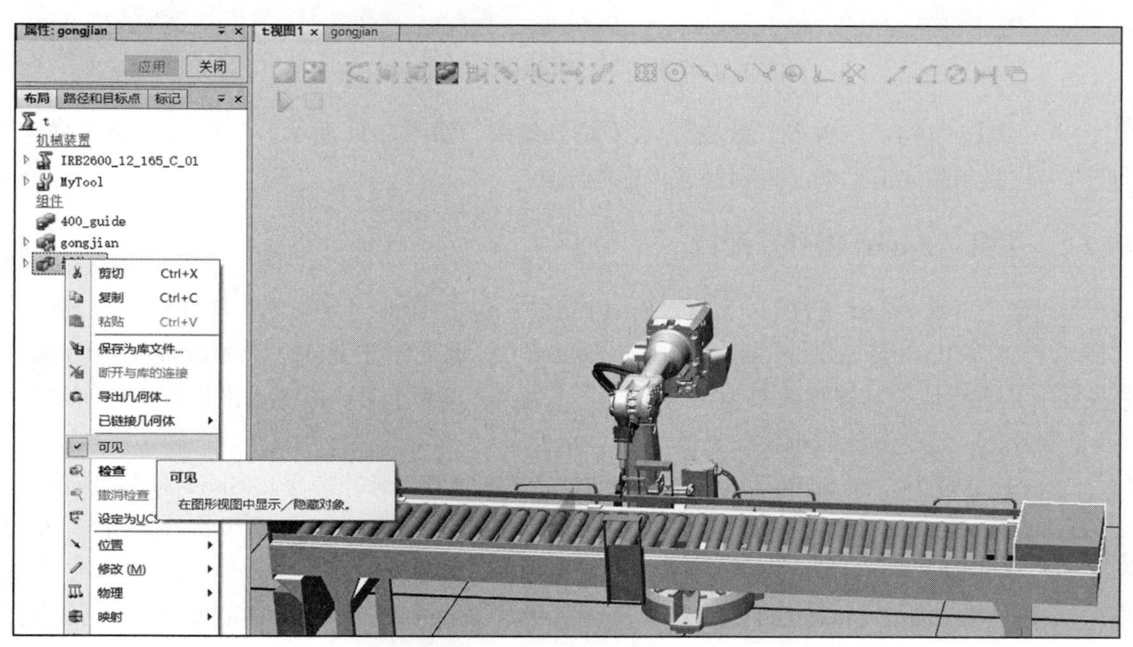

图 7-28 隐藏产品源

gongjian

描述 English

组成 设计 属性与连结 信号和连接

动态属性

名称	类型	值	属性

添加动态属性 展开子对象属性 编辑 删除

属性连结

源对象	源属性	目标对象	目标属性或信号
Source	Copy	Queue	Back

图 7-29 “属性与连结”效果

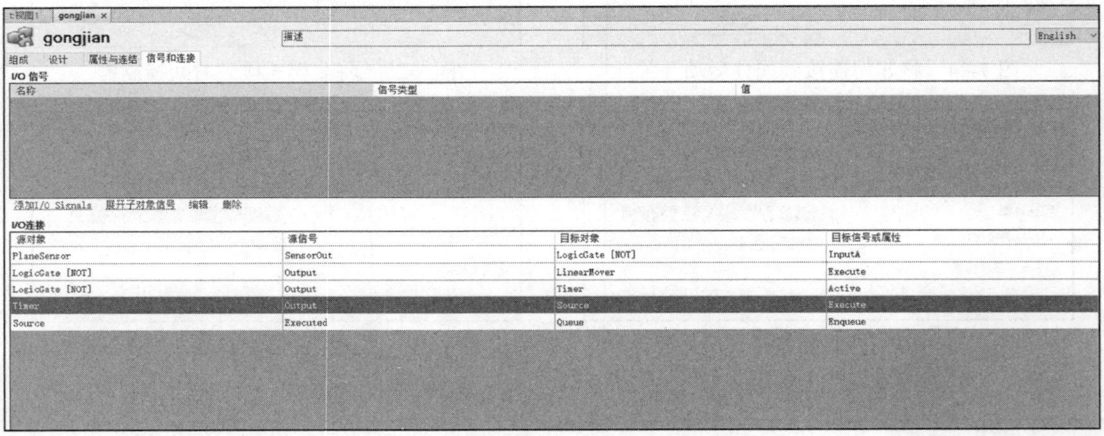

gongjian

描述 English

组成 设计 属性与连结 信号和连接

I/O 信号

名称	信号类型	值

添加I/O Signals 展开子对象信号 编辑 删除

I/O连接

源对象	源信号	目标对象	目标信号或属性
PlaneSensor	SensorOut	LogicGate [NOT]	InputA
LogicGate [NOT]	Output	LinearMover	Execute
LogicGate [NOT]	Output	Timer	Active
Timer	Output	Source	Execute
Source	Executed	Queue	Enqueue

图 7-30 “信号和连接”效果

6）单击“仿真”，单击“播放”，查看仿真效果，如图 7-31 所示。每隔 2s 产品源便会产生一块复制品向前运动，直到触碰传感器停止。

7.2.2 工具“Smart 组件”配置

创建“工具 Smart 组件”，工具“ Smart 组件”包含 Timer（定时发出脉冲信号）、Show（显示胶体）、PositionSensor（定位监控）、Source（复制胶体）、Hide（隐藏胶体）、Attacher（安装）几个模块。其视觉效果为输入信号“ di_tujiao”为 1 时，机器人沿设定程序轨迹不断复制胶体，以达到涂胶视觉效果。

Smart 原理为“di_tujiao”为 1 时激活 Timer（定时发出脉冲信号）、Show（显示胶体）。根据 PositionSensor（定位监控）来控制 Source（复制胶体）的位置沿程序轨迹运行，“ di_tujiao”为 0 时“LogicGate[NOT]”为 1，激活 Hide（隐藏胶体）。

1）创建工具“ Smart 组件”，将其重命名为“ gongju”。加入上述的几个“ Smart 组件”模块之前，需要设定一个胶水模型，可以自行创建一个蓝色的圆形代表一个涂胶点，

图 7-31　输送链效果展示

并命名为“胶体”，多个涂胶点形成一个涂胶面。涂胶点如图 7-32 所示，将涂胶点安装到工具“myTool”上，将其设置在工具尖端，并将涂胶点设置为不可见，如图 7-33 和图 7-34 所示。

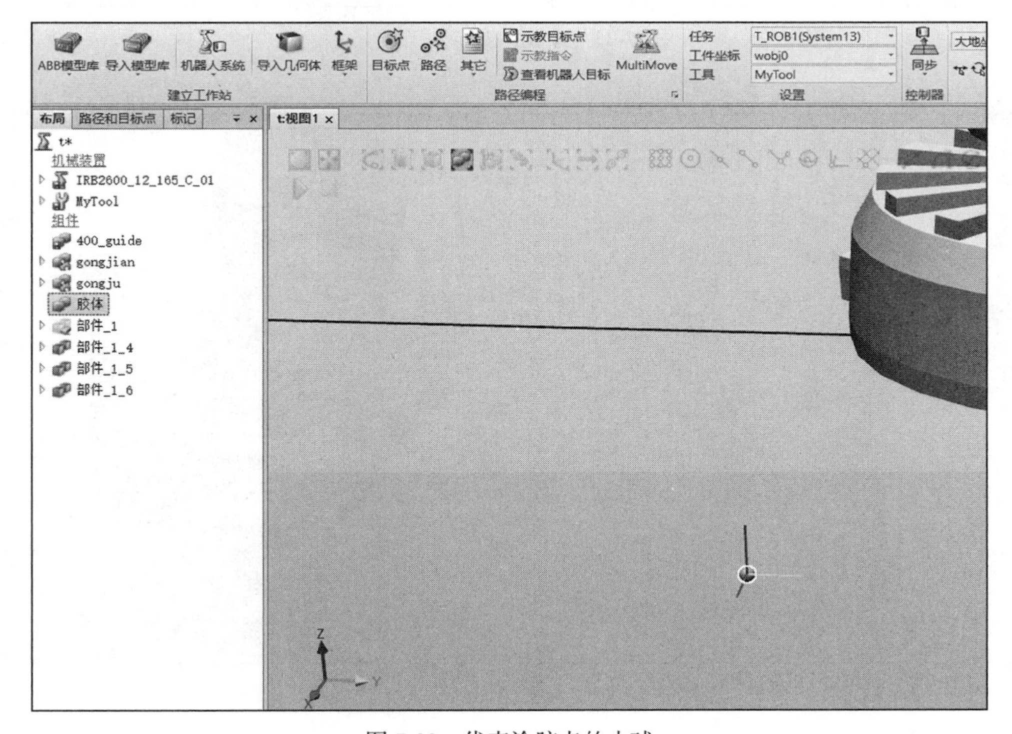

图 7-32　代表涂胶点的小球

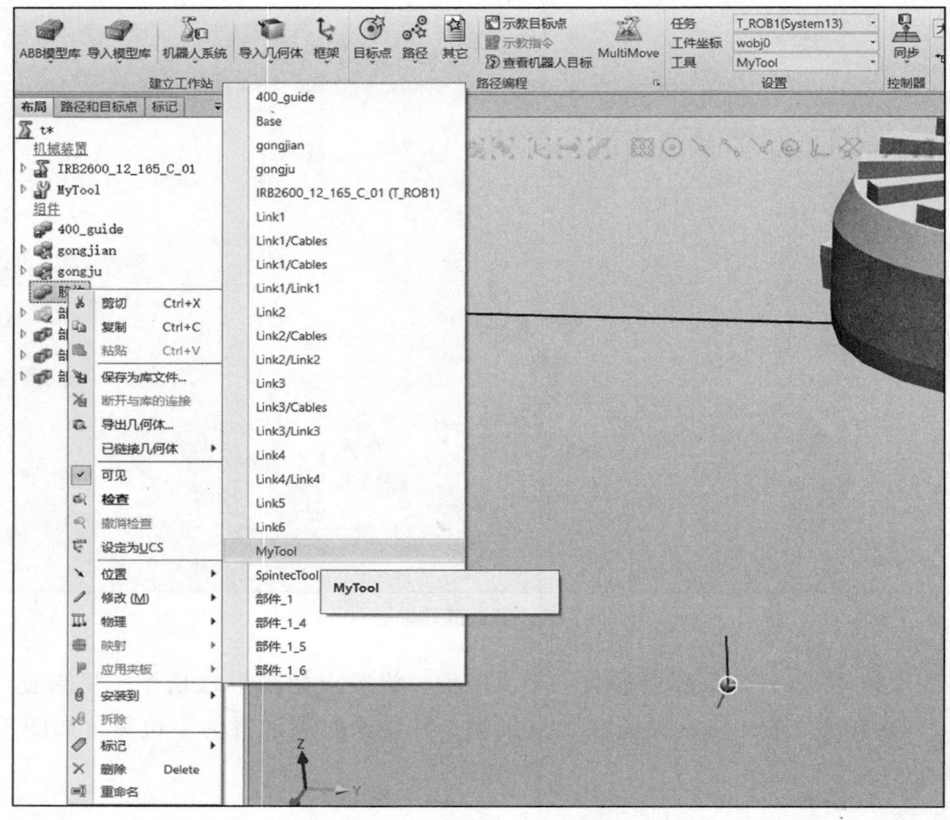

图 7-33　涂胶点安装到工具上

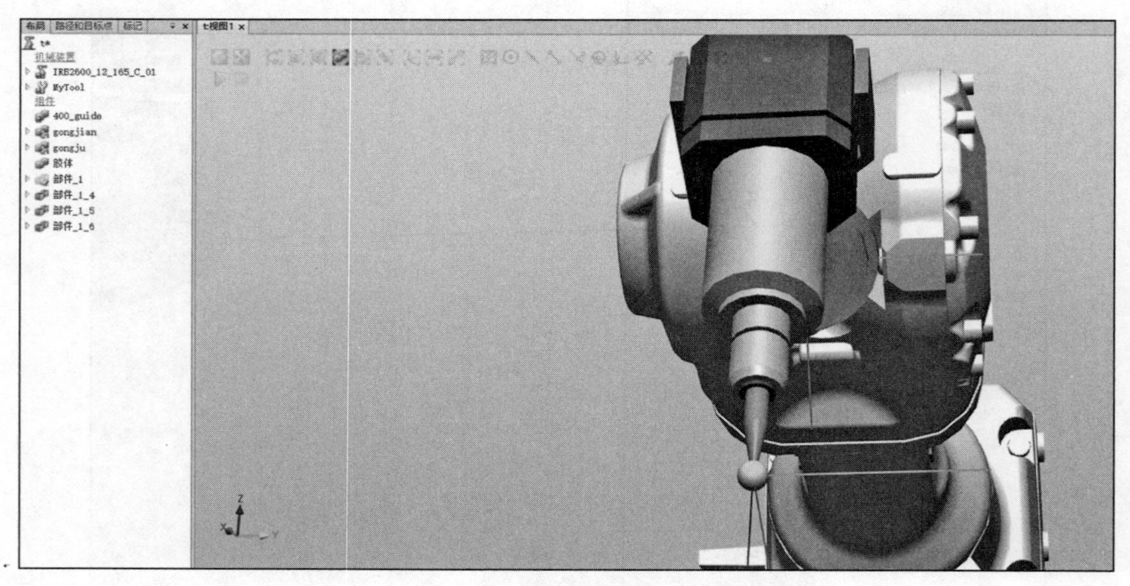

图 7-34　涂胶点安装到机器人工具尖端

2）添加剩余组件，各组件位置及设置如图 7-35 ～图 7-43 所示。

图 7-35　“Timer”组件及其参数

图 7-36　添加非门并设置非门属性

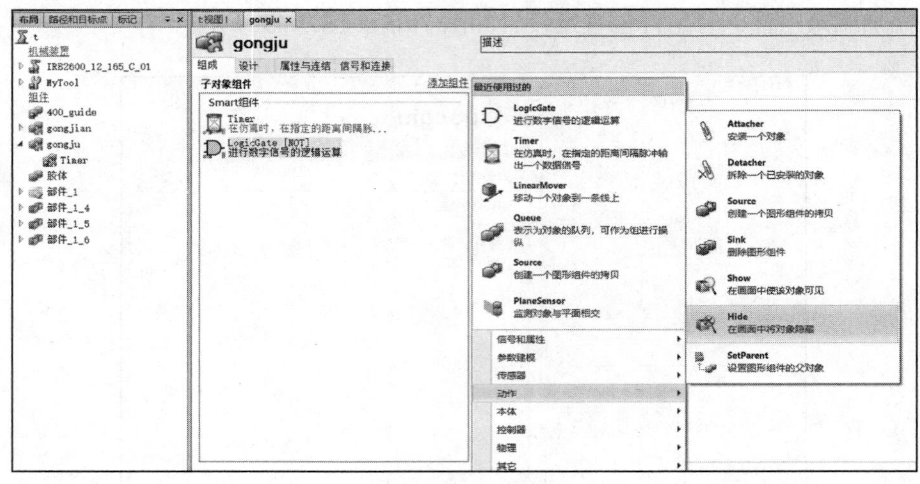

图 7-37　添加“Hide”组件

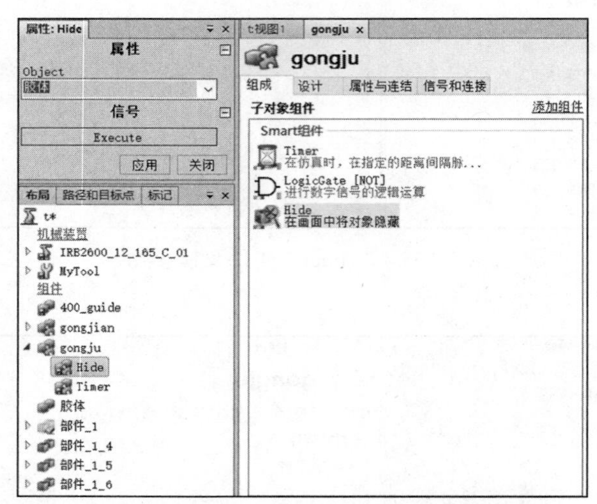

图 7-38　“Hide”组件将“Object”栏设为“胶体”

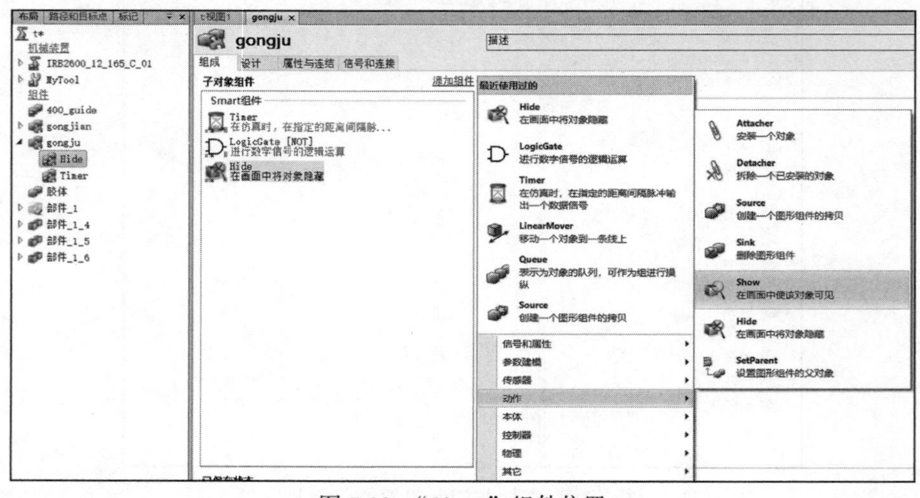

图 7-39　“Show”组件位置

图 7-40　“Show”组件设置“Object”栏设为“胶体”

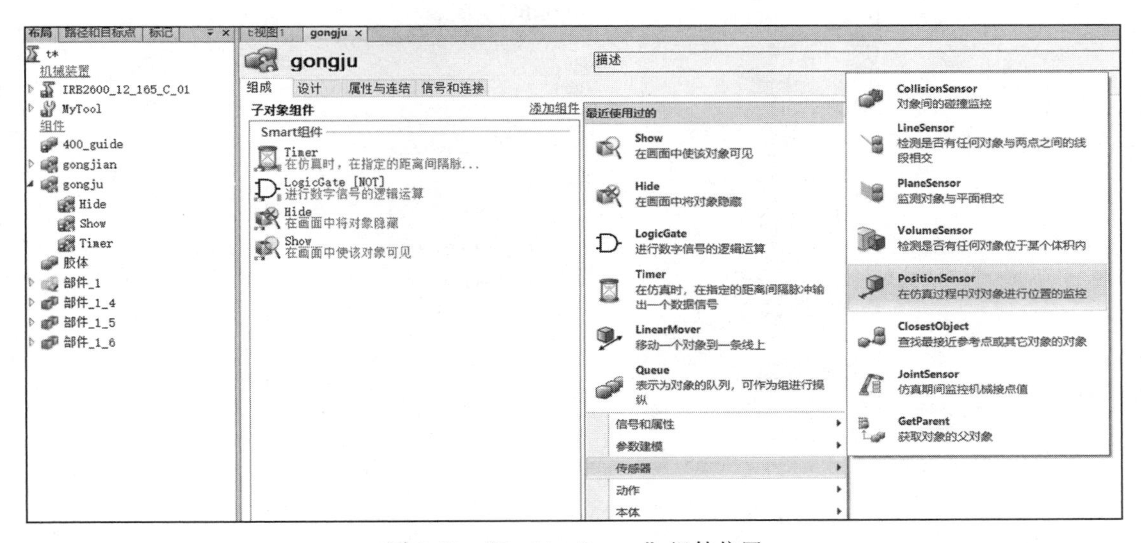

图 7-41　“PositionSensor”组件位置

3）设置完成后找到在传感器位置停下的物料复制品，复制一下再粘贴，找到粘贴后的复制品。由于“Source”组件生成的复制品不稳定，所以复制粘贴后会形成一个独立物体。在“路径与目标点”界面选择“路径与步骤”创建一个路径“Path_10”，使用类似本书第 1 章的方法创建一个绕工件一周的路径，如图 7-44 所示。

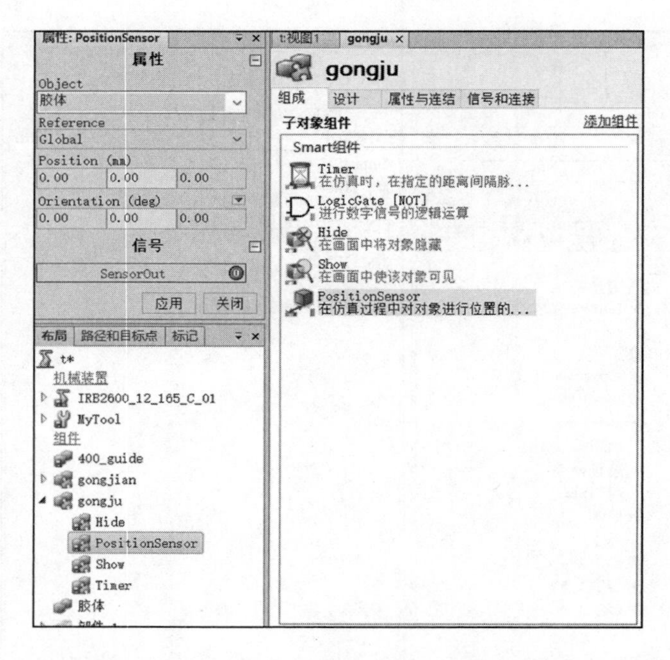

图 7-42 将“Object”栏设为“胶体”单击“应用”后坐标会自动更新

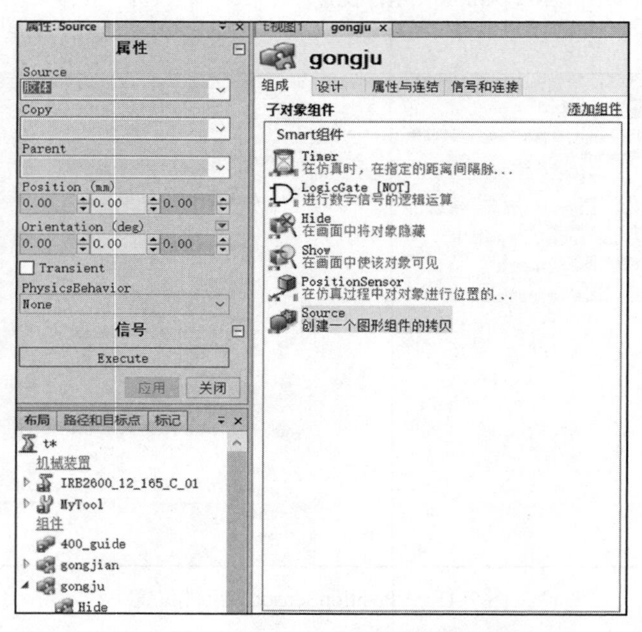

图 7-43 “Source”属性设置

其中“Target_30”和“Target_90”为同一点，“Target_30”为“Home”点。

4）将示教的点信息同步到“RAPID”中，单击“控制器”选项卡，在“控制器”界面“RAPID”中选择“main”，进入程序编辑界面，如图 7-45 所示。将“Path_10”调用至“main”中，如图 7-46 所示，并单击“RAPID”选项卡中的“应用”。

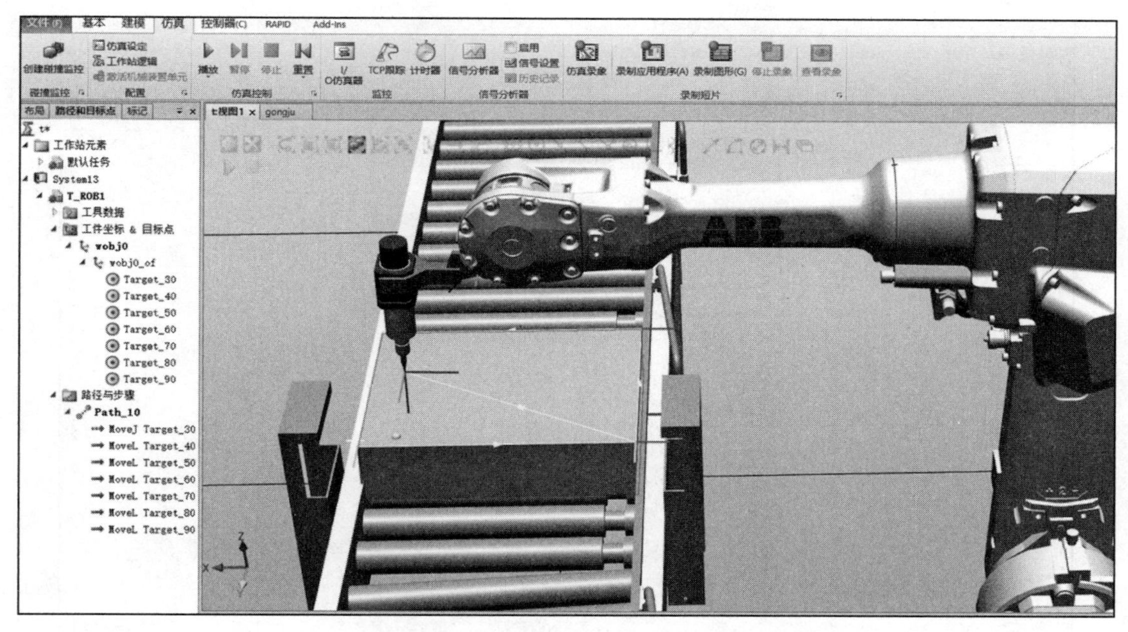

图 7-44　创建绕工件一周的路径

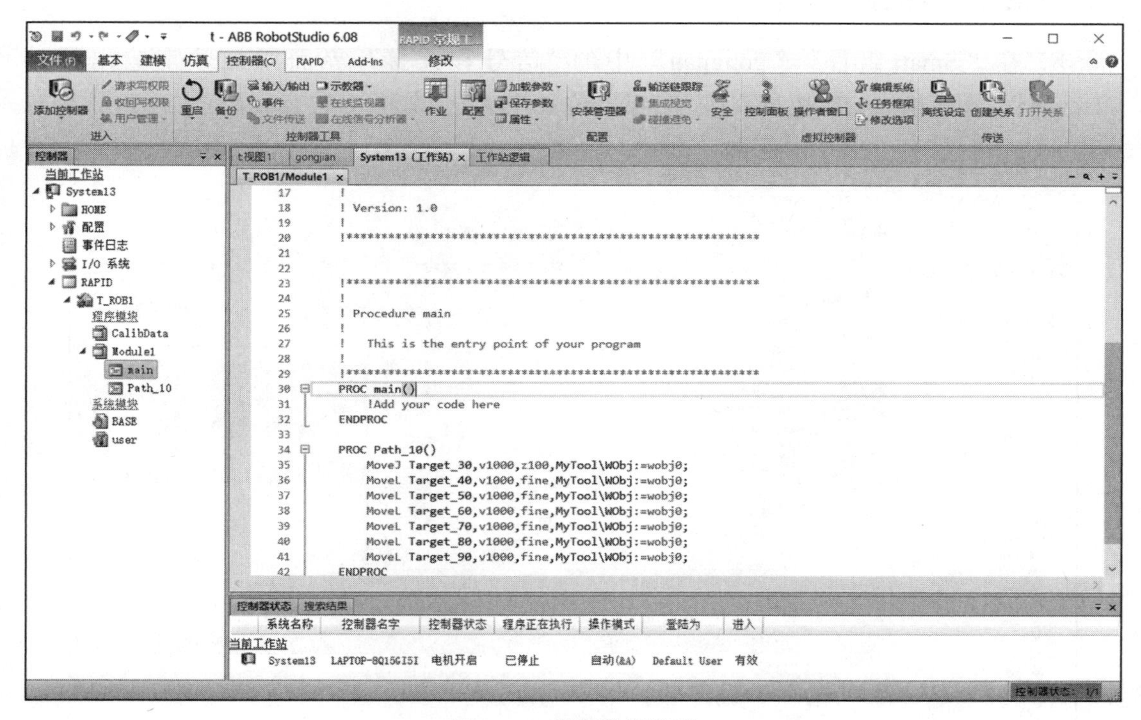

图 7-45　程序编辑界面

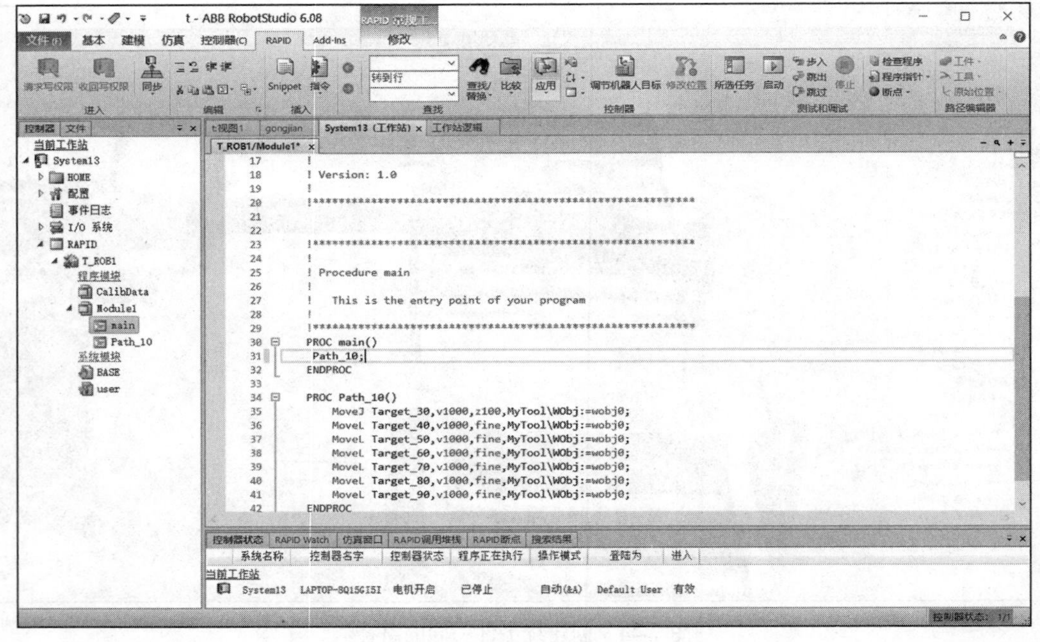

图 7-46　修改程序后单击“应用”

7.2.3　信号 I/O 配置

1）在“Smart 组件”“gongjian”中的“信号和连接”界面添加数字输出信号“daowei”，用于检测物料块是否到达传感器位置并停止，如图 7-47 所示。

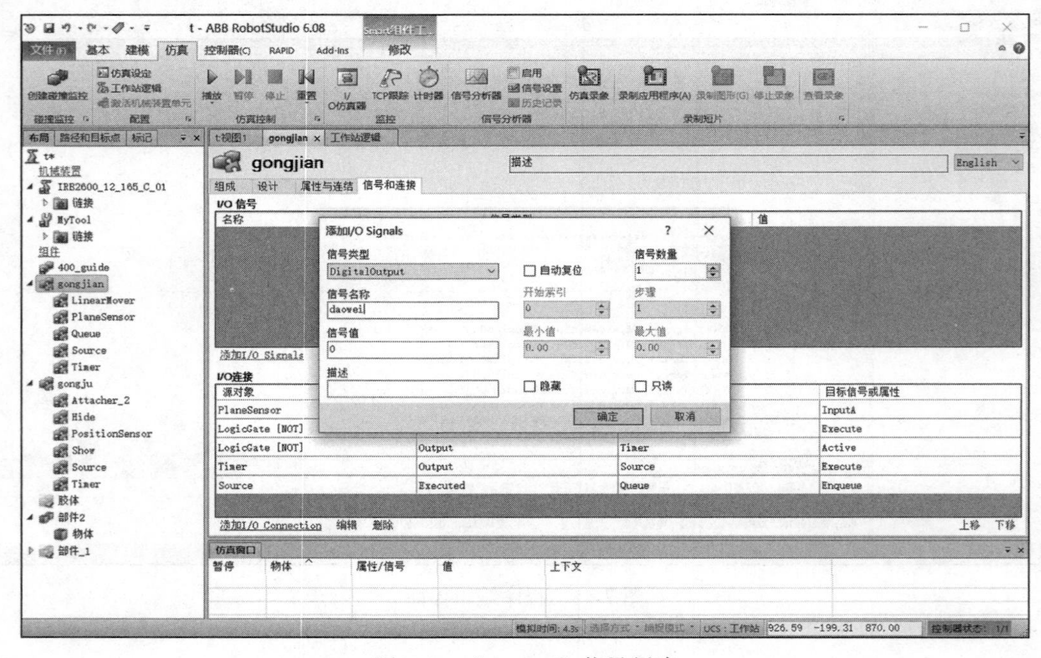

图 7-47　“daowei”信号创建

2）单击“控制器”选项卡中的“配置”，选择“添加信号”，在弹出的界面中输入如图 7-48 所示的参数添加输入信号，单击“确定”。并用同样的方法添加输出信号，参数如图 7-49 所示。所有添加信号需要重启后方可使用。

图 7-48　添加输入信号

图 7-49　添加输出信号

3）重启后在“仿真”选项卡中单击“工作站逻辑”，如图 7-50 所示。单击“设计”界面，里面的各个模块可以任意拖动位置，单击“System”下属的“I/O 信号”，添加两个输入信号“di0”“di2”和输出信号“do0”，如图 7-51 和图 7-52 所示。

4）单击“daowei”拖动鼠标左键到“di0”，连成箭头，如图 7-53 所示。“设计”栏是系统总览界面，在设计界面的修改会直接体现在“信号和连接”和“属性与连结”栏中，当然，在“信号和连接”和“属性与连结”栏的设置也会在“设计”栏体现。

5）在“gongju”选项卡中单击“信号和连接”，选择“添加 I/O Signal”，添加一个“pentu”输入信号，如图 7-54 所示。进一步完善喷涂的过程，在仿真开始时胶水不显示，开始喷涂时显示胶水。“gongju”组件中单击“添加组件”，选择“其它”中的“SimulationEvents”，用于仿真开始时隐藏涂胶点，如图 7-55 所示。

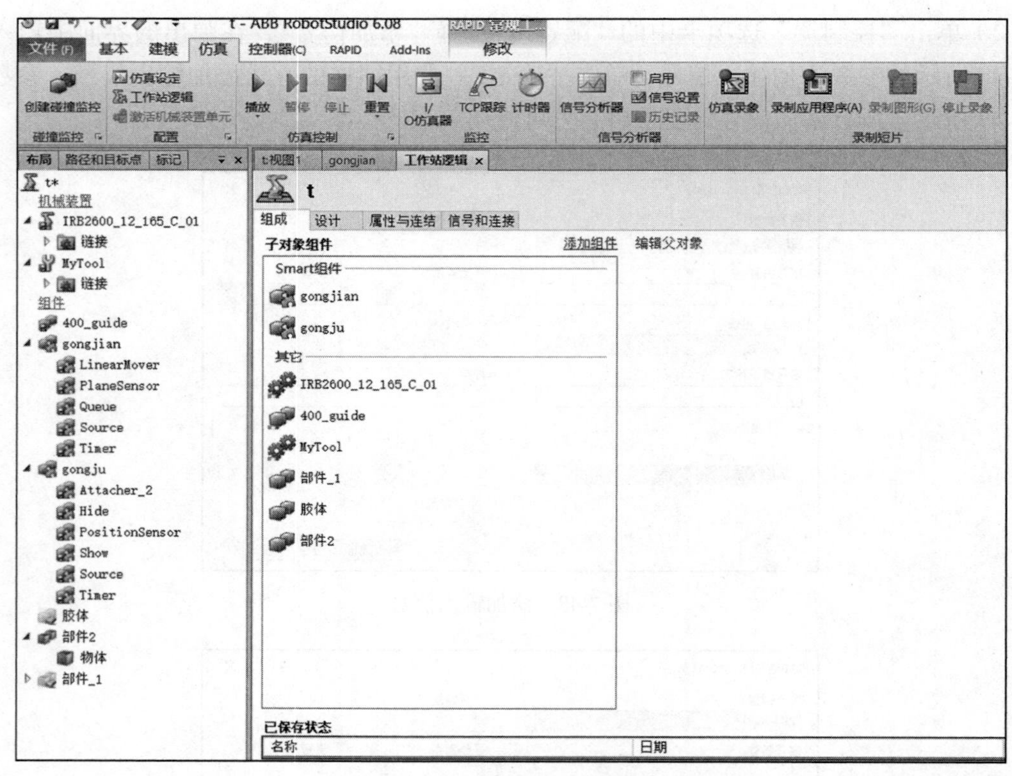

图 7-50 “工作站逻辑”界面

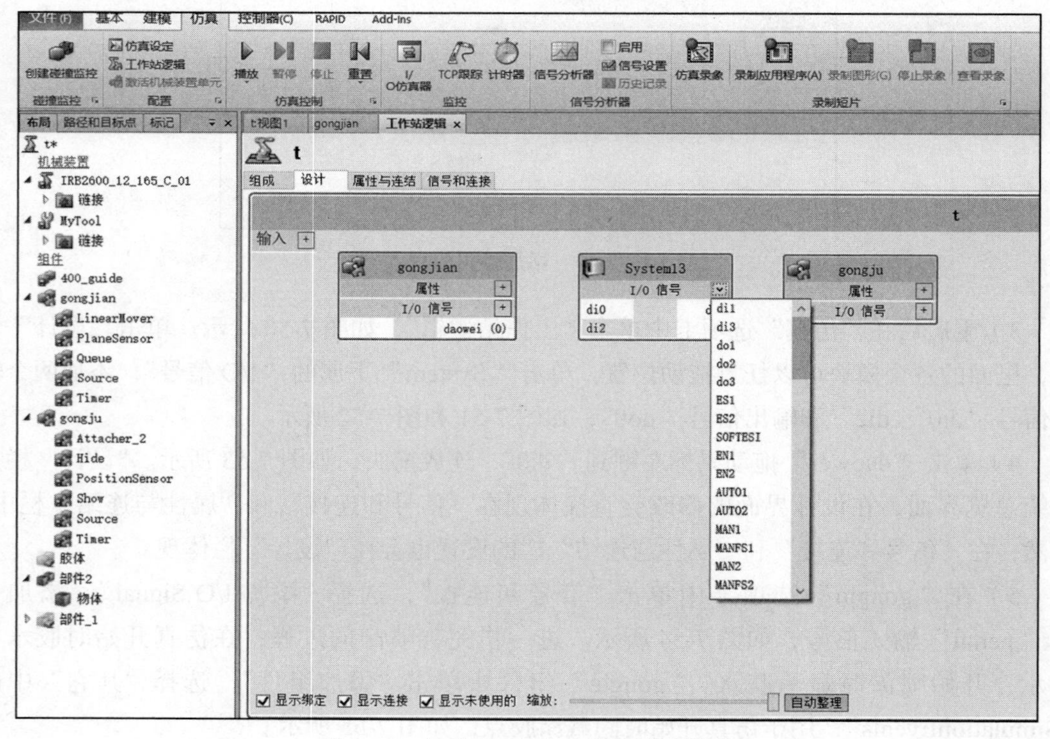

图 7-51 在“System”中添加输入信号

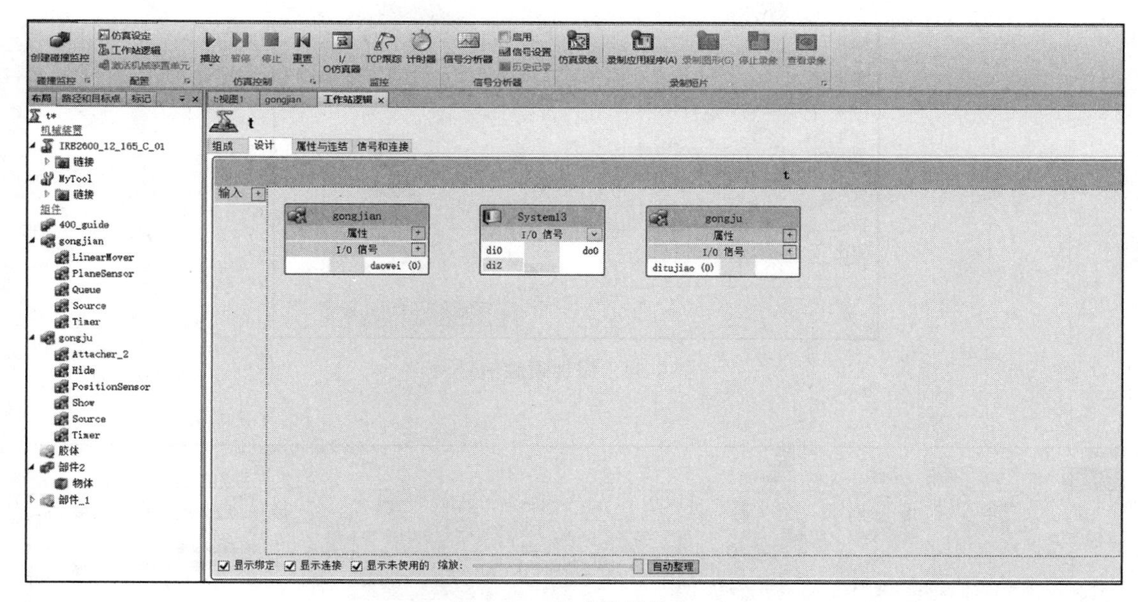

图 7-52　完成信号载入

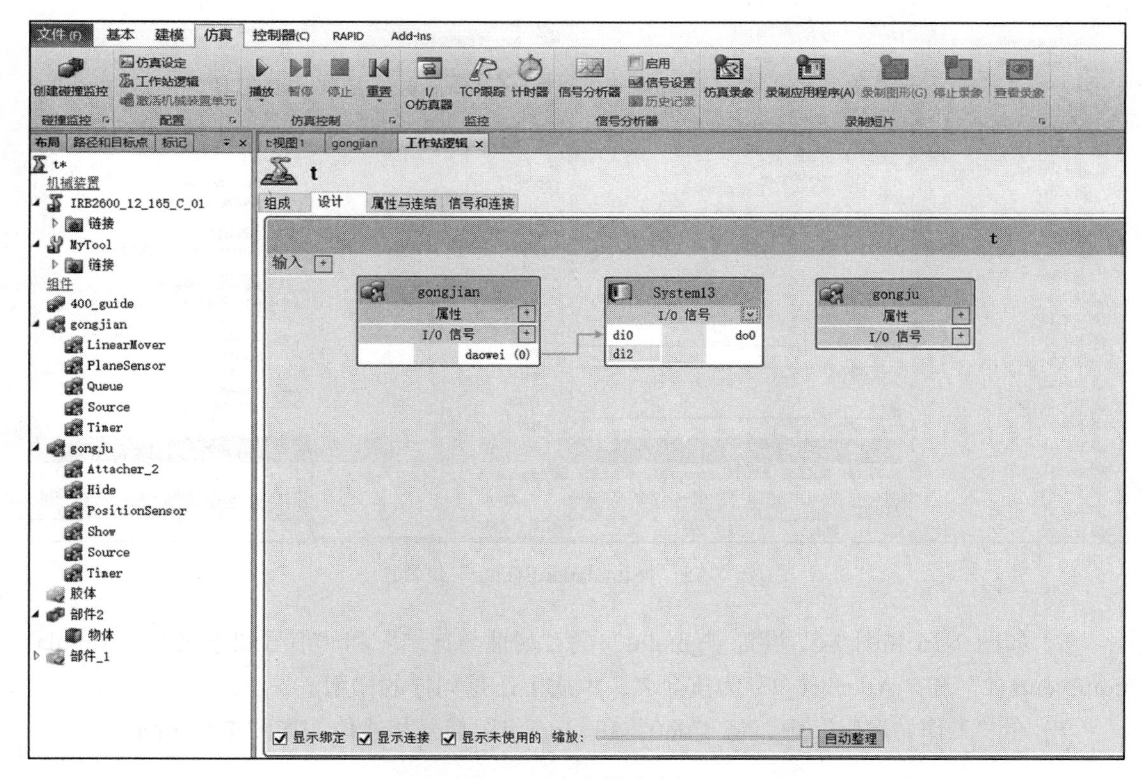

图 7-53　完成线路连接

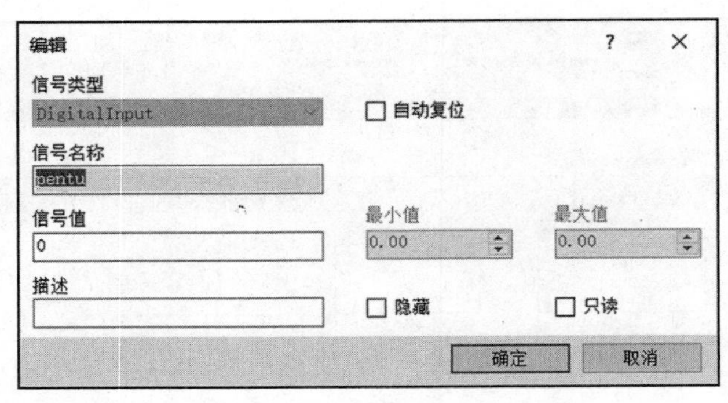

图 7-54　添加喷涂信号

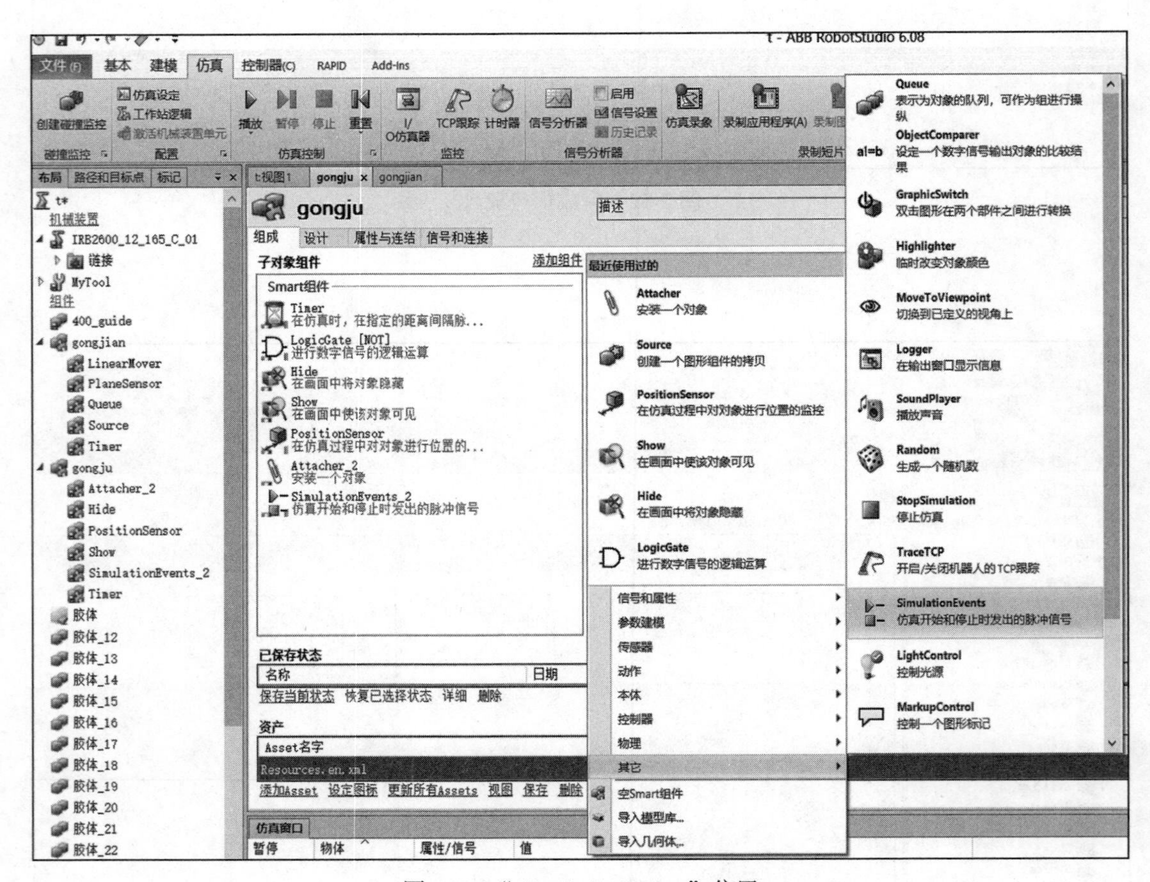

图 7-55　“SimulationEvents”位置

6）如图 7-56 和图 7-57 设置“gongju”的“属性与连结”和“信号和连接”。“SimulationEvents_2”和“Attacher_2”为重命名，本质上还是同样的作用。

7）在“工作站逻辑”中，将“do0”和“pentu”信号相连接，如图 7-58 所示。

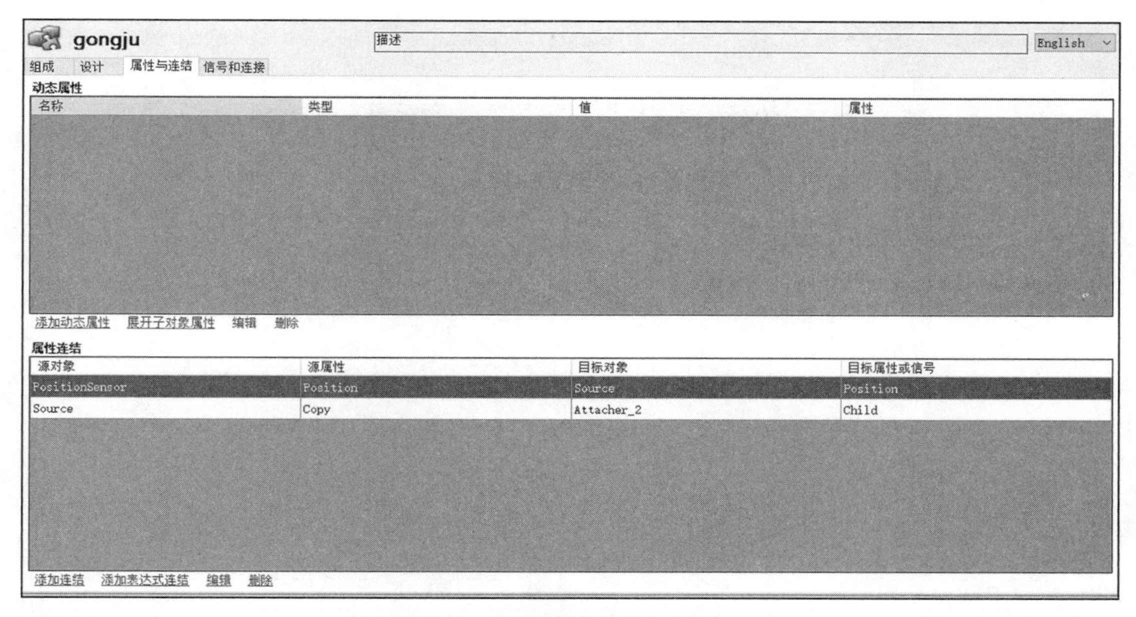

图 7-56　“属性与连结”设置

t视图1　gongju ×　gongjian　工作站逻辑

gongju　描述　English

组成　设计　属性与连结　信号和连接

I/O 信号

名称	信号类型	值
pentu	DigitalInput	0

添加I/O Signals　展开子对象信号　编辑　删除

I/O连接

源对象	源信号	目标对象	目标信号或属性
gongju	pentu	LogicGate [NOT]	InputA
LogicGate [NOT]	Output	Hide	Execute
gongju	pentu	Show	Execute
gongju	pentu	Timer	Active
Timer	Output	Source	Execute
SimulationEvents_2	SimulationStarted	Hide	Execute
Source	Executed	Attacher_2	Execute

图 7-57　“信号和连接”设置

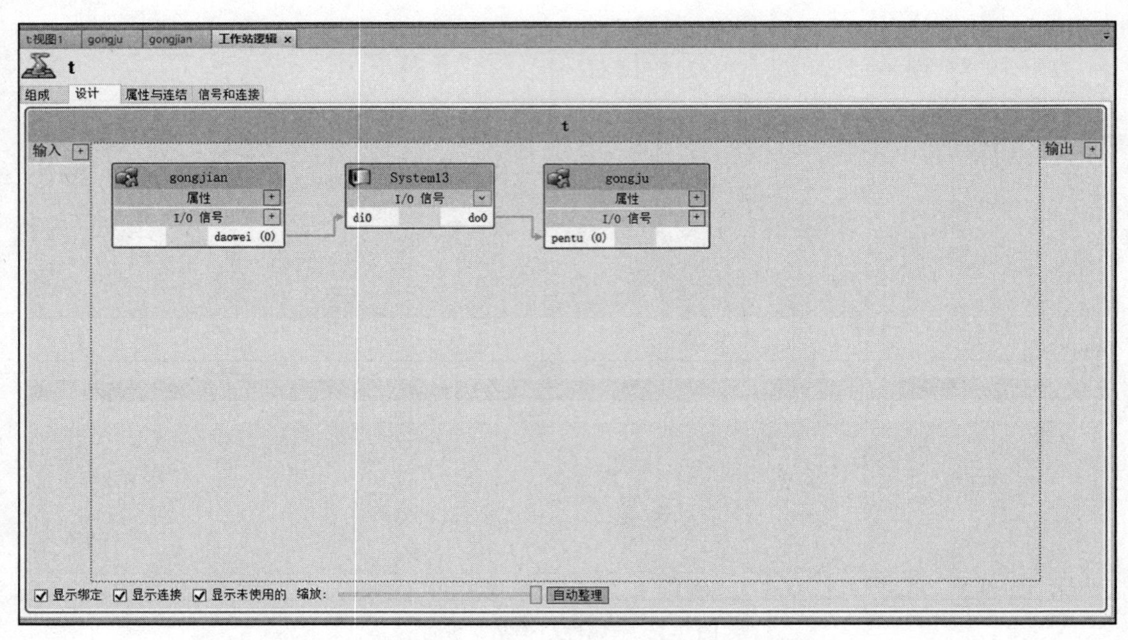

图 7-58 “do0”和“pentu”信号相连接

在控制器的程序编辑界面将程序修改为如下内容：

```
PROC main()
    WaitDI di0,1;
  Path_10;
ENDPROC

PROC Path_10()
    MoveJ Target_30,v400,z100,MyTool\WObj:=wobj0;
    MoveL Target_40,v400,fine,MyTool\WObj:=wobj0;
    Set do0;
    WaitTime 1;
    MoveL Target_50,v400,fine,MyTool\WObj:=wobj0;
    MoveL Target_60,v400,fine,MyTool\WObj:=wobj0;
    MoveL Target_70,v400,fine,MyTool\WObj:=wobj0;
    MoveL Target_80,v400,fine,MyTool\WObj:=wobj0;
        Reset do0;
    WaitTime 1;
    MoveL Target_90,v1000,fine,MyTool\WObj:=wobj0;
    ENDPROC
ENDMODULE
```

修改完成后单击“应用”，如图 7-59 所示。

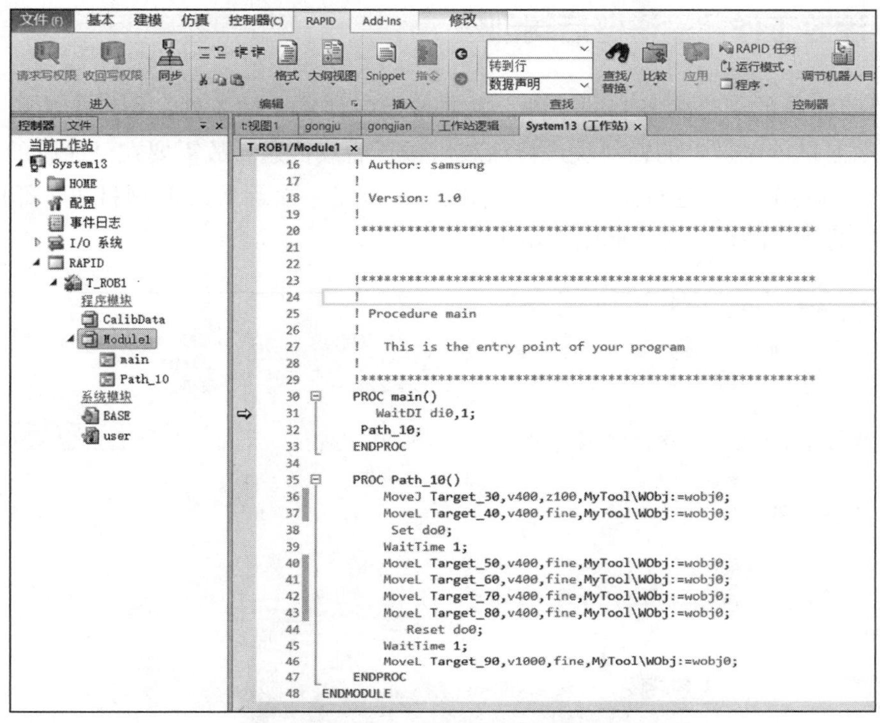

图 7-59　修改完成效果

8）在仿真界面中单击“I/O 仿真器”，选择“gongjian”系统，将“daowei”信号置 0 后单击“播放”。可发现机器人会等待物料块到位后进行涂胶，如图 7-60 所示。若要涂胶点变得密集，只需要调慢机器人运动速度即可。

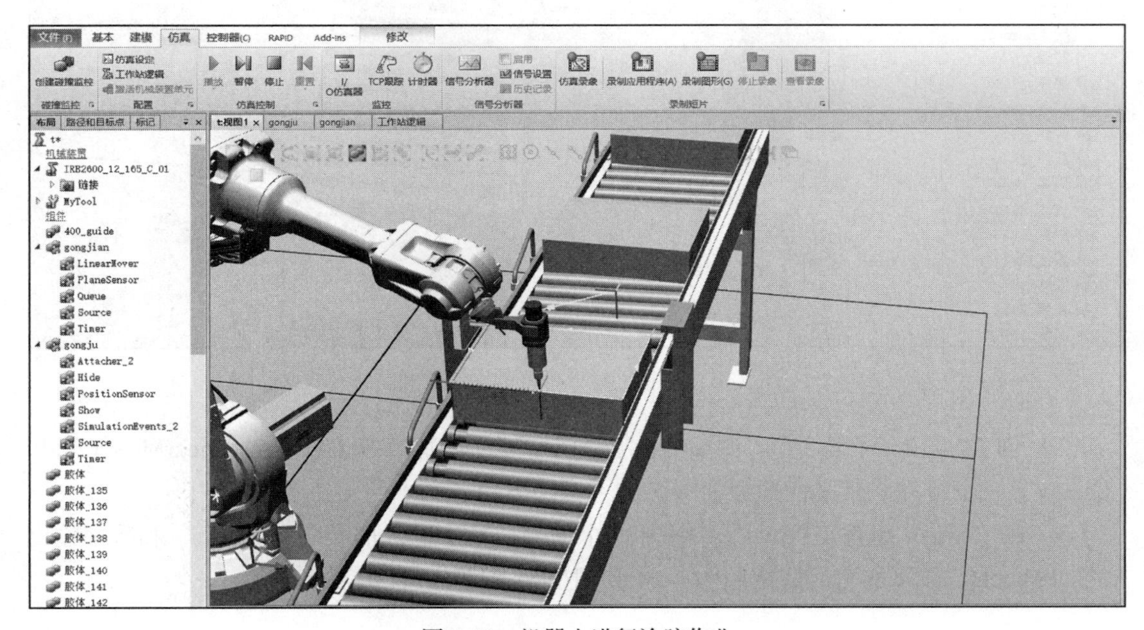

图 7-60　机器人进行涂胶作业

7.3 涂胶工作站输送链后端创建

1）目前涂胶的工件为复制的工件，并非传送带传输来的工件，所以需要进行适当隐藏，使视觉上是传送带上的物料块进行涂胶后进行后续传送。故需要在已涂胶的工件上制作一个“Smart 组件”，进行隐藏，以显示操作。准备一个涂胶后的物料块“部件 2”，放置在传感器的感应停止位置，如图 7-61 所示。

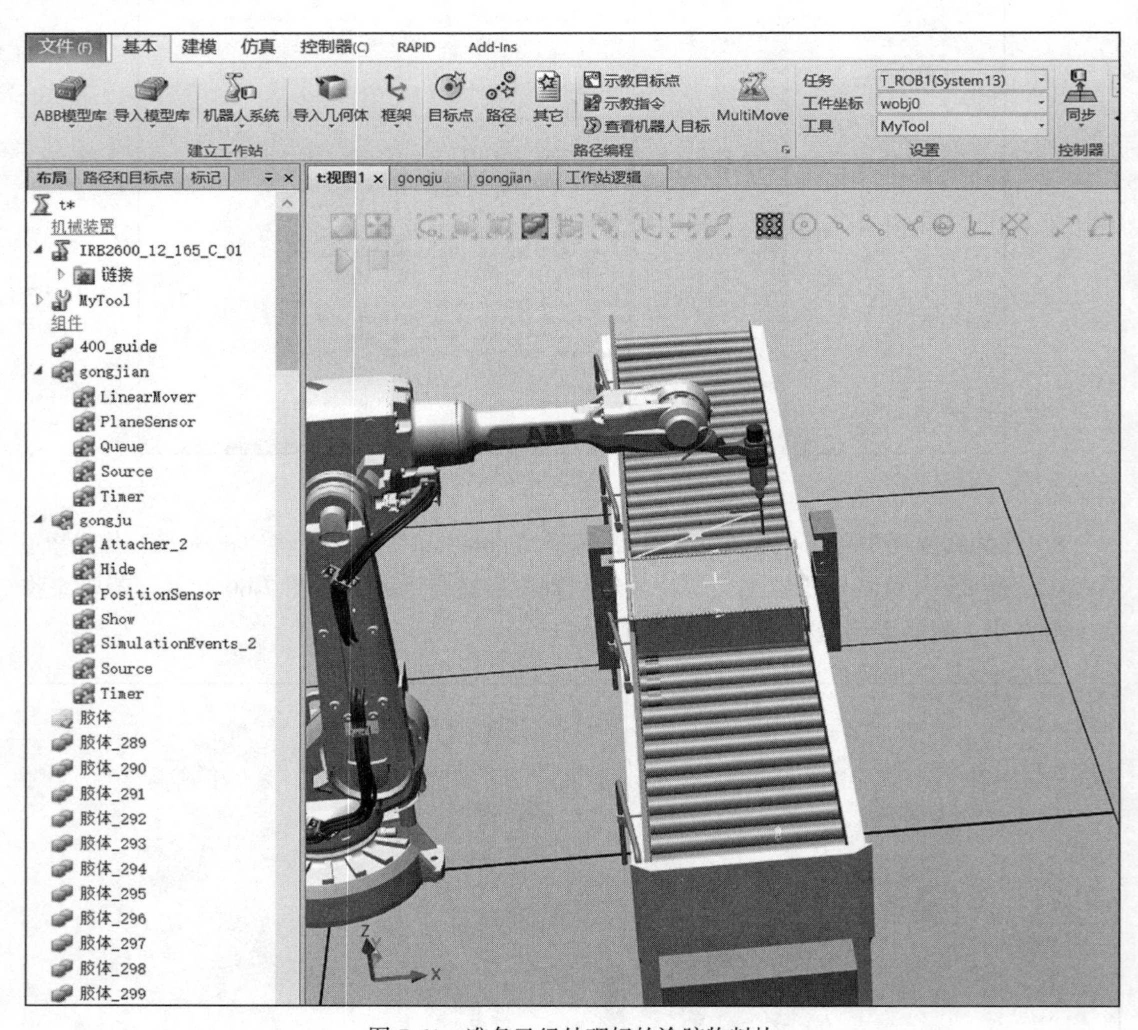

图 7-61　准备已经处理好的涂胶物料块

2）创建“Smart 组件”，并命名为“tjwc”。添加“Source”“LinearMover”和“Queue”三个组件。其属性配置如图 7-62 和图 7-63 所示。

3）在“Smart 组件”“tjwc”中添加两个信号：数字输入信号“tujiaowc”和数字输出信号“shuchu”，添加完成后按照图 7-64 和图 7-65 配置属性和信号。

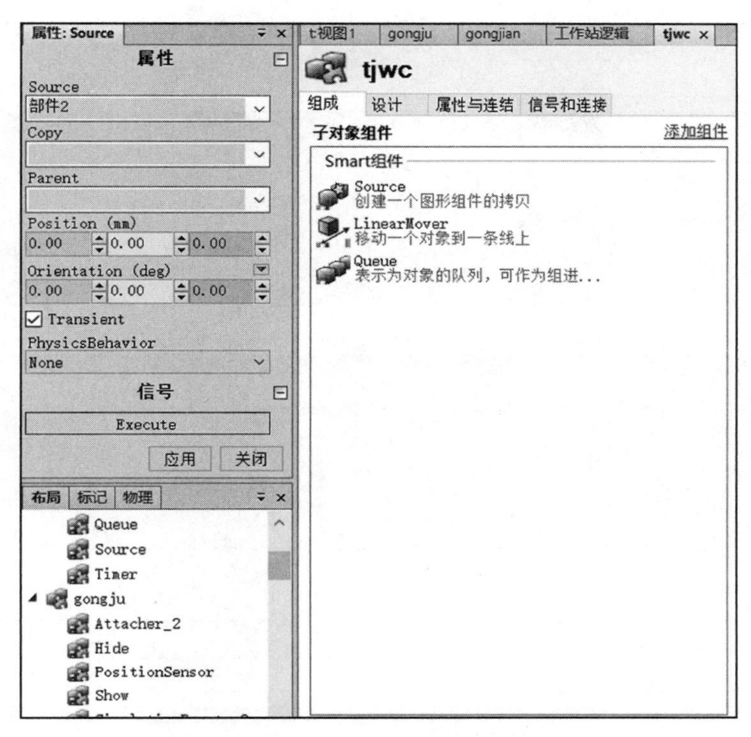

图 7-62　“Source”组件配置

图 7-63　“LinearMover”属性配置

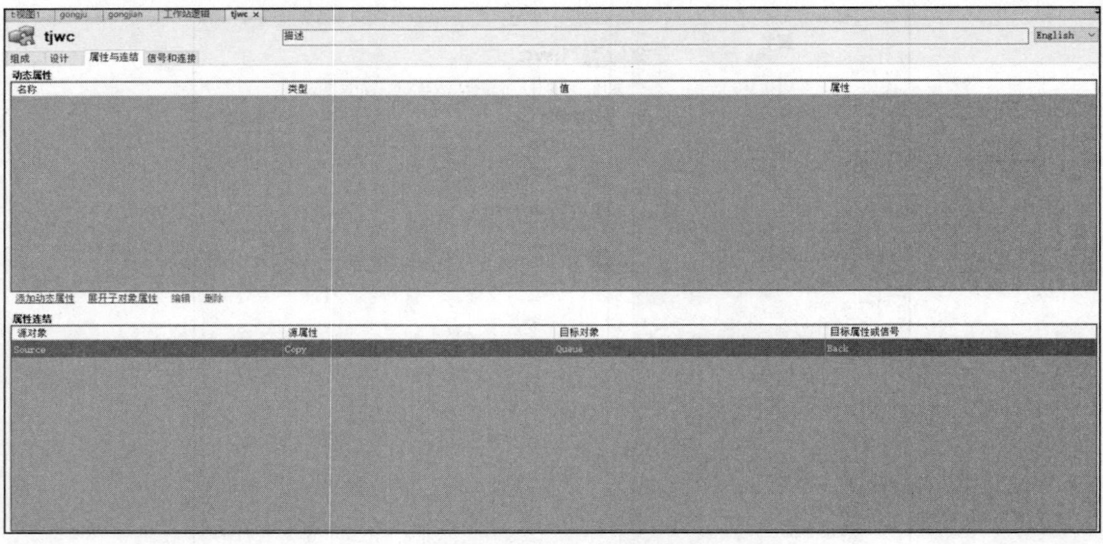

图 7-64 “属性与连结”配置

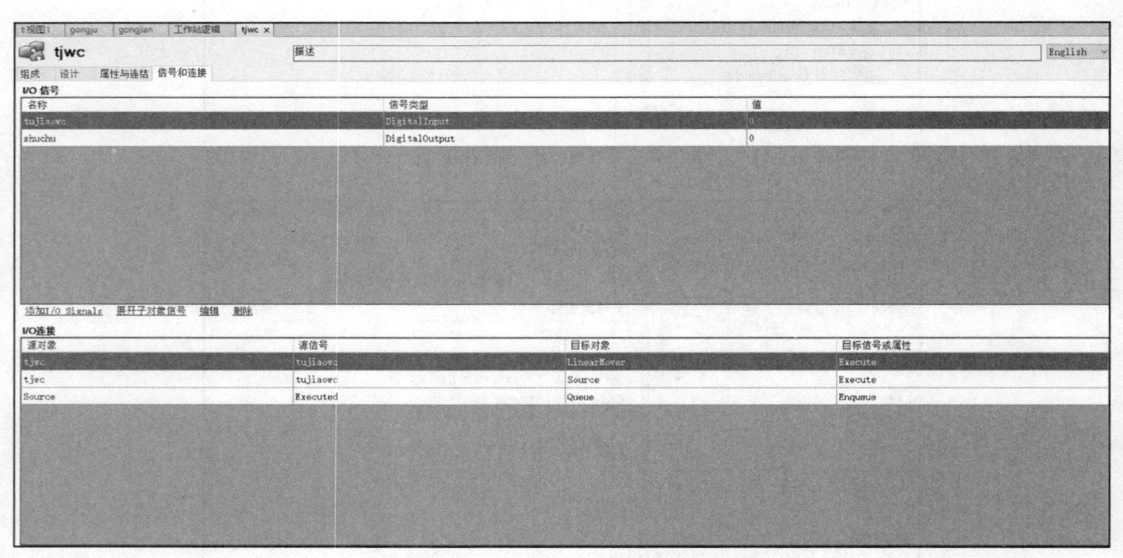

图 7-65 “信号和连接”配置

4）再到“工作站逻辑”的“设计”界面中，按图 7-66 进行配置。进入程序编辑界面，将 main 主程序进行修改，main 程序如下：

```
PROC main()
        Reset do0;
        Reset do1;
        WaitDI di0,1;
        Path_10;
        Set do1;
    WHILE TRUE DO
```

```
        WaitTime 0.3;
    ENDWHILE
        ENDPROC
```

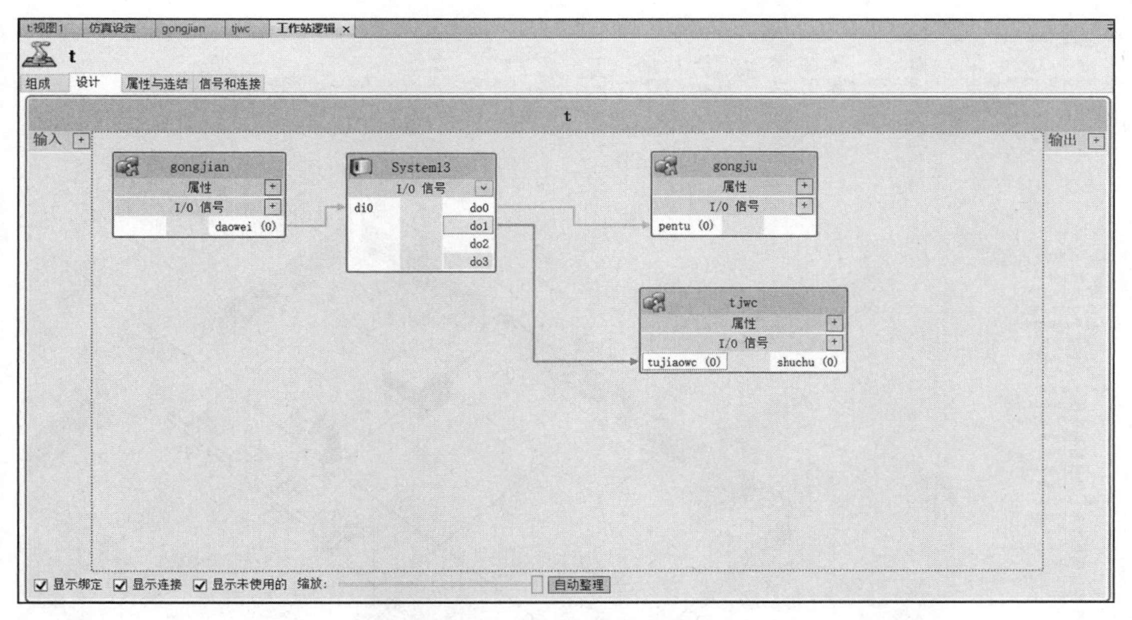

图 7-66　“工作站逻辑”配置

5）第 4 步的目的是查看喷涂完成后涂胶完毕的物料块是否可以正常移动，将“部件 2”设为不可见，其效果如图 7-67 所示。

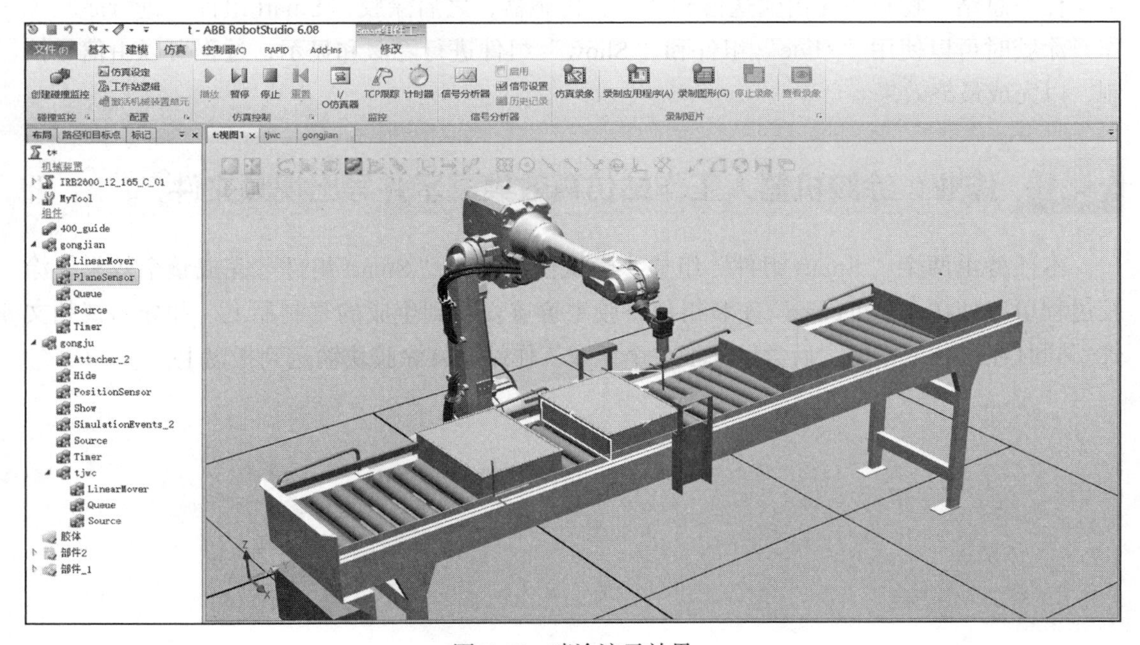

图 7-67　喷涂演示效果

可以发现喷涂后的物料块已经在喷涂动作完成后进行移动，但是还没有形成连续效果。这里只需要进行隐藏和显示操作即可，隐藏和显示操作在本节已经说明，这里不再详细赘述。随后添加其余场景组件，即可完成简易涂胶工作站的搭建，如图 7-68 所示。

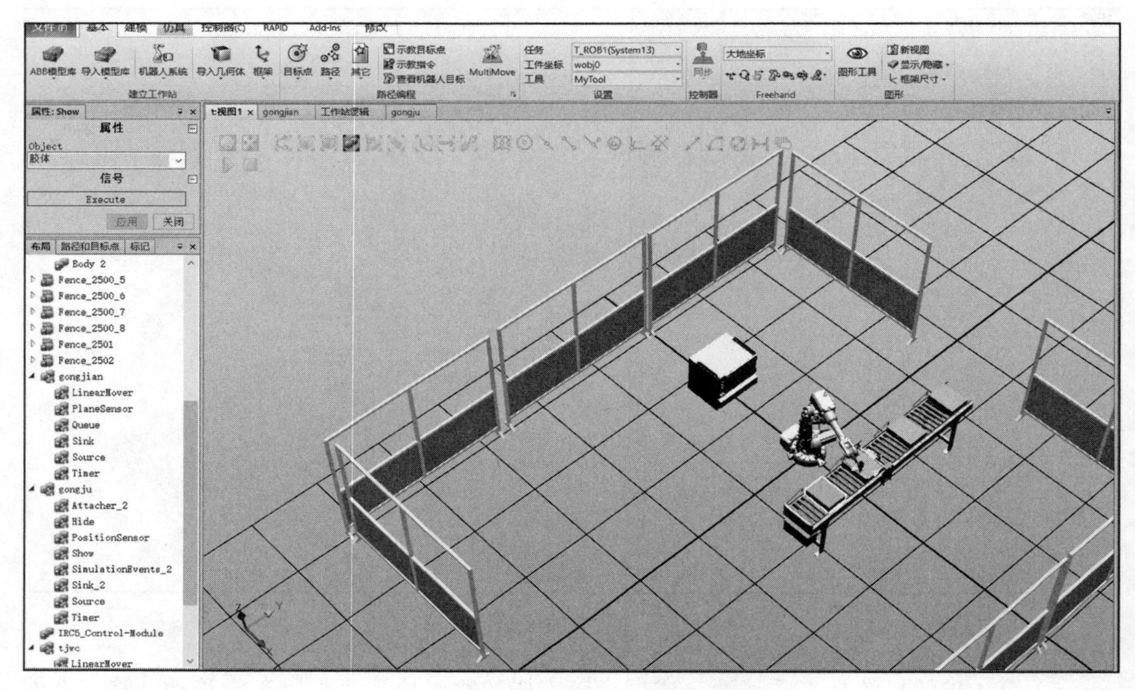

图 7-68　简易涂胶工作站的搭建

任务总结：物料块先由输送链到达位置传感器，之后涂胶“Smart 组件”进行涂胶工作，涂胶时可以使用“Hide”组件和“Show”组件进行隐藏和显示，过程可以由信号控制，以完成最终效果。

7.4　作业：涂胶机器人工作站仿真效果展示并导出视频文件

本任务由两个“Smart 组件”组成，尝试使用一个“Smart 组件”完成整个效果，涂胶过程可以使用“Attachar”安装组件将胶水痕迹安装到生成的复制品上，并导出视频文件。同时在涂胶工作站之后尝试添加一个抓取工作站并将涂胶块输送到托盘上。

第8章 工件双面打磨工作站的创建

打磨机器人工作站是指从事打磨的工业机器人，主要由工业机器人本体和打磨机具、抓手等外围设备组成，通过系统集成，由总控制电柜将机器人和外围设备的软硬件连接起来，统一协调，以实现各种打磨功能。机器人打磨主要有两种方式：一种是通过机器人末端执行器夹持打磨工具，主动接触工件，工件相对固定不动，因此这种打磨机器人可称为工具主动型打磨机器人；另一种是机器人末端执行器夹持工件，通过工件贴近接触去毛刺机具设备，机具设备相对固定不动，因此这种打磨机器人也称为工件主动打磨机器人。打磨机器人工作站可能要不停地重复枯燥的工作。这就要求员工们也要有吃苦耐劳、勤勤恳恳、踏踏实实、不骄不躁的工作作风和精益求精的精神。

8.1 工件双面加工工作站介绍

在工业机器人的应用中，变位机可以改变加工工件的姿态，从而增大机器人的工作范围，在焊接、切割、打磨等领域有着广泛应用。本章以带变位机的机器人系统对工件表面打磨处理为例进行讲解。

8.2 机器人及变位机导入

8.2.1 机器人及变位机模型导入

1）工件双面打磨工作站系统中包含变位机和机器人两个设备，新建一个空工作站，在“基本”选项卡中单击“ABB 模型库”，选择“IRB 2600”机器人，机器人选择默认规格，单击“确定”，如图 8-1 和图 8-2 所示。

2）再次单击“ABB 模型库”，选择变位机类别中的“IRBP A”，同样选择默认规格，单击“确定”，如图 8-3 和图 8-4 所示。

3）导入后需要变更变位机位置，在“布局”窗口中，右击变位机“IRBP_A250”，单击“位置”的下属选项“设定位置 ...”。将其位置设定为 X 轴为 1000.00，Y 轴为 0.00，Z 轴为 –400.00，其余值为默认选项，然后单击“应用”，如图 8-5 和图 8-6 所示。

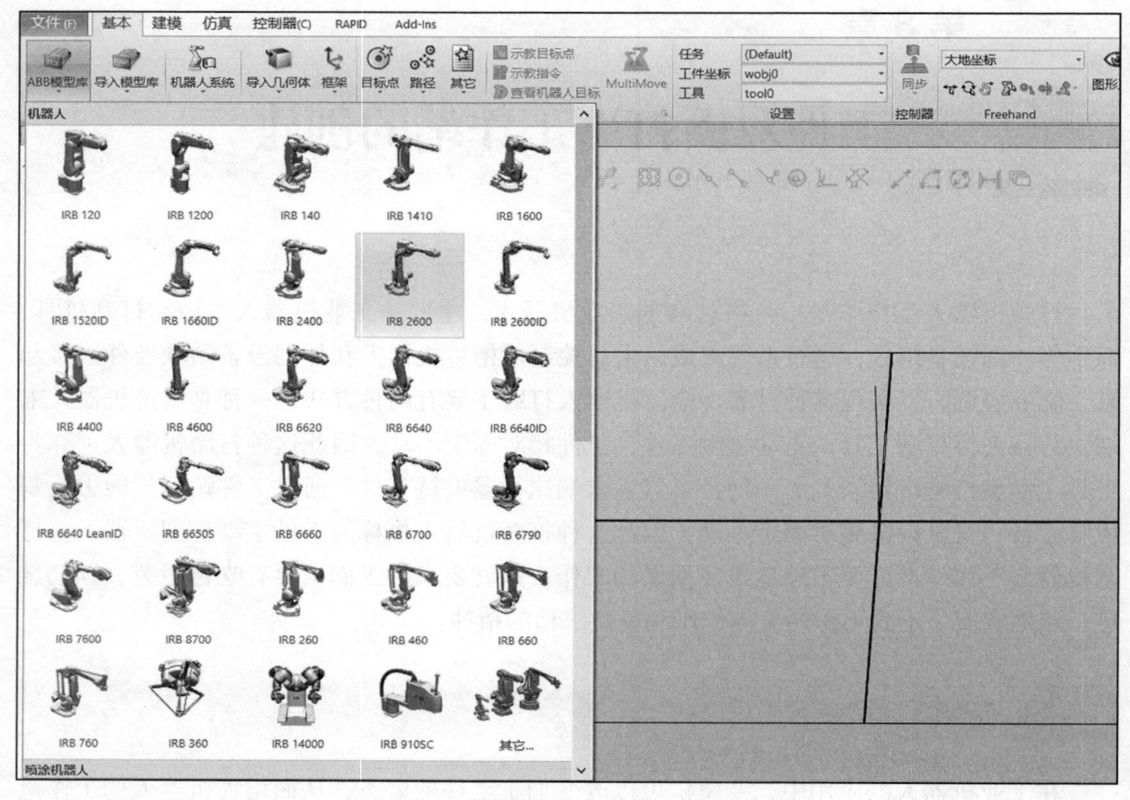

图 8-1　导入“IRB 2600”机器人

图 8-2　选择默认规格

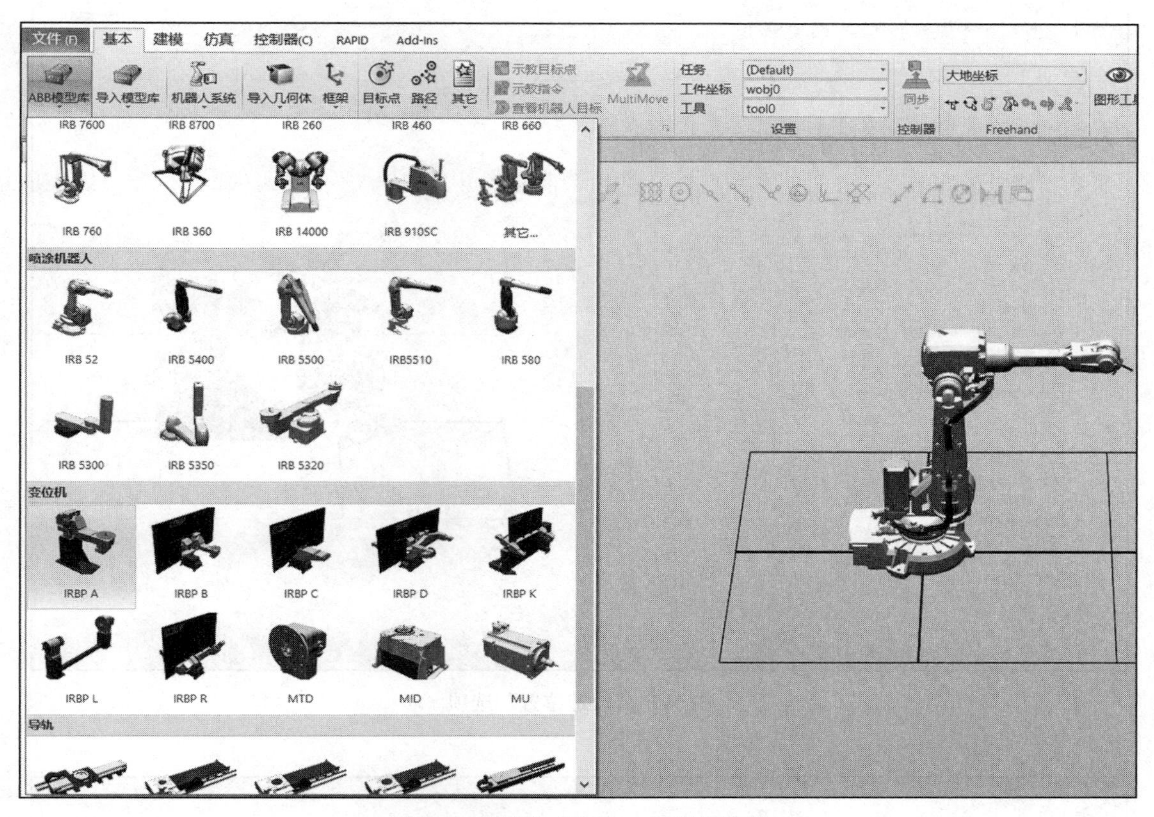

图 8-3　变位机“IRBP A”所在位置

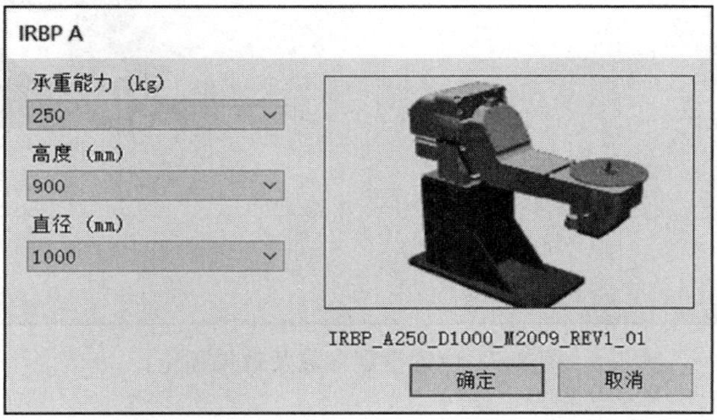

IRBP A

承重能力（kg）

250

高度（mm）

900

直径（mm）

1000

IRBP_A250_D1000_M2009_REV1_01

确定　取消

图 8-4　变位机规格选择

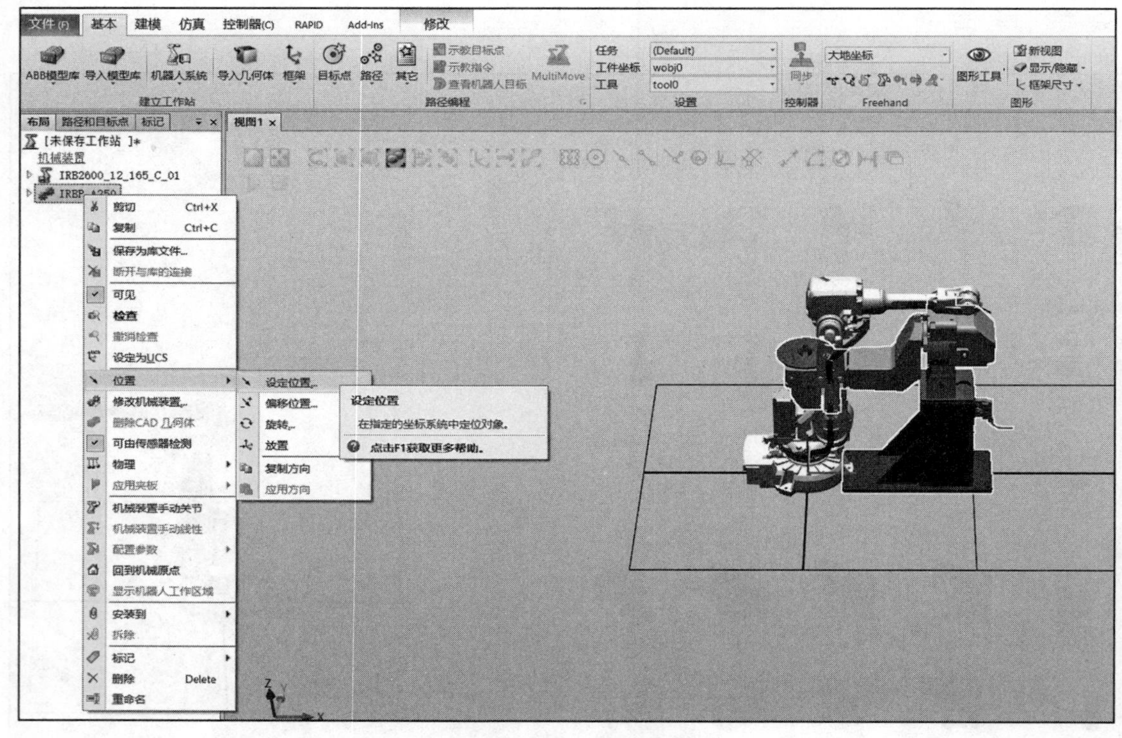

图 8-5 “设定位置”选项

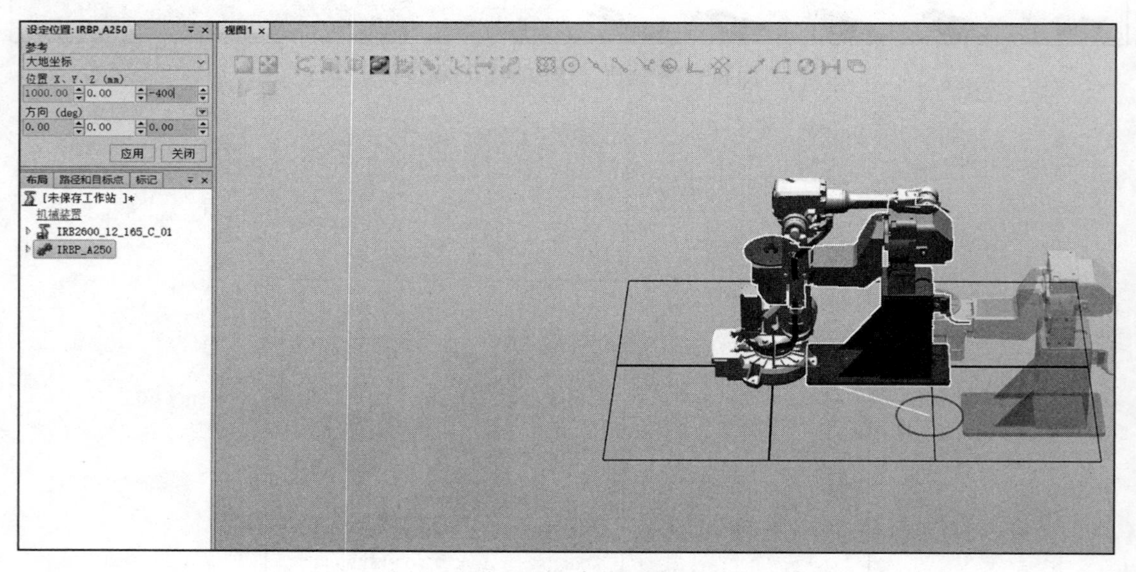

图 8-6 位置设定参数及效果预览

4）接下来添加一个打磨工具，在“基本”选项卡中单击“导入模型库”选项，在“设备”中选择工具类型的“Binzel water 22”作为打磨工具的替代，并将其安装在法兰盘上。在弹出的“更新位置”对话框中单击“是（Y）”，如图 8-7 ～图 8-10 所示。

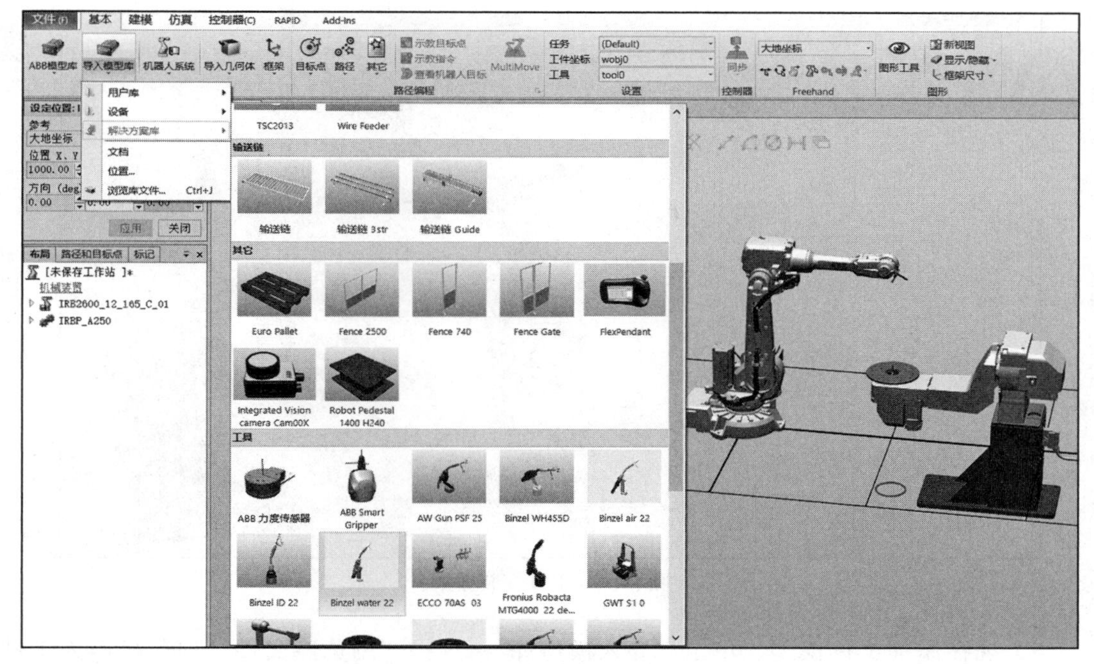

图 8-7　工具所在位置

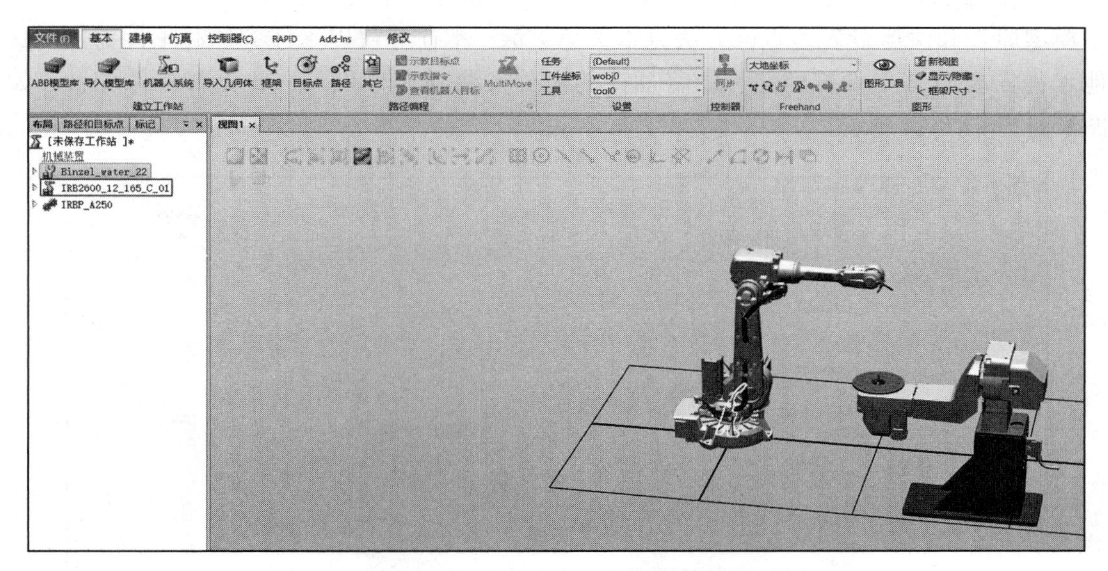

图 8-8　在“布局”窗口选中工具将其拖拽到机器人上

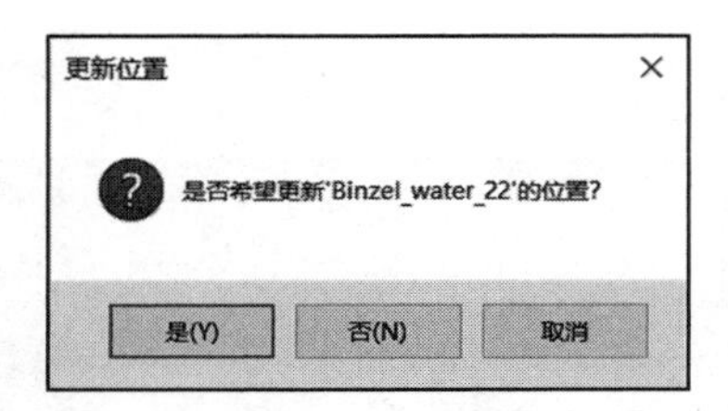

图 8-9　在对话框中选择“是（Y）”

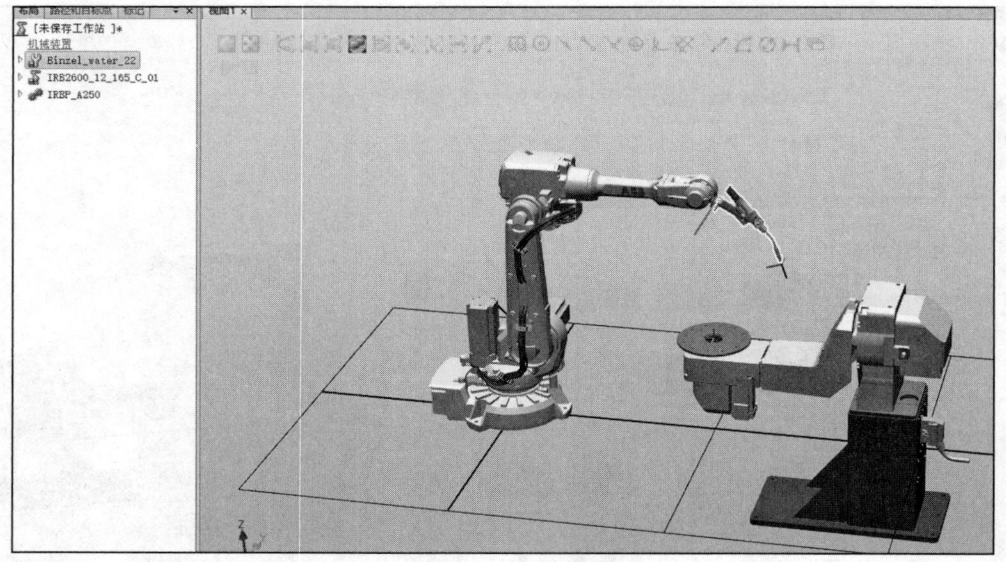

图 8-10　工具安装效果

5）现在添加工件模型，单击“导入模型库”，选择“浏览库文件”加载机器人工件模型“gongjian_8”，此模型可以替换为各类工件造型，若是第三方软件的模型需要设定模型原点和法兰盘安装点，方法见本书第 2 章，本任务仅以本任务加载工件为例，其他工件需要改变工件打磨路径。将加载的工件安装到变位机上，并更新工件位置，如图 8-11 ～图 8-14 所示。

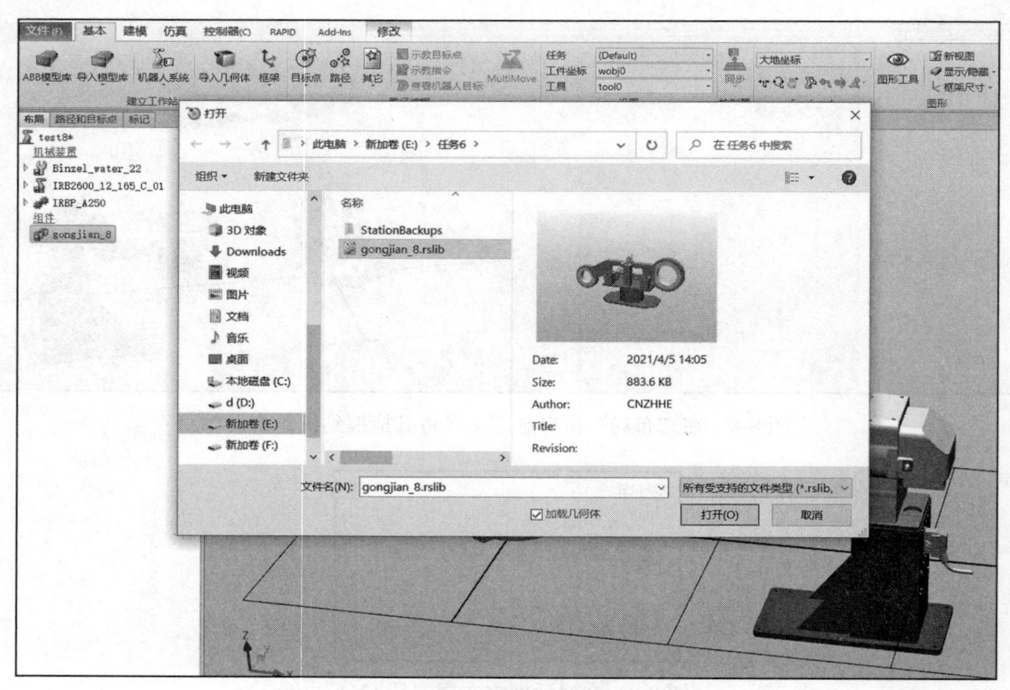

图 8-11　浏览加载工件

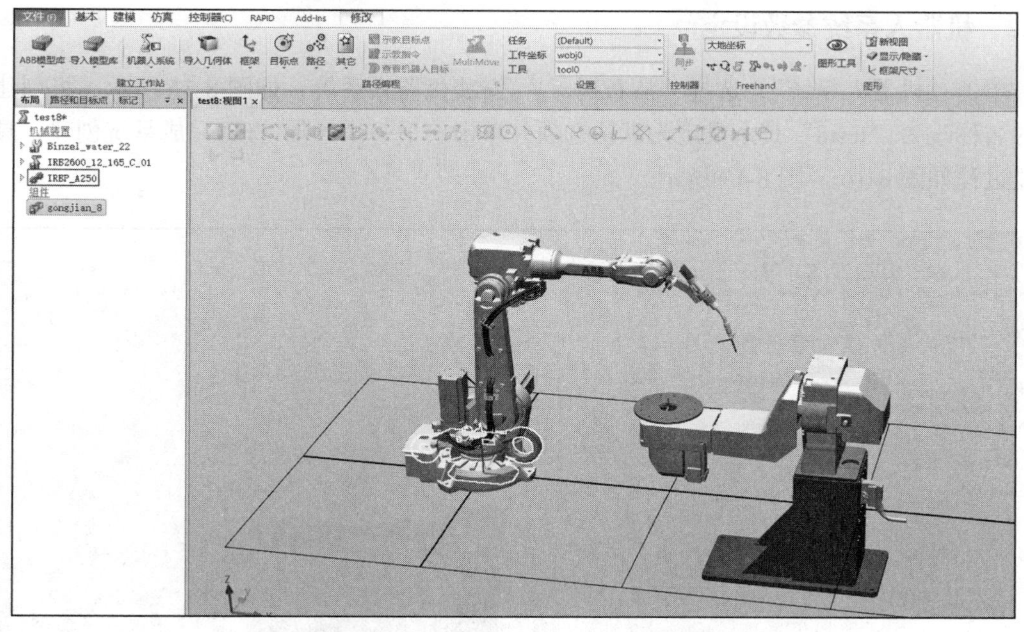

图 8-12　在“布局”栏将工件拖拽安装到变位机上

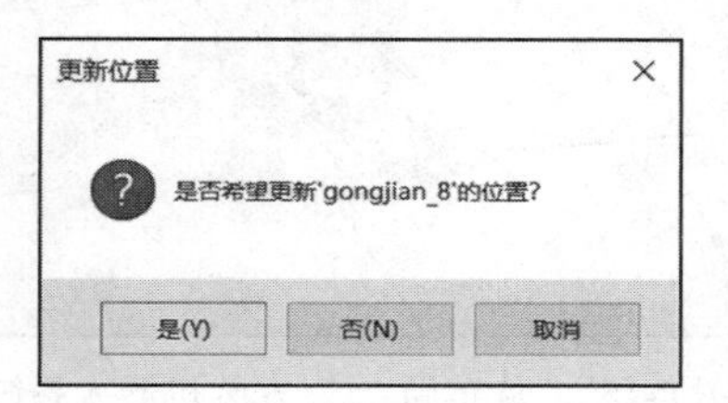

图 8-13　“更新位置”选项

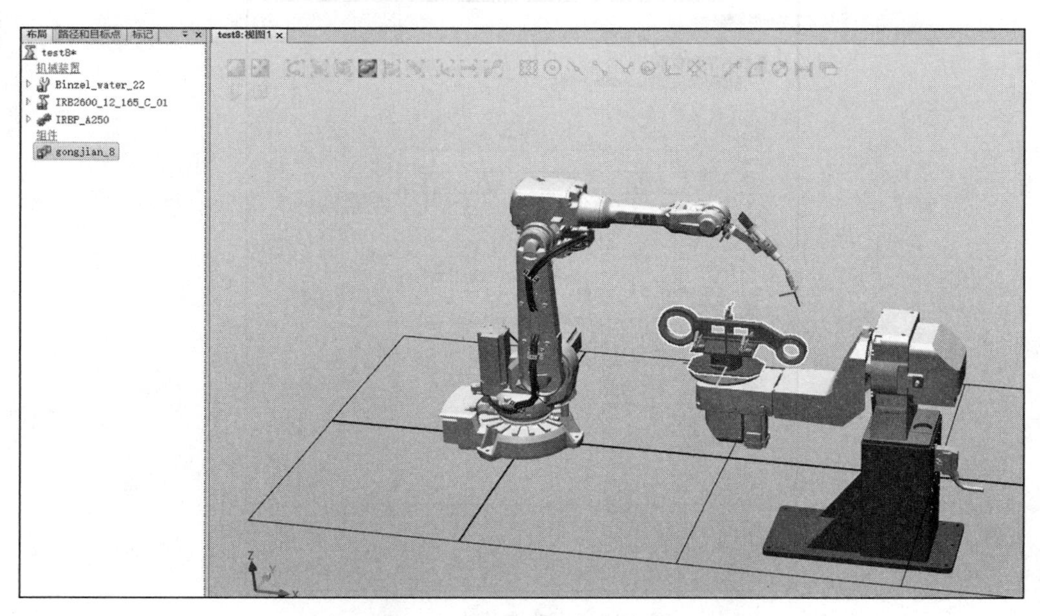

图 8-14　工件安装完成效果

8.2.2 机器人系统参数设定

单击“机器人系统”，选择“从布局 ...”安装机器人系统，如图 8-15 所示。将创建系统的名称改为“test8”其余设定为默认选项并单击“下一个 >”，直到完成系统创建，具体创建过程如图 8-16 ～图 8-19 所示。

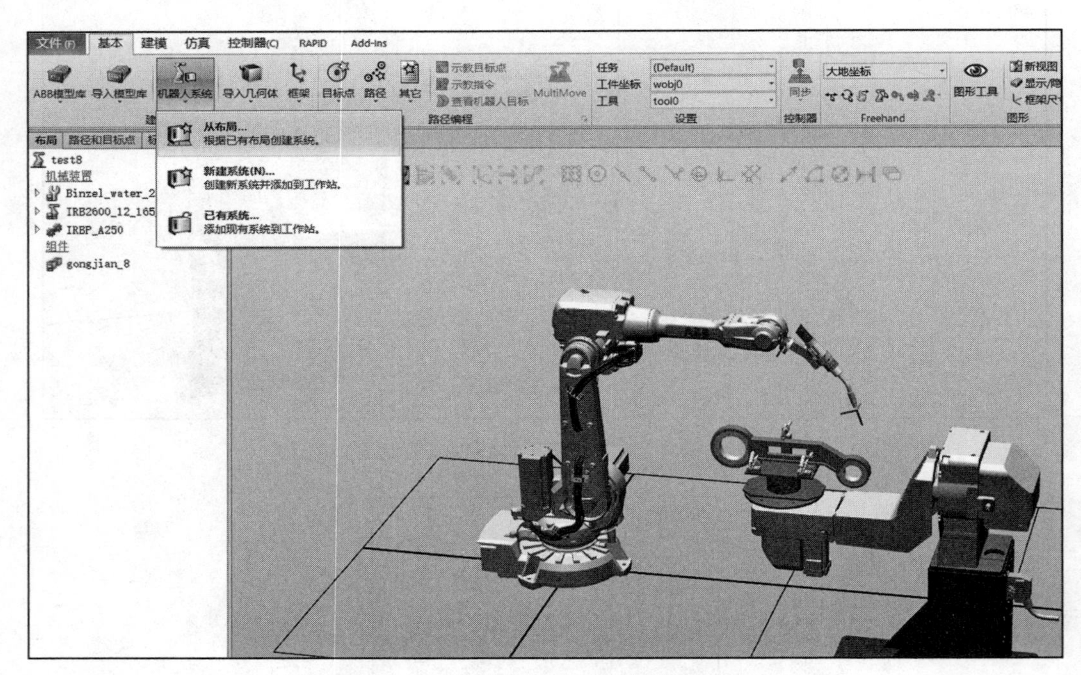

图 8-15 “从布局 ...”安装机器人系统

图 8-16 更改名称为“test8”

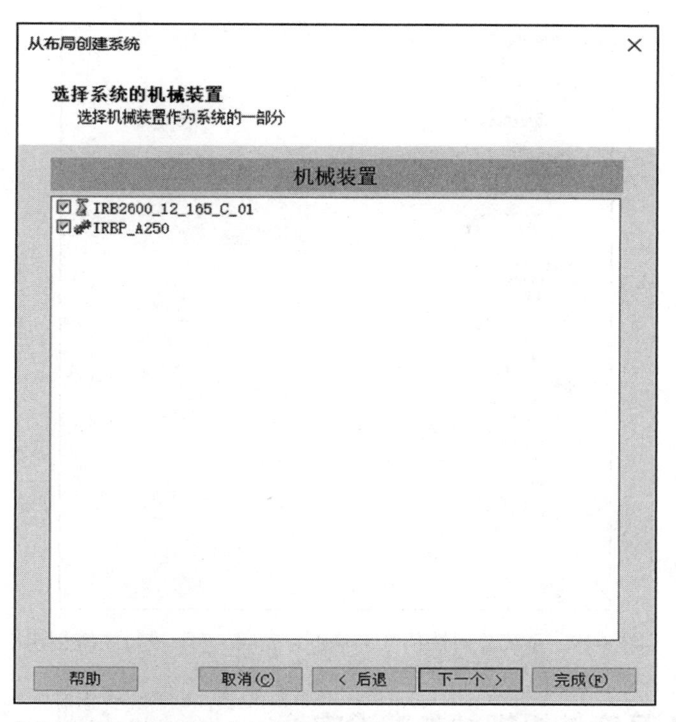

图 8-17　变位机可以理解为一个机械装置，作为系统的一部分，单击“下一个 >”

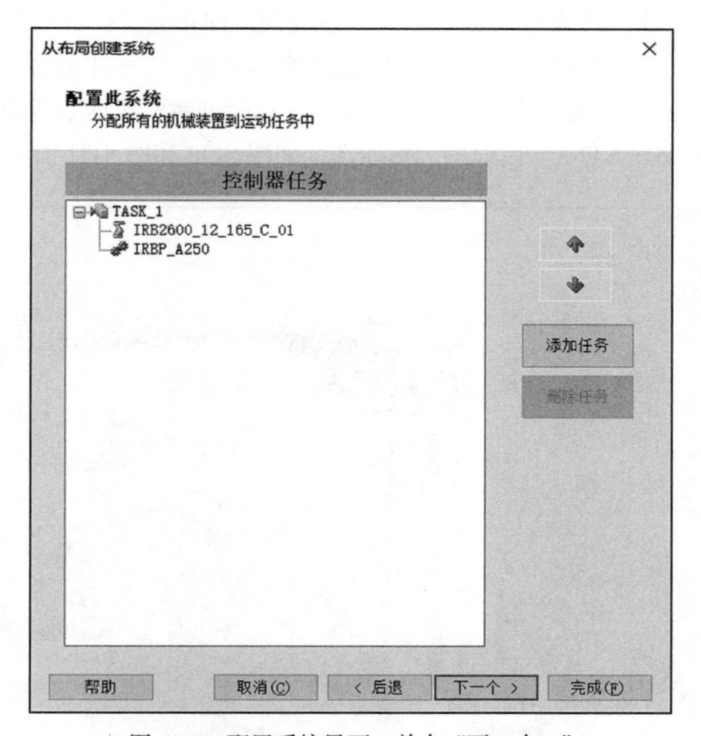

图 8-18　配置系统界面，单击“下一个 >”

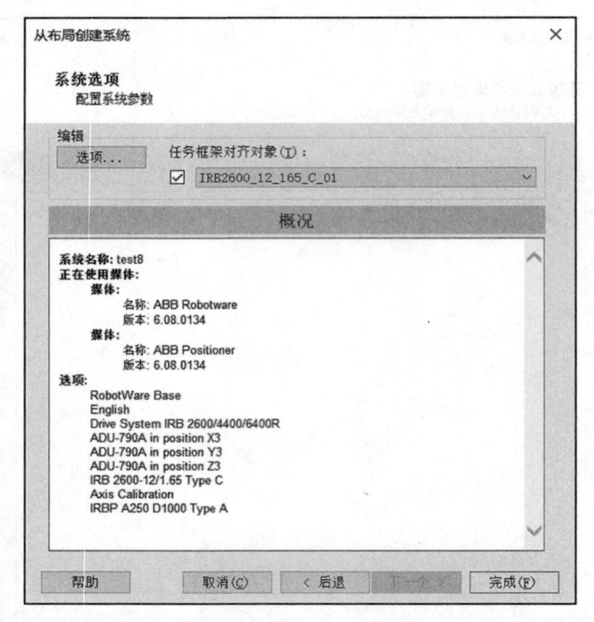

图 8-19 系统总属性预览，单击“完成（F）”进行系统创建

8.3 机器人及变位机相关参数设定

1）本任务中采用示教点方法进行工件轨迹处理，同步完成后进行仿真。在带变位机的系统中进行点示教操作时，需要保证变位机是激活状态，这样才能将变位机的数据记录下来。激活变位机的操作为单击“仿真”选项卡，选择“激活机械装置单元”选项，并在弹出的对话框中，将“STN1”前面的方框勾选，如图 8-20 和图 8-21 所示。

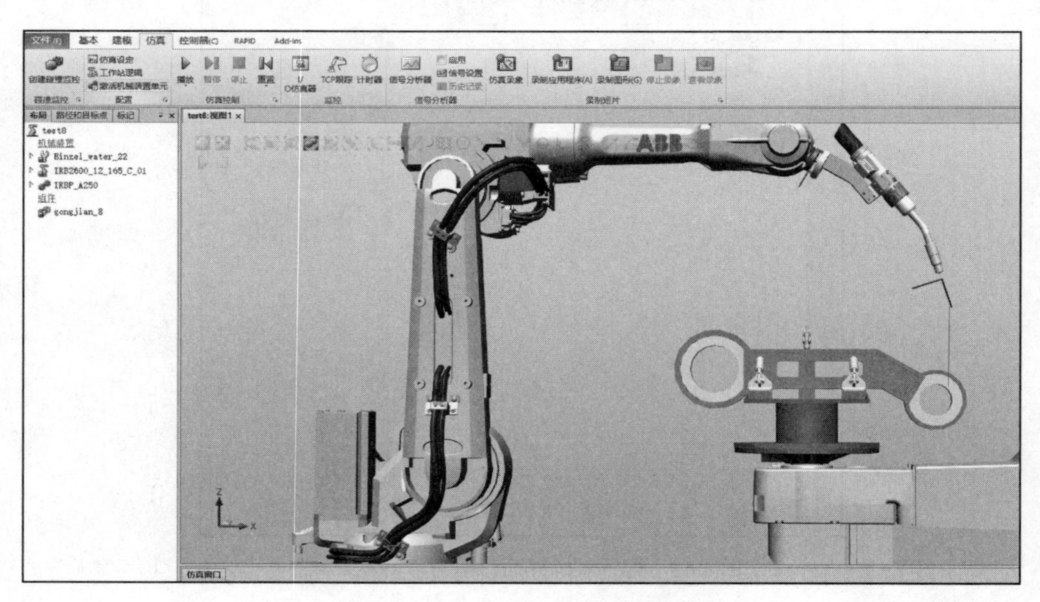

图 8-20 “激活机械装置单元”选项

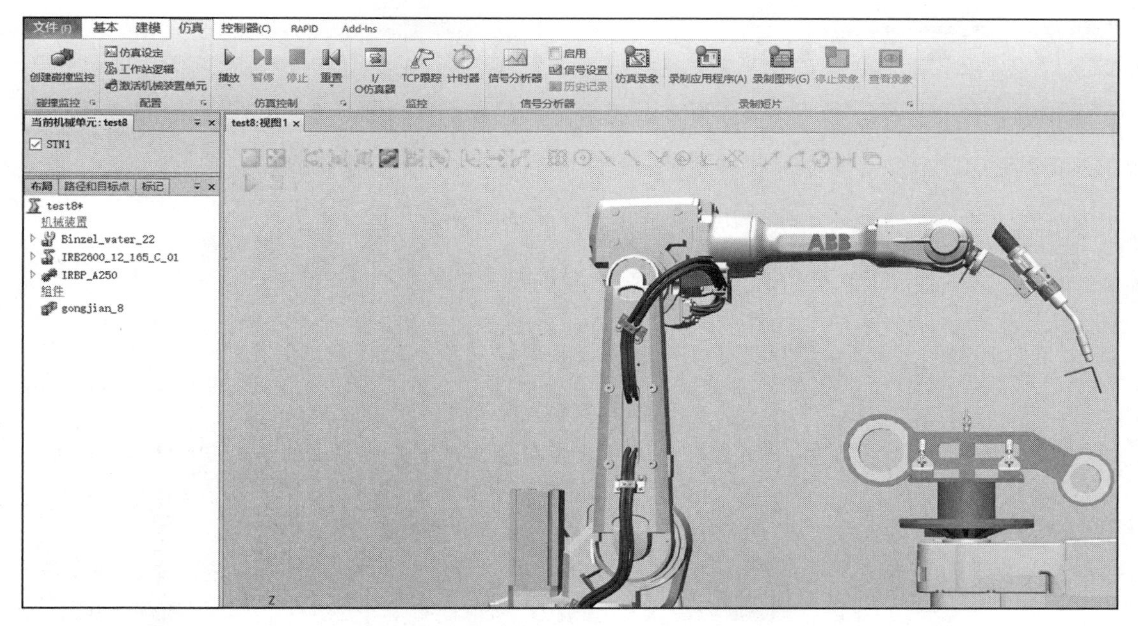

图 8-21　勾选“STN1”前的方框

2）在“基本”选项卡中的设置栏，将工具设置为“tWeldGun”，并利用手动线性和重定位，将机器人移开变位机的旋转工作范围，防止发生干涉，并将工具末端调整成大致垂直于水平面的姿态，如图 8-22 所示。

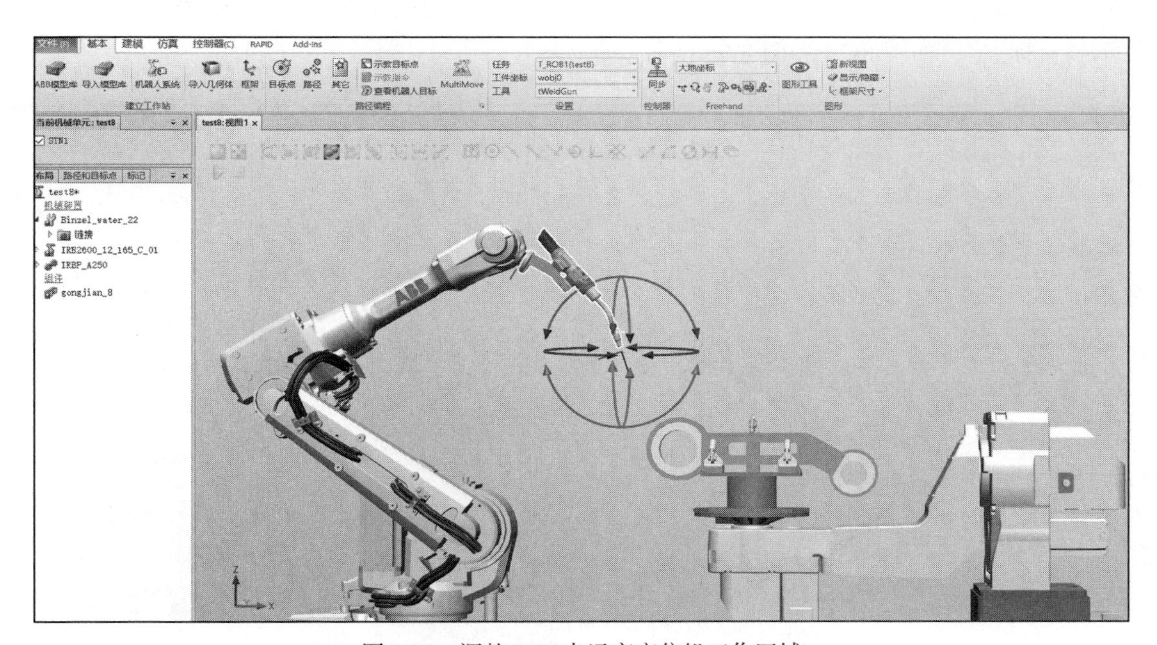

图 8-22　调整 TCP 点远离变位机工作区域

3）当到达远离变位机位置且工具与水平面垂直时，设置此点为 Home 点，单击“基本”选项卡中的“示教目标点”，如图 8-23 所示。

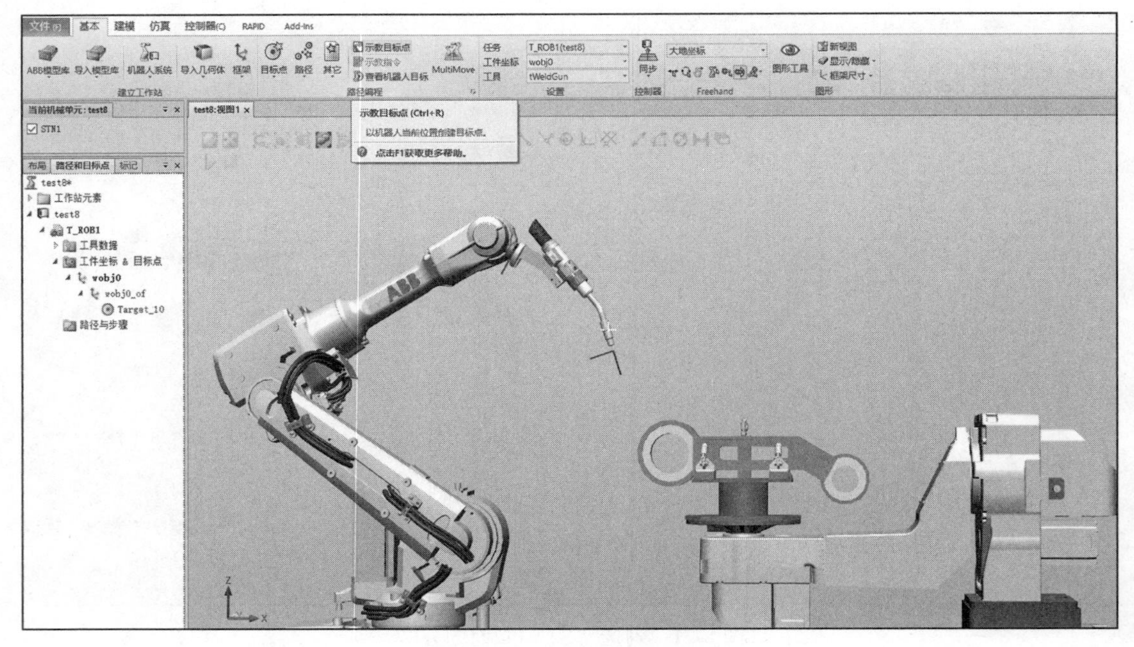

图 8-23　示教初始 Home 点

4）在“布局”窗口中，右击变位机“IRBP_A250”，在弹出的菜单中单击“机械装置手动关节”，拖动关节条，可观察到变位机随着关节条的改变而改变位置。单击第一个关节条，键盘输入“90.00”，按下 <Enter> 键，则变位机关节 1 运动至 90° 位置，然后单击“示教目标点”，如图 8-24 和图 8-25 所示。

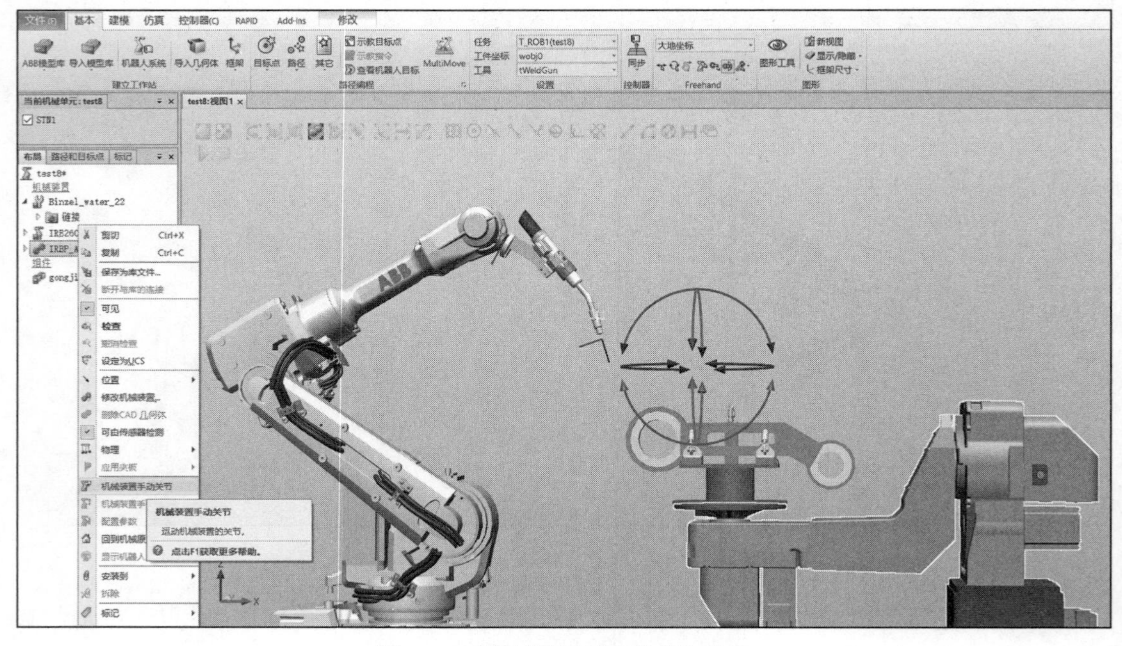

图 8-24　“机械装置手动关节”位置

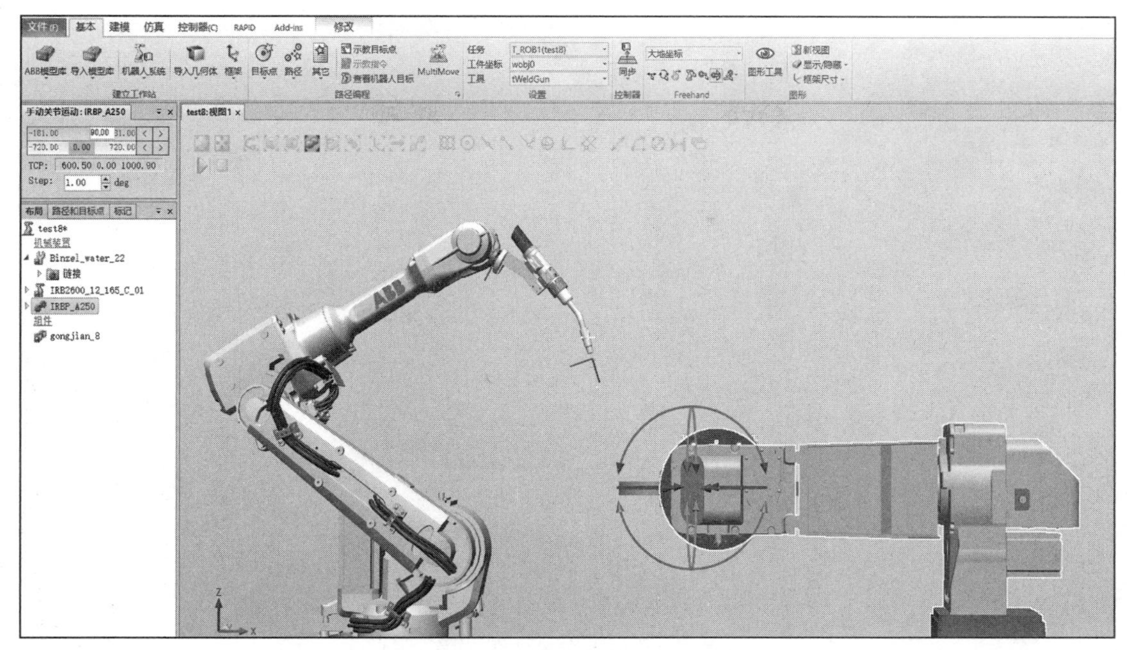

图 8-25　变位机位置改变

5）选取“捕捉对象”工具，利用线性移动将机器人移动到工件位置，并示教目标点，如图 8-26 和图 8-27 所示。

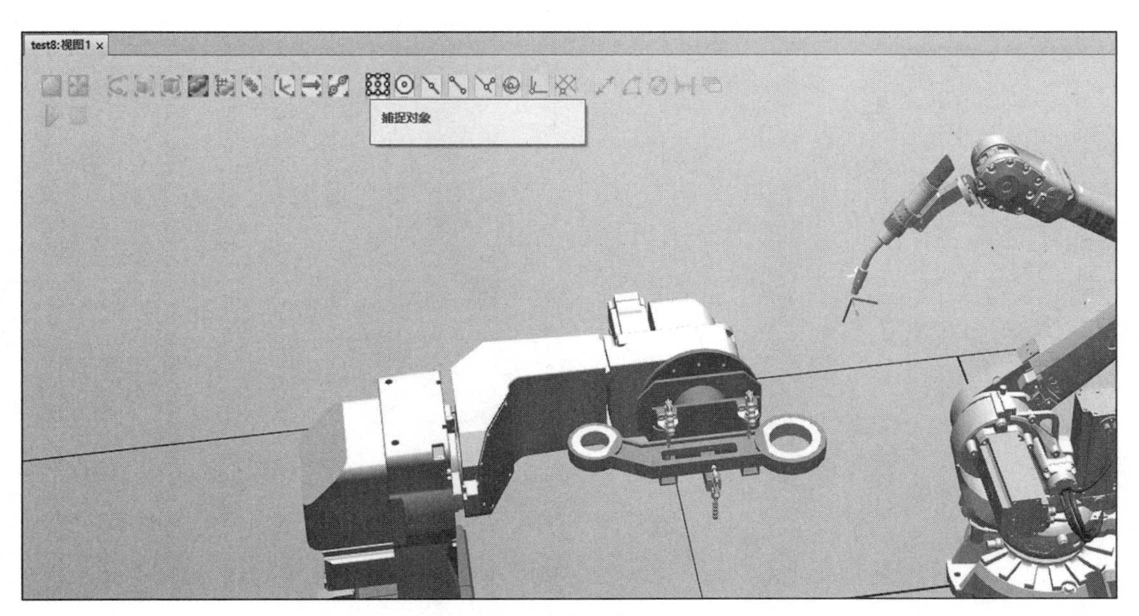

图 8-26　“捕捉对象”工具

6）之后利用手动线性和点捕捉工具，依次示教 4 个标准点，位置如图 8-28 ～图 8-31 所示。

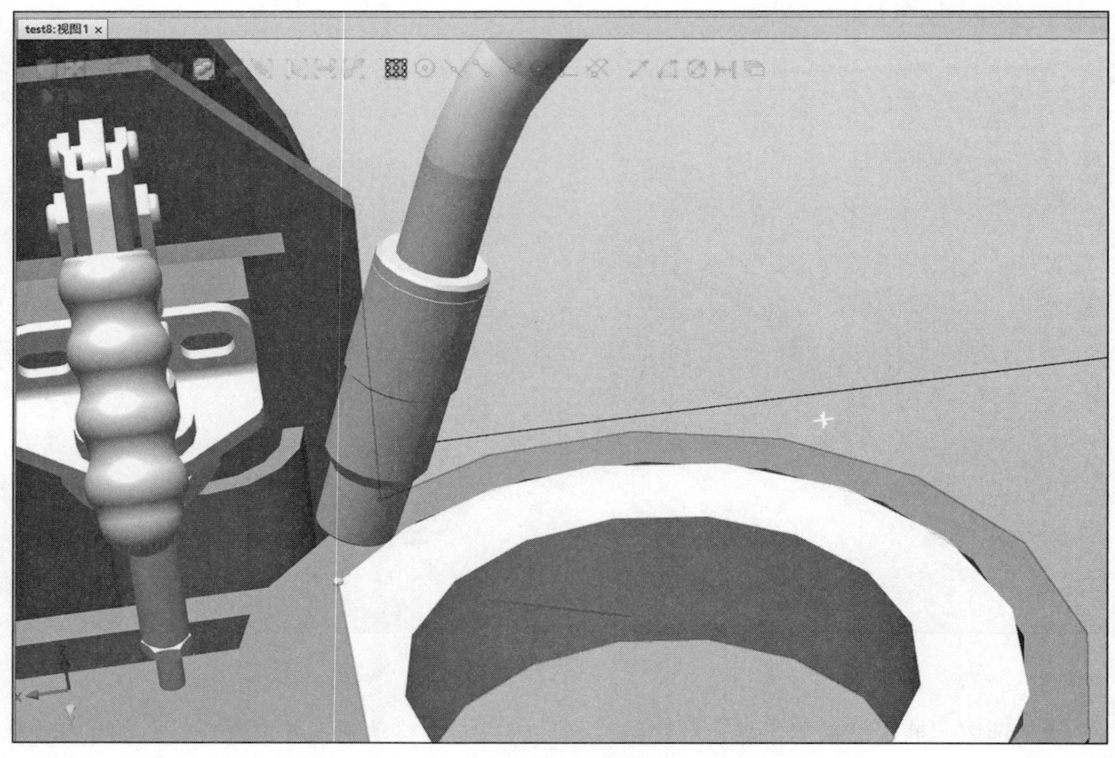

图 8-27　将 TCP 点引导至白圈起始位置（Target_30）

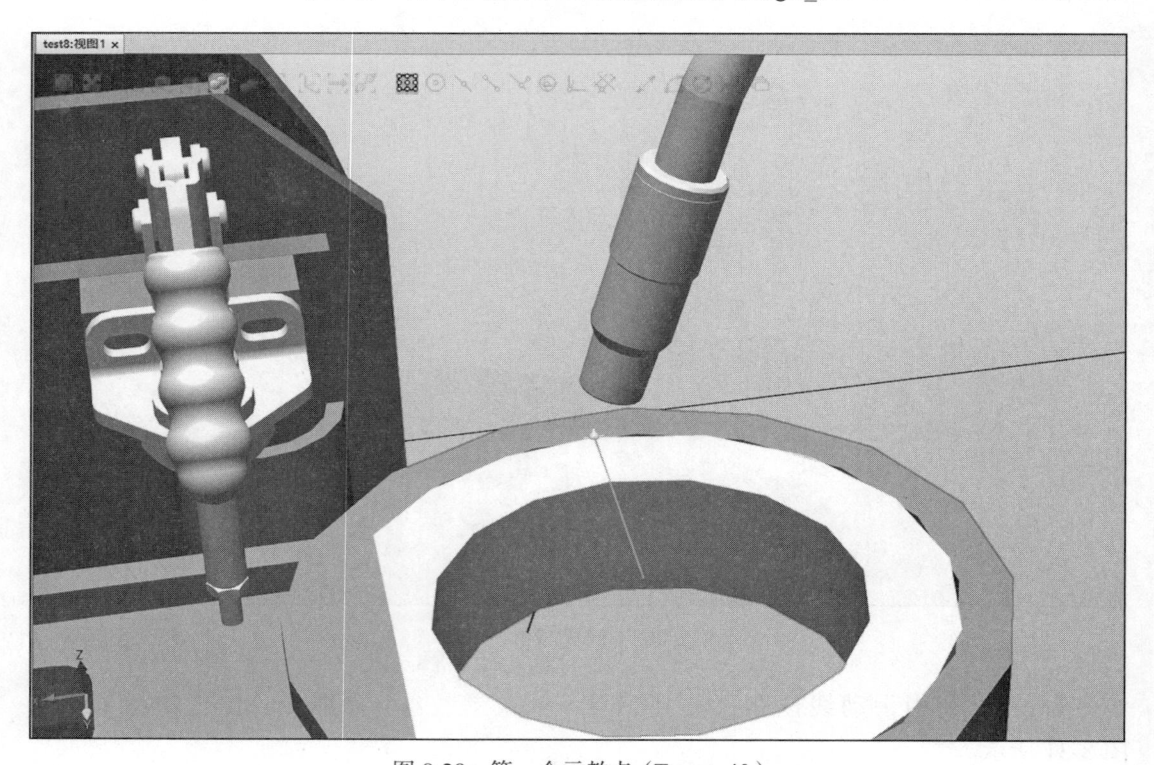

图 8-28　第一个示教点（Target_40）

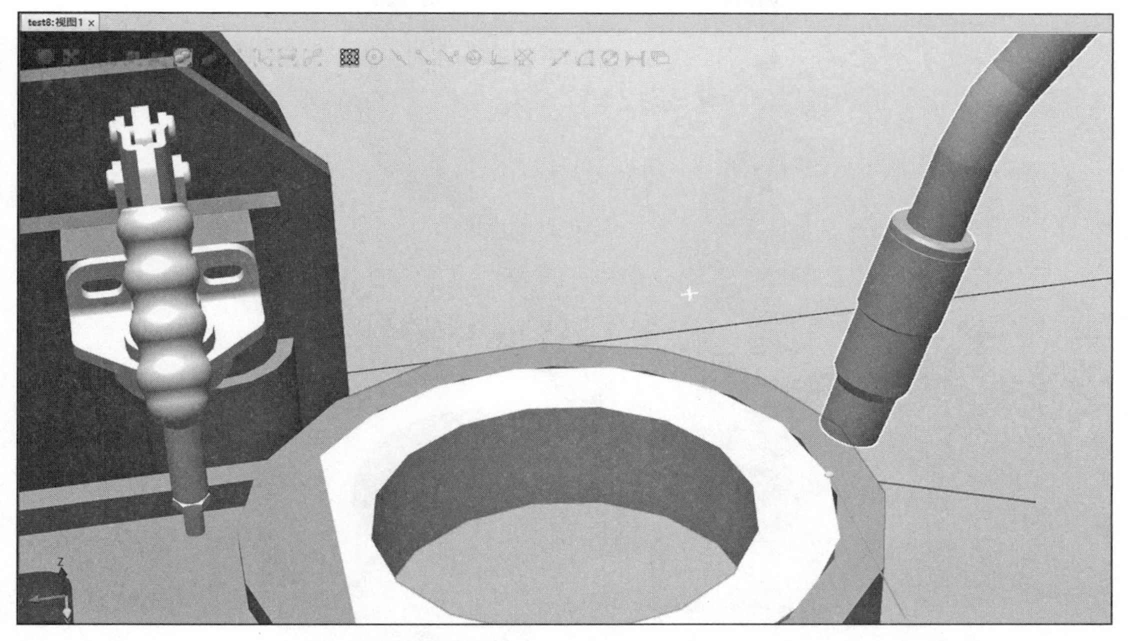

图 8-29　第二个示教点（Target_50）

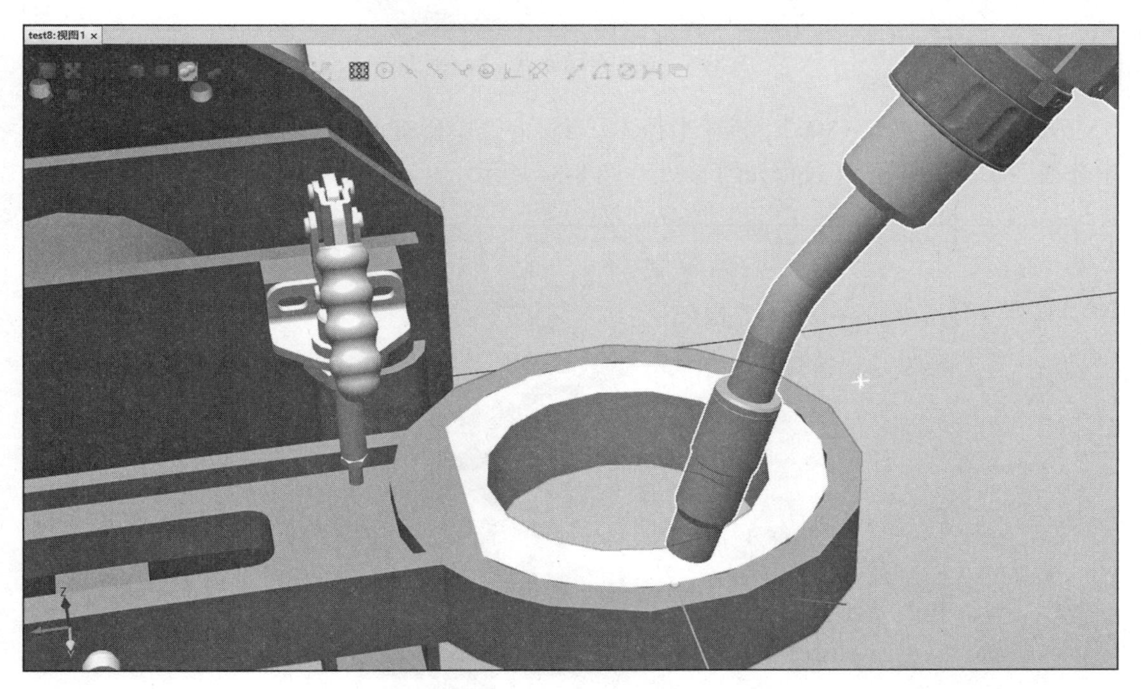

图 8-30　第三个示教点（Target_60）

7）此时，已经示教了 7 个目标点，机器人运动顺序为“Target_10”→“Target_20”→“Target_30”→“Target_40”→“Target_50”→“Target_60”→“Target_70”→“Target_30”→“Target_20”→“Target_10”，形成一个循环，修改运动指令，指令类型为

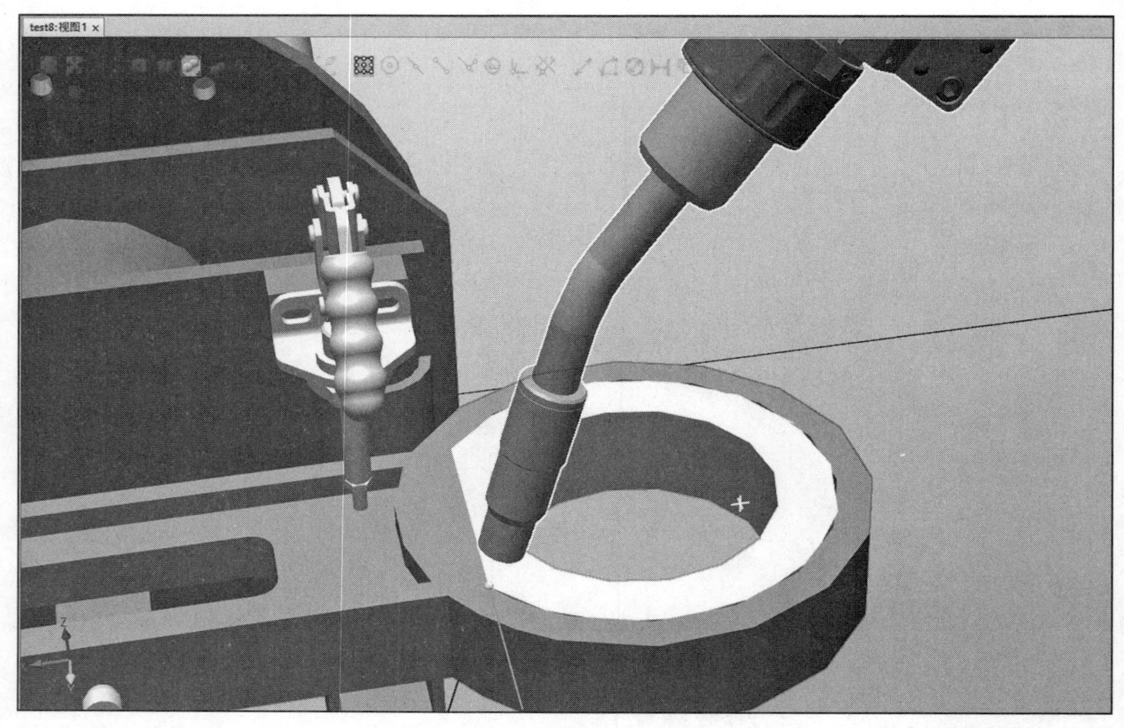

图 8-31　第四个示教点（Target_70）

“ MoveL”，速度为“ v300”，转弯半径为“ z5”。选中所有点位，右击后在新弹出的菜单中选择“添加新路径”，过程如图 8-32 ～图 8-34 所示。

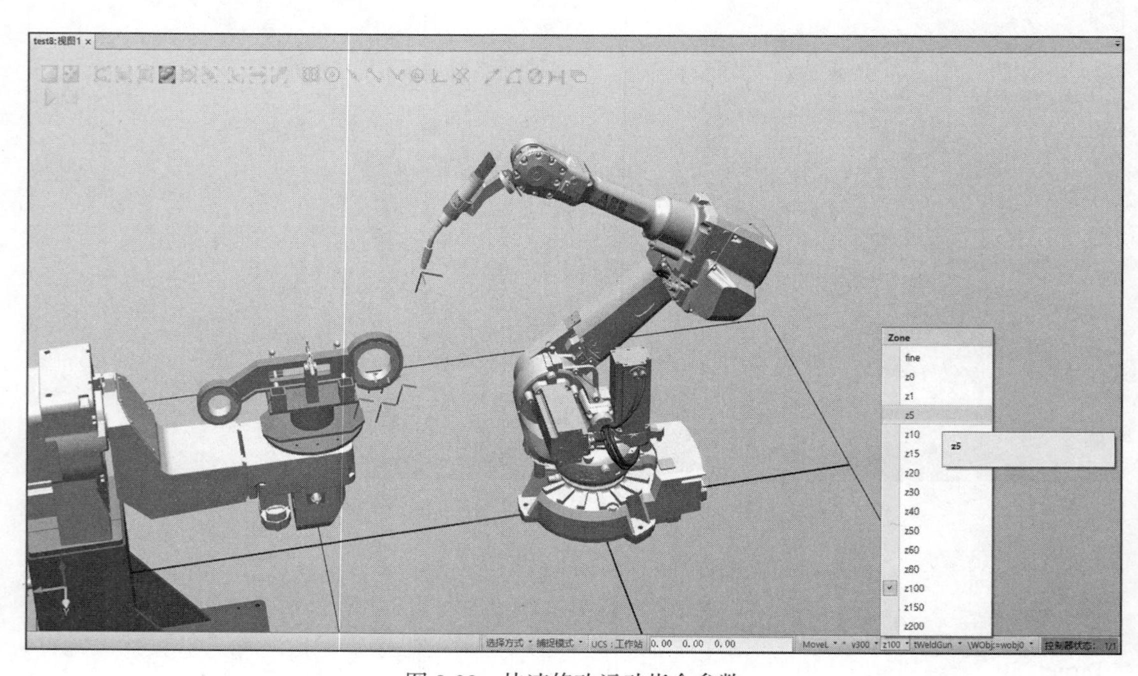

图 8-32　快速修改运动指令参数

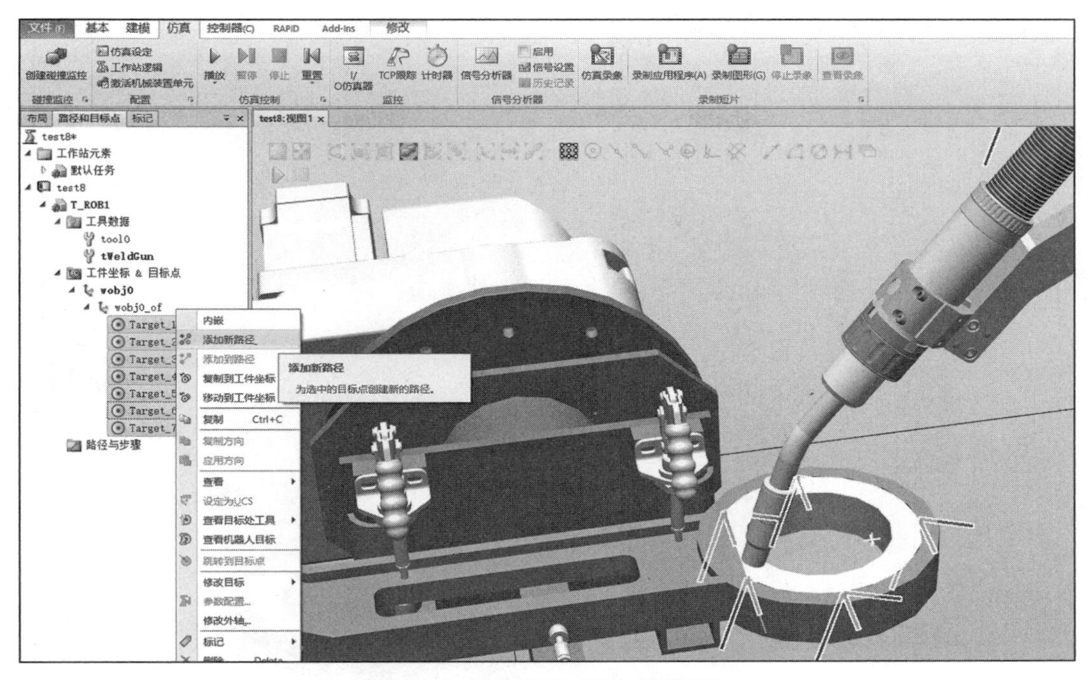

图 8-33　选中点位“添加新路径”

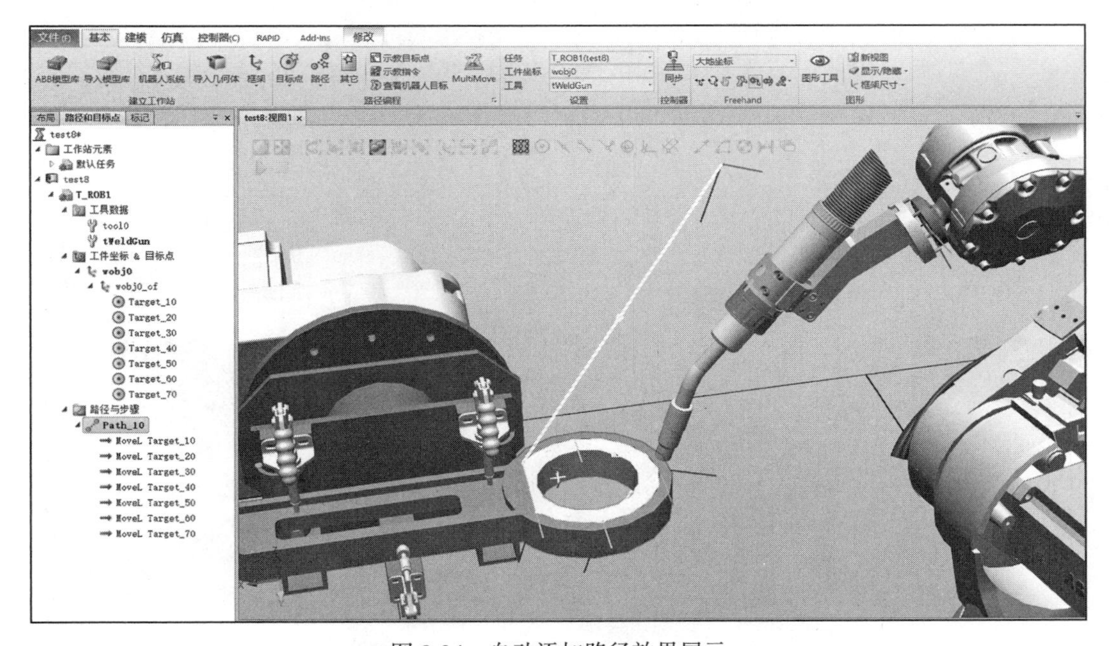

图 8-34　自动添加路径效果展示

8）添加的路径并不完善，因此需要添加多条指令才能完成效果。自动添加的路径在“Target_70”点结束，所以在“MoveL Target_70”之后添加到“Target_30”的路径。单击“路径和目标点”一栏中的“Target_30”，单击拖拽到“MoveL Target_70”上，在“MoveL Target_70”之后会新增一条指令“MoveL Target_30”，其过程如图 8-35 和图 8-36 所示。

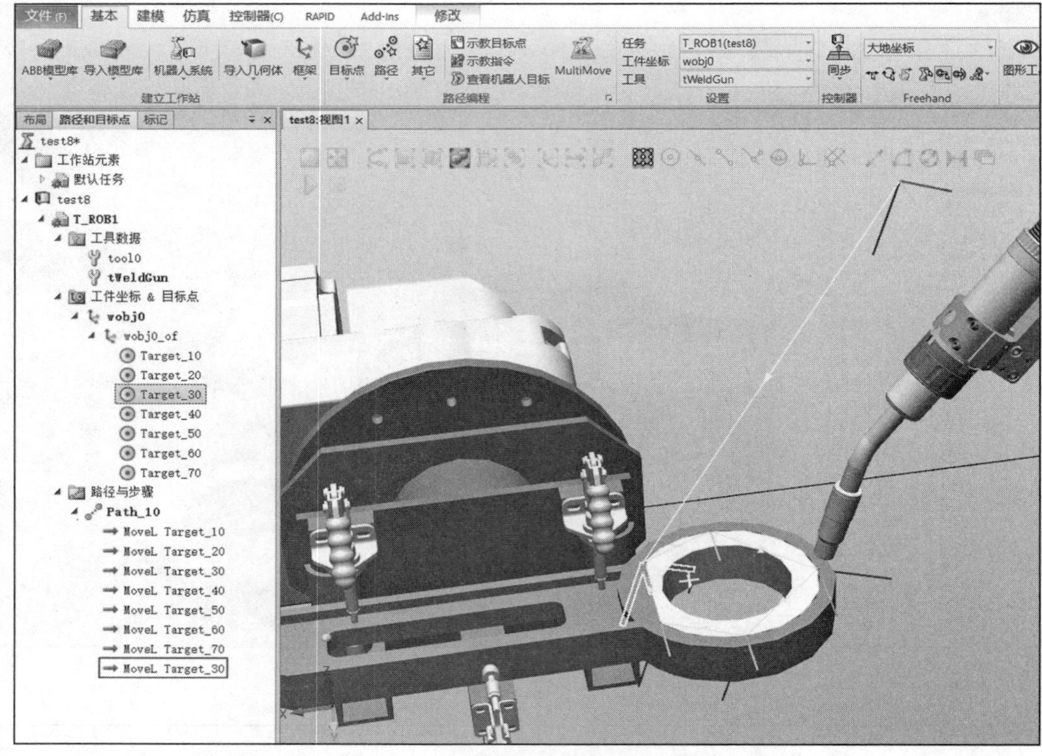

图 8-35　点选“Target_30”将其拖拽到“MoveL Target_70”上

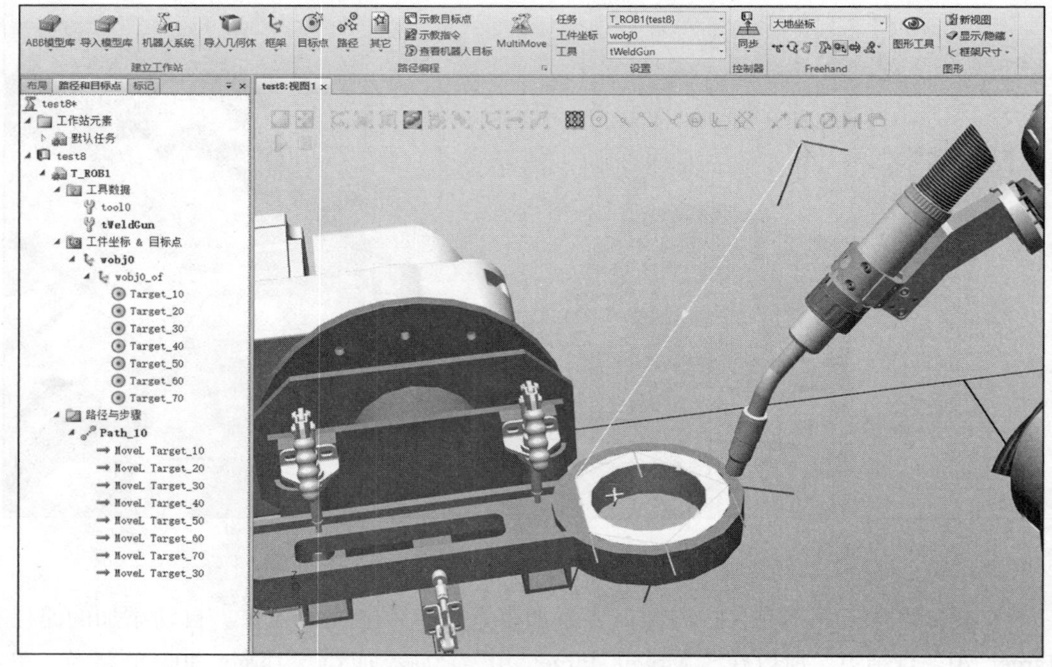

图 8-36　拖拽后生成对应指令，并在视图轨迹上显示

9）按照上一步骤添加“Target_20”“Target_10”两条路径，最终效果如图 8-37 所示。

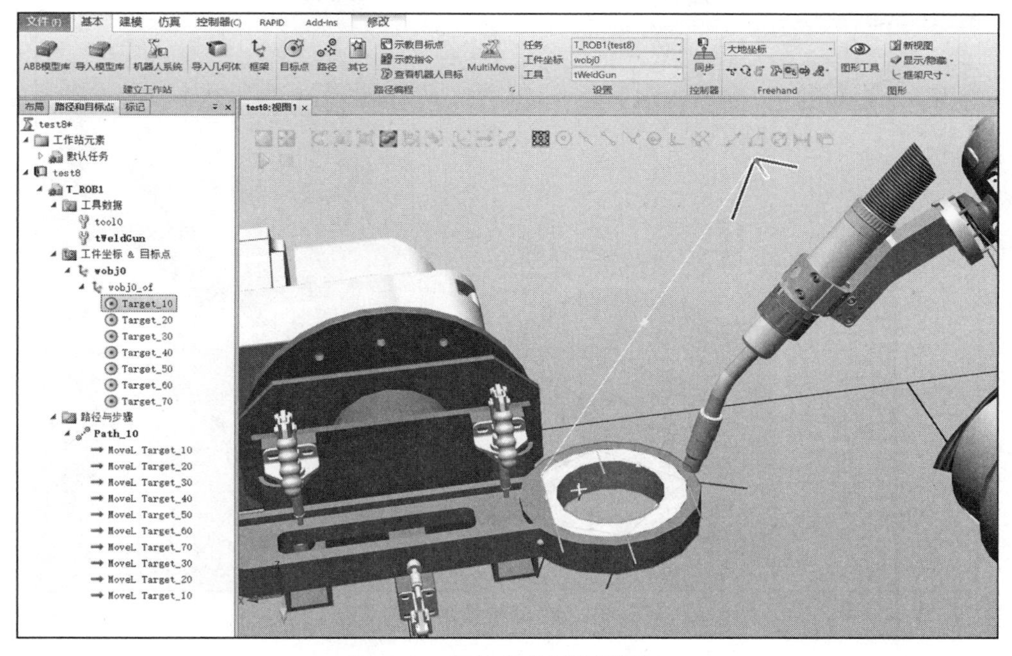

图 8-37　添加完成后效果展示

10）按住 <Shift> 键，单击选中“ MoveL Target_40”和“ MoveL Target_50”，右击后在弹出的对话框中选择“修改指令”下面的“转换为 MoveC”，即可将两点的直线转换为曲线路径。同理，将“ MoveL Target_60”和“ MoveL Target_70”也转换为曲线路径，如图 8-38 和图 8-39 所示。

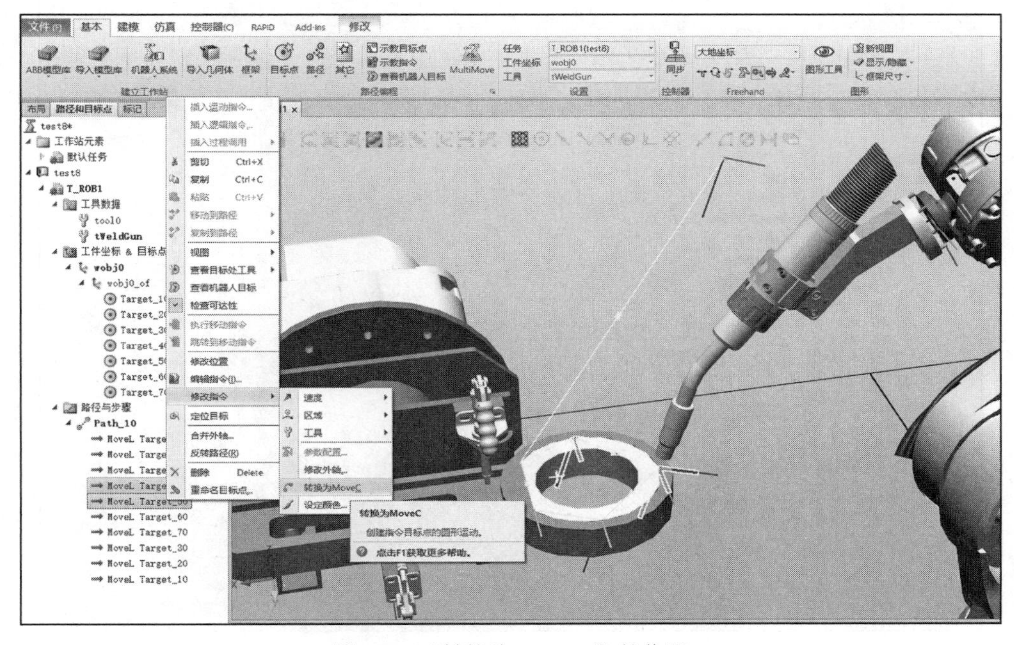

图 8-38　“转换为 MoveC”的位置

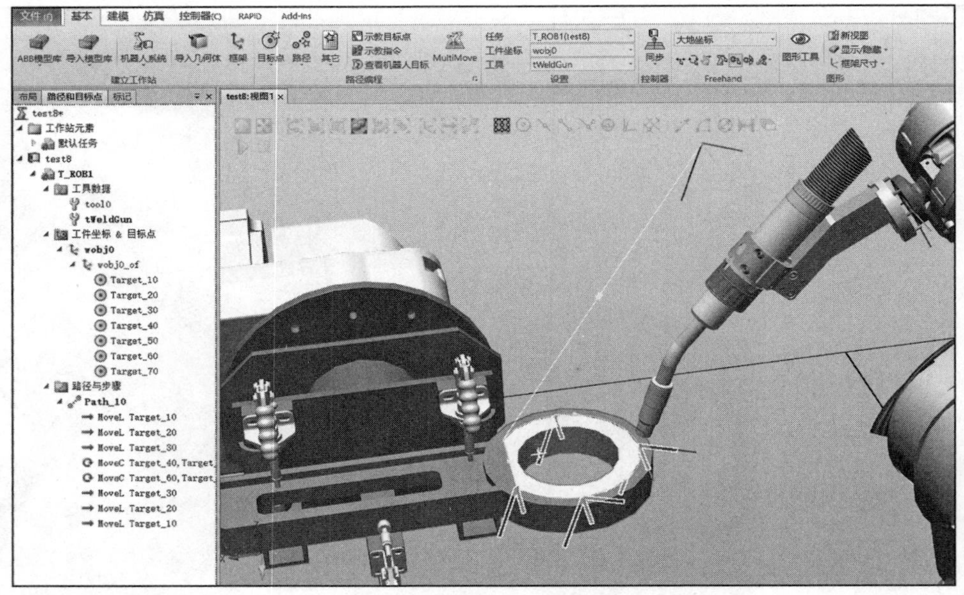

图 8-39　转换效果预览

11）将第二条指令“MoveL Target_20”和最后一条指令“MoveL Target_10”修改为“MoveJ”类型。单击第二条指令“MoveL Target_20”，右击选择“编辑指令”，在弹出的对话框中的“动作类型”中选择“Joint”并单击“应用”即可完成修改，同理修改最后一条指令。过程如图 8-40～图 8-42 所示。

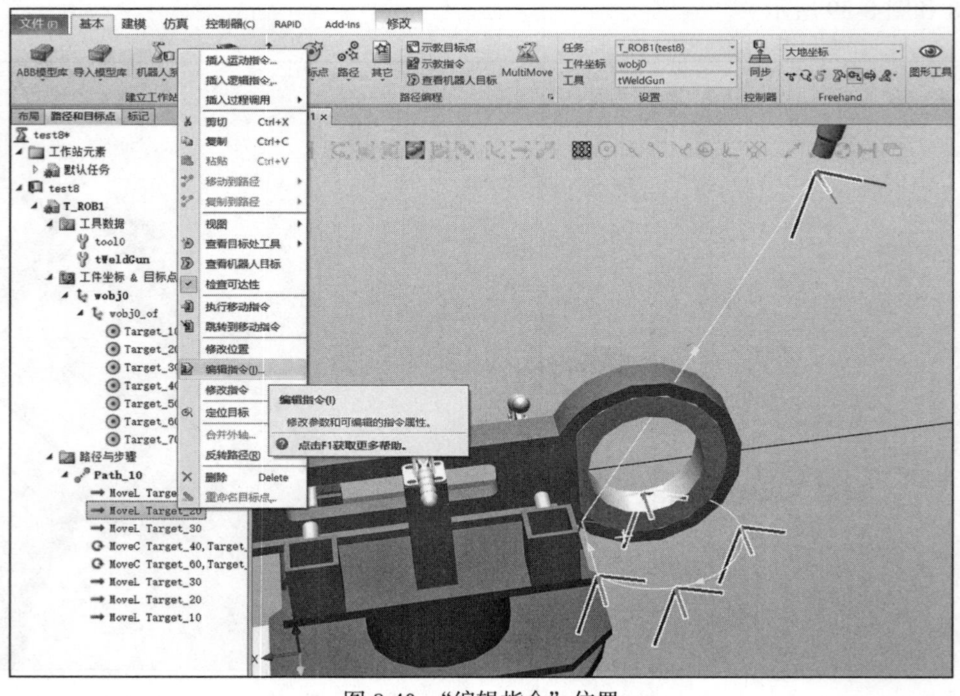

图 8-40　“编辑指令”位置

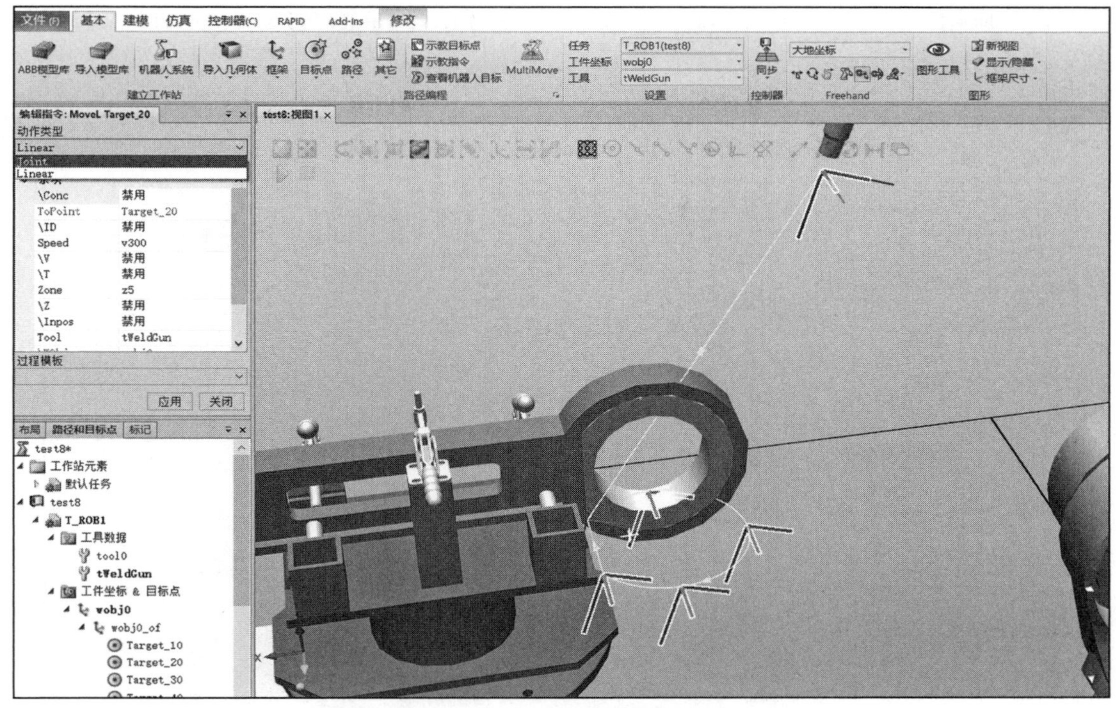

图 8-41　指令动作类型选择

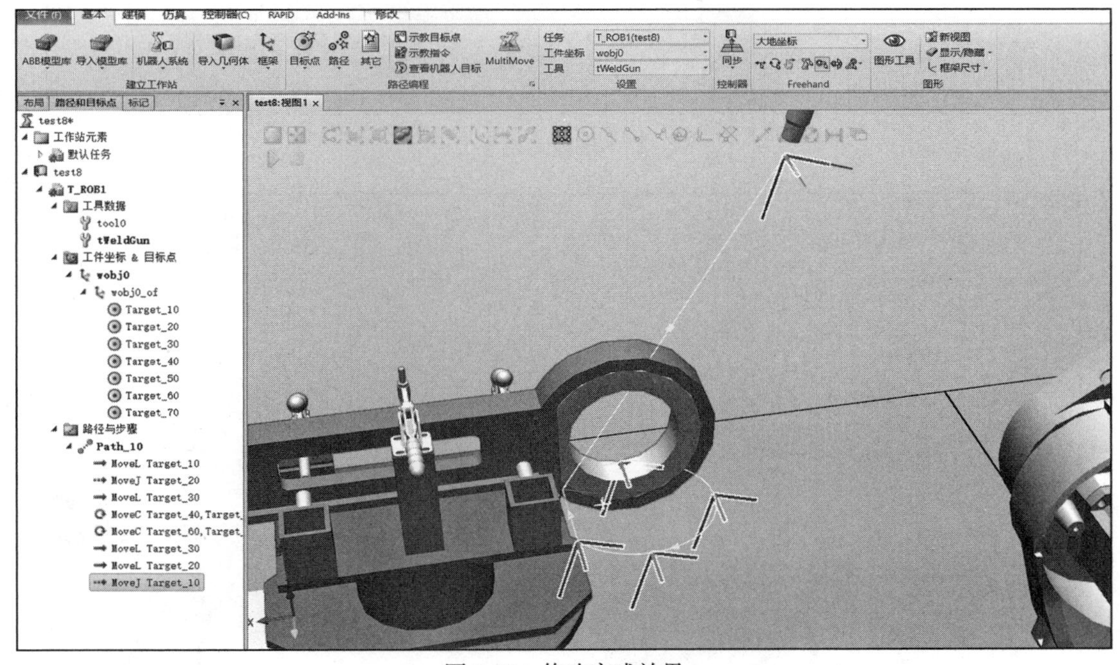

图 8-42　修改完成效果

12）最后需要将工件表面的起点处运动和终点处运动的转弯半径设为“fine”，右击第三条指令“MoveL Target_30”，选择“编辑指令”，在对话框中的“Zone”栏选择“fine”

并单击“应用”即可。同理，修改第五条指令“MoveC Target_60，Target_70”。过程如图 8-43 和图 8-44 所示。

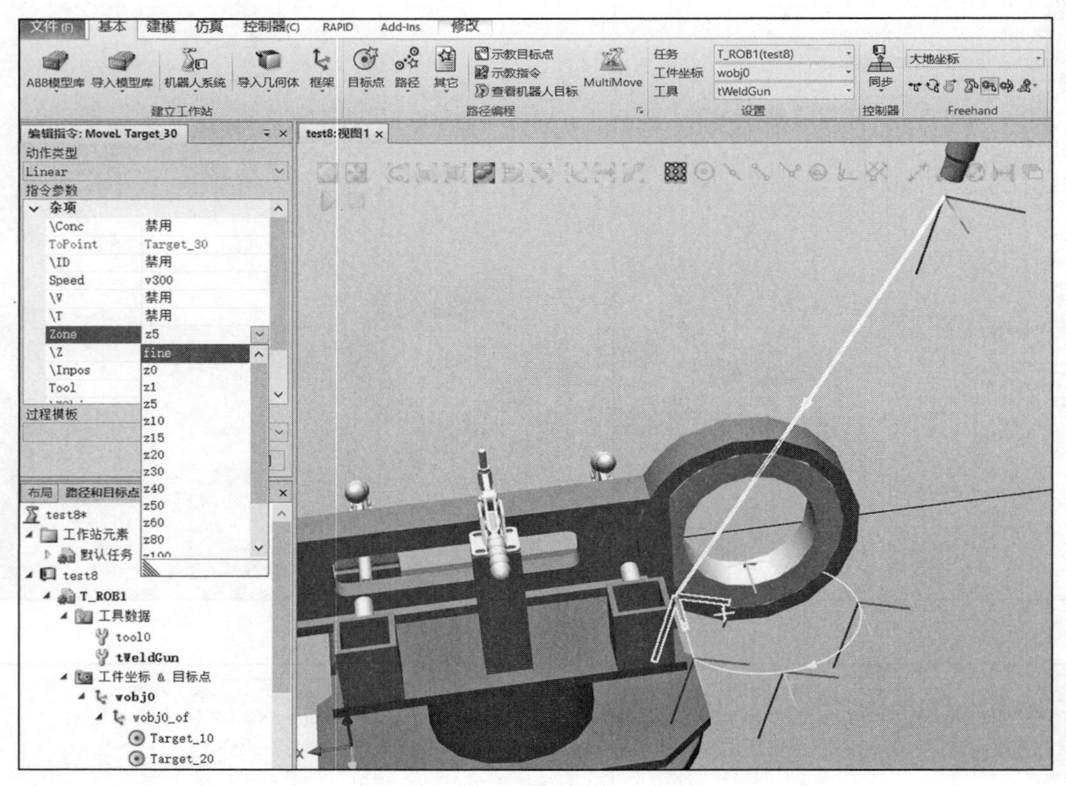

图 8-43　选择无转弯半径

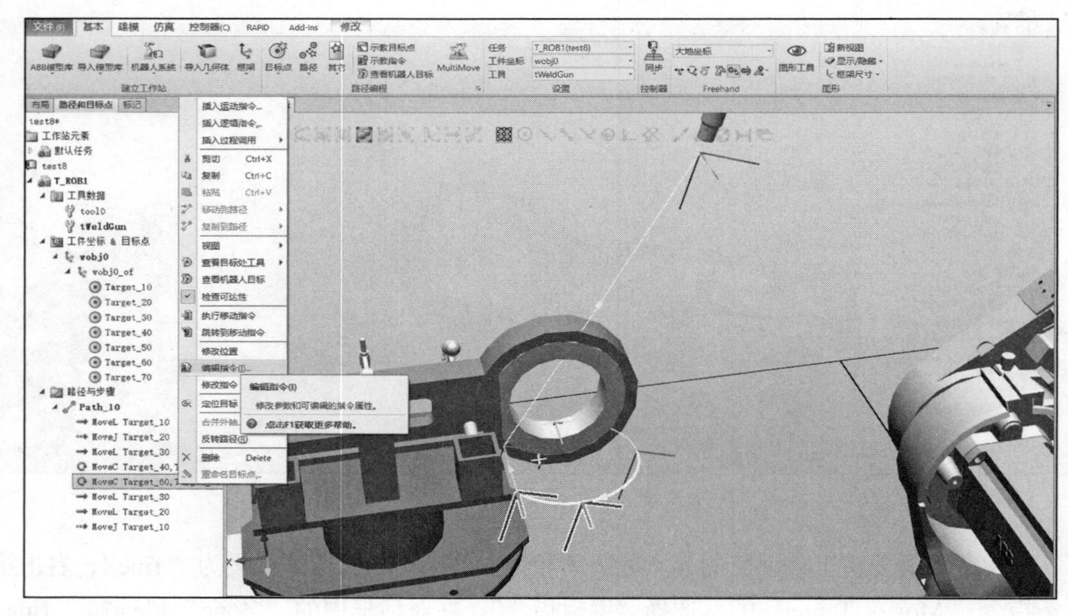

图 8-44　第五条指令修改

13）路径完成后还需要添加外轴控制指令“ActUnit”和“DractUnit”，用来控制变位机的激活和失效。单击选中“Path_10”，右击，在弹出的菜单中单击选择“插入逻辑指令”，如图 8-45 所示。在弹出的创建逻辑指令界面中的“指令模板”的下拉菜单中选择“ActUnit”如图 8-46 所示。最终效果如图 8-47 所示，在指令的第一行插入激活变位机的指令。

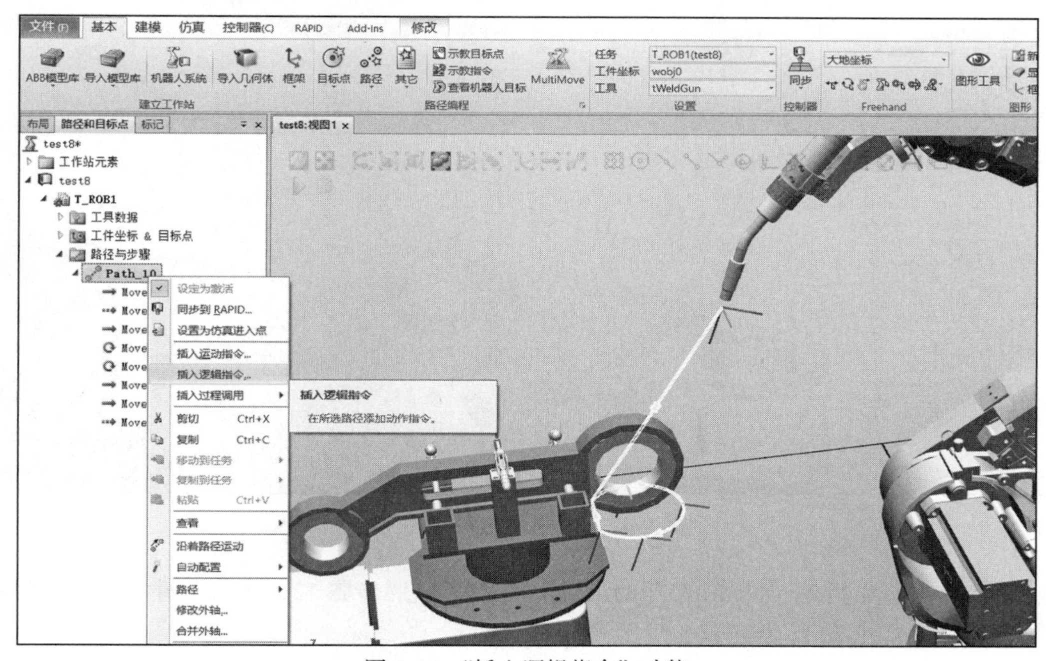

图 8-45　“插入逻辑指令”功能

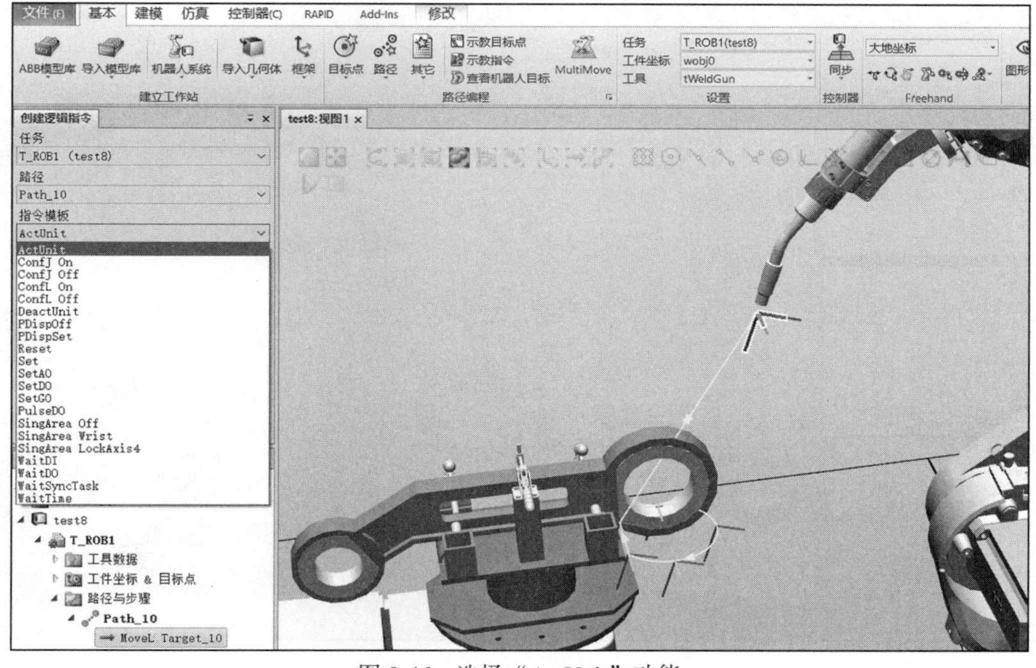

图 8-46　选择“ActUnit”功能

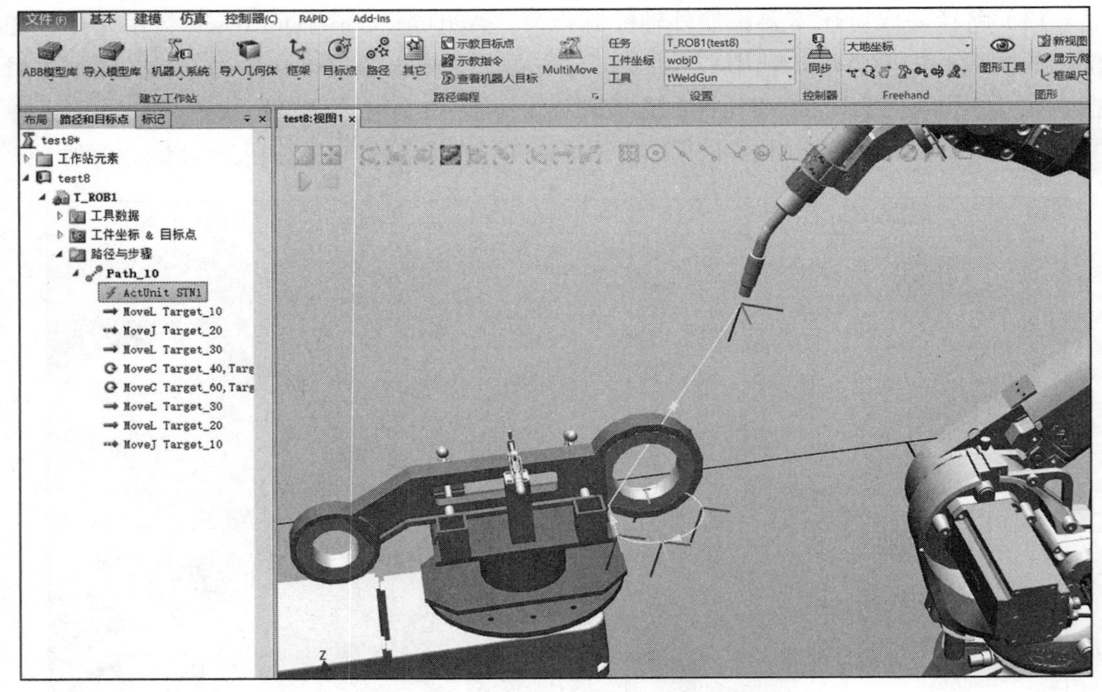

图 8-47　插入逻辑指令的效果

14）选中路径指令“ Path_10”的最后一行指令按照步骤 13，再次创建一个关闭变位机指令，如图 8-48 和 8-49 所示。

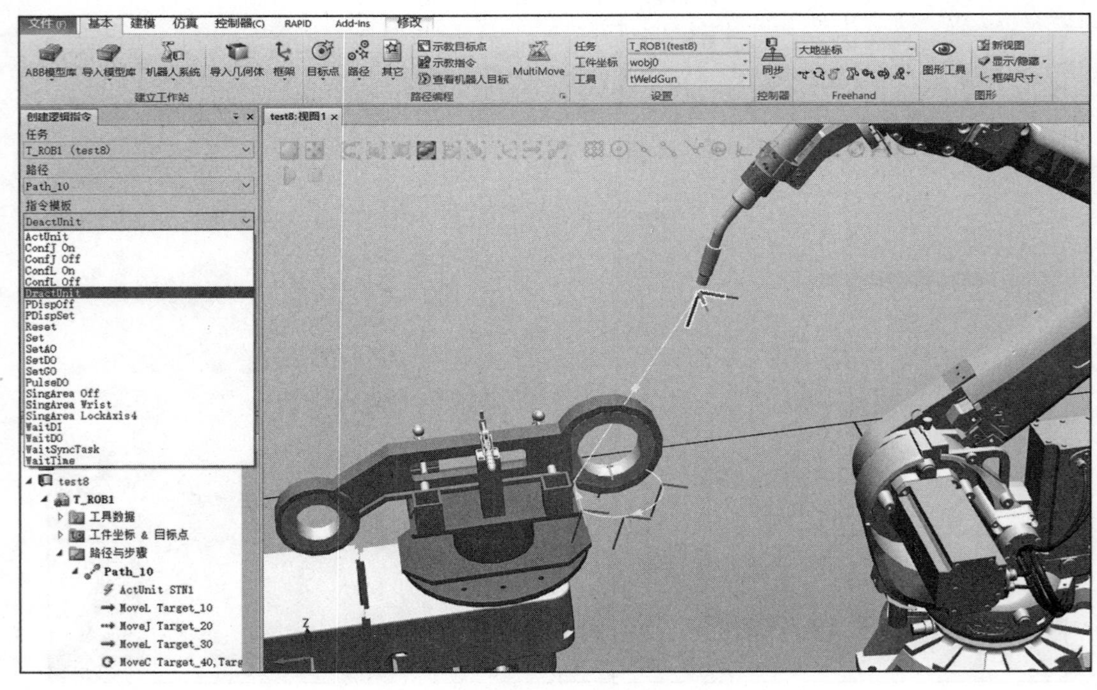

图 8-48　选择“DractUnit”选项

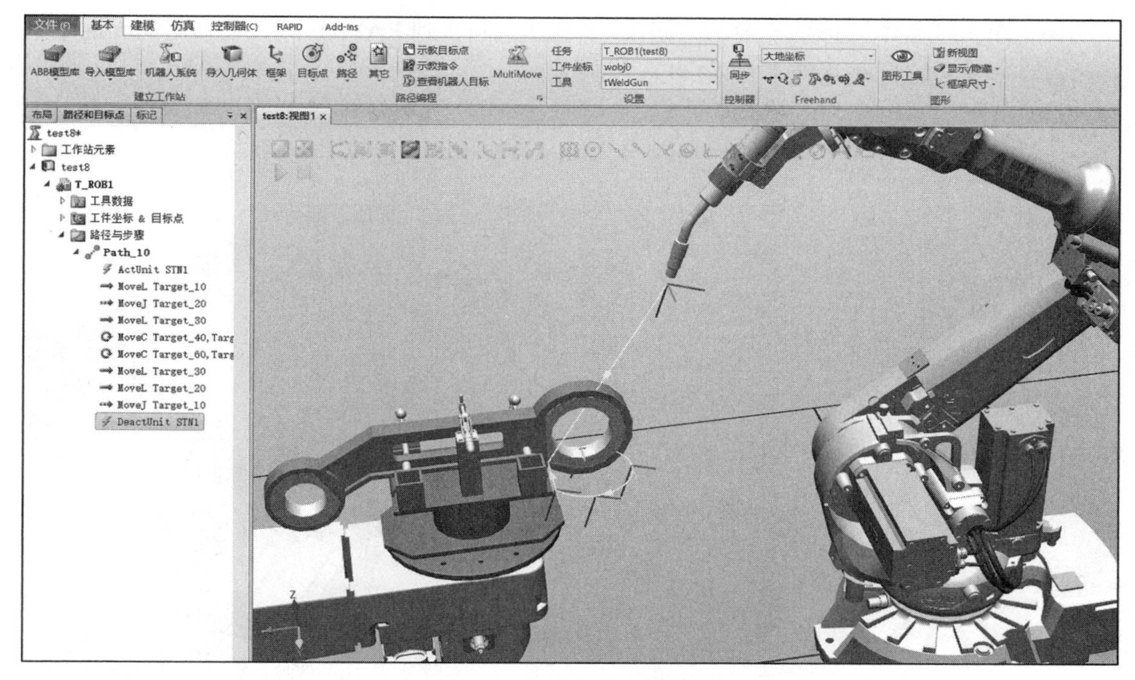

图 8-49　路径代码展示

15）在“Path_10”上右击，在弹出的菜单中单击“自动配置”，在后续菜单中选择“线性 / 圆周移动指令”进行轨迹自动配置，如图 8-50 所示。

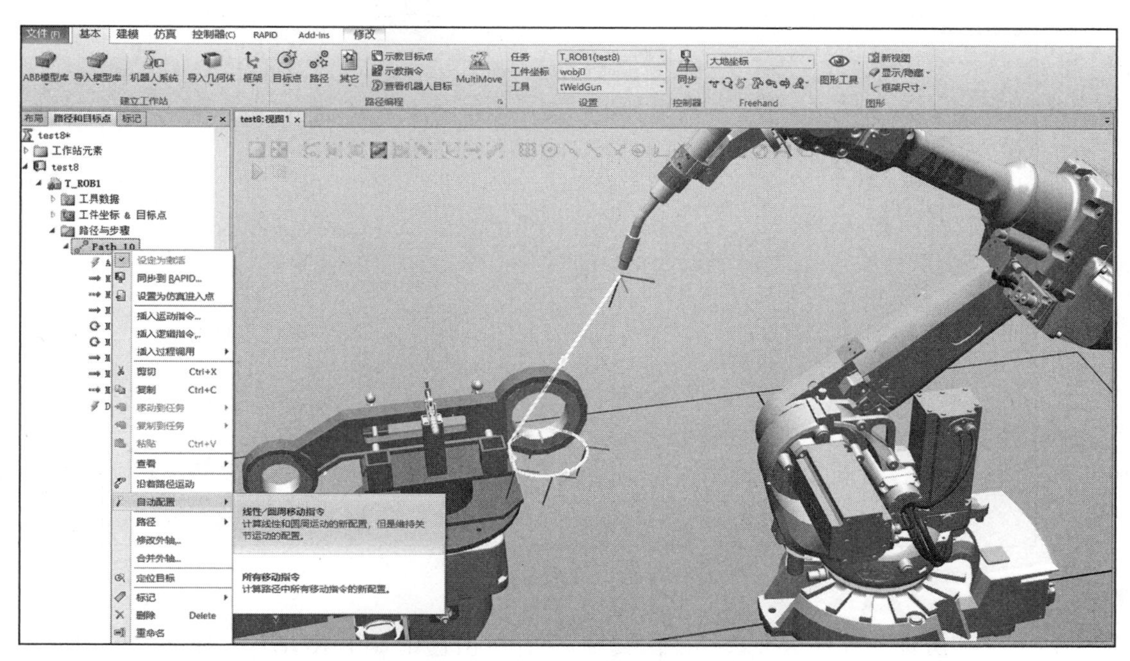

图 8-50　自动配置轨迹

16）单击“基本”选项卡中的“同步”，选择“同步到 RAPID…”，在弹出的界面中的对勾都打上，完成同步如图 8-51 和图 8-52 所示。

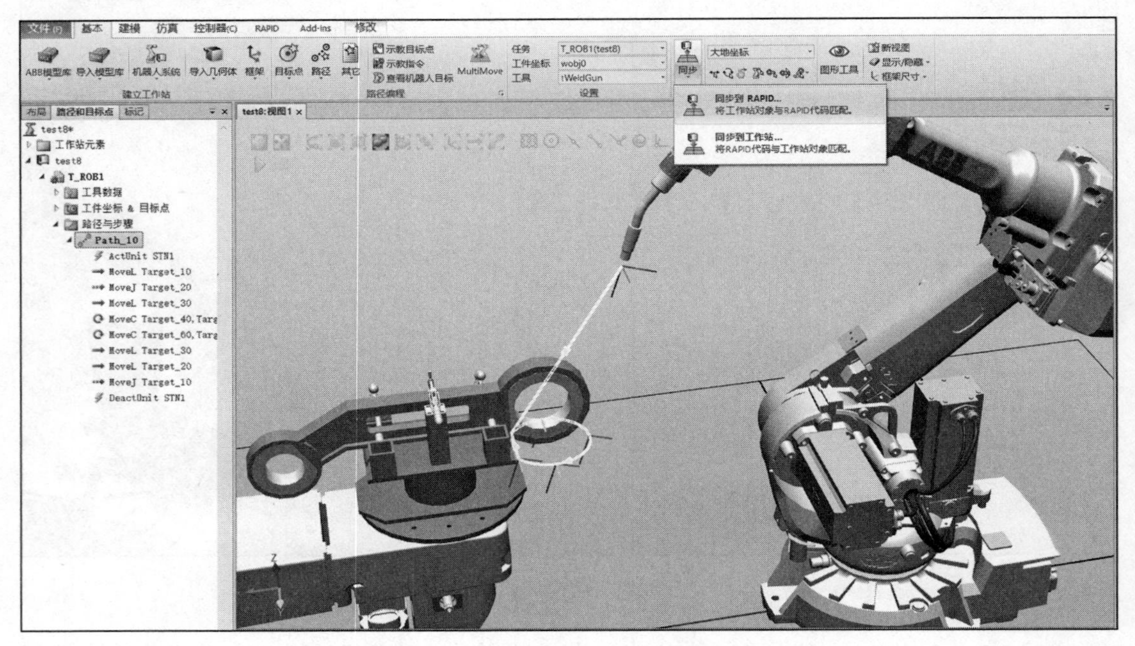

图 8-51 “同步到 RAPID…”选项位置

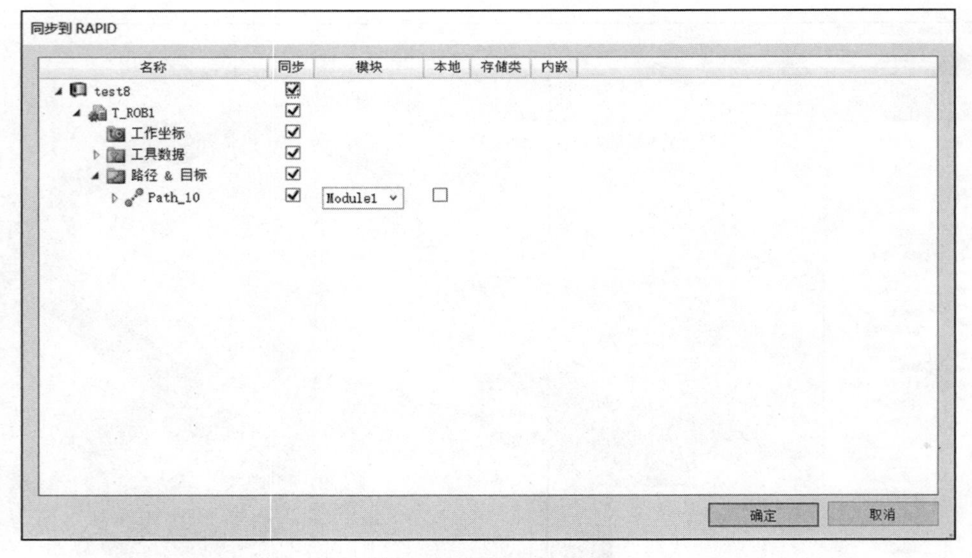

图 8-52 同步参数选择

17）在“仿真”选项卡中选择“仿真设定”，单击选中“T_ROB1”，在旁边的“进入点”一栏中选择“Path_10”，如图 8-53 所示。设置完成后单击 <播放> 键即可观看仿真动画，观察变位机的位置变化和轨迹变化，如图 8-54 所示。

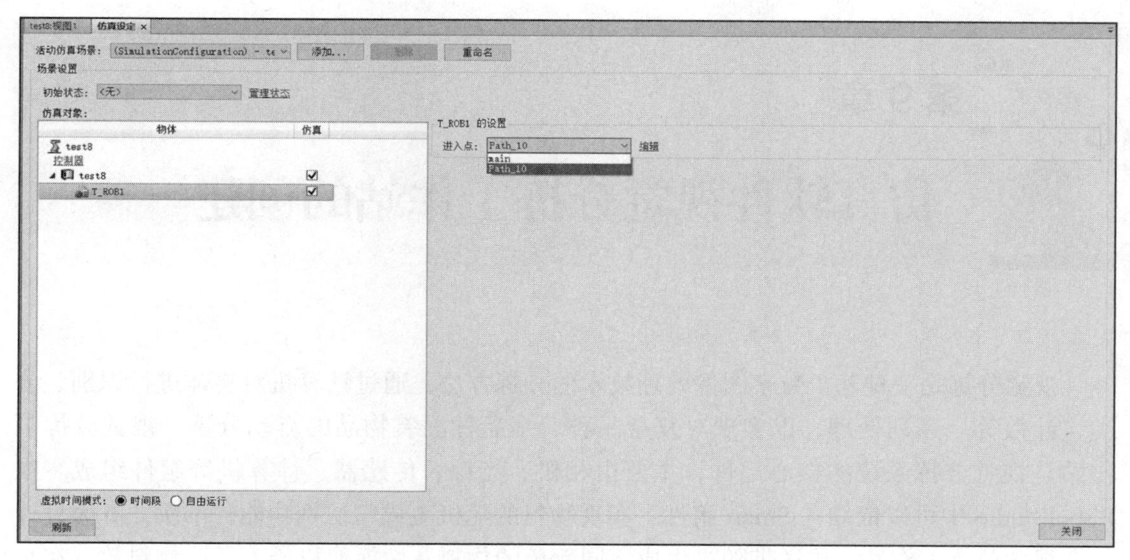

图 8-53 仿真参数设定

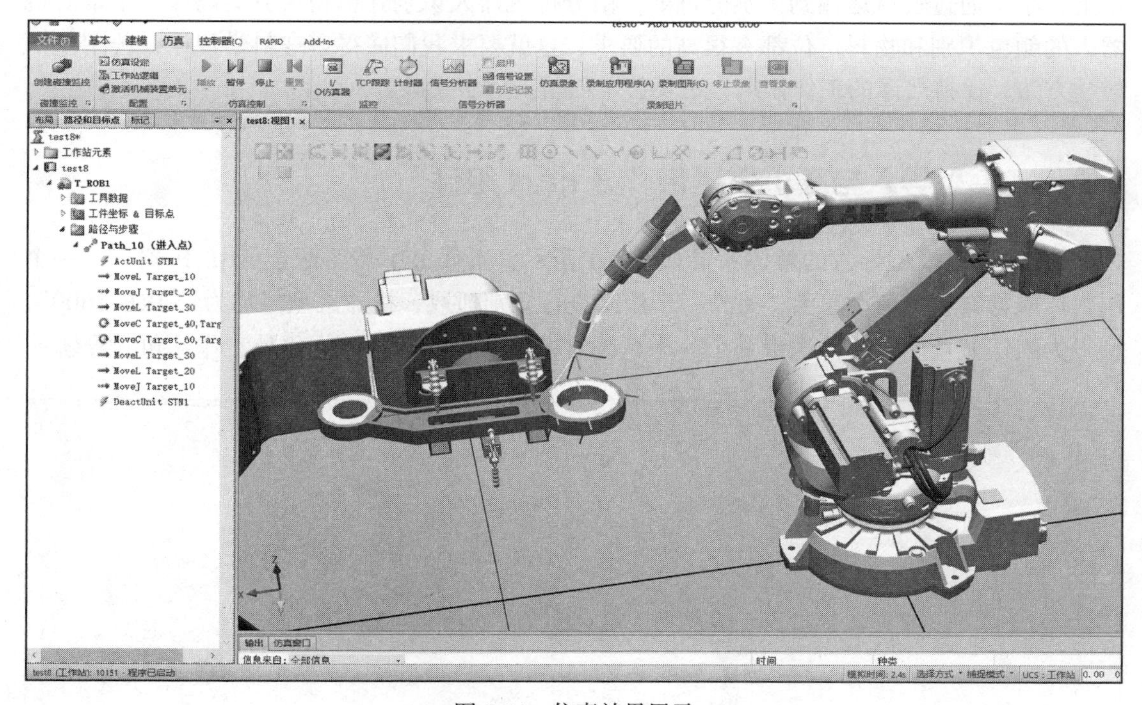

图 8-54 仿真效果展示

8.4 作业：工件双面打磨工作站仿真演示并导出视频文件

本小节完成了工件一面的打磨轨迹，按照第 8 章步骤，完成工件另外一面的打磨轨迹，完成仿真并导出视频文件。

第9章 仿真软件视觉分拣工作站的创建

视觉分拣是一种基于数字图像处理技术的分拣方法，通过计算机对物体进行识别、分类、计数等一系列处理，以实现对复杂品种、多品种混装物品的自动分拣。视觉分拣工作站是视觉分拣系统的核心部件，主要由相机、光源、传感器、计算机等组件组成。在RobotStudio中可以依靠“Smart组件”实现物料的随机生成与识别功能。本次任务为设计一个视觉分拣工作站，传送带随机生成不同颜色的物料，由抓取机器人抓取物料放置在小车上，小车通过轨道运输到识别分拣处，由分拣机器人识别并将物块分类码垛。本章对机器人的颜色识别和物料定位都有很高的要求，这就要求我们懂得遵守科学规律，善用基本科学方法，保持严谨的工作作风，更要善于创新，勇于突破。

9.1 模型导入与随机传送带“Smart组件”

1）工作站模型导入的整体布局如图9-1所示，本任务中需要两个ABB机器人，一个用来抓取物料放置到小车上，另外一个用来进行识别抓取，机器人型号均为“IRB 2600”，型号为默认型号。需要传送带一个，为系统自带的“400_guide”。另外工作站包含导轨一

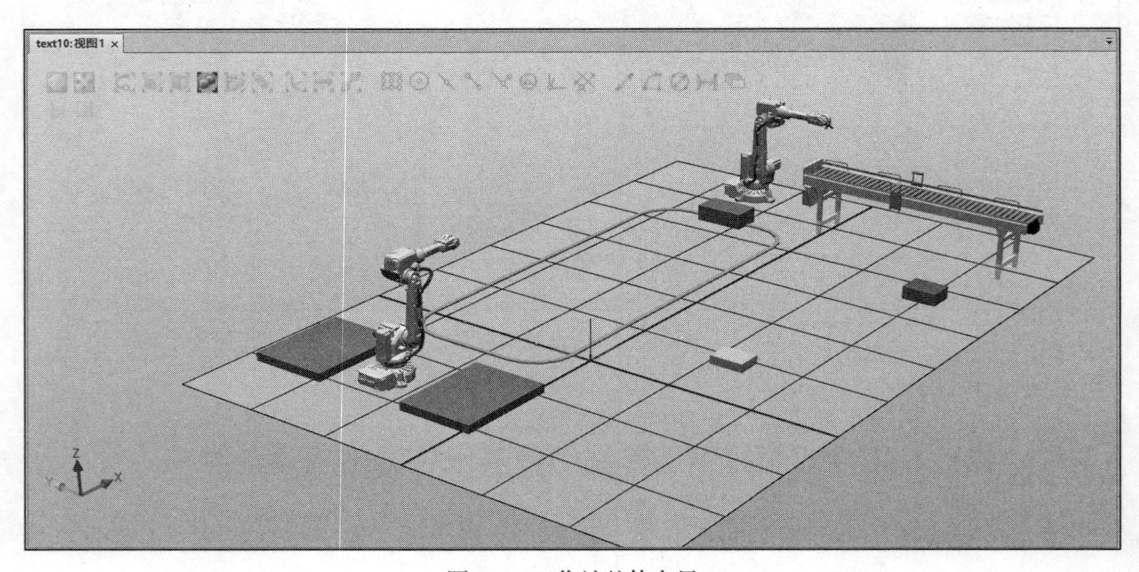

图9-1 工作站整体布局

组，长度可自由定义；小车一个（使用矩形体代替，图中为灰色），长宽高分别为 600mm，350mm，200mm；物料摆放板两个，长宽高分别为 1200mm，900mm，100mm；以及两个物料模型，一个为绿色，长宽高分别为 400mm，300mm，100mm；一个为红色，长宽高分别为 400mm，300mm，150mm。

2）布置完整体布局后导入两个机器人的吸盘，并将其安装到机器人上，机器人吸盘可在第三方软件中制作完成后导入，如图 9-2 和图 9-3 所示。

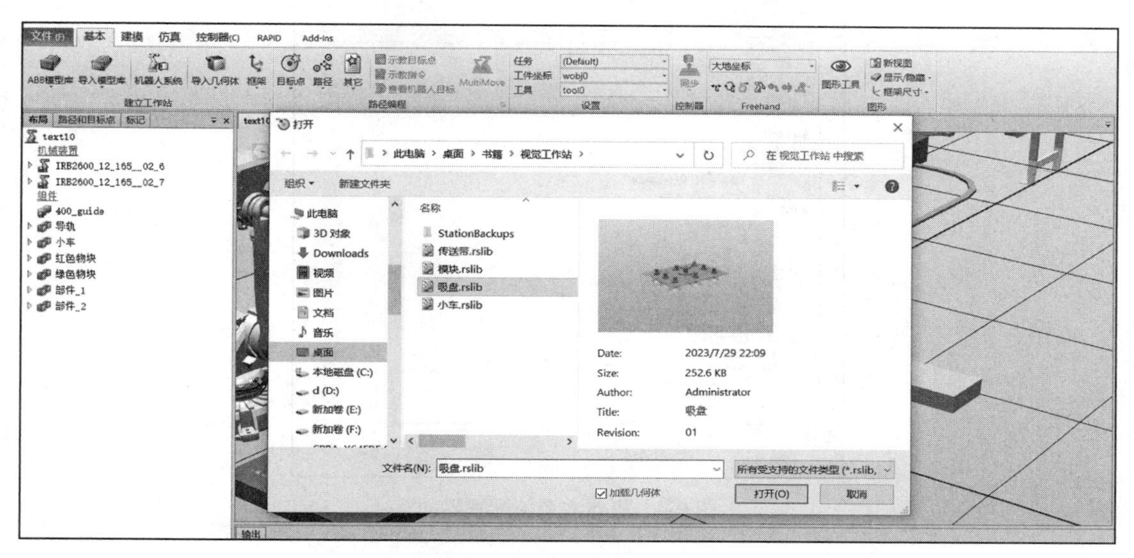

图 9-2　导入吸盘界面

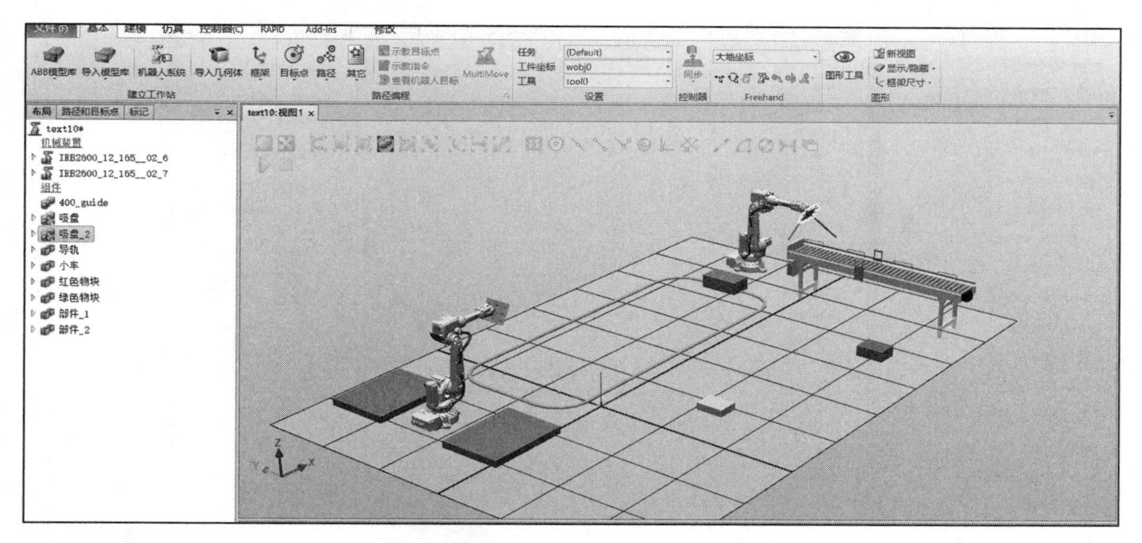

图 9-3　吸盘导入完成并安装后的效果

3）安装机器人系统，单击“基本”选项卡，选择“机器人系统”，在下拉菜单中选择“从布局 ...”，导入机器人系统，选项皆为默认，安装两个机器人的系统，安装时，在如

图 9-4 的界面中单击“选项 ...”，进入机器人系统配置界面，如图 9-5 所示。更改系统配置，更改过程如图 9-6 所示，选择完成后单击“确定”后，再次单击“完成（F）”以完成系统创建。

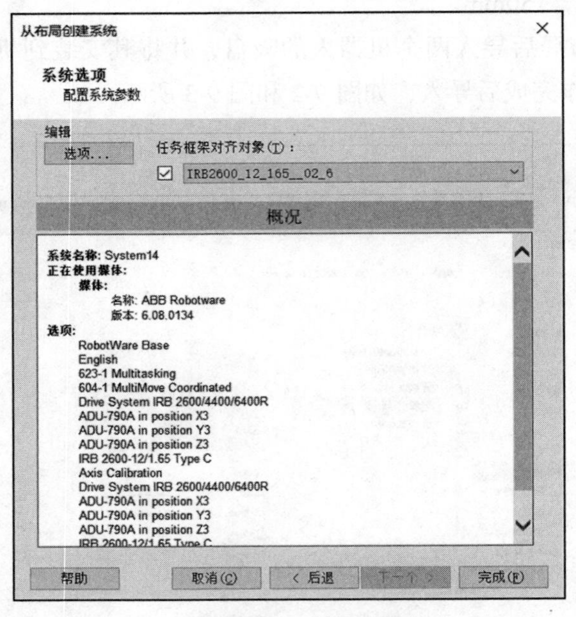

图 9-4　机器人系统配置界面

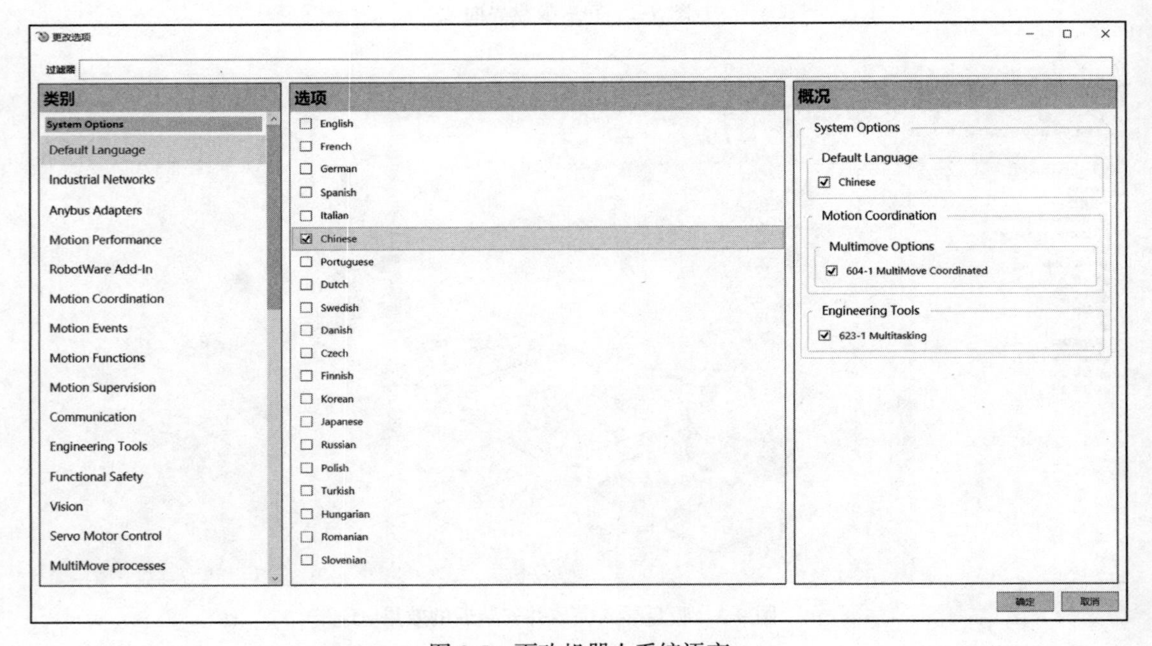

图 9-5　更改机器人系统语言

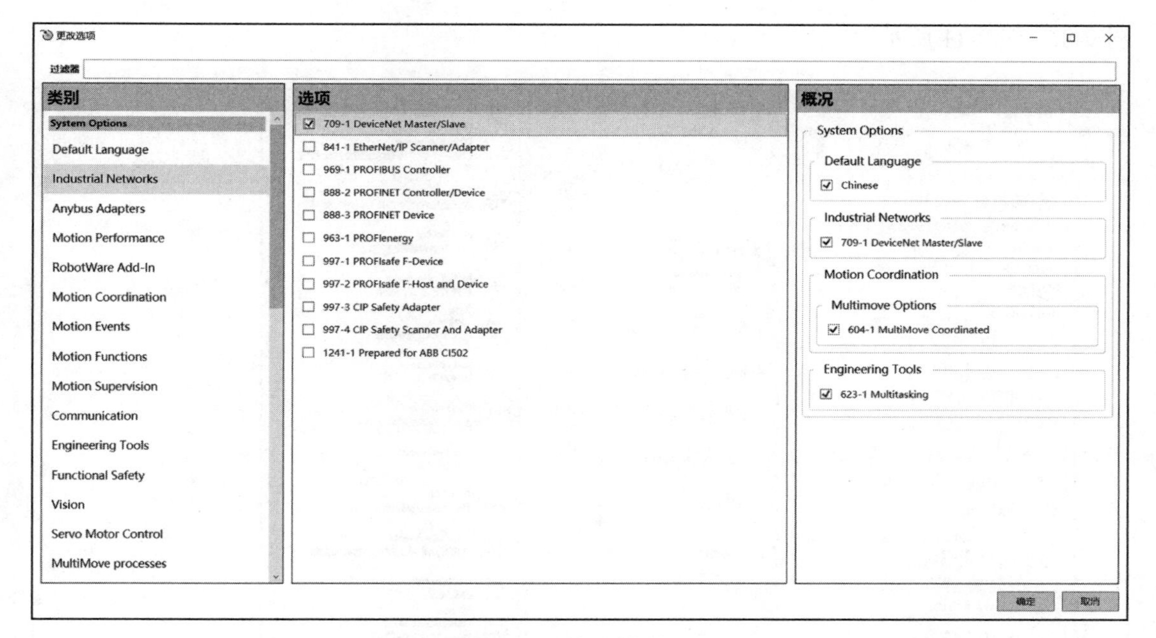

图 9-6　添加网络接口

4）单击“建模”选项卡，选择“ Smart 组件”，将新建的“ Smart 组件”命名为“传送带”，如图 9-7 所示。

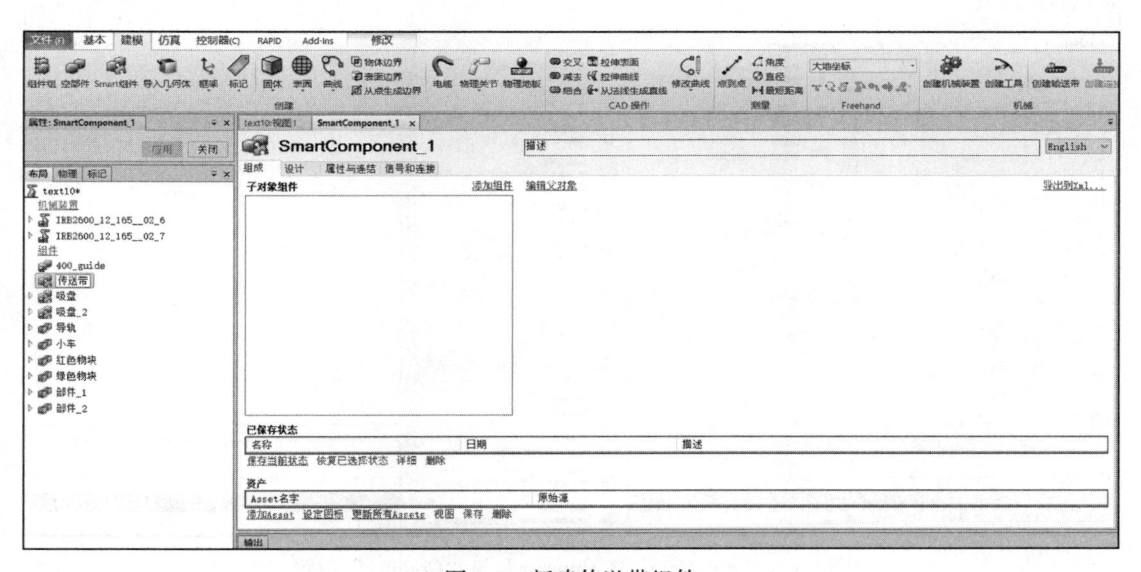

图 9-7　新建传送带组件

5）添加完传送带组件后新建一个随机产生的红绿物料组件，并将其命名为“随机红绿模块”，用于模拟传送带随机送来的物料类型。组件包含“Random”“Comparer”“LogicGate”“ Counter ”等数字运算组件，其中，“ LogicGate ”组件需要 7 个与门，2 个或门，3 个非门；“ Comparer ”组件个数为 3 个；“ Counter ”组件个数为 2 个。组件属性均为默认，如

图 9-8 ～图 9-11 所示。

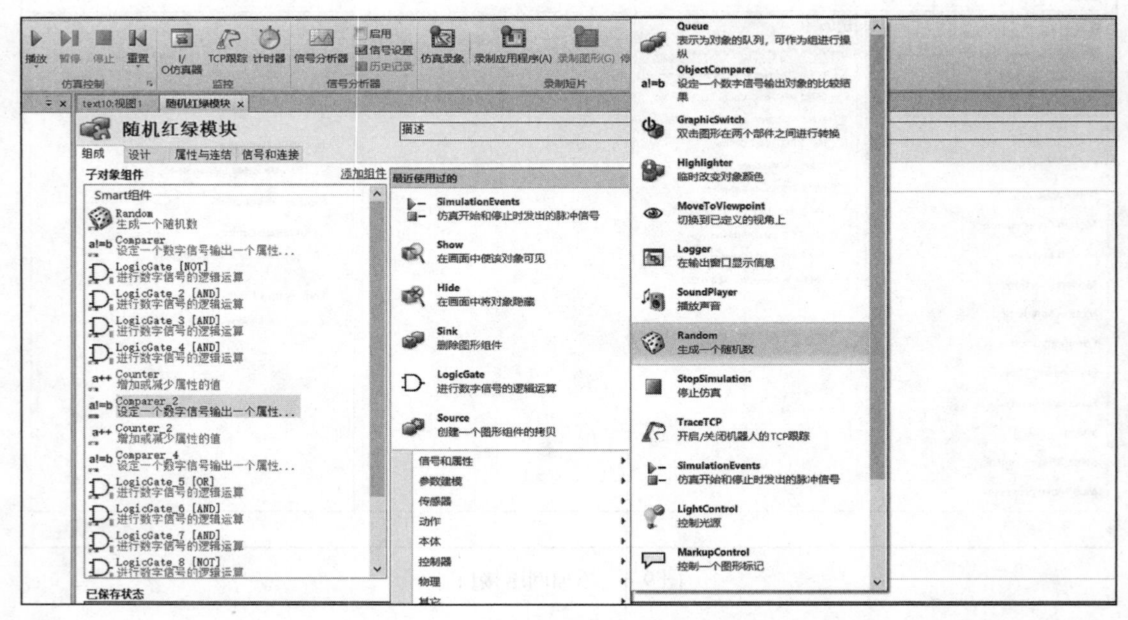

图 9-8 “Random”组件位置

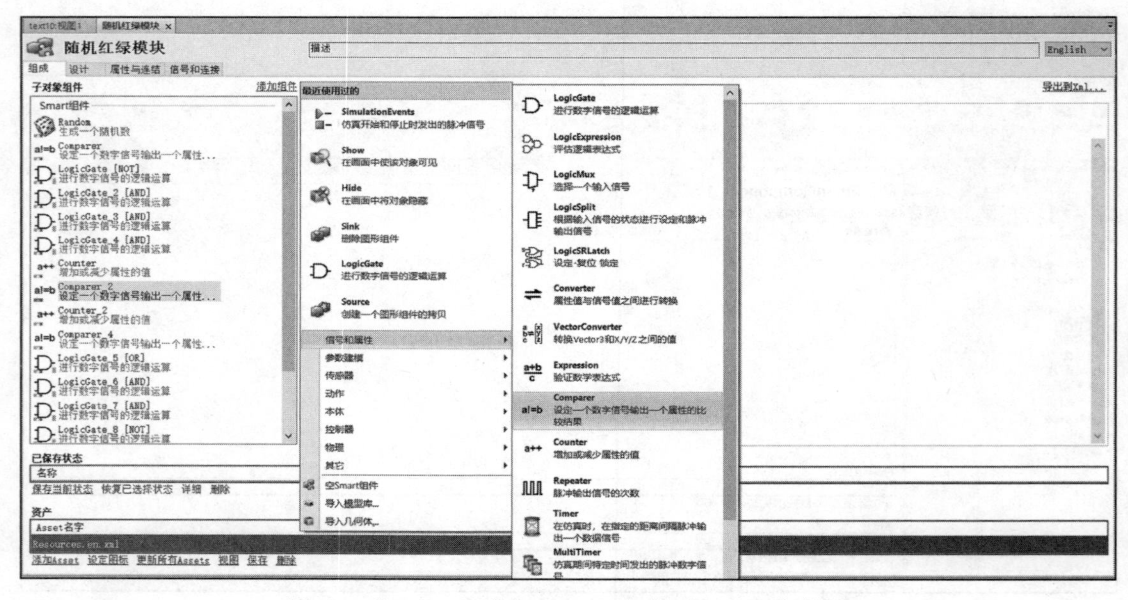

图 9-9 “LogicGate”“Comparer”与“Counter”位置

6）在随机红绿组件中添加 5 个信号，其中两个数字输入信号“EX”“Reset”，用于开始生成物料的信号和复位信号；两个数字输出信号“Red”“Green”，表示为生成的具体物料类型；一个模拟输入信号“Number”，初始值为 0，用于控制单一物料生成数量，如将其设置为 3，若系统连续生成 3 个绿色物块后必然会生成 3 个红色物块，以保证宏观上

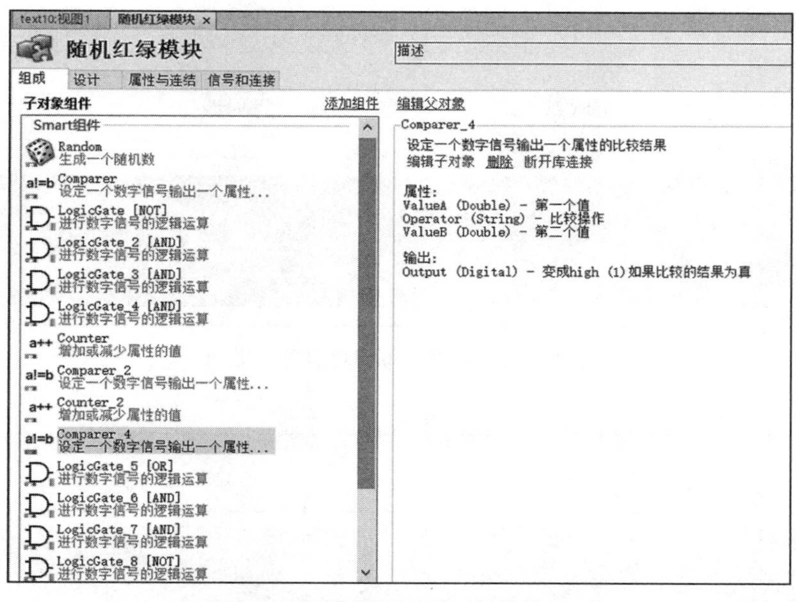

图 9-10　随机红绿组件子组件界面 1

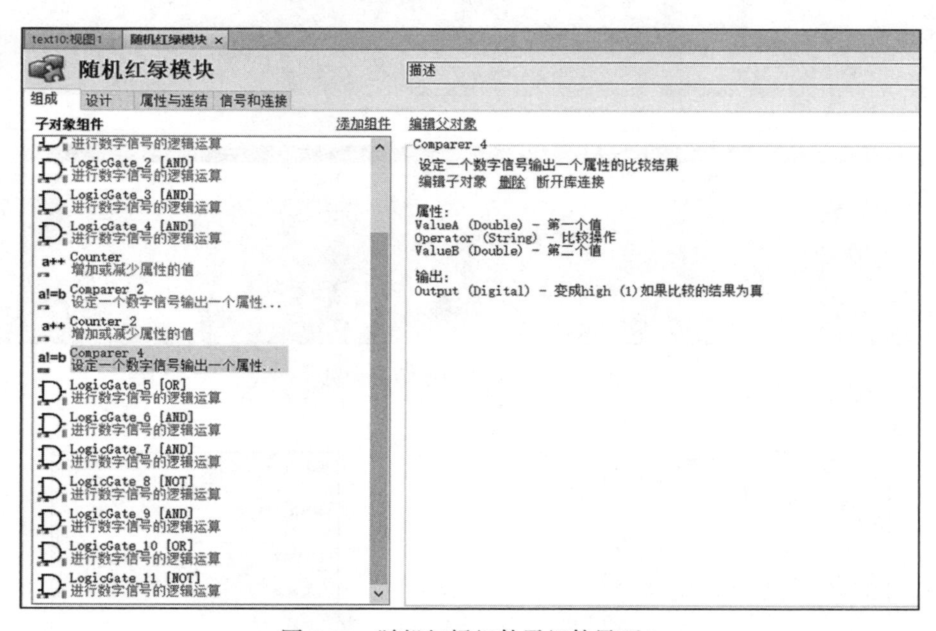

图 9-11　随机红绿组件子组件界面 2

每个物块的出现概率都为 0.5，如图 9-12 所示。

7）在随机红绿模块中添加“属性与连结”，连结参数如图 9-13 所示。修改随机红绿模块中的“Comparer”模块，用于判断“Random”随机模块生成的数组是否大于 0.5，其属性如图 9-14 所示，“ValueA”为“Random”模块产生的数值，“Opeartor”选择“>=”，“ValueB”数值修改为“0.50”，单击“应用”“Comparer_2”和“Comparer_4”模块“Opeartor”选择“<=”，其余为默认值，如图 9-15 所示。

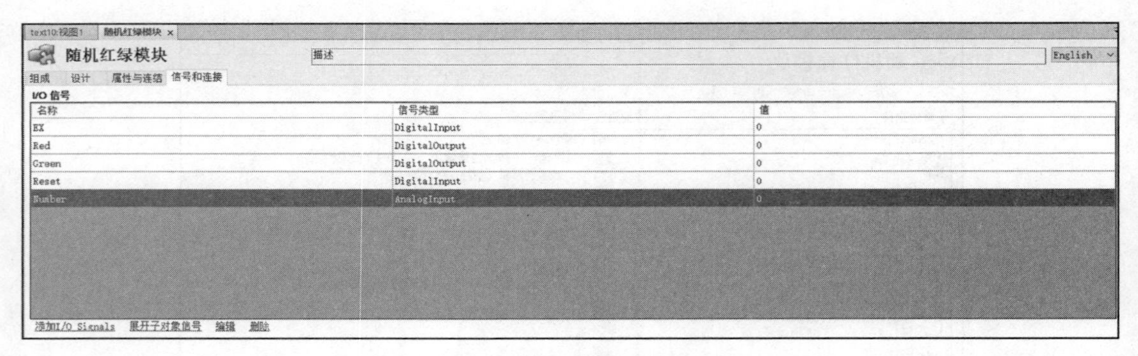

图 9-12　随机红绿模块信号一览

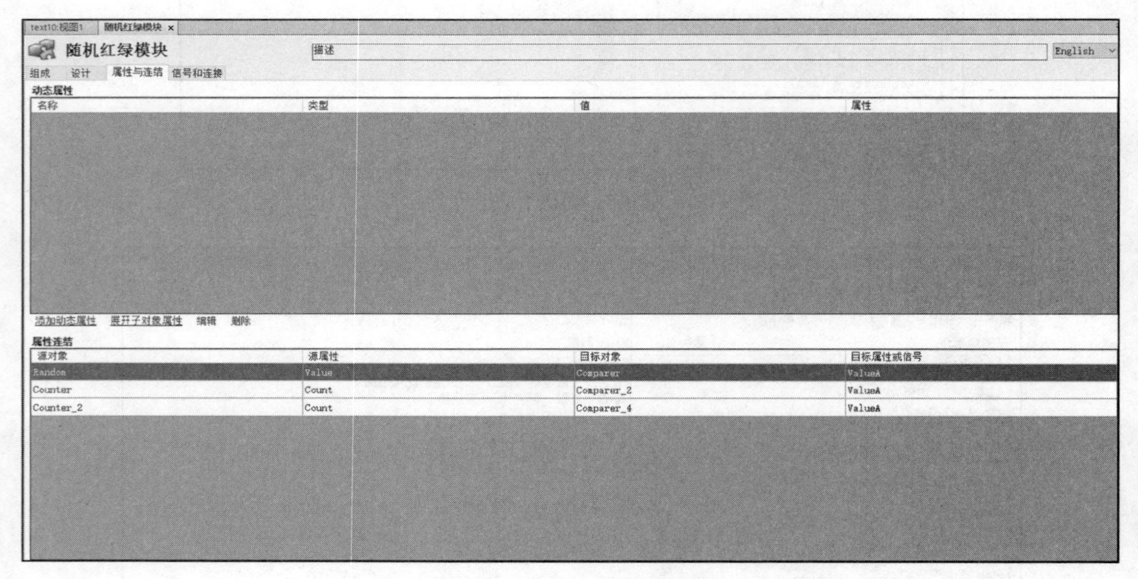

图 9-13　“属性与连结”一览

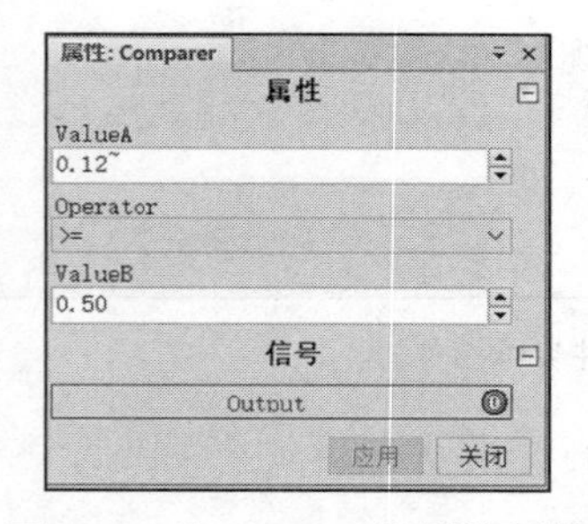

图 9-14　“Comparer”模块属性

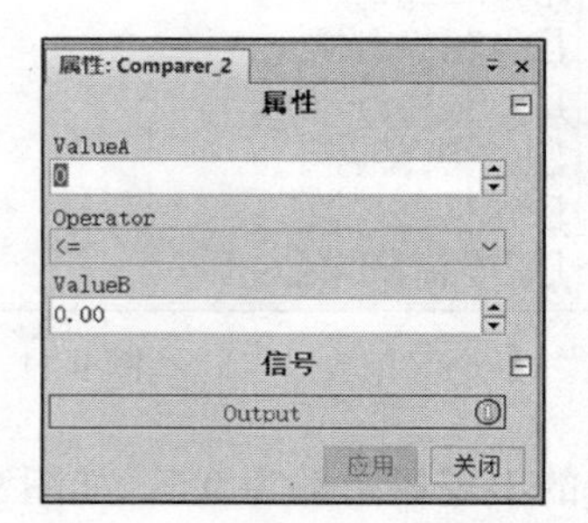

图 9-15　“Comparer_2”和“Comparer_4”模块属性

8）接下来进行信号的连接，I/O 连接图表如图 9-16 ～图 9-18 所示，共计 28 个信号连接。

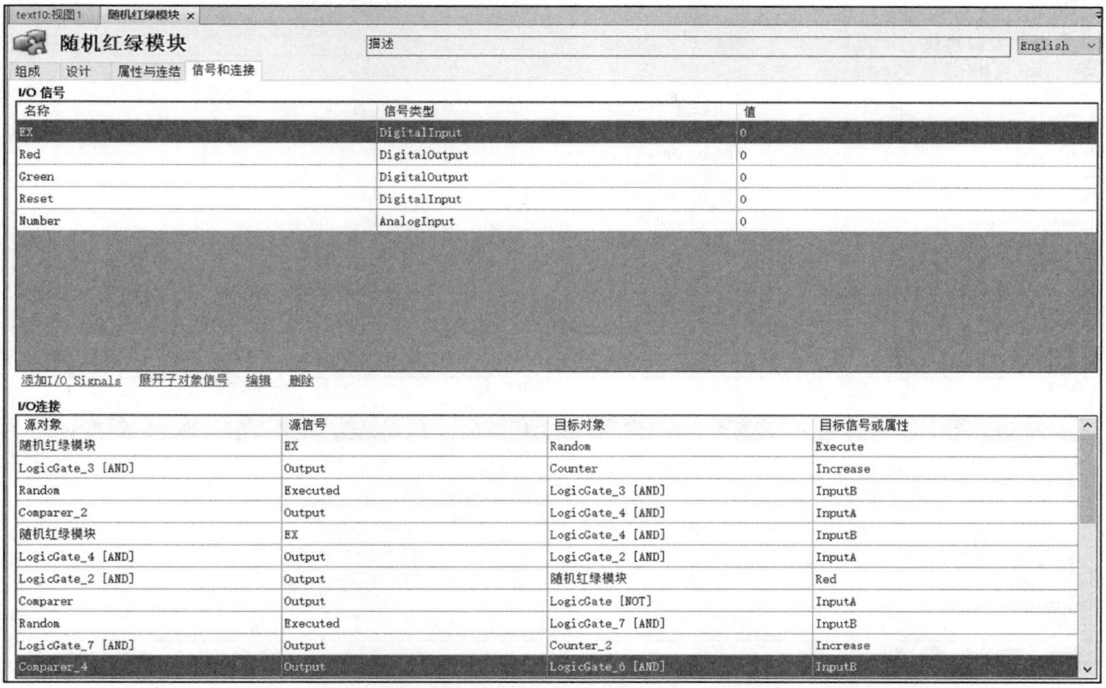

text10:视图1　随机红绿模块 ×

随机红绿模块　描述　English

组成　设计　属性与连结　信号和连接

I/O 信号

名称	信号类型	值
EX	DigitalInput	0
Red	DigitalOutput	0
Green	DigitalOutput	0
Reset	DigitalInput	0
Number	AnalogInput	0

添加I/O Signals　展开子对象信号　编辑　删除

I/O连接

源对象	源信号	目标对象	目标信号或属性
随机红绿模块	EX	Random	Execute
LogicGate_3 [AND]	Output	Counter	Increase
Random	Executed	LogicGate_3 [AND]	InputB
Comparer_2	Output	LogicGate_4 [AND]	InputA
随机红绿模块	EX	LogicGate_4 [AND]	InputB
LogicGate_4 [AND]	Output	LogicGate_2 [AND]	InputA
LogicGate_2 [AND]	Output	随机红绿模块	Red
Comparer	Output	LogicGate [NOT]	InputA
Random	Executed	LogicGate_7 [AND]	InputB
LogicGate_7 [AND]	Output	Counter_2	Increase
Comparer_4	Output	LogicGate_6 [AND]	InputB

图 9-16　I/O 连接图表 1

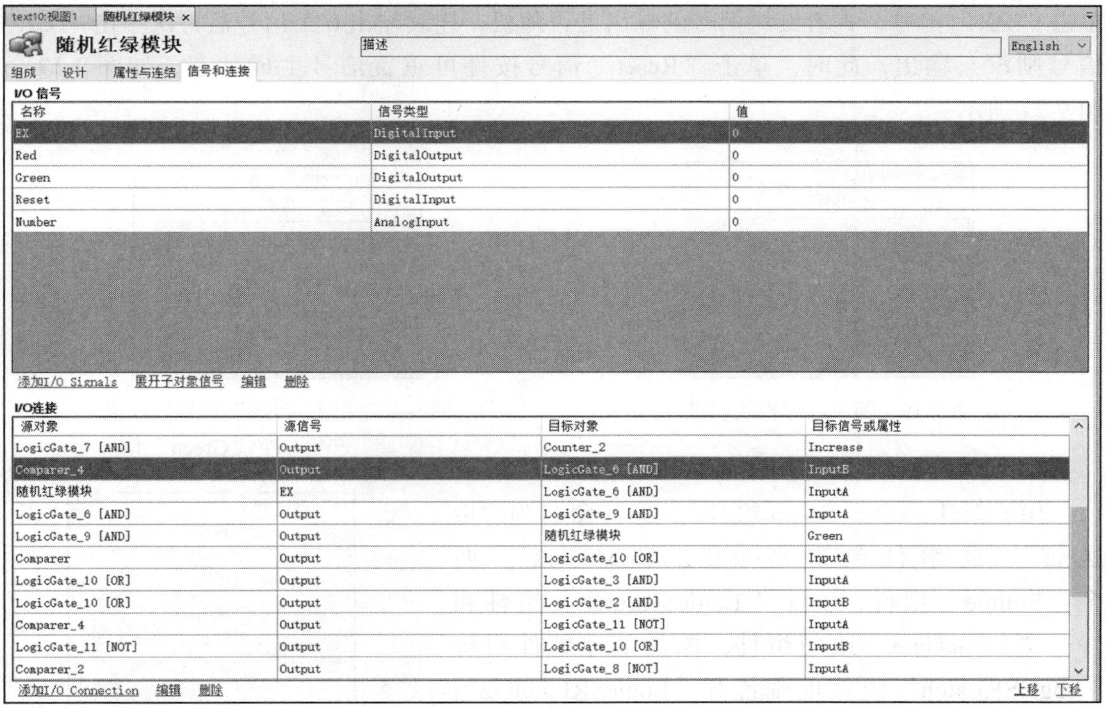

text10:视图1　随机红绿模块 ×

随机红绿模块　描述　English

组成　设计　属性与连结　信号和连接

I/O 信号

名称	信号类型	值
EX	DigitalInput	0
Red	DigitalOutput	0
Green	DigitalOutput	0
Reset	DigitalInput	0
Number	AnalogInput	0

添加I/O Signals　展开子对象信号　编辑　删除

I/O连接

源对象	源信号	目标对象	目标信号或属性
LogicGate_7 [AND]	Output	Counter_2	Increase
Comparer_4	Output	LogicGate_6 [AND]	InputB
随机红绿模块	EX	LogicGate_6 [AND]	InputA
LogicGate_6 [AND]	Output	LogicGate_9 [AND]	InputA
LogicGate_9 [AND]	Output	随机红绿模块	Green
Comparer	Output	LogicGate_10 [OR]	InputA
LogicGate_10 [OR]	Output	LogicGate_3 [AND]	InputA
LogicGate_10 [OR]	Output	LogicGate_2 [AND]	InputB
Comparer_4	Output	LogicGate_11 [NOT]	InputA
LogicGate_11 [NOT]	Output	LogicGate_10 [OR]	InputB
Comparer_2	Output	LogicGate_8 [NOT]	InputA

添加I/O Connection　编辑　删除　上移　下移

图 9-17　I/O 连接图表 2

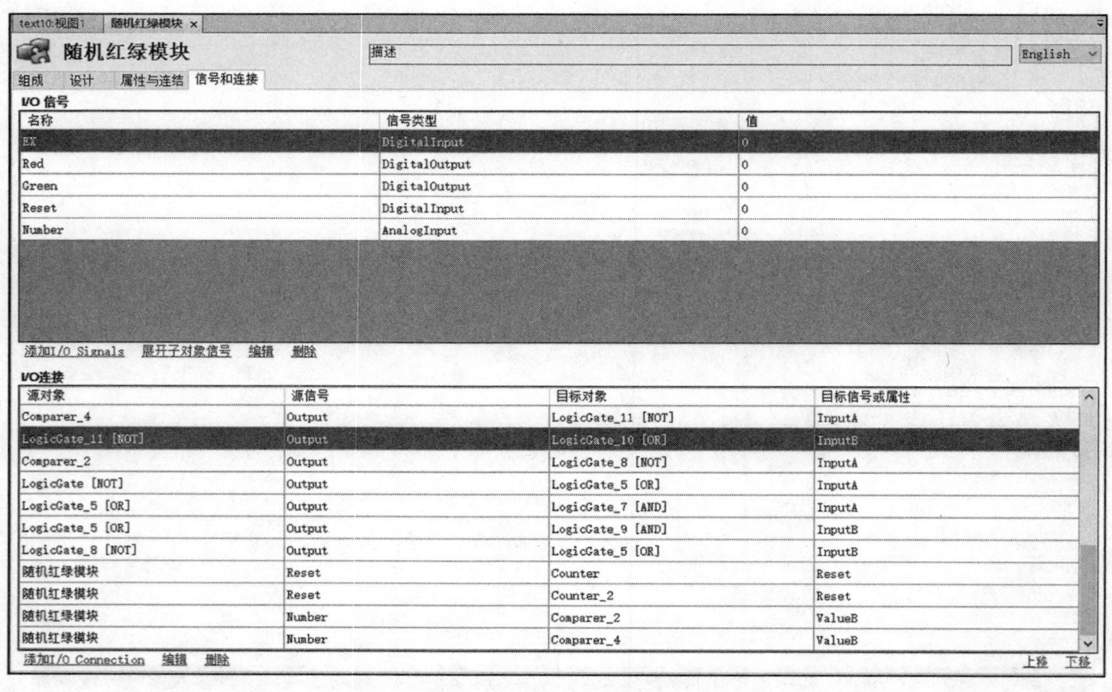

图 9-18　I/O 连接图表 3

9）完成随机模块后可打开随机红绿模块的属性界面，将“Number”栏设置为“3”，单击“EX”信号，查看红绿信号的输出是否随机，连续输出 6 个信号后再次单击“EX”信号则没有输出，此时，单击“Reset”信号按键可重置信号生成状态，如图 9-19～图 9-21 所示。

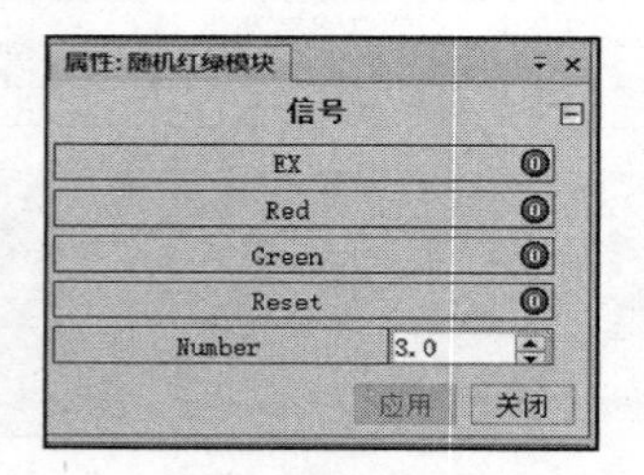

图 9-19　随机红绿模块属性

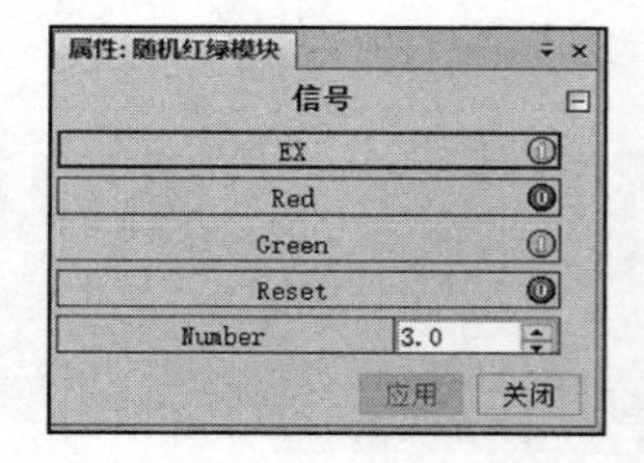

图 9-20　单击“EX”信号后随机产生一个“Green”信号

10）新建一个“Smart 组件”，将其命名为“传送带”，此组件包含一个“LinearMover2”，两个“Source”组件，一个“LogicSRLatch”组件和一个“LogicGate”或门组件，添加上述组件后将“LogicSRLatch”组件重命名为“LogicSRLatch_2”，如图 9-22 所示。

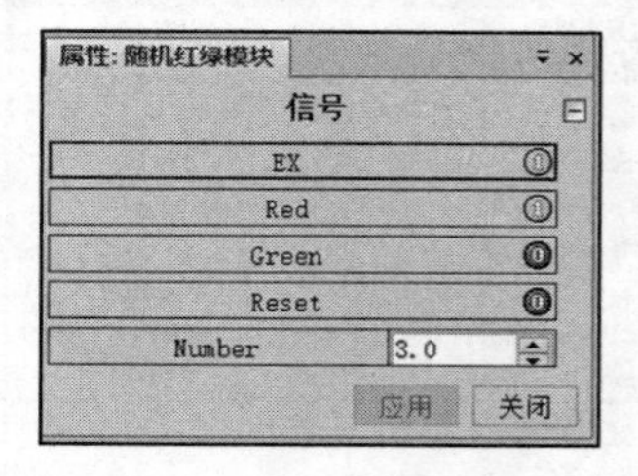

图 9-21　单击“EX”信号后随机产生一个“Red”信号

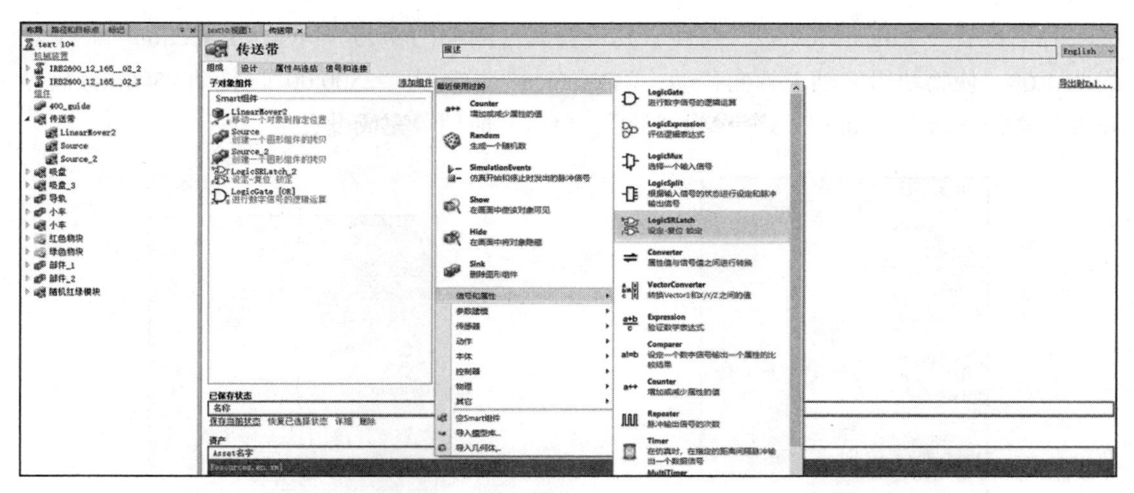

图 9-22　传送带组件中组件类别和“LogicSRLatch”位置

11）传送带模型“400_guide”长度为 3m，红绿小物块长宽一致，仅高度不同，将红色物块放置在传送带上，由于红色物块的本地原点在物块底层图示位置的左上角，将本地原点放置在传送带距离底端 2500mm 位置，如图 9-23 所示。将“Source”组件属性设置如图 9-24 所示，单击“应用”，用于产生红色物块的复制品。将红色物块设置为不可见，按照同样步骤操作绿色物块，在“Source_2”组件“Source”栏选择“绿色物块”即可。

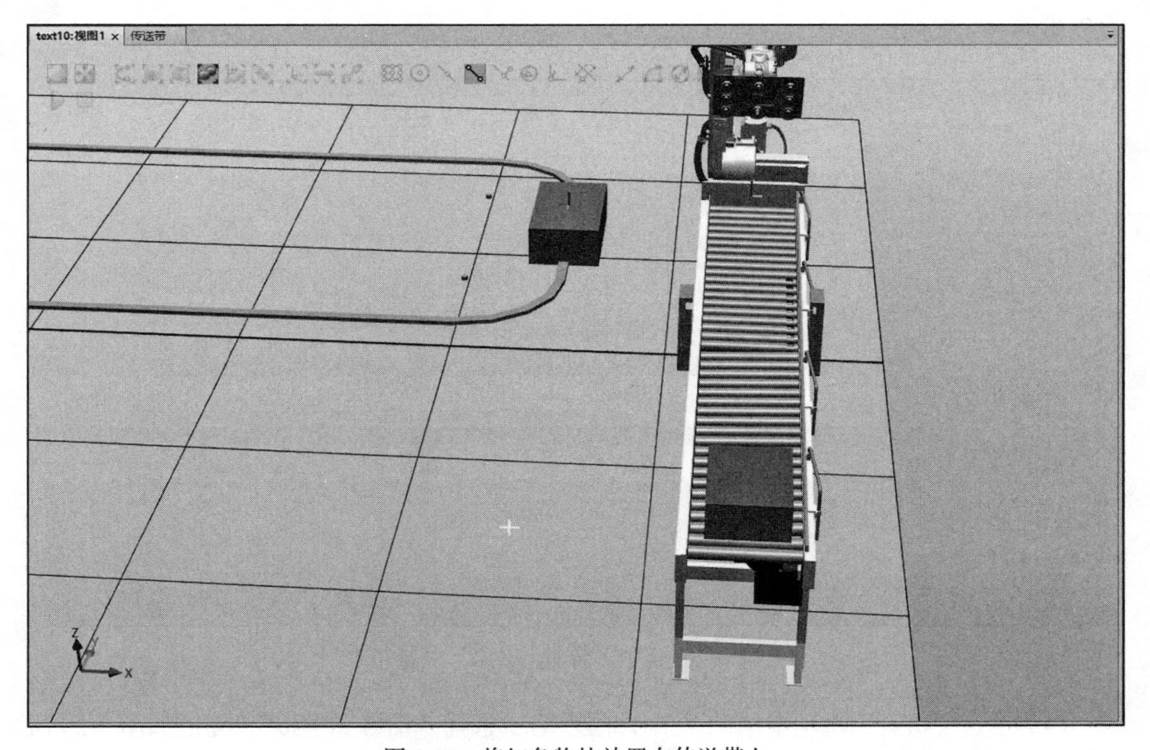

图 9-23　将红色物块放置在传送带上

12）设置“LinearMover2”属性，其设置属性图如图 9-25 所示。“Direction”栏 y 轴设为 1.00，使物块沿 y 轴正方向移动，“Distance”设置为“2500.00”，移动 2500mm 后停止在传送带底端。“Durations”设为“5.0”，单击“应用”完成设置。

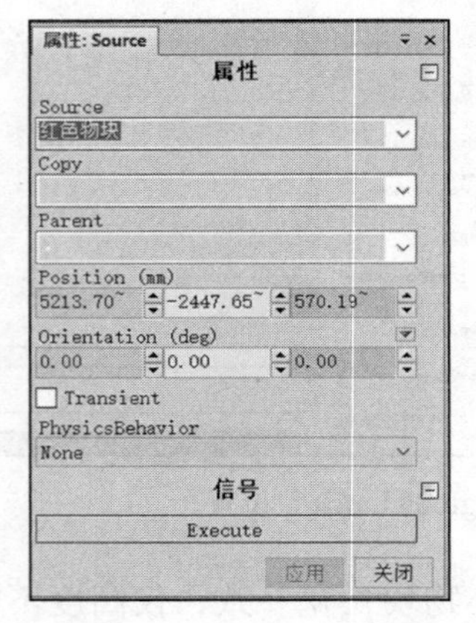

图 9-24 “Source”组件属性

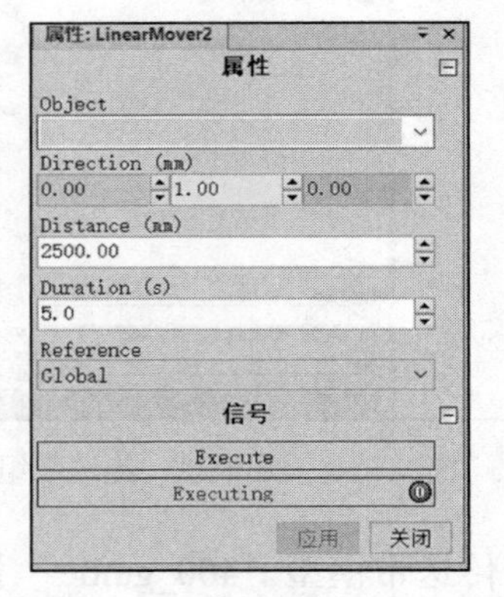

图 9-25 “LinearMover2”属性

13）接下来添加“属性与连结”，如图 9-26 所示，共计三个，同时创建三个数字信号，其中两个为数字输入信号“R”代表红色物块，“G”代表绿色物块；一个为数字输出信号“K”代表到位信号，如图 9-27 所示。最后完成传送带“Smart 组件”的 I/O 信号设置，如图 9-28 所示。

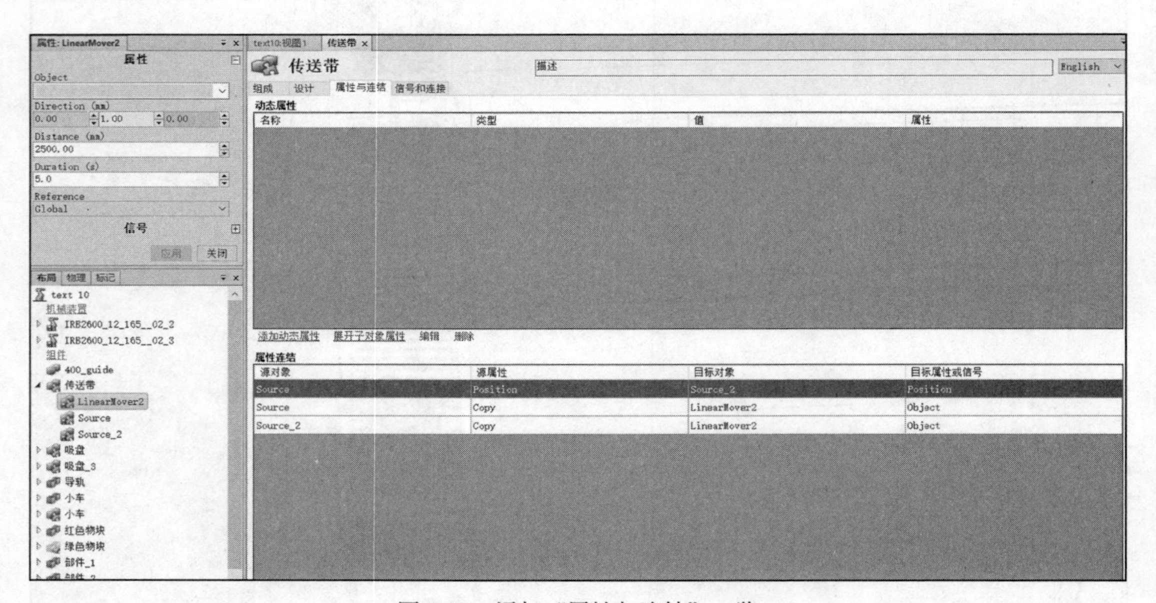

图 9-26 添加“属性与连结”一览

14）单击“仿真”选项卡中的“工作站逻辑”，选择“信号和连接”，完成如图 9-29 所示的信号连接即可完成整体随机传送带的创建。

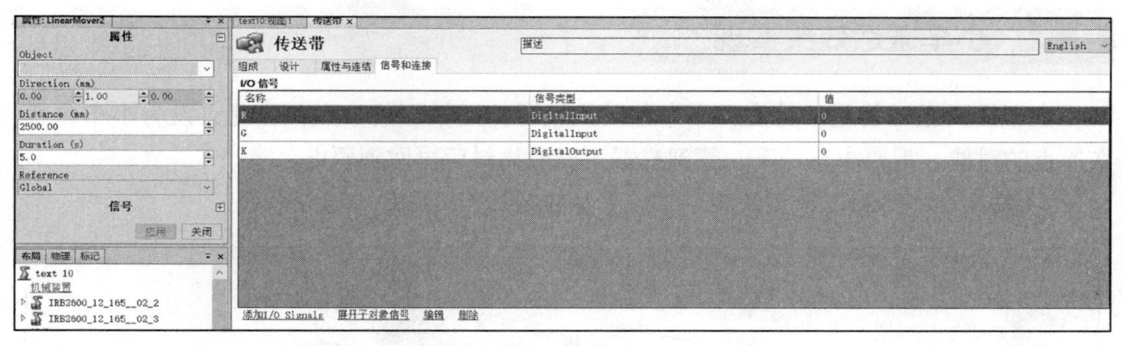

图 9-27　创建信号一览

I/O连接

源对象	源信号	目标对象	目标信号或属性
传送带	R	Source	Execute
传送带	G	Source_2	Execute
Source	Executed	LinearMover2	Execute
Source_2	Executed	LinearMover2	Execute
LinearMover2	Executed	LogicSRLatch_2	Set
LinearMover2	Executed	LogicGate [OR]	InputA
LogicGate [OR]	Output	LogicSRLatch_2	Reset
LogicSRLatch_2	Output	传送带	K

添加I/O Connection　编辑　删除　　上移　下移

图 9-28　I/O 信号设置

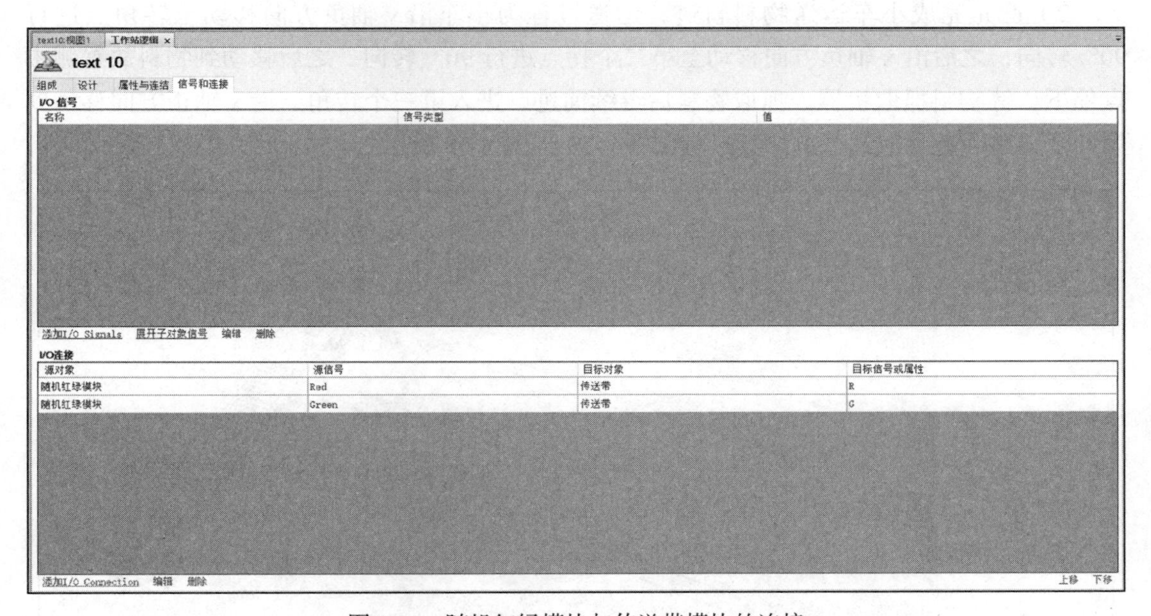

图 9-29　随机红绿模块与传送带模块的连接

9.2 小车搬运效果实现

小车需要搬运物料，首先将小车移动到轨道传送带侧的中点，将此点设为小车原点。在原点的对侧，需要小车停下，等到机器人抓取物料后再回到原点。

1）使用“一个点”放置法将小车放置在轨道原点，如图 9-30 所示。

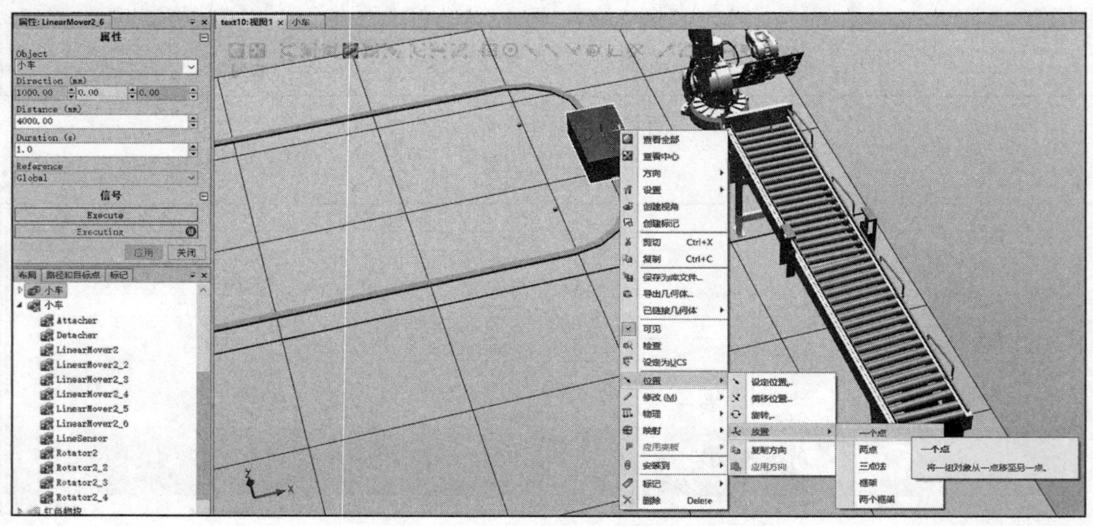

图 9-30 “一个点”法放置小车

2）首先完成小车运送物料轨迹，运送过程为小车沿 y 轴负方向移动至转角点进行 90° 转向，之后沿 x 轴负方向移动至第二个拐点进行 90° 转向，之后移动到物料放置侧中点停下，等物料抓取机器人抓取物料后继续前进，进入第三个转角，沿 x 轴正方向移动到第四个转角后运动回到原点。其过程如图 9-31 ～图 9-38 所示。

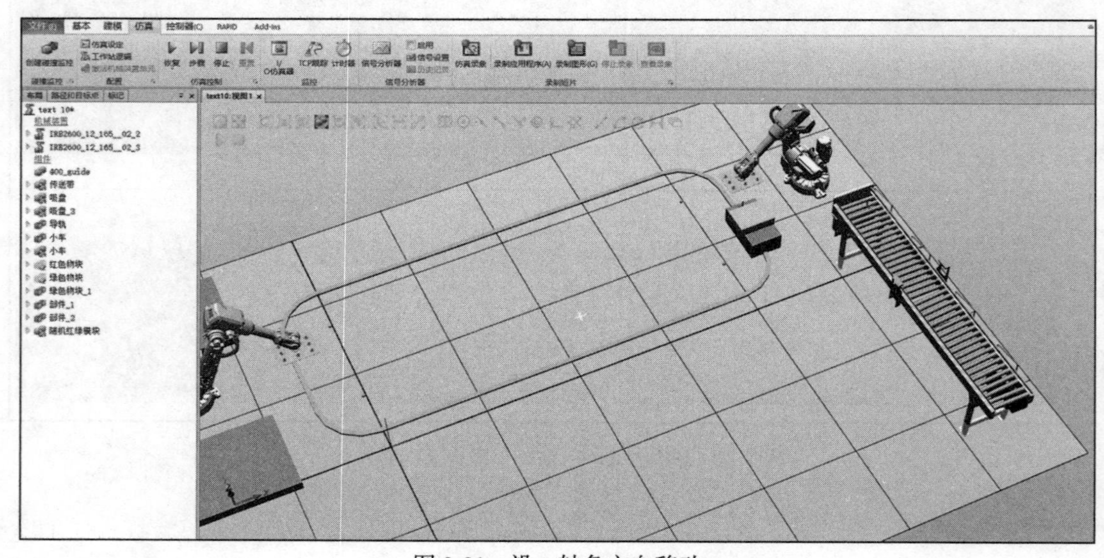

图 9-31 沿 y 轴负方向移动

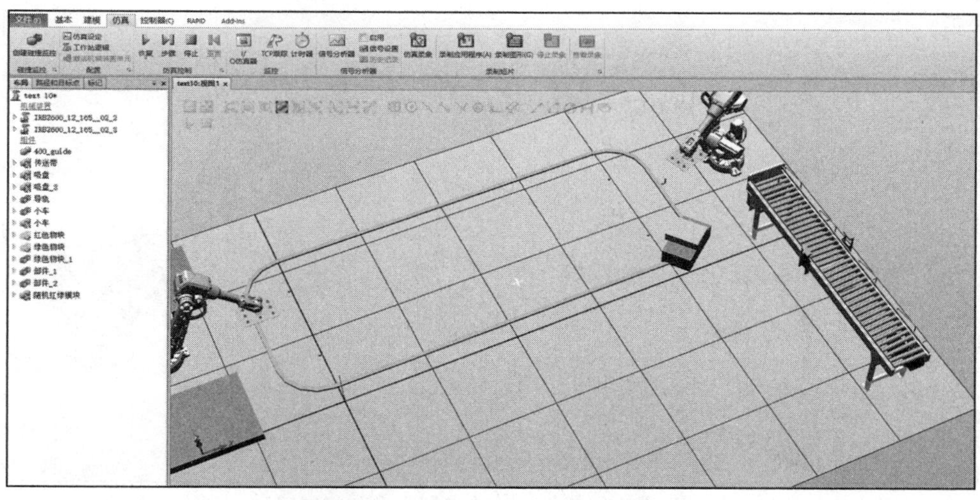

图 9-32　沿 y 轴负方向的第一个转角

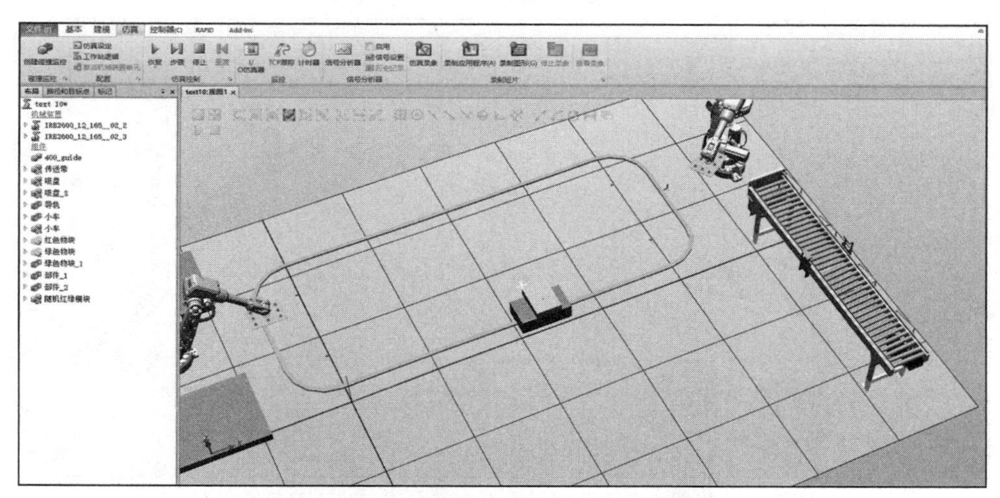

图 9-33　第一个转角后沿 x 轴负方向快速移动

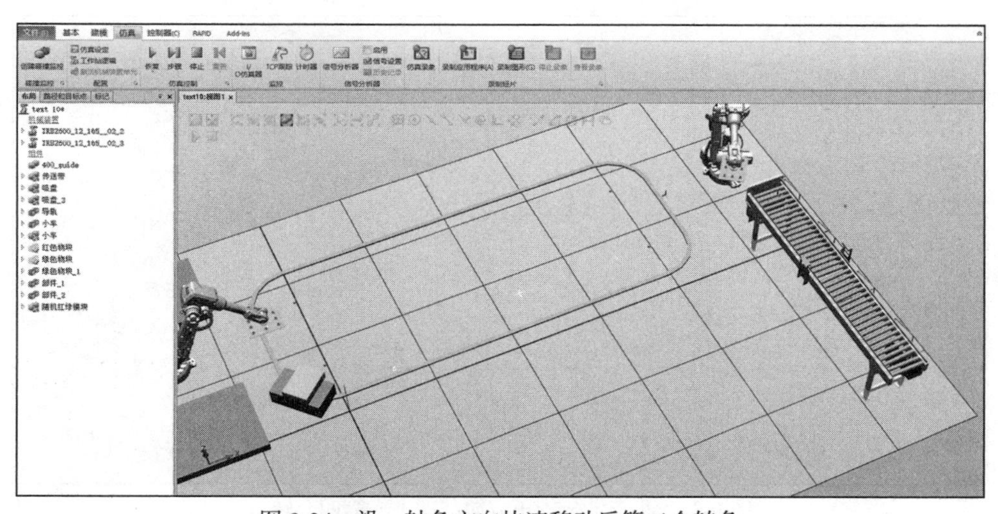

图 9-34　沿 x 轴负方向快速移动后第二个转角

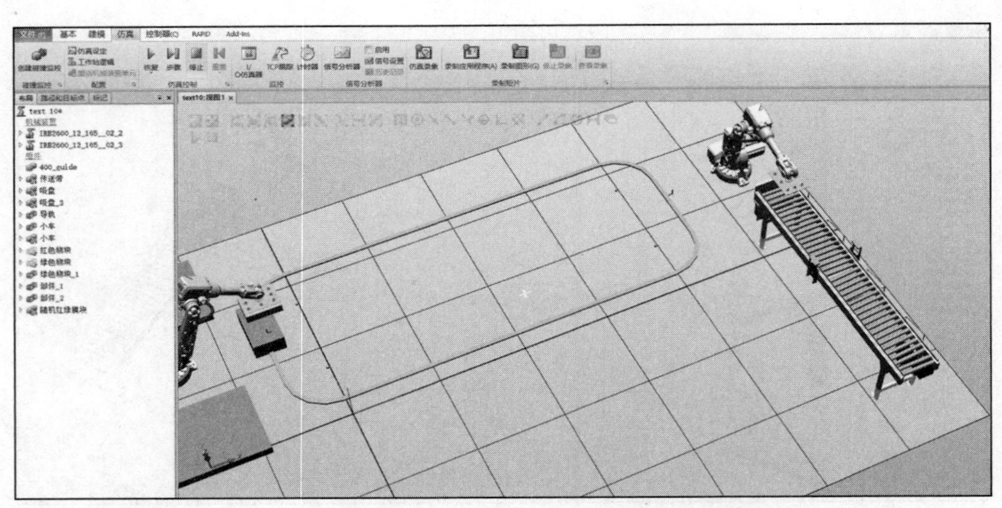

图 9-35　第二个转角后在中点停顿，等待机器人拿起物料后移动到第三个转角

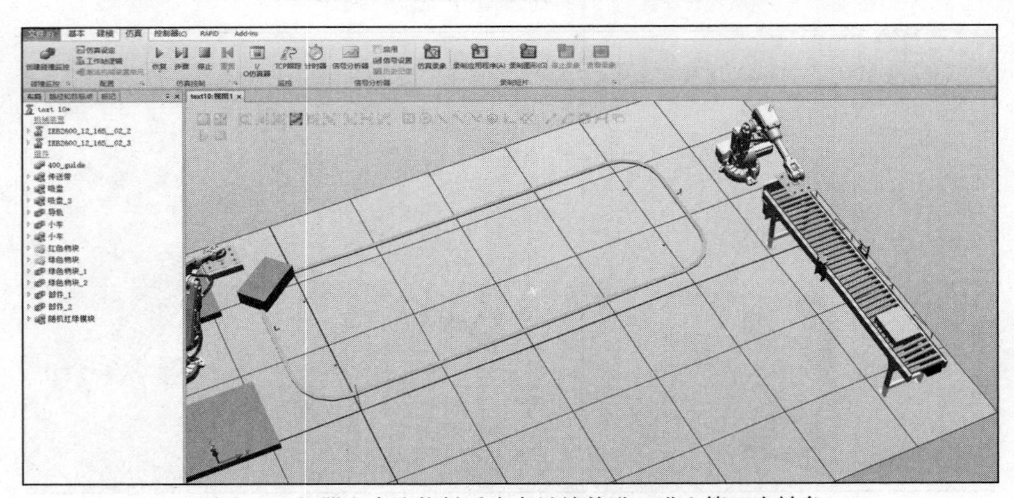

图 9-36　机器人拿取物料后小车继续前进，进入第三个转角

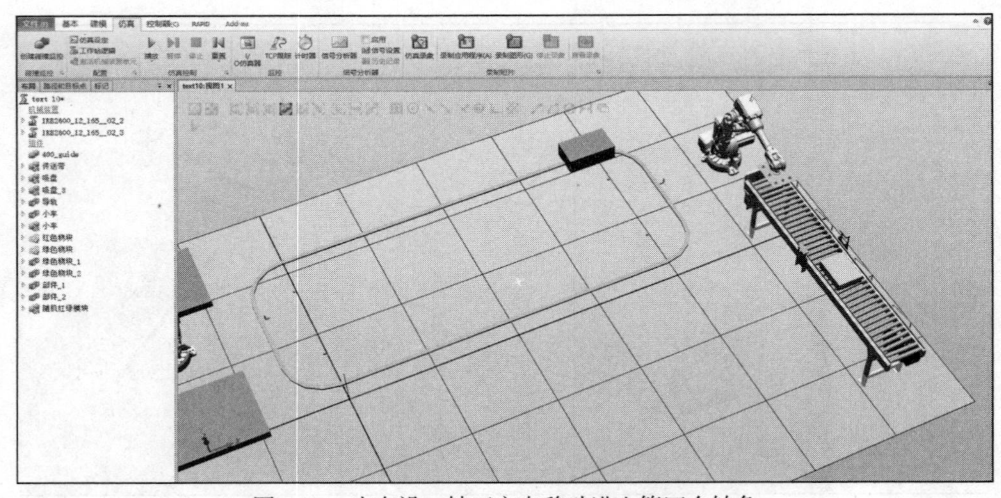

图 9-37　小车沿 x 轴正方向移动进入第四个转角

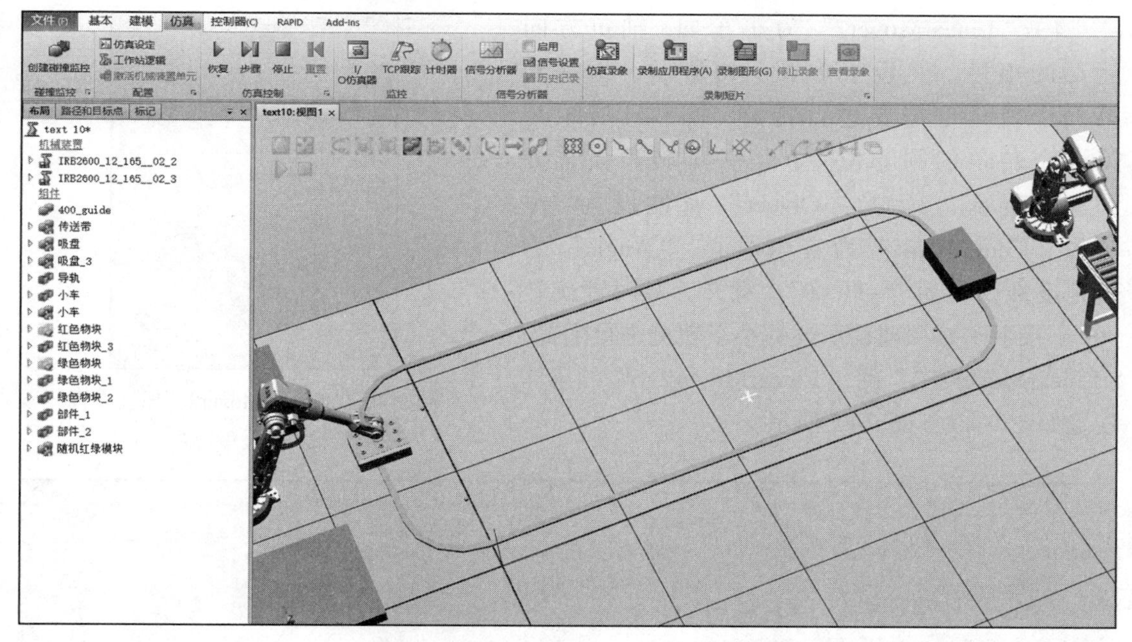

图 9-38　小车回到原点，等待下一个物料

3）根据上一步的小车运动步骤，创建小车“Smart 组件”，将新创建的组件重命名为“小车”，组件包含“Attacher”“Detacher”“LinearMover2”“LineSensor”“Rotator2”五类组件，其中“Attacher”“Detacher”组件用于物料的安装和拆除；“LinearMover2”用于控制小车的直线位移，共 6 个；“LineSensor”用于检测夹爪是否到位；“Rotator2”用于控制小车转角共 4 个。“Rotator2”位置如图 9-39 所示。

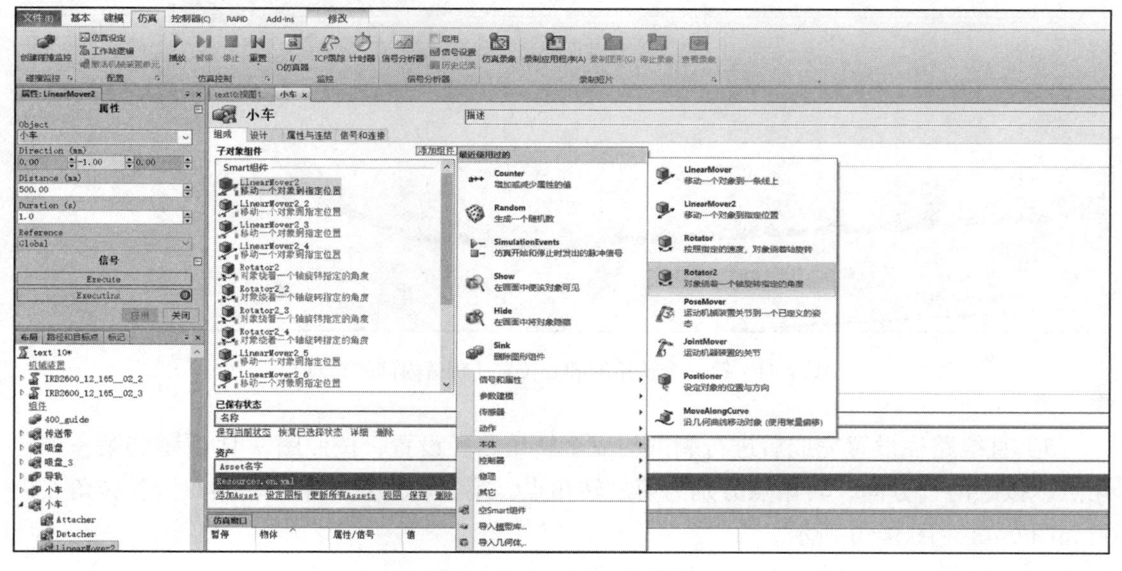

图 9-39　“Rotator2”位置

4）“LinearMover2”为小车向y轴负方向运动的组件，其设置如图9-40所示。移动到第一个转角处需要进行转角，图9-41所示为第一个转角的圆心位置，第一个转角设置如图9-42所示。其中，“Object”属性设为“小车”，“CenterPoint”为转角圆心，“Angle”为转角度数，设为“–90.00”，意义为顺时针旋转90°。接下来按照前面所述的小车轨迹进行配置，“LinearMover2_2”到“LinearMover2_6”的属性配置如图9-43～图9-47所示。

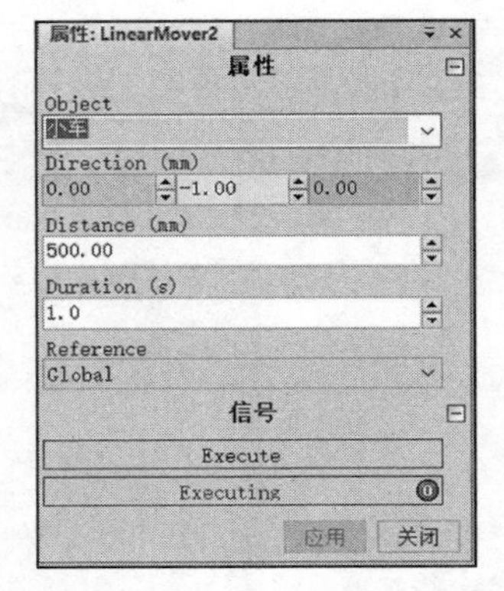

图9-40 “LinearMover2”属性设置

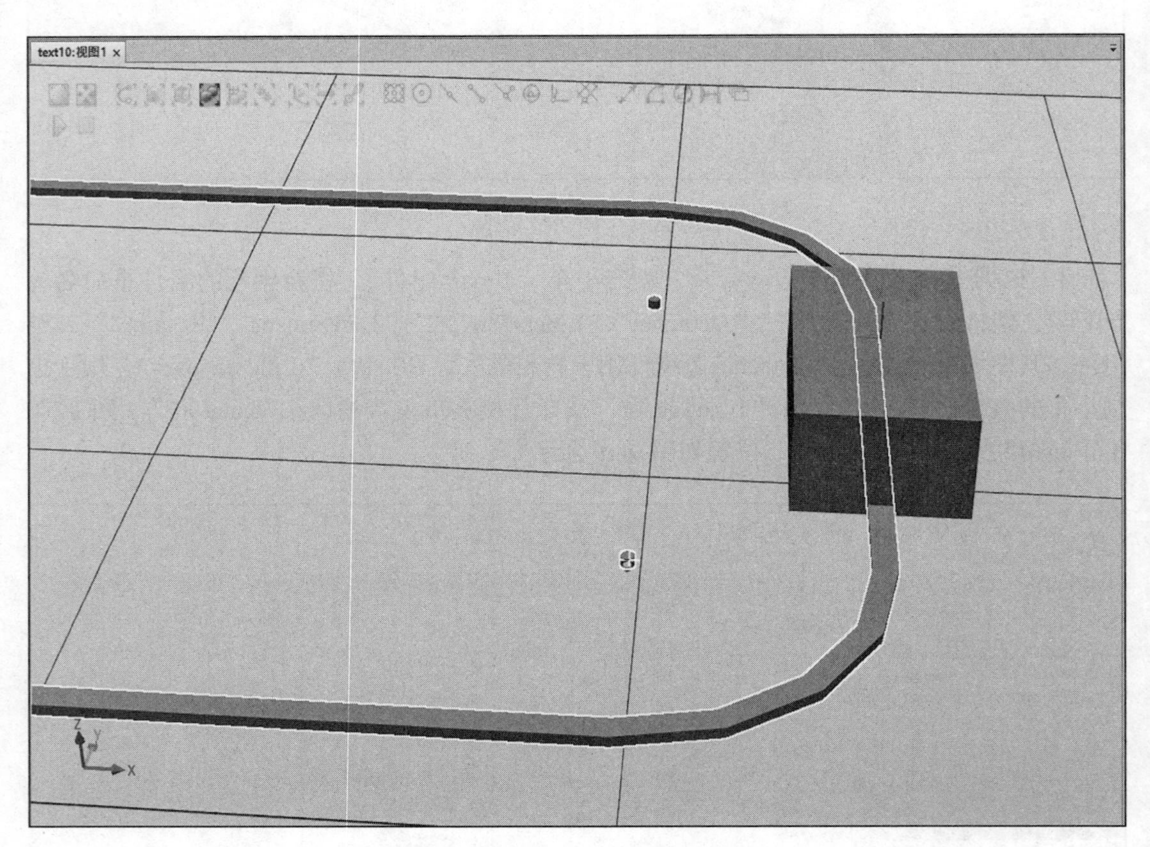

图9-41 第一个转角的圆心位置（轨道内部的圆点）

5）直线路径设置完成后进行剩下的三个转角路径设置，按照图9-41所示的第一个转角点，按顺时针方向，转角点分别为第二转角点，第三转角点和第四转角点。各转角点设置如图9-48～图9-50所示。

属性: Rotator2
属性
Object
小车
CenterPoint (mm)
3974.79　705.12　20.00
Axis (mm)
0.00　0.00　1000.00
Angle (deg)
-90.00
Duration (s)
1.0
Reference
Global
信号
Execute
Executing
应用　关闭

图 9-42　第一个转角“Rotator2”属性

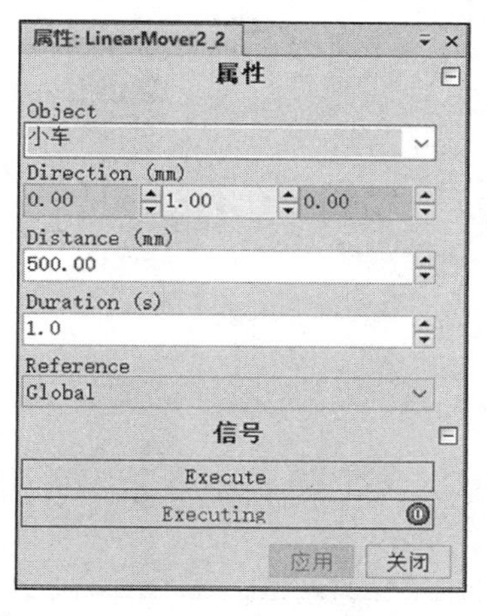

图 9-43　“LinearMover2_2”属性设置

属性: LinearMover2_3
属性
Object
小车
Direction (mm)
0.00　1.00　0.00
Distance (mm)
500.00
Duration (s)
1.0
Reference
Global
信号
Execute
Executing
应用　关闭

图 9-44　“LinearMover2_3”属性设置

属性: LinearMover2_4
属性
Object
小车
Direction (mm)
-1000.00　0.00　0.00
Distance (mm)
4000.00
Duration (s)
1.0
Reference
Global
信号
Execute
Executing
应用　关闭

图 9-45　“LinearMover2_4”属性设置

属性: LinearMover2_5
属性
Object
小车
Direction (mm)
0.00　-1.00　0.00
Distance (mm)
500.00
Duration (s)
1.0
Reference
Global
信号
Execute
Executing
应用　关闭

图 9-46　“LinearMover2_5”属性设置

属性: LinearMover2_6
属性
Object
小车
Direction (mm)
1000.00　0.00　0.00
Distance (mm)
4000.00
Duration (s)
1.0
Reference
Global
信号
Execute
Executing
应用　关闭

图 9-47　“LinearMover2_6”属性设置

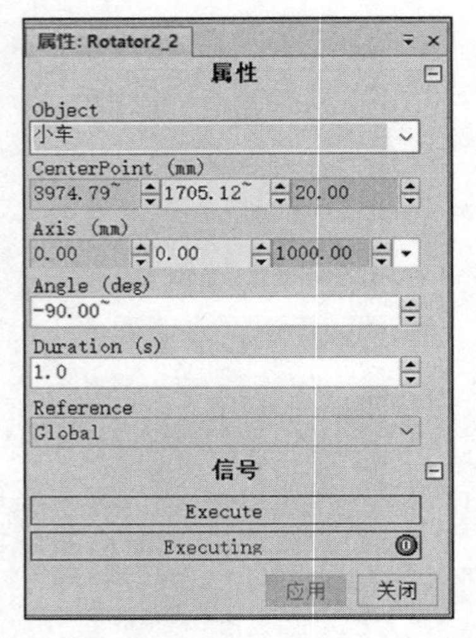

图 9-48 “Rotator2_2”第四个转角设置

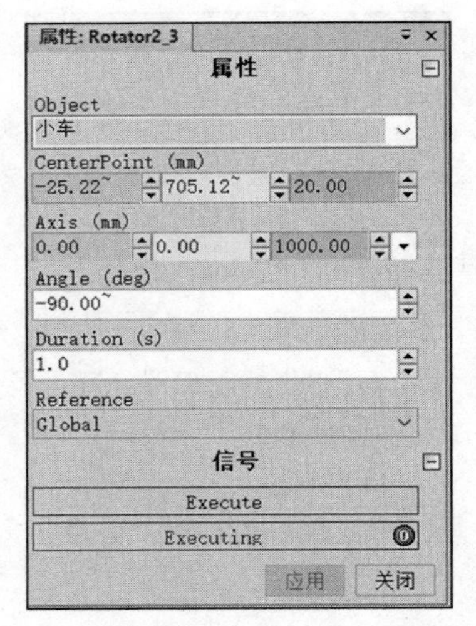

图 9-49 “Rotator2_3”第二个转角设置

6）小车路径设置完成后加装一个线传感器用于检测物料是否到位，以完成后续的安装，拆除步骤，添加线性传感器“LineSensor”，其属性如图 9-51 所示。可以看到传感器是一个长 30mm 的直线，位置在小车上表面中心位置，小车上表面中心坐标为（4449.79，1205.12，200）。传感器会凸出表面一些。将小车属性设为“不可由传感器检测”后将传感器安装到小车上，无须更改位置。这样小车就完成了传感器的安装，如图 9-52 所示。

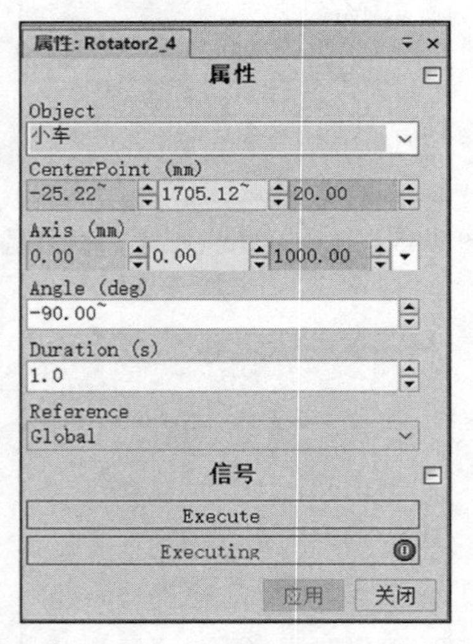

图 9-50 “Rotator2_4”第三个转角设置

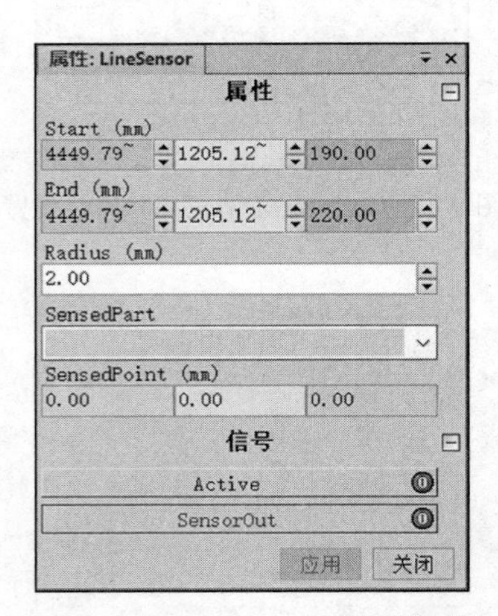

图 9-51 “LineSensor”传感器属性

7）添加小车“Smart 组件”的剩余组件，“Attacher”和“Detacher”各一个，“LogicSRLatch”组件两个，“LogicGate”或门组件一个，各组件属性如图 9-53 ～图 9-55 所示。

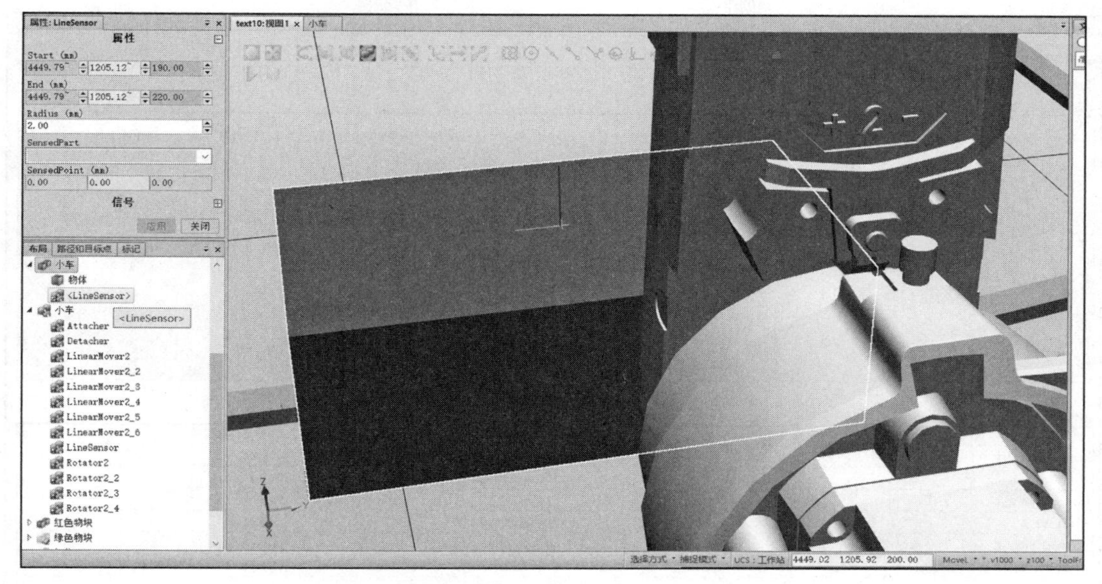

图 9-52　小车完成传感器安装

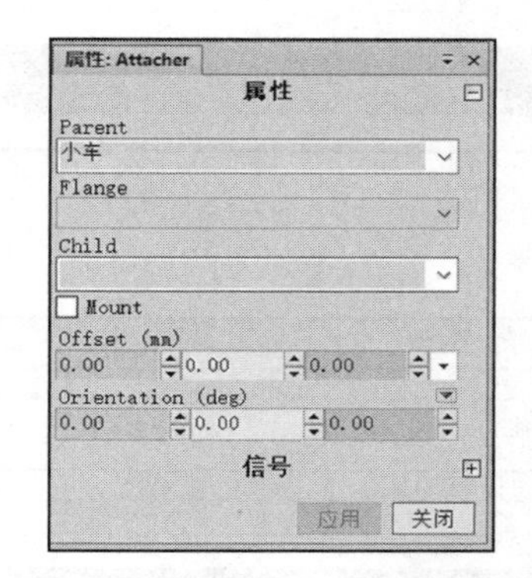

图 9-53　“Attacher”组件属性

图 9-54　“Detacher”组件属性

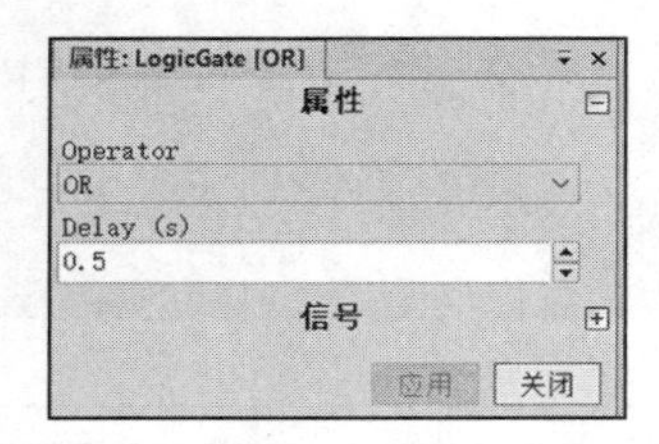

图 9-55　“LogicGate”组件属性

8）完成所有组件添加后进行“属性与连结”设置，打开小车“Smart 组件”的“属性与连接”，按照图 9-56 所示添加“属性与连结”，共计 10 个。

9）创建数字信号，其中两个数字输入信号“LL”和“HH”，“LL”代表小车运送物体序号；“HH”代表小车送完物体回到原点。两个数字输出信号“D1”和“D2”，“D1”代表小车在原点已经就位；“D2”代表小车到达物料运送点位置。并按照图示完成 I/O 连接（见图 9-57、图 9-58）。

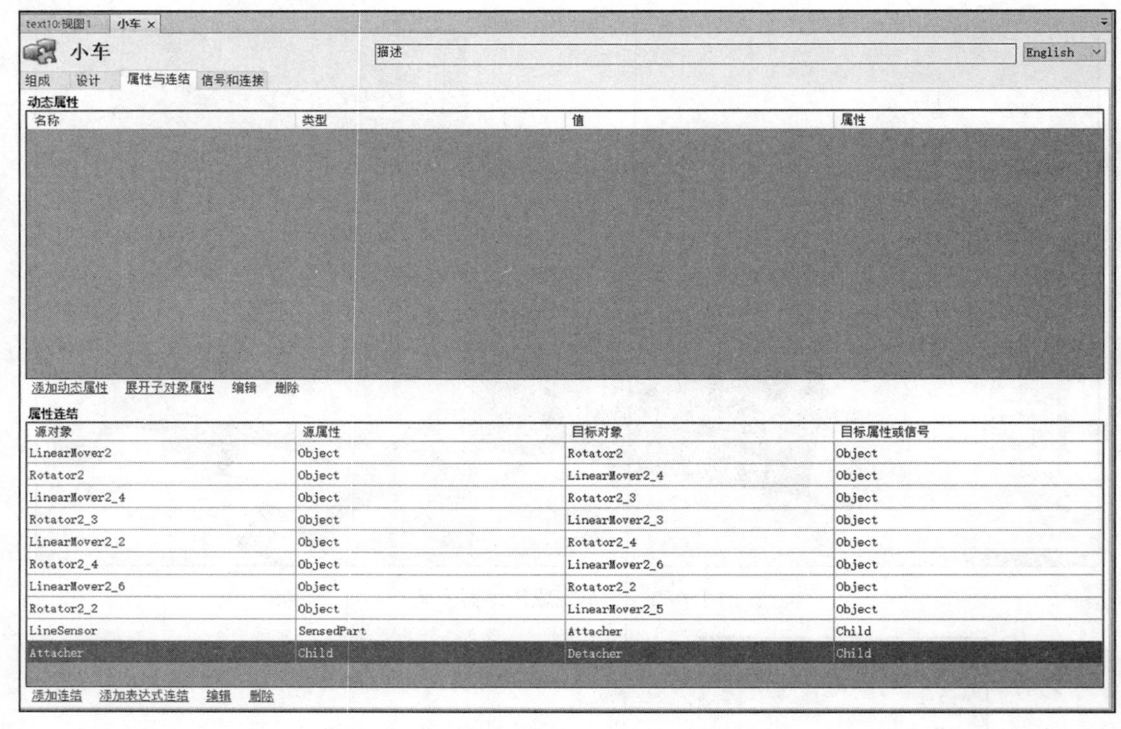

图 9-56 “属性与连结”一览

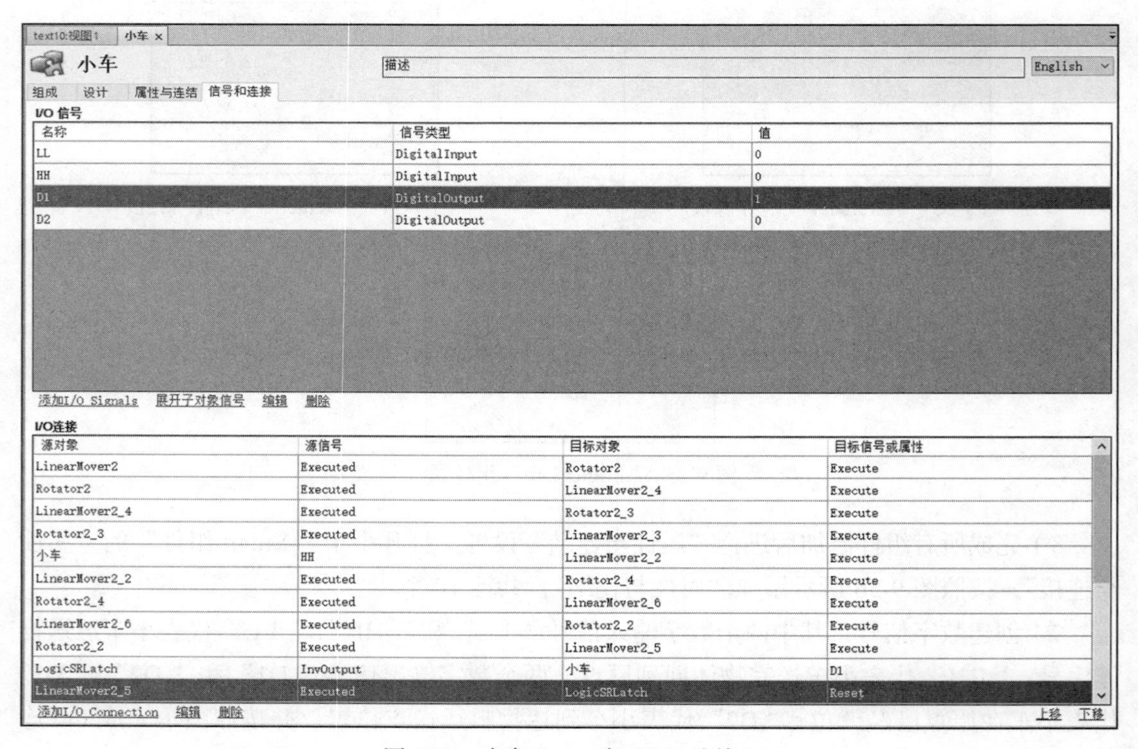

图 9-57 小车 Smart 自己 I/O 连接 1

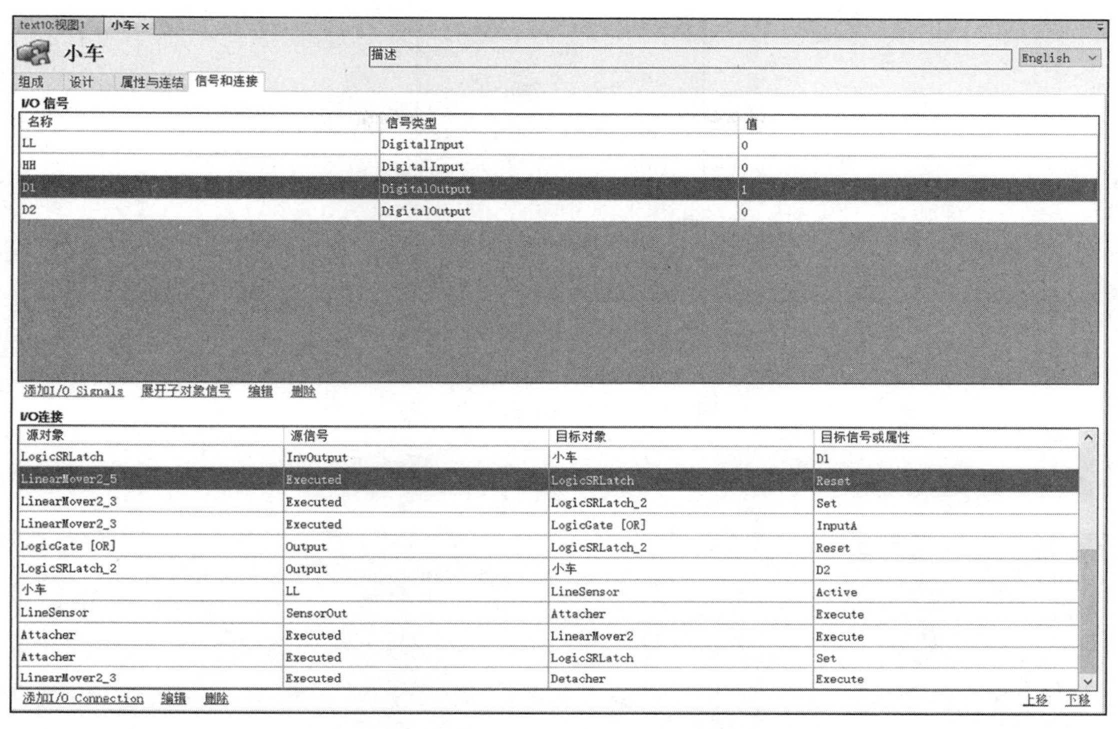

图 9-58　小车 Smart 自己 I/O 连接 2

9.3　搬运机器人设置

搬运机器人需要在物料到位后完成夹爪抓取物块，将物料移动到小车上之后再将物块放置到小车上，夹爪的具体设置已经在第 5 章和第 6 章详细讲述。

1）首先需要创建一个吸盘“Smart 组件”，组件包含“Attacher”和“Detacher”各一个，“LineSensor”传感器一个，“LogicGate”非门一个，将吸盘安放在吸盘“Smart 组件”下，其属性如图 9-59 ～图 9-61 所示。

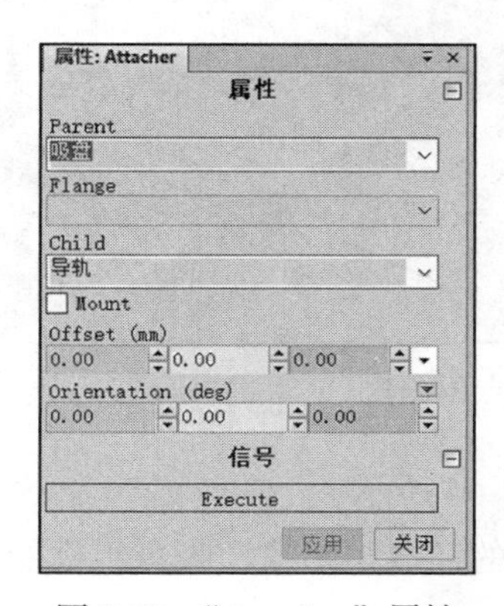

图 9-59　“Attacher”属性

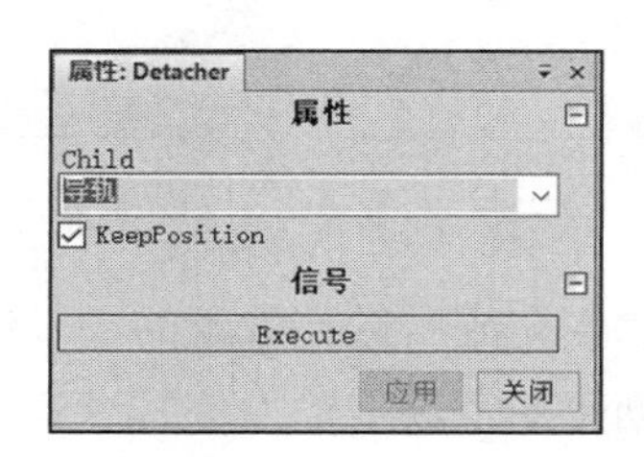

图 9-60　“Detacher”属性

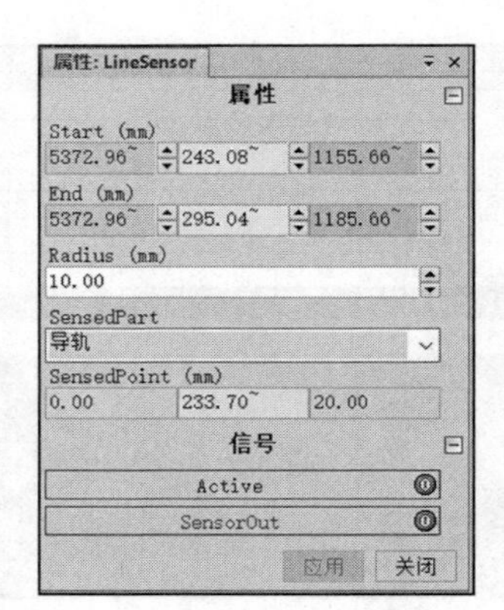

图 9-61 “LineSensor”传感器

2）完成机器人抓取点和释放点的示教，如图 9-62 和图 9-63 所示。

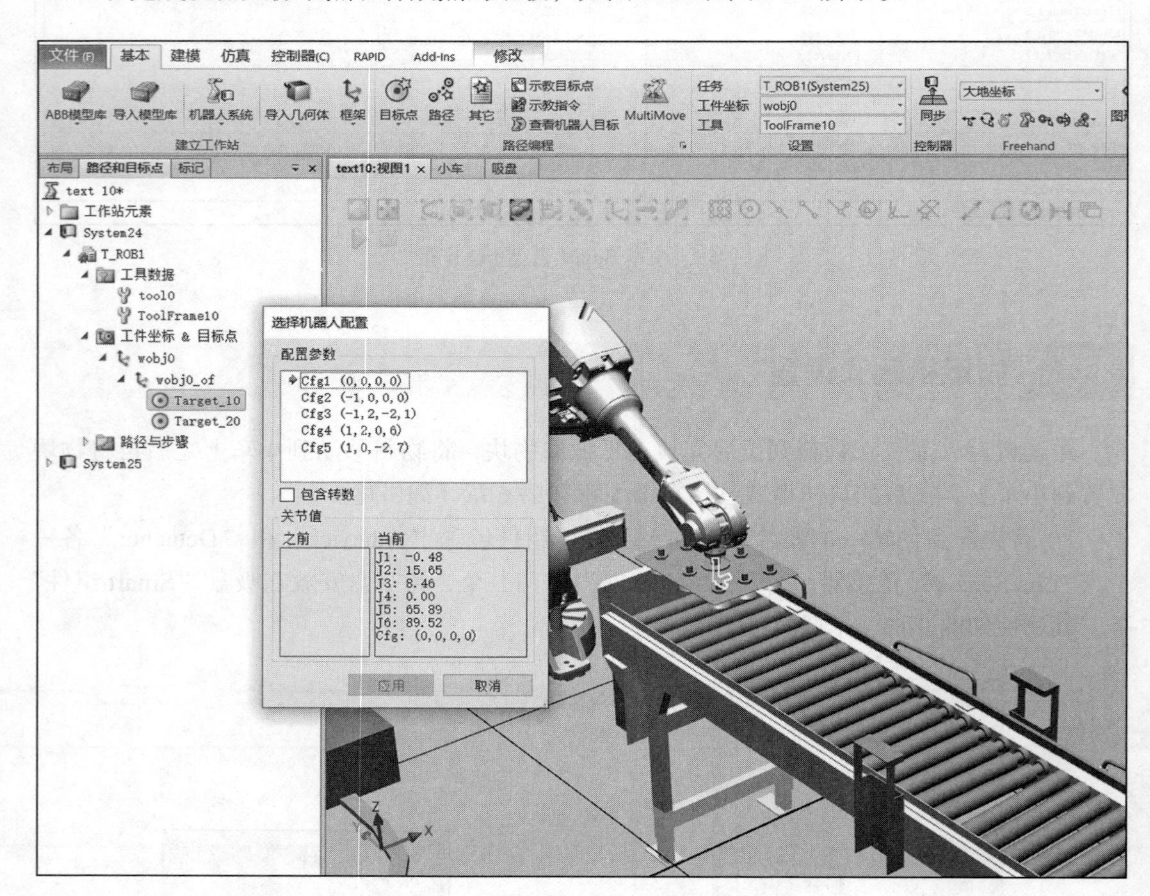

图 9-62 抓取机器人抓取物料点位示教

3）示教完成后进行吸盘的“属性与连结”，如图 9-64 所示。

4）创建一个数字输入信号“ di1”，用于控制吸盘的抓取与释放，吸盘组件的 I/O 信号连接如图 9-65 所示。

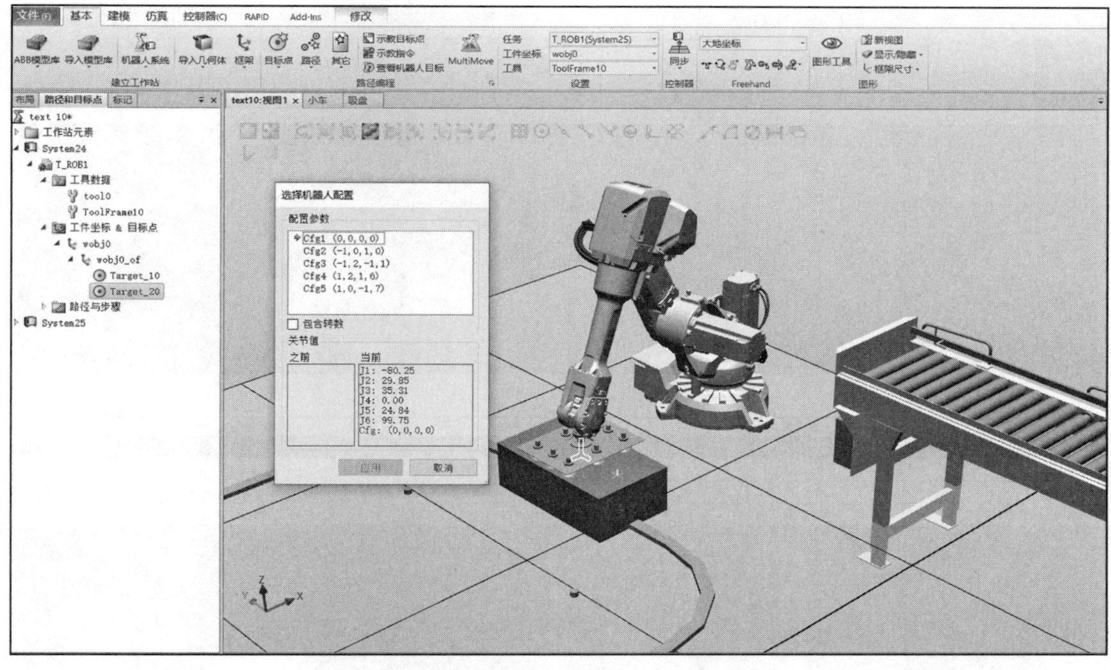

图 9-63　抓取机器人释放物料点位示教

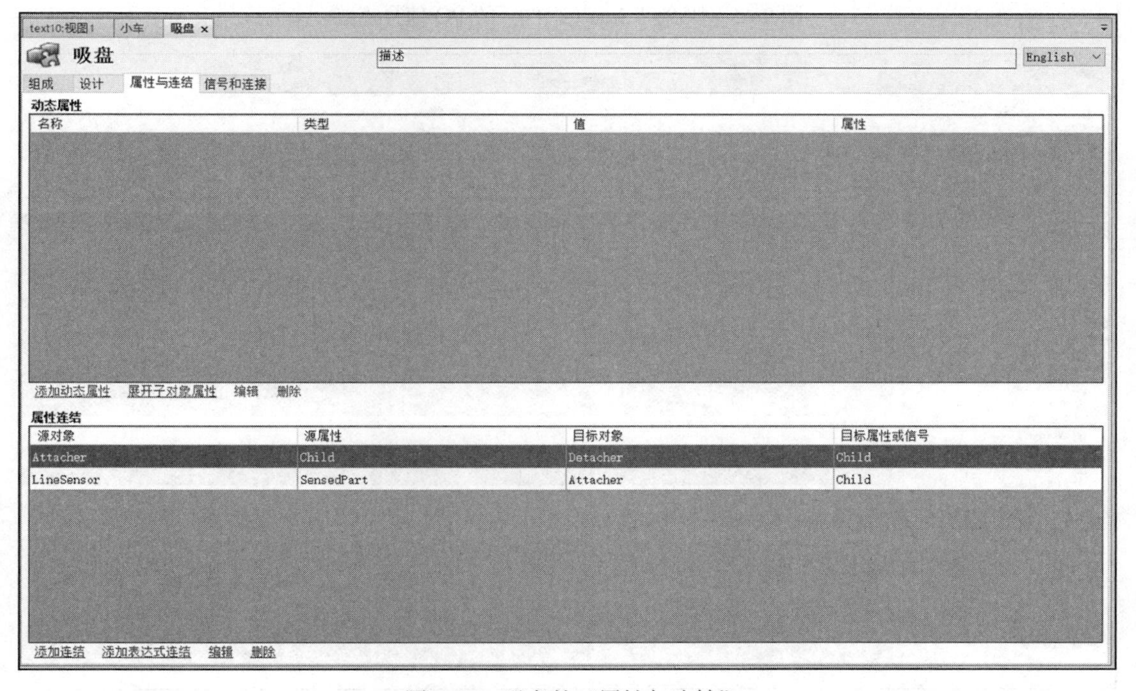

图 9-64　吸盘的“属性与连结”

5）按照同样的方法完成抓取码垛机器人的吸盘 Smart 组件，将其命名为“吸盘 _3”，如图 9-66 所示。

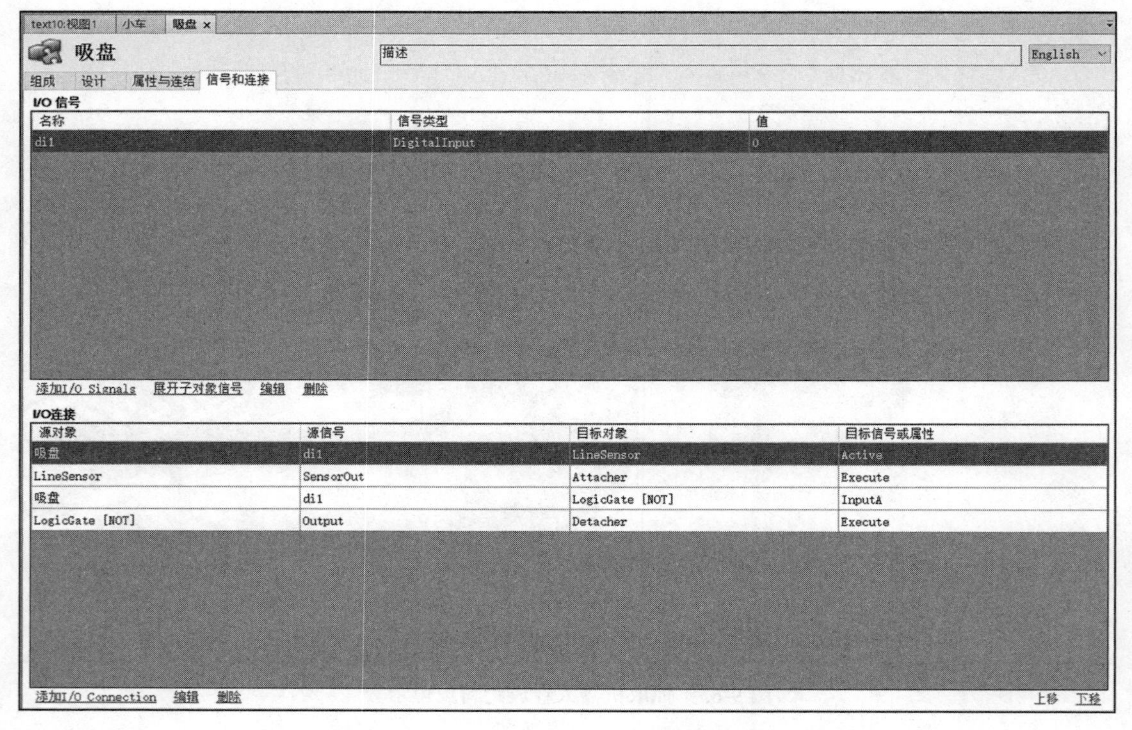

图 9-65　吸盘“Smart 组件”的 I/O 信号连接

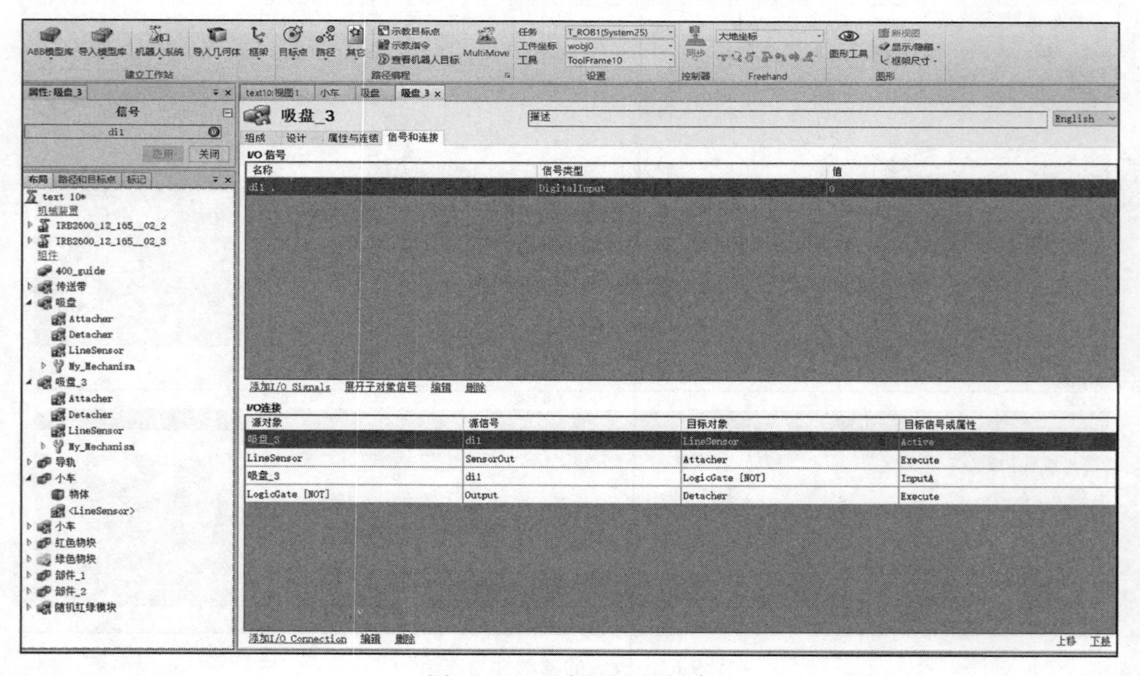

图 9-66　“吸盘 _3”的创建

6）进行抓取码垛机器人示教，机器人会将识别的红绿物料分开摆放，所以需要对放置物料的物料盘进行原点确定，第一个示教点“Target_10”如图 9-67 所示，吸盘中心对准物料盘底角。第二个示教点“ Target_20”为在第一个示教点基础上旋转吸盘 90° 得到，如图 9-68 所示。第三示教点“ Target_30”为从小车上抓取物料时的点，如图 9-69 所示。第四个示教点“ Target_40”为另一个物料盘的底角，第五个示教点“ Target_50”为“Target_40”吸盘旋转 90° 得到，如图 9-70 和图 9-71 所示。

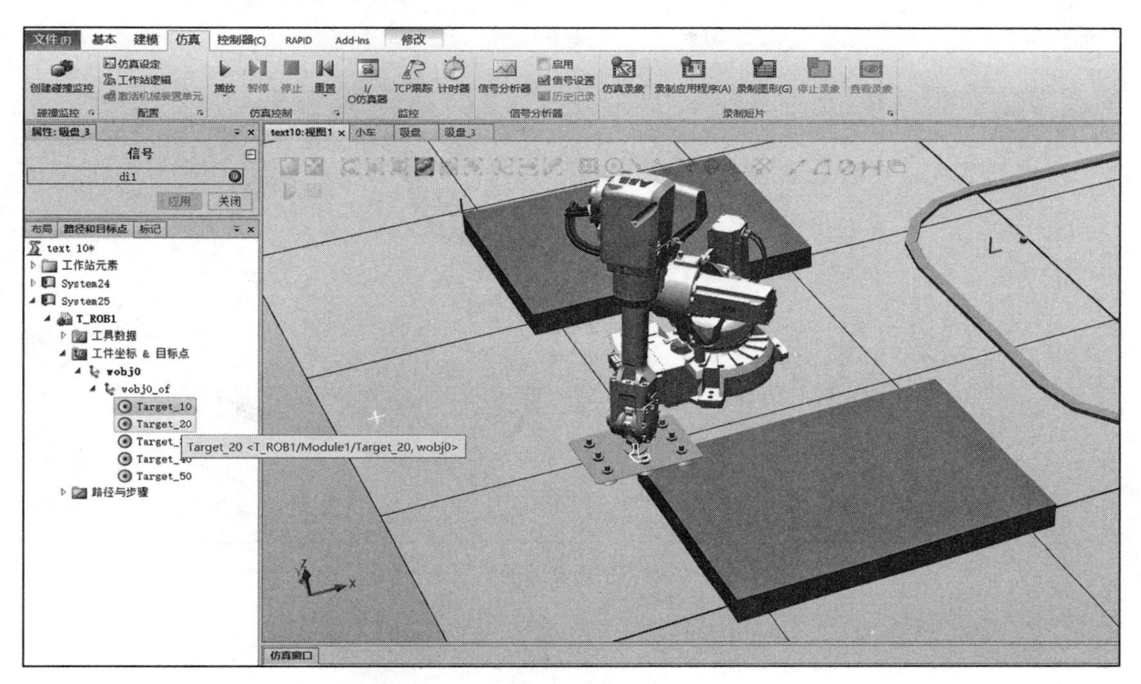

图 9-67　抓取识别机器人的第一个示教点

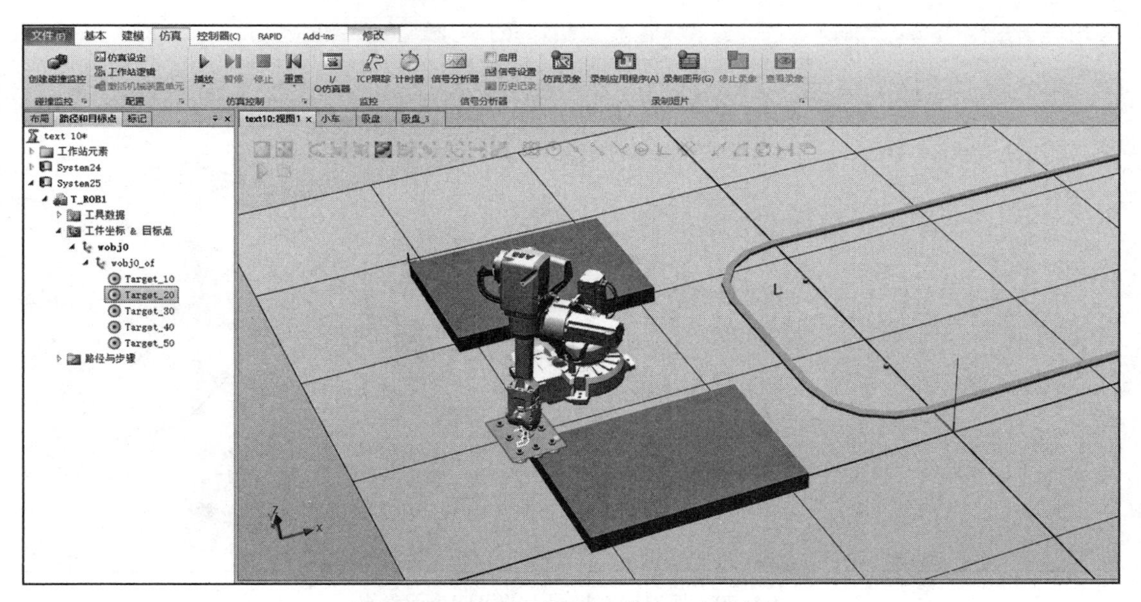

图 9-68　抓取识别机器人的第二个示教点

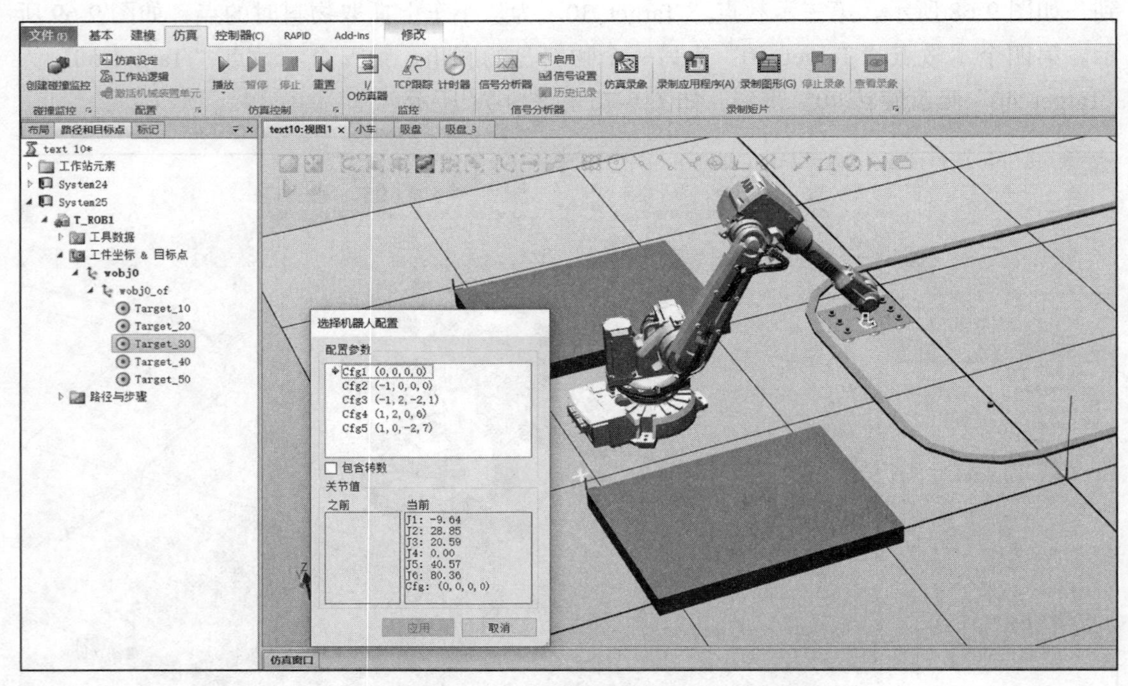

图 9-69　抓取识别机器人的第三个示教点

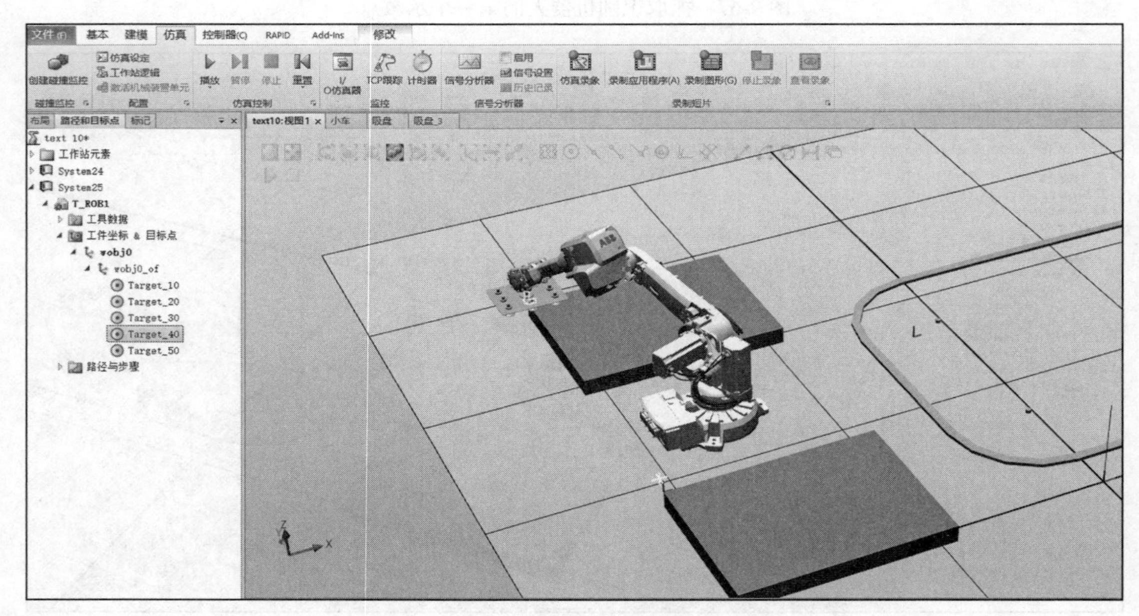

图 9-70　抓取识别机器人的第四个示教点

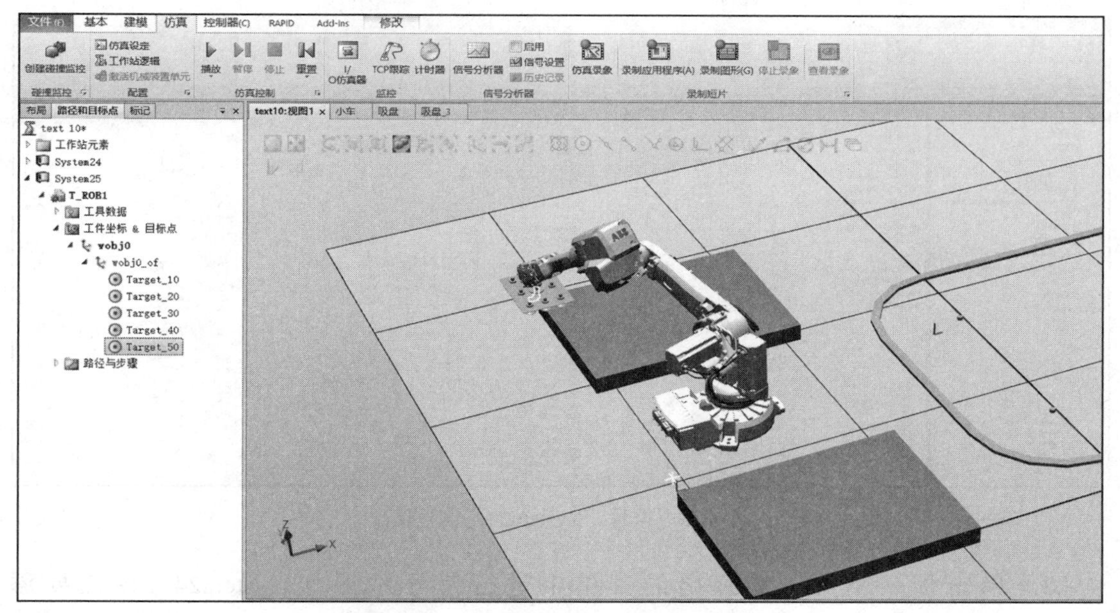

图 9-71　抓取识别机器人的第五个示教点

9.4 分类多层交互码垛的实现

1）完成 9.1 ~ 9.3 节全部步骤后即可开始组装“Smart 组件”并进行联动，首先在机器人系统中添加信号，选择抓取物料机器人系统“System24”在“控制器”选项卡中选择“配置”中的“I/O System”，此系统序号不固定，需要读者自行确定系统序号，在弹出的界面中选择“Signal”，查看“System24”中的信号情况，如图 9-72 和图 9-73 所示。

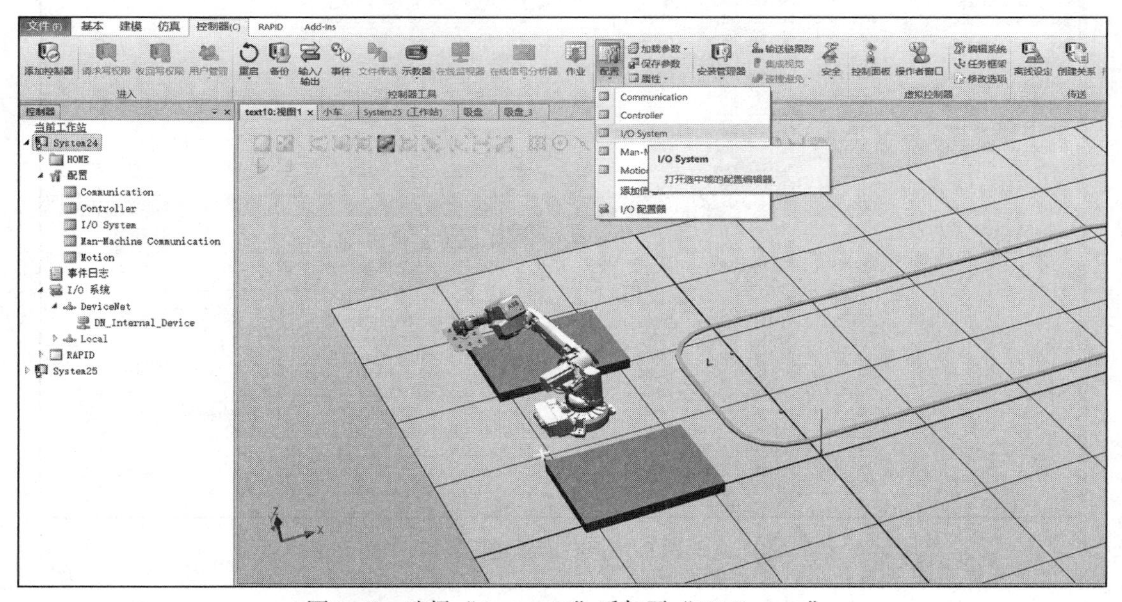

图 9-72　选择“System24”后打开“I/O System”

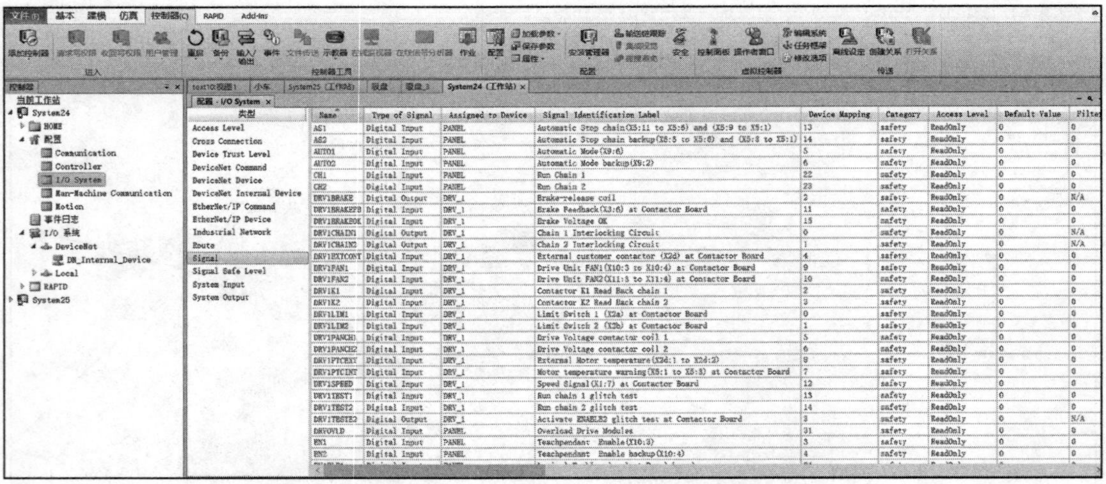

文件(F)　基本　建模　仿真　控制器(C)　RAPID　Add-Ins

添加控制器　请求写权限　收回写权限　用户管理　重启　备份　输入/输出　事件　文件传送　示教器　在线监视器　在线信号分析器　作业　配置　加载参数　保存参数　属性　安装管理器　安全　控制面板　操作者窗口　编辑系统　任务框架　修改选项　离线设定　创建关系　打开关系

进入　控制器工具　配置　虚拟控制器　传送

控制器

当前工作站
- System24
  - HOME
  - 配置
    - Communication
    - Controller
    - I/O System
    - Man-Machine Communication
    - Motion
  - 事件日志
  - I/O 系统
    - DeviceNet
      - DN_Internal_Device
    - Local
  - RAPID
- System25

text10:视图1　小车　System25 (工作站)　吸盘　吸盘_3　System24 (工作站)

配置 - I/O System

类型：Access Level　Cross Connection　Device Trust Level　DeviceNet Command　DeviceNet Device　DeviceNet Internal Device　EtherNet/IP Command　EtherNet/IP Device　Industrial Network　Route　Signal　Signal Safe Level　System Input　System Output

Name	Type of Signal	Assigned to Device	Signal Identification Label	Device Mapping	Category	Access Level	Default Value	Filte
AS1	Digital Input	PANEL	Automatic Stop chain(X5:11 to X5:6) and (X5:9 to X5:1)	13	safety	ReadOnly	0	0
AS2	Digital Input	PANEL	Automatic Stop chain backup(X5:5 to X5:6) and (X5:3 to X5:1)	14	safety	ReadOnly	0	0
AUTO1	Digital Input	PANEL	Automatic Mode(X9:6)	5	safety	ReadOnly	0	0
AUTO2	Digital Input	PANEL	Automatic Mode backup(X9:2)	6	safety	ReadOnly	0	0
CH1	Digital Input	PANEL	Run Chain 1	22	safety	ReadOnly	0	0
CH2	Digital Input	PANEL	Run Chain 2	23	safety	ReadOnly	0	0
DRV1BRAKE	Digital Output	DRV_1	Brake-release coil	2	safety	ReadOnly	0	N/A
DRV1BRAKEFB	Digital Input	DRV_1	Brake Feedback(X3:6) at Contactor Board	11	safety	ReadOnly	0	0
DRV1BRAKEOK	Digital Input	DRV_1	Brake Voltage OK	15	safety	ReadOnly	0	0
DRV1CHAIN1	Digital Output	DRV_1	Chain 1 Interlocking Circuit	0	safety	ReadOnly	0	N/A
DRV1CHAIN2	Digital Output	DRV_1	Chain 2 Interlocking Circuit	1	safety	ReadOnly	0	N/A
DRV1EXTCONT	Digital Input	DRV_1	External customer contactor (X2d) at Contactor Board	4	safety	ReadOnly	0	0
DRV1FAN1	Digital Input	DRV_1	Drive Unit FAN1(X10:3 to X10:4) at Contactor Board	9	safety	ReadOnly	0	0
DRV1FAN2	Digital Input	DRV_1	Drive Unit FAN2(X11:3 to X11:4) at Contactor Board	10	safety	ReadOnly	0	0
DRV1K1	Digital Input	DRV_1	Contactor K1 Read Back chain 1	2	safety	ReadOnly	0	0
DRV1K2	Digital Input	DRV_1	Contactor K2 Read Back chain 2	3	safety	ReadOnly	0	0
DRV1LIM1	Digital Input	DRV_1	Limit Switch 1 (X2a) at Contactor Board	0	safety	ReadOnly	0	0
DRV1LIM2	Digital Input	DRV_1	Limit Switch 2 (X2b) at Contactor Board	1	safety	ReadOnly	0	0
DRV1PANCH1	Digital Input	DRV_1	Drive Voltage contactor coil 1	5	safety	ReadOnly	0	0
DRV1PANCH2	Digital Input	DRV_1	Drive Voltage contactor coil 2	6	safety	ReadOnly	0	0
DRV1PTCEXT	Digital Input	DRV_1	External Motor temperature(X2d:1 to X2d:2)	8	safety	ReadOnly	0	0
DRV1PTCINT	Digital Input	DRV_1	Motor temperature warning(X5:1 to X5:3) at Contactor Board	7	safety	ReadOnly	0	0
DRV1SPEED	Digital Input	DRV_1	Speed Signal(X1:7) at Contactor Board	12	safety	ReadOnly	0	0
DRV1TEST1	Digital Input	DRV_1	Run chain 1 glitch test	13	safety	ReadOnly	0	0
DRV1TEST2	Digital Input	DRV_1	Run chain 2 glitch test	14	safety	ReadOnly	0	0
DRV1TESTE2	Digital Output	DRV_1	Activate ENABLE2 glitch test at Contactor Board	3	safety	ReadOnly	0	N/A
DRVOVLD	Digital Input	PANEL	Overload Drive Modules	31	safety	ReadOnly	0	0
EN1	Digital Input	PANEL	Teachpendant Enable(X10:3)	3	safety	ReadOnly	0	0
EN2	Digital Input	PANEL	Teachpendant Enable backup(X10:4)	4	safety	ReadOnly	0	0

图 9-73　查看“System24”信号情况

2）单击任一信号，在弹出的菜单中进行信号添加，“System24”中需要添加 4 个数字输入信号，分别为“R0”“G0”“S10”“S20”，其作用分别为红色物料输入、绿色物料输入、小车在原点、小车到达物料卸下点。5 个数字输出信号，分别为“J10”“F10”“K70”“k100”“RG0”，其作用分别为物料到位信号、生成物料信号、小车返回信号、物料堆满信号及物料停止信号。一个模拟输出信号“number”，为红绿物体个数信号。右击任意信号单击“添加信号”即可，添加信号属性如图 9-74 ～图 9-76 所示。

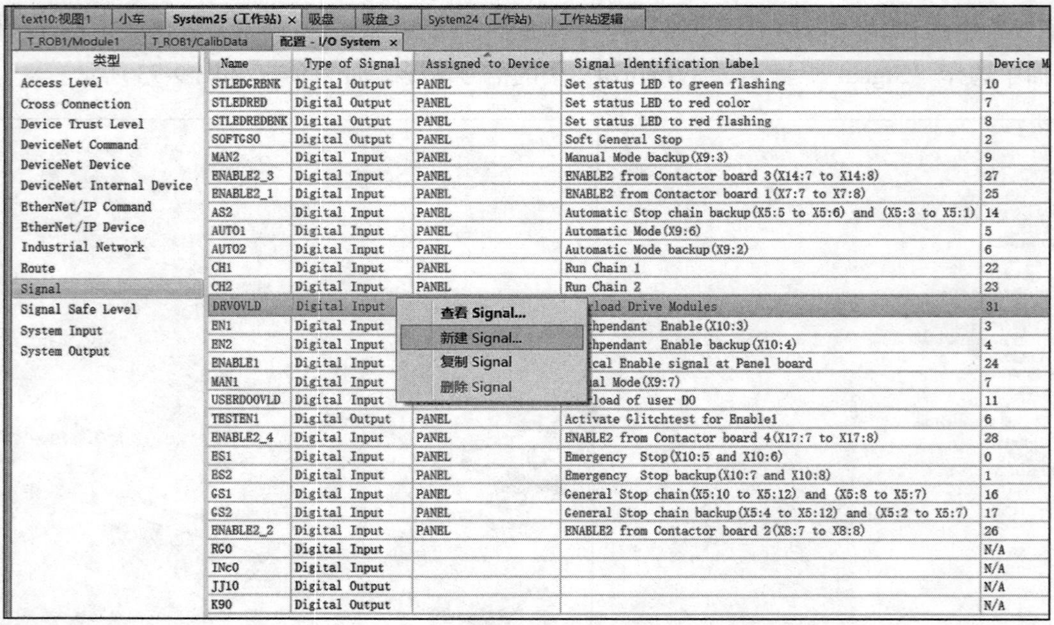

text10:视图1　小车　System25 (工作站)　吸盘　吸盘_3　System24 (工作站)　工作站逻辑

T_ROB1/Module1　T_ROB1/CalibData　配置 - I/O System

类型：Access Level　Cross Connection　Device Trust Level　DeviceNet Command　DeviceNet Device　DeviceNet Internal Device　EtherNet/IP Command　EtherNet/IP Device　Industrial Network　Route　Signal　Signal Safe Level　System Input　System Output

Name	Type of Signal	Assigned to Device	Signal Identification Label	Device M
STLEDGRBNK	Digital Output	PANEL	Set status LED to green flashing	10
STLEDRED	Digital Output	PANEL	Set status LED to red color	7
STLEDREDBNK	Digital Output	PANEL	Set status LED to red flashing	8
SOFTGSO	Digital Output	PANEL	Soft General Stop	2
MAN2	Digital Input	PANEL	Manual Mode backup(X9:3)	9
ENABLE2_3	Digital Input	PANEL	ENABLE2 from Contactor board 3(X14:7 to X14:8)	27
ENABLE2_1	Digital Input	PANEL	ENABLE2 from Contactor board 1(X7:7 to X7:8)	25
AS2	Digital Input	PANEL	Automatic Stop chain backup(X5:5 to X5:6) and (X5:3 to X5:1)	14
AUTO1	Digital Input	PANEL	Automatic Mode(X9:6)	5
AUTO2	Digital Input	PANEL	Automatic Mode backup(X9:2)	6
CH1	Digital Input	PANEL	Run Chain 1	22
CH2	Digital Input	PANEL	Run Chain 2	23
DRVOVLD	Digital Input		rload Drive Modules	31
EN1	Digital Input		hpendant Enable(X10:3)	3
EN2	Digital Input		hpendant Enable backup(X10:4)	4
ENABLE1	Digital Input		cal Enable signal at Panel board	24
MAN1	Digital Input		al Mode(X9:7)	7
USERDOOVLD	Digital Input		rload of user DO	11
TESTEN1	Digital Output	PANEL	Activate Glitchtest for Enable1	6
ENABLE2_4	Digital Input	PANEL	ENABLE2 from Contactor board 4(X17:7 to X17:8)	28
ES1	Digital Input	PANEL	Emergency Stop(X10:5 and X10:6)	0
ES2	Digital Input	PANEL	Emergency Stop backup(X10:7 and X10:8)	1
GS1	Digital Input	PANEL	General Stop chain(X5:10 to X5:12) and (X5:8 to X5:7)	16
GS2	Digital Input	PANEL	General Stop chain backup(X5:4 to X5:12) and (X5:2 to X5:7)	17
ENABLE2_2	Digital Input	PANEL	ENABLE2 from Contactor board 2(X8:7 to X8:8)	26
RG0	Digital Input			N/A
INc0	Digital Input			N/A
JJ10	Digital Output			N/A
K90	Digital Output			N/A

查看 Signal...
新建 Signal...
复制 Signal
删除 Signal

图 9-74　右击新建信号

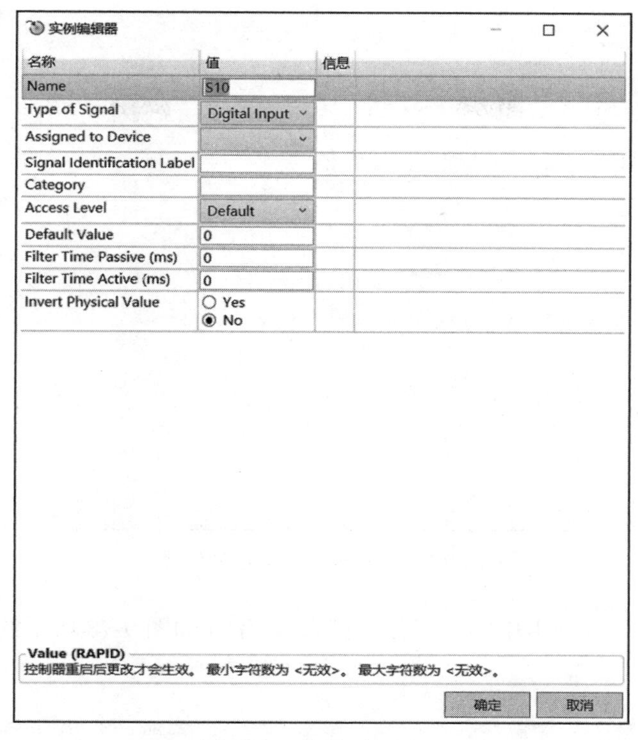

图 9-75　信号添加界面

Name	Type of Signal	Assigned to Device	Signal Identification Label	Device Mapping	Category	Access Level	Default Value	Filter
ES2	Digital Input	PANEL	Emergency Stop backup(X10:7 and X10:8)	1	safety	ReadOnly	0	0
ENABLE2_4	Digital Input	PANEL	ENABLE2 from Contactor board 4(X17:7 to X17:8)	28	safety	ReadOnly	0	0
AS2	Digital Input	PANEL	Automatic Stop chain backup(X5:5 to X5:6) and (X5:3 to X5:1)	14	safety	ReadOnly	0	0
AUTO1	Digital Input	PANEL	Automatic Mode(X9:6)	5	safety	ReadOnly	0	0
AUTO2	Digital Input	PANEL	Automatic Mode backup(X9:2)	6	safety	ReadOnly	0	0
CH1	Digital Input	PANEL	Run Chain 1	22	safety	ReadOnly	0	0
CH2	Digital Input	PANEL	Run Chain 2	23	safety	ReadOnly	0	0
DRVOVLD	Digital Input	PANEL	Overload Drive Modules	31	safety	ReadOnly	0	0
EN1	Digital Input	PANEL	Teachpendant Enable(X10:3)	3	safety	ReadOnly	0	0
EN2	Digital Input	PANEL	Teachpendant Enable backup(X10:4)	4	safety	ReadOnly	0	0
ENABLE1	Digital Input	PANEL	Logical Enable signal at Panel board	24	safety	ReadOnly	0	0
ENABLE2_1	Digital Input	PANEL	ENABLE2 from Contactor board 1(X7:7 to X7:8)	25	safety	ReadOnly	0	0
ENABLE2_2	Digital Input	PANEL	ENABLE2 from Contactor board 2(X8:7 to X8:8)	26	safety	ReadOnly	0	0
ENABLE2_3	Digital Input	PANEL	ENABLE2 from Contactor board 3(X14:7 to X14:8)	27	safety	ReadOnly	0	0
USERDOOVLD	Digital Input	PANEL	Overload of user DO	11	safety	ReadOnly	0	0
ES1	Digital Input	PANEL	Emergency Stop(X10:5 and X10:6)	0	safety	ReadOnly	0	0
TESTEN1	Digital Output	PANEL	Activate Glitchtest for Enable1	6	safety	ReadOnly	0	N/A
GS1	Digital Input	PANEL	General Stop chain(X5:10 to X5:12) and (X5:3 to X5:7)	16	safety	ReadOnly	0	0
GS2	Digital Input	PANEL	General Stop chain backup(X5:4 to X5:12) and (X5:2 to X5:7)	17	safety	ReadOnly	0	0
S20	Digital Input			N/A		Default	0	0
S10	Digital Input			N/A		Default	0	0
RG0	Digital Output			N/A		Default	0	N/A
R0	Digital Input			N/A		Default	0	0
F10	Digital Output			N/A		Default	0	N/A
number	Analog Output			N/A		Default	0	N/A
G0	Digital Input			N/A		Default	0	0
J10	Digital Output			N/A		Default	0	N/A
k100	Digital Output			N/A		Default	0	N/A
K70	Digital Output			N/A		Default	0	N/A

图 9-76　“System24”中添加的信号

3）同样，在“System25”即识别抓取码垛机器人系统中添加两个数字输入信号“RG0”“Inc0”，其作用分别为物料停止信号和小车到达卸货下料位置信号。两个数字输出信号“JJ10”“K90”用于控制吸盘_3 的抓取和小车下料完成。具体信号如图 9-77 所示。

Name	Type of Signal	Assigned to Device	Signal Identification Label	Device Mapping	Category	Access Level	Default Value	Filter
STLEDGRBNK	Digital Output	PANEL	Set status LED to green flashing	10	safety	ReadOnly	0	N/A
STLEDRED	Digital Output	PANEL	Set status LED to red color	7	safety	ReadOnly	0	N/A
STLEDREDBNK	Digital Output	PANEL	Set status LED to red flashing	8	safety	ReadOnly	0	N/A
SOFTGSO	Digital Output	PANEL	Soft General Stop	2	safety	ReadOnly	0	N/A
MAN2	Digital Input	PANEL	Manual Mode backup(X9:3)	9	safety	ReadOnly	0	0
ENABLE2_3	Digital Input	PANEL	ENABLE2 from Contactor board 3(X14:7 to X14:8)	27	safety	ReadOnly	0	0
ENABLE2_1	Digital Input	PANEL	ENABLE2 from Contactor board 1(X7:7 to X7:8)	25	safety	ReadOnly	0	0
AS2	Digital Input	PANEL	Automatic Stop chain backup(X5:5 to X5:6) and (X5:3 to X5:1)	14	safety	ReadOnly	0	0
AUTO1	Digital Input	PANEL	Automatic Mode(X9:6)	5	safety	ReadOnly	0	0
AUTO2	Digital Input	PANEL	Automatic Mode backup(X9:2)	6	safety	ReadOnly	0	0
CH1	Digital Input	PANEL	Run Chain 1	22	safety	ReadOnly	0	0
CH2	Digital Input	PANEL	Run Chain 2	23	safety	ReadOnly	0	0
DRVOVLD	Digital Input	PANEL	Overload Drive Modules	31	safety	ReadOnly	0	0
EN1	Digital Input	PANEL	Teachpendant Enable(X10:3)	3	safety	ReadOnly	0	0
EN2	Digital Input	PANEL	Teachpendant Enable backup(X10:4)	4	safety	ReadOnly	0	0
ENABLE1	Digital Input	PANEL	Logical Enable signal at Panel board	24	safety	ReadOnly	0	0
MAN1	Digital Input	PANEL	Manual Mode(X9:7)	7	safety	ReadOnly	0	0
USERDOOVLD	Digital Input	PANEL	Overload of user DO	11	safety	ReadOnly	0	0
TESTEN1	Digital Output	PANEL	Activate Glitchtest for Enable1	6	safety	ReadOnly	0	N/A
ENABLE2_4	Digital Input	PANEL	ENABLE2 from Contactor board 4(X17:7 to X17:8)	28	safety	ReadOnly	0	0
ES1	Digital Input	PANEL	Emergency Stop(X10:5 and X10:6)	0	safety	ReadOnly	0	0
ES2	Digital Input	PANEL	Emergency Stop backup(X10:7 and X10:8)	1	safety	ReadOnly	0	0
GS1	Digital Input	PANEL	General Stop chain(X5:10 to X5:12) and (X5:8 to X5:7)	16	safety	ReadOnly	0	0
GS2	Digital Input	PANEL	General Stop chain backup(X5:4 to X5:12) and (X5:2 to X5:7)	17	safety	ReadOnly	0	0
ENABLE2_2	Digital Input	PANEL	ENABLE2 from Contactor board 2(X8:7 to X8:8)	26	safety	ReadOnly	0	0
RG0	Digital Input			N/A		Default	0	0
INc0	Digital Input			N/A		Default	0	0
JJ10	Digital Output			N/A		Default	0	N/A
K90	Digital Output			N/A		Default	0	N/A

图 9-77 “System25”添加信号

4）单击“仿真”选项卡中的“工作站逻辑”，添加如图 9-78 所示的工作站逻辑。共计 14 个。

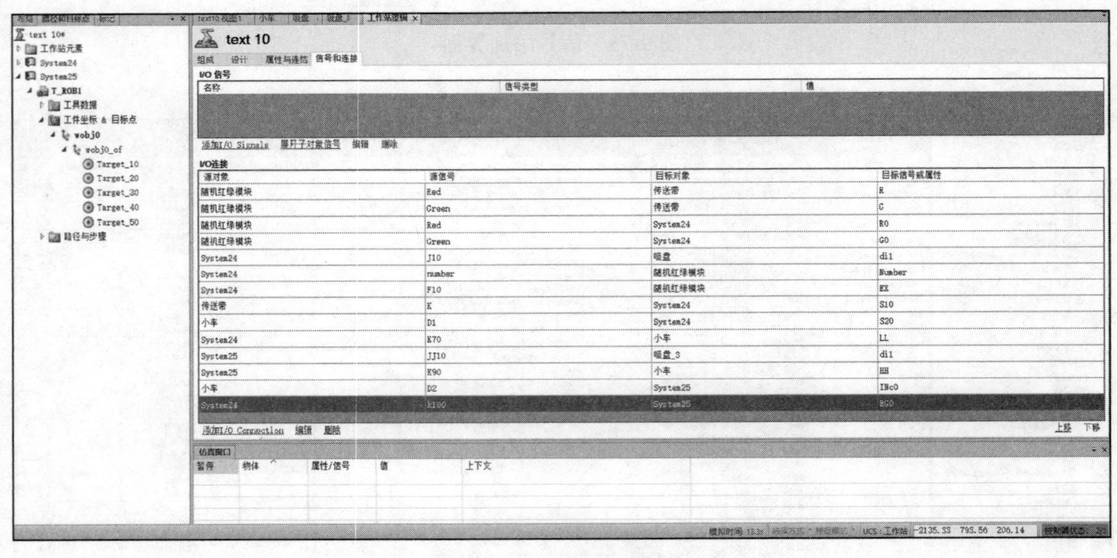

图 9-78 工作站逻辑设置

5）单击“基本”选项卡，单击“同步”将工作站信息同步到“RAPID”中，单击“控制器”选项卡，找到“System24”的“RAPID”中的“Module1”模块，在“main”下输入程序，程序功能为控制物料生成并控制小车运送物料，使用信号进行控制，具体代码如下：

```
MODULE Module1
```

```
    CONST robtarget Target_10:=[[1111.453951756,-9.263871727,720.19],
[1,0,0,0],[0,0,0,0],[9E+09,9E+09,9E+09,9E+09,9E+09,9E+09]];
    CONST robtarget Target_20:=[[134.580951756,-939.549871727,200],
[0.707106781,0,0,-0.707106781],[0,0,0,0],[9E+09,9E+09,9E+09,9E+09,9E+09,
9E+09]];
        PROC main()
                SetAO number,26;
                Movej Offs(Target_10,0,0,100),v600,fine,ToolFrame10;

            WHILE 2>1 DO
                    SetDo F10,1;
                    WaitTime 0.5;
                IF R0=1 THEN
                    setdo k100,1;
                    SetDo F10,0;
                    WaitDI S10,1;
                    WaitDI S20,1;
                    MoveL Offs(Target_10,0,0,0),v300,fine,ToolFrame10;
                    SetDo J10,1;
                    MoveL Offs(Target_10,0,0,400),v300,fine,ToolFrame10;
                    MoveJ Offs(Target_20,0,0,400),v300,z0,ToolFrame10;
                    MoveL Offs(Target_20,0,0,150),v300,fine,ToolFrame10;
                ELSEIF g0=1 THEN

                    setdo k100,0;
                    SetDo F10,0;
                    WaitDI S10,1;
                    WaitDI S20,1;
                    MoveL Offs(Target_10,0,0,-50),v300,fine,ToolFrame10;
                    SetDo J10,1;
                    MoveL Offs(Target_10,0,0,400),v300,fine,ToolFrame10;
                    MoveJ Offs(Target_20,0,0,400),v300,z0,ToolFrame10;
                    MoveL Offs(Target_20,0,0,100),v300,fine,ToolFrame10;
                ENDIF
                    SetDo J10,0;
                    MoveJ Offs(Target_20,0,0,400),v300,z0,ToolFrame10;
                    SetDo K70,1;
                    WaitTime 0.5;
                    SetDo K70,0;
                    MoveL Offs(Target_10,0,0,400),v300,fine,ToolFrame10;
```

```
            Movej Offs(Target_10,0,0,100),v300,fine,ToolFrame10;
    ENDWHILE
        ENDPROC
    ENDMODULE
```

找到“System25”的“RAPID”中的“Module1”模块，在“main”下输入程序，程序功能为计数码垛工作站的码垛数量，通过识别红绿信号将其码垛到不同的物料板上，使用信号进行控制，具体代码如下：

```
    MODULE Module1
        CONST robtarget Target_10:=[[-551.209649421,-556.637951756,100],
[1,0,0,0],[-2,0,-1,0],[9E+09,9E+09,9E+09,9E+09,9E+09,9E+09]];
        CONST robtarget Target_20:=[[-551.209649421,-556.637951756,100],
[0.707106781,0,0,0.707106781],[0,0,0,0],[9E+09,9E+09,9E+09,9E+09,9E+09,
9E+09]];
        CONST robtarget Target_30:=[[1076.707350579,-182.793951756,350],
[1,0,0,0],[0,0,0,0],[9E+09,9E+09,9E+09,9E+09,9E+09,9E+09]];
        VAR num dd:=0;
        VAR num WW:=0;
        VAR num zz:=0;
        VAR num dd1:=0;
        VAR num WW1:=0;
        VAR num zz1:=0;
        VAR num CC:=3;
        VAR num kk:=3;
        VAR num CC1:=3;
        VAR num kk1:=3;
        CONST robtarget Target_40:=[[-551.209649421,1445.250048244,100],[1,0,0,0],
[1,0,2,0],[9E+09,9E+09,9E+09,9E+09,9E+09,9E+09]];
        CONST robtarget Target_50:=[[-551.209649421,1445.250048244,100],[0.707106781,
0,0,0.707106781],[1,0,1,0],[9E+09,9E+09,9E+09,9E+09,9E+09,9E+09]];
        PROC main()
            MoveJ Offs(Target_30,0,0,100),v800,fine,ToolFrame10;
            FOR i FROM 1 TO 52 DO
            WaitDI INc0,1;
            IF RG0=1 THEN
                MoveL Offs(Target_30,0,0,0),v800,fine,ToolFrame10;
                SetDO JJ10,1;
                MoveL Offs(Target_30,0,0,200),v800,fine,ToolFrame10;
                setdo K90,1;
                WaitTime 0.1;
```

```
            SetDO K90,0;
            IF CC MOD 2=1 THEN
            MoveJ  Offs(Target_10,200+dd,-150-ww,400+zz),v800,fine,
ToolFrame10;
            MoveL  Offs(Target_10,200+dd,-150-ww,150+zz),v800,fine,
ToolFrame10;
            SetDO JJ10,0;
            MoveL  Offs(Target_10,200+dd,-150-ww,400+zz),v800,fine,
ToolFrame10;
            MoveJ Offs(Target_30,0,0,100),v800,fine,ToolFrame10;
            dd:=dd+400;
            kk:=kk+1;
            IF kk mod 3=0 THEN
            ww:=ww+300;
            dd:=0;
            ENDIF
            IF kk=12 THEN
               cc:=cc+1;
               dd:=0;
               ww:=0;
               zz:=zz+150;
               kk:=4;
            ENDIF
            ELSE
                MoveJ  Offs(Target_20,150+dd,-250-ww,400+zz),v800,fine,
ToolFrame10;
                MoveJ  Offs(Target_20,150+dd,-250-ww,150+zz),v800,fine,
ToolFrame10;
                SetDO JJ10,0;
                MoveL  Offs(Target_20,150+dd,-250-ww,400+zz),v800,fine,
ToolFrame10;
                MoveJ Offs(Target_30,0,0,100),v800,fine,ToolFrame10;
                dd:=dd+300;
                kk:=kk+1;
                IF kk mod 4=0 THEN
              ww:=ww+400;
              dd:=0;
            ENDIF
            IF kk=12 THEN
               cc:=cc+1;
```

```
              dd:=0;
              ww:=0;
              zz:=zz+150;
              kk:=3;
           ENDIF
             ENDIF
       ELSEIF RG0=0 THEN
           MoveL Offs(Target_30,0,0,-50),v800,fine,ToolFrame10;
           SetDO JJ10,1;
           MoveL Offs(Target_30,0,0,200),v800,fine,ToolFrame10;
           setdo K90,1;
           WaitTime 0.1;
           SetDO K90,0;
           IF CC1 MOD 2 = 1 THEN
           MoveJ  Offs(Target_40,200+dd1,-150-ww1,400+zz1),v800,fine,
ToolFrame10;
           MoveL  Offs(Target_40,200+dd1,-150-ww1,100+zz1),v800,
fine,ToolFrame10;
           SetDO JJ10,0;
           MoveL  Offs(Target_40,200+dd1,-150-ww1,400+zz1),v800,fine,
ToolFrame10;
           MoveJ Offs(Target_30,0,0,100),v800,fine,ToolFrame10;
           dd1:=dd1+400;
           kk1:=kk1+1;
           IF kk1 mod 3=0 THEN
             ww1:=ww1+300;
             dd1:=0;
           ENDIF
           IF kk1=12 THEN
              CC1:=CC1+1;
              dd1:=0;
              ww1:=0;
              zz1:=zz1+100;
              kk1:=4;
           ENDIF
           ELSE
           MoveJ  Offs(Target_50,150+dd1,-250-ww1,400+zz1),v800,
fine,ToolFrame10;
           MoveJ  Offs(Target_50,150+dd1,-250-ww1,100+zz1),v800,
fine,ToolFrame10;
```

```
                SetDO JJ10,0;
                MoveL Offs(Target_50,150+dd1,-250-ww1,400+zz1),v800,
fine,ToolFrame10;
                MoveJ Offs(Target_30,0,0,100),v800,fine,ToolFrame10;
                    dd1:=dd1+300;
                    kk1:=kk1+1;
                    IF kk1 mod 4=0 THEN
                        dd1:=0;
                ww1:=ww1+400;
                ENDIF
                IF kk1=12 THEN
                   CC1:=CC1+1;
                   dd1:=0;
                   ww1:=0;
                   zz1:=zz1+100;
                   kk1:=3;
                ENDIF
                  ENDIF
                ENDIF
            ENDFOR
        ENDPROC
    ENDMODULE
```

代码输入完毕后同步到工作站，单击“仿真”选项卡中的“仿真设定”，将小方块都勾选上，如图 9-79 所示。

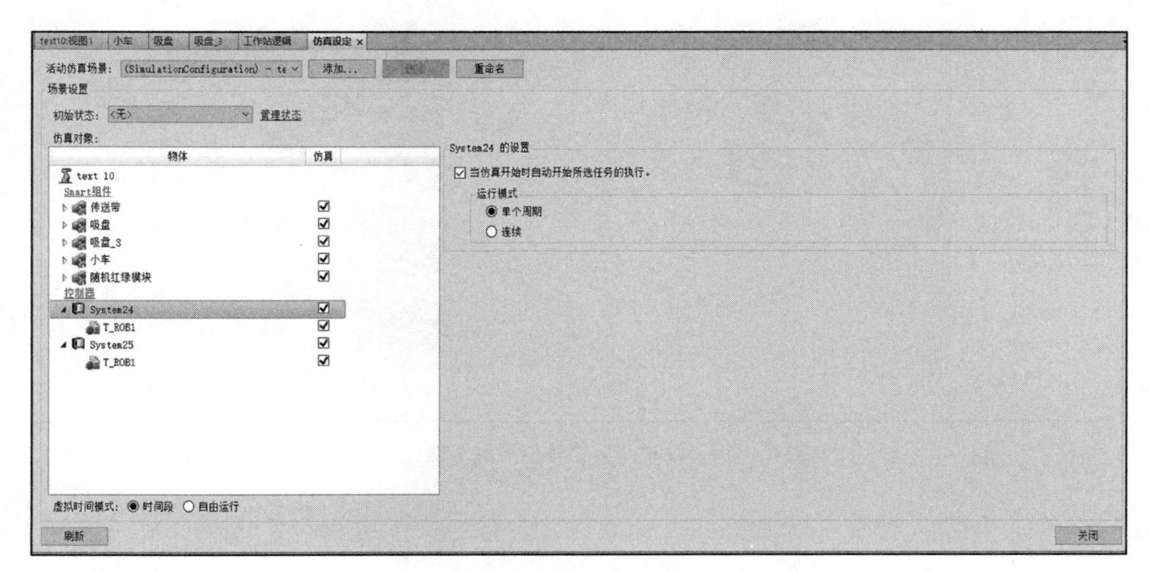

图 9-79　仿真设定设置

6）仿真设定好的机器人系统，将其红绿随机模块的数字调整到26.0，仿真过程如图9-80～图9-83所示。

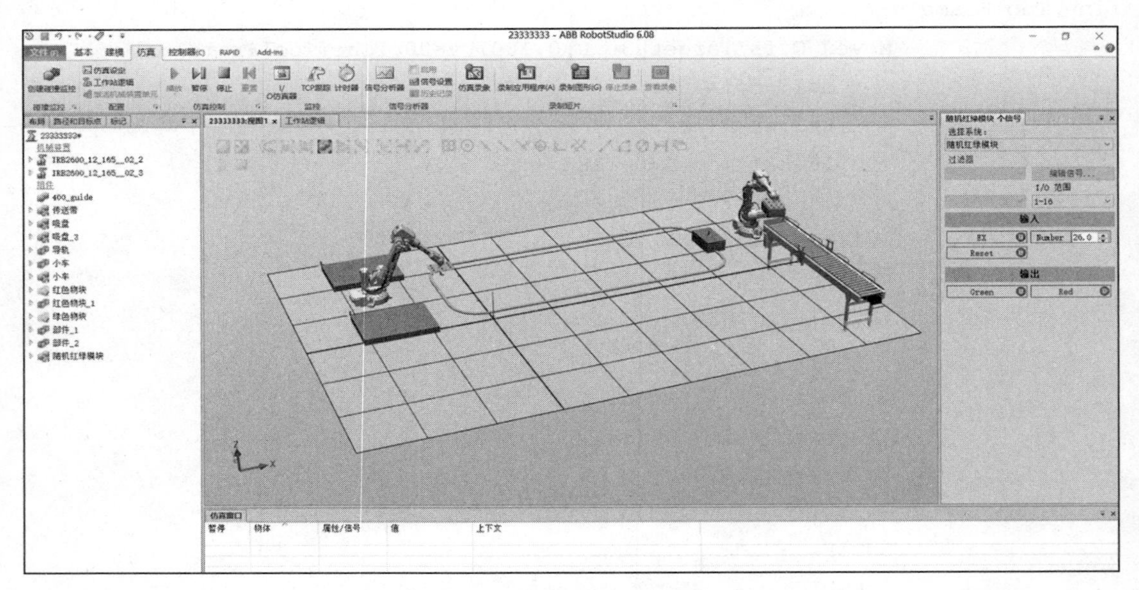

图9-80　随机出现红色物块

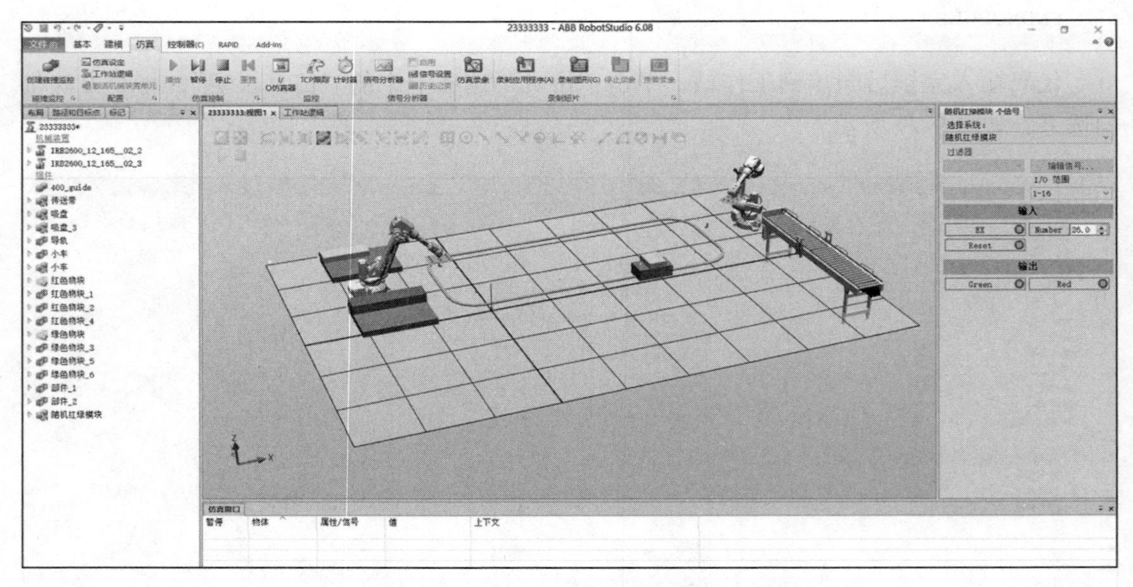

图9-81　运行一段时间后物体按照红绿颜色分开码放

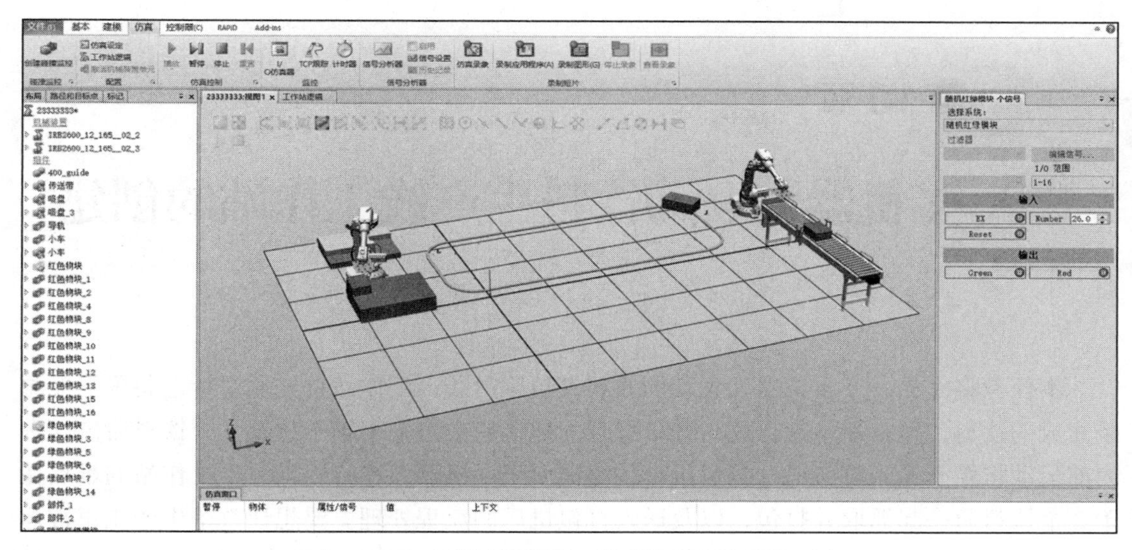

图 9-82　红色码垛放满第一层后自动码放到第二层

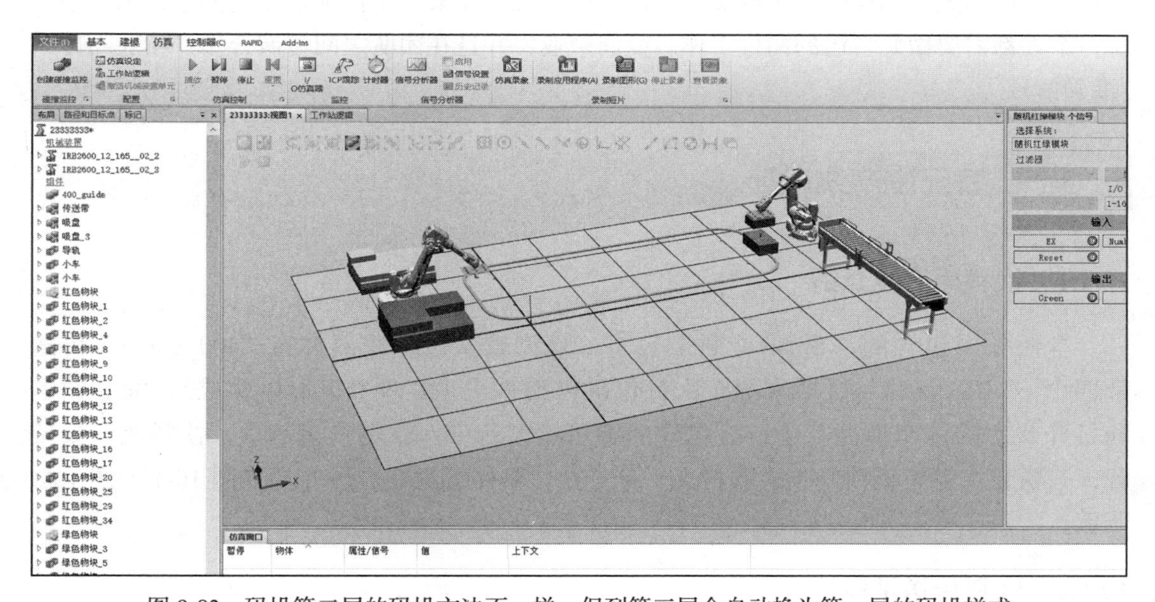

图 9-83　码垛第二层的码垛方法不一样，但到第三层会自动换为第一层的码垛样式

9.5　作业：工作站创建

完成视觉工作站并导出 MP4 格式视频，尝试改变小车轨道完成工作站创建。

第10章 多机器人联动饮料生产线工作站的创建

本任务将完成一个多机器人联动的饮料打包生产线，工作站首先通过特定装置汇聚灌装完成的饮料，每三瓶一组，放入开口打开的包装箱中，一个箱子放置9个饮料后传送带向前运动将箱子送入打包机，打包机打包完成后码垛机器人进行码垛。本工作站的难点在于3个饮料瓶一起抓取并打包，以及送入打包机后的流程处理。要想让整个生产线正常运转，每一个零部件、每一个传感器都需要无故障地工作，需要我们拥有精湛的技术和一丝不苟的工作作风。同样的，在现实产线设计中，要想让某个工作项目完美推进，团队中的每一个人都需要做好自己的岗位工作，爱岗敬业，并且在团队之间精诚合作，相互间传递“准确信号”。

10.1 装配生产线设计

10.1.1 饮料生产线介绍

本任务中包含的“Smart组件”较多，模型较多，主要部件有“400_guide”传送带四个；“IRB 2600”机器人两个；打包机模型一个（由两个矩形体构成）；灌装饮料和打开状态的纸箱模型若干；打包好的纸箱模型若干。饮料托盘一个、饮料瓶汇聚装置、三联装饮料夹爪和气吸式饮料夹爪各一个，具体模型和总体布局如图10-1～图10-7所示。

10.1.2 饮料传送带设计

1）饮料传送带作用为传送饮料到饮料汇聚装置，当有三瓶饮料到达装置后，机器人会抓取饮料并将饮料放置在纸箱中。饮料传送带拥有“Attacher”组件三个；“Detacher”组件三个；“LinearMover”组件一个；“PlaneSensor”传感器组三个；“Queue”“Source”“Timer”组件各一个。其演示效果图如图10-8所示。

2）单击“建模”选项卡，创建一个“Smart组件”，将其重命名为“饮料传送带”，按照上一步的清单添加各个组件并添加一个“LogicGate”非门，如图10-9所示。

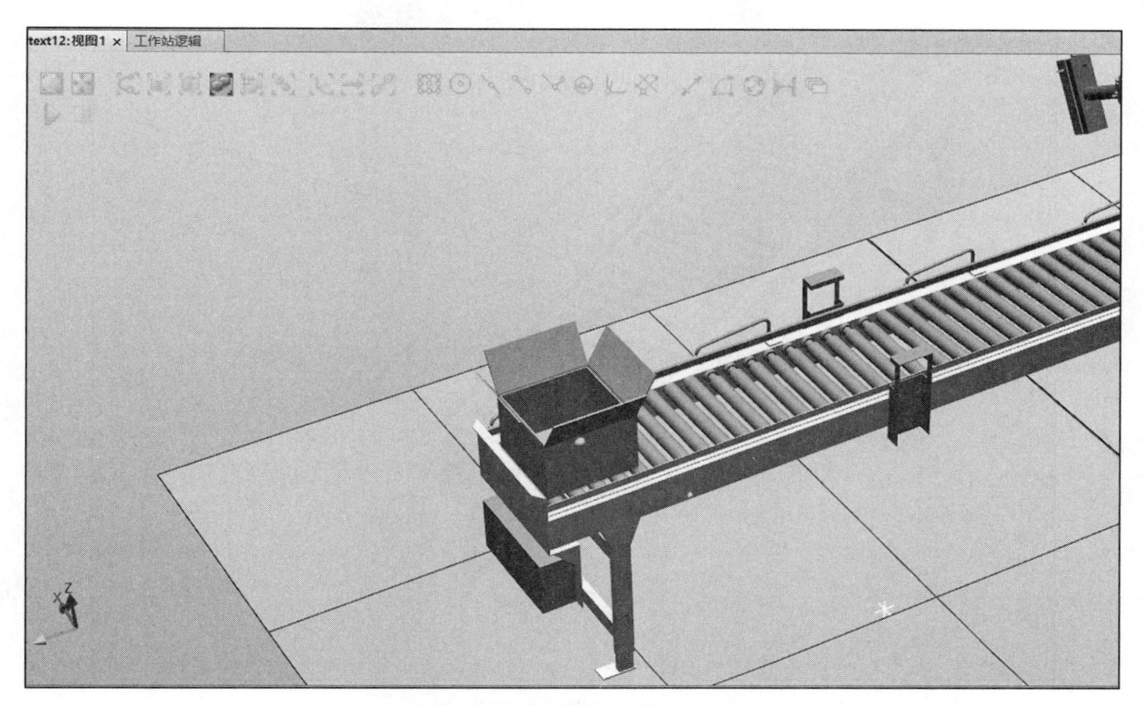

图 10-1　打开状态纸箱一个

图 10-2　饮料瓶汇聚装置

图 10-3　饮料瓶模型

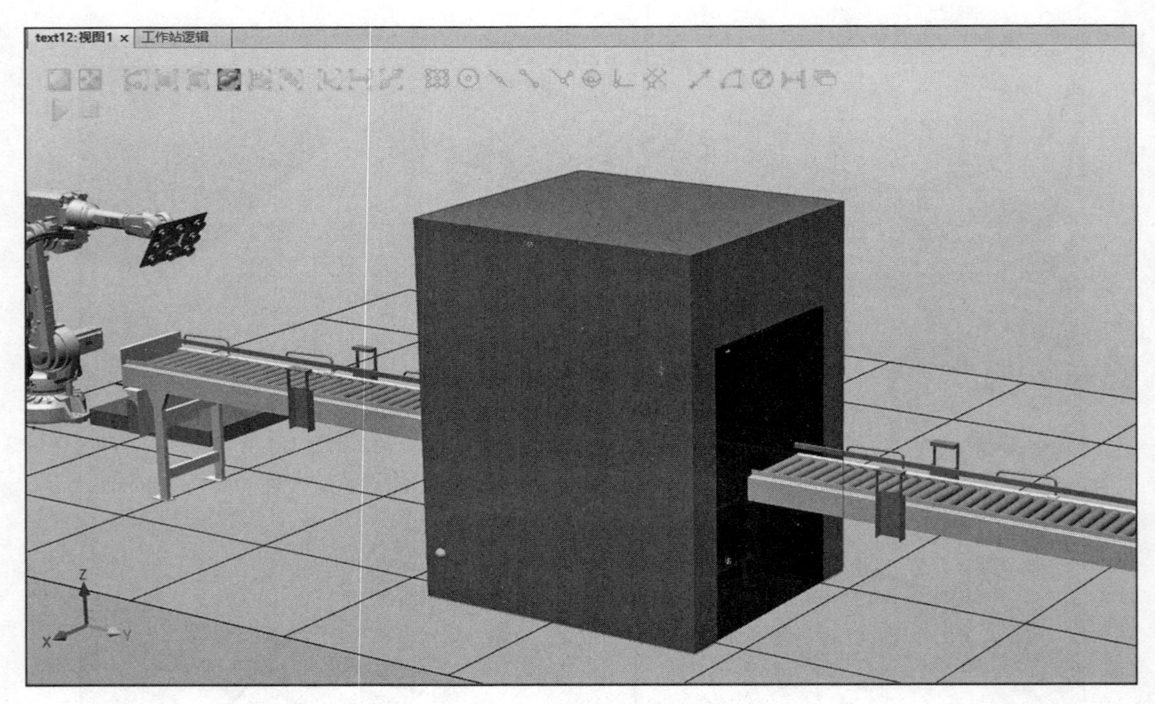

图 10-4　打包机模型

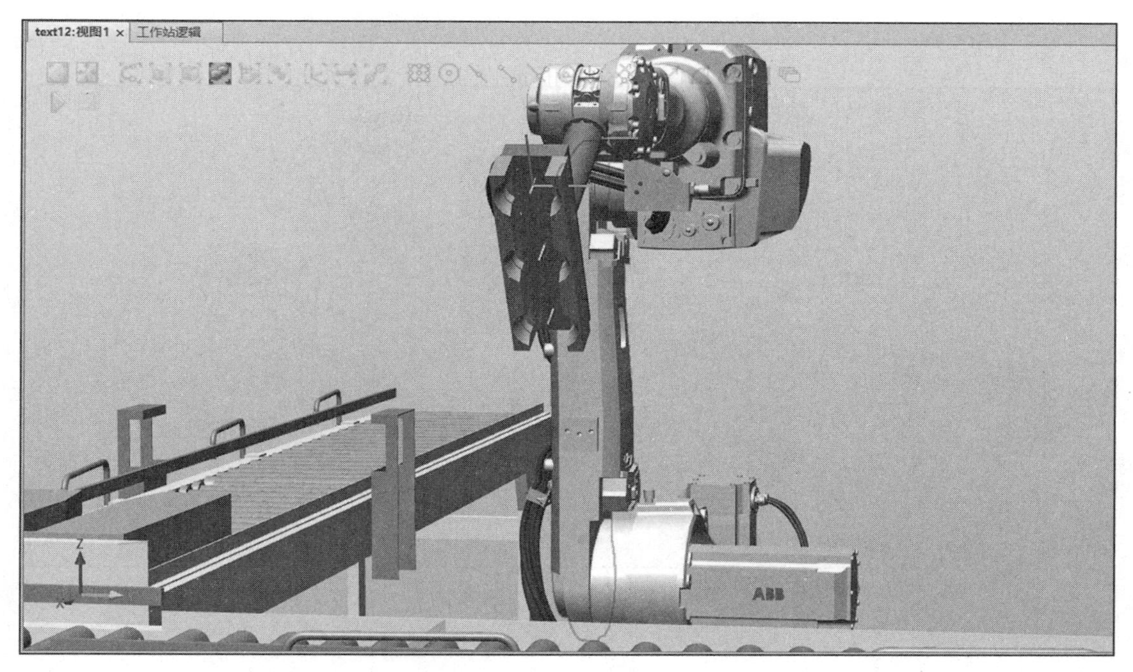

图 10-5　三联装饮料夹爪

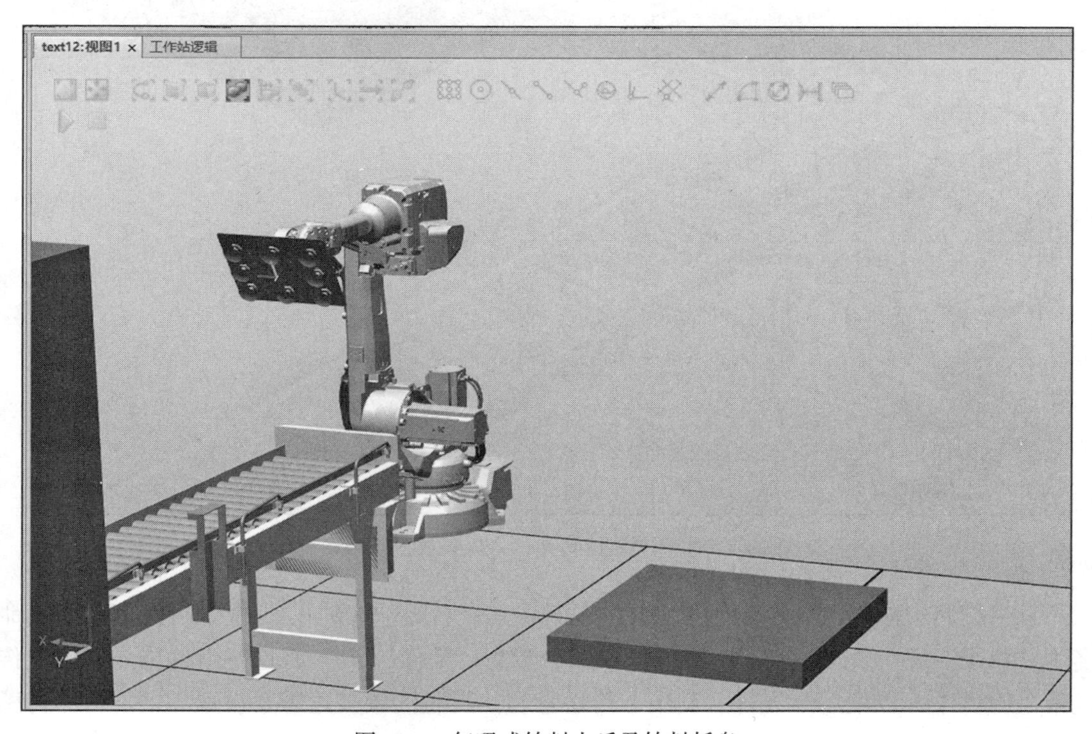

图 10-6　气吸式饮料夹爪及饮料托盘

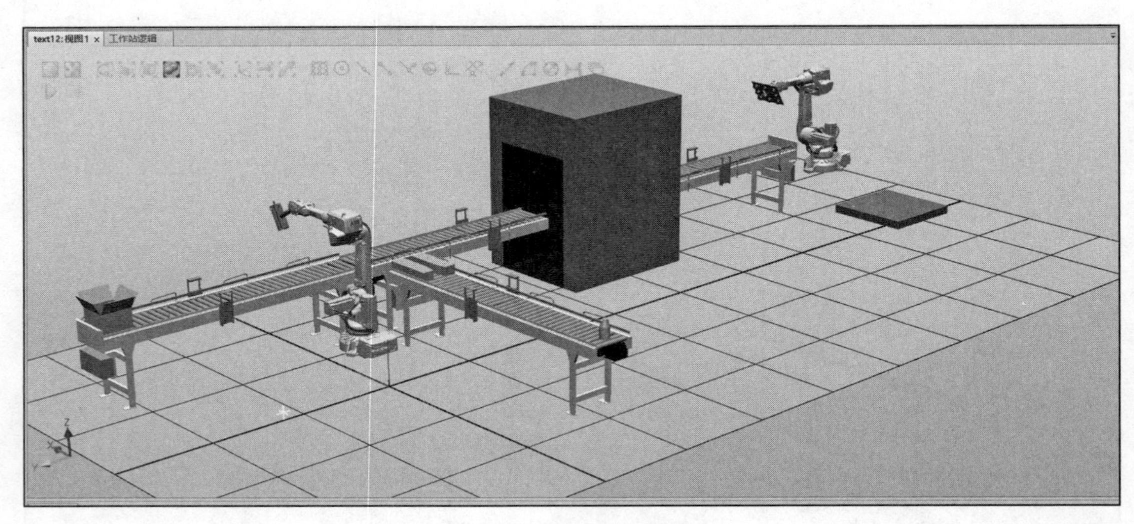

图 10-7　工作站整体布局

图 10-8　集齐三瓶饮料夹爪将饮料放置在纸箱中

3）饮料传送带包含一个大传送带，本例将其命名为“400”；一个饮料模型，本例命名为“瓶子”；一个饮料瓶汇聚装置，本例命名为“部件_24”，将这些组件拖入“饮料传送带”组件中，以便后续处理，其中，传送带和饮料瓶汇聚装置需要设置为“不可由传感器检测”，如图 10-10 所示。

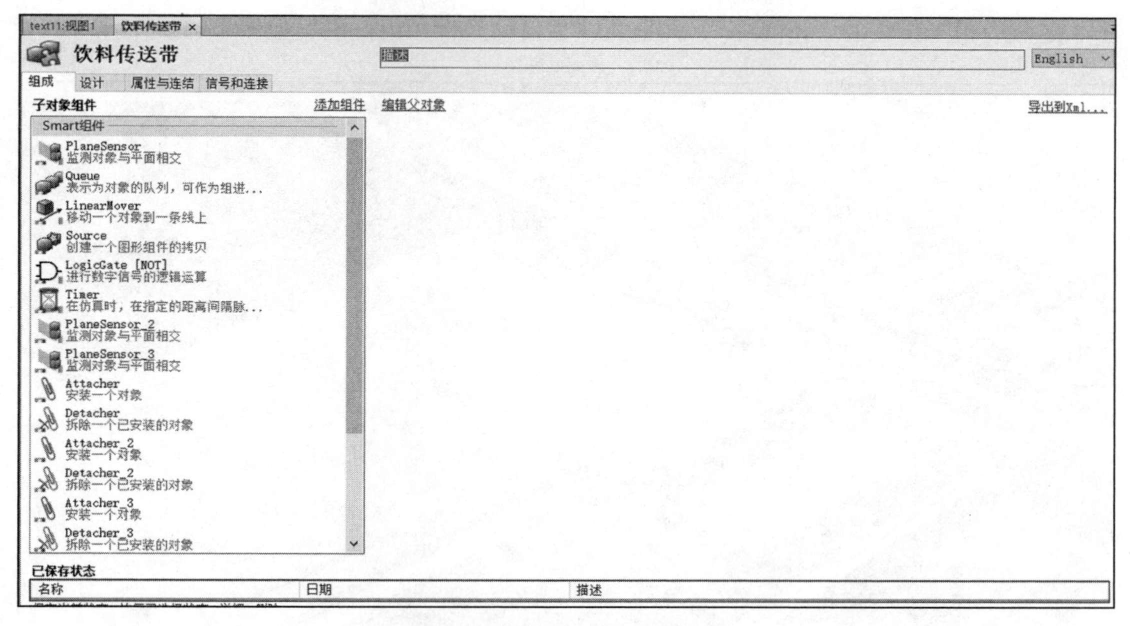

图 10-9 “饮料传送带”组件一览

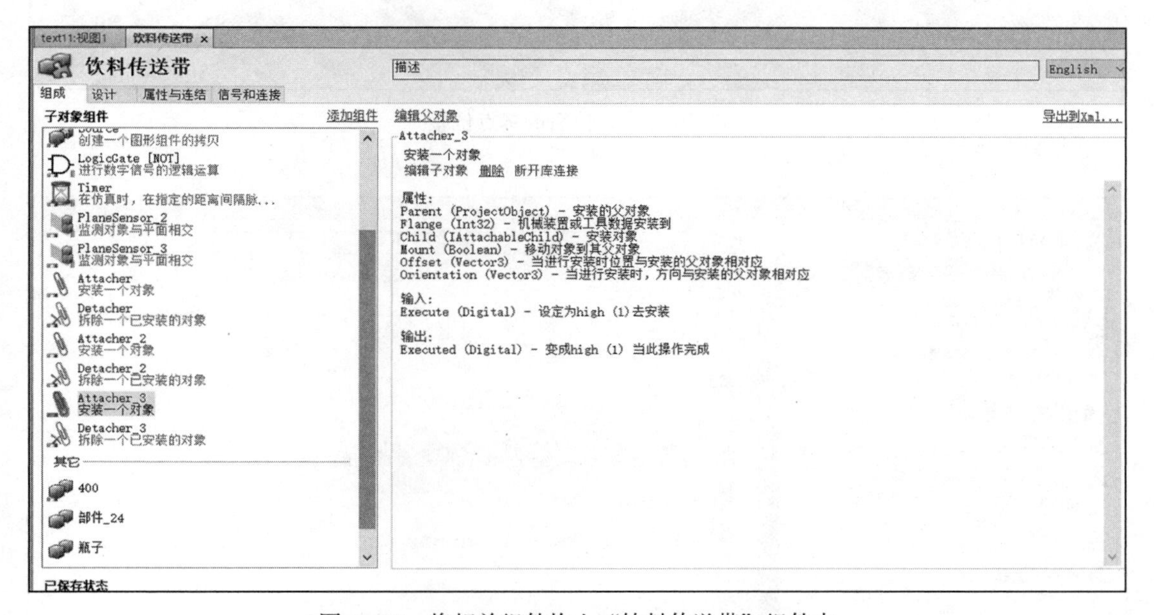

图 10-10 将相关组件拖入“饮料传送带”组件中

4）首先复制一个饮料模型，复制后将其命名为“瓶子 _ 定位”，用于饮料瓶第一个位置的定位，将其放置在饮料瓶汇聚装置的第一个位置，此步骤可以使用物品拖动功能手动完成，也可以先使用“ Smart 组件”中的线性移动后触碰面传感器停止获得位置，此方法获得的位置更精确，具体可参考本书第 5 章，定位位置如图 10-11 所示。定位的作用是将定位的饮料瓶作为基点，后续的饮料瓶会以此为参照进行规律停止。定位完成后将“瓶

子 _ 定位”模型设置为“不可见”，并拖入“饮料传送带”组件中。如图 10-12 所示。

图 10-11　定位后的基点位置

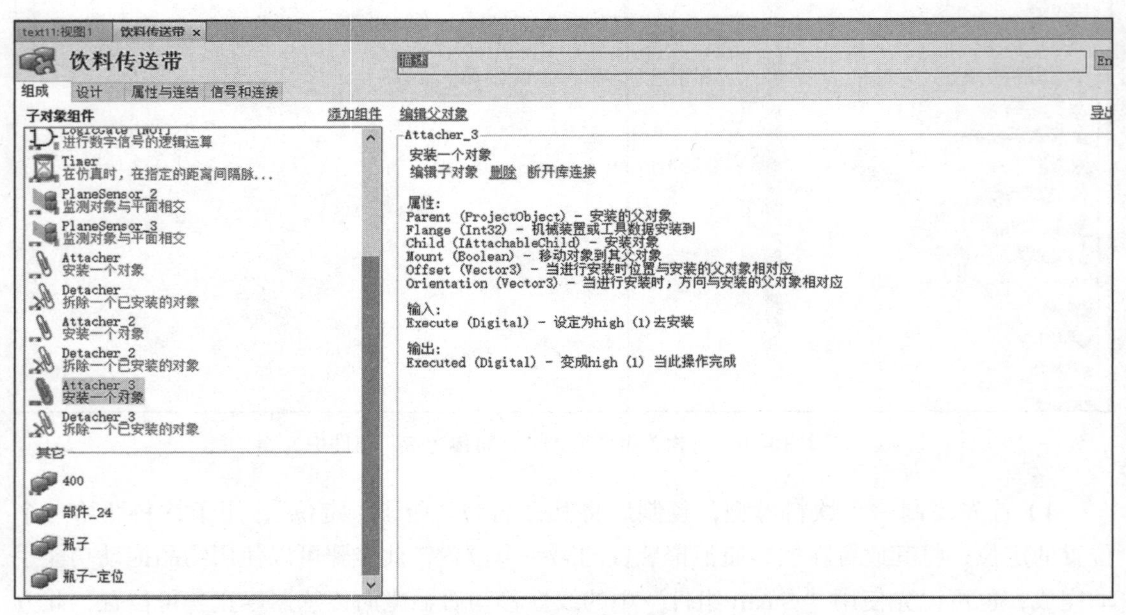

图 10-12　拖拽定位饮料瓶模型到“饮料传送带”组件中

5）在本任务中，一个饮料瓶瓶身的宽度为 100.00mm，故第二个饮料瓶要停止在距离

第一个饮料瓶 100.00mm 处，第三个饮料瓶要停止在距离第一个饮料瓶 200.00mm 处，本任务中的饮料瓶原点位于瓶盖正中心位置。实现饮料瓶先后停止的思路为先触发第一个传感器，第一个饮料瓶会被安装在定位饮料瓶处，安装完成后，第二个面传感器激活，第二个饮料瓶被安装在距离定位饮料瓶 100.00mm 处，安装完成后激活最后一个面传感器，将第三个饮料瓶安装在距离定位饮料瓶 200.00mm 处。根据以上思路，“饮料传送带”组件的各个子组件属性设置如图 10-13 ～图 10-20 所示。

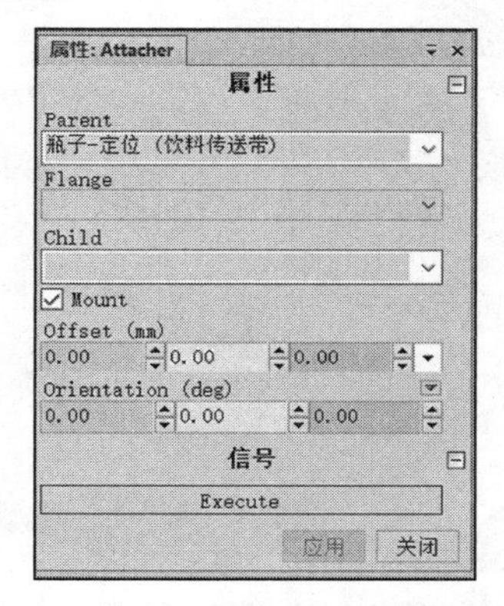

图 10-13　第一个安装子属性设置，其父属性为模型“瓶子 – 定位”处

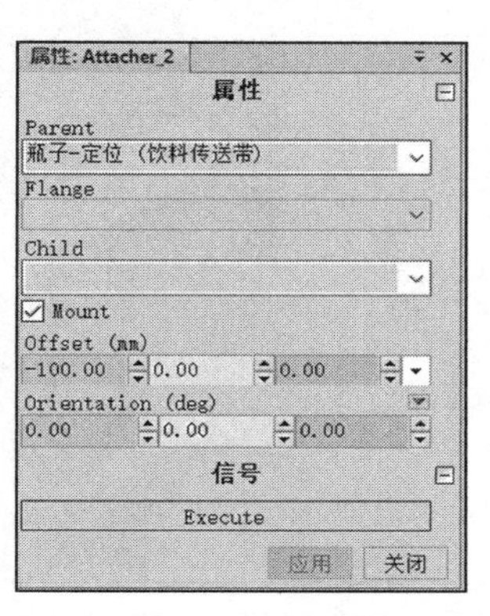

图 10-14　第二个安装子属性设置，安装位置为第一个安装处沿 x 轴偏移 –100.00mm

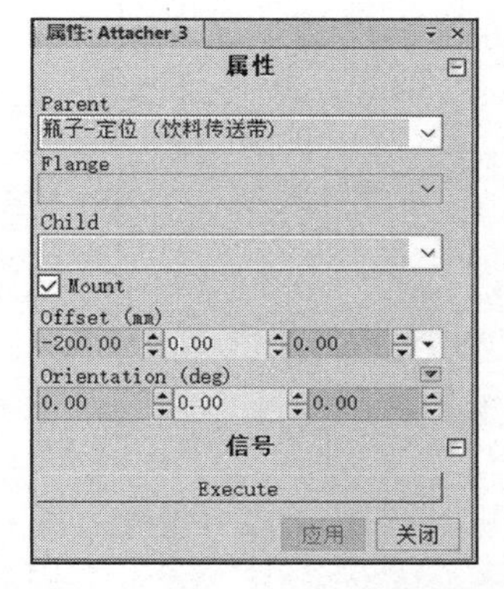

图 10-15　第三个安装子属性设置，安装位置为第一个安装处沿 x 轴偏移 –200.00mm

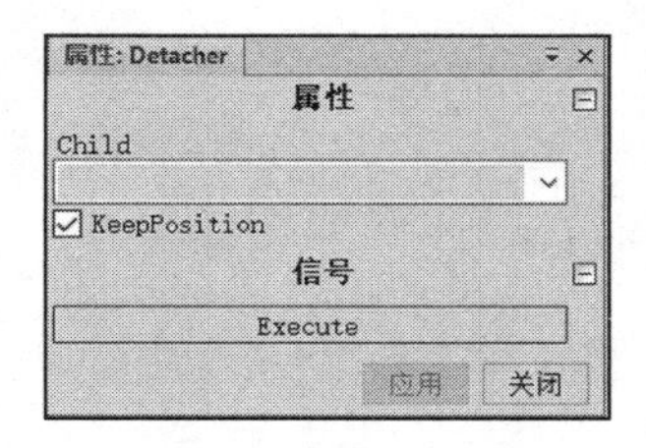

图 10-16　取消安装子组件属性设置，三个取消安装子组件属性一致

图 10-17　“LinearMover”组件属性

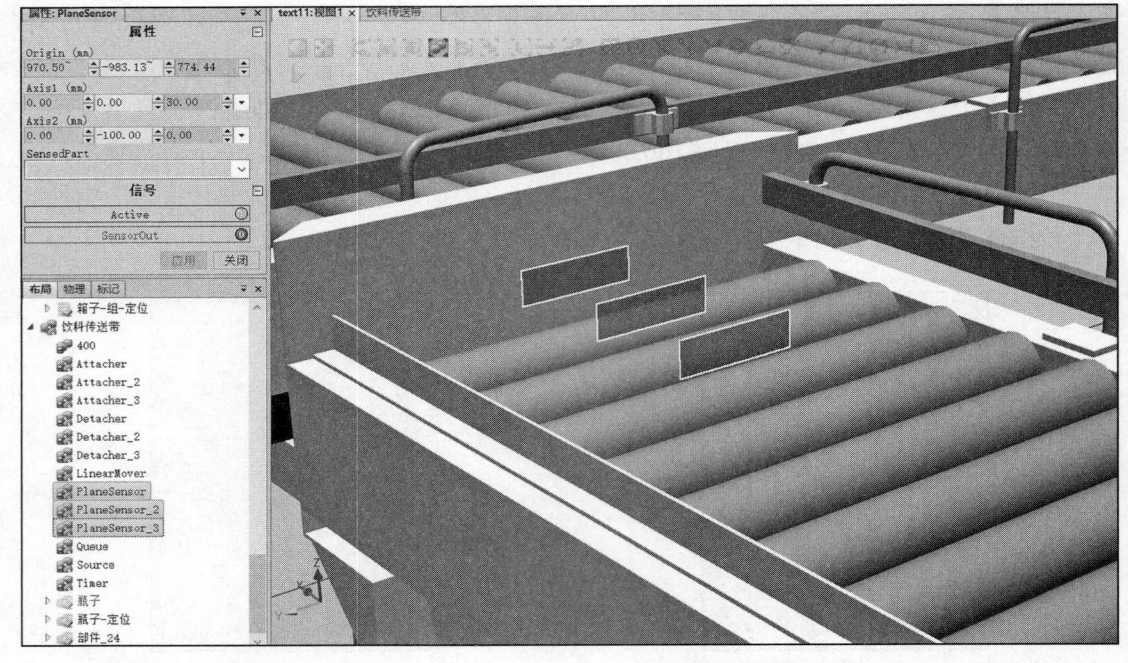

图 10-18　三个面传感器属性，每个间距 100.00mm，此图为将周边部件设为不可见时的情景

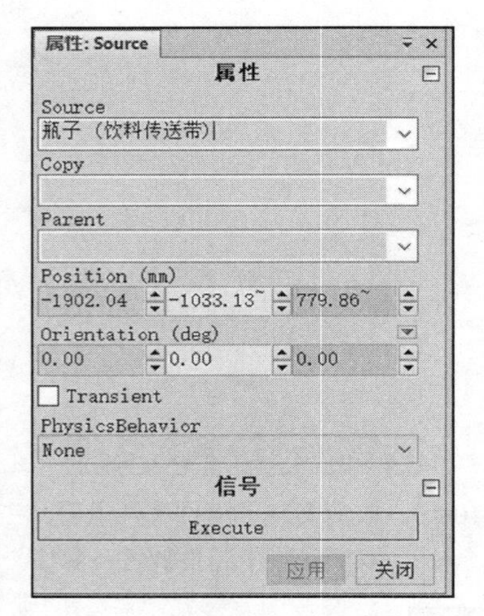

图 10-19　“Source”组件属性设置，模型源为模型“瓶子”

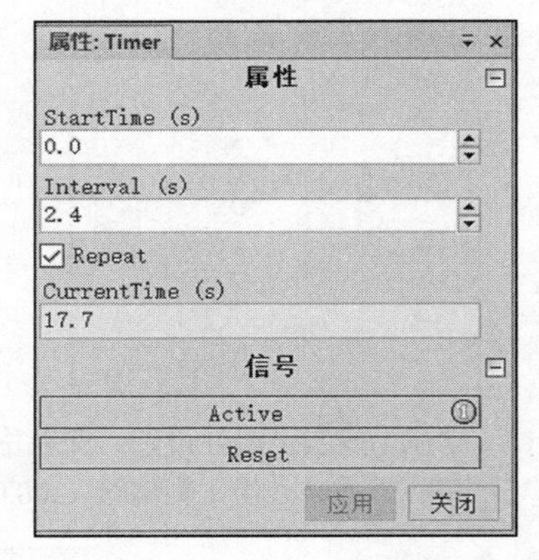

图 10-20　“Timer”组件属性设置，用于控制饮料瓶间隔

6）按照图 10-21 完成“属性与连结”，同时在“饮料传送带”组件中添加一个数字输出信号“DW”，用于告知机器人饮料瓶已经到位，同时添加信号及 I/O 连接如图 10-22 和图 10-23 所示。

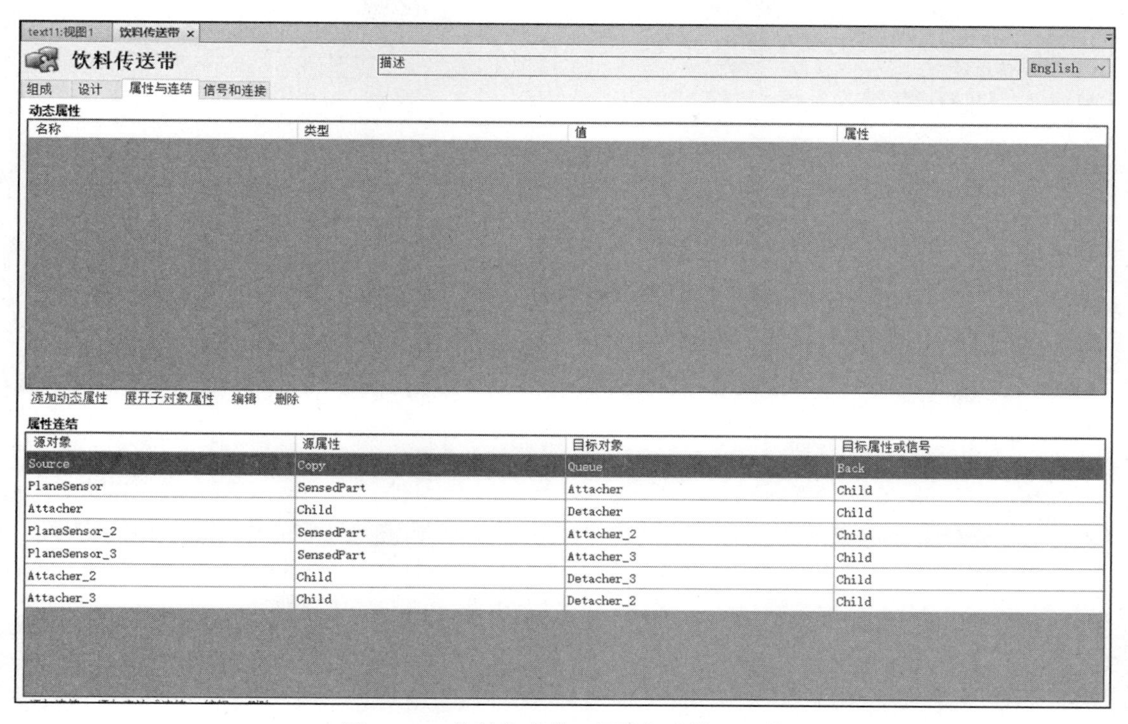

名称	类型	值	属性

源对象	源属性	目标对象	目标属性或信号
Source	Copy	Queue	Back
PlaneSensor	SensedPart	Attacher	Child
Attacher	Child	Detacher	Child
PlaneSensor_2	SensedPart	Attacher_2	Child
PlaneSensor_3	SensedPart	Attacher_3	Child
Attacher_2	Child	Detacher_3	Child
Attacher_3	Child	Detacher_2	Child

图 10-21　饮料传送带“属性与连结”一览

text11:视图1　饮料传送带

饮料传送带　描述　English

组成　设计　属性与连结　信号和连接

I/O 信号

名称	信号类型	值
DW	DigitalOutput	0

添加I/O Signals　展开子对象信号　编辑　删除

I/O连接

源对象	源信号	目标对象	目标信号或属性
Timer	Output	Source	Execute
Source	Executed	Queue	Enqueue
LogicGate [NOT]	Output	LinearMover	Execute
LogicGate [NOT]	Output	Timer	Active
PlaneSensor	SensorOut	PlaneSensor_2	Active
PlaneSensor_2	SensorOut	PlaneSensor_3	Active
PlaneSensor_3	SensorOut	LogicGate [NOT]	InputA
PlaneSensor	SensorOut	Queue	Dequeue
PlaneSensor_2	SensorOut	Queue	Dequeue
PlaneSensor_3	SensorOut	Queue	Dequeue
PlaneSensor	SensorOut	Attacher	Execute

图 10-22　饮料传送带信号及 I/O 连接一览 1

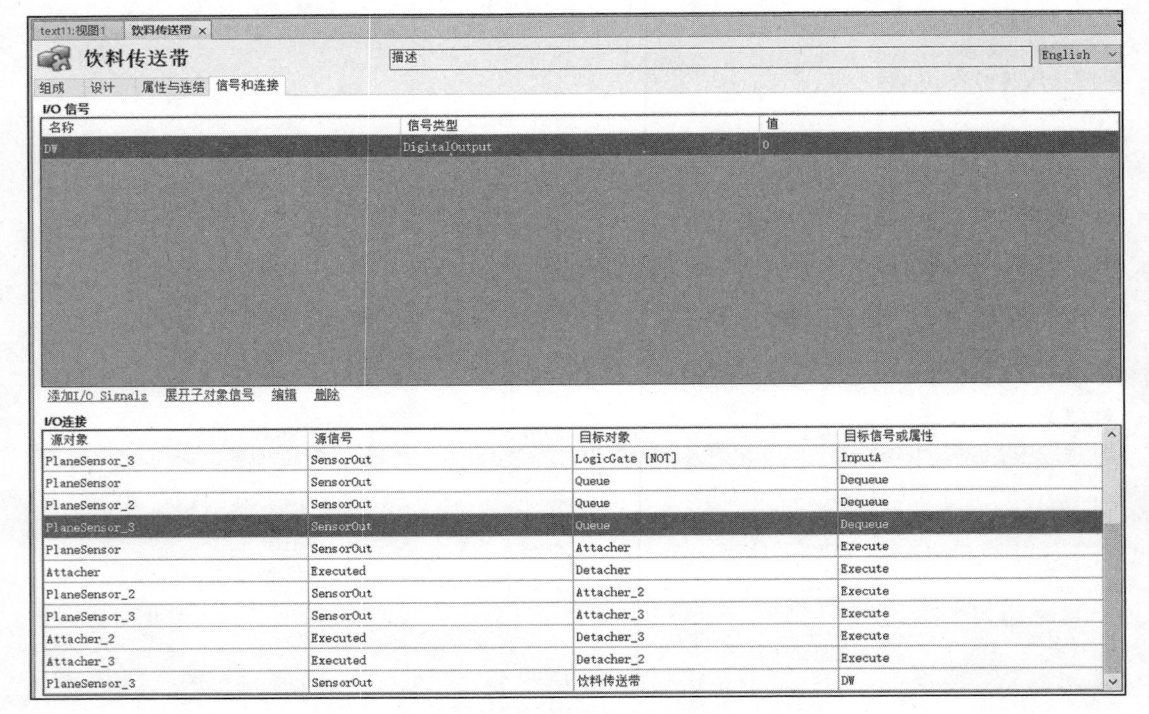

图 10-23　饮料传送带信号及 I/O 连接一览 2

10.1.3　封箱传送带设计

1）封箱传送带较为简单，仅需要将完成打包后的饮料箱运输即可，此组件包含“Attacher”组件一个；“Detacher”组件一个；“LinearMover”组件一个；“PlaneSensor”传感器组一个；“Queue”“Source”各一个。将打包后的模型命名为“组_1_合并”，新建一个“Smart 组件”，将其命名为“封箱传送带－后”，把模型“组_1_合并”和传送带模型“400_guide”拖入此组件中，接着将打包机模型（由部件 3 和部件 5 两个矩形体组成）也放入“封箱传送带－后”组件中，打包后模型及此部分总体布局如图 10-24 和图 10-25 所示。

2）同 10.1.2 中的第 4）步一样，这里将“组_1_合并”模型也设置一个定位模块，将其命名为“组_1-定位”，并将打包完毕后的物体放置在传送带末端，并设置为“不可见”，以方便机器人码垛，如图 10-26 所示。

3）按照上文步骤添加“封箱传送带－后”子组件，并添加部分辅助组件“LogicGate_4”非门和“LogicGate_5”与非门。组件的组成情况如图 10-27 所示。

4）各个子组件属性如图 10-28 ～图 10-33 所示。

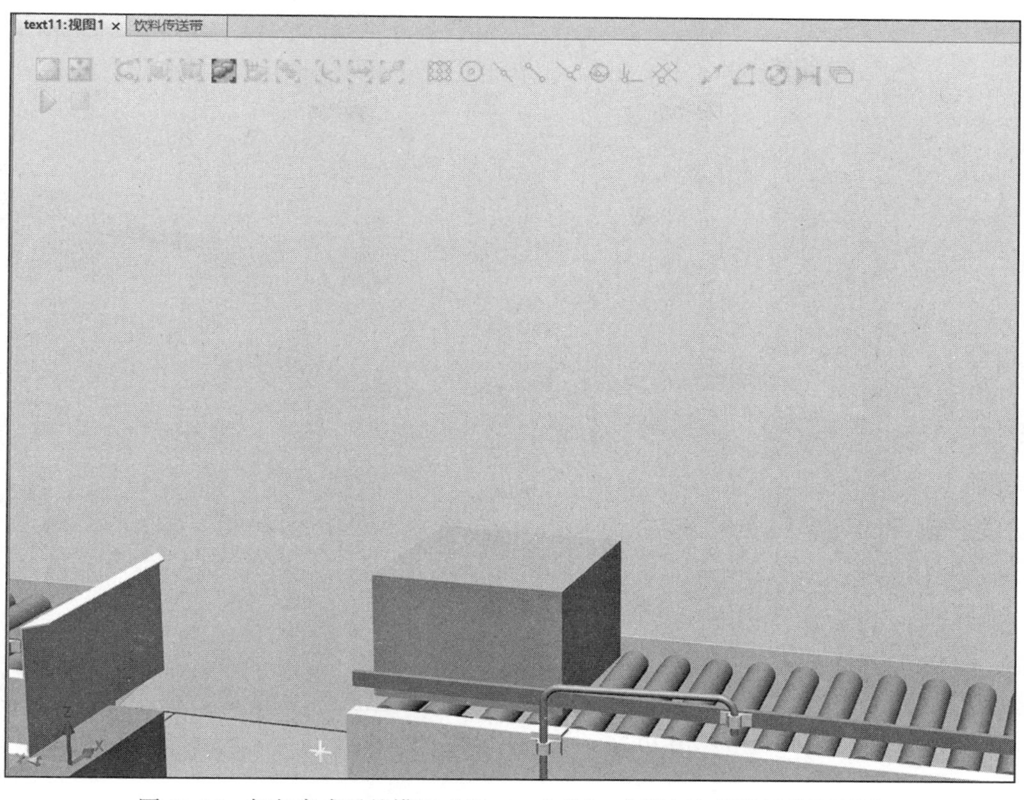

图 10-24　打包完成后的模型“组 _1_ 合并”，此图打包机设置为不可见

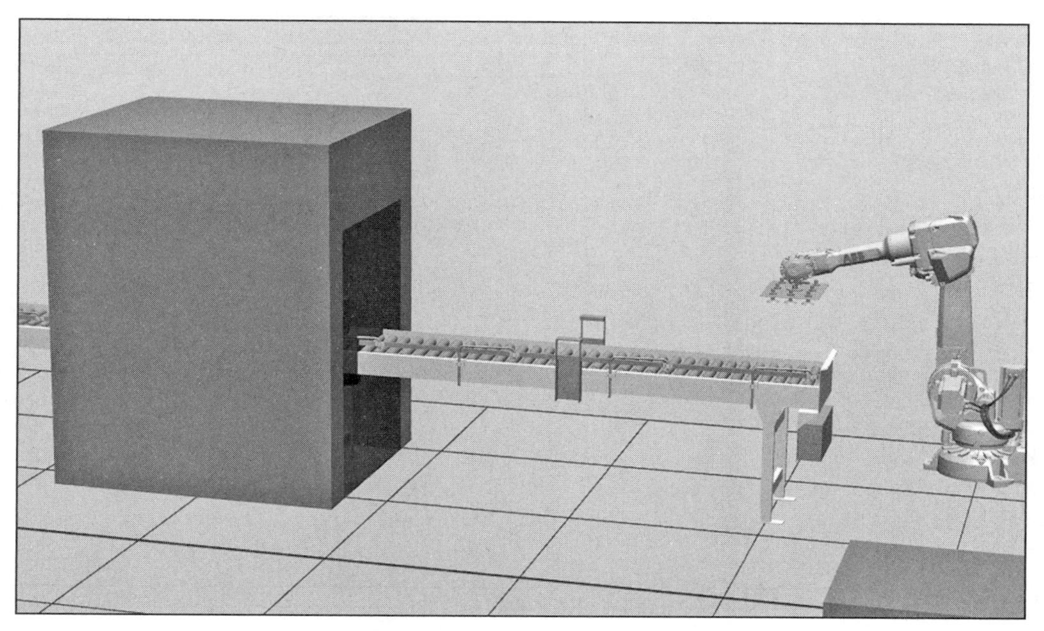

图 10-25　封箱传送带整体布局

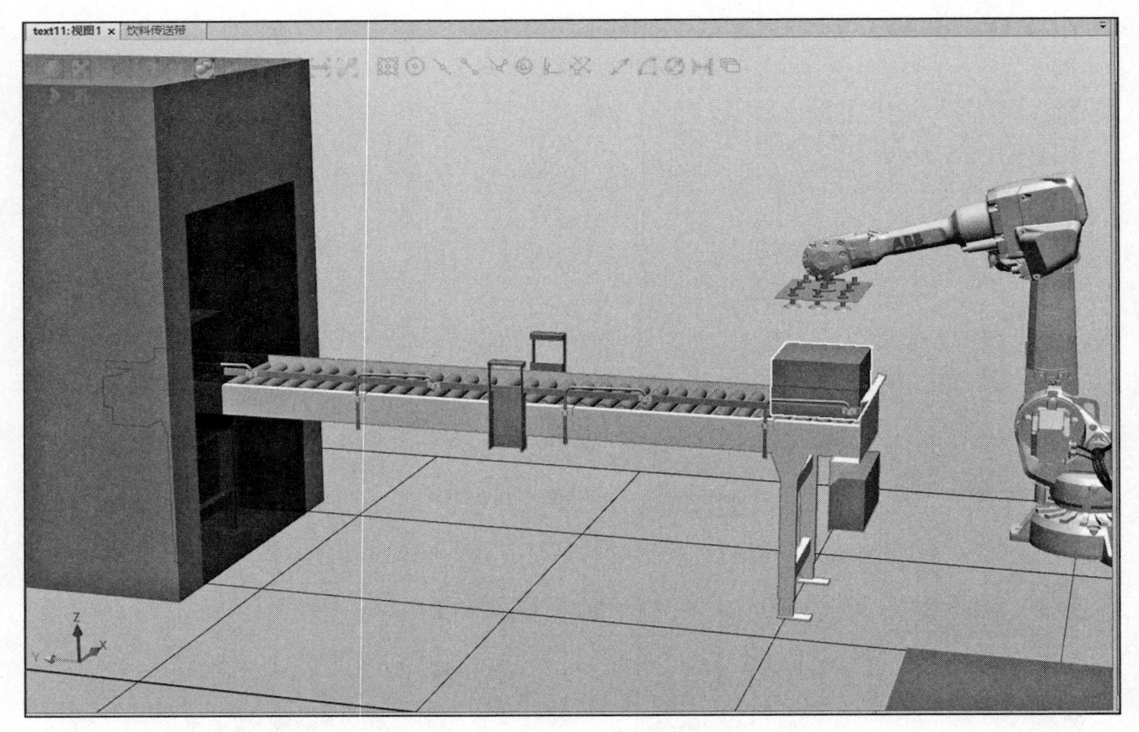

图 10-26 “组 _1- 定位”模型位置

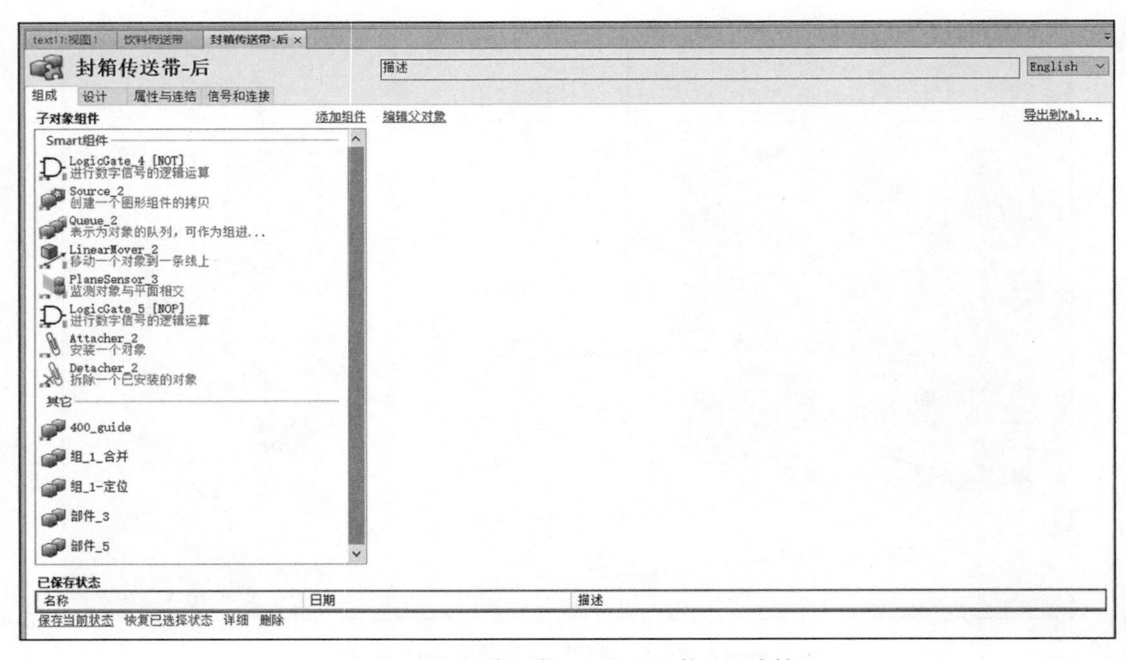

图 10-27 “封箱传送带 – 后”子组件的组成情况

属性: Attacher_2

属性

Parent

组_1-定位（封箱传送带-后）

Flange

Child

Mount

Offset (mm)

0.00 0.00 0.00

Orientation (deg)

0.00 0.00 0.00

信号

Execute

应用 关闭

图 10-28 “Attacher_2”属性

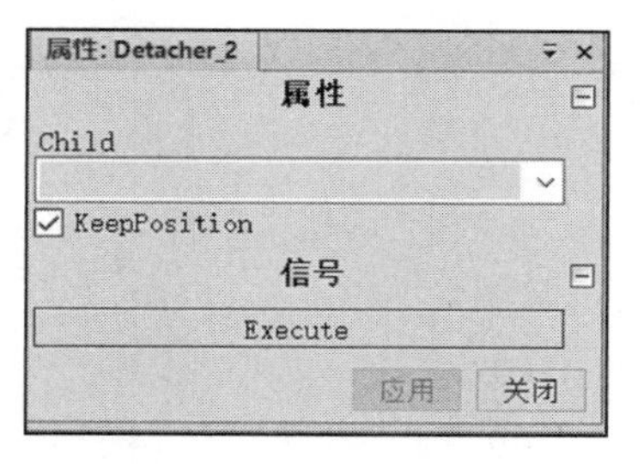

图 10-29 “Detacher_2”属性

属性: LinearMover_2

属性

Object

Queue_2（封箱传送带-后）

Direction (mm)

0.00 -1.00 0.00

Speed (mm/s)

300.00

Reference

Global

信号

Execute

应用 关闭

图 10-30 “LinearMover_2”属性

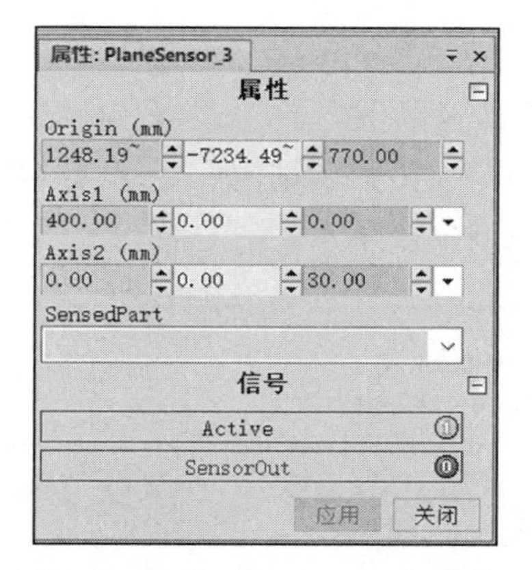

图 10-31 “PlaneSensor_3”属性

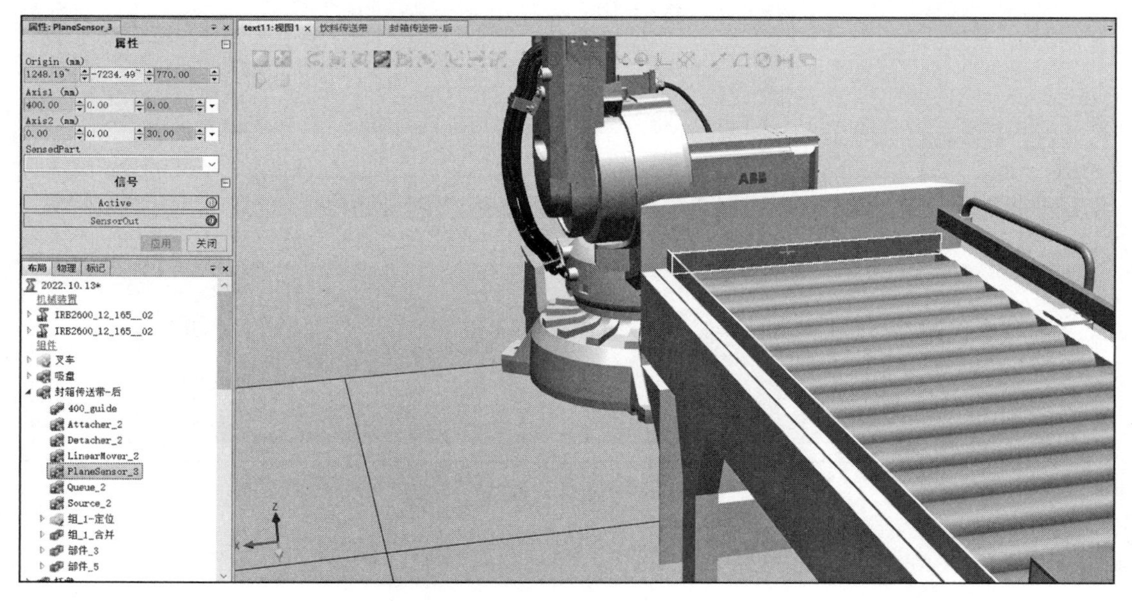

图 10-32 “PlaneSensor_3”位置

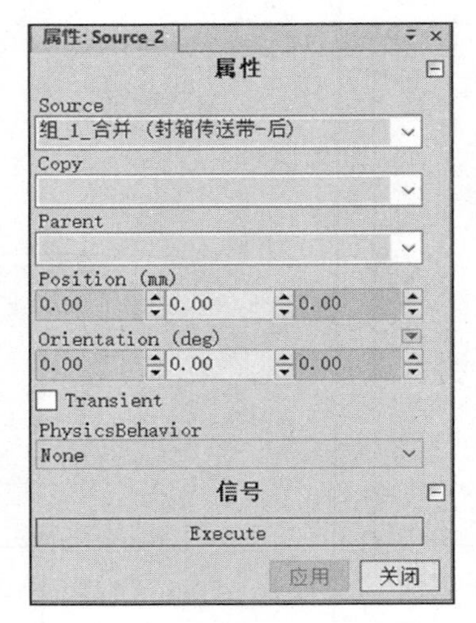

图 10-33 “Source_2”属性

5）按照图 10-34 完成“封箱传送带 – 后”的“属性与连结”，并创建一共数字输入信号“INT”，用于码垛计数，一共数字输出信号“DW”，用于通知机器人物料到位。其 I/O 连接如图 10-35 所示。

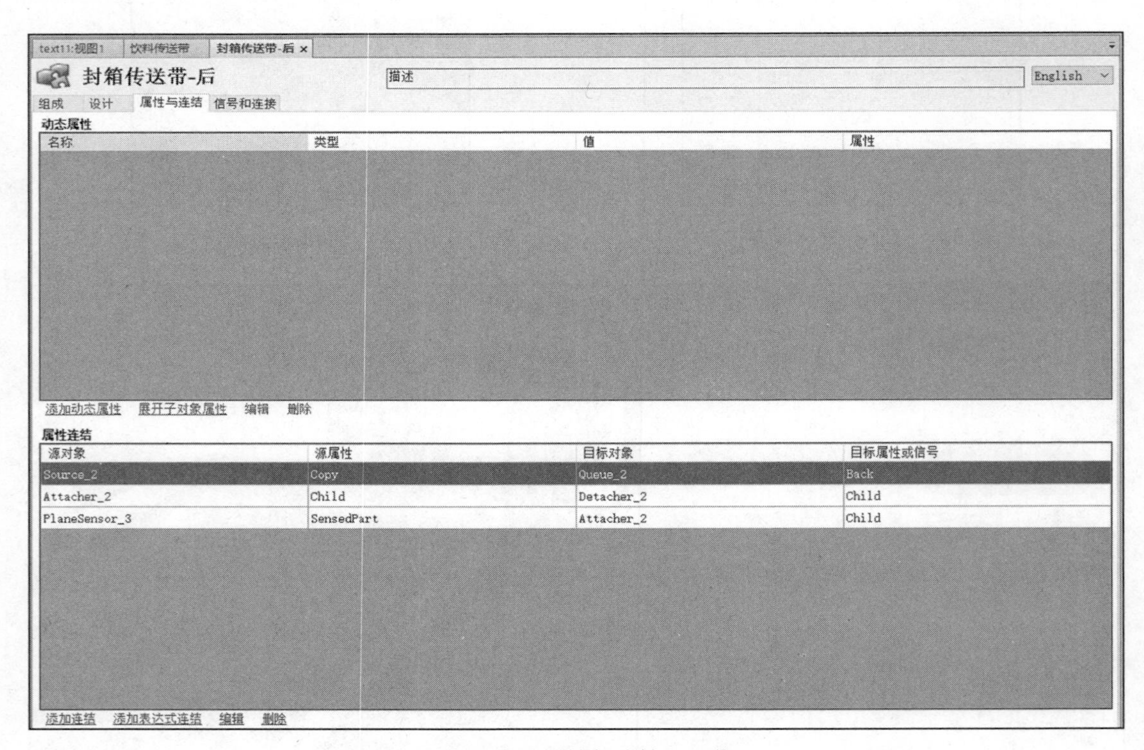

图 10-34 “属性与连结”一览

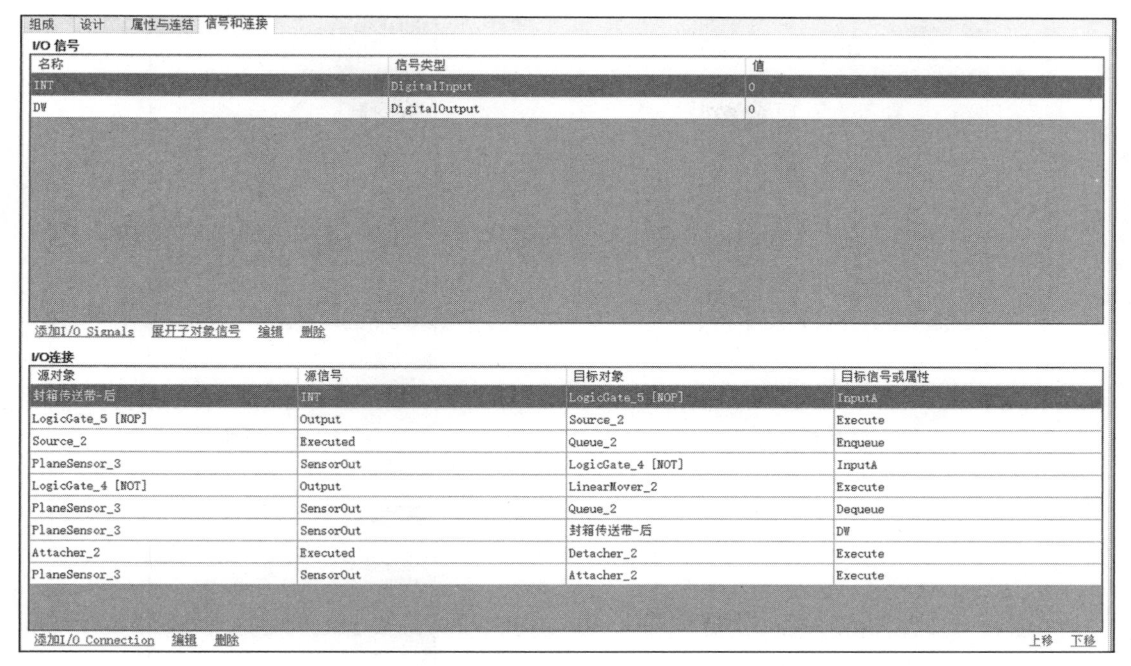

图 10-35　“信号和连接”一览

10.2　吸盘及三联抓手“Smart 组件”设计

10.2.1　吸盘及模型导入

将吸盘安装到机器人的法兰盘上，同时单击“基本”选项卡，选择“机器人系统”下面的“从布局 ...”安装机器人系统，本任务的机器人系统为一个大系统控制。安装完成后可进行码垛机器人工具拾取“ Smart 组件”的创建。码垛吸盘较为简单，如果没有具体模型可由矩形体代替，但三联吸盘较为复杂，若不追求细节也可由矩形体代替，工具模型的创建前文已经详细描述，这里不做赘述。

10.2.2　“Smart 组件”的逻辑参数

1）新建一个“ Smart 组件”作为码垛机器人的吸盘控制组件，将其重命名为“吸盘”，此组件与第 5 章的抓取组件类似包含“ Attacher”组件 2 个；“ Detacher”组件 1 个；“LineSensor”线传感器 1 个，其属性设置如图 10-36 ～图 10-40 所示。

2）在吸盘“ Smart 组件”中添加一个“ LogicGate”非门，组件的子组件一览如图 10-41 所示。按照图 10-42 所示的“属性与连结”和图 10-43 所示的“信号和连接”完成设置，同时添加两个数字输入信号“ XP”“ QC”，用于表达物料已经吸附到吸盘和释放物料信号。

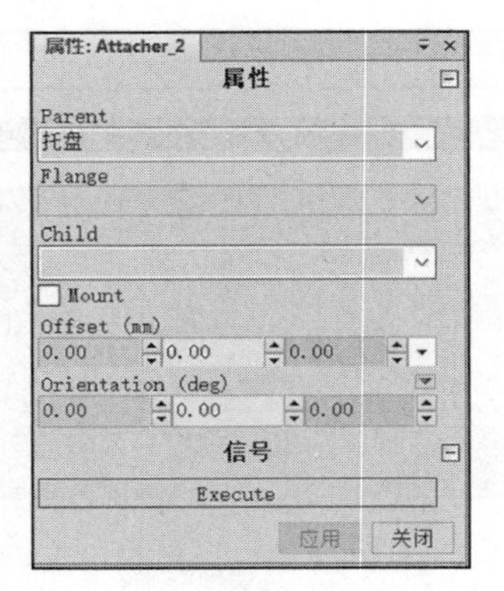

图 10-36 “Attacher_2”安装组件，将饮料安装到托盘上

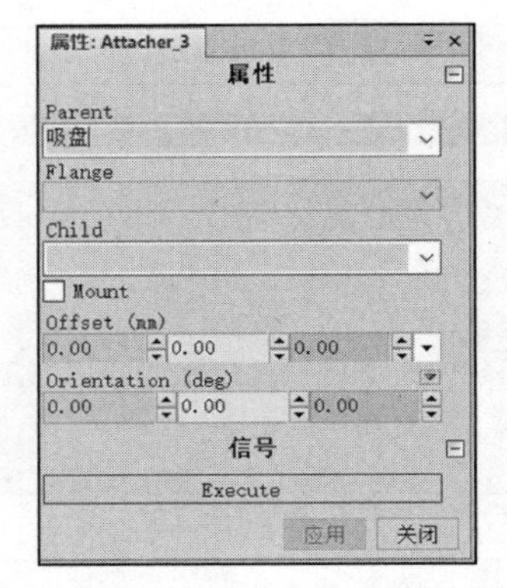

图 10-37 “Attacher_3”安装组件，将饮料安装到吸盘上

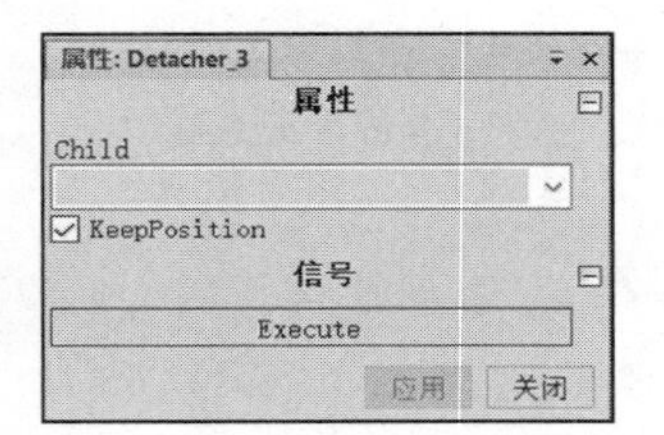

图 10-38 “Detacher_3”拆除组件

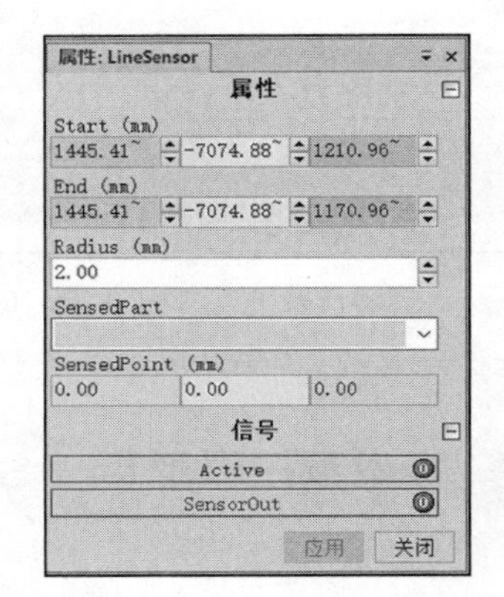

图 10-39 “LineSensor”属性

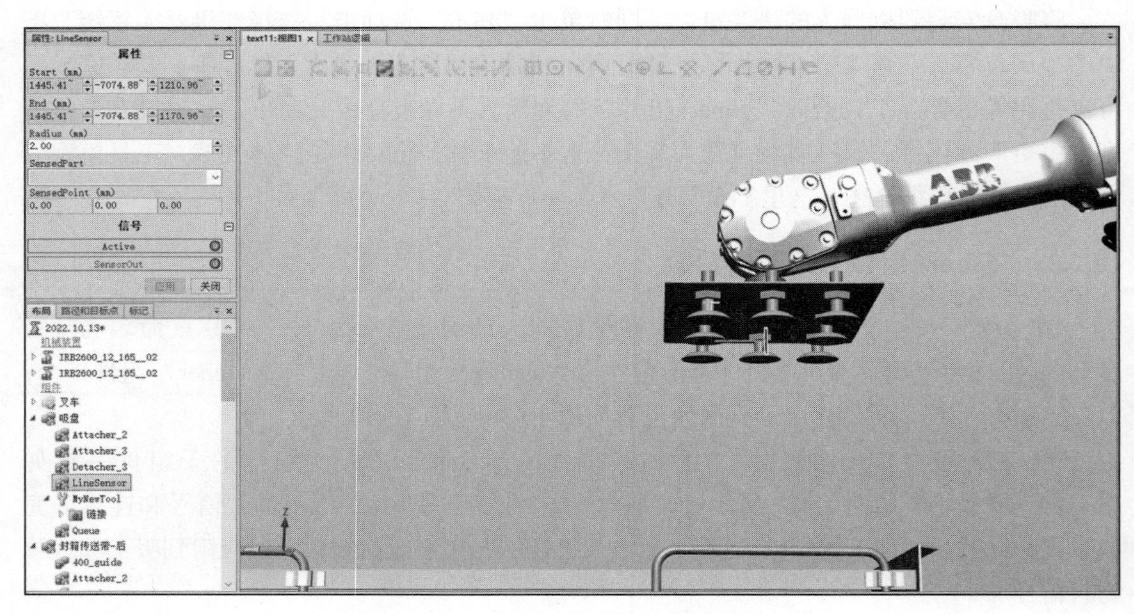

图 10-40 “LineSensor”位置，位于吸盘中心

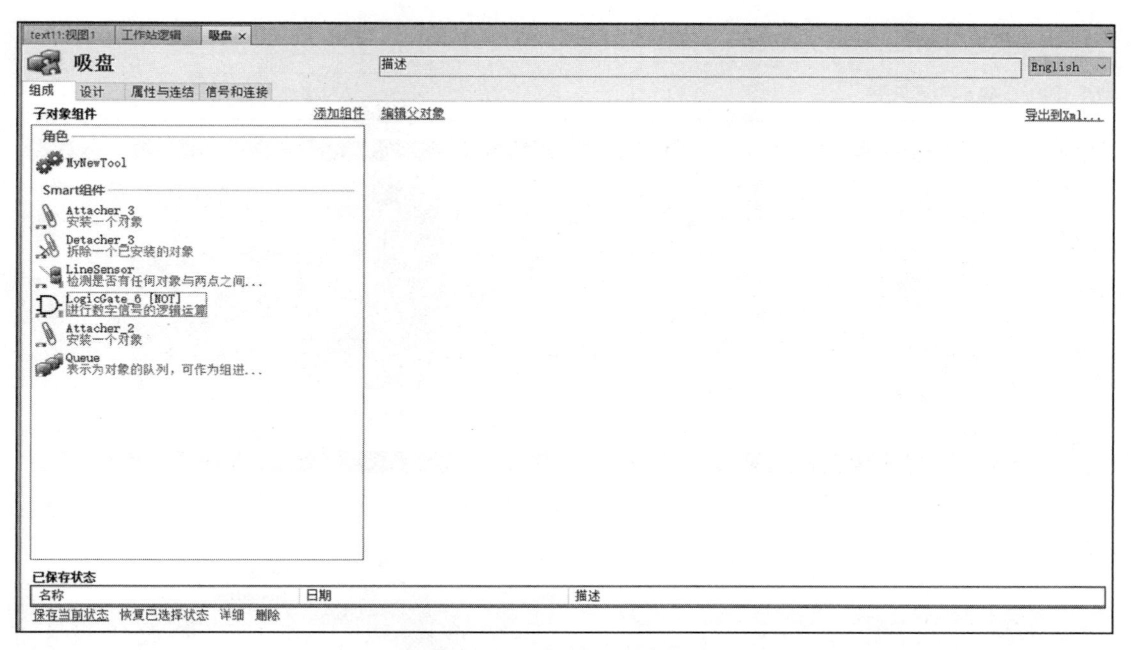

图 10-41　吸盘 Smart 子组件一览

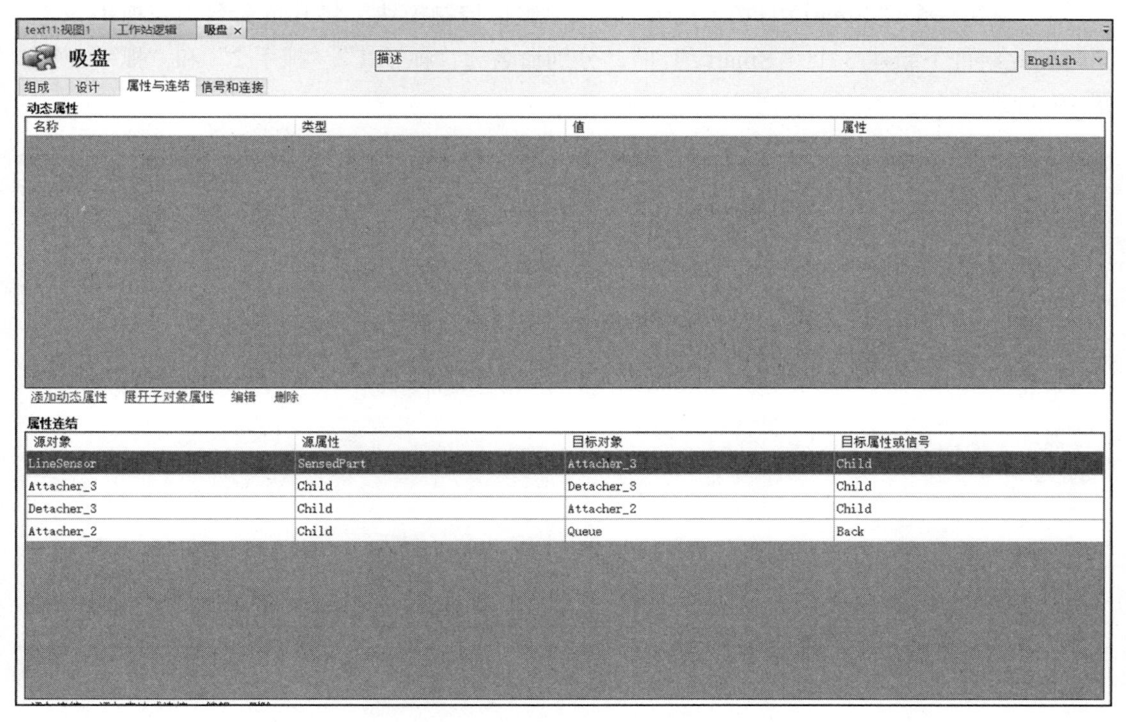

图 10-42　吸盘“属性与连结”一览

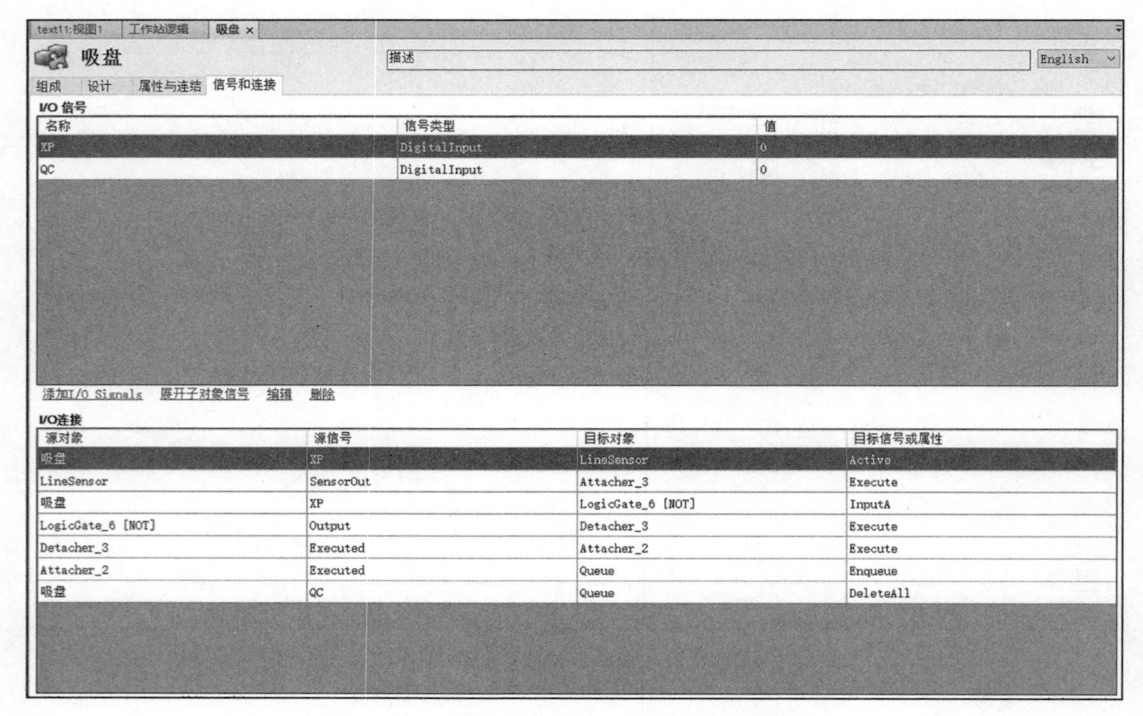

图 10-43 “吸盘”I/O 信号连接一览

3）新建一个“ Smart 组件”作为三联抓手组件控制模块，将其重命名为“抓手 ×3”，同时在此组件下新建 3 个“ Smart 组件”，分别命名为“抓手 1”“抓手 2”和“抓手 3”如图 10-44 所示。

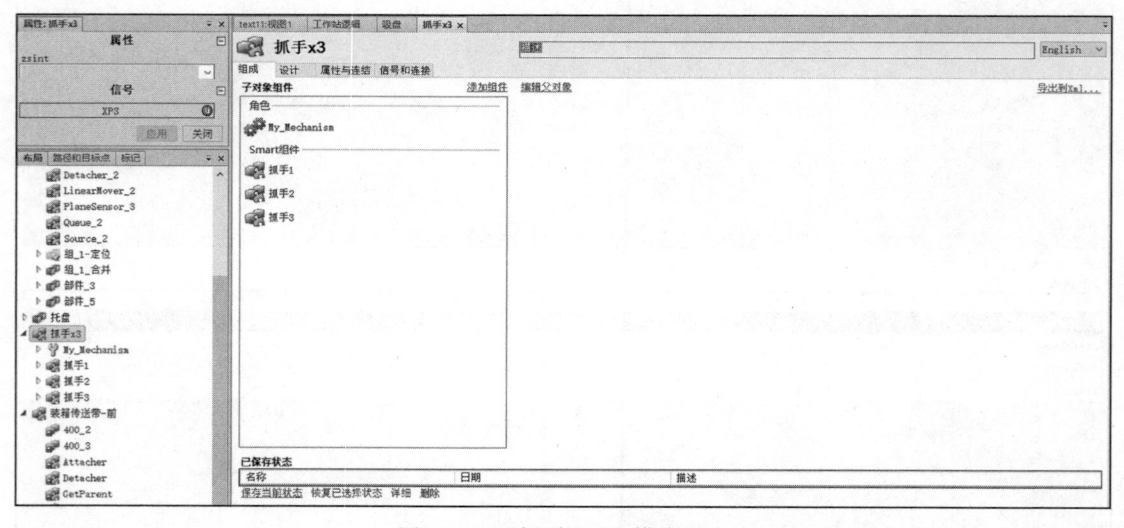

图 10-44 “抓手 ×3”模块组成

4）在编辑三联抓手时需要对其进行机械装置的创建，先将三联抓手拆除，对其创建机械装置，具体步骤在第 3 章已经讲述，这里只做简略说明。如图 10-45 所示，选择三联工具“部件 _9”“部件 _10”和“部件 _11”，在“建模”选项卡中单击“创建机械装置”，在“机械装置类型”中选择“工具”。

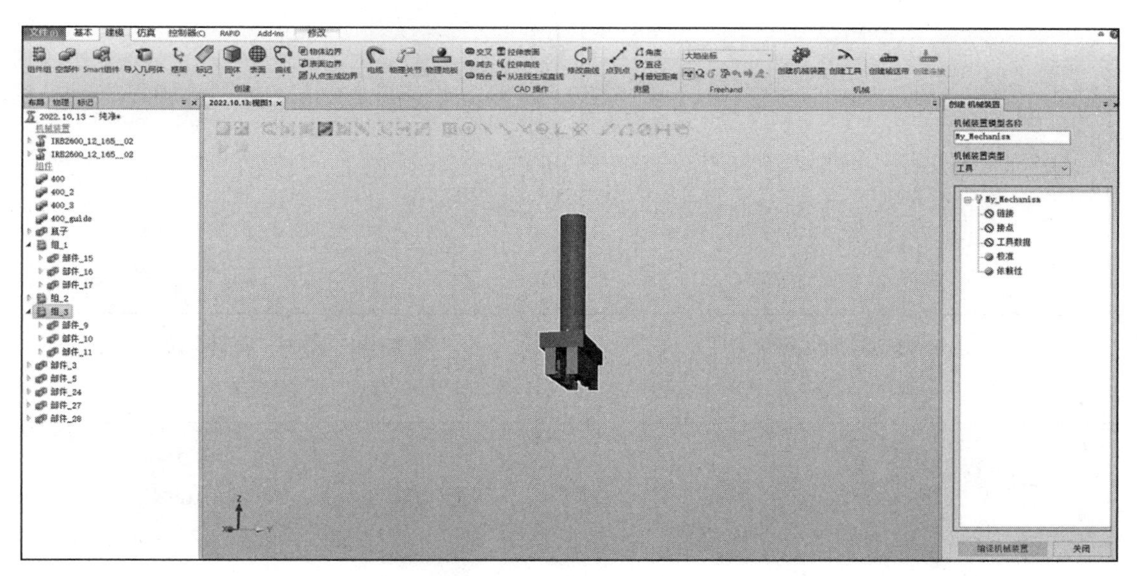

图 10-45　创建工具机械装置

右击“链接”，选择“添加链接 ...”，如图 10-46 所示，在弹出的对话框中按照图 10-47 所示进行设置。依次添加如图 10-48 和图 10-49 所示的参数进行设置，最终效果如图 10-50 所示。

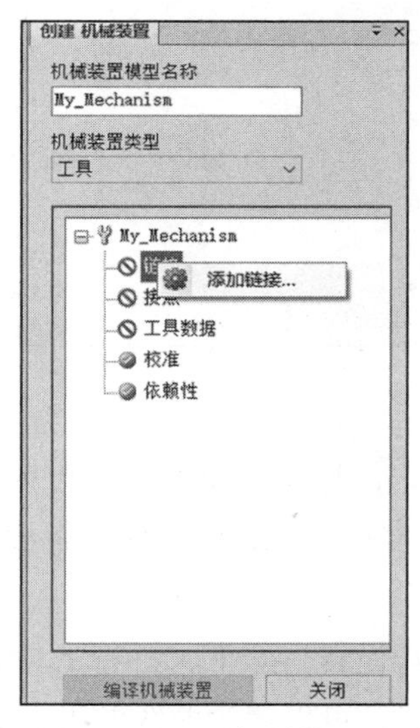

图 10-46　“添加链接 ...”

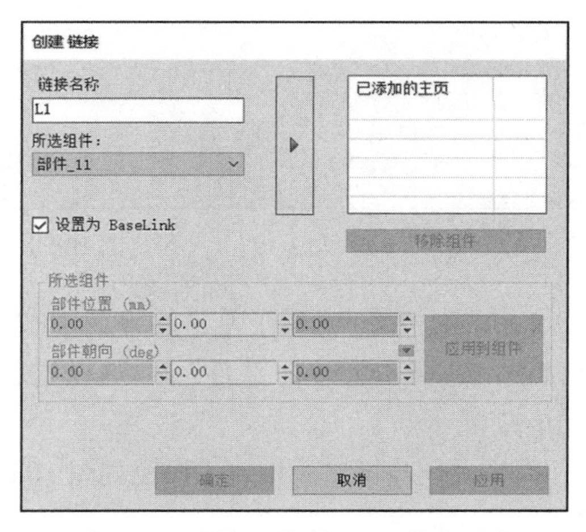

图 10-47　添加“部件 _11”作为基底

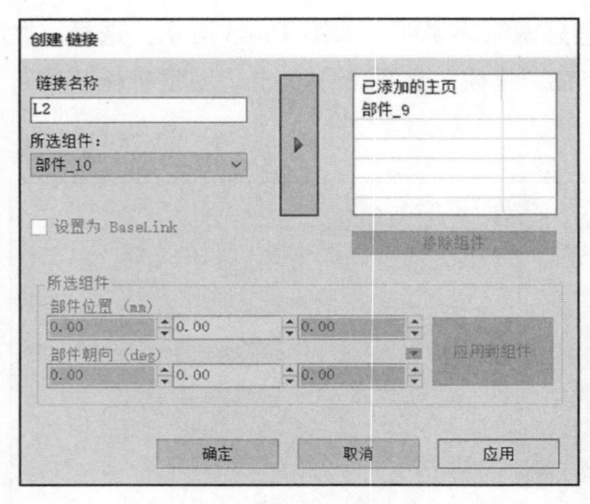

图 10-48　添加“部件 _9”

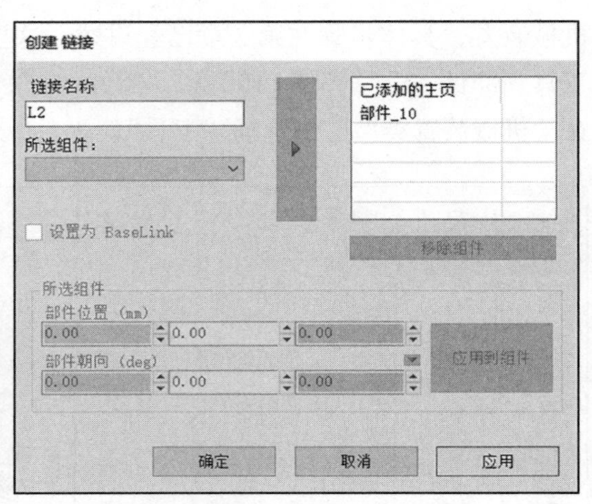

图 10-49　添加“部件 _10”

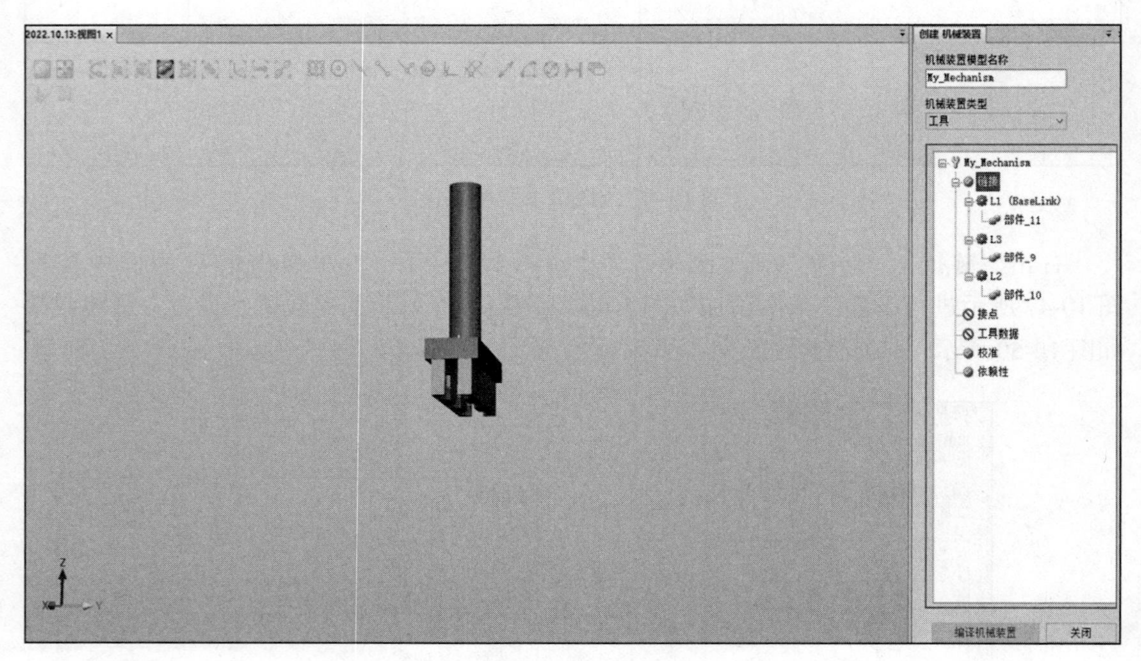

图 10-50　链接最终效果

5）右击“接点”，在弹出的界面中按照图 10-51 所示进行参数设置，设置完成拖动操纵轴按钮可以发现“部件 _9”可以进行往复运动，单击“应用”即可完成设置，如图 10-52 所示。

同样，创建第二个接点，按照如图 10-53 的参数进行设置。接下来进行工具数据创建，在弹出的对话框中，“位置”一栏坐标为该工具的 TCP 点，可设置为两线的中点如图 10-54 所示，单击“确定”完成设置。

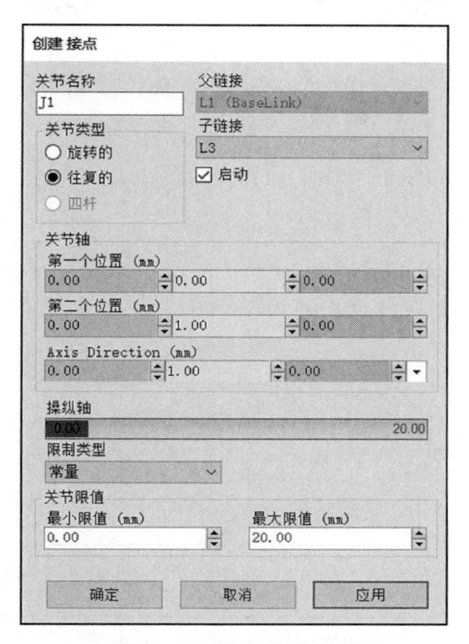

图 10-51　接点参数设置

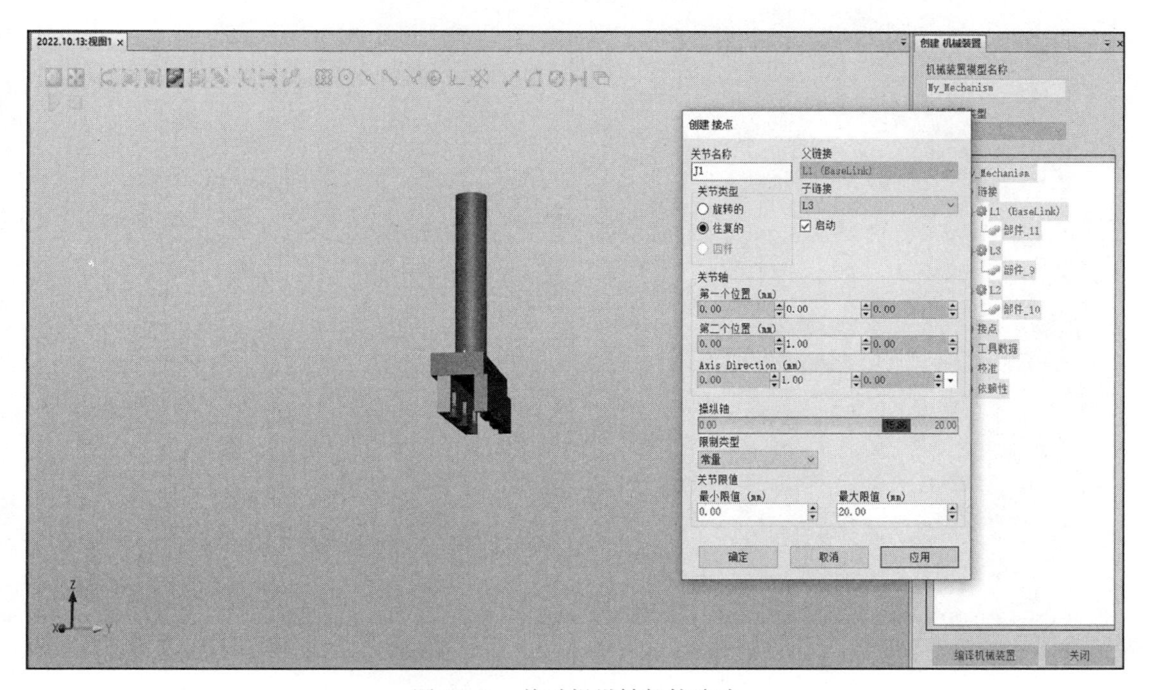

图 10-52　拖动操纵轴部件移动

单击“编译机械装置”，在弹出的对话框中单击“添加”，即可添加姿态，默认的姿态即为夹紧饮料瓶的姿态，单击“应用”即可，如图 10-55 所示。再添加一个原点位置，将其命名为“原点位置”，务必勾选上“原点姿态”，单击“应用”即可，参数如图 10-56 所示。

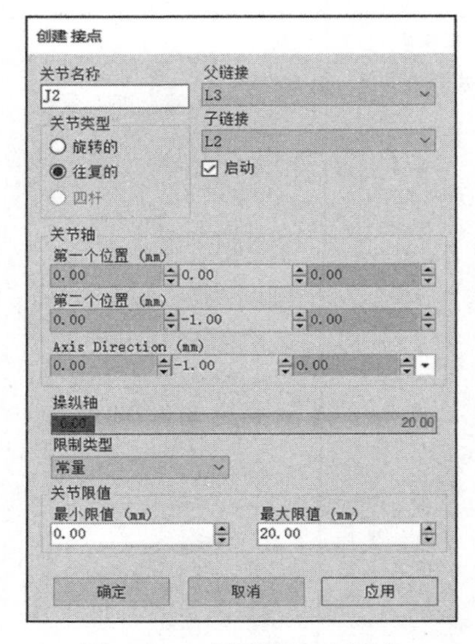

图 10-53 创建第二个接点

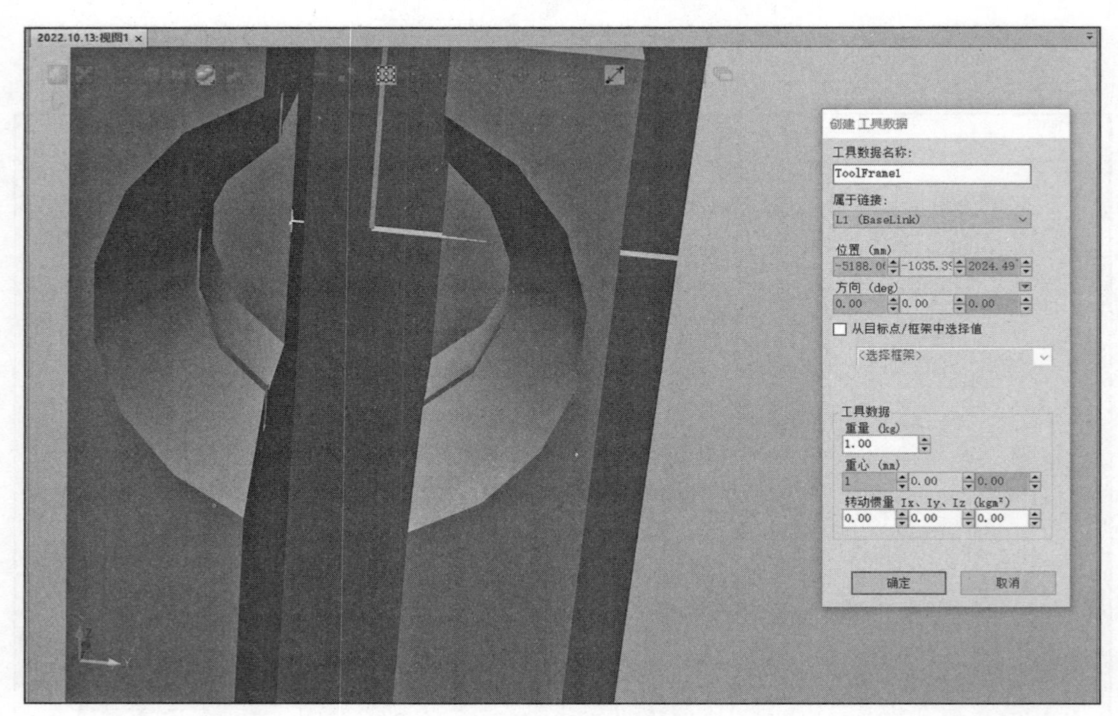

图 10-54 创建机械装置的工具数据

6）三联抓手模块本质上由三个单独的抓取模块组成，每个抓取点有一个线性传感器，用于抓取饮料瓶，传感器与饮料瓶的瓶盖正中心有交点。“抓手 1”包含“Attacher”“Detacher”“LineSensor”“PoseMover”“SetParent”五类组件，其中“PoseMover”组件 2 个，其他组件各 1 个。“Attacher”“Detacher”“LineSensor”“Pose Mover”“Set Parent”组件属性如图 10-57 ～图 10-63 所示。

图 10-55　夹紧状态“姿态 1”

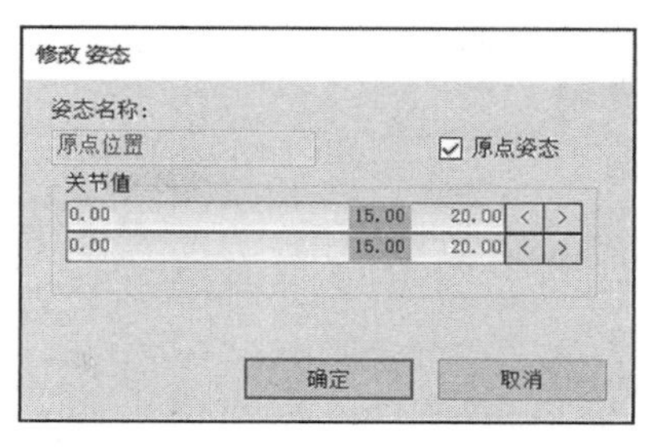

图 10-56　松开状态“原点位置”

图 10-57　“Attacher_3”组件属性

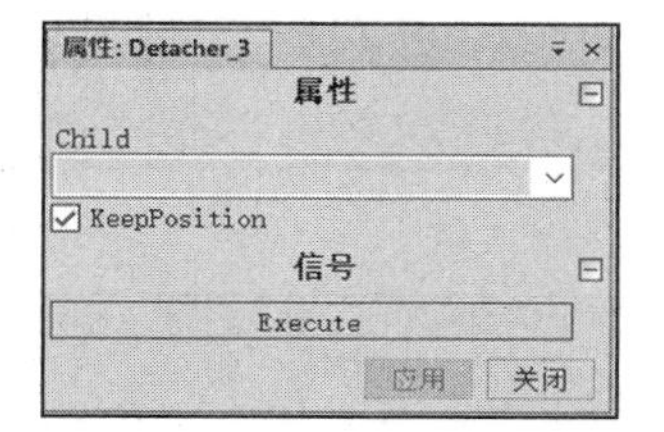

图 10-58　“Detacher_3”组件属性

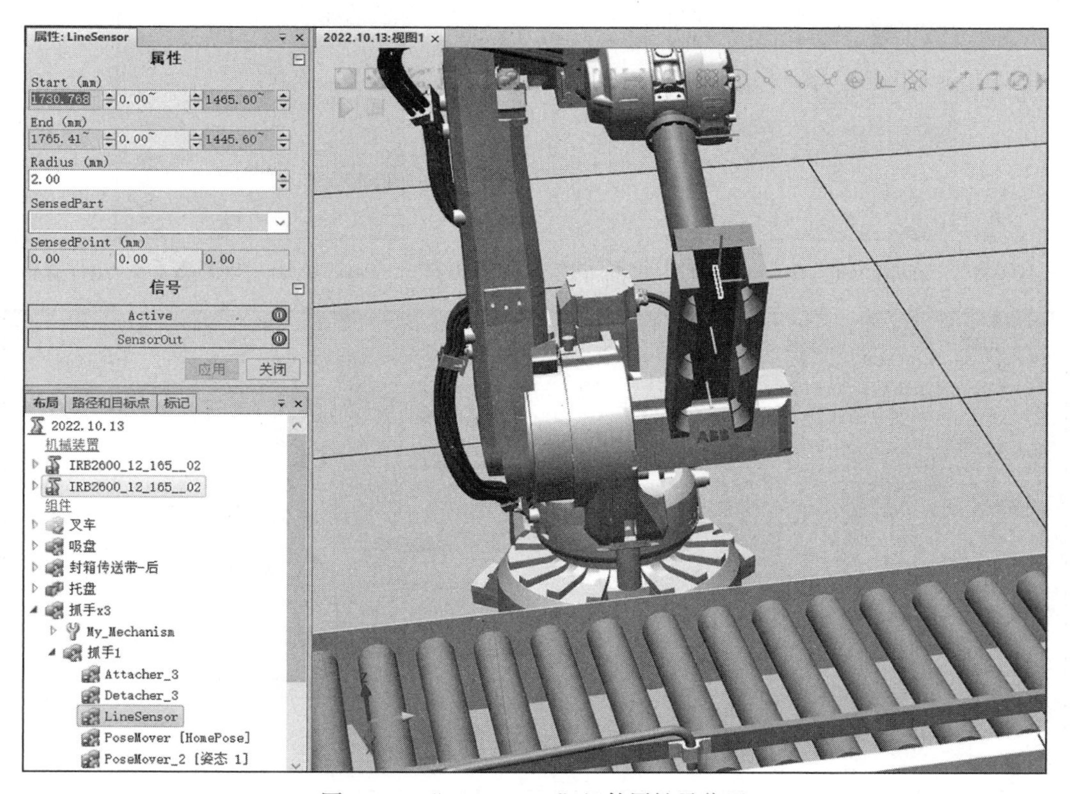

图 10-59　“LineSensor”组件属性及位置

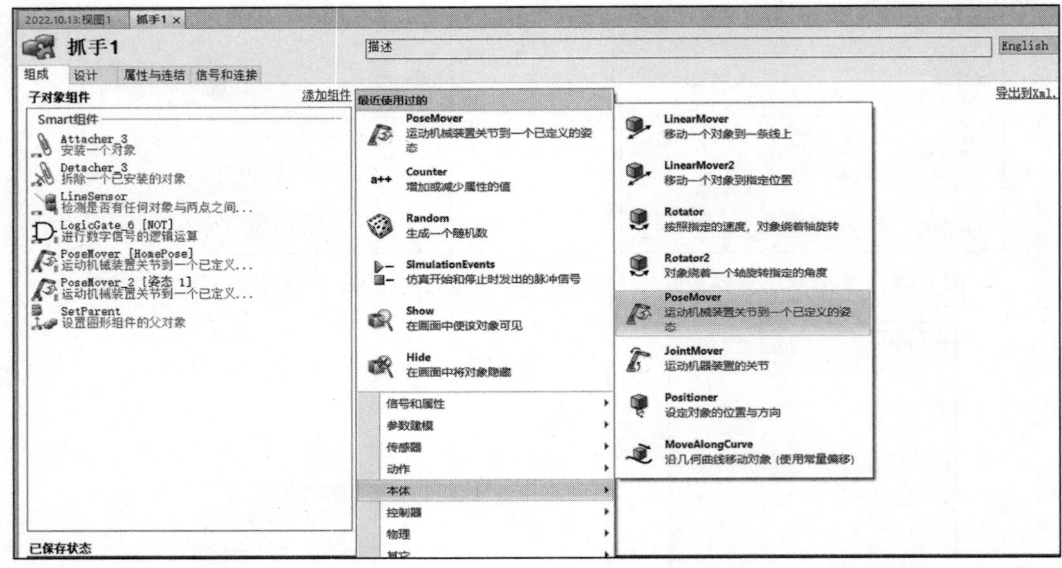

图 10-60 “PoseMover”位置

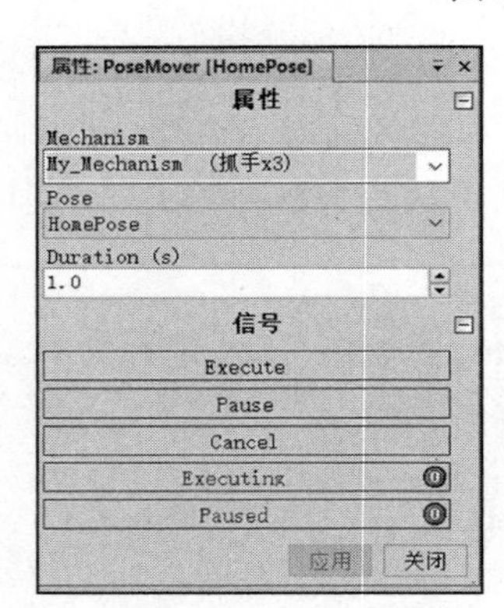

图 10-61 “PoseMover［Home Pose］”组件属性

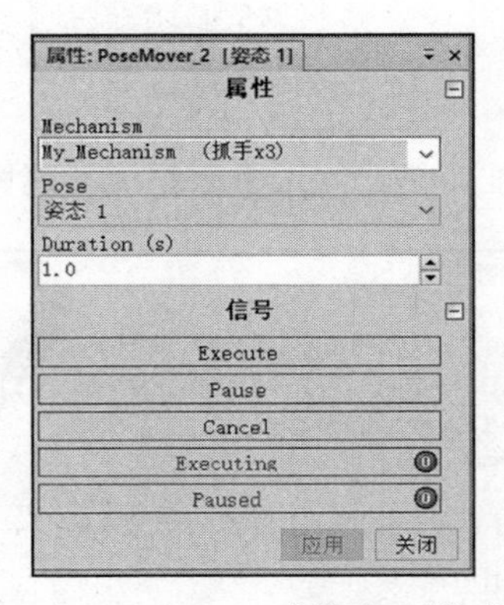

图 10-62 “PoseMover_2［姿态 1］”组件属性

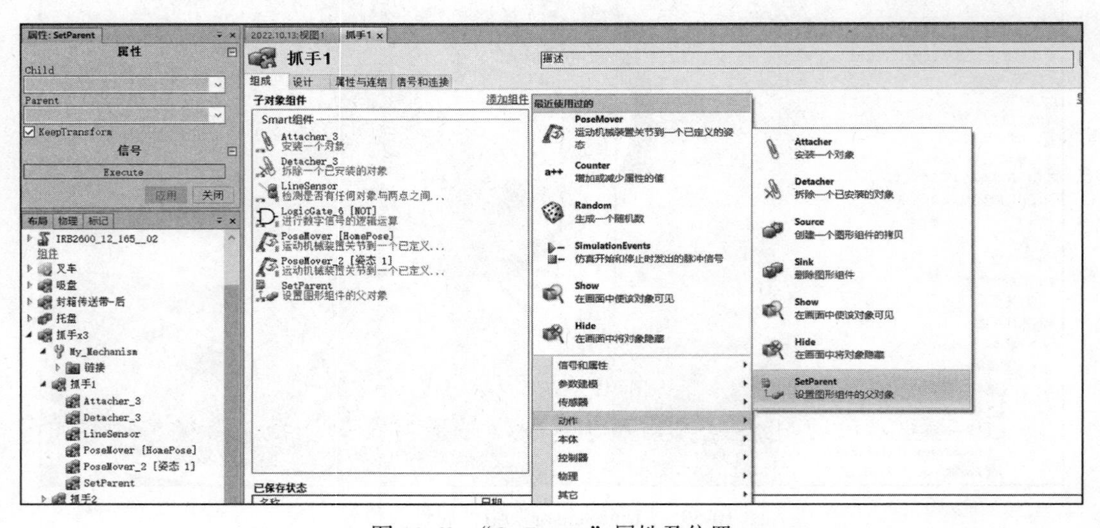

图 10-63 “SetParent”属性及位置

7）在“抓手 1”组件中添加一个动态属性“ zs1”，用于控制属性的连结，在“属性与连结”中单击“添加动态属性”，添加如图 10-64 所示的动态属性，单击“确定”。同时进行如图 10-65 所示的属性连结。

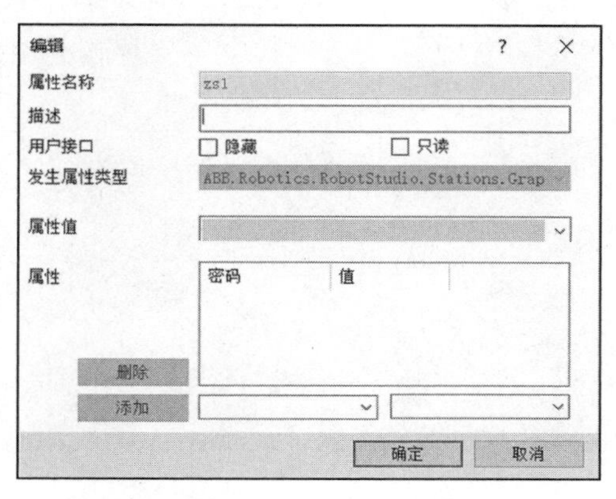

图 10-64　添加动态属性

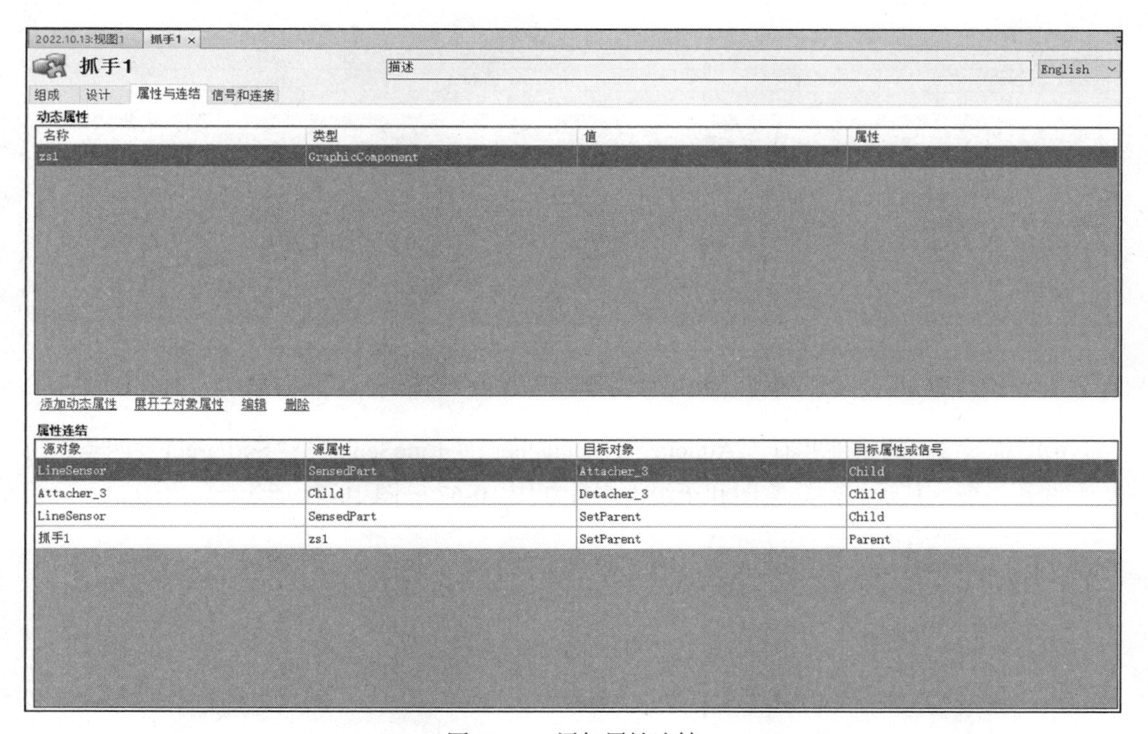

图 10-65　添加属性连结

8）创建一个数字输入信号“XP”，用于控制吸盘吸取物体，同时按照图 10-66 所示的信号连接进行 I/O 连接。

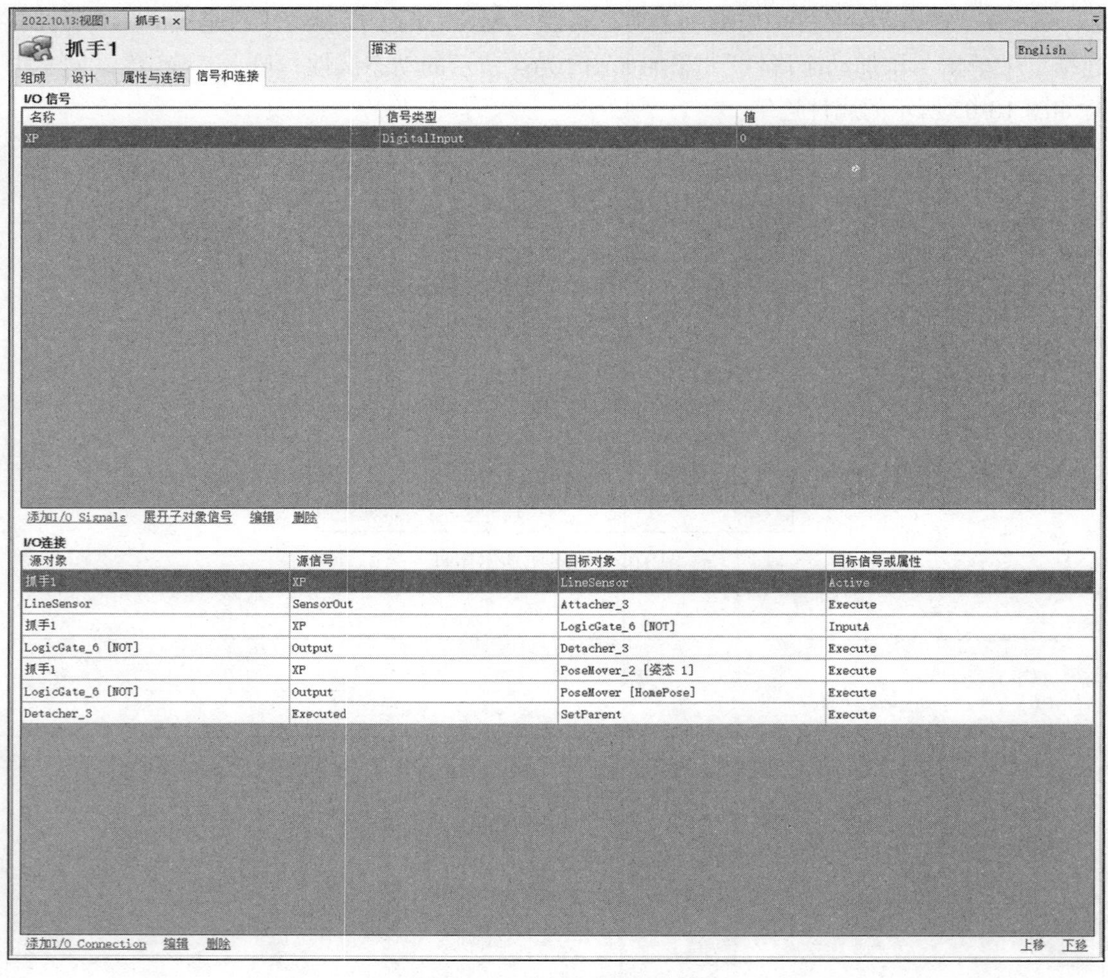

图 10-66 “抓手 1”I/O 连接

9）“抓手 2”的组件共有“Attacher”“Detacher”“LineSensor”“SetParent”四类，每类组件各一个。其子组件总览图和子组件属性如图 10-67～图 10-71 所示。

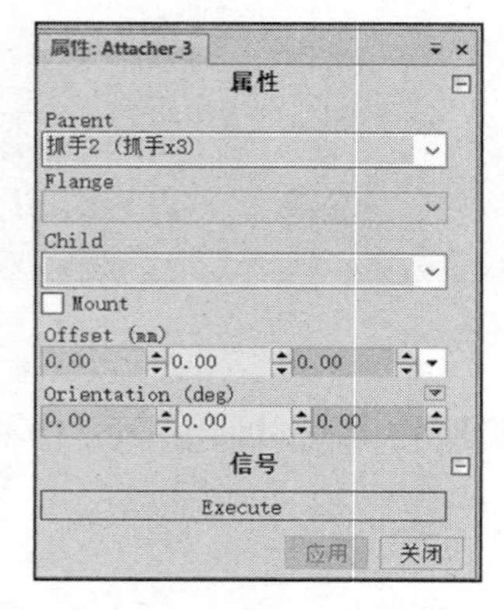

图 10-67 “Attacher_3”组件属性

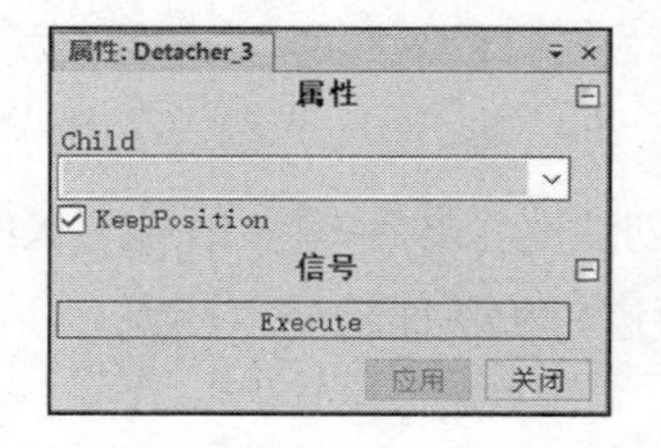

图 10-68 “Detacher_3”组件属性

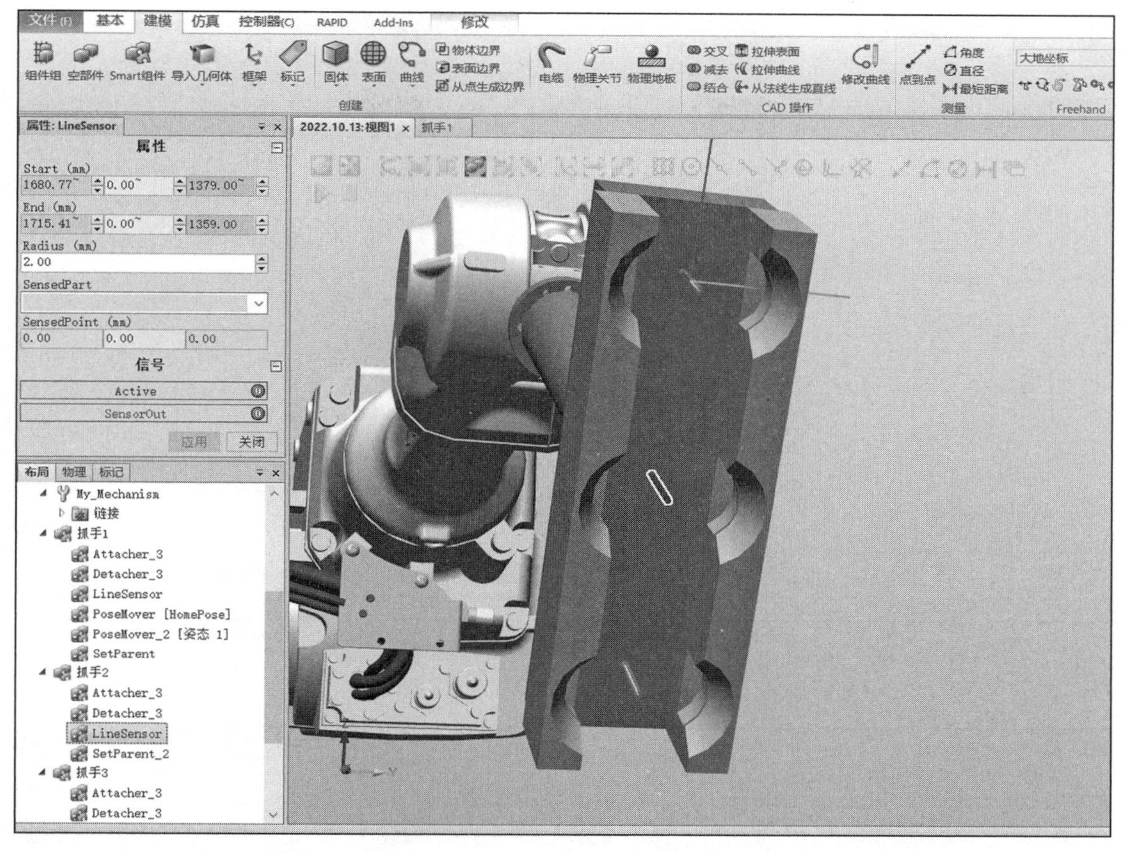

图 10-69　抓手 2“LineSensor”组件属性及位置

图 10-70　“SetParent_2”组件属性

10）与“抓手 1”类似，“抓手 2”也需要添加一个动态属性，“属性与连结”参数如图 10-72 所示。在信号与连接界面同样添加一个数字输入信号“XP”，“信号和连接”参数如图 10-73 所示。

11）“抓手 3”子组件与“抓手 2”一样，这里只展示与“抓手 2”属性不一样的组件属性和子组件总览，如图 10-74 ～图 10-76 所示。

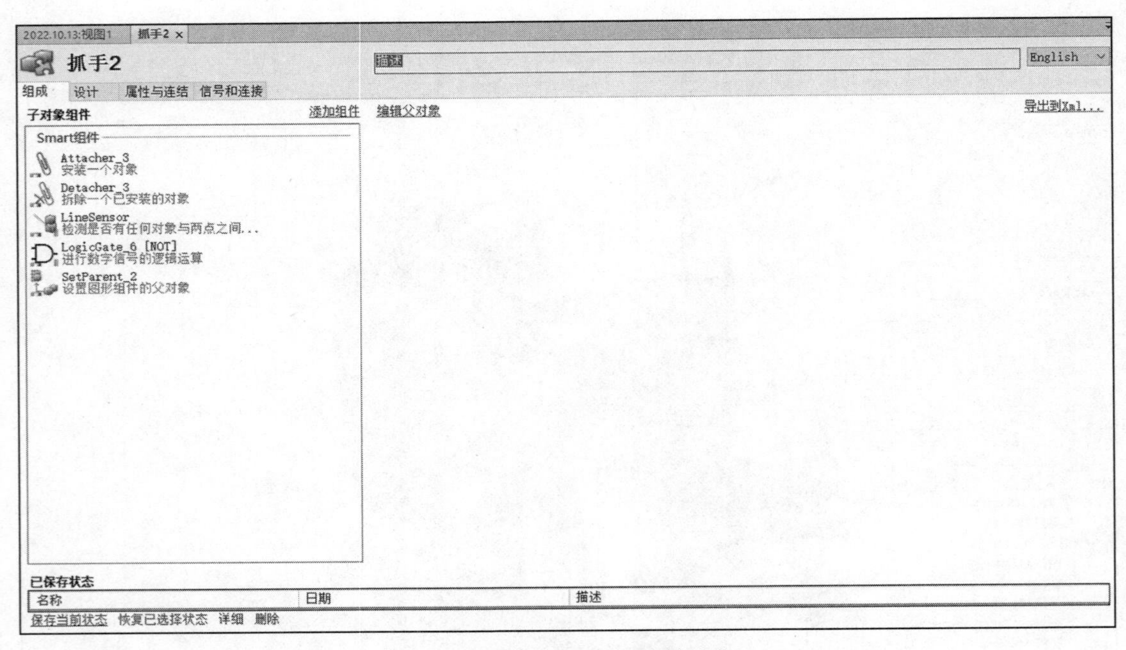

图 10-71 “抓手 2”子组件总览

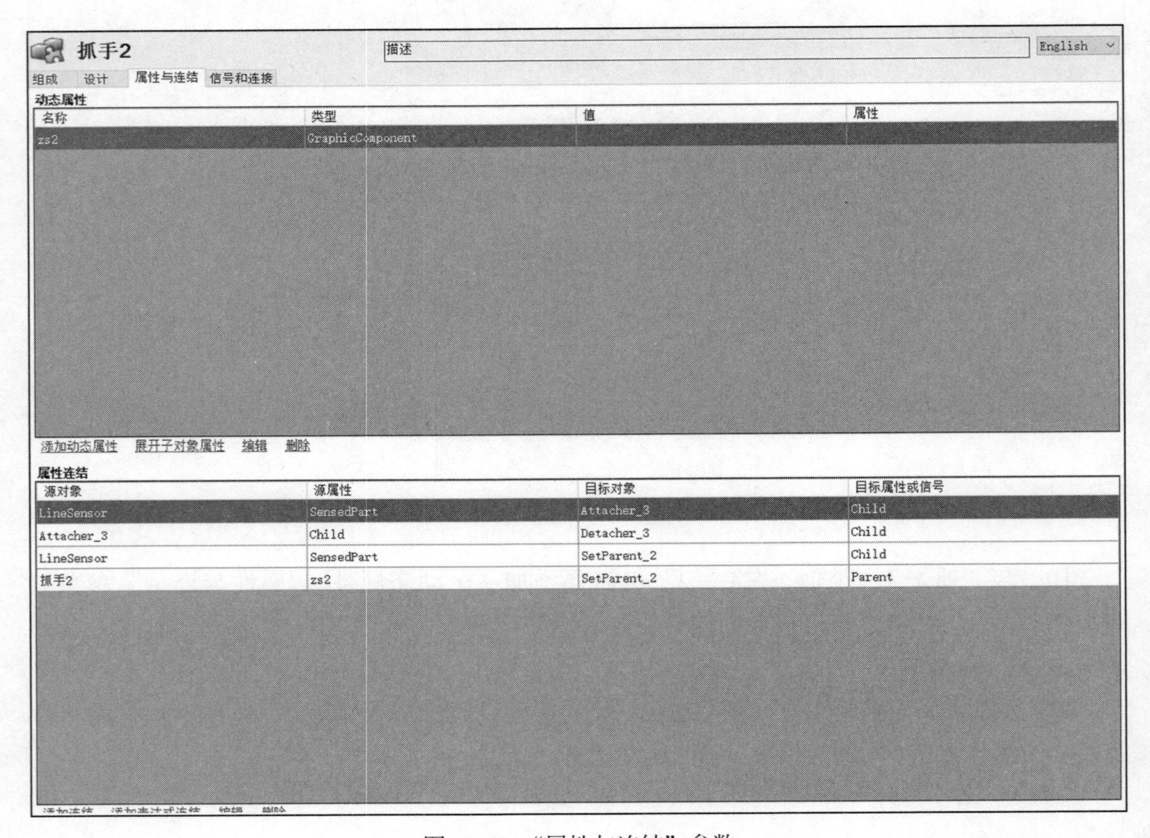

图 10-72 “属性与连结”参数

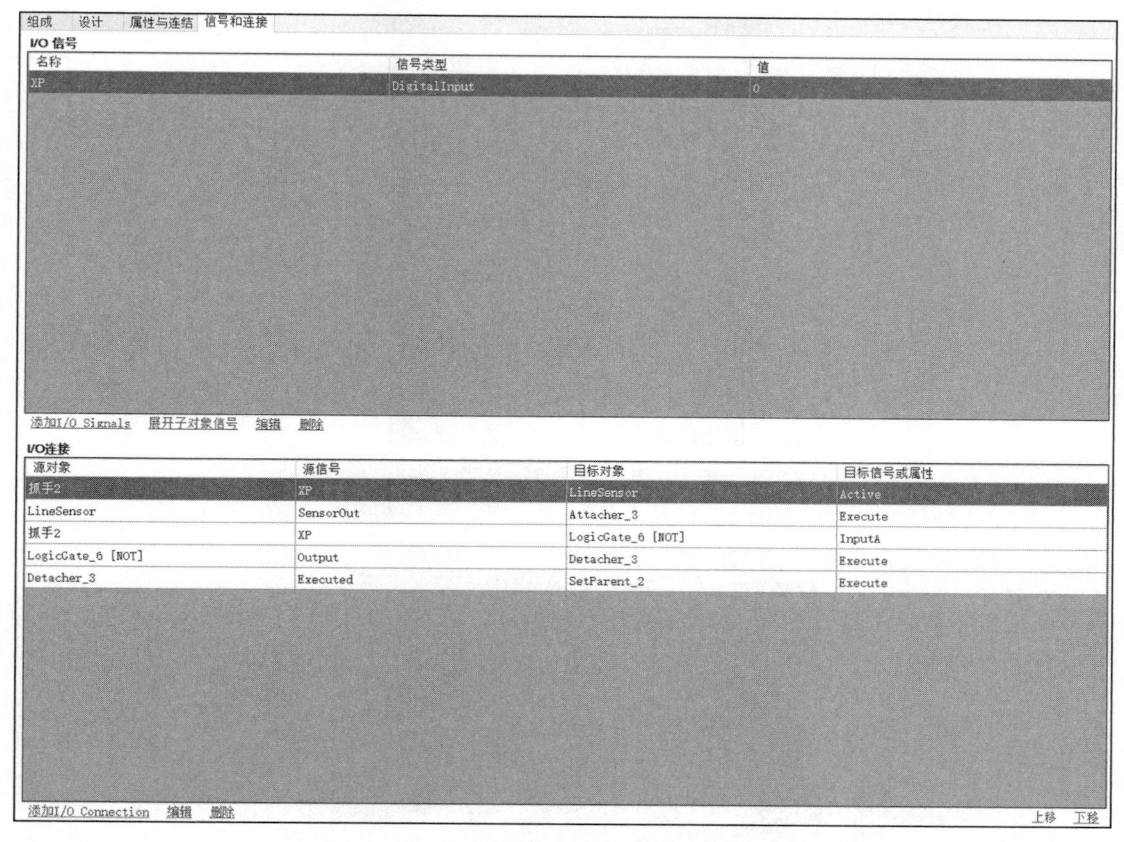

图 10-73　“信号和连接”参数

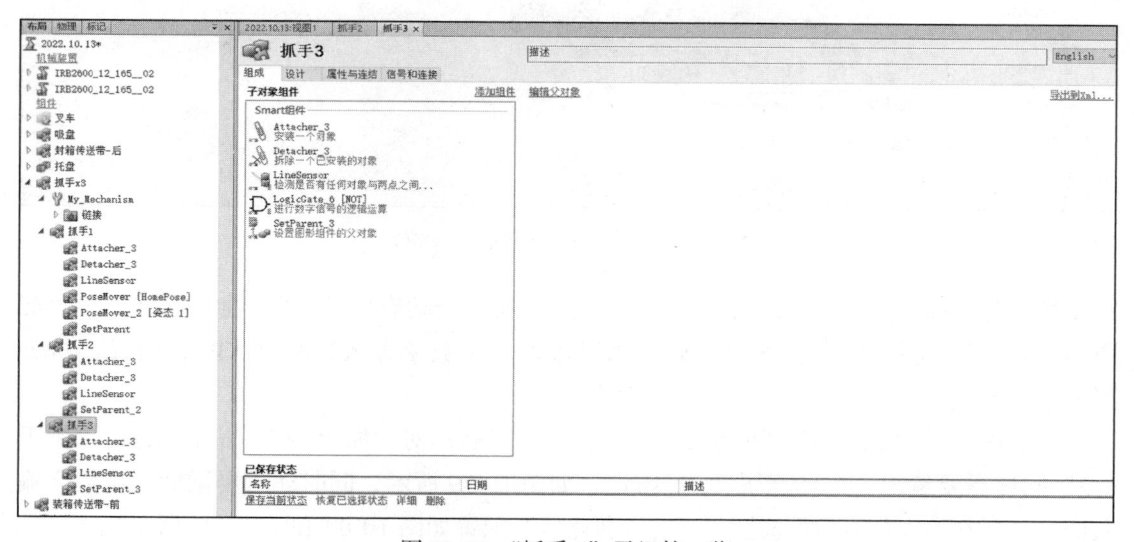

图 10-74　“抓手 3”子组件一览

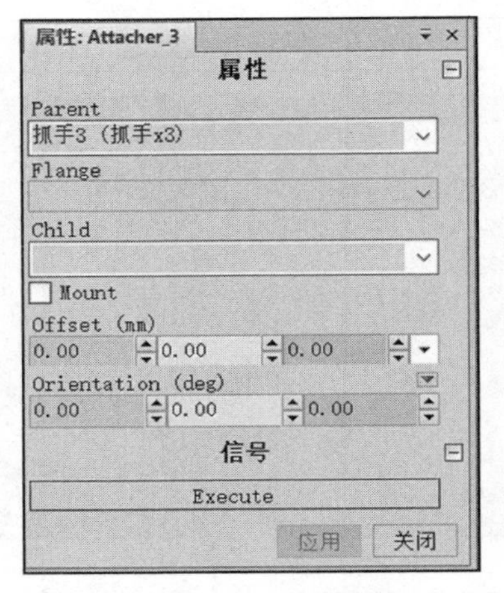

图 10-75 “抓手 3”安装组件

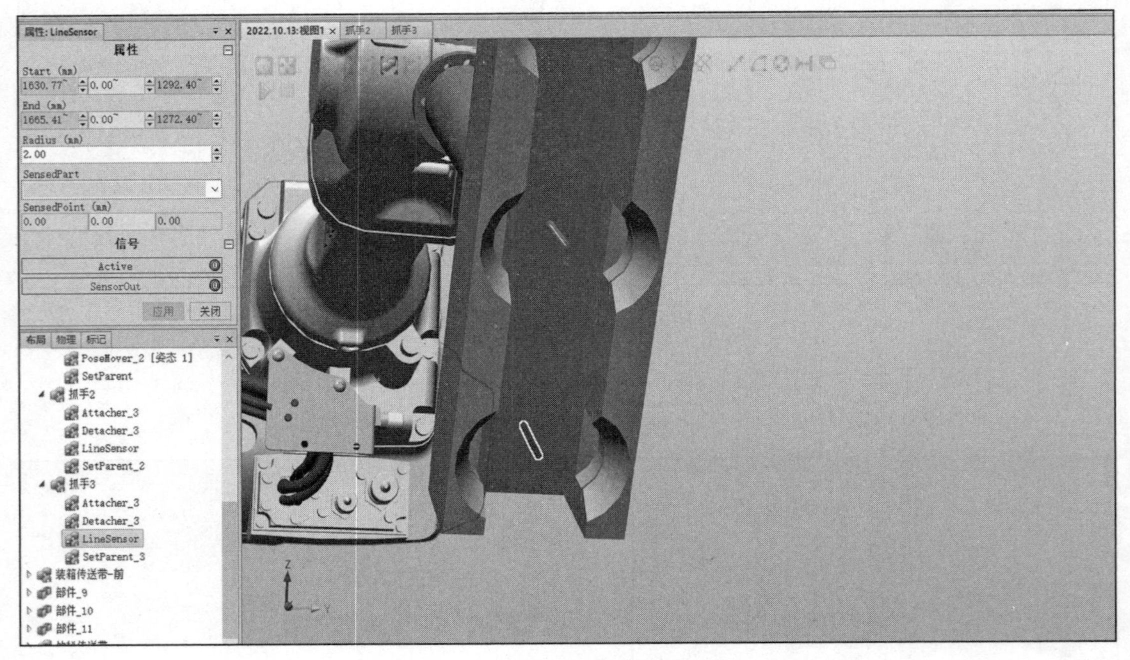

图 10-76 “抓手 3”线传感器及位置

12）与“抓手 2”一样，“抓手 3”也需要添加一个动态属性，“属性与连结”参数如图 10-77 所示。在“信号和连接”界面同样添加一个数字输入信号“XP”，信号连接如图 10-78 所示。

13）编辑完“抓手 1”“抓手 2”和“抓手 3”后，对“抓手 ×3”进行编辑，“抓手 ×3”同样需要编辑一个动态属性“zsint”，如图 10-79 所示，同时还需要添加一个数字输入信号“XP3”。其“属性与连结”“信号和连接”配置如图 10-80 和图 10-81 所示。

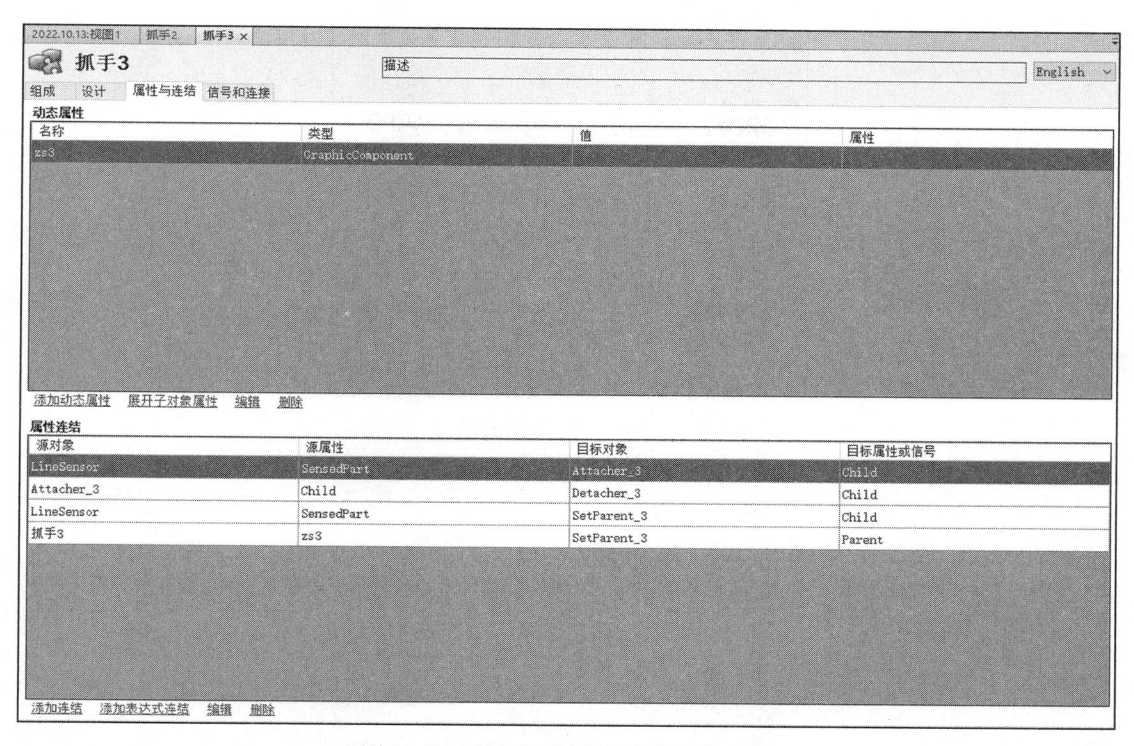

图 10-77　“抓手 3”“属性与连结”参数

2022.10.13:视图1　抓手2　抓手3 ×

抓手3　　描述　　English

组成　设计　属性与连结　信号和连接

I/O 信号

名称	信号类型	值
XP	DigitalInput	0

添加I/O Signals　展开子对象信号　编辑　删除

I/O连接

源对象	源信号	目标对象	目标信号或属性
抓手3	XP	LineSensor	Active
LineSensor	SensorOut	Attacher_3	Execute
抓手3	XP	LogicGate_6 [NOT]	InputA
LogicGate_6 [NOT]	Output	Detacher_3	Execute
Detacher_3	Executed	SetParent_3	Execute

添加I/O Connection　编辑　删除　　上移　下移

图 10-78　“抓手 3”“信号和连接”参数

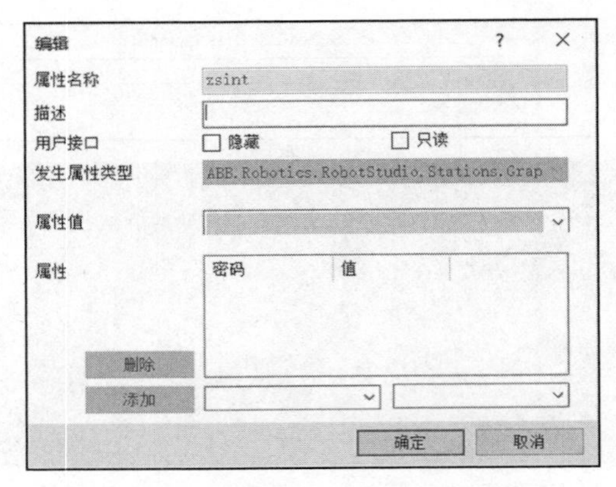

图 10-79 “抓手 ×3”添加动态属性参数

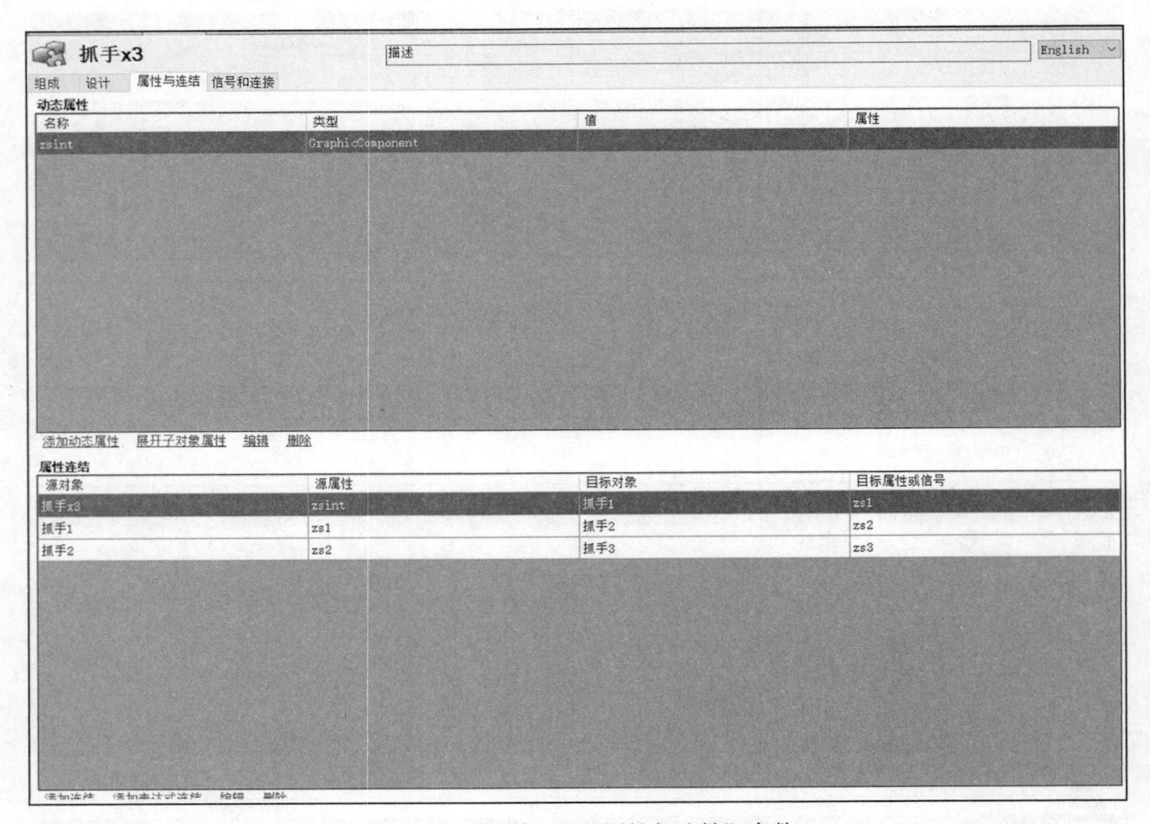

图 10-80 “抓手 ×3”“属性与连结”参数

14）最后，再次新建一个“Smart 组件”，将其命名为“装箱传送带 – 前”，其主要包含“Attacher”“Detacher”“GetParent”“LinearMover”“PlaneSensor”“Queue”“Source”“Timer”共计 8 类组件，其中“PlaneSensor”组件 2 个，其余组件各一个。模型包含打开的箱子模型，命名为“箱子 – 组”，两个传送带，以及一个放饮料箱子的定位模型“箱子 – 组 – 定位”，其位置如图 10-82 和图 10-83 所示，具体定位模型位置和作用参考“饮料传送带”组件。

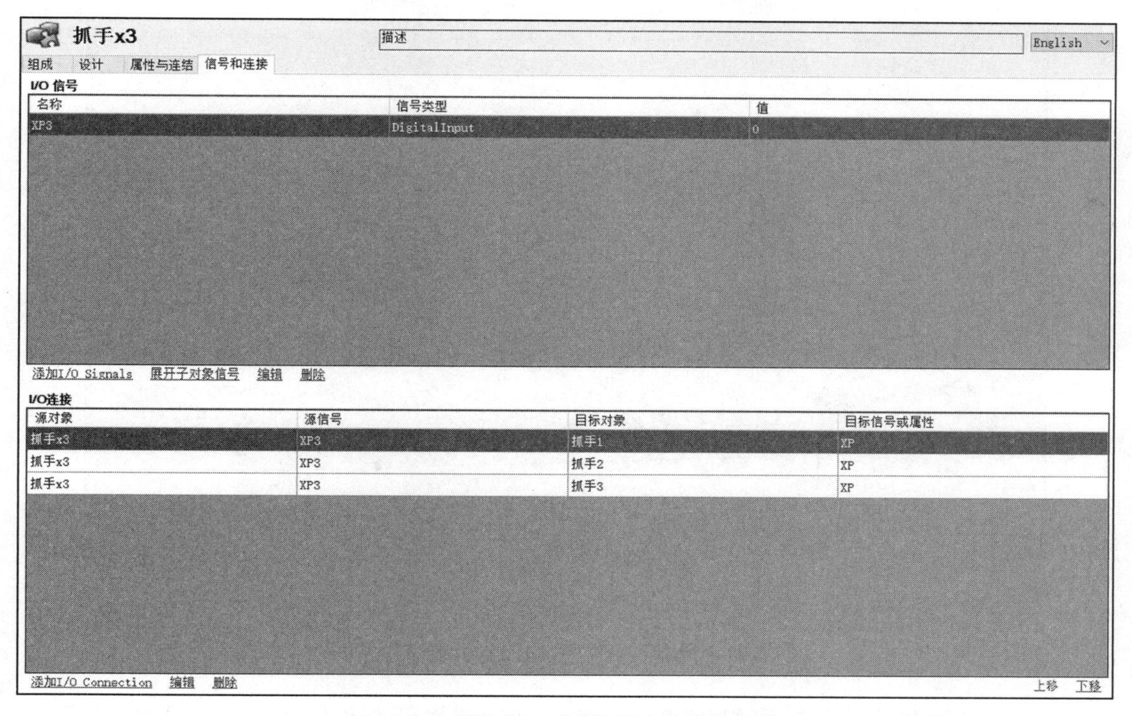

图 10-81　“抓手 ×3”“信号和连接”参数

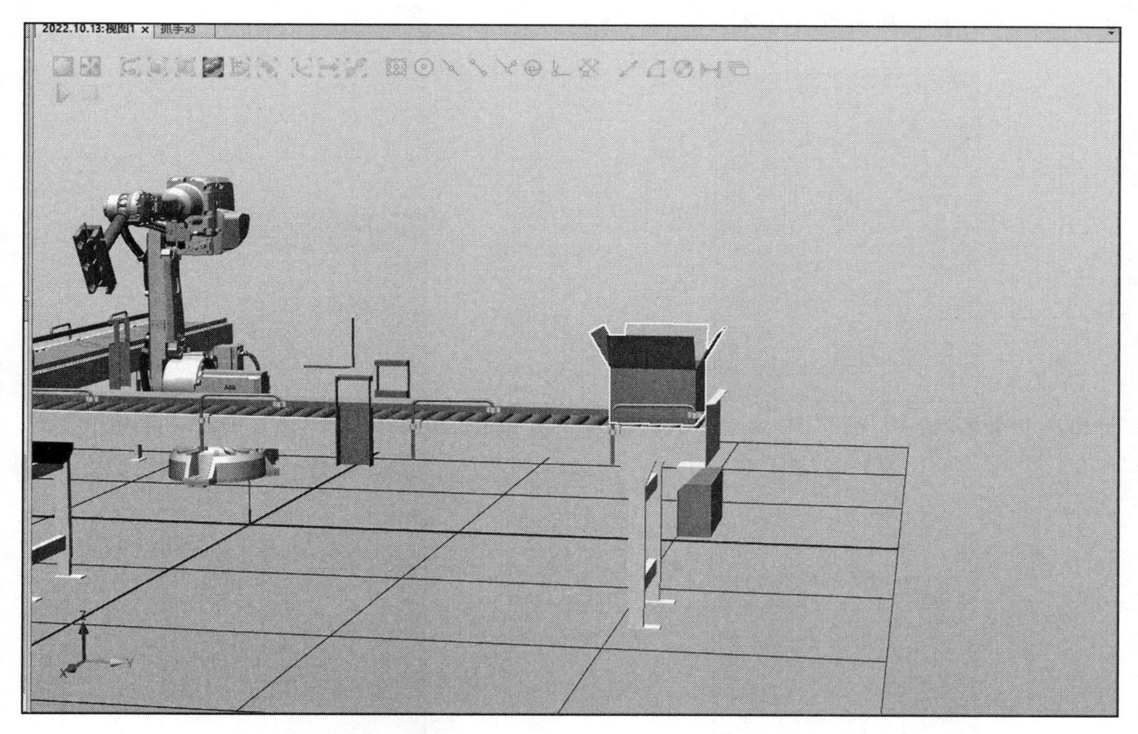

图 10-82　打开的箱子模型位置

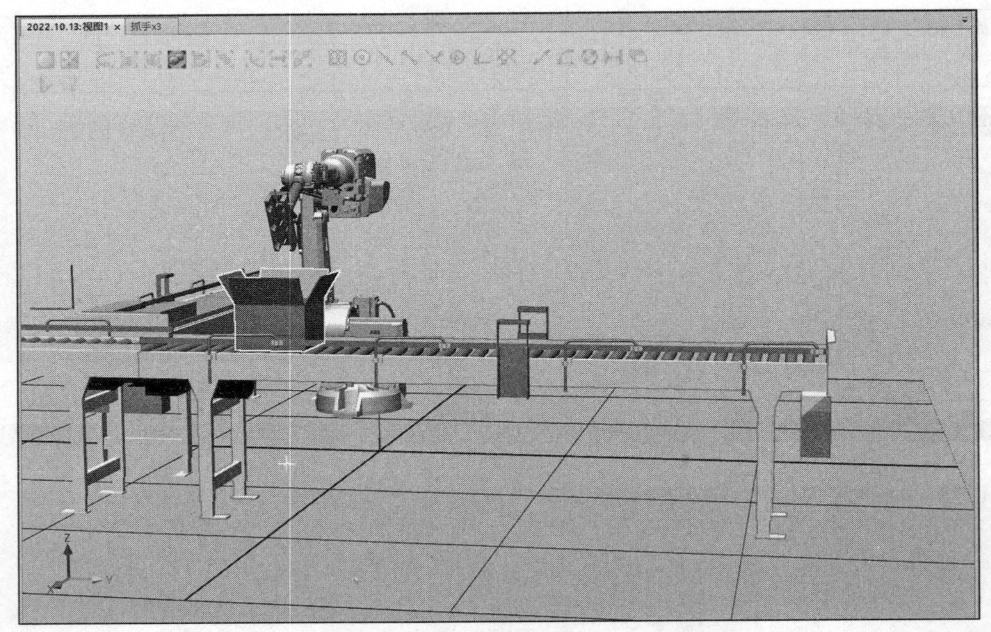

图 10-83　机器人向箱子放饮料的定位模型位置

15）“装箱传送带－前”组件各个属性及辅助组件总览如图 10-84 ～图 10-92 所示，面传感器有两个，一个作为控制纸箱在放饮料处停止，另一个作为控制纸箱到打包机处停止，故一个在打包机内部，一个在饮料放入位。

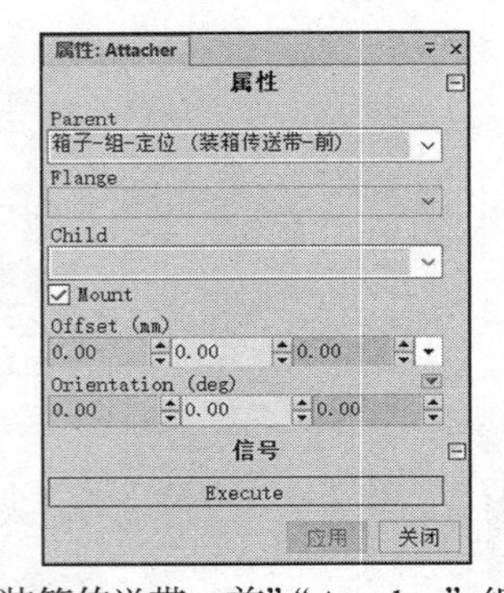

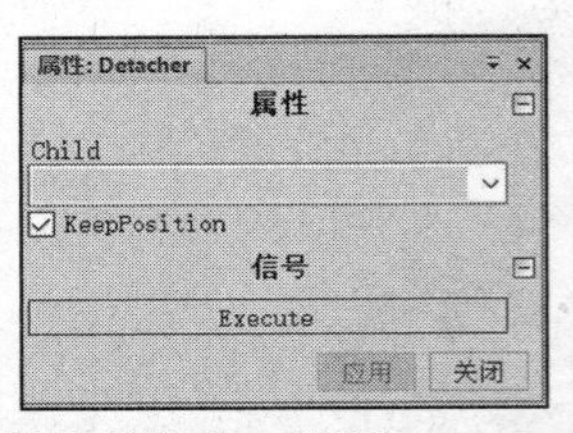

图 10-84　“装箱传送带－前”“Attacher”组件参数

图 10-85　“装箱传送带－前”“Detacher”组件参数

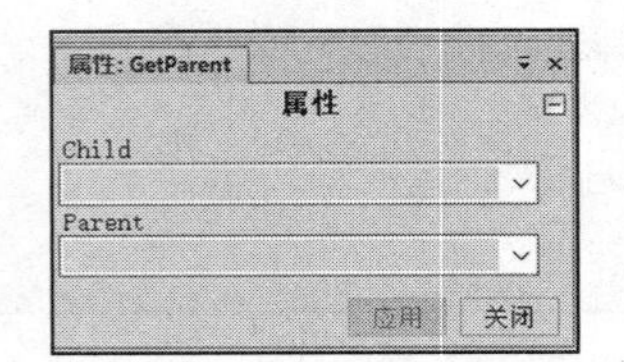

图 10-86　“装箱传送带－前”“GetParent”组件参数

图 10-87　“装箱传送带－前”“LinearMover”组件参数

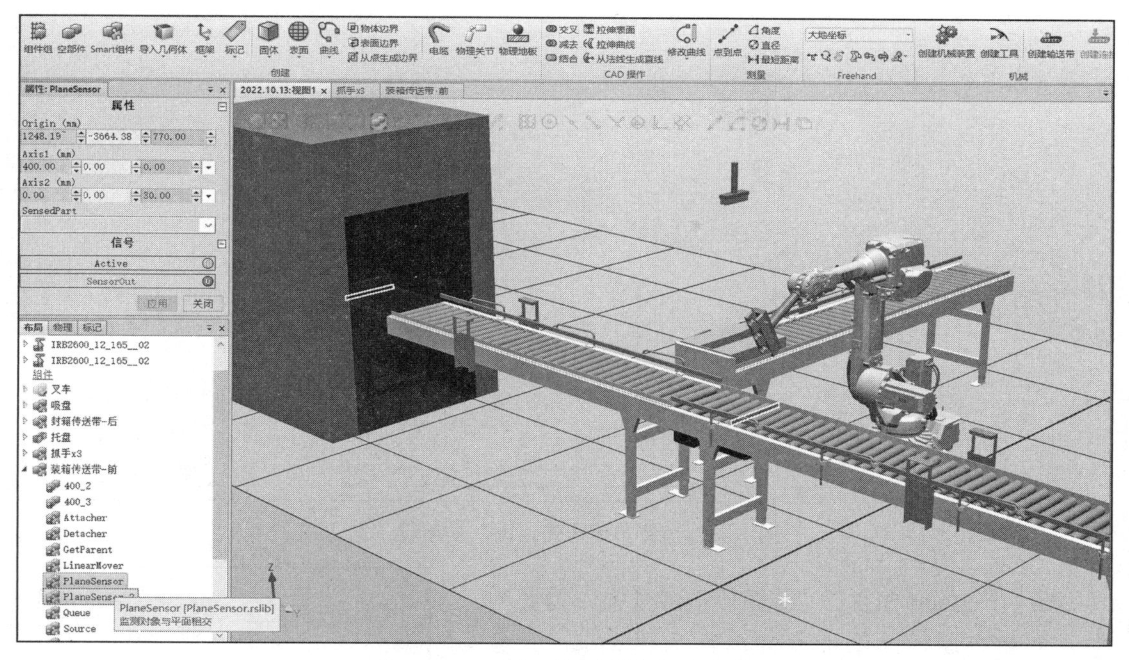

图 10-88　两个面传感器位置及参数

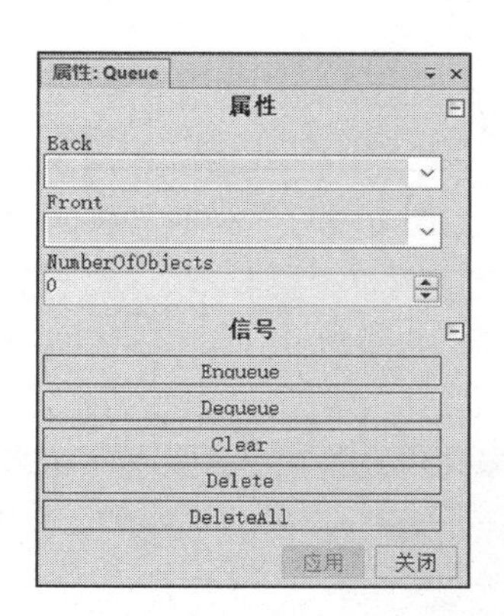

图 10-89　“Queue”组件参数

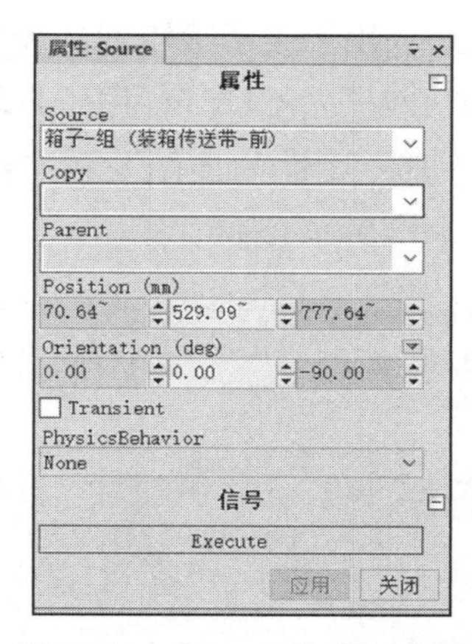

图 10-90　“Source”组件参数

图 10-91　“Timer”组件参数

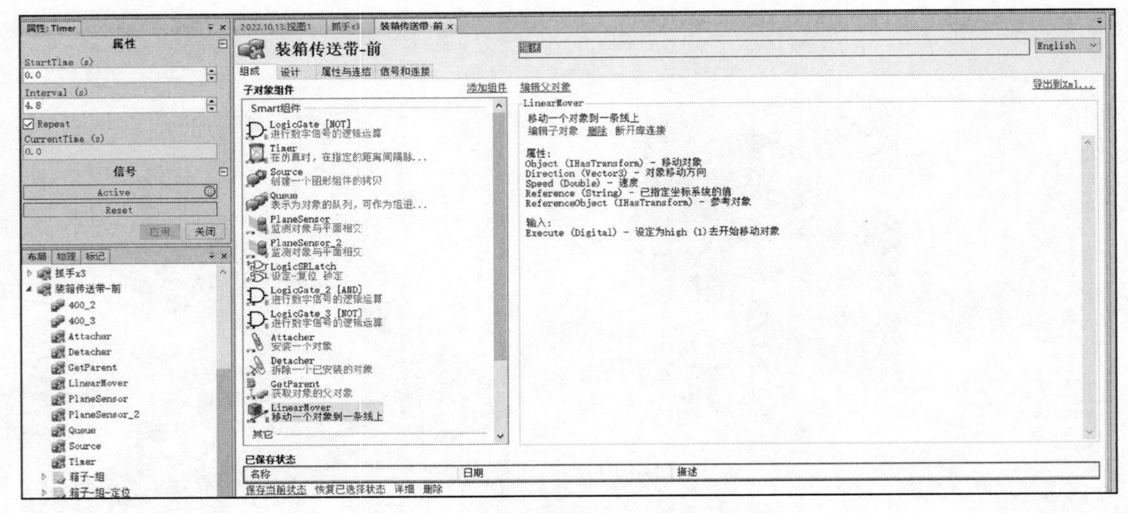

图 10-92 “装箱传送带－前”子组件一览

16）“Smart 组件”“装箱传送带－前”需要创建一个动态属性，添加属性名称为“wtout”，参数如图 10-93 所示，同时添加两个数字输入信号“EN”“GO”，用于表示纸箱到达和装满，两个数字输出信号“DW”“OUT”，用于告知机器人纸箱到位和离开。其“属性与连结”和“信号和连接”如图 10-94～图 10-96 所示。

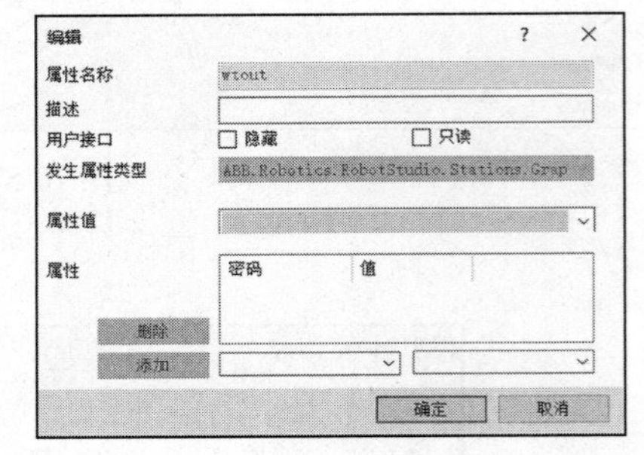

图 10-93 “wtout”动态属性参数

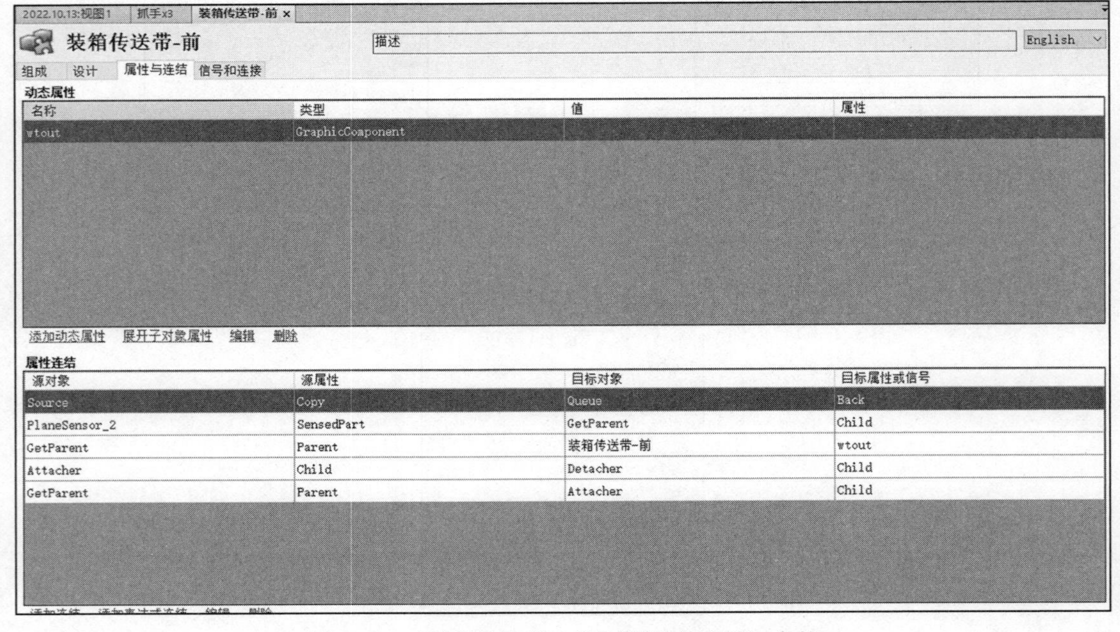

图 10-94 “装箱传送带－前”“属性与连结”参数

2022.10.13:视图1 | 抓手x3 | 装箱传送带-前 ×

装箱传送带-前　描述　English

组成　设计　属性与连结　信号和连接

I/O 信号

名称	信号类型	值
EN	DigitalInput	0
GO	DigitalInput	0
DW	DigitalOutput	0
OUT	DigitalOutput	0

添加I/O Signals　展开子对象信号　编辑　删除

I/O连接

源对象	源信号	目标对象	目标信号或属性
Timer	Output	Source	Execute
Source	Executed	Queue	Enqueue
PlaneSensor	SensorOut	Queue	Delete
LogicSRLatch	Output	LogicGate [NOT]	InputA
PlaneSensor_2	SensorOut	LogicSRLatch	Set
装箱传送带-前	GO	LogicSRLatch	Reset
LogicGate [NOT]	Output	LogicGate_2 [AND]	InputB
LogicGate_2 [AND]	Output	LinearMover	Execute
LogicGate_2 [AND]	Output	Timer	Active
装箱传送带-前	EN	LogicGate_3 [NOT]	InputA
LogicGate_3 [NOT]	Output	LogicGate_2 [AND]	InputA

添加I/O Connection　编辑　删除　上移　下移

图 10-95 “装箱传送带 – 前”“信号和连接”参数 1

2022.10.13:视图1 | 抓手x3 | 装箱传送带-前 ×

装箱传送带-前　描述　English

组成　设计　属性与连结　信号和连接

I/O 信号

名称	信号类型	值
EN	DigitalInput	0
GO	DigitalInput	0
DW	DigitalOutput	0
OUT	DigitalOutput	0

添加I/O Signals　展开子对象信号　编辑　删除

I/O连接

源对象	源信号	目标对象	目标信号或属性
PlaneSensor_2	SensorOut	LogicSRLatch	Set
装箱传送带-前	GO	LogicSRLatch	Reset
LogicGate [NOT]	Output	LogicGate_2 [AND]	InputB
LogicGate_2 [AND]	Output	LinearMover	Execute
LogicGate_2 [AND]	Output	Timer	Active
装箱传送带-前	EN	LogicGate_3 [NOT]	InputA
LogicGate_3 [NOT]	Output	LogicGate_2 [AND]	InputA
PlaneSensor_2	SensorOut	装箱传送带-前	DW
PlaneSensor	SensorOut	装箱传送带-前	OUT
Attacher	Executed	Detacher	Execute
PlaneSensor_2	SensorOut	Attacher	Execute

添加I/O Connection　编辑　删除　上移　下移

图 10-96 “装箱传送带 – 前”“信号和连接”参数 2

10.3 机器人程序编写

10.3.1 装箱机器人程序编写

1）将装箱机器人调整到饮料瓶抓取位置，如图 10-97 所示。此位置要求夹爪的三个线传感器与饮料瓶有交点，示教本点为“Target_10”。

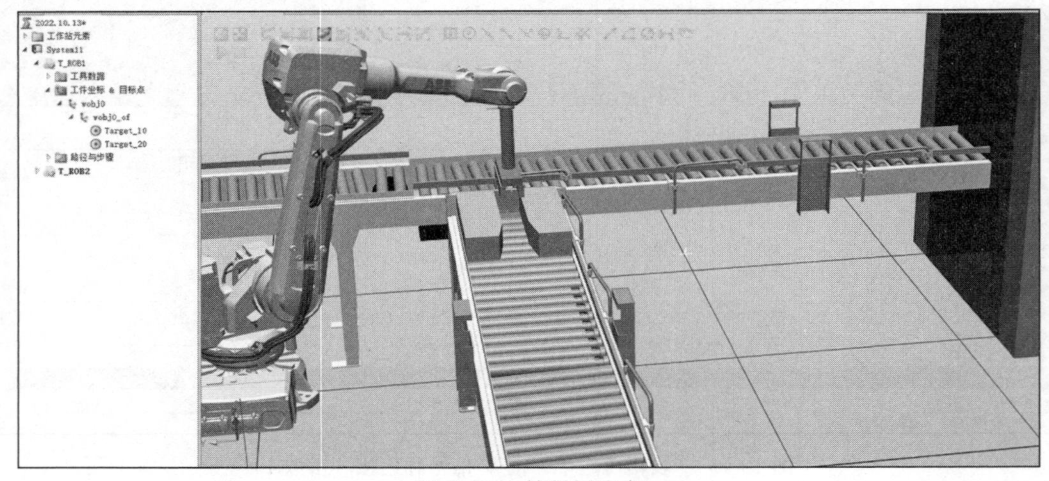

图 10-97　饮料抓取点

2）将装箱机器人调整到饮料瓶放置位置，如图 10-98 所示。此位置需要把饮料瓶安稳地放入纸箱中，示教本点为“Target_20”。

图 10-98　饮料放置点

3）单击“控制器”选项卡，选择“配置”中的“I/O System”，选择“Singal”选项，右击任意信号单击“添加信号”，添加四个数字输入信号“di0”“di1”“di2”“MO”，四个数字输出信号“do0”“do1”“do2”“do3”，信号添加如图 10-99 所示。

T_ROB1/Module1　配置 - I/O System

类型：Access Level / Cross Connection / Device Trust Level / EtherNet/IP Command / EtherNet/IP Device / Industrial Network / Route / Signal / Signal Safe Level / System Input / System Output

Name	Type of Signal	Assigned to Device	Signal Identification Label	Device Mapping	Category	Access Level	Default Value	Filter Time
STLEDGRBNK	Digital Output	PANEL	Set status LED to green flashing	10	safety	ReadOnly	0	N/A
GS2	Digital Input	PANEL	General Stop chain backup(X5:4 to X5:12) and (X5:2 to X5:7)	17	safety	ReadOnly	0	0
AS1	Digital Input	PANEL	Automatic Stop chain(X5:11 to X5:6) and (X5:9 to X5:1)	13	safety	ReadOnly	0	0
ES2	Digital Input	PANEL	Emergency Stop backup(X10:7 and X10:8)	1	safety	ReadOnly	0	0
AS2	Digital Input	PANEL	Automatic Stop chain backup(X5:5 to X5:6) and (X5:3 to X5:1)	14	safety	ReadOnly	0	0
AUTO1	Digital Input	PANEL	Automatic Mode(X9:6)	5	safety	ReadOnly	0	0
AUTO2	Digital Input	PANEL	Automatic Mode backup(X9:2)	6	safety	ReadOnly	0	0
CH1	Digital Input	PANEL	Run Chain 1	22	safety	ReadOnly	0	0
CH2	Digital Input	PANEL	Run Chain 2	23	safety	ReadOnly	0	0
GS1	Digital Input	PANEL	General Stop chain(X5:10 to X5:12) and (X5:8 to X5:7)	16	safety	ReadOnly	0	0
TESTEN1	Digital Output	PANEL	Activate Glitchtest for Enable1	6	safety	ReadOnly	0	N/A
DRVOVLD	Digital Input	PANEL	Overload Drive Modules	31	safety	ReadOnly	0	0
USERDOOVLD	Digital Input	PANEL	Overload of user DO	11	safety	ReadOnly	0	0
EN2	Digital Input	PANEL	Teachpendant Enable backup(X10:4)	4	safety	ReadOnly	0	0
ENABLE1	Digital Input	PANEL	Logical Enable signal at Panel board	24	safety	ReadOnly	0	0
ENABLE2_1	Digital Input	PANEL	ENABLE2 from Contactor board 1(X7:7 to X7:8)	25	safety	ReadOnly	0	0
ENABLE2_2	Digital Input	PANEL	ENABLE2 from Contactor board 2(X8:7 to X8:8)	26	safety	ReadOnly	0	0
ENABLE2_3	Digital Input	PANEL	ENABLE2 from Contactor board 3(X14:7 to X14:8)	27	safety	ReadOnly	0	0
ENABLE2_4	Digital Input	PANEL	ENABLE2 from Contactor board 4(X17:7 to X17:8)	28	safety	ReadOnly	0	0
ES1	Digital Input	PANEL	Emergency Stop(X10:5 and X10:6)	0	safety	ReadOnly	0	0
EN1	Digital Input	PANEL	Teachpendant Enable(X10:3)	3	safety	ReadOnly	0	0
do2	Digital Output			N/A		Default	0	N/A
do1	Digital Output			N/A		Default	0	N/A
do0	Digital Output			N/A		Default	0	N/A
di2	Digital Input			N/A		Default	0	0
di1	Digital Input			N/A		Default	0	0
di0	Digital Input			N/A		Default	0	0
MO	Digital Input			N/A		Default	0	0
do3	Digital Output			N/A		Default	0	N/A

图 10-99　信号添加完成状态

4）单击“仿真”选项卡，选择“工作站逻辑”，在“属性与连结”选项中添加一个连结，参数如图 10-100 所示。同时在“信号和连接”处添加如图 10-101 所示的信号连接。

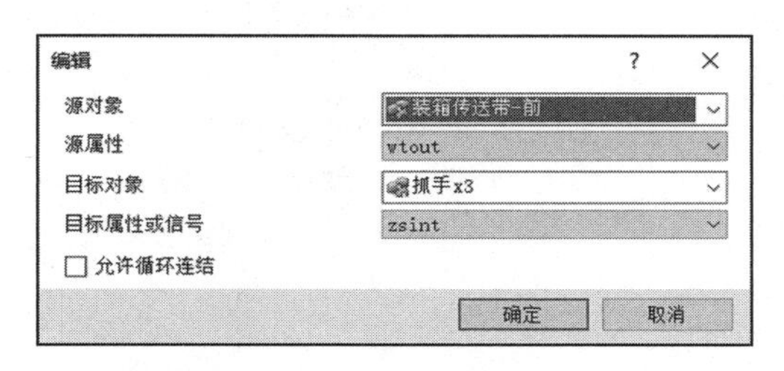

图 10-100　添加工作站连结属性

5）在装箱机器人所属程序段的“main”程序模块内输入以下程序段（本例装箱机器人所属模块为“T_ROB1”），具体程序截图如图 10-102 所示。

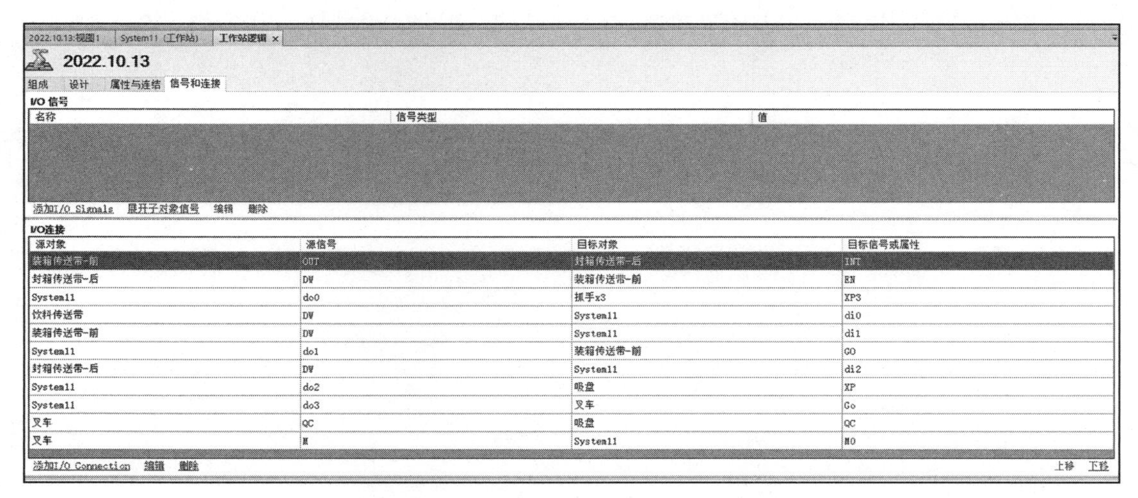
2022.10.13:视图1　System11（工作站）　工作站逻辑

2022.10.13

组成　设计　属性与连结　信号和连接

I/O 信号

名称	信号类型	值

添加I/O Signals　展开子对象信号　编辑　删除

I/O连接

源对象	源信号	目标对象	目标信号或属性
装箱传送带-前	OUT	封箱传送带-后	INT
封箱传送带-后	DW	装箱传送带-前	EN
System11	do0	抓手x3	XP3
饮料传送带	DW	System11	di0
装箱传送带-前	DW	System11	di1
System11	do1	装箱传送带-前	GO
封箱传送带-后	DW	System11	di2
System11	do2	吸盘	XP
System11	do3	叉车	Go
叉车	QC	吸盘	QC
叉车	M	System11	MO

添加I/O Connection　编辑　删除　上移　下移

图 10-101　添加工作站“信号和连接”属性

```
MODULE Module1
    CONST robtarget Target_10:=[[498.69174708,-1033.13,679.86],[1,0,0,0],
    [0,0,0,0],[9E+09,9E+09,9E+09,9E+09,9E+09,9E+09]];
    CONST robtarget Target_20:=[[1137.01774708,-186.04,687.64],
    [1,0,0,0],[0,0,0,0],[9E+09,9E+09,9E+09,9E+09,9E+09,9E+09]];
    PROC main()
        Reset do0;
        Reset do1;
        MoveAbsJ[[0,0,0,0,30,0],[9E9,9E9,9E9,9E9,9E9,9E9]],v1000,fine,to
        ol0\WObj:=wobj0;
        MoveJ offs(Target_10,0,0,200),v800,fine,ToolFrame1\WObj:=wobj0;
        WHILE TRUE DO

            FOR i FROM 0 TO 2 DO
                WaitDI di0,1;
                WaitDI di1,1;
            MoveJ offs(Target_10,0,0,200),v800,z20,ToolFrame1\WObj:=
            wobj0;
            MoveL offs(Target_10,0,0,0),v300,fine,ToolFrame1\WObj:=
            wobj0;
            setdo do0,1;
            WaitTime 1.1;
            MoveL offs(Target_10,0,0,250),v800,z20,ToolFrame1\WObj:=
            wobj0;

            MoveJ offs(Target_20,0,i*100,500),v800,z20,ToolFrame1\WObj:=
            wobj0;
            MoveL offs(Target_20,0,i*100,0),v300,fine,ToolFrame1\WObj:=
            wobj0;
            setdo do0,0;
            WaitTime 1.1;
            MoveL offs(Target_20,0,i*100,350),v800,fine,ToolFrame1\WObj:=
            wobj0;

            ENDFOR
            PulseDO\High,do1;
            WaitDI di1,0;
        ENDWHILE
    ENDPROC
ENDMODULE
```

```
MODULE Module1
    CONST robtarget Target_10:=[[498.69174708,-1033.13,679.86],[1,0,0,0],[0,0,0,0],[9E+09,9E+09,9E+09,9E+09,9E+09,9E+09]];
    CONST robtarget Target_20:=[[1137.01774708,-186.04,687.64],[1,0,0,0],[0,0,0,0],[9E+09,9E+09,9E+09,9E+09,9E+09,9E+09]];

    PROC main()
        Reset do0;
        Reset do1;
        MoveAbsJ[[0,0,0,0,30,0],[9E9,9E9,9E9,9E9,9E9,9E9]],v1000,fine,tool0\WObj:=wobj0;
        MoveJ offs(Target_10,0,0,200),v800,fine,ToolFrame1\WObj:=wobj0;
        WHILE TRUE DO


            FOR i FROM 0 TO 2 DO
               WaitDI di0,1;
               WaitDI di1,1;
              MoveJ offs(Target_10,0,0,200),v800,z20,ToolFrame1\WObj:=wobj0;
              MoveL offs(Target_10,0,0,0),v300,fine,ToolFrame1\WObj:=wobj0;
              setdo do0,1;
              WaitTime 1.1;
              MoveL offs(Target_10,0,0,250),v800,z20,ToolFrame1\WObj:=wobj0;


              MoveJ offs(Target_20,0,i*100,500),v800,z20,ToolFrame1\WObj:=wobj0;
              MoveL offs(Target_20,0,i*100,0),v300,fine,ToolFrame1\WObj:=wobj0;
              setdo do0,0;
              WaitTime 1.1;
              MoveL offs(Target_20,0,i*100,350),v800,fine,ToolFrame1\WObj:=wobj0;

            ENDFOR
            PulseDO\High,do1;
            WaitDI di1,0;
```

图 10-102　装箱程序展示

10.3.2　码垛机器人程序编写

1）选择码垛机器人，将码垛机器人的姿态调整至吸取物料的姿态，如图 10-103 所示，示教该点将其命名为“Target_10”。

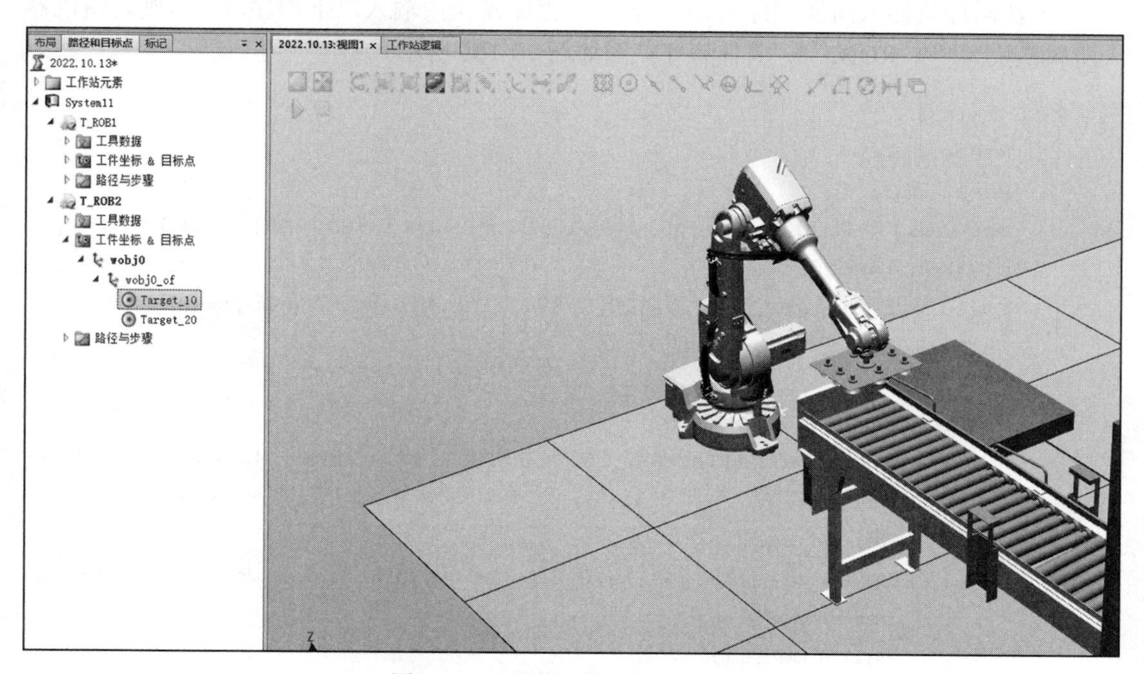

图 10-103　码垛机器人吸取物料点

2）将码垛机器人移动至释放物料点，如图 10-104 所示，示教该点将其命名为“Target_20”。

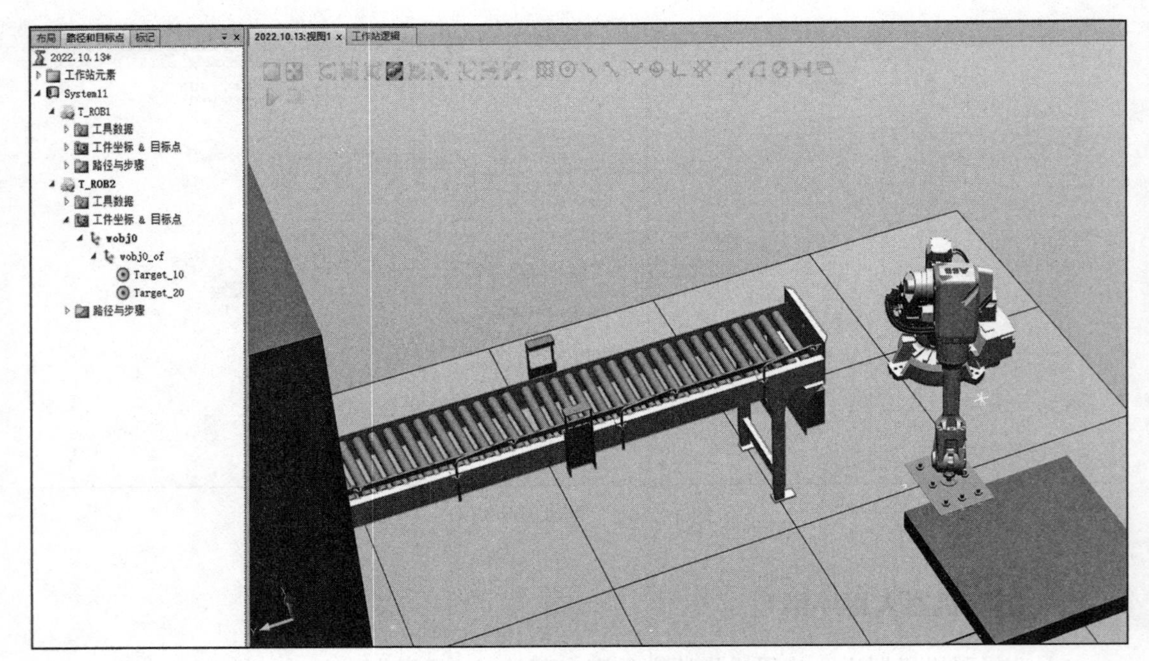

图 10-104　码垛机器人释放物料点

3）在码垛机器人所属程序段的“main”程序模块内输入以下程序段（本例装箱机器人所属模块为“T_ROB2”），具体程序截图如图 10-105 所示。

```
PROC main()
    Reset do2;
    Reset do3;
    MoveAbsJ  [[0,0,0,0,30,0],[9E9,9E9,9E9,9E9,9E9,9E9]],v1000,fine,to
    ol0\WObj:=wobj0;
    MoveJ offs(Target_10,0,0,200),v800,fine,MyNewTool\WObj:=wobj0;
    WHILE TRUE DO

        FOR i FROM 0 TO 17 DO
            MoveJ  offs(Target_10,0,0,200),v800,fine,MyNewTool\WObj:=
            wobj0;
            WaitDI di2,1;
            MoveL offs(Target_10,0,0,0),v300,fine,MyNewTool\WObj:=wobj0;
            setdo do2,1;
            WaitTime 1.1;
            MoveL  offs(Target_10,0,0,250),v800,z20,MyNewTool\WObj:=
            wobj0;
            MoveL  offs(Target_10,-500,0,250),v800,z20,MyNewTool\WObj:=
            wobj0;
```

```
            MoveJ offs(Target_20,((i mod 9) DIV 3)*(-320),(i mod 3)*(-320),
            (i div 9)*215+250),v800,z20,MyNewTool\WObj:=wobj0;
            MoveL offs(Target_20,((i mod 9) DIV 3)*(-320),(i mod 3)*(-320),
            (i div 9)*215),v300,fine,MyNewTool\WObj:=wobj0;
            setdo do2,0;
            WaitTime 1.1;
            MoveL offs(Target_20,((i mod 9) DIV 3)*(-320),(i mod 3)*(-320),
            (i div 9)*215+250),v800,z50,MyNewTool\WObj:=wobj0;

        ENDFOR
        MoveJ offs(Target_10,0,0,200),v800,fine,MyNewTool\WObj:=wobj0;

        PulseDO\High,do3;
        WaitTime 1.1;
        WaitDI M0,0;
    ENDWHILE
    MoveAbsJ [[0,0,0,0,30,0],[9E9,9E9,9E9,9E9,9E9,9E9]],v1000,fine,tool0\WObj:=
    wobj0;
    ENDPROC
```

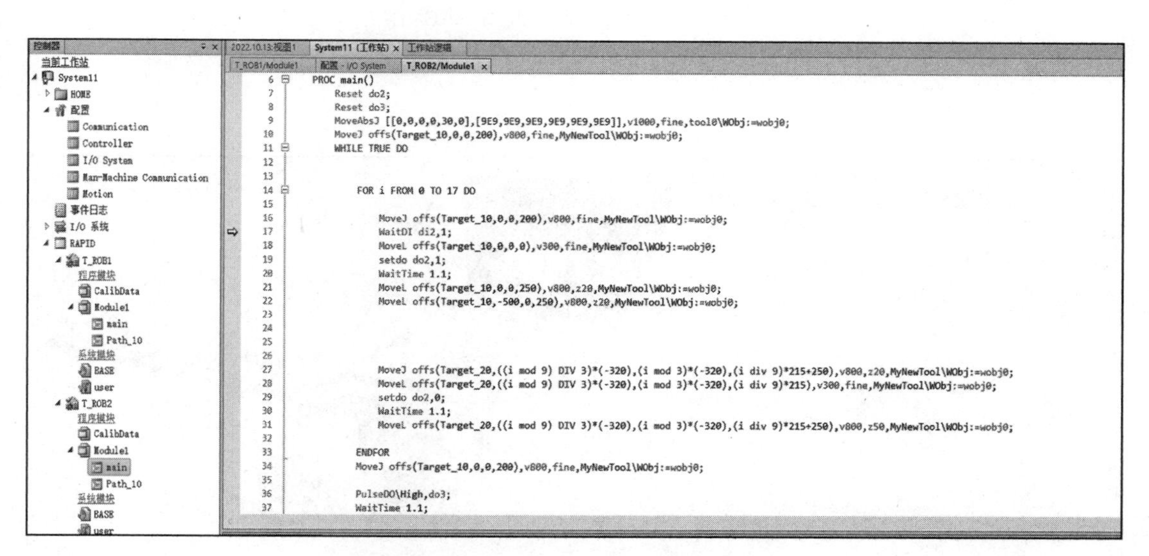

图 10-105　码垛程序展示

4）在“基本”选项卡中选择“同步”，将“RAPID”的程序同步到工作站中，单击仿真选项卡即可发现工作站开始仿真动画，具体仿真过程如图 10-106 ～图 10-109 所示。

图 10-106　装箱机器人开始装箱操作

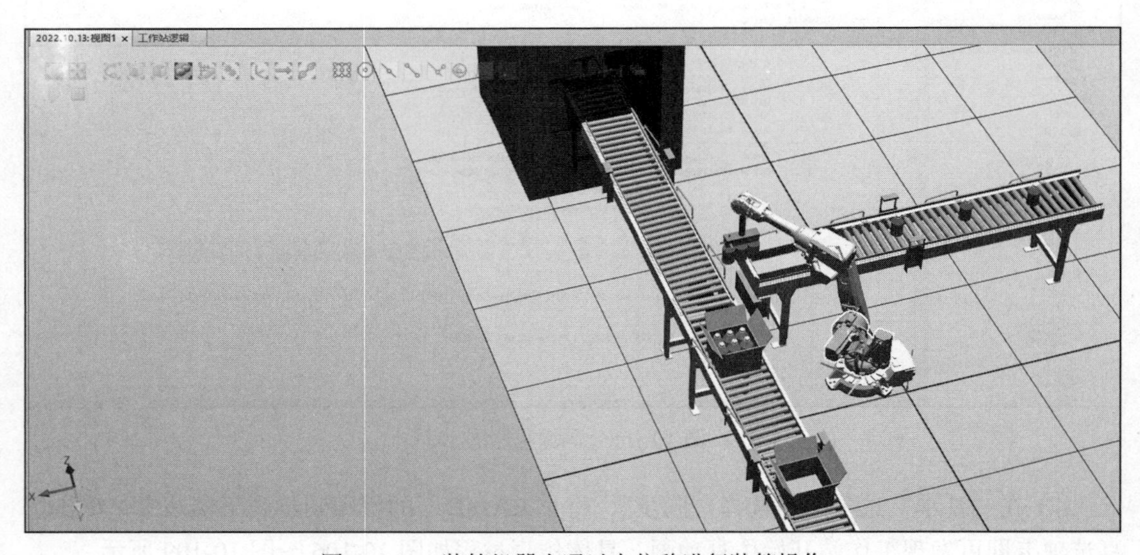

图 10-107　装箱机器人通过点位移进行装箱操作

图 10-108　饮料装满进入打包机后进入码垛程序

图 10-109　拾取饮料箱并将其放置在码垛盘上

10.4　作业：饮料生产线工作站仿真演示

饮料生产线工作站仿真演示然后导出视频文件，并思考如何加入一段叉车挪走码垛满的物料盘的动画，如图 10-110 和图 10-111 所示。

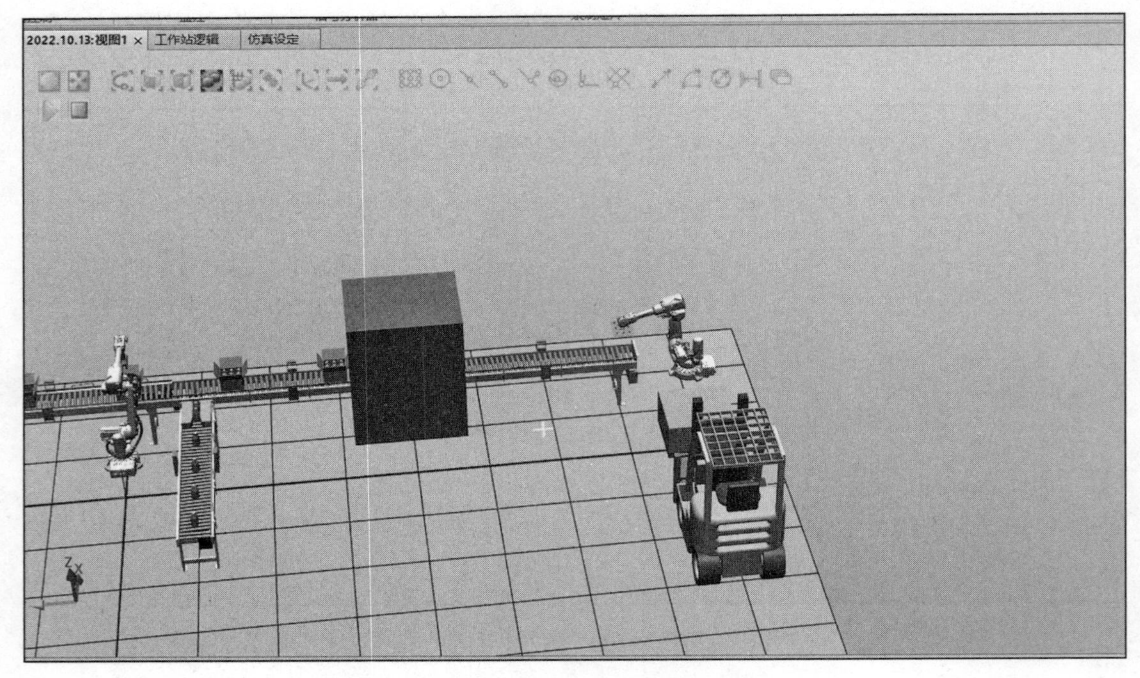

图 10-110　叉车入场准备运走饮料

图 10-111　叉车运走饮料

参考文献

[1] 禹鑫燚，王振华，欧林林．工业机器人虚拟仿真技术［M］．北京：机械工业出版社，2020.

[2] 左立浩，徐忠想，康亚鹏．工业机器人虚拟应用教程［M］．北京：机械工业出版社，2018.

[3] 叶晖．工业机器人工程应用虚拟仿真教程［M］．北京：机械工业出版社，2021.

[4] 刘泽祥，卢金平，杨航．工业机器人虚拟仿真与离线编程［M］．西安：西北工业大学出版社，2019.

[5] 常燕，臣曾艳，张冉．思政元素融入高职院校人才培养的策略研究：以工业机器人技术专业为例［J］．工业技术与职业教育，2023，21（02）：98-101.

[6] 常丽园．高职院校“智能制造技术”课程思政研究与实践［J］．工业技术与职业教育，2022，20（03）：83-87.

[7] 梁盈富．ABB 工业机器人操作与编程［M］．北京：机械工业出版社，2021.

[8] 龚仲华．ABB 机器人从入门到精通［M］．北京：化学工业出版社，2020.

[9] 叶晖．工业机器人典型应用案例精析［M］．北京：机械工业出版社，2013.

[10] 刘小波．工业机器人技术基础［M］．北京：机械工业出版社，2019.